21世纪高等教育环境科学与工程类系列教材

现代环境工程材料

主　编　李永峰　陈　红

副主编　郑国香　韩　松　李　芬

参　编　师　悦　孙　婕　熊筱晶　周雅珍　刘　琨

主　审　任南琪

机械工业出版社

环境工程材料是在人类认识到生态环境保护的重要战略意义和世界各国纷纷走可持续发展道路的背景下提出来的,环境工程材料的开发研究是解决环境问题的关键,一般来说,环境工程材料是指用于防止、治理或修复环境污染的材料。本书共分 14 章,主要介绍了过滤材料、吸附分离材料、膜分离材料、噪声污染控制材料、环境修复材料、环境替代材料、电磁波防护材料、电催化电极材料、光催化材料、用于湿式氧化技术的功能催化剂、水污染控制工程材料、大气污染控制工程材料、固体废物污染控制工程材料的研究、应用与发展趋势。

本书可作为高等院校环境专业的教材,或作为非环境类专业选修、培训教材,同时也可供环境保护部门和企事业单位环境保护管理人员、科技人员及相关人员参考。

图书在版编目（CIP）数据

现代环境工程材料/李永峰,陈红主编 .—北京:机械工业出版社,2012. 1
(2024. 1 重印)

21 世纪高等教育环境科学与工程类系列教材

ISBN 978-7-111-37461-9

Ⅰ.①现… Ⅱ.①李…②陈… Ⅲ.①环境工程—工程材料—高等学校—教材 Ⅳ.①TB39

中国版本图书馆 CIP 数据核字（2012）第 022442 号

机械工业出版社（北京市百万庄大街 22 号 邮政编码 100037）
策划编辑:马军平 责任编辑:马军平 臧程程
版式设计:霍永明 责任校对:薛 娜
封面设计:路恩中 责任印制:郜 敏
北京富资园科技发展有限公司印刷
2024 年 1 月第 1 版第 5 次印刷
184mm×260mm · 26. 25 印张 · 649 千字
标准书号:ISBN 978-7-111-37461-9
定价:65. 00 元

电话服务	网络服务
客服电话:010-88361066	机 工 官 网:www.cmpbook.com
010-88379833	机 工 官 博:weibo. com/cmp1952
010-68326294	金 书 网:www.golden-book.com
封底无防伪标均为盗版	机工教育服务网:www.cmpedu.com

前　言

环境工程材料是在人类认识到生态环境保护的重要战略意义和世界各国纷纷走可持续发展道路的背景下提出来的，一般认为环境材料是具有满意的使用性能同时又被赋予优异的环境协调性的材料。环境工程材料的开发研究是解决环境问题的关键，一般来说，环境工程材料是指用于防止、治理或修复环境污染的材料，包括环境净化材料、环境修复材料以及环境替代材料等。

本书较全面、系统地阐述了环境工程材料，第1章从环境净化材料、环境修复材料以及环境替代材料等方面概述了环境工程材料，由李永峰编写；第2章通过分析环境颗粒物与过滤机理的基础上，介绍了颗粒滤料、纤维滤料、织物滤料、多孔滤料的组成、结构及其应用范围，并对各类滤料的研究现状进行了归纳总结，由李芬编写；第3章通过分析吸附原理和吸附材料分类的基础上，从材质化学结构的角度介绍了碳质吸附材料、无机离子交换吸附材料和高分子吸附材料的组成、结构及性质，并对各类材料的应用研究现状进行了总结，由李芬编写；第4章简述了反渗透膜材料、纳滤膜材料、超滤膜材料与微滤膜材料的原理、特点及应用，由孙婕编写；第5章在分析噪声的产生、类型以及控制原理的基础上，介绍了多孔吸声材料、隔声材料、消声材料和隔振与阻尼减振材料，并对各种材料的性能以及组成形式进行了归纳总结，由李芬编写；第6章简述了大气污染修复技术与材料、土壤污染修复技术与材料、沙漠化污染修复技术与材料、水域石油污染修复技术与材料、海洋石油污染的生物修复技术，由孙婕、陈红编写；第7章介绍了一些新型的可替代氟利昂、石棉等环境替代材料，以及一些新型环境相容性材料，由熊筱晶、周雅珍编写；第8章介绍了电磁波污染的危害、防护以及屏蔽、吸收方式以及防护涂层，由郑国香编写；第9章着重介绍了高效电催化电极材料的工作原理、制备与表征以及在环境工程中的应用，由韩松编写；第10章着重介绍光催化材料的基础知识、制备与表征以及在环境工程中的应用，包括在气相污染控制中的应用以及降解水中污染物的应用，由韩松编写；第11章介绍了湿式氧化用催化剂的分类、设计、制备、在动力学模型方面的研究以及应用等，由师悦、陈红编写；第12章介绍了水污染控制工程的应用方法，污水物理处理技术材料、生物处理技术材料以及化学处理技术材料，水体污染和水资源短缺将是今后相当长一段时间内全球最严重的问题之一，由师悦编写；第13章主要介绍了环境工程材料在 SO_2、NO_x、汽车尾气和恶臭等气态污染物防治上的应用，由郑国香编写；第14章围绕着固体废物的性质及其处理方式展开讨论，对固体废物控制工程材料进行了简单的描述，重点讲述了固体废物的预处理和物化处理的污染控制工程，由陈红、刘琨编写。刘方婧、王艺璇、刘青娇、赵倩、张新慧、王德欣、王兵、曹逸坤等硕士参与了全部书稿的校正、图表制作等工作。任南琪院士审阅了本书，并提出了很多有建设性的意见和建议，在此深表感谢。

由于时间紧凑以及编者水平有限，书中不妥之处还请读者指正。

编　者

目　录

第 1 章
绪　　论

本章提要：环境材料是在人类认识到生态环境保护的重要战略意义和世界各国纷纷走可持续发展道路的背景下提出来的，一般认为环境材料是具有满意的使用性能，同时又被赋予优异的环境协调性的材料。环境工程材料的开发研究是解决环境问题的关键，一般来说，环境工程材料是指用于防止、治理或修复环境污染的材料，包括环境净化材料、环境修复材料以及环境替代材料等。

1.1　环境功能材料及设计

1.1.1　环境问题与环境功能材料

可以将对人类生存和发展产生严重威胁的环境问题分为两大类：一类是人类活动所排放的废弃物带来的环境污染；另一类是生态环境的破坏，这些环境问题有些是全球性的，有些是局域性的。温室效应与气候变暖、臭氧层的破坏、酸雨、有毒物质污染、生态环境破坏是目前人类面临的极大挑战。

环境科学技术体系在新形势下也在发生着变化，由以"末端治理"为主的技术体系到现在的污染预防、清洁生产等新的观念和技术，环境科学发展成了为解决环境问题的科学技术体系，以及为保护环境所采取的政治、法律、经济、行政等各项专门知识的庞大的学科体系。

资源，尤其是自然资源，是可持续发展的物质基础。工业化的发展及人口的膨胀对自然资源的巨大消耗和大规模的开采，已导致资源基础的削弱、退化、枯竭，资源与环境问题已成为当前世界上人类面临的重要问题之一。

目前，威胁人类生存和发展的资源问题主要是水资源、土地资源、能源、矿产资源问题。有些资源问题与环境污染有着直接的关系，如水污染使本身就已很严峻的水资源危机更加严重；人口的膨胀和土壤质量的下降，使得土地资源在相对数量和质量方面均存在严重危机。能源问题更为复杂，随着作为一次能源的煤、石油、天然气等不可再生的能源资源的消耗，人们将注意力转向了可再生的非化石燃料类能源，如太阳能、地热能、海洋能、水能、风能等；同时二次能源的开发也是提高能源资源的利用效率，是解决资源环境问题的重要手段之一。

目前人类所面临的环境问题主要是由人口膨胀和经济发展带来的，其中工业生产带来的环境污染既是区域性的，也是全球性的，不容忽视。改变现有工业的发展模式是走可持续发展道路的组成部分，清洁生产是一种在可持续发展引导下的一种全新的生产模式。

目前需要解决的环境问题包括可再生能源的利用、新能源和各种节能技术的开发等。可以看出，解决这些环境问题的基础是新技术、新工艺、新装备、新材料。

1.1.2 环境功能材料的分类

按照在解决环境问题中所起的作用，可以将环境功能材料分为环境净化材料、环境修复材料和环境替代材料。

1.2 环境净化材料

环境净化材料就是能净化或吸附环境中有害物质的材料和物质，主要起到去除环境中污染物的作用，主要有水污染净化材料、大气污染净化材料、噪声和电磁辐射等物理污染控制材料等，如过滤、吸附、分离、杀菌、消毒等材料。

1.2.1 水污染净化材料

在污水与给水处理工艺中，经常使用氧化还原材料、沉淀分离材料、固液分离材料等，以达到去除水中污染物的目的。

1. 氧化还原材料

氧化还原技术属于一种污水化学转化处理工艺。用于氧化还原处理的材料包括氧化剂、还原剂及催化剂等。常用的氧化材料有活泼非金属材料如臭氧、氯气等，含氧酸盐如高氯酸盐、高锰酸盐等；常用的还原材料有活泼金属原子或离子；常用的催化剂有活性炭、黏土、金属氧化物及高能射线等。

（1）氧化剂

1）空气。从环境协调的角度看，利用空气中的氧或纯氧处理废水中的有机污染物，是一种环境友好型的污水处理方法。空气中的氧具有较强的化学氧化性，且在介质的 pH 较低时，其氧化性增强，有利于用空气氧化法处理污水。此法主要用于含硫废水的处理，石油炼制厂、石油化工厂、皮革厂、制药厂等都排出大量含硫废水。硫化物一般以钠盐（$NaHS$、Na_2S）或铵盐 [NH_4HS、$(NH_4)_2S$] 的形式存在于废水中，它们的还原性较强，可以用空气氧化法处理。

湿式氧化是在较高的温度和压力下，用空气中的氧来氧化废水中的溶解和悬浮的有机物、还原性无机物的一种方法。与一般方法相比，湿式氧化法具有适用范围广、处理效率高、二次污染低、氧化速度快、装置小、可回收能量和有用物料等优点。但用空气中的氧进行氧化反应时活化能很高、反应速度很慢，使其应用受到限制。由于高压操作难度较大，目前空气湿式氧化法的发展方向是向低压发展。在有些生物处理污水流程中，设计了低压湿式氧化工艺，对一些用生物技术难以处理的有机污染物进行预处理。

2）臭氧。臭氧是一种理想的环境友好型水处理剂。臭氧的氧化性很强，对水中有机污染物有较好的氧化分解作用。此外，对污水中的有害微生物，臭氧还有强烈的消毒杀菌作用。用臭氧处理难以生物降解的有机污染物，使其转化成容易降解的有机化合物，在污水处理中已开始广泛应用，如用臭氧分解污水中的聚羟基壬基酚。对工业循环冷却排放的废水，用臭氧去除废水中的活化剂，可明显改善废水的水质，有效地减轻公共污水处理系统的负担。

3）过氧化氢。它是一种较好的处理有机废水的氧化剂。过氧化氢与紫外线合并使用，可分解氧化卤代脂肪烃、有机酸等有机污染物。通过添加低剂量的过氧化氢，控制氧化程度，使废水中的有机物发生部分氧化、耦合或聚合，形成相对分子质量适当的中间产物，改善其可生物降解性、溶解性及混凝沉淀性，然后通过生化法或混凝沉淀法去除。与深度氧化法相比，过氧化氢部分氧化法可大大节约氧化剂用量，降低处理成本。

4）氯系氧化剂。包括氯气、次氯酸钠、漂白粉、漂白精等。通过在溶液中电离，生成次氯酸根离子，然后水解、歧化，产生氧化能力极强的活性基团，用于杀菌、分解有机污染物。氯系氧化剂的氧化性较强，在酸性溶液中更会增强，还可通过光辐射或其他辐射方法来增强其氧化能力。这类氧化剂最重要的氧化成分是二氧化氯，它在水中的溶解度是氯的5倍。二氧化氯遇水迅速分解，生成多种强氧化剂，如次氯酸、氯气、过氧化氢等，这些强氧化剂组合在一起，产生多种氧化能力极强的活性基团，能激发有机环上的不活泼氢，通过脱氢反应生成自由基，成为进一步氧化的诱发剂。自由基还能通过羟基取代反应，将有机芳烃环上的一些基团取代下来，从而生成不稳定的羟基取代中间体，易于开环裂解，直至完全分解为无机物。氯氧化法在废水处理中，除用于去除氰化物、硫化物、酚、醇、醛、油类等污染物外，还用于给水或废水的消毒、脱色、除臭。

5）高锰酸盐氧化剂。常用于污水氧化处理过程。最常用的高锰酸盐是高锰酸钾，是一种强氧化剂，其氧化性随pH降低而增强。在有机废水处理中，高锰酸盐氧化法主要用于去除酚、氰、硫化物等有害污染物。在给水处理中，高锰酸盐可用于消灭藻类、除臭、除味、除二价铁和二价锰等。高锰酸盐氧化法的优点是出水无异味，易于投配和监测，并易于利用原有水处理设备，如混凝沉淀设备、过滤设备等。反应所生成的水合二氧化锰有利于凝聚和沉淀，特别适合于对低浊度废水的处理。其主要缺点是成本高，尚缺乏废水处理的运行经验。若将此法与其他处理方法，如空气曝气、氯氧化、活性炭吸附等工艺配合使用，可使处理效率提高，成本下降。

6）其他氧化剂。除使用氧化剂外，通过紫外线、放射线等高能射线进行光催化氧化，也是处理有机废水的一种有效方法。

（2）还原剂　废水中的某些金属离子在高价态时毒性很大，可先用还原剂将其还原到低价态，然后分离除去。常用的还原剂包括：某些电极电位较低的金属，如铁屑、锌粉等；某些带负电的离子，如$NaBH_4$中的B^{5-}；某些带正电的离子，如Fe^{2+}。此外，利用废气中的H_2S、SO_2和废水中的氰化物等进行还原处理，不但经济有效，而且可以达到以废治废的目的。

目前在水污染净化中，采用还原剂还原的方法主要用于含铬废水和含汞废水的处理。如用氧化还原法处理含汞废水，还原剂一般可选铁屑、锌粒、铝粉、铜屑和硼氢化钠、醛类、联胺等。

2. 沉淀分离材料

沉淀分离方法是利用水中悬浮颗粒与水的密度不同进行污染物分离的一种废水处理方

法。利用沉淀分离法，可以去除水中的砂粒、化学沉淀物，以及混凝处理形成的絮凝体和生物处理的污泥。沉淀分离从理论上可分为自由沉淀、絮凝沉淀、分层沉淀和压缩沉淀等。

在絮凝沉淀分离过程中，常用的絮凝沉淀材料有混凝剂和助凝剂两大类。混凝剂是在混凝过程中投加的主要化学药剂。其混凝机理是通过向废水中投入混凝剂，破坏胶体和悬浮微粒在水中的稳定分散系，依靠压缩双电层、吸附电中和、吸附架桥以及沉淀物网捕四种机理完成絮凝沉降过程。

混凝剂可分为无机类和有机类两大类。无机类主要包括硫酸铝、聚合氯化铝、三氯化铁以及硫酸亚铁和聚合硫酸铁等；有机类混凝剂主要指人工合成的高分子混凝剂，如聚丙烯酰胺、聚乙烯胺等。在污水的深度处理中一般都采用无机混凝剂，有机类混凝剂常用于污泥的调制。

硫酸铝是使用最多的混凝剂。近几年来，人们已经认识到了自来水中铝残留量对人体的影响。如何在提高混凝剂效能的同时，有效地减少水中残留的铝含量，是当前研制铝盐混凝剂时值得注意的问题。

高铁酸盐絮凝剂是水处理中已广泛使用的絮凝剂，能够有效降解有机物，去除悬浮颗粒及凝胶。如三氯化铁是一种常用的混凝剂，为褐色带有金属光泽的晶体。其优点是易溶于水，矾花大而重，沉淀性能好，对温度、水质及 pH 值的适应范围宽，最大缺点是有强腐蚀性，易腐蚀设备，且有刺激性气味，操作条件较差。聚合硫酸铁是 20 世纪 80 年代出现的新型混凝剂，其特点是混凝效果好，无腐蚀性，其综合性能优于聚合氯化铝。另外无腐蚀性的聚合氯化铁也正在研制中。

除絮凝沉淀外，化学沉淀也是一种常用的污水沉淀分离处理方法，化学沉淀法按所加入的沉淀剂成分可分为氢氧化物沉淀剂、硫化物沉淀剂、铬酸盐沉淀剂、碳酸盐沉淀剂、氯化物沉淀剂等几大类。

3. 固液分离材料

用于废水固液分离的材料包括过滤材料、吸附分离材料和膜分离材料等。

利用吸附剂的物理吸附、离子交换、络合等特点，能够去除水中的各种金属离子，主要用于处理含重金属元素的废水。天然黏土能吸收重金属、多环芳烃、碳氢化合物和苯酚等，可用于石油化工厂的污水净化。此外，物理吸附还能够吸附水中的颗粒物以及部分有机污染物。吸附剂的开发主要考虑其吸附效率、选择性、成本等性能。天然沸石由于来源广泛、处理效果好、不产生二次污染等优点，目前已逐渐替代传统的活性炭吸附剂成为主要的水处理吸附剂。

另外，市政生活污水通常采用生化处理工艺。固定化微生物技术是使用化学或物理的方法将游离细胞定位于材料的限定空间中，并使其保持生物活性且可反复利用的生物技术。

1.2.2 大气污染净化材料

大气污染是指由于自然或人为原因使大气圈层中某些成分超过正常含量或排入有毒有害的物质，对人类、生物和物体造成危害的现象。处理大气污染物的方法通常有吸收法、吸附法和催化转化法。

1. 吸附剂

由于固体表面上存在着分子引力或化学键力，能吸附分子并使其浓集在固体表面上，这种现象称为吸附。具有吸附作用的固体物质称为吸附剂，被吸附的物质称为吸附质。吸附法净化气态污染物就是使废气与大表面多孔的固体物质相接触，将废气中的有害组分吸附在固体表面上，从而达到净化的目的。

吸附剂的种类很多，按成分不同可分为无机吸附剂和有机吸附剂。按来源不同可分为天然吸附剂和合成吸附剂。天然矿产品如活性白土和硅藻土等经过适当的加工，形成多孔结构后，可直接作为吸附剂。合成无机材料吸附剂主要有活性炭、硅胶、活性氧化铝等。

（1）活性炭 活性炭具有不规则的石墨结构，比表面积非常大，有的甚至超过2000m²/g，所以活性炭是一种优良的吸附剂。它是一种具有非极性表面、疏水性和亲有机物的吸附剂，常常被用来吸附回收空气中的有机溶剂，或用来净化某些气态污染物，也可以用来脱臭。

活性炭纤维是一种新型的高效吸附剂，主要用于吸附各种无机和有机气体、水溶性的有机物、重金属离子等，特别对一些恶臭物质的吸附量比颗粒活性炭要高出40倍。

碳分子筛是具有均匀孔径的分子筛结构的活性炭，它是由重石油烃类在裂化罐内加热至600℃，通过热裂解除尽低于600℃的碳氢挥发物，将约占5%的焦炭残留物再在600～900℃的N_2流中热裂解制得。碳分子筛能选择吸附氧而不吸附氮，是分离空气工艺中常用的吸附剂。

（2）活性氧化铝 活性氧化铝是指氧化铝的水合物加热脱水后形成的多孔物质。它可以吸附极性分子，无毒，机械强度大，不易膨胀。

（3）硅胶 硅胶是多聚硅酸经分子间脱水而形成的一种多孔性物质，化学组成为$SiO_2 \cdot xH_2O$，属于无定形结构，其中的基本结构质点为Si—O四面体。硅胶的分类常以孔径大小来分，即细孔硅胶、粗孔硅胶和介于两者之间的中孔硅胶。

由于硅胶为多孔性物质，而且表面的羟基具有一定程度的极性，故硅胶优先吸附极性分子及不饱和的碳氢化合物。此外，硅胶对芳烃的 π 键有很强的选择性及很强的吸水性，因此，硅胶主要用于脱水及石油组分的分离。

（4）沸石分子筛 分子筛是一种笼形孔洞骨架的晶体，经脱水后空间十分丰富，具有很大的内表面积，可以吸附相当数量的吸附质。同时其内晶体表面高度极化，晶穴内部有很大的静电场在起作用，微孔分布单一均匀并具有普通分子般大小，易于吸附和分离不同物质的分子。应用最广的沸石分子筛是具有多孔骨架结构的硅酸盐结晶体，它是强极性吸附剂，具有很高的吸附选择性和吸附能力。

吸附分物理吸附和化学吸附。这两类吸附往往同时存在，仅因条件不同而有主次之分。吸附过程包括三个步骤：使气体和固体吸附剂进行接触；将未被吸附的气体与吸附剂分开；进行吸附剂的再生或更换新吸附剂。

2. 吸收剂

利用吸收剂将混合气体中的一种或多种组分有选择地吸收分离的过程称为吸收。具有吸收作用的物质称为吸收剂，被吸收的组分称为吸收质，吸收操作得到的液体称为吸收液，剩余的气体称为吸收尾气。常见气体的吸收剂见表1-1。

吸收可分为化学吸收和物理吸收两大类。化学吸收是被吸收的气体组分和吸收液之间产生明显的化学反应的吸收过程。从废气中去除气态污染物多用化学吸收法。物理吸收是被吸收的气体组分与吸收液之间不产生明显的化学反应的吸收过程，仅仅是被吸收的气体组分溶解于液体的过程。

表 1-1　常见气体的吸收剂

有害气体	常用吸收剂
SO_2	H_2O，NH_3，$NaOH$，Na_2CO_3，$Ca(OH)_2$，ZnO
NO_x	H_2O，NH_3，$NaOH$，Na_2SO_3
HF	H_2O，NH_3，Na_2CO_3
HCl	H_2O，$NaOH$，Na_2CO_3
Cl_2	$NaOH$，Na_2CO_3，$Ca(OH)_2$
H_2S	NH_3，Na_2CO_3，乙醇胺
含 Pb 废气	CH_3COOH，$NaOH$
含 Hg 废气	$KMnO_4$，$NaClO$，浓硫酸

3. 净化催化剂

催化转化法净化气态污染物是利用催化剂的催化作用，将废气中的有害物质转变为无害物质或易于去除物质的方法。催化转化剂通常由主活性物质、载体和助催剂组成。

选择性催化还原所用的催化剂为铂、钯等贵金属，以及钒、铬、锰、铁、铜等过渡金属氧化物，或是这些金属的混合物。

目前，净化催化剂的研究热点主要集中在减少贵金属用量、提高催化效率以及催化剂稳定性等方面。二氧化钛光催化剂的研究近年来成为材料科学研究的热点之一，由于其化学性能稳定、无毒、价廉以及光催化活性高而引起了广泛重视，在空气净化、杀菌、消毒、防雾、防尘等领域具有广阔的应用前景。近年来，TiO_2光催化剂的多种类型产品陆续出现，如清洁玻璃、卫生洁具等。

室内环境污染也是大气污染的一种，污染源主要是外界大气、房屋或家居中的化工涂料、染料等。对室内空气中的污染物，如苯系物、卤代烷烃、醛、酸、酮等的降解，采用光催化降解法非常有效。例如利用太阳光、卤钨灯、汞灯等作为紫外光源，使用锐钛矿型纳米 TiO_2作为催化剂。

1.2.3　物理污染控制材料

防止噪声的污染和电磁波对人体的损害，除控制技术外，材料的选用也是重要的一环。新材料技术的发展直接影响着防噪技术和电磁波控制技术的水平。控制噪声污染的功能性材料称为噪声控制材料，控制电磁波污染的功能性材料称为电磁波防护材料。

1. 噪声控制材料

物理上噪声是声源做无规则振动时发出的声音。在环保的角度上，凡是影响人们正常的学习、生活、休息等的一切声音，都称为噪声。

噪声系统通常由噪声源、传递途径、接受体三个部分组成。控制噪声，也是从这三方面考虑。如只要噪声源停止发声，噪声就会停止。因此，降低噪声源的发声强度，是控制噪声的一个重要的方面。目前，我国许多城市市区内禁止鸣笛，就是一种有效的防噪措施。控制噪声的另一项措施就是阻碍噪声的传递途径，从而减小噪声的危害。其中，安装消声、吸声和隔声设备和材料是技术人员努力的方向。消声设备是附属在声源上或成为其某一部分的一种装置，能使噪声散发在声源附近，或在噪声影响工作和生活以前将其吸收掉。

吸声材料，是具有较强的吸收声能、降低噪声性能的材料，是借自身的多孔性、薄膜作用或共振作用而对入射声能具有吸收作用的材料。常用的吸声材料有玻璃棉、矿渣棉、泡沫塑料、毛毡、棉絮等多孔材料，将其装饰在墙壁上或悬挂在空间，吸收入射的声能，可降低噪声。

把空气中传播的噪声隔绝、隔断、分离的一种材料、构件或结构，称之为隔声材料。常用的有隔声墙、隔声地板、隔声室和隔声罩等。世界上许多城市市区的高架路都安装了防噪墙板，有效地控制了交通噪声污染。这种防噪墙板是声学和材料学的有机组合，既要求有最低的声反射，又要求有较强的吸声能力。一般都是由多孔无机复合材料制成。

材料吸声和材料隔声的区别在于，材料吸声着眼于声源一侧反射声能的大小，目标是反射声能要小。吸声材料对入射声能的衰减吸收，一般只有十分之几，因此，其吸声能力即吸声系数可以用小数表示。材料隔声着眼于入射声源另一侧的透射声能的大小，目标是透射声能要小。

2. 电磁波防护材料

电磁波污染，主要指由电磁波引起的对人体健康的不良影响，不包括电磁波对电子线路、电子设备的干扰。常见的电磁波污染源有计算机设备、微波炉、电视机、移动通信设备等。这些电子器件通过机壳和屏幕向空间发射电磁波，从而污染环境。

关于电磁波防护材料，目前主要有两类，一类是吸波材料，另一类是反射材料。其原理都是尽量将电磁波屏蔽在机内，最大限度地减少电磁波的机外辐射。常见的反射材料主要由金属成分构成且常加工成表面合金，对电磁波不但有反射作用，还通过衍射、折射等方式改变电磁辐射特性。如对于移动通信手机的电磁波防护，国外已研究成功在手机外壳镀上一层金属膜，通过改变手机近场的电磁波特性来减少对人体的电磁辐射。

目前，国内外的吸波材料主要有两大类：一类是以有机材料为主的泡沫吸波材料，另一类是铁氧体吸波材料。泡沫吸波材料通常用含炭粉、阻燃剂的乳胶作为灌注物，浸润在聚氨酯泡沫或聚苯乙烯塑料等基体中制成锥形、楔形吸波材料，这类材料一般用于大型仪器设备的电磁波屏蔽。

1.3 环境修复材料

1.3.1 生物修复材料

广义的生物修复，指一切以利用生物为主体的环境污染的治理技术。它包括利用植物、动物和微生物吸收、降解、转化土壤和水体中的污染物，使污染物的含量降低到可接受的水平，或将有毒有害的污染物转化为无害的物质，也包括将污染物稳定化，以减少其向周边环境的扩散。狭义的生物修复，是指通过微生物的作用清除土壤和水体中的污染物，或是使污染物无害化的过程。它包括自然的和人为控制条件下的污染物降解或无害化过程。相应的材料称为环境修复材料。

环境修复包括生物修复、物理修复和化学修复等，相应的修复材料为植物、化学药剂及其组合，如防止土壤沙化的固沙植被材料、二氧化碳固化材料以及臭氧层修复材料等。

1. 生物修复的优缺点

生物修复同物理、化学修复方法相比，有许多优点：生物修复可以现场进行，这样减少了运输费用和人类直接接触污染物的机会；生物修复经常以原位方式进行，这样可使对污染位点的干扰或破坏达到最小，可在难以处理的地方（如建筑物下、公路下）进行，在生物修复时场地可以照常用于生产；生物修复可与其他处理技术结合使用，处理复合污染；降解过程迅速，费用低，只是传统物理、化学修复的30%~50%。

生物修复技术虽然已经取得了较大的发展，但由于受生物特性的限制，生物修复技术还存在着许多的局限性：微生物不能降解污染环境的所有污染物；污染物的难生物降解性、不溶性以及污染物与土壤腐殖质或泥土结合在一起常使生物修复难以进行；生物修复要求对地点状况的工程前考察，往往费时、费钱；一些低渗透性土壤往往不宜采用生物修复技术；特定的微生物只降解特定的化合物类型，化合物形态一旦变化就难以被原有的微生物酶系降解；微生物活性受温度和其他环境条件的影响；有些情况下，生物修复不能将污染物全部去除，因为当污染物含量太低，不足以维持一定数量的降解菌时，残余的污染物就会留在土壤中；如何开展对寒冷地区的污染土壤和海洋中的石油污染治理是生物修复尚待研究的重要课题。

生物修复的优缺点简化总结于表1-2。

表1-2　生物修复的优缺点

优　点	缺　点
可在现场进行 使位点的破坏达到最小	不是所有的污染物都可使用，有些不适用 有些化学品的降解产物毒性和迁移性增强
减少运输费用，消除运输隐患 费用低 可与其他处理技术结合使用 永久性地消除污染	地点特异性强 工程前期投入高 需要增加微生物监测项目

2. 影响生物修复的环境因素

（1）非生物因素　影响有机物生物降解性的重要因素有温度、pH、湿度水平（对土壤而言）、盐度、有毒物质、静水压力（对土壤深层或深海沉积物而言）。

（2）营养物质　异养微生物及真菌的生长除需要有机物提供的碳源及能源之外，还需要一系列营养物质及电子受体。

生物修复技术是利用活的有机体处理污染物，因而必然受到许多外界环境的影响。在被污染的土壤和地下水中，石油污染物是微生物可以利用的碳源，但它只能够提供有机碳而不能提供其他营养物，因而N、P常常是限制微生物活性的重要因素，为了使污染物完全降解，适当的添加外源营养物具有重要的作用。许多细菌及真菌还需要一些低含量的生长因子，包括氨基酸、B族维生素、脂溶性维生素及其他有机分子。

（3）电子受体　微生物的活性除了受营养盐的限制，土壤中污染物氧化分解的最终电子受体的种类与含量也极大地影响着生物修复的速度和程度，包括O_2、H_2O_2和其他的一些离子等。

H_2O_2是一种强氧化剂，它既可直接氧化一部分烃类污染物，又可为微生物的氧化过程提供充足的电子受体，强化它们对烃类污染物的氧化降解作用，但含量过大时，将对微生物产生毒害作用。

对好氧微生物而言，电子受体是O_2。厌氧微生物也可以利用硝酸盐、CO_2、硫酸盐、三价铁等作为电子受体分解有机物。

（4）复合基质　环境中常存在多种污染物，这些污染物可能是合成有机物、天然物质碎片、土壤或沉积物中的腐殖酸等。在这样多种污染物与多种微生物共存条件下的生物降解过程与实验室进行的单一微生物分解单一化合物的情况有很大区别。

（5）微生物的协同作用　自然界存在为数众多的微生物种群，多数生物降解过程需要两种或更多种类微生物的协同作用。描述这种协同作用的主要机理有：

1）一种或多种微生物为其他微生物提供 B 族维生素、氨基酸及其他生长因素。

2）一种微生物将目标化合物分解成一种或几种中间有机物，第二种微生物继续分解中间产物。

3）一种微生物代谢目标化合物，形成的中间产物不能被其彻底分解，第二种微生物分解中间产物。

4）一种微生物分解目标化合物形成有毒中间产物，使分解速率下降，第二种微生物以有毒中间产物为碳源将其分解，这与机理 2）相似，也可能与不同种属微生物间氢的转移有关。

（6）捕食作用　环境中细菌或真菌含量较高时，常存在一些捕食或寄生类微生物。寄生微生物的有些种类可能引起细菌或真菌分解。这种捕食、寄生及分解作用可能影响细菌或真菌对污染物的生物降解过程。这种影响经常是破坏性的，但也有有利的情况。

（7）种植植物　近年来，植物根系微生物的分解过程受到了较多关注。多数情况下植物的种植有利于生物修复的进行。

3. 植物修复

植物修复是利用绿色植物来转移、容纳或转化污染物使其对环境无害。植物修复的对象是重金属、有机物或放射性元素污染的土壤及水体。研究表明，通过植物的吸收、挥发、根滤、降解、稳定等作用，可以净化土壤或水体中的污染物，达到净化环境的目的，因而植物修复是一种很有潜力、正在发展的清除环境污染的绿色技术。

目前普遍认为利用植物修复的方法，来清除受重金属污染的土地，是一种比较便宜且方便的做法，甚至有科学家指出，可利用植物的这种特性开采土壤中的金属矿物。美国新泽西州即成功地利用植物修复的方法，把一处因制造电池而导致铅污染的土地成功修复。通过了解植物在重金属环境下的生存策略，有助于人类利用生物科技制造出可以大量吸收重金属的植物。基本上可以有效清除重金属污染的植物，最好需有下列特征：生长快速、根系能深植土壤、容易收割、能够容忍并累积多样化重金属。

植物修复具有成本低、不破坏土壤和河流生态环境、不引起二次污染等优点。自 20 世纪 90 年代以来，植物修复成为环境污染治理研究领域的一个前沿性课题。植物修复过程可以具体分为 5 种：

（1）植物转化　植物转化也称植物降解，指通过植物体内的新陈代谢作用将吸收的污染物进行分解，或者通过植物分泌出的化合物（比如酶）的作用对植物外部的污染物进行分解。植物转化技术使用于疏水性适中的污染物，如 BTEX、TCE、TNT 等。对于疏水性非常强的污染物，由于其会紧密结合在根系表面和土壤中，从而无法发生运移，更适合采用之后提到的植物固定和植物辅助生物修复技术来治理。

（2）根滤作用　借助植物羽状根系所具有的强烈吸持作用，从污水中吸收、浓集、沉淀金属或有机污染物，植物根系可以吸附大量的铅、铬等金属，另外也可以用于放射性污染物、疏水性有机污染物（如 TNT）的治理。进行根滤作用所需要的媒介以水为主。因此根滤是水体和湿地系统进行植物修复的重要方式，所选用的植物以水生植物为主。

（3）植物辅助生物修复　通过植物的吸收促进某些重金属转移为可挥发态，挥发出土壤和植物表面，达到治理土壤重金属污染的目的。

有些元素如 Se、As 和 Hg 通过甲基化挥发，大大减轻土壤的重金属污染。如 B·Juncea 能使土壤中的 Se 以甲基硒的形式挥发去除。还有研究表明烟草能使毒性大的二价汞转化为气态的零价汞。Rugh 等将细菌的汞还原酶基因转入 Arabidopsistfialiana 中，发现该植物对 $HgCl_2$ 的抗性和将 Hg^{2+} 还原为 Hg 的能力明显增强。这一方法只适用于挥发性污染物，植物挥发要求被转化后的物质毒性要小于转化前的污染物质，以减轻环境危害。由于这一方法只适用于挥发性污染物，应用范围很小，并且将污染物转移到大气和（或）异地土壤中对人类和生物又一定的风险，因此，它的应用将受到限制。

（4）植物提取　种植一些特殊植物，利用其根系吸收污染土壤中的有毒有害物质并运移至植物地上部，通过收割地上部物质带走土壤中污染物。植物提取作用是目前研究最多，最有发展前景的方法。该技术利用的是一些对重金属具有较强忍耐和富集能力的特殊植物。要求所用植物具有生物量大、生长快和抗病虫害能力强的特点，并具备对多种重金属较强的富集能力。此方法的关键在于寻找合适的超富集植物和诱导出超级富集体。

（5）植物稳定　利用植物根际的一些特殊物质使土壤中的污染物转化为相对无害物质的一种方法。植物在植物固定中主要有两种功能：保护污染土壤不受侵蚀，减少土壤渗漏来防止金属污染物的淋移；通过金属在植物根部的积累和沉淀或通过根表吸持来加强土壤中污染物的稳定。

应用植物稳定原理修复污染土壤应尽量防止植物吸收有害元素，以防止昆虫、草食动物在这些地方觅食后可能会对食物链带来的污染。

然而植物稳定作用并没有将环境中的重金属离子去除，只是暂时将其固定，使其对环境中的生物不产生毒害作用，但并没有彻底解决环境中的重金属污染问题。如果环境条件发生变化，重金属的生物可利用性可能又会发生改变。因此，植物稳定不是一个很理想的修复方法。

1.3.2　固沙植被材料

沙化产生的原因，主要还是来自人类对自然环境的破坏。我国"三北"地区（即西北、华北、东北地区）沙化土地面积共约 17.6 万 km^2。其中，历史上早已形成的有 12.5 万 km^2，近 100 年来形成的有 5.1 万 km^2。此外，还有 15.6 万 km^2 有发生沙化的危险。初步统计，从 20 世纪 50 年代到 70 年代末，沙化土地平均每年扩展约 $1500km^2$。受沙化影响的有 11 个省（区）212 个县（旗），人口 3500 万，耕地 400 万 hm^2，草场 500 万 hm^2。近年来我国南方湿润地区，如鄱阳湖平原也出现了土地沙化现象。

目前的固沙植被材料主要有两大类：一类是高吸水性树脂，另一类是高分子乳液。目前，这些材料主要用于沙漠与荒漠化地区交通干线沿线的护路以及荒坡固定等。技术已经成形的固沙剂具有固结速度快、强度高、无毒害、易于操作等优点，但通常成本较高。

兰州大学从 20 世纪 80 年代开始就在防治荒漠化和干旱生态农业方面投入了很大力量，其化学化工学院目前已完成淀粉接枝、天然纤维接枝高分子材料和丙烯酸高分子材料系列的高吸水性树脂的研究工作。树脂改性后可用于中卫市沙坡头治沙，效果优于国外同类产品。他们还研制出了可用于沙尘固定和绿化工程的高分子乳液。这项技术是把增粘剂、养生剂、高分子乳液与草籽、肥料、水混合在一起形成乳液，用压缩空气喷洒在沙地表面，可临时固定沙尘，待种子发芽生根后对沙尘起到永久性固定作用，达到绿化沙漠的目的。

1.4　环境替代材料

人们习惯使用的一些常用材料，由于在生产、使用和废弃的过程中会造成对环境的极大破坏，因而必须逐渐予以废除或取代，代替这些被废除或被取代的常用材料的材料称为环境替代材料。如替代氟利昂（CFC）的新型环保型制冷剂材料，工业和民用的无磷洗涤剂化学品材料，工业石棉替代材料及其他工业有害物（如水银）的替代材料，与资源相关的铝门窗的替代材料。

1.4.1　氟利昂替代材料

氟利昂是几种氟氯代甲烷和氟氯代乙烷的总称。氟利昂主要用作制冷剂。氟利昂是臭氧层破坏的元凶，它是本世纪 20 年代合成的，其化学性质稳定，不具有可燃性和毒性，被当做制冷剂、发泡剂和清洗剂，广泛用于家用电器、泡沫塑料、日用化学品、汽车、消防器材等领域。20 世纪 80 年代后期，氟利昂的生产达到了高峰，产量达到了 144 万 t。在对氟利昂实行控制之前，全世界向大气中排放的氟利昂已达到了 2000 万 t。由于它们在大气中的平均寿命达数百年，所以排放的大部分仍留在大气层中，其中大部分仍然停留在对流层，一小部分升入平流层。在对流层相当稳定的氟利昂，在上升进入平流层后，在一定的气象条件下，会在强烈紫外线的作用下分解，分解释放出的氯原子同臭氧会发生连锁反应，不断破坏臭氧分子。科学家估计一个氯原子可以破坏数万个臭氧分子。

根据资料，2003 年臭氧空洞面积已达 2500 万 km^2。臭氧层被大量损耗后，吸收紫外线辐射的能力大大减弱，导致到达地球表面的紫外线明显增强，给人类健康和生态环境带来多方面的危害。据分析，平流层臭氧减少 1%，全球白内障的发病率将增加 0.6%～0.8%，即意味着因此引起失明的人数将增加 1 万到 1.5 万人。

随后开发的一些新型制冷剂，如四氯乙烷、二氟乙烷、五氟乙烷、二氟甲烷、三氟甲烷以及它们的混合物虽然不破坏臭氧层，但它们大都是温室气体，也被 1997 年联合国气候变化框架公约大会在日本京都通过的《京都议定书》列为限制使用的物质。因此，寻找替代氟利昂类物质的无公害新型制冷剂已成为目前研究的热点。

目前，氟利昂的替代品有两大类：一类是过渡性替代材料，另一类是永久性替代材料。过渡性替代材料主要有氟代烃类化合物（HCFC）、丙烷、异丁烷等；永久性替代材料目前开发出来的有环戊烷、HFC-134a 等。

（1）异丁烷　它是很早被使用的制冷剂，但由于其具有可燃性没有得到推广。德国绿色和平组织在 20 世纪重新论证了其在小型制冷系统上使用的可靠性后，逐渐大规模用于冰箱制冷。由于其作为制冷剂具有原料易得、对臭氧层无破坏、高循环率和不用换压缩机润滑油等优点，因而有良好的应用前景。

（2）二氟乙烷与二氟—氯甲烷的混合剂　它具有良好的制冷性能，在我国和美国的部分冰箱生产线已采用此物质。它具有环保性能优越、节能等优点，在我国可以自行生产，适合我国国情。

据报道，国内有公司选择多元混合物作为替代品，于 1997 年底成功地开发出无毒的 KLB 绿色制冷剂，其成品破坏臭氧层值仅为 0.008，温室系数仅为 0.015。KLB 制冷剂不但能直接替代氟利昂，而且节能也十分显著。

此外，科研人员还开发了磁制冷和吸附制冷等替代技术，磁制冷又称"顺磁盐绝热退磁制冷"。顺磁盐中包含铁或稀土元素，其 3d、4f 层电子未充满，因此具有磁性，在励磁和退程中会吸热或放热，如以硝酸镁铈为制冷剂的磁制冷机降温可接近 0K。这种制冷技术具有效率高、成本低、结构简单等优点，其最大好处在于不污染环境。

吸附制冷是利用吸附—脱附时吸热或放热的性质制冷。常用的制冷剂体系包括金属氢化物—氢、沸石分子筛—H_2O、活性炭—氨气、氧化镨—氧化铈体系等。目前世界上关于氟利昂的替代方案很多，但都不很令人满意。迄今为止，世界上还没有发现一种经济和能效超过氟利昂的电冰箱制冷、发泡替代品。

1.4.2 石棉替代材料

石棉又称"石绵"，为商业性术语，指具有高抗张强度、高挠性、耐化学和热侵蚀、电绝缘和具有可纺性的硅酸盐类矿物产品。它是天然的纤维状的硅酸盐类类矿物质的总称。石棉由纤维束组成，而纤维束又由很长很细的能相互分离的纤维组成。石棉具有高度耐火性、电绝缘性和绝热性，是重要的防火、绝缘和保温材料。

石棉种类很多，依其矿物成分和化学组成不同，可分为蛇纹石石棉和角闪石石棉两类。蛇纹石石棉又称温石棉，它是石棉中产量最多的一种，具有较好的可纺性能。角闪石石棉又可分为蓝石棉、透闪石石棉、阳起石石棉等，产量比蛇纹石石棉少。

石棉应用广泛，如：

（1）纺织领域 纤维长度较长、含水量较多的石棉纤维经机械处理后，可直接在纺织机械上加工，制成纯石棉制品。或在石棉纤维中混入一部分棉纤维或其他有机纤维制成混纺石棉制品。

（2）建筑领域 石棉水泥制品，常见的如石棉水泥管、石棉水泥瓦、石棉水泥板和各种石棉复合板等。

（3）工业领域 石棉保温隔热制品——锅炉外壁和导管上常用石棉制作保温层，能提高锅炉的热效率，降低热能损耗；石棉橡胶制品——主要用于各种设备的密封、衬垫；石棉制动制品——是任何传动机械和交通工具所不可缺少的，因为石棉有较高的机械强度和耐热性，有良好的摩擦性能；石棉电工材料——利用石棉纤维与酚醛树脂塑合而制成各种电工绝缘材料。

主要的石棉替代品：

（1）膨胀石墨 膨胀石墨是一种性能优良的吸附剂，尤其是它具有疏松多孔结构，对有机化合物具有强大的吸附能力，1g 膨胀石墨可吸附 80g 石油，于是膨胀石墨就被设计成各种工业油脂和工业油料的吸附剂。

与其他吸附剂相比，膨胀石墨有许多优点。如采用活性炭进行水上除油，它吸附油后会下沉，吸附量也小，且不易再生利用；还有一些吸附剂，如棉花、草灰、聚丙烯纤维、珍珠岩、蛭石等，它们在吸油的同时也吸水，这给后处理带来困难；膨胀石墨对油类的吸附量大，吸油后浮于水面，易捕捞回收，再生利用处理简便，可采用挤压、离心分离、振动、溶剂清洗、燃烧、加热萃取等法，且不会形成二次污染。

油类污染是当今世界面临的一个严峻问题。据估计，因海上运输、生产、事故和陆地排放等注入海洋的油量达 10^5 t/年，严重威胁着人类的生存。膨胀石墨对油类有很强的吸附作用，且吸附油类物质后仍漂浮于水面，便于分离，因此可以说它是一种很有前途的清除水面油污染的环保材料。

（2）柔性石墨 柔性石墨以鳞石墨为原料，经化工处理生成层间化合物。在 800 ~ 1000℃的高温下，层间化合物变成气体，使鳞片石墨膨胀 200 倍左右，变得像棉花。柔性石墨有导热等优点，克服了脆性的缺点，因而显示良好的密封性。它疏松多孔，富有弹性。在高温，高压或辐射条件下工作，不发生分解、变形或老化，化学性质稳定。柔性石墨的诞生，宣告化工密封领域内古板时代行将结束。与石棉垫片相比，柔性石墨具有以下明显的优越性：

1）无辐射、无污染。柔性石墨不含对人体有害的成分，而石棉制品却具有辐射人体的危害，并且也会污染环境。

2）耐高温。柔性石墨增强复合垫片能耐1650℃的高温，即使化工设备熔化，它仍安然无恙。而石棉制品在500℃时内部的结晶水就要分解出来，使自身粉化，失去功效。

3）适用范围广。柔性石墨除了强氧化性酸之外，能耐及大多数的化工介质，包括用于放射性化工介质，而石棉制品适应性差，不能用于放射性介质。一些化工塔器、换热器等，要求连接部位不隔热，柔性石墨能做到，石板制品则不能。

4）使用简便快捷。柔性石墨的垫片系数只有石棉制品的一半，也就是说，要达到相同密封效果，上紧螺钉的力量可以小得多。柔性石墨除具备上述明显的特性外，还具有压缩性、弹性好、抗氧化性的特点，具有极强的自润性和可塑性，同时具有良好的导电性、密度高等特点，可制作各种调整柴油机、压缩机等的各类管道、法兰垫片等。

石墨作为一种新型材料已在密封领域得到高度重视与广泛应用，经过近十几年的发展，柔性石墨密封产品已被广泛应用到发动机、机械、汽车、纺织、化工等行业，在密封领域逐渐占主导地位。改善性能、降低成本，更多使用柔性石墨材料，不仅有利于合理利用资源，而且更重要的是根除了石棉等材料在制造、使用、废弃过程中给环境和人类带来的危害。

（3）其他替代品 日本已有用树皮陶瓷材料制得的汽车制动片上市，对隔热垫或其他保温绝热材料，现在大多用硅酸铝、硅酸锌陶瓷纤维材料作为替代品。国内外已有用芳族聚酰胺纤维代替石棉纤维制成的高温防护材料，它有优良的阻燃、耐热性能，分解温度可达385℃，在火焰中不延燃，可用于冶金服、消防服以及特种部队战斗服等。随着科学技术的发展，新的环境友好型的保温隔热材料不断涌现，基本替代了石棉制品。

1.4.3 无磷洗衣粉的开发与应用

洗衣粉是一种碱性的合成洗涤剂，洗衣粉的主要成分是阴离子活化剂——烷基苯磺酸钠，少量非离子活化剂，再加一些助剂（磷酸盐，硅酸盐，元明粉，荧光剂，酶等），经混合、喷粉等工艺制成。

生活污水中的洗涤废水是磷的外源污染物的一大组成。我国目前每年有约50 万 t 含磷化合物排入地表水中，而生活污水中的17% ~20%的磷来源于洗涤剂所用三聚磷酸钠。

全球范围内地表水体中磷的富营养化问题，使人们对含磷洗涤剂的使用受到限制。能否通过改进洗涤剂的组成和结构来消除或降低环境富营养化是化学家关注与考虑的问题。现在世界上出现了很多无磷洗涤剂。目前开发的助洗剂主要有以下几类。

（1）无机系助洗剂 经过世界各国的研究和应用，一致认为最佳的无机助剂为 4A 沸石，即 4A 分子筛。它是一种具有网状结构的不溶高聚物固体，可与液体中的 Ca^{2+} 和 Mg^{2+} 进行离子交换反应，吸附纤维织物中含有的污垢和金属离子，使其分散脱离、凝聚，最后形成难溶的沉淀物以达到去污的目的。分子筛对 Ca^{2+} 交换容量大于 STPP 的交换容量，而 Mg^{2+} 的交换容量却不如 STPP。

（2）有机系助洗剂 有机化合物有利于微生物降解，因此它不会像无机物那样产生富营养化。目前开发的产品主要有以下几种：

1）氮基羧酸盐：如 NTA（氮基三醋酸钠），它对 Ca^{2+} 和 Mg^{2+} 的螯合能力特别突出，性能比 STPP 优良，现已有几个国家用 NTA 代替 STPP 来制造无磷洗涤剂。

2）羟基羧酸盐：最有代表性的是柠檬酸三钠，它是无毒又便于生物降解的洗涤剂用助洗剂，目前在美国和西欧一些国家，已将其用于粉末和液体洗涤剂中。

1.5 天然生物材料

1.5.1 天然矿物材料

天然矿物材料是指那些只经过简单的物理加工，或表面化学处理就能被当做材料使用的天然矿物或岩石。一般不包括用于制作玻璃、水泥、陶瓷、耐火材料、铸石等的原料和无机化工原料。

我们可以把天然矿物材料分为天然石材、天然粉体等两大类。

1. 天然石材

在国际石材贸易中，天然石材习惯上按其形状分为规格石材和碎石材料两大类，而规格石材按其硬度和矿物岩石特征，习惯上分为大理石、花岗石两大类，有些国家把天然板石也作为一个类型。

大理石又称云石，是重结晶的石灰岩，主要成分是 $CaCO_3$。石灰岩在高温高压下变软，并在所含矿物质发生变化时重新结晶形成大理石。主要成分是钙和白云石，颜色很多，通常有明显的花纹，矿物颗粒很多。摩氏硬度在 2.5～5 之间。

大理石是地壳中原有的岩石经过地壳内高温高压作用形成的变质岩。地壳的内力作用促使原来的各类岩石发生质的变化，即原来岩石的结构、构造和矿物成分发生改变。经过质变形成的新的岩石称为变质岩。

大理石主要由方解石、石灰石、蛇纹石和白云石组成。其主要成分以碳酸钙为主，约占 50% 以上。由于大理石一般都含有杂质，而且碳酸钙在大气中受二氧化碳、碳化物、水气的作用，也容易风化和溶蚀，而使表面很快失去光泽。大理石一般比较软，这是相对于花岗石而言的。

大理石主要用于加工成各种形材、板材，作建筑物的墙面、地面、台、柱，还常用于纪念性建筑物（如碑、塔、雕像等）的材料。大理石还可以雕刻成工艺美术品、文具、灯具、器皿等实用艺术品。

花岗石是一种由火山爆发的熔岩在受到相当的压力的熔融状态下隆起至地壳表层,岩浆不喷出地面,而在地底下慢慢冷却凝固后形成的构造岩,是一种深成酸性火成岩,属于岩浆岩,是火成岩中分布最广的一种岩石,其成分以二氧化硅为主,约占 65% ~75%。

花岗石是独一无二的材料,它的物理特点主要表现如下:

1)多孔性(渗透性)。花岗石的物理渗透性几乎可以忽略不计,在 0.2% ~4% 之间。

2)热稳定性。花岗石具有高强度的耐热稳定性,它不会因为外界温度的改变而发生变化,花岗石因其密度很高而不会因温度及空气成分的改变而发生变化。花岗石具有很强的抗腐蚀性,因此很广泛的被运用在储备化学腐蚀品上。

3)延展性。花岗石的延展系数范围为 4.7×10^{-6} ~ 9.0×10^{-6} (in × in 1in^2 = 6.4516 × 10^{-4}m^2)。

4)颜色。花岗石的颜色及材质都是高度一致的。

5)硬度。花岗石是最硬的建筑材料,也由于它的超强硬度而使它具有很好的耐磨性。

6)成分。花岗石主要由石英及正长石及微斜长石组成,最原始的花岗石主要由以下三部分组成:长石、石英、黑云母。各成分所占的比例一般长石为 65% ~90%,石英为 10% ~60%,黑云母为 10% ~15%。

由于它的密度很高,污渍很难入侵。抛光后的花岗石大板、花岗石瓷砖在全世界的建筑业上已经处于很重要的地位。花岗石也使用在外墙包装、屋顶、地板以及各式各样的地板装潢中。门槛、橱柜台面、室外地面适合使用花岗石,其中橱柜台面最好是使用深色的花岗石。

2. 天然粉体功能材料

(1)硅藻土 一种生物成因的硅质沉积岩。由古代硅藻的遗骸组成,其化学成分主要为 SiO_2,此外还有少量 Al_2O_3、CaO、MgO 等。

硅藻土的主要矿物成分为蛋白石,并含有黏土(高岭石类、水分母类及少量胶岭石类)、炭质(有机质)、铁质(褐铁矿、赤铁矿、黄铁矿)、碳酸盐矿物(方解石、白云石、少量菱铁矿)、石英、白云母、海绿石、长石。

黏土矿物及炭质是硅藻土中主要伴生矿物。黏土矿物呈微鳞片状分布于硅藻粒四周,当黏土矿物含量为主要成分时,则起着胶结硅藻的作用。炭质呈质点状、块状或层状与硅藻土共生,炭质均为变质程度很低的、仍保留植物结构的泥炭及褐煤。

纯净的硅藻土一般呈白色土状,含杂质时,常被铁的氧化物或有机质污染而呈灰白、黄、灰、绿以至黑色。一般说来,有机质含量越高,湿度越大,则颜色越深。硅藻土条痕白色,无光泽到土状光泽,不透明,断口粉末状至次贝壳状。大多数硅藻土质轻、多孔、固结差、易碎裂,用手捏即成粉末。

硅藻土涂料添加剂产品,具有孔隙度大、吸收性强、化学性质稳定、耐磨、耐热等特点,能为涂料提供优异的表面性能,增容、增稠以及提高附着力。由于它具有较大的孔体积,能使涂膜缩短干燥时间。还可减少树脂的用量,降低成本。该产品被认为是一种具有良好性价比的高效涂料用消光粉产品,目前已被国际上众多的大型涂料生产商作为指定用品,广泛应用于乳胶漆、内外墙涂料、醇酸树脂漆和聚酯漆等多种涂料体系中,尤其适用于建筑涂料的生产。硅藻土应用于涂料、油漆中,能够均衡地控制涂膜表面光泽,增加涂膜的耐磨性和抗划痕性,去湿、除臭,而且还能净化空气、隔音、防水和隔热。

（2）膨润土　膨润土是以蒙脱石为主要矿物成分的非金属矿产，蒙脱石结构是由两个硅氧四面体夹一层铝氧八面体组成的 2：1 型晶体结构。

蒙脱石可呈各种颜色，如黄绿、黄白、灰、白色等，可呈致密块状，也可为松散的土状，用手指搓磨时有滑感，小块体加水后体积胀大，在水中呈悬浮状，水少时呈糊状。蒙脱石有吸附性和阳离子交换性能，可用于除去石油的毒素、汽油和煤油的净化、废水处理；由于有很好的吸水膨胀性能以及分散和悬浮及造浆性，因此用于钻井泥浆、阻燃（悬浮灭火）；还可在造纸工业中做填料，可优化涂料的性能，如附着力、遮盖力、耐水性、耐洗刷性等；由于有很好的粘结力，可代替淀粉用于纺织工业中的纱线上浆，既节约粮食，又不起毛，浆后还不发出异味。

（3）沸石　沸石是一族架状含水的碱或碱土金属铝硅酸盐矿物，种类甚多，主要有浊沸石、片沸石、解沸石、毛沸石、丝光沸石、菱沸石、钠沸石、钙十字沸石和方沸石。

沸石按其矿物特征分为架状、片状、纤维状及未分类四种，按其孔道体系特征分为一维、二维、三维体系。任何沸石都由硅氧四面体和铝氧四面体组成。四面体只能以顶点相连，即共用一个氧原子，而不能以"边"或"面"相连。铝氧四面体本身不能相连，其间至少有一个硅氧四面体。而硅氧四面体可以直接相连。硅氧四面体中的硅，可被铝原子置换而构成铝氧四面体。

天然沸石是一种新兴材料，被广泛应用于工业、农业、国防等领域，并且它的用途还在不断地开拓。沸石被用作离子交换剂、吸附分离剂、干燥剂、催化剂、水泥混合材料。在石油、化学工业中，用于石油炼制的催化裂化、氢化裂化和石油的化学异构化、重整、烷基化、歧化；用作气、液净化、分离和储存剂；用作硬水软化、海水淡化剂；用作特殊干燥剂（干燥空气、氮、烃类等）。在轻工行业用于造纸、合成橡胶、塑料、树脂、涂料充填剂和素质颜色等。在国防、空间技术、超真空技术、开发能源、电子工业等方面，用作吸附分离剂和干燥剂。在建材工业中，用作水泥水硬性活性掺和料，烧制人工轻骨料，制作轻质高强度板材和砖。在农业上用作土壤改良剂，能起保肥、保水、防止病虫害的作用。在禽畜业中，作饲料（猪、鸡）的添加剂和除臭剂等，可促进牲口成长，提高小鸡成活率。在环境保护方面，用来处理废气、废水，从废水废液中脱除或回收金属离子，脱除废水中放射性污染物。

1.5.2　天然生物高分子材料

天然高分子材料是人类最早研究和使用的医用材料之一，早在公元前约 3500 年古埃及人就利用棉花纤维、马鬃做缝合线缝合伤口，墨西哥的印第安人用木片修补受伤的颅骨等。

目前天然高分子生物材料根据其结构和组成，主要有两大类：一类是天然多糖类材料，如纤维素、甲壳素、壳聚糖、透明质酸、肝素、海藻酸、硫酸软骨素等，其中最常用的天然多糖类材料是纤维素和甲壳素等；另一类是天然蛋白类材料，如胶原蛋白、明胶、丝素蛋白、纤维蛋白、弹性硬蛋白等。

1. 甲壳素和壳聚糖

甲壳素也称甲壳质，别名壳多糖、几丁质、明角质、聚 N—乙酰葡萄糖胺，广泛存在于低等植物菌类、虾、蟹、昆虫等甲壳动物的外壳，高等动物的细胞壁等，是地球上仅次于纤维素的第二大可再生资源，是一种线型的高分子多糖，也是唯一的含氮碱性多糖。

甲壳素是白色或灰白色半透明片状固体。由于具有较好的晶状结构和较多的氢键，因此溶解性能很差。可通过与酰氯或酸酐的反应，在大分子链上导入不同相对分子质量的脂肪族或芳香族酰基；酰基的存在可以破坏分子间的氢键，改变其晶态结构，使所得产物在一般常用有机溶剂中的溶解性大大改善。

甲壳素作为低等动物中的纤维组分，兼具高等动物组织中的胶原和高等植物纤维中纤维素的生物功能，因此生物特性十分优异，生物相容性好，生物活性优异，具有生物降解性。由于甲壳素或壳聚糖具有良好的生物相容性和适应性，并具有消炎、止血、镇痛和促进机体组织生长等功能，可促进伤口愈合，因此被公认为是保护伤口的一种理想材料。甲壳素及其衍生物还具有医疗保健功能，如免疫调节、降低胆固醇、抗菌、促进乳酸菌生长、促进伤口愈合以及细胞活性化。其中应用最为广泛的甲壳素衍生物是壳聚糖。

壳聚糖为甲壳素脱去 55% 以上的 N-乙酰基产物，是带阳离子的高分子碱性多糖，也是目前研究最广的多糖类天然高分子。壳聚糖外观为一种白色或灰白色略有珍珠光泽半透明固体。壳聚糖能溶于酸性溶液中制备成各种形态的材料，具有优良的生物相容性和降解性能，可用作药物载体、膜屏蔽材料、细胞培养抗凝剂、缝合线、人工皮肤、创伤覆盖材料及血液抗凝剂。由于壳聚糖分子上含有丰富的羟基与氨基，可通过化学改性的方法改善其物化性能（特别是溶解性能），同时也可增添更多的新功能。主要的改性方法包括酰基化、羧基化、酯化、醚化及水解反应等。

2. 胶原蛋白和明胶

胶原是哺乳动物体内结缔组织的主要部分，如皮肤、骨、软骨、键及韧带，共有 14 种，其中 I 型胶原最为丰富，且性质优良，被广泛用作生物材料。胶原的基本组成单元是原胶原分子。原胶原分子呈细棒状，长 20nm，直径 1.5nm。每一个原胶原分子均有 3 条肽链，每条肽链上有 1052 个氨基酸。

胶原蛋白的生物学性质：

（1）**低免疫原性**　胶原作为医用生物材料，最重要的特点在于其低免疫原性。胶原有三种类型的抗原分子，第一类是胶原肽链非螺旋的端肽，第二类是胶原的三股螺旋的构象，第三类是 α—链螺旋区的氨基酸顺序。其中第二类抗原分子仅存在于天然胶原分子中，第三类只出现在变性胶原中，而第一类抗原分子在天然和变性胶原中均存在。

（2）**生物相容性**　生物相容性是指胶原与宿主细胞及组织之间良好的相互作用。无论是在被吸收前作为新组织的骨架，还是被吸收同化进入宿主成为宿主的一部分，都与细胞周围的基质有着良好的相互作用，表现出相互影响的协调性，并成为细胞与组织正常生理功能整体的一部分。

（3）**可生物降解性**　胶原能被特定的蛋白酶降解，即生物降解性。因胶原具有紧密牢固的螺旋结构，所以绝大多数蛋白酶只能切断其侧链，只有特定的蛋白酶在特定的条件下才能降解胶原蛋白，胶原肽键才会断裂。胶原的肽键一旦断裂，其螺旋结构随即被破坏。断裂的胶原多肽就被蛋白酶彻底水解。

胶原蛋白具有其他替代材料无可比拟的优越性：胶原大分子的螺旋结构和存在结晶区。使其具有一定的热稳定性；胶原天然的紧密的纤维结构，使胶原材料显示出很强的韧性和强度，适用于薄膜材料的制备；大量胶原被用作制造肠衣等可食用包装材料，其独特之处是：在热处理过程中，随着水分和油脂的蒸发和熔化，胶原几乎与肉食的收缩率一致。而其他的可食用包装材料还没被发现具有这品质；由于胶原分子链上含有大量的亲水基因，所以与水结合的能力很强，这一性质使胶原蛋白在食品中可以用作填充剂和凝胶；胶原蛋白在酸性和碱性介质中膨胀，这一性质也应用于制备胶原基材料的处理工艺。

明胶是一种水溶性的生物可降解高分子，是胶原的部分降解产物。其生产过程大致可分为碱水解、酸水解、加压水解或酶水解，其中还包括多步洗涤、萃取。明胶广泛用作各种药物的微胶囊及包衣，同时还可制备生物可降解水凝胶。一般热变性方法不适于明胶微球制备，而必须通过化学交联。戊二醛是蛋白质交联常用试剂，也可用于明胶微球的交联制备。明胶还可被制成含生物活性分子（如生长因子和抗体）的柔软膜，用于人造皮肤，防止伤口液体流出和感染。经冷冻干燥可形成明胶多孔支架，通过改变冷冻参数可以调控支架的孔隙结构，以满足不同组织修复要求。

1.6 合成生物材料

合成生物高分子材料可以通过单体聚合的方法或微生物发酵的方法获得，通过组成和结构来控制高分子材料的物理、化学和生物学性能。

1.6.1 合成生物高分子材料的分类

根据不同的角度、目的甚至习惯，生物高分子材料有不同的分类方法，目前尚无统一标准。根据其降解性能，合成生物高分子材料可分为生物惰性（或非生物降解）高分子材料和生物降解高分子材料。

生物惰性高分子或非生物降解高分子材料根据材料的理化性能，可分为塑料、橡胶和纤维三大类，另外还有涂料、粘合剂等（已见报道）。

非生物降解高分子一般具有较好的可塑性、耐磨损性和较高的力学性能或高弹性，主要用于生物体软、硬组织修复体，人工器官、人工血管、接触镜、膜材、粘合剂和空腔制品等方面。目前研究主要集中在提高材料的生物安全性，提高组织相容性和血液相容性，改善生物学性能，提高力学性能、物理性能。与天然高分子和可降解医用高分子材料相比，非生物降解高分子一般具有良好的可加工性与力学性能，而且原材料广泛、价格低廉。也可通过与可降解材料共聚，改善该类材料的降解性能。

可降解高分子化学结构上有可裂解的基团。此类高分子可在水、光或生物酶等的引发下发生解离，分解成可被生物体吸收或排泄掉的小分子。主要有聚羟基烷酸酯、聚原酸酯、聚酰亚胺、聚酸酐和聚氨基酸以及它们的共聚物等。

1.6.2 合成生物高分子材料的一般制备方法

据由小分子形成高分子化合物的反应机制，化学合成高分子化合物的基本方法有两种，连锁聚合反应和逐步聚合反应。此外，还可通过生物发酵的方法合成高分子材料，如聚羟基烷酸酯。

在一定条件下，如引发剂、分解、光照、加热或辐射的作用，聚合体系中形成可以引发单体聚合的活性中心（包括自由基、阴离子、阳离子等），该活性中心可以把单体的不饱和键打开，形成可以与另一个分子连接的新的不稳定分子，它迅速与第二个分子连接又形成新的不稳定分子，然后与第三个分子连接等，以此类推，形成一条大分子链，反应一环扣一环，只要有足够的单体分子存在，中间一般不会停顿，所以称为连锁聚合反应。根据反应的活性中心的不同，连锁聚合反应可分为自由基聚合反应、离子聚合反应、配位聚合反应以及开环聚合反应等。

由一种或几种单体通过缩合聚合等方法形成高分子的反应称逐步聚合反应。缩合聚合过程中，生成高分子化合物的同时，有水、氨气、卤化氢、醇等小分子物质析出，所以缩聚反应生成的高分子化合物其成分与单体是不同的，而通过开环聚合形成的高分子成分与单体是相同的。现在一般将聚氨酯合成反应一并与缩合聚合统称为逐步聚合反应，这种反应不放出小分子，但由于其链的形成是官能团间相互反应（只不过一个官能团上的某一原子转移到另一官能团上），且中间产物可分离出来，链增长中无能量的传递，所以与加成聚合有本质不同。

逐步聚合反应的特点是：

1）反应是由若干个聚合反应构成的，单体是逐步进行反应连接在一起的。

2）反应可以停在某一阶段上，可得到中间产物。

3）对缩合聚合而言，重复单元的化学结构与单体的结构不完全相同，而对于开环聚合而言，重复单元的化学结构与单体的结构完全相同。

4）延长反应时间可以提高产物的相对分子质量，而对单体的转化率影响不大，单体的转化率和相对分子质量与反应条件关系密切。逐步聚合反应也有很大的实用价值，虽然在目前合成高分子工业占的比例不如连锁反应那么大，但许多生物材料都可由缩聚反应制备，如聚氨酯、聚乳酸、聚酰胺、聚硅氧烷以及其他一些生物材料等都可通过缩聚反应实现。

1.6.3 有机硅生物材料

有机硅是指含 Si—C 键的化合物，其中最重要的是以 SiR_2—O—SiR_2—O 为主链而侧链带有机基团的高分子化合物，也称有机聚硅氧烷。有机聚硅氧烷往往简称为聚硅氧烷，又称硅酮、硅氧烷或有机硅。聚硅氧烷一般分为硅橡胶、硅油、硅树脂三大类，在航天、电子电气、汽车、轻纺、石油化工、建筑及生物等领域中都已得到广泛应用，在生物医学领域以硅橡胶和硅油制品应用较多。由于聚硅氧烷具有无毒、无味、生物相容性好、无皮肤致敏性、生理惰性、耐高低温、不燃、透气性好、独特的溶液渗透性以及物化性能稳定等特点，在医学领域中的应用发展迅速。若以氯硅烷为起始原料，经水解反应可制得硅油（聚合度0~500的低相对分子质量聚硅氧烷）；经水解、缩合反应可制得硅橡胶生胶（相对分子质量为40万~70万的聚硅氧烷）。

硅橡胶是一种以 Si—O—Si 为主链的直链状高相对分子质量的聚有机硅氧烷为基础，添加某些特定组分，再按照一定的工艺要求加工后，制成的具有一定强度和伸长率的橡胶态弹性体。用作医药材料的硅橡胶，主要是已交联并呈体型态结构的聚烃基硅氧烷橡胶，相对分子质量一般在148000以上。相对分子质量在40万~50万的高聚物是无色透明软糖状的弹性物质。

由于硅橡胶制品与人体组织相容性好，植入体内无毒副反应，易于成型加工，适于做成各种形状的管、片制品，因而是目前医用高分子材料中应用最广、能基本上满足不同使用要求的一类主要材料。

硅油通常是指以 Si—O—Si 为主链具有不同粘度的线型聚有机硅氧烷，室温下为液体油状物。硅油是无毒、无味、无腐蚀性、不易燃烧的液体，具有典型的聚硅氧烷的特性，是有机硅高聚物中的一类很重要的产品，其品种繁多，应用范围广。

改变聚硅氧烷的聚合度及有机基的种类可使聚硅氧烷与其他有机物共聚，可以制得具有防水、抗粘、脱模、消泡、均泡、乳化、润滑、介电、压缩性、耐高低温性、耐老化、耐紫外线、耐辐射、低挥发等基本特性的硅油。硅油经过二次加工，还可以制成硅脂、硅膏、消泡剂、脱模剂、纸张隔离剂等二次产品。

硅油在医疗卫生行业中的应用，可用作医用软膏、保护脂等的基剂，得到的软膏、保护脂能保护皮肤，预防皮炎、湿疹或褥疮。硅油可用于治疗肺水肿、鼓胀的药剂及人工心肺机的消泡剂。硅油也可作为药品的赋形剂、添加剂，防止锭剂吸潮，延长药效。此外，硅油也可用作牙科、外科用具的灭菌用油，人造眼球润滑剂、膀胱炎排尿镇痛剂等。

【案例】

室内环境污染不可忽视

近几年，我国相继制定了一系列有关室内环境的标准，从建筑装饰材料的使用，到室内空气中污染物含量的限制，全方位对室内环境进行严格的监控，以确保人民的身体健康。因此，人们往往认为现代化的居住条件在不断的改善，室内环境污染已经得到控制。其实不然，人们对室内环境污染的危害还远未达到足够的认识。

应当看到，在我国经济迅速发展的同时，由于建筑、装饰装修、家具造成的室内环境污染，已成为影响人们健康的一大杀手。据中国室内环境监测中心提供的数据，我国每年由室内空气污染引起的超额死亡数可达 11.1 万人，超额门诊数可达 22 万人次，超额急诊数可达 430 万人次。严重的室内环境污染不仅给人们健康造成损失，而且造成了巨大的经济损失，仅 1995 年我国因室内环境污染危害健康所导致的经济损失就高达 107 亿美元。

专家调查后发现，居室装饰使用含有有害物质的材料会加剧室内的污染程度，这些污染对儿童和妇女的影响更大。有关统计显示，目前我国每年因上呼吸道感染而致死亡的儿童约有 210 万，其中 100 多万儿童的死因直接或间接与室内空气污染有关，特别是一些新建和新装修的幼儿园和家庭室内环境污染十分严重。北京、广州、深圳、哈尔滨等大城市近几年白血病患儿都有增加趋势，而住在过度装修过的房间里是其中重要原因之一。

一份北京儿童医院的调查显示，在该院接诊的白血病患儿中有九成患儿家庭在半年内曾经装修过。专家据此推测，室内装修材料中的有害物质可能是小儿白血病的一个重要诱因。

夏季是室内空气污染的高峰期，随着室温的升高，各种建筑材料和家具中的有害气体的释放量也随之增加。据有关资料显示，室内温度在 30℃ 时，室内有害气体释放量最高。甲醛的沸点为 19℃，往往秋冬季节感觉没有污染的房屋在夏季会感觉气味很大。甲醛已经被世界卫生组织确定为一类致癌物，并且认为甲醛与白血病发生之间存在着因果关系。目前甲醛是我国新装修家庭中的主要污染物，儿童是室内环境污染的高危人群，甲醛污染与儿童白血病之间的关系应该引起全社会关注。

2004 年，美国职业安全和健康研究所调查了 11039 名曾在甲醛超标环境中工作 3 个月以上的工人，发现有 15 名死于白血病，美国国立癌症研究所调查了 25019 名工人，发现有 69 名死于白血病，死亡比例略高于普通人群，相对危险度随着甲醛含量的增高而增加，所以推测甲醛可能与白血病发生有关，认为甲醛可能引发白血病。

虽然，在这些流行病学调查中，还缺乏对装修甲醛污染与儿童白血病关系的研究。由于儿童有不同于成年人的血液学特点，如儿童正处于成长过程中，造血功能不稳定，造血储备能力差；儿童造血器官易受感染，容易发生营养缺乏情况。因此，甲醛超标对儿童造血器官的影响可能比成年人更严重。不当装修引起的室内环境污染是近年来小儿白血病患者明显增加的一个原因。

从目前检测分析，室内空气污染物的主要来源有以下几个方面：建筑及室内装饰材料、室外污染物、燃烧产物和人本身活动。其中室内装饰材料及家具的污染是目前造成室内空气污染的主要原因。

国家卫生、建设和环保部门曾经进行过一次室内装饰材料抽查，结果发现具有毒气污染的材料占 68%，这些装饰材料会挥发出 300 多种挥发性的有机化合物。其中甲醛、氨、苯、甲苯、二甲苯、挥发性有机物以及放射性气体氡等，人体接触后，可以引起头痛、恶心呕吐、抽搐、呼吸困难等，反复接触可以引起过敏反应，如哮喘、过敏性鼻炎和皮炎等，长期接触则能导致癌症（肺癌、白血病）或导致流产、胎儿畸形和生长发育迟缓等。

对此，一些业内人士和专家一致认为，科学认识室内空气污染并及时予以治理非常重要，严重超标的住房必须经过专业集中治理后，才能安全入住。专业人士建议，装修后一定要进行空气检测，并根据检测结果，确定污染程度和主要的有害成分，检测应安排在装饰、装修彻底完工至少 7d 以后进行。因为油漆、涂料的保养期一般为 7d，7d 之内正是各种污染物含量最高的时候，7d 之后基本能降低到稳定状态，这时才是检测的最佳阶段。然后根据有害气体超标的情况，选择适当的治理方法，清除有害气体。在集中治理的基础上，对以后缓慢释放的有害气体，还要利用长效空气杀菌剂进行吸附、氧化处理，最大限度地把有害气体消灭在刚释放状态，从而达到长期净化空气的目的。

思 考 题

1. 环境功能材料分为哪几类？
2. 在水污染控制中的混凝机理是什么？用到哪些絮凝材料？
3. 大气污染控制中常用到的吸附剂有哪些？
4. 生物修复的优缺点各是什么？
5. 天然生物高分子材料有哪些用途？

参 考 文 献

[1] 李增新，薛淑云，陈东辉. 新型生态环境替代材料 [J]. 化学教育，2005（9）：9-12.
[2] 冯奇，马放，冯玉杰，等. 环境材料概论 [M]. 北京：化学工业出版社，2007.
[3] 冯玉杰，蔡伟民. 环境工程中的功能材料 [M]. 北京：化学工业出版社，2003.
[4] 聂祚仁，王志宏. 生态环境材料学 [M]. 北京：机械工业出版社，2004.
[5] 翁端. 环境材料学 [M]. 北京：清华大学出版社，2001.
[6] 宋新书. 环境工程材料及成形工艺 [M]. 北京：中国环境科学出版社，2005.
[7] 陈声明，等. 生态保护与生物修复 [M]. 北京：科学出版社，2008.
[8] 孙胜龙. 环境材料 [M]. 北京：化学工业出版社，2002.

第 2 章
过 滤 材 料

本章提要： 过滤就是通过多孔材料或介质把分散在气体或液体中的微粒分离出来的方法，在环境工程领域过滤技术的应用非常普遍。本章通过分析环境颗粒物与过滤机理，介绍了颗粒滤料、纤维滤料、织物滤料、多孔滤料的组成、结构及其应用范围，并对各类滤料的研究现状进行了归纳总结。

2.1　环境颗粒物

"颗粒物"一般指存在于环境中的一些粒径范围较宽、物理和化学性质不同的液体或固体颗粒。它并非一种特定的化学物质，而是由各种来源、大小不同、组成和性质各异的颗粒物所组成的混合物。形形色色的颗粒物是空气和水体的主要污染物。

2.1.1　空气颗粒物

空气颗粒物按其来源可分为一次颗粒物和二次颗粒物。一次颗粒物直接由源排放到环境空气中，如粉尘、煤烟和雾等；而二次颗粒物则在环境中由排放物质发生化学反应而生成，像土壤、森林大火及闪电产生的 NO_x 的氧化以及化石燃料燃烧排放的 SO_2 的氧化。为了深入了解不同颗粒物的形成机理，Whitby 就提出了以模态对颗粒物进行分类的方法。空气颗粒物的模态定义及形成见表 2-1。

表 2-1　空气颗粒物的模态定义及形成

成核模态 （Nucleation mode）	定义	成核模态是在成核过程中新形成的直径在 10nm 以下的颗粒。其下限并不确定，与大分子的大小重叠。在目前的技术水平下，可测量的下限为 3nm
	形成机理	成核模态是新生成的颗粒物，并且一般较难再通过冷凝或碰并过程长成更大的颗粒物
爱根模态 （Aitkin mode）	定义	直径在 10～100nm 的较大颗粒。成核模态和爱根模态通常在数量分布中可以观测到，但只有在清洁或偏远地区或靠近形成新颗粒源的地方才能在体分布或质量分布中单独观测到
	形成机理	是由较小颗粒长成或由高含量物质成核而形成

（续）

积聚模态 （Accumulation mode）	定义	直径下限为0.1μm，上限为1~3μm的颗粒。积聚模态的颗粒物可分成吸湿模态和凝固模态
	形成机理	气态污染物可能溶解在吸湿性颗粒物的水中或发生化学反应，使得凝固模态的粒径增大
细颗粒物 （Fine particles）	定义	细颗粒物包括成核模态、爱根模态和积聚模态的颗粒，即粒径下限约3nm，上限为1~3μm的颗粒
	形成机理	细颗粒物主要由燃煤或气态化学反应所形成的低饱和蒸气压的产物形成，包括金属、元素碳、有机碳和硫酸盐、硝酸盐、铵离子和有机化合物（二次颗粒物）等
粗颗粒物 （Coarse particles）	定义	直径下限为1~3μm，上限约为100μm的颗粒，又称粗模态颗粒物
	形成机理	粗模态颗粒物是由机械力破碎大颗粒形成的矿物、地壳物质和有机碎片组成，它包括一次矿物和有机物。积聚模态和粗模态直径在1~3μm区间上有重叠。在此区间可通过颗粒物的化学组成来判断源或形成机理来推断属于哪种模态
超细颗粒物 （Ultrafine particles）	定义	超细颗粒物并非是一种模态。它包括成核模态和大部分的爱根模态颗粒。粒径大小3nm~0.1μm
	形成机理	—

超细颗粒物可能引起潜在的健康问题，某些健康效应与颗粒物数量、比表面积以及质量有关系。超细颗粒物可长成积聚模态，但积聚模态一般不会再长成粗颗粒物。

空气颗粒物的粒径从1nm到100μm跨越五个数量级，常常并非球状，因此通常以"等效"直径来对其进行描述。所谓的"等效"直径指与球形颗粒具有相同物理行为的直径。常用的"等效"直径有迁移直径（D_p）和空气动力学直径（D_a）两种。颗粒物的物理行为决定了使用何种等效直径。对于小于0.5μm的颗粒，扩散过程较为重要，使用迁移直径更好；而对于大颗粒（大于0.5μm），重力沉降过程更为重要，倾向于使用空气动力学直径。对于环境空气中常见的指标PM_{10}是指在上切割点为10μm的空气动力学直径时收集效率为50%，且具有指定穿透曲线的颗粒物。

2.1.2 水中颗粒物

水中颗粒物是水中呈固体状的不溶性物质，粒度多大于1nm的杂质，可以利用重力或其他物理方法与水分离，当颗粒相对密度大于1时，表现为下沉；小于1时，表现为上浮。颗粒物的性质较为复杂，种类繁多，主要分为矿物、金属水合氧化物、腐殖质、悬浮物以及胶体和半胶体几大类。

（1）矿物和黏土矿物　非黏土矿物和黏土矿物都是原生岩石在风化过程中形成的。在水体中常见的非黏土矿物为石英（SiO_2）、长石（$KAlSi_3O_8$）等；常见的黏土矿物为云母、蒙脱石、高岭石等，具有粘结性，可以生成稳定的聚集体，黏土矿物是天然水中最重要、最复杂的无机胶体。

（2）金属水合氧化物　天然水中几种重要的容易形成金属水合氧化物的是铝、铁、锰等金属，这金属水合氧化物在天然水中以无机高分子及溶胶等形态存在，在水环境中发挥重要的胶体化学作用。

（3）腐殖质　水体中腐殖质最早由土壤学研究者所发现，主要就是腐殖酸，如富里酸、胡敏酸等。这些物质呈有机弱酸性，属于芳香族化合物，相对分子质量 700 ~ 200000 不等；当水体中 pH 较高或离子强度低的条件下，溶液中的 OH^- 将腐殖质离解出的 H^+ 中和掉，因而分子间的负电性增强，排斥力增加，亲水性强，趋于溶解。在 pH 值较低的酸性溶液，或有较高含量的金属阳离子存在时，各官能团难于离解而电荷减少，高分子趋于卷缩成团，亲水性弱，因而趋于沉淀或凝聚。

（4）悬浮沉积物　一般情况下，悬浮沉积物是以矿物微粒，特别是黏土矿物为核心骨架，有机物和金属水合氧化物结合在矿物微粒表面上，成为各微粒间的粘附架桥物质，把若干微粒组合成絮状聚集体，经絮凝成为较粗颗粒而沉积到水体底部。

（5）其他　废水排出的活化剂、油滴等半胶体，直径大小在 0.2 ~ 2μm 的微细浮游生物及生物残体，如藻类、细菌的死亡体、细胞碎片和病毒等也是水中颗粒物的主要来源。

水体中的颗粒物本身即可成为污染物，也可成为载体，与微污染物相互作用，很大程度上决定着微污染物在环境中的迁移转化和循环归宿。

2.2　滤料分类、性能与过滤机理

过滤材料能使含颗粒的流体中的流体通过，而使颗粒物截留下来，以达到分离的目的。在过滤过程中，滤料的性能、材质极大地影响过滤的效果。

2.2.1　滤料分类

（1）按作用原理分类　液体过滤中过滤材料分为表面过滤材料和深层过滤材料。表面过滤材料是指材料的孔径比流体中固相颗粒的尺寸小，固相颗粒被截留，沉积在材料的表面上，流体则通过材料的孔隙。属于这一类的介质有棉、毛、麻、丝、化纤等制成的织物以及由玻璃丝、金属丝织成的网。深层过滤材料是指过滤材料的孔径比流体中固相颗粒的尺寸大，当固相颗粒渗入材料孔隙中时，受到吸附、沉淀及阻滞作用而被截留。属于这类材料的有砂滤层、多孔金属、陶瓷及塑料等。但实际上许多材料既能起表面过滤介质的作用，同时也具有深层过滤的性能，它们借助表面沉积和孔隙内截留的综合作用来实现气（液）、固分离。

（2）按材质分类　按制造材料可分为天然高分子材料、合成高分子材料和无机及金属材料等。天然高分子材料主要包括棉、麻、毛和蚕丝等；合成高分子材料包括合成纤维、超细纤维以及离子交换纤维等；无机及金属材料包括石棉纤维、玻璃纤维及其织物、陶瓷以及多孔烧结金属过滤材料等。

（3）按结构分类　按结构可分为柔性、刚性及松散性过滤材料。柔性介质按制造材料可分为非金属与金属两类；刚性介质是由烧结的固相颗粒制成的；松散性介质则是由非粘结的固相颗粒所构成。具体分类见表 2-2。

表 2-2　过滤材料结构分类

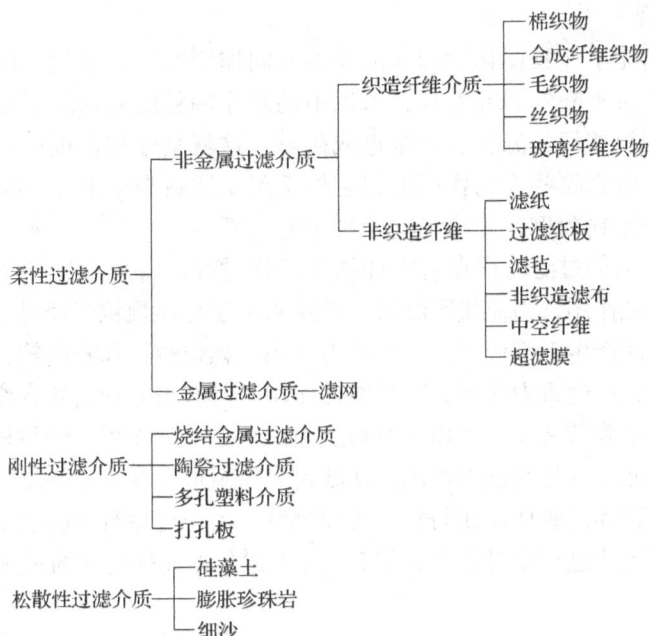

```
                                                      ┌─ 棉织物
                                                      ├─ 合成纤维织物
                                   ┌─ 织造纤维介质 ──┼─ 毛织物
                                   │                  ├─ 丝织物
                                   │                  └─ 玻璃纤维织物
                  ┌─ 非金属过滤介质 ┤
                  │                │                  ┌─ 滤纸
                  │                │                  ├─ 过滤纸板
                  │                └─ 非织造纤维 ────┼─ 滤毡
  柔性过滤介质 ──┤                                   ├─ 非织造滤布
                  │                                   ├─ 中空纤维
                  │                                   └─ 超滤膜
                  │
                  └─ 金属过滤介质—滤网

                  ┌─ 烧结金属过滤介质
                  ├─ 陶瓷过滤介质
  刚性过滤介质 ──┤
                  ├─ 多孔塑料介质
                  └─ 打孔板

                  ┌─ 硅藻土
  松散性过滤介质 ┼─ 膨胀珍珠岩
                  └─ 细沙
```

2.2.2　滤料的性能

过滤材料的性能包括：截留能力、渗透性、抗堵塞能力、力学性能以及使用性能。

（1）截留能力　截留能力是各种材料所能截留的最小颗粒尺寸，取决于材料孔隙的大小及分布情况。为了测定材料孔隙的大小，有许多方法可供采用，如显微镜观测法和气泡点试验法。过滤材料应能截留所要求的最小颗粒，对已知粒度分布的悬浮液，具有较高的截留能力。

（2）渗透性　渗透性是过滤材料对滤液流动阻力的反映特性，而流动阻力影响着过滤机的生产率以及使用功率。过滤材料要求滤出的滤液应符合所要求的澄清程度，因此滤液通过介质时的阻力要低。

（3）抗堵塞能力（容渣能力）　单位面积过滤材料在正常过滤操作条件下，能截留、容纳流体中一定粒径范围的颗粒的量，称之为抗堵塞能力或容渣能力。抗堵塞能力是深层过滤介质的一项重要性能。在截留能力、渗透性相同的条件下，容渣能力大，则表明该过滤介质具有更长的使用寿命，能过滤更多的物料。

（4）力学性能　过滤材料的力学性能包括强度、抗磨损的能力、尺寸稳定性和使用寿命以及可加工性等，力学性能要满足过滤物料及过程条件的要求。

（5）使用性能　过滤材料应具有适当的表面特性，滤饼易卸除，介质表面易清洗，且介质的价格应合理，不昂贵。此外针对特定行业，滤料应具有耐高温、耐腐蚀、阻燃、抗菌等性能。

2.2.3　过滤机理

由于颗粒物分散的流体性质不同，因此过滤可以分为气固分离的干式过滤和液固分离的湿式过滤。两种过滤过程不尽相同,因此本章对过滤机理也分别进行探讨。

1. 液体过滤机理

过滤是一个表面化学、胶体化学和水流动力共同作用的复杂过程,最早出现的过滤机理为机械筛滤,后来经过不断的研究发现,水流中的悬浮颗粒能够粘附于滤料的表面,首先要考虑被水流携带的颗粒如何与滤料表面接近或接触,这就是迁移机理;此外,当颗粒与滤料表面接触或接近时,依靠哪些力的作用使得它们粘附于滤料表面上,这又涉及粘附机理。以水处理中常用的颗粒滤料为例,来解释这两种过滤机理。

(1)颗粒迁移　液体过滤时存在着 5 种物理迁移过程,将悬浮颗粒从流体中迁移至过滤材料的表面。一是阻截作用,当流线距滤料表面距离小于悬浮颗粒半径时,处于该流线上的颗粒会直接碰到滤料表面产生阻截作用;二是重力作用,颗粒粒径和密度较大时会在重力作用下脱离流线,垂直运动,产生重力作用;三是惯性作用,具有较大动量和密度的颗粒在流体绕过滤料表面时因惯性作用脱落流线,碰撞到滤料表面;四是扩散作用,颗粒较小、布朗运动较剧烈时会扩散至滤料表面;五是水动力作用,在滤料表面附近存在速度梯度,非球体颗粒在速度梯度作用下,会产生转动而脱离流线与颗粒表面接触。由于过滤行为的复杂性,目前这几种机理只能定性描述,而无法进行定量估算,图 2-1 为上述几种迁移机理的示意图。

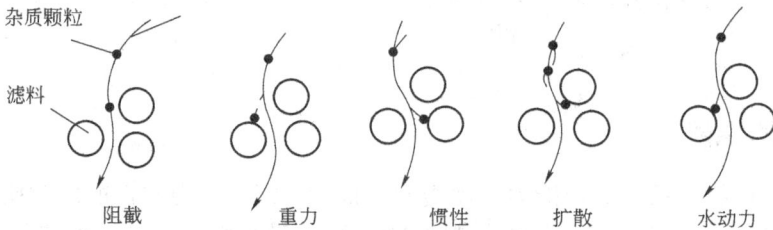

图 2-1　颗粒迁移机理示意图

(2)颗粒吸附　吸附是一种物理化学作用。当水中杂质颗粒迁移到滤料表面上时,在物理化学力的作用下,被吸附于滤料表面上,或者吸附在滤料表面原先吸附的颗粒上。这些物理化学力主要包括范德华力、双电层力、化学键力和某些特殊的化学吸附力,这些力的综合作用,决定着过滤效果的优劣。

在上述两种过滤机理的基础上,过滤有三种主要形式,分别为表面筛滤、滤饼过滤和深层过滤。图 2-2 为不同过滤形式的示意图。表面筛滤指尺寸大于过滤材料孔隙的颗粒沉淀在

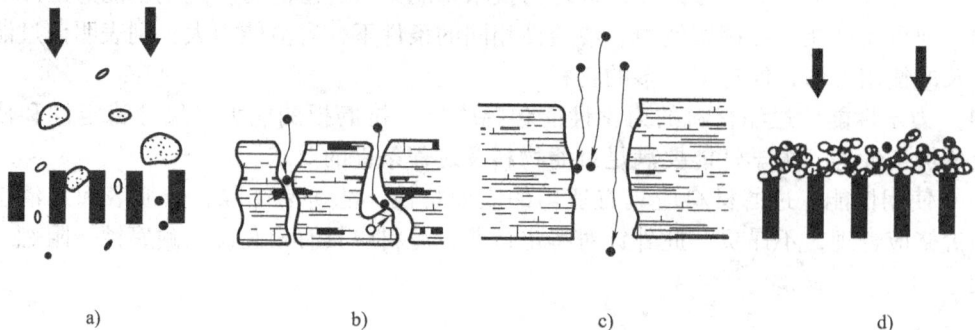

图 2-2　不同过滤形式的示意图

a)表面筛滤　b)、c)深层过滤　d)滤饼过滤

材料的表面上从而获得液固分离的效果；滤饼过滤即颗粒沉积在过滤材料上形成饼层，对液固的分离形成新的过滤材料；深层过滤指颗粒进入过滤材料的内部，由于不同方式的截留，从而使液固分离。

2. 气体过滤机理

过滤材料在大气污染物治理中主要用于颗粒物的去除。使含尘气体通过具有很多毛细孔的过滤介质将污染物颗粒截留下来的除尘方法称为过滤除尘。过滤除尘的滤尘过程比较复杂，它是多种沉降过程联合作用的结果，其中最主要的有以下几种机理。

（1）惯性碰撞　粒径在 $1\mu m$ 以上的粒子具有较大的惯性。当气流接近过滤材料时受阻发生绕行，粒子由于惯性作用偏离气体方向直接与滤料碰撞而被捕集，粒子越大，流速越大，惯性力越大，过滤效果越好。微粒惯性碰撞如图 2-3 所示。

（2）扩散碰撞　粒径在 $0.01\sim0.5\mu m$ 的粒子，由于布朗运动或热运动与滤料表面接触，当运动中的粒子撞到其他物体时，物体表面间存在的范德华力使它们粘在一起，沉积在过滤材料上而被除去，微粒的扩散碰撞也如图 2-3 所示。

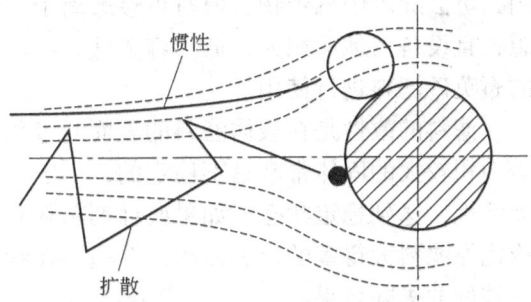

图 2-3　惯性碰撞和扩散碰撞示意图

（3）重力沉降　含尘气体通过过滤器时气流速度降低，粒度大、相对密度大的粉尘由于重力作用而沉降下来。

（4）筛滤　空气中较大的尘埃粒子，当尘粒直径大于滤料纤维的空隙或滤饼上粉尘间的空隙时，随气流通过的尘粒便被阻留下来，特别是当滤料上积累粉尘达一定厚度形成滤饼时，这种作用更为显著。

（5）静电吸引　微粒在运动与过滤过程中，由于摩擦等原因使得尘粒和滤料表面都可能带有静电荷。带同性电荷的颗粒相互排斥，促进做布朗运动而被捕集。带异性电荷的粒子由于互相吸引而形成较大的新颗粒则便于捕集去除。

2.3　颗粒滤料

颗粒滤料主要用于水中悬浮物的过滤去除。当水和废水通过颗粒滤料层时，其中的悬浮颗粒和胶体就被截留在滤料的表面和内部空隙内，使水得以净化。目前水处理中，最为常用的颗粒滤料是石英砂滤料、无烟煤滤料和陶粒滤料。

2.3.1　石英砂滤料

石英砂滤料是目前水处理行业中使用最广泛、使用量最大的净水材料。它采用天然石英矿为原料，经破碎、水洗精筛等加工工艺制成。该滤料无杂质，机械强度高，化学性能稳定，截污能力强，适用于单层、双层过滤池和过滤器中。石英砂主要化学成分是 SiO_2，占 90% 以上，此外还含有氧化铁、黏土、云母和有机杂质。由于 SiO_2 是原子晶体，其晶格点上排列着原子，原子之间由共价键联系，这种作用力比分子间力强得多，所以石英砂质地坚硬，且熔点很高，熔点为 1610℃。

用石英砂滤料净水就像水经过砂石渗透到地下一样，将水中的那些细微的悬浮物阻留下来，从而起到过滤作用。石英砂滤料有普通石英砂滤料和精制石英砂滤料两大类。普通石英砂滤料主要用在污水处理中，应用时间较长，应用过程中应注意防止石英砂流失；精制石英砂滤料用在纯水处理中，滤料使用时间过长被污染后，污染物包住石英砂就不能再起到很好的过滤作用了，因此一般 2~3 年就要更换。

由于天然石英砂表面孔隙少，比表面积和等电点较低，因此净水机理主要靠表面筛滤作用，可去除水中悬浮物，但对重金属离子、细菌、病毒和有机物等溶解性物质去除效果不理想，且设备占地面积大，截污容量低，滤速慢。因此一般将石英砂进行表面处理，制成改性的石英砂滤料进行使用。

滤料的改性是在载体滤料的表面通过化学反应涂上一层改性材料，根据物理化学理论，表面积较大的固体常常是不稳定的，一定条件下总要吸附一些细小的颗粒，以使表面平滑和无活性，达到稳定状态。如果改性剂粘附在滤料上时，无数的微型颗粒堆积在滤料表面，造成比原滤料大得多的比表面积，并呈多孔状，改变了滤料的表面性质，对一些溶解性的物质有较好的去除效果。

适合做改性剂的材料有很多，像铁、铝、镁的氧化物或氢氧化物以及稀土类金属配合物等，目前较成熟的改性方法是利用铝盐和铁盐对石英砂滤料进行改性，但是这些研究几乎都集中在给水处理中，如一些微污染原水的处理，而在废水处理领域的应用研究较少。因此本节重点介绍铝盐改性石英砂和铁盐改性石英砂的制备方法、产品的性能以及应用进展情况。

1. 铁盐改性石英砂

中国环境科学研究院和浙江工业大学均有学者以普通石英砂滤料为基本原料，用铁盐改性制备了一系列新型的石英砂滤料，这些滤料的出现拓宽了石英砂滤料的应用范围。

（1）改性方法　铁盐改性石英砂主要有两种制备工艺。一是碱性沉积法；二是高温加热法。采用的改性剂是氯化铁或硝酸铁。

石英砂预处理：用自来水反复冲洗石英沙，冲洗干净后置于 100℃ 烘箱中烘干，然后采用 0.1mol/L 的 HCl 溶液对石英砂表面进行预处理，浸泡 24h 后，用蒸馏水冲洗，直至淋出液的 pH 值接近中性，最后在 110℃ 烘箱中烘干，放入有盖的瓶中储存，以备改性试验用。

1）高温加热法。将预处理好的砂粒加到铁盐溶液中，搅拌后放入烘箱 110℃ 下加热烘干（1h 搅拌一次，以防止颗粒相互粘结），然后将试样移到罐式炉中，高温下加热 3h。重复上述步骤，每加热 3h 后，放入空气中 21h。这样循环数次，直到涂铁砂表面不再泛潮。最后将试样先用自来水漂洗（冲洗掉未粘结牢固的颗粒），再用去离子水漂洗、110℃ 干燥、备用。图 2-4 所示为高温加热法改性石英砂的工艺流程。

图 2-4　高温加热法改性石英砂的工艺流程

2）碱性沉积法。将预处理好的砂粒加到铁盐溶液中，再加去离子水，边搅拌边滴加 NaOH 溶液，至体系的最终 pH 值为 8。此时形成的红色铁的氢氧化物絮体，固着在石英砂颗粒表面，沉积量大约 30%，过滤、洗涤、恒温干燥后，进行下一次覆盖，一般要进行数次，直至全部将砂粒覆盖，图 2-5 所示为碱性沉积法改性石英砂的工艺流程。

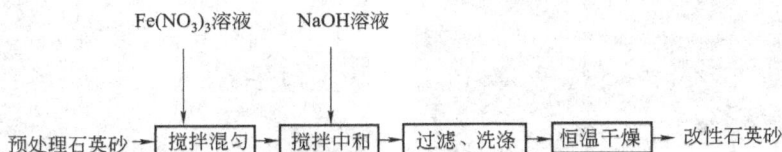

图 2-5 碱性沉积法改性石英砂的工艺流程

（2）铁盐改性石英砂的性能 两种制备工艺的原理略有不同，碱性沉积法是通过金属盐与碱反应生成金属氢氧化物沉淀，然后变成金属氧化物；而高温加热法则是通过加热使金属盐水解产生氢氧化物沉淀，然后再转变为金属氧化物并附着在石英砂表面。两种制备方法得到的铁盐改性砂，含铁量最高的是高温加热法，其次是碱性沉积法。表 2-3 为天然石英砂、铁盐改性石英砂的外观、含铁量、比表面积及酸性、机械振动条件的数据表。

表 2-3 样品的外观、含铁量、比表面积及酸性、机械振动条件

样　品	天然石英砂	涂铁砂 1	涂铁砂 2
外观	白色	深红褐色	橘黄色
含铁量（%）	0	6.49	0.98
比表面积/$m^2 \cdot g^{-1}$	0.04	3.17	1.10
酸性条件（pH）	—	0.05	1.01
机械振动条件/(r/min)	—	0.94	1.31

注：涂铁砂 1 为高温加热法得到的改性石英砂；涂铁砂 2 为碱性沉积法得到的改性石英砂。

由表 2-3 可知，碱性沉积法所得样品的含铁量、比表面积都比高温加热法小得多，氧化铁的附着能力也差些，这些显然是由制备条件引起的。因此高温加热法更好地实现了对石英砂表面改性的目的，图 2-6 为天然石英砂和高温加热法铁盐改性砂表面的扫描电镜图像。由图 2-7 可见天然石英砂表面密实，间或分布机械形成的 V 形凹坑或沟槽等于石英砂表面，而且天然石英砂表面孔隙很少，容易让改性剂附着，但难以吸附水中的小颗粒。改性处理后石英砂表面存在覆盖物，表面粗糙度明显增加。

a)

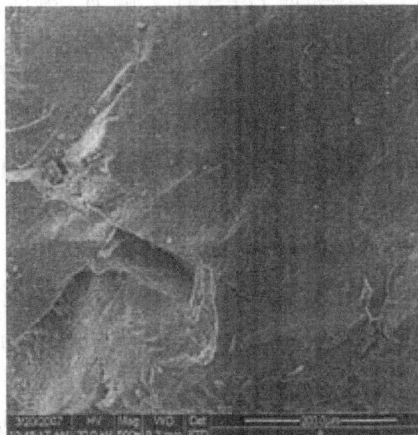

b)

图 2-6 石英砂滤料表面的扫描电镜图像

a）天然石英砂表面（×1000） b）涂铁砂表面（×10000）380℃

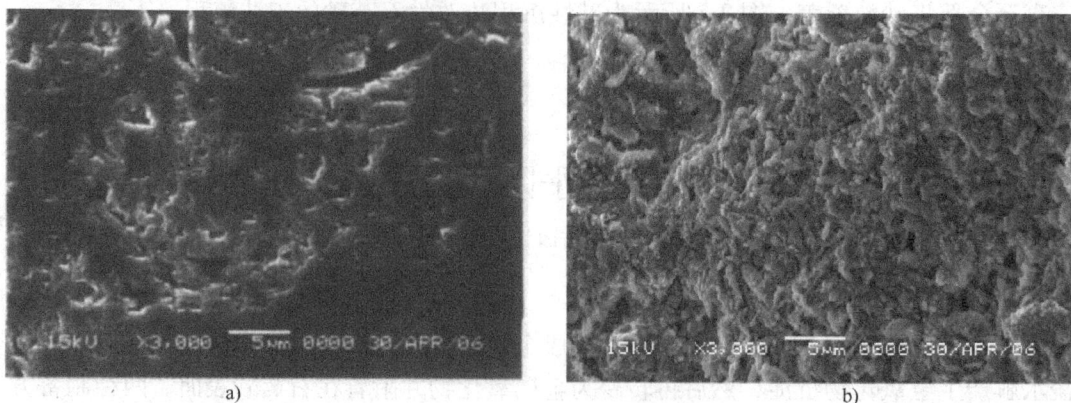

图2-7　天然石英砂和铝盐改性砂滤料表面扫描电镜图像
a）天然石英砂表面　b）涂铝砂表面

XRD 分析表明，铁盐改性石英砂滤料表面氧化铁膜由 Fe_2O_3 和 FeOOH 组成，由于 FeOOH 不稳定，在一定条件下可失水转变成较稳定的 Fe_2O_3，其间掺入少量 SiO_2 衍射峰，说明经过改性的石英砂表面发生了变化，不同于天然石英砂。

（3）铁盐改性石英砂的除污机理　铁盐改性石英砂去除污染物，一方面是靠滤料对颗粒态污染物的物理截留、粘附、吸附作用，也就是如何增大滤料的比表面积；另一方面是表面涂铁层对污染物的吸附作用。二者的共同作用才使改性石英砂的除污效果大为提高。

无论是高温涂层还是碱性沉积涂层制备的铁盐改性石英砂，烘干脱水过程中都会使改性剂浓缩，引起氧化铁沉淀，这些沉淀物大部分沉积在石英砂表面上，改性剂的性质基本上代替了材料的性质，当改性剂粘附在载体上时，无数的微型颗粒堆积在表面，形成比原载体大得多的比表面积，表面吸附区域面积增加。

铁盐改性石英砂在水中，表面的 Fe_2O_3 发生羟基化，Fe_2O_3 利用暴露于表面的阳离子拉一个 OH^- 或水分子来完成配位，最终结果是氧化铁表面被羟基覆盖，阳离子则被埋在表面下面。羟基表面 Fe—OH 上的 H^+ 更活泼、更易离解，随 pH 值的不同，可发生表面的两性离解，即酸性和碱性离解。天然石英砂在等电点处的 pH = 0.7 ~ 2.2，改性后石英砂表面涂覆的铁氧化物因吸附一层水分子而发生了羟基化，导致将等电点处的 pH 值提高到 7.5 ~ 10.3，等电点处 pH 值的提高，扩大了吸附污染物的范围。当原水的 pH < 7.5 时，吸附水中带负电颗粒或离子能力较强；当 pH > 10.3 时，吸附水中带正电颗粒或离子能力较强，因此只要适当调节原水的 pH 值，就可以使改性石英砂吸附水中带正电或负电的污染物。

2. 铝盐改性石英砂

低温或低温低浊的微污染原水在常规的混凝、沉淀、过滤等处理工艺中得不到理想的处理效果。采用氧化铝改性后，可改变石英砂表面的电负性。

（1）改性方法　铝盐改性石英砂一般可采用碱性沉积法制备。石英砂进行化学加工前，往往需要预处理，以恢复石英砂本来的表面性能。

铝盐改性砂的制备：配制 1mol/L 的 $AlCl_3 \cdot 6H_2O$ 溶液 250mL，用 NaOH 溶液调整 pH 值以形成氧化铝悬浮液。在氧化铝悬浮液中加入 500g 经过预处理的石英砂，放于磁力加热搅拌器上，在 70℃ 条件下连续搅拌 3h，然后置入 110℃ 烘箱烘干，经烘干的铝盐改性砂再用蒸馏水冲洗干净，在 110℃ 烘箱中烘干后供使用。

图 2-7 所示为天然石英砂和铝盐改性砂滤料表面扫描电镜图像，由图 2-8 可以看出，天然石英砂表面光滑均匀，没有棱角，具有一定的沟槽与凹坑，容易让改性剂附着，但难以吸附水中的颗粒物。铝盐改性砂表面较为粗糙，孔隙更多，孔径小而均匀，表面沉积了大量氯化铝水解后的聚合物——薄水铝石，涂层比较厚实，完全涂敷在石英砂表面。XRD 测定结果表明铝砂中有很强烈的 SiO_2 衍射峰，这在实际应用中表明该涂层的稳定性和耐久性差，处理出水水质下降快。

（2）铝盐改性石英砂除污机理　铝盐改性砂表面由勃姆石（γ-AlOOH）和三羟铝石组成。勃姆石的化学成分中，Al_2O_3 占 84.98%，三羟铝石 65.4% 的成分也是 Al_2O_3。因此涂铝砂表面的化学成分主要是氧化铝。天然石英砂滤料表面的 pH_{pzc} 范围为 0.7 ~ 2.2，而铝盐改性砂则将原砂的 pH_{pzc} 提高到 7.5 ~ 9.5。如果过滤原水的 pH > pH_{pzc}，则涂铝砂的氢氧化物表面发生酸性离解，导致表面带负电荷，吸附水中带正电颗粒或离子的能力较强；当原水的 pH < pH_{pzc}，涂铝砂的氢氧化物表面发生碱性离解，带正电荷，吸附水中带负电颗粒或离子的能力较强；因此可针对水体中的不同污染物，通过改变原水的 pH 值将其去除。

3. 石英砂滤料的应用

石英砂滤料对水中重金属离子、溶解态的污染物有较好的去除效果。

（1）对悬浮杂质的去除　用铝砂和铁砂可进行强化过滤处理微污染水，改性石英砂比天然石英砂对浑浊度的去除率平均高出 13% 以上，并且在除浊方面，涂铝砂稍优于涂铁砂，因此不需要投加任何混凝剂，可用涂铝砂直接过滤，但超过 22h 后，涂铝砂的出水浑浊度高于涂铁砂，说明涂铝砂的耐久性不如涂铁砂。

（2）对有机物的去除　由于水中有机物种类繁多，一一检测难度很大，为此一般采用 UV_{254} 和 COD_{Cr} 来间接代表水中有机物的含量。UV_{254} 是非挥发性总有机碳和三卤甲烷母体的良好替代参数，COD_{Cr} 是在一定条件下，测定以重铬酸钾为氧化剂时所消耗的量。利用改性砂作滤料，在过滤初期，涂铁砂和涂铝砂对 UV_{254} 的去除率分别为 58.5% 和 59.3%，对 COD_{Cr} 的去除率分别为 84% 和 92%，这说明涂铝砂更有利于吸附水中的有机物。不同改性方法制得的改性砂对有机物的吸附效果存在较大的差别，表 2-4 列出了静态吸附试验 3 种材料去除有机物的效果。

表 2-4　静态吸附试验 3 种材料去除有机物的效果

原水 COD /mg·L^{-1}	涂铁砂 1		涂铁砂 2		天然石英砂	
	去除率（%）	吸附容量 /mg·g^{-1}	去除率（%）	吸附容量 /mg·g^{-1}	去除率（%）	吸附容量 /mg·g^{-1}
43.73	42.7	0.02333	37.8	0.02066	4.7	0.00266
34.67	49.2	0.02134	40.8	0.01768	3.1	0.00134
23.47	46.6	0.01368	36.4	0.01068	2.9	0.00084
17.07	43.8	0.00934	29.7	0.00634	2.3	0.00050
10.13	36.8	0.00466	26.4	0.00334	1.3	0.00016

注：涂铁砂 1 为高温加热法得到的改性石英砂；涂铁砂 2 为碱性沉积法得到的改性石英砂。

由表 2-3 可知，改性石英砂去除有机物的吸附容量均比未改性石英砂大得多。在相同的原水 COD 质量浓度下，涂铁砂的吸附容量是未改性石英砂的 5~30 倍。比较 3 种材料的吸附容量可以发现，涂铁砂 1 大于涂铁砂 2。可见，改性大大提高了石英砂对有机物的吸附能力，但以高温加热法制得的改性石英砂对有机物的吸附能力最强，碱性沉积法制得的较差。分析发现高温加热法得到的涂铁石英砂含铁量要高于碱性沉积法，因此认为改性石英砂铁含量的多少与有机物的去除效果呈现出一定的相关性。

（3）对重金属离子的去除 铝盐改性石英砂表面化学成分主要为 Al_2O_3，Al_2O_3 是一种两性物质，等电点 pH 值约为 7.5~9.5，所以当废水 pH 值高于涂铝石英砂等电点的 pH 值时，材料表面带负电荷，有利于水中金属阳离子等带正电荷物质的吸附。表 2-5 列出了原水质量浓度对 Zn^{2+} 去除率的影响。

表 2-5 原水质量浓度对 Zn^{2+} 去除率的影响

原水质量浓度/(mg/L)	氯化铁改性石英砂		硝酸铁改性石英砂	
	出水质量浓度/(mg/L)	去除率（%）	出水质量浓度/(mg/L)	去除率（%）
4	0.532	86.7	0.112	97.2
8	1.689	78.888	1.209	84.888
20	10.925	45.375	8.001	59.995
25	13.634	45.464	13.194	47.224
30	16.787	44.043	16.980	43.400
40	24.429	38.928	24.1	39.75
60	45.870	23.550	36.960	38.4
80	62.430	21.963	56.312	29.610
100	78.700	21.300	82.430	17.570

由表 2-4 可知，随着原水质量浓度的提高，铁盐改性石英砂对 Zn^{2+} 去除率降低。分析认为改性石英砂对 Zn^{2+} 的吸附有一定的容量，随着原水质量浓度的上升，改性石英砂吸附 Zn^{2+} 的量也趋于饱和（表面活性中心位置被占满），所以去除率下降，吸附 Zn^{2+} 的最佳 pH 值约为 9。此外两种铁改性石英砂对 Pb^{2+} 和 Cu^{2+} 这两种重金属离子的吸附去除能力均优于未改性的石英砂。对 Pb^{2+} 和 Cu^{2+} 的吸附平衡时间则分别为 4h 和 3h 左右。吸附去除 Pb^{2+} 最佳 pH 值约为 7，吸附 Cu^{2+} 的最佳 pH 值约为 6，去除率均在 85% 以上。

重金属离子在改性滤料表面的吸附是一种离子交换过程，水中的重金属阳离子和固体表面的金属离子发生交换反应，或者和固体表面的羟基配位，将 H^+ 交换下来。由于现有的资料显示在滤液中未检出 Fe^{3+}，因此水中重金属离子在改性石英砂表面的吸附作用属于和其表面的羟基配位作用。有关平衡如下

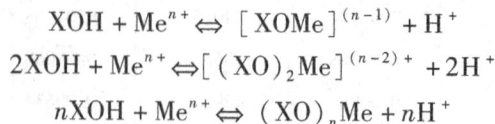

$$XOH + Me^{n+} \Leftrightarrow [XOMe]^{(n-1)} + H^+$$

$$2XOH + Me^{n+} \Leftrightarrow [(XO)_2Me]^{(n-2)+} + 2H^+$$

$$nXOH + Me^{n+} \Leftrightarrow (XO)_nMe + nH^+$$

式中，X 为改性石英砂滤料表面的铁；Me 为水中的重金属阳离子，即 Zn^{2+}，Cu^{2+} 等。

（4）对藻类的去除 藻类由于自身分泌的有机物包裹在细胞膜外，一般表面带有负电荷，而且具有一层水化膜，这些性质使藻细胞颗粒很难沉积、粘附在滤料表面，故常有一些

藻类颗粒穿透滤池而影响出水水质。采用改性石英砂滤料对含藻水进行处理，经混凝沉淀后水中的余铝对藻类的去除有促进作用。分析认为铝改性石英砂表面的零电点时 pH 值约为 5，而天然石英砂表面 pH 值约为 3。在水样 pH 值为 6.8 的试验条件下，改性石英砂表面的 ζ 电位为 -14.5mV，天然石英砂表面为 -34.8mV，未经混凝沉淀的含藻水中藻类颗粒的 ζ 电位为 -24.7mV，混凝沉淀后 ζ 电位为 -14.7mV。因此改性石英砂的 ζ 电位远高于天然石英砂，故与藻类颗粒的静电排斥作用更小，使藻类颗粒更易于靠近滤料表面，从而提高对藻类颗粒的去除率。同样，混凝沉淀后水中剩余的藻类颗粒由于电负性减弱，与滤料的静电排斥作用降低，也有利于去除率的提高。

（5）氟的去除 氟是自然界中分布广泛的微量元素，通过食物链摄入到人体的氟大部分来自饮水和食物，地方性氟病区的患病情况和饮水中的氟含量有直接的关系。国内外对含氟水的处理已有许多研究，但效果均不显著。天然石英砂因为表面带负电，而 F^- 也带负电，两者互相排斥而使 F^- 不能吸附在石英砂表面。而改性后的石英砂表面带正电，使其对 F^- 的吸附能力大增，涂铝石英砂在过滤 1h 时除氟率为 75.3%。分析认为 F^- 与 Al^{3+} 有稳定的配位作用且有吸附专一的特点，用活性氧化铝改性石英砂，构成可进行配体交换吸附的除氟材料，可提高其除氟效果，但涂铝石英砂过滤 5h 后除氟率只有 4.5%，很快丧失除氟能力。而涂铁石英砂去除氟的效果要远好于涂铝石英砂，前 20h 除氟率在 90% 以上，20h 后迅速下降。涂铝石英砂和涂铁石英砂的除氟能力的差异与吸附活性中心点位有关，任何固体表面都是由大量均匀分布的凸点组成，凸点上的原子和离子具有未饱和的价键力，构成了一系列的吸附作用点。这些点称为表面吸附活性中心，当表面吸附活性中心全部被占满时，吸附量达到最高饱和值。涂铁石英砂的表面吸附活性中心点位比涂铝石英砂多而使其吸附氟的能力更持久。

（6）磷的去除 我国大部分水源受有机物污染严重，在给水处理中，磷的去除主要靠混凝沉淀和过滤两个阶段，混凝效果好的能去除大部分磷，另一少部分磷依赖过滤工艺去除。因此，研究过滤去除微量磷是保证出水的生物稳定性的一条重要途径。原水中不但含有溶解性磷，还含有颗粒态磷，铁盐改性石英砂作为一种滤料具有较强的吸附性能，根据除污机理，涂铁改性石英砂在水环境条件下，表面的 Fe_2O_3 发生羟基化，在酸性环境下，水中磷倾向以 $H_2PO_4^-$ 和 HPO_4^{2-} 存在，$H_2PO_4^-$ 能替代滤料表面的羟基，达到除磷的效果。当原水的 pH 值为 7 时，对总磷去除率可高达 90%，对溶解性总磷的吸附等温线属于 Langmuir 型，并认为要提高磷吸附容量就要增加涂层质量和厚度，或者使吸附在酸性环境中进行。

2.3.2 无烟煤滤料

无烟煤，俗称白煤或红煤，是碳化程度最高的煤种。无烟煤一般碳含量（质量分数，下同）在 90% 以上，挥发物在 10% 以下，黑色坚硬，有金属光泽。燃烧时火焰短而少，不结焦。过去无烟煤主要是作为民用燃料，近年来随着工业的发展，无烟煤应用范围扩大，不仅应用于化肥、陶瓷、锻造以及冶金等行业，也成了水处理行业的常用滤料。

无烟煤滤料是把天然块状无烟煤，经过破碎筛分而加工成一定粒级直接用于水过滤工艺的一种滤料。在国外已广泛应用于自来水及各类污水的过滤工艺中，而我国应用无烟煤滤料也已有几十年的历史，它具有锰砂和石英砂无可比拟的天然优势：质轻，孔隙率高，截污能力强等。无烟煤滤料同石英砂滤料配合使用是我国目前推广的双层快速滤池和三层滤池、滤罐过滤的最佳材料。无烟煤滤料的颗粒形状以多面体为佳，片状和针状的无烟煤滤料的过滤效果差，容易流失且损耗率大。

1. 无烟煤的性能

无烟煤滤料的机械强度高，化学性能稳定，不含有毒物质，耐磨损，在酸性、中性、碱性水中均不溶解，颗粒表面粗糙，有良好的吸附能力，孔隙率大，有较高的纳污能力。表2-6列出标准无烟煤滤料的理化性能。

表2-6　标准无烟煤滤料的理化性能

含泥量（%）	≤4	固定碳（%）	≥80
相对密度	1.4~1.6	松密度/（g/cm³）	0.947
磨损率（%）	≤1.4	孔隙率（%）	47~53
破碎率（%）	≤1.6	盐酸可溶率（%）	≤3.5

无烟煤滤料在过滤过程中直接影响过滤的水质，故对滤料的选择必须满足以下几点要求：

1）机械强度高，破碎率和磨损率之和不应大于3%（百分比按质量计）。

2）化学性质稳定，不含有毒物质，不应含可见的页岩、泥土或碎片杂质。在一般酸性、碱性、中性水中均不溶解。

3）粒径级配合理，比表面积大。产品外观呈球状而有棱角，光泽度好，经机械振动三次筛分，级配符合有关技术指标。均匀系数（K_{60}）不大于1.5（日本标准），不均匀系数（K_{80}）为1.6~2.0。

4）粒径范围小于指定下限粒径按重量计不大于5%，大于指定上限粒径按重量计不大于5%。

2. 无烟煤滤料表面改性

天然滤料因其比表面积有限，孔隙率低及不经济性等缺点，一般都要将其进行表面改性，以提高其吸附性能。目前无烟煤滤料常见的改性方法主要有碱性沉积法和浸泡改性，常用的改性剂为NaCl、$AlCl_3$和$FeCl_3$等。

（1）预处理　取经筛分的天然无烟煤若干，用自来水清洗至无黑色褪去，置于托盘，在110℃下烘干后，留作改性使用。

（2）碱性沉积法　称取一定量经预处理的无烟煤，加入到一定含量的改性剂溶液中，同时加入沉淀剂NaOH，搅拌均匀后置于110℃烘箱中加热一定时间，取出冷却后，用蒸馏水清洗4~6次，将粘附不牢的改性剂洗净，再次烘干，制得加热型改性无烟煤，并密封保存备用，具体工艺如图2-8所示。

改性剂　NaOH溶液

预处理无烟煤 → 搅拌混匀 → 搅拌中和 → 加热 → 过滤、洗涤 → 恒温干燥 → 改性无烟煤

图2-8　碱性沉积法工艺流程

（3）浸泡改性　称取一定量经预处理的无烟煤，分别加入浓度为1mol/L的NaCl溶液、

$AlCl_3 \cdot 6H_2O$ 溶液、$FeCl_3 \cdot 6H_2O$ 溶液中，搅拌均匀后静置 24h，倒出上清液，用蒸馏水冲洗干净，将粘附不牢的改性剂洗净，置于 110℃烘箱中加热烘干，并密封保存备用，具体工艺如图 2-9 所示。

改性剂 → 预处理无烟煤 → 搅拌混匀 → 过滤、洗涤 → 恒温干燥 → 改性无烟煤

图 2-9 浸泡改性工艺流程

3. 无烟煤滤料的使用方法

国内外一般使用和饮用地表水均要经过过滤工艺，滤池过滤工艺是处理污水的把关技术，运行的好坏直接影响到污水排放的水质。传统的过滤工艺都是使用单层石英砂作为滤料，这种单层砂滤料在滤池反冲洗时，由于水力分级作用，小颗粒砂粒因重量轻，下降速度慢而落在滤床的上部，大颗粒砂粒则落在滤床的下部。由于小颗粒都集中于滤床的表面，使过滤面积减小，滤池阻力增大，而滤床下层的大颗粒则不能充分发挥作用。使用无烟煤滤料的双层和三层滤料过滤工艺则克服了上述单层砂滤过滤的缺点，如三层滤料为：上层用粒径大相对密度小的无烟煤滤料（相对密度为 1.4 ~ 1.6），中层是中粒径中相对密度的石英砂滤料（相对密度为 2.6），下层为小粒径、大相对密度的磁铁矿滤料（相对密度为 4.6 ~ 4.95）。二层滤料：上层一般为无烟煤，下层为石英砂。利用各层滤料的不同相对密度特点，组成了一个均匀的理想的过滤床层，水流通过由粗到细的滤料层，使大部分悬浮物进入到滤料内部，整个滤床得以充分利用。因滤料相对密度的差别，在反冲洗后滤料仍按相对密度下沉，不混层。由于滤床的多层结构，上层颗粒大而轻，因而形成了在整个过滤深度上的体积过滤，而不是单层滤料的面积过滤，这种床层的含污能力大，过滤周期长，能提高滤水生产能力。

4. 无烟煤滤料在水处理中的应用

（1）除铁除锰　我国有丰富的地下水资源，其中不少地下水源含有过量的铁和锰，称为含铁含锰地下水。水中含有过量的铁和锰，将给生活饮用及工业用水带来很大危害。在含铁含锰地区越来越多的新建水厂采用了生物除铁除锰技术，铁锰氧化细菌是该技术的核心，而作为载体滤料的性能则至关重要。哈尔滨工业大学的研究人员以无烟煤作为生物除铁除锰滤池的滤料，并将其应用于日产量 200000t 的佳木斯江北水厂，该水厂是我国第一座采用无烟煤滤料的生物除铁除锰水厂。在滤池接种铁锰氧化细菌浓缩液后，通过对运行参数的优化调控，实现高铁高锰地下水的除铁除锰。与石英砂、锰砂等滤料的对比发现，无烟煤滤料明显加快了生物滤池的成熟，大大缩短了生物除铁除锰滤池的成熟期。

无烟煤适宜作为生物除铁除锰滤池滤料的原因在于：① 粗粒、孔隙率大的滤层可使锰氧化菌微生物群系和 Fe^{2+}、Mn^{2+} 随原水深入到滤层更深处，发挥全滤层的除锰能力。② 粗粒无烟煤滤料，孔隙率大，避免了表面层的过快堵塞，延缓了全层阻力的增大，也就延长了反冲洗周期。③ 无烟煤质轻、相对密度小，可以减小反冲洗强度。④ 管理简单方便，在施工中滤料筛分、装填均较其他滤料简便，大大缩短了工期，减轻了施工人员的劳动强度。

（2）去除水中的 NH_3 及 NH_4^+　氮、磷为水体富营养化的两种主要元素，随着水的 pH 值的减小，NH_3 可以转变为 NH_4^+

$$NH_3 + H^+ \rightarrow NH_4^+$$

采用 $NaCl$、$AlCl_3$ 和 $FeCl_3$ 等对天然无烟煤进行改性，通过静态吸附试验发现，在碱性沉

积改性方法中，NaCl 改性无烟煤对氨氮的去除效果最佳，去除率为 80.95%；在浸泡改性方法中，氨氮的去除率为 78.89%。而天然无烟煤对氨氮的去除率仅为 10.03%，改性无烟煤对氨氮去除效果均远远优于天然无烟煤。

通过对吸附机理的探讨，发现采用碱性沉积法制得的改性无烟煤滤料，大部分改性剂附着在滤料上，从而使滤料的表面性质基本与改性剂性质类似。当改性剂粘附在无烟煤上时，无数微型颗粒堆积在无烟煤表面，造成比天然无烟煤大得多的比表面积，使其表面吸附能力提高，从而获得良好吸附性能。此外在水的吸附、过滤处理中，除了物理吸附起主导作用外，同时还伴有化学吸附和交换吸附及表面络合等综合作用。其中交换吸附是溶质离子由于静电引力作用聚集在吸附剂表面带电点上，并置换出原固定在这些带电点上的其他离子。在中性条件下，水中的 NH_3 几乎全部以 NH_4^+ 存在，而 NH_4^+ 吸附能力强于 Na^+，所以在离子交换吸附过程中，水中 NH_4^+ 可顺利地将改性无烟煤上的 Na^+ 交换出来，即

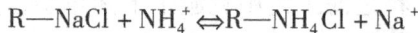

$$R—NaCl + NH_4^+ \Leftrightarrow R—NH_4Cl + Na^+$$

从而使水中的 NH_3 及 NH_4^+ 被去除。

（3）去除水中有机物 由于煤炭主要由有机物组成，因而纯净的煤粒表面基本上是非极性的，一般条件下，非极性的固体表面亲非极性的液体而疏极性液体，因此煤粒表面亲非极性的烃类油，疏极性的水。煤中碳含量是随着煤化程度的提高而增加的，其表面的疏水亲油性质也随碳化程度增加而加强，所以无烟煤滤料的表面性质是疏水亲油的，可用其过滤含油污水。煤炭又是多孔性物质，无烟煤滤料中的煤粒表面有许多大小不等的孔隙，这些孔隙就相当于许多毛细管，由于毛细管作用及孔隙内表面的疏水亲油性质，而使油分子可以容易地挤掉煤孔隙中原有的水分子，取而代之，因此无烟煤滤料有良好的吸附有机悬浮物，特别是吸附烃类油脂的性能，同时还有一定的除味脱色功效。国外很早就将无烟煤滤料广泛应用于炼油厂、油田、轧钢厂的过滤工艺中，国内在污水处理方面使用的很少，仅部分企业使用无烟煤滤料处理污水。

此外改性的无烟煤滤料对酚类等高毒类有机物也有较好的去除效果，含酚废水流经表面改性的无烟煤滤料后，发现该法对中低含量含酚废水处理效果明显，最高去除率达到 95.5%，应用前景广阔。为了进一步提高对有机物的去除效果，将沸石-无烟煤组成双层滤料处理微污染水，该工艺对 COD 的去除率可达到 39.5%，远高于单一无烟煤滤料的处理效果。

2.3.3 陶粒滤料

陶粒滤料属于人工轻质滤料，是一种新型净水材料。它是由黏土质矿物、页岩类矿物和工业废弃物等为主要原料，经加工成粒或粉磨成球，再烧胀（烧结）而成的人造轻骨料。陶粒不含对人体有害的重金属离子及其他有害物质。

1. 陶粒滤料的化学成分和性能

陶粒滤料是一种无机滤料，主要化学成分为 SiO_2、Al_2O_3 和熔剂，熔剂包括 CaO、MgO、MnO、Fe_2O_3、FeO、TiO_2 和 K_2O 等。陶粒滤料粒度均匀，外部为铁褐色或棕色坚硬外壳，表面粗糙，不规则，主要由一些开孔大于 $5\mu m$ 的孔构成，相互之间连通率一般。内部具有封闭式微孔结构，比表面积较大，化学和热稳定性好，具有较好的吸附性能，易于再生和重

复利用；由于陶粒的比表面积和孔隙率均高于石英砂滤料，因此其不仅适用于城镇和工业给水处理，也可广泛用于冶金、石油、化工、纺织等行业的废水处理，对金属离子的去除方面也有显著的效果。

2. 陶粒的种类

陶粒种类繁多，按形状可分为圆柱型、圆球型、碎石型；按原料不同可分为页岩陶粒、黏土陶粒、粉煤灰陶粒、垃圾陶粒、煤矸石陶粒等。

（1）按形状分类

1）碎石型陶粒。碎石型陶粒一般用天然矿石生产，先将石块粉碎、焙烧，然后进行筛分；也可用天然及人工轻质原料（如浮石、火山渣、煤渣、自然或煅烧煤矸石等）直接破碎筛分而得。

2）圆球型陶粒。圆球型陶粒采用圆盘造粒机生产。先将原料磨粉，然后加水造粒，制成圆球后再进行焙烧或养护，目前我国的陶粒大部分是这种品种。

3）圆柱型陶粒。圆柱型陶粒一般先制成泥条，再切割成圆柱形状。这种陶粒适合黏土原料，产量相对较低。

（2）按原料分类

1）页岩陶粒。又称膨胀页岩，是以优质页岩为主要原料加工制成的。页岩陶粒按工艺方法分为普通型页岩陶粒和圆球型页岩陶粒两类。普通型页岩陶粒经破碎、筛分、烧胀制成；圆球型页岩陶粒经粉磨、成球、烧胀而制成的。目前页岩陶粒的主要用途是生产轻集料混凝土小型空心砌块和轻质隔墙板。

2）黏土陶粒。黏土陶粒是一种陶瓷质地的人造颗粒。以各种未成岩的黏土为主要原料，经加工成球，再烧胀而成的人造轻骨料。黏土陶粒经济实用，节能环保，具有质轻，强度高等特点，多用于保温隔热、污水处理、园林绿化和无土栽培等领域。

3）粉煤灰陶粒。粉煤灰通常是指燃煤电厂中磨细煤粉在锅炉中燃烧后从烟道排出的物质。粉煤灰陶粒是以粉煤灰为主要原料，加入一定量的粘结剂和水，经成球、养护而成的轻骨料。它与页岩陶粒、黏土陶粒是陶粒产品的三大类。

4）垃圾陶粒。垃圾陶粒是将城市生活垃圾处理后，经造粒、焙烧生产出的烧结陶粒。或将垃圾烧渣加入水泥造粒，自然养护，生产出免烧垃圾陶粒。垃圾陶粒具有原料充足，成本低，能耗少，质轻高强等特点。

5）煤矸石陶粒。煤矸石是采煤过程中排出的含碳量较少的黑色废石，在我国的排放量非常大。煤矸石的化学成分与黏土比较相似，其中含有的碳及硫，使其在焙烧过程中，烧失量较大。因此只有在一定温度范围内才能产生足够数量粘度适宜的熔融物质，具有膨胀性能。将符合烧胀要求的煤矸石经破碎、预热、烧胀、冷却、分级、包装而生产出煤矸石陶粒。

6）污泥陶粒。污水处理厂运行过程中会产生大量的剩余污泥，污泥是一种半干性固体废物，为了充分利用其中的有机物，多将污泥制成含炭的吸附材料进行应用。以剩余污泥为主要原材料，采用烘干、磨碎、成球、烧结成的陶粒，称为污水处理生物污泥陶粒。该技术既避免了二次污染，又保护了农田，具有很重要的应用价值。

7）河底泥陶粒。大量的江河湖水经过多年的沉积形成了很多泥沙。河底泥通常由黏土、泥沙、有机质及各种矿物的混合物，经过长时间物理、化学及生物等作用及水体传输而沉积于水体底部而形成。利用河底泥替代黏土，经挖泥、自然干燥、生料成球、预热、焙烧、冷却制成的陶粒称为河底泥陶粒。利用河底泥制造陶粒，不但会减少建材制造业与农业用地争土，而且还为河底泥找到了合理出路，解决了河底泥的二次污染问题，达到了废弃物资源化利用的目的。

3. 陶粒制备的机理

（1）制备工艺　陶粒制备工艺有两类，烧结（烧胀）和化学养护法。烧结（烧胀）工艺流程如图 2-10 所示。

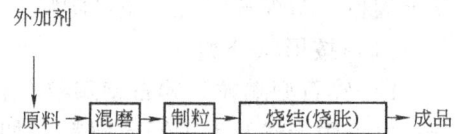

外加剂包括：粘结剂、膨胀剂和矿化剂等。主要作用是在烧成温度下能产生一定数量且具有一定粘度的液相以及一定数量的气体，使料球膨胀，在膨胀温

图 2-10　烧结（烧胀）工艺流程

度范围内产生的气体其压力稍大于膨胀孔隙孔壁的破坏强度就会产生微孔。该技术的优点是工艺简单、成熟，材料获得容易；缺点是需要消耗大量能源，产生废气污染环境。在实际工业生产中，该工艺生产设备都采用工业回转窑。

化学养护法是通过添加多种化学药剂，在较低温度下与原料混合，养护结成料球。优点是节约能源，设备投资小。缺点是化学药剂成本较高，不适合大规模产业化生产陶粒。

（2）陶粒烧制的原理　陶粒的膨胀主要是由于原料在加热过程中产生气体，而物料又有一定的粘度使部分气体未逸出从而形成多孔结构，又有部分气体逸出从而使表面形成许多开孔，增加了滤料的吸附性。所以烧制陶粒滤料必须具备两个基本条件：一是使料球在膨胀温度下能够产生适当的粘度和表面张力；二是在该温度下，料球能产生足够的适宜的气体，这是滤料具有足够孔隙的必要条件。

1）产生气体的反应。陶粒原料中加热产生气体的主要反应如下：

在 400～800℃，快速升温或缺氧条件下产生气体的反应为

$$C + O_2 \rightarrow CO_2 \uparrow$$
$$2C + O_2 \rightarrow 2CO \uparrow （缺氧条件下）$$
$$C + CO_2 \rightarrow 2CO \uparrow （缺氧条件下）$$

碳酸盐分解

$$CaCO_3 \rightarrow CaO + CO_2 \uparrow （850～900℃）$$
$$MgCO_3 \rightarrow MgO + CO_2 \uparrow （400～500℃）$$

硫化物的分解和氧化

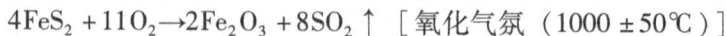

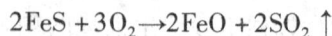

$$FeS_2 \rightarrow FeS + S \uparrow （近900℃）$$
$$S + O_2 \rightarrow SO_2 \uparrow$$
$$4FeS_2 + 11O_2 \rightarrow 2Fe_2O_3 + 8SO_2 \uparrow ［氧化气氛（1000±50℃）］$$
$$2FeS + 3O_2 \rightarrow 2FeO + 2SO_2 \uparrow$$

氧化铁的分解与还原（1000～1300℃）

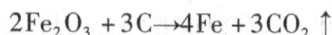

$$2Fe_2O_3 + C \rightarrow 4FeO + CO_2 \uparrow$$
$$2Fe_2O_3 + 3C \rightarrow 4Fe + 3CO_2 \uparrow$$
$$Fe_2O_3 + C \rightarrow 2FeO + CO \uparrow$$
$$Fe_2O_3 + 3C \rightarrow 2Fe + 3CO \uparrow$$

由反应可知，在陶粒滤料的膨胀温度范围内，逸出的气体主要是 CO，因此 CO 是主要膨胀气体。

2) 陶粒化学成分。Riley 在研究黏土陶粒烧胀性时，发现在某温度范围内，当所用原料的化学成分处于某一范围时，所得陶粒具有良好的烧胀性。因此，他提出了陶粒化学成分的 Riley 三角形，并具体确定了形成适宜粘度液相的原料化学成分范围如图 2-11 所示：SiO_2 53% ~ 79%，Al_2O_3 10% ~ 25%，熔剂之和为 13% ~ 26%。由图 2-11 可知，在范围 1 内选择适宜的配比控制陶粒在烧制时的液相粘度从而使其达到需要的孔隙率；在范围 2 内控制陶粒强度以使气体逸出形成粗糙多孔的表面。

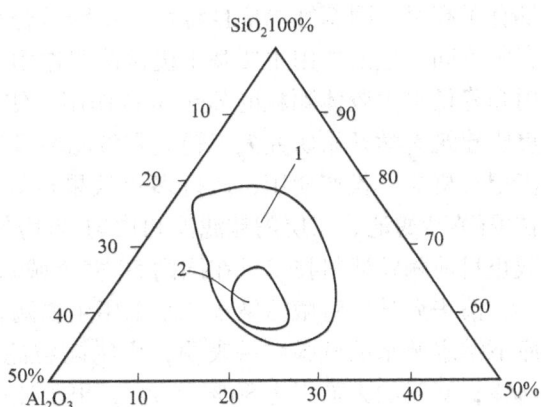

图 2-11　Riley 相图中适宜粘度的原料
化学成分范围
1—形成适宜粘度的原料化学成分范围
2—高强陶粒较佳化学成分范围

4. 我国陶粒的技术研究

目前，我国陶粒技术的发展与国外先进水平相比，差距不大，人造轻骨料已由 3 种发展到 6 种。但是在研究过程中某些方面还需要进一步加强。

1) 要扩展陶粒原料的选择范围。传统陶粒滤料的骨架材料为页岩类矿石和黏土类矿石，需要消耗大量土地资源获得。近些年来清洁生产观念的提出，使得在原材料的选择上尽可能遵循以废治废的原则，因此陶粒制备过程中可以选择热电厂产生的粉煤灰和工业废弃物作为骨架材料，在保证陶粒性能不变的前提下，尽可能降低制备成本。

2) 要拓宽陶粒滤料的应用范围。陶粒滤料用于给水处理主要表现为截流作用。而在污水处理上，由于陶粒表面由一些大于 $5\mu m$ 的孔构成，而细菌的直径为 $5 ~ 10\mu m$，所以陶粒表面有利于微生物附着生长，制成生物陶粒。在水处理中，仅这两项功能，不足以发挥陶粒的优越性。因此要在功能上要有所进展。

3) 要降低陶粒滤料的松密度。在水处理中，滤池的反冲洗强度是评价滤料性能的重要指标。传统的矿物质滤料松密度较大，造成反冲洗消耗很高。陶粒滤料在制备中如果只加入矿物质原料，松密度依旧很高。反冲洗水量占处理水量的相当部分。由于粉煤灰颗粒很小，多呈球形微珠状，密度较小，可适当添加到陶粒中，不仅可以降低滤料的松密度，减轻反冲洗的负担，也节省其他原料（黏土等）的使用，并改善和提高陶粒的性能。

4) 陶粒的表面改性。改性的目的就是增加陶粒表面吸附作用，当前改性方法主要有表面覆盖金属氧化物、金属氢氧化物，作用机理是表面静电作用和微孔的吸附作用。

5) 选择性能优良的成孔材料。陶粒制备过程中成孔剂可以在陶粒内部产生大量的孔径分布，以使陶粒具有生物挂膜、吸附杂质等的作用。煤粉因其本身的性质，作为陶粒滤料的成孔剂效果是比较好的。但煤属于不可再生资源，为了更好地节约资源消耗，尽可能地要在工业废弃物中选择合适的物质作为成孔材料，以替代煤粉的使用。

5. 我国陶粒滤料的应用现状

我国对好氧生物滤池填料的研究以陶粒为最多，这是因为陶粒不仅材料低廉易得，而且具有耐高温、耐腐蚀等优良特性，特别适合我国的国情。生物陶粒的过滤机理与普通快滤池有所不同，过滤作用主要基于机械截留作用、微生物新陈代谢产生的粘性物质起吸附架桥作用和降低水中胶体颗粒的 Zeta 电位作用，使部分胶粒脱去形成较大颗粒而被去除。1977 年，重庆建筑大学开始研究人工轻质陶粒滤料及其过滤技术。第一座陶粒滤料滤池 1980 年在重庆望江机器厂投产使用，运行多年效果良好。1981 年以后，四川、贵州等地又开始研究陶粒-石英砂滤池、双层陶粒滤池和均匀-非均匀双层滤料滤池等，建成投产以来，运行良好。截止目前陶粒滤料技术已在国内 50 多个城镇厂矿企业的给水厂站中得到推广应用。

清华大学针对微污染水源水采用生物陶粒滤池进行了一系列的现场试验研究。对官厅水库下游水源水的试验结果表明，生物陶粒滤池工艺对水中高锰酸盐指数的去除率为 10% ~ 18%，氨氮的去除率为 80% ~ 98%，出水浊度降低到 2NTU 以下。此外还采用相同的工艺对黄河污染水进行了研究，也取得了较好的研究成果。

陶粒滤料在污水处理中也有研究应用，东华大学的相关研究人员采用自制的底泥陶粒对印染废水进行处理。试验数据显示，底泥陶粒对印染废水中主要污染物的处理效果明显，对 COD 的去除率为 81.19%，对氨氮的去除率为 58.43%，对分散深蓝 HGL 的色度去除率为 10.06%，对分散蓝 2BLN 的色度去除率为 16.67%，且再生后的应用效果与新制陶粒基本相同。在污水的深度处理方面应用也比较普遍，在天津市自来水集团有限公司进行的生物陶粒滤池对 COD_{Mn} 的平均去除率为 31.0%，氨氮的平均去除率为 67.5%，出水浊度均在 0.30 ~ 0.40NTU 范围内，效果很好。同济大学的研究人员进行了陶粒曝气生物滤池处理污水处理厂二级出水的中试试验。试验结果表明，陶粒滤池可在一定工况条件下达到良好的处理效果，且保持较好的抗冲击负荷能力。在气水体积比为 3∶1、水力负荷为 $1m^3 \cdot m^{-2} \cdot h^{-1}$、温度分别为 20 ~ 25℃ 和 15 ~ 19℃ 的情况下，陶粒 BAF 对 COD 去除率为 21.93%，出水 COD 分别为 37.06mg·L^{-1} 和 37.06mg·L^{-1}；氨氮去除率分别为 96.64% 和 97.79%，出水氨氮的质量浓度可降到 1.20mg·L^{-1}。

2.4 纤维滤料

颗粒过滤材料的重要特征是可以方便地在过滤池或过滤器内完成过滤和清洗过程，但粒状滤料应用过程中存在布水不均匀、局部料层板结以及硬质滤料对阀门损坏严重等问题。为了解决上述问题，人们在实践中不断改进，其中最有效的方法是将颗粒滤料改为纤维束或纤维球滤料，该方法可以减少对本体和阀门的磨损。使用纤维球滤料可以设置孔洞较小的纱网，以防止反冲时跑料，纤维滤料已广泛应用于环境保护和污染治理工程中。

纤维根据其材质的不同可分为天然纤维、合成纤维和无机纤维。与传统的刚性颗粒滤料相比具有更大的比表面积和孔隙率。在过滤技术中，纤维主要有两个方面的基本应用：一方面，可作为纺织品过滤材料的基本原料；另一方面，将纤维按照规定的设计要求制成某种形式直接作为滤料使用。

2.4.1 天然纤维

天然纤维是从自然界原有的或经人工培植的植物上、人工饲养的动物上直接取得的纺织纤维，是纺织工业的重要材料来源。天然纤维的种类很多，长期大量用于纺织的有棉、麻、毛、丝四种。棉和麻是植物纤维，主要组成物质是纤维素，又称为天然纤维素纤维。毛和丝是动物纤维，主要组成物质是蛋白质，又称为天然蛋白质纤维，分为毛和腺分泌物两类。毛发类指绵羊毛和山羊毛等；腺分泌物主要指桑蚕丝、柞蚕丝等，蚕丝产品价格昂贵，应用范围较窄。

1. 棉纤维

（1）棉纤维的种类　棉纤维是从棉花中取得的纤维，种类很多，按棉花的品种分为细绒棉和长绒棉。细绒棉，又称陆地棉，纤维线密度和长度中等，一般长度为 25～35mm，线密度为 0.15～0.20tex，强力在 2.94～4.41cN/根左右，我国目前种植的棉花大多属于此类。长绒棉，又称海岛棉，纤维细而长，一般长度在 33mm 以上，线密度为 0.12～0.14tex，强力在 3.92～4.90cN/根以上，它的品质优良，我国目前种植较少。按棉花的初加工方法不同，棉花可分为锯齿棉和皮辊棉。锯齿棉采用锯齿轧棉机加工制得，锯齿棉含杂、短绒少，纤维长度较整齐，产量高。细绒棉大都采用锯齿轧棉机加工。皮辊棉是采用皮辊棉机加工得到的皮辊棉，皮辊棉含杂、短绒多，纤维长度整齐度差，产量低，皮辊棉适宜长绒棉、低级棉等。

（2）棉纤维的结构与性能　棉纤维的主要成分是纤维素，它的大分子化学结构式如图 2-12 所示。

纤维素的元素组成为碳占 44.44%，氢占 6.17%，氧占 49.39%。纤维素的化学结构式以 α-葡萄糖为基本结构单元重复构成，

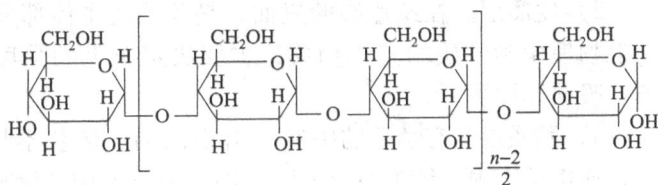

图 2-12　棉纤维化学结构

分子式中的 n 为棉纤维的聚合度，在 6000～11000 范围内。棉纤维耐碱而不耐酸，烧碱可使纤维剧烈膨化，长度缩短，直径变大，使棉织物强烈收缩。酸对棉纤维作用能使其强度下降，它可溶于 70% 的浓硫酸中。从微观结构上看棉纤维是一种多孔性物质，同时纤维素大分子上存在很多的游离亲水基团，可以从潮湿的空气中吸收水分和向干燥的空气中放出水分，这种吸湿性能适用于水处理中的固液分离操作。

2. 麻纤维

（1）麻纤维的种类　麻纤维是从各种麻类植物中取得的纤维，分茎纤维和叶纤维两类。茎纤维在茎的韧皮部，所以又称韧皮纤维。茎纤维主要有苎麻、亚麻、黄麻、槿麻（又称洋麻）、大麻、苘麻等。其中，苎麻和亚麻品质较优，是纺织用的主要麻纤维；从叶中取得的麻纤维称叶纤维，如剑麻、蕉麻等，由于其质地粗硬，所以不宜作服用纺织的原料，但其韧性大，耐水性强，适宜制作渔网、绳索等。麻纤维的分子结构与棉纤维相同，它们同属纤维素分子。麻茎收割后，需经脱胶等初步加工，以单纤维或者束纤维进行纺纱。苎麻纤维长度大，可以单纤维形式纺纱。而亚麻、黄麻、槿麻等，由于单纤维长度短而不整齐，所以采用脱胶的束纤维进行纺纱。

（2）麻纤维的性能　麻纤维的物理性能主要表现在强伸性和弹性，麻纤维是天然纤维中强度最大、伸长最小的纤维，但其弹性较差，麻织物的服装容易皱褶。麻纤维的吸湿能力和排湿速度高于其他天然纤维，这与麻纤维中的纤维孔隙结构有关。麻纤维的初始模量高，手感粗硬，耐日光且电绝缘性好，但苎麻和亚麻的耐热性不及棉纤维好。麻纤维的化学性质

主要体现在耐酸碱性上，麻纤维与棉一样，较耐碱而不耐酸，在浓硫酸中，苎麻会膨润溶解。

3. 羊毛纤维

（1）羊毛纤维的形态结构和化学组成　羊毛是天然蛋白质纤维，由角朊的蛋白质构成，角朊含量占 97%，无机物占 1%~3%，羊毛角朊的主要元素是 C、O、N、H、S。羊毛是羊的皮肤变形物，覆盖在羊皮的表面，呈簇状密集在一起，在每一小簇毛中，有一根直径较粗，毛囊较深的导向毛，其他较细的羊毛围绕着导向毛生长，形成毛丛，毛丛中的纤维形态相同，长度、细度接近。羊毛纤维由包覆在外部的鳞片层，组成羊毛实体的皮质层和毛干中心不透明的髓质层三部分组成，髓质层只存在于粗羊毛中，细羊毛中没有。具体结构如图 2-13 所示。

图 2-13　羊毛纤维结构

1）鳞片层。纤维的外壳，由片状角朊细胞组成，薄而透明，是表面细胞经过变形后失去细胞组织（原生质）而形成角状薄片。

2）皮质层。在鳞片层的里面，是羊毛的主体部分，也是决定羊毛物理化学性质的基本物质，主要决定羊毛的强度、弹性、伸长、吸湿等性质。

3）髓质层是有髓毛的中腔，由松散的、形状不规则的角朊细胞组成，细胞间充满空气，连接不牢固。细羊毛中无髓质层，粗羊毛中含髓质层，含髓质层多的羊毛强度、弹性、伸长等性能下降，脆而易折断，不易染色，纺纱价值低。

（2）羊毛纤维的性能　羊毛纤维的物理性质主要体现在具有较好的吸湿性，它为纺织纤维中吸湿性最为优异的品种；羊毛可塑性较强，羊毛在湿热条件下膨化，失去弹性，在外力作用下，可压成各种形状并保持形状不变；羊毛纤维弹性好，是天然纤维中弹性恢复性最好的纤维；羊毛的相对密度小，在 1.28~1.33 之间有较高的断裂伸长率和优良的弹性，所以在使用中羊毛织品较其他天然纤维织品坚牢。

羊毛纤维的化学特性主要表现在对酸作用的抵抗力比棉强，低温或常温时，弱酸或强酸的稀溶液对角朊无显著的破坏作用，但随着温度和含量的提高，酸对角朊的破坏作用相应加剧。羊毛对碱的作用特别敏感，除能使羊毛的主链发生水解外，还使蛋白质分子间的横向连接发生变化。

4. 蚕丝

蚕丝，是熟蚕结茧时分泌的丝液凝固而成的连续长纤维，也称"天然丝"。它与羊毛一样，是人类最早利用的动物纤维之一。蚕根据食物的不同，又分桑蚕、柞蚕、木薯蚕、樟蚕、柳蚕和天蚕等。从单个蚕茧抽得的丝条称为茧丝，它由两根单纤维借丝胶粘合包覆而成。将几个蚕茧的茧丝抽出，借丝胶粘合包裹而成的丝条，称为蚕丝，有桑蚕丝（也称生丝）与柞蚕丝之分。蚕丝纤维由两根呈三角形或半椭圆形的丝素外包丝胶组成，横截面呈椭圆形。蚕丝纤维为蛋白质纤维，丝胶和丝素是其主要组成部分，其中丝素约占 3/4，丝胶约占 1/4。丝胶是水溶性较好的球状蛋白质，将蚕丝溶解于热水中脱胶精炼，就是利用了丝胶的这一特性。

2.4.2　合成纤维

合成纤维是常用于过滤材料的纤维，是化学纤维的一种。随着化纤工业的发展，合成纤维滤布的许多性质都超过了天然纤维滤布。它是以石油和天然气为原料，产生的有机化合物经聚合反应获得可纺性聚合物，进行纺丝得到的纤维。合成纤维制成的滤料具有柔性、可压缩，孔隙率大，比表面积大，截污能力强，工作层具有上疏下密的理想滤层的孔隙分布，易于反洗，具有较强的耐磨性及抗化学侵蚀性。此外对微生物的作用也具有稳定性，接触液体时不会出现收缩现象。

合成纤维是低分子化合物聚合而成的高分子化合物经成型加工而得到的纤维。按主链结构可分为碳链合成纤维和杂链合成纤维。碳链合成纤维包括聚丙烯腈纤维（腈纶）、聚丙烯纤维（丙纶）、聚乙烯醇缩甲醛纤维（维纶）；杂链合成纤维包括聚酰胺纤维（锦纶）、聚酯纤维（涤纶）等。

1. 丙纶

丙纶，学名聚丙烯纤维，用丙烯为原料制得的聚丙烯纤维的中国商品名，是目前所有合成纤维中最轻的一种。

（1）丙纶的分子结构　丙纶的分子仅由碳氢两种原子组成，其基本组成物质为等规聚丙烯，它的大分子结构特征在于分子链为规整的线形，沿分子链上各链节的化学组成都相同，链节首尾的衔接方式严格一致。丙纶约含有 85%～97% 等规聚丙烯、3%～15% 无规聚丙烯，等规聚丙烯的分子结构虽然不如聚乙烯的对称性高，但由于它具有较高的立体规整性，因此与非等规聚丙烯的大分子相比，容易形成结晶，而且聚合物的等规度越高，结晶速率越快。

（2）丙纶的性质

1）密度。丙纶的密度仅为 0.91g/cm³，是常见化学纤维中密度最小的品种，同样重量的丙纶可比其他纤维得到的较大的覆盖面积。

2）力学性能。丙纶的强度高，伸长大，初始模量较高，弹性优良，丙纶弹力丝强度仅次于锦纶，但价格却只有锦纶的 1/3。

3）热性能。丙纶的熔点为 176℃，软化温度为 145～150℃，160～165℃ 时其强度几乎等于零，250℃ 开始分解，388℃ 分解加速。丙纶允许工作温度的范围为 -70～100℃。

4）吸湿性。丙纶是疏水亲油性纤维，几乎不吸湿，一般大气条件下的回潮率接近于零。但它有芯吸作用，能通过织物中的毛细管传递水蒸气。

5）化学性能。丙纶有较好的耐化学腐蚀性，除了浓硝酸，浓的苛性钠外，丙纶对酸和碱抵抗性能良好，所以适于用作过滤材料和包装材料。

正是由于丙纶具有上述的特点，用丙纶制成的滤布表面光滑，质地柔软，易于卸渣，并能延缓堵塞的发生，吸湿性很低，在 0.3% 以下，并且只需在过滤循环之间进行清洗，便可实现再生。此外，聚丙烯滤布不受微生物的影响。

2. 腈纶

腈纶，学名聚丙烯腈纤维，腈纶是中国的商品名，国外则称为"奥纶"、"开司米纶"，有"人造羊毛"之称。

（1）腈纶的分子结构　聚丙烯腈纤维应指用 85% 以上的丙烯腈与第二和第三单体的共

聚物，经纺丝而成的纤维。当共聚物中的第一单体丙烯腈含量为35%~85%时，共聚物纺丝制得的纤维称为改性聚丙烯腈纤维。但实际工业生产的腈纶中，大约有90%的链节是丙烯腈基团（—CH₂CHCN—）。其余10%的化学结构单元是另外两种乙烯基衍生物，其分子结构式如图2-14所示。

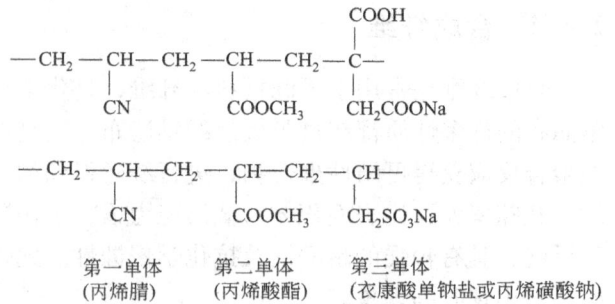

$$—CH_2—CH—CH_2—CH—CH_2—\overset{\displaystyle COOH}{\underset{\displaystyle CH_2COONa}{C}}—$$

$$\underset{\displaystyle CN}{|}\qquad\underset{\displaystyle COOCH_3}{|}$$

$$—CH_2—CH—CH_2—CH—CH_2—CH—$$

$$\underset{\displaystyle CN}{|}\qquad\underset{\displaystyle COOCH_3}{|}\qquad\underset{\displaystyle CH_2SO_3Na}{|}$$

第一单体　　　第二单体　　　　第三单体
（丙烯腈）　　（丙烯酸酯）　（衣康酸单钠盐或丙烯磺酸钠）

图2-14　腈纶分子

由图2-14可知，腈纶分子由三类单体分子组成。丙烯腈通常称为第一单体，它的含量和特性决定了腈纶的化学、物理和力学性能，只占90%~94%；第二单体称为结构单体，主要为可降低大分子间作用力的单体，如丙烯酸甲酯、甲基丙烯酸甲酯或醋酸乙烯酯等，占5%~8%。加入第二单体克服纤维的脆性，改善纤维的手感、弹性和热塑性；第三单体是带有酸性或碱性基团的单体，如丙烯磺酸钠、苯乙烯磺酸钠、对甲基丙烯酰胺苯磺酸钠，占0.3%~2.0%。第二、第三单体的品种不同、用量不一，得到的腈纶便不同。

（2）腈纶的性质

1）形态。腈纶的纵向表面比较粗糙，并存在沿轴向的沟槽；截面随纺丝方法不同而异，干法纺丝的纤维截面呈哑铃形，湿法纺丝的则为圆形。

2）力学性能。腈纶的相对强度比涤纶和锦纶都低，其断裂伸长率为25%~50%，与涤纶、锦纶相仿。腈纶蓬松、卷曲而柔软，弹性较好，但多次拉伸的剩余变形较大。

3）吸湿性。腈纶结构紧密，吸湿性较低，在合成纤维中属中等，在标准条件下腈纶的回潮率为2%左右。

4）耐光性。腈纶耐光性和耐气候性特别优良，是常见纺织纤维中最好的。腈纶放在室外暴晒一年，其强度只下降20%，因此腈纶最适宜做室外用织物。

5）化学性能。腈纶具有较好的化学稳定性，耐酸、耐弱碱、耐氧化剂和有机溶剂。腈纶对无机酸具有良好的抗性，在质量分数超过80%的浓硫酸中才溶解。对弱碱以及室温下的强碱，具有一般的抗性。

6）热性能。腈纶具有较高的热稳定性，在150℃左右进行热处理，纤维的力学性能变化不大，若在空气中加热到125℃，放置32d，其强度基本不变，在180~200℃下也能作短时间的处理，但在200℃时，即使接触时间很短，也会引起纤维发黄；加热到250~300℃，腈纶就发生热裂解，分解出氰化氢及氨等小分子化合物。此外腈纶具有涤纶、锦纶等结晶性纤维所不具有的热弹性，其本质是高弹形变。

3. 维纶

维纶，学名聚乙烯醇（缩甲醛）纤维，国外商品名维尼纶。其性能接近棉花，有"合成棉花"之称，是现有合成纤维中吸湿性最大的品种。

（1）维纶的分子结构　维纶的基本物质为聚乙烯醇，聚乙烯醇是具有很少支链的长链分子，羟基在大分子上主要处于1、3位置。聚乙烯醇无明显熔点，不能被加热成熔融状态，但它的分子上有许多羟基，易溶于水，故在纺丝成型后还要再用甲醛作缩醛化处理。由甲醛与纤维中的羟基作用生成聚乙烯醇缩甲醛，即维纶，故也称聚乙烯醇缩甲醛纤维（PVA），其分子结构中的一部分如图 2-15 所示。

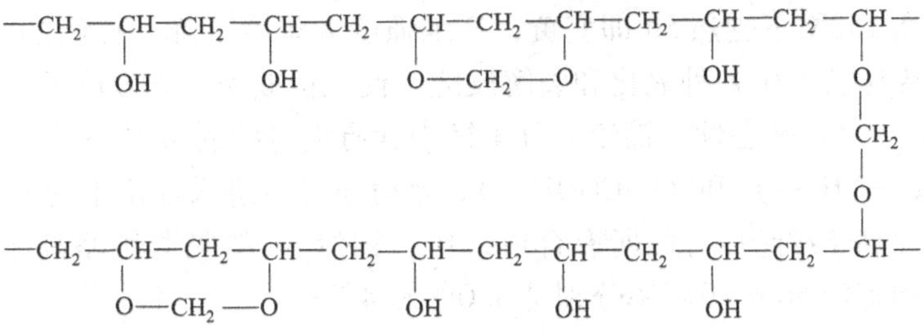

图 2-15 维纶的结构简式

（2）维纶的性质

1）热性能。维纶的耐热水性能随缩醛化程度的提高而明显增强。软化点高于 115℃ 的维纶，在沸水中的尺寸稳定性良好，在沸水中松弛处理 1h，纤维收缩仅 1%~2%。同时，维纶的耐干热稳定性也很好，在 40~80℃ 的温度范围内，维纶短纤维的收缩随温度的提高缓慢增加，到 180℃ 时的收缩率约 2%，以后收缩增加较快，至 220℃ 时收缩达到最高值（约 22%）。维纶在空气中经受更高温度处理会发生热裂解，温度越高或在某一温度下加热时间越长，维纶的失重越大，损伤越大，这主要是由纤维被氧化和脱水所致。

2）吸湿性。维纶在标准状态下的回潮率为 5%，是五大合成纤维中最高的，但仍比天然纤维低。维纶的吸湿性随热拉伸程度和缩醛化程度的提高而降低。

3）力学性能。维纶的力学性能取决于聚乙烯醇的聚合度和纺丝加工的条件。温度对维纶强度的影响比较小，其原因在于维纶的结晶度、取向度及分子间作用力较高。维纶的强度和耐磨性优于棉，但弹性不如大多数合成纤维，其织物易产生折皱。

4）化学性能。维纶具有耐酸、碱和其他大部分溶剂的优良性能，20℃ 时能经受 20% 硫酸的作用，65℃ 时能经受 5% 硫酸和沸氢氧化钠溶液的作用。能溶于 80% 的蚁酸（55℃）中，在溶剂中溶解时一般都发生分解或显著的损伤。

4. 锦纶

锦纶，学名聚酰胺纤维，是中国所产聚酰胺类纤维的统称。国际上称尼龙。在干、湿状态下均有很高的强度，耐磨性极好，是棉纤维的 10 倍，羊毛的 20 倍，可以纯纺和混纺做各种衣料及针织品，锦纶滤布已成功地应用于压滤机上。主要品种有锦纶 6 和锦纶 66。

（1）锦纶的分子结构 锦纶的基本组成物质是通过酰胺键连接起来的脂肪族聚酰胺，故也称聚酰胺纤维（PA）。常用的锦纶纤维可以分为两大类。

一类是由己二胺和己二酸缩聚而得的聚己二酸己二胺，其长链分子的化学结构为

$$H\text{—}[HN(CH_2)_6NHCO(CH_2)_4CO]_n\text{—}OH$$

这类锦纶的相对分子质量一般为 17000~23000。根据所用二元胺和二元酸的碳原子数不同，可以得到不同的锦纶产品，并可通过加在锦纶后的数字区别，其中，前一数字是二元胺的碳原子数，后一数字是二元酸的碳原子数。如锦纶 66，说明它是由己二胺和己二酸缩聚制得。

另一类是由己内酰胺缩聚或开环聚合得到的，其长链分子的化学结构式为

$$H\text{—}[NH(CH_2)_5CO]_n\text{—}OH$$

根据其单元结构所含碳原子数目，可得到不同品种的命名。如锦纶 6，说明它是由含 6 个碳原子的己内酰胺开环聚合而得。

（2）锦纶的性质

1）热性能。锦纶的热转变点比涤纶低些。在 120℃ 下短时间受热，其强度损失恢复，

在150℃下受热5h即变黄，纤维强度大幅度下降。锦纶的安全使用温度为93℃。在高温下锦纶会发生各种氧化和裂解反应，使主链断裂，强度降低。

2）吸湿性。锦纶大分子链中含有大量的弱亲水基（—CONH—），分子两端还有亲水基（—NH$_2$—）和（—COOH—），水分子可以进入锦纶中的非晶区与酰胺键结合，锦纶的吸湿性高于维纶以外的所有合成纤维。锦纶66的吸湿性略高于锦纶6，在标准状态下，锦纶6和锦纶66的吸湿率分别是4.0%和4.2%。

3）力学性能。锦纶的强度略高于涤纶。由于锦纶的长链分子比较柔顺，因此纤维的模量较小，回弹性和耐磨性居所有纤维之首，它的耐磨性是棉纤维的10倍。锦纶6伸长10%时的回弹率为92%。

4）化学性能。锦纶的化学稳定性较好，特别对碱的稳定性较高，在100℃的10%苛性钠中浸渍100h，纤维强度没用显著下降，同时，锦纶对其他碱性药物及氨水的作用也很稳定。锦纶对酸不稳定，对浓的强无机酸特别敏感。在常温下，浓硝酸、盐酸、硫酸都能使锦纶迅速水解并溶解在这些酸中。此外锦纶对化学药品的稳定性比较好，对一般的有机溶剂（如烃、醇、醚、酮）比较稳定，但能溶解在甲酸、甲酚和苯酚等溶剂中。而强氧化剂（如漂白粉、次氯酸钠等）能够破坏锦纶，引起纤维分子链断裂，使纤维强度降低。

5. 涤纶

涤纶是合成纤维中的一个重要品种，是我国聚酯纤维的商品名称。涤纶的用途很广，大量用于制造衣着面料和工业制品，具有极优良的定型性能。

（1）涤纶的分子结构　涤纶的基本组成物质是对苯二甲酸乙二酯，故也称聚酯纤维（PET），其长链分子的化学结构式为

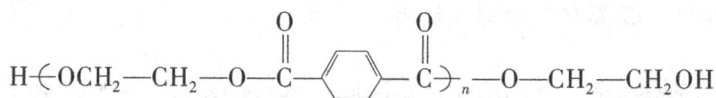

$$H \left(OCH_2-CH_2-O-\overset{\displaystyle O}{\overset{\|}{C}}-\underset{}{\bigcirc}-\overset{\displaystyle O}{\overset{\|}{C}} \right)_n -O-CH_2-CH_2OH$$

从涤纶分子组成来看，它是由短脂肪烃链、酯基、苯环、端醇羟基所构成。涤纶分子中除存在两个端醇羟基外，并无其他极性基团，因而涤纶纤维亲水性极差。涤纶分子中约含有46%酯基，酯基在高温时能发生水解、热裂解、遇碱则皂解，使聚合度降低，涤纶分子中还含有脂肪族烃链，它能使涤纶分子具有一定柔曲性。

（2）涤纶的性质

1）热性能。涤纶的耐热性和热稳定性在合成纤维织物中是最好的，在170℃以下短时间受热发生的强度损失，在温度降低后可以恢复，在150℃下受热168h的强度损失不超过3%。

2）吸湿性。从涤纶的分子结构可知，除了端基外，它的分子链中不含亲水基团，加之涤纶的结晶度高，分子排列很紧密，因此吸湿性差，在水中膨化程度也低，并易积聚静电、吸灰，但织物具有易洗快干的特性。

3）力学性能。涤纶具有较高的强度和延伸度。短纤维强度为42～52cN/tex，长丝纤维为38～52cN/tex。由于吸湿性较低，它的湿态强度与干态强度基本相同。耐冲击强度比锦纶高4倍，比粘胶纤维高20倍。

4）化学性能。涤纶对碱的稳定性比对酸的稳定性差，所以涤纶的耐酸性较好，无论对无机酸或有机酸，它都有良好的稳定性。涤纶对氧化剂和还原剂的稳定性很好，即使在高含

量、高温下长时间处理，氧化剂和还原剂对纤维强度的损伤也不十分明显，故可用氧化剂、还原剂进行漂白。而常用的有机溶剂，如丙酮、苯、三氯甲烷等，在室温下能使涤纶溶胀，在 70~110℃下很快溶解。

6. 其他纤维材料

除了上面介绍的五大特种合成纤维之外，一些耐高温、耐腐蚀及高性能的特种合成纤维的应用也越来越多。由于这类材料的结构和特性与普通化学纤维有很大的差别，因此将它们区分出来进行讨论。目前用于过滤材料的高性能纤维主要包括聚四氟乙烯纤维、芳纶、聚苯硫醚纤维等。

（1）聚四氟乙烯纤维 聚四氟乙烯（polytetrafluoroethylene，PTFE）纤维是特种纤维中开发最早的品种，它具有许多独特的性能而难以被其他纤维代替，因此在许多领域获得了广泛应用。

聚四氟乙烯纤维的分子结构式为 $\{CF_2\!-\!CF_2\}_n$，聚四氟乙烯纤维在中国称氟纶。它的化学结构与聚乙烯相似，只是将聚乙烯中的全部氢原子都用氟原子取代。聚四氟乙烯纤维是以聚四氟乙烯为原料，经纺丝或制成薄膜后切割或原纤化而制得的一种合成纤维。聚四氟乙烯为非极性分子，键能高。在其分子结构中，氟原子体积较原氢原子大，氟碳键的结合力也强，起了保护整个碳—碳主链的作用，因此聚四氟乙烯纤维化学稳定性极好，耐腐蚀性优于其他合成纤维品种；摩擦系数小；耐高、低温性能优良，长期使用温度为 -120~250℃，瞬时可耐1000℃以上高温。

在环境工程领域聚四氟乙烯纤维主要用作高温粉尘滤袋、过滤强腐蚀性的气体或液体的滤材。此外在泵和阀的填料、密封带、自润滑轴承、制碱用全氟离子交换膜的增强材料以及火箭发射台的苫布、高强绳索、防弹背心等也都有应用。

（2）芳纶 芳香族聚酰胺（Ar-amid）是指酰胺基团直接与两个苯环连接而成的线形高分子，由它制得的纤维即称为芳香族聚酰胺纤维。最有代表性的、已产业化的品种有两个：一个是聚对苯二甲酰对苯二胺纤维（杜邦公司的商品名称为凯芙拉，我国称为芳纶1414）；另一个是间苯二甲酰间苯二胺（杜邦公司的商品名称为诺梅克斯，我国称为芳纶1313），其分子结构式如下

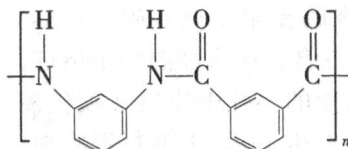

$$\left[N(H)\!-\!\!\!\bigcirc\!\!\!-\!N(H)\!-\!\overset{O}{\underset{\parallel}{C}}\!-\!\!\!\bigcirc\!\!\!-\!\overset{O}{\underset{\parallel}{C}}\right]_n$$

芳纶是一种新型高科技合成纤维，有一系列不同牌号的产品，性能也有差异。但大体上其性能特点是：强度高（2.5~3.5GPa），模量高（70~170GPa），断裂伸长小（通常小于5%），耐热性好（在200℃时强度几乎不变，分解温度达560℃），阻燃性好。有良好的绝缘性和抗老化性能，具有很长的生命周期。芳纶的发现，被认为是材料界一个非常重要的历史进程。芳纶纤维广泛应用于产业用纺织品（绳、带、织物等）、防护服装（防弹、防腐等）、增强材料（轮胎、胶管、复合材料等）、石棉替代品以及高温粉尘滤袋材料。

（3）聚苯硫醚纤维 聚苯硫醚（polyphenylene sulfide，PPS）是以苯环在对位上连接硫原子而形成的刚性主链，结构上由于有大 π 键的存在，所以性能极其稳定。其分子结构式为

$$\left[\!\!\left\langle \bigcirc \right\rangle\!\!-\!S\right]_n$$

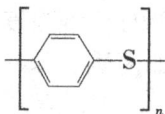

聚苯硫醚纤维是目前世界急需的高性能纤维之一。由聚苯硫醚树脂（PPS）采用常规的熔融纺丝方法，然后在高温下进行后拉伸、卷曲和切断制得。聚苯硫醚纤维的重要性质就是它的热稳定性，其熔融温度为285℃，可以在200～240℃长期使用，同时 PPS 纤维还可作为阻燃材料。目前，PPS 纤维材料主要用于烟道气的滤材。PPS 纤维几乎能抵抗所有有机物的腐蚀，耐碱和氧化性弱的无机酸，但在氧化性强的酸中不太稳定，可被氧化。此外 PPS 纤维强度、耐热性与芳香聚酰胺类纤维相当，可在低于240℃条件下连续使用，是一种能在恶劣环境下长期使用的特种材料。

2.4.3　无机纤维

无机纤维是由天然无机物经物理或化学方法生产加工制成的，属于高性能纤维的一种。无机纤维在应力作用下只有很小的变形，也就是说它在较低的断裂伸长强度下显示高的弹性模量值。无机纤维中除碳纤维外，其他的无机纤维都是不燃的。无机纤维主要品种有玻璃纤维、金属纤维、陶瓷纤维和碳纤维等，本小节主要介绍过滤用的玻璃纤维和金属纤维，而陶瓷纤维和碳纤维在后面的章节中进行详细介绍。

1. 玻璃纤维

玻璃纤维又叫玻璃无机纤维，是一种性能优良的无机材料，它具有阻燃、耐高温、电绝缘、高强度和化学性能稳定等优点。早在 20 世纪 60 年代，玻璃纤维在飞机上就获得了应用，但当时由于价格昂贵、工艺性能欠佳等原因，未能获得进一步的发展和重视。后来随着技术的改进和应用领域的扩大，玻璃纤维的应用范围不断扩大，其中作为过滤材料使用已有半个多世纪。

（1）玻璃纤维的制备　玻璃纤维的生产方法有两种：一种为坩埚拉丝法，也称玻璃球法；另一种为熔融纺丝法，该方法是目前广泛应用的生产方法，典型的生产装置如图 2-16所示。按照不同玻璃纤维的要求，把硅砂、石英、硼酸及黏土等原料按不同的比例混合，送入高温炉中熔炼，制成玻璃熔融体，靠自重从喷丝板的小孔中流出（喷丝板上有 50～2000 个喷丝孔），经过长达 3m 以上的行程冷却，快速地卷绕而得到玻璃长纤维。玻璃短纤维用长丝切断法制成，也可由熔融玻璃直接从喷嘴中吹出，在高速气流下玻璃熔体细化冷却，发生断裂，收集吹落的玻璃短纤维，也常称为玻璃棉。

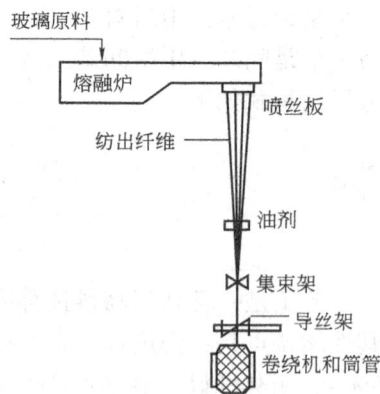

图 2-16　玻璃纤维的生产装置

（2）玻璃纤维的种类和结构

1）玻璃纤维的种类。玻璃纤维的种类很多，如按含碱量多少可将玻璃纤维分为有碱玻璃纤维（碱性氧化物含量大于12%）；中碱玻璃纤维（碱性氧化物含量为6%～12%）；低碱玻璃纤维（碱性氧化物含量为2%～6%）；无碱玻璃纤维（碱性氧化物含量小于2%）。按外观形态，可将玻璃纤维分为连续长丝束纤维、短切纤维、粉末状纤维、空心纤维、磨细纤维。按纤维性能可将玻璃纤维分为高强度纤维，也称 S 玻纤；低电介纤维，也称 D 玻纤；耐化学性纤维，也称 C 玻纤；耐电腐蚀纤维，也称 E-CR 玻纤；耐碱纤维，也称 AB 玻纤。按纤维直径可将玻璃纤维分为粗纤维（纤维直径 30μm）；中级纤维（纤维直径 20μm）；初级纤维（纤维直径 10～20μm）；高级纤维（纤维直径 3～9μm）。

2）玻璃纤维的结构。玻璃纤维的主要成分是 SiO_2，同时含有钠、钾等的一价氧化物和钡等碱金属的二价氧化物以及铝的三价氧化物等。硅、硼、磷等元素的氧化物通过较强的共价键构成网络结构，而钠、钾、钙、镁等金属氧化物中的金属离子，填入网络中的空隙，对玻璃的性质（如熔点）起着重要作用，其中微量金属离子，如钛、铍等元素起到改性剂的效果，使玻璃纤维具有所要求的特性。硅酸钠玻璃纤维的结构如图 2-17 所示。

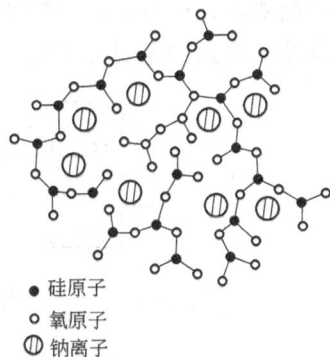

● 硅原子
○ 氧原子
⊘ 钠离子

图 2-17　硅酸钠玻璃纤维
结构示意图

（3）玻璃纤维的性能

1）热性能。玻璃纤维的耐热性很好，其单丝在 200～250℃下，强度不会降低，仅略有收缩现象，玻璃棉的安全使用温度可达 350～400℃。玻璃布制成的袋式过滤器可用于钢铁生产、水泥工业以及发电厂的除尘设备。玻璃纤维的热导率只有玻璃的 1/20～1/40，所以用玻璃纤维制成隔热材料，隔热效果很好。

2）力学性能。玻璃纤维的强度较高，它们的强度是所有天然或人造纤维中最大的。而磨损是造成玻璃纤维损坏的主要原因之一，与有机纤维相比，玻璃纤维的耐磨性差，是主要弱点之一。玻纤的曲挠性远不如合成纤维，玻纤作为滤料，必须经过表面处理，目前对于玻纤的表面处理配方，国内主要有以硅油为主，以聚四氟乙烯为主，以硅油—石墨—聚四氟乙烯为主，以耐酸、耐腐蚀为主四大系列表面处理配方。

3）化学性能。除了浓碱、浓磷酸和氢氟酸外，玻璃纤维几乎能耐受所有的化学药品。玻璃纤维的化学稳定性主要取决于纤维中 SiO_2 的含量和碱金属氧化物的含量。如纤维中增加 SiO_2、Al_2O_3、ZrO_2 或 TiO_2 的含量，便可提高纤维的耐酸能力，同时纤维的耐水能力也相应提高；如在纤维中加入 CaO、ZrO_2、ZnO 的含量，便可提高纤维耐碱性。如需扩大耐化学药品能力，则需在增加 SiO_2 的同时，降低碱金属氧化物的含量。

2. 金属纤维

金属纤维是指由金属材料制成的具有细长形态、有一定可挠性的纤维材料，许多铜合金、铝合金、不锈钢等材料均可被制成金属纤维。金属纤维非织造布与有机纤维织物复合而成的织物，可用作抗静电的过滤材料。金属纤维的生产最早始于美国，20 世纪 70 年代后期，由于有机和无机纤维性能无法满足工业和科技迅速发展的需要，发达国家开始对金属纤维制造法及其应用进行研究。由于技术难度大、工艺复杂，目前只有美国、比利时、日本、俄罗斯和中国掌握了金属纤维的生产技术。

（1）金属纤维的制备　目前金属纤维的制造方法主要有线材拉伸法、熔融纺丝法、切削成形法和粉末冶金法，其中前三种方法的应用范围最广。

1）线材拉伸法。线材拉伸法是将金属的固体线材通过塑性加工，拉成线密度很低的金属纤维，这是生产金属纤维的基本方法。线材拉伸法分为单丝拉伸法和复丝拉伸法，如

图 2-18 所示。单丝拉伸法，线材从模的粗径端喂入，从模的细径端拉出，如一次达不到线密度要求，可分为数次拉伸，或通过电解研磨、化学处理等，加工成很细的金属纤维。单丝拉伸法得到的金属纤维尺寸精确，但成本高，主要用于高精度筛网等。

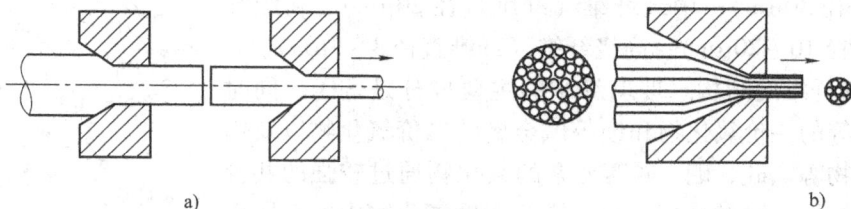

图 2-18 线材拉伸法
a) 单丝拉伸法 b) 复丝拉伸法

复丝拉伸法，由于同时受拉伸的线材根数很多，可以考虑在线材外面包覆其他材料，以保证各线材能同步接受拉伸，这样可减少反复拉伸的次数。复丝拉伸法制备工艺复杂，影响纤维质量的因素很多。

2）熔融纺丝法。如果要制备很细的金属纤维，使用线材拉伸法十分不便，若要大批量生产，则宜采用熔融纺丝法。熔融纺丝法的基本原理是将金属加热到熔融状态，再通过一定的装置将熔液喷出或甩出而形成金属纤维。熔融纺丝法既可制取短纤维，又可制取长纤维。

3）切削成形法。该方法是目前使用最广泛的金属纤维制造方法，制造的金属纤维产品种类齐全，适用面广。切削法既可制取短纤维，又可制作长纤维，设备简单，成本低，适用于不同材质的金属材料。

（2）金属纤维的性能 金属纤维的熔点比合成纤维和天然纤维都高，是耐热性能最高的纤维材料。拉伸强度与玻璃纤维相当，高于天然和合成纤维，但伸长率较低，易断。几种常用的不锈钢丝有如下特点：易清灰、无静电放电现象、抗腐蚀、容尘量大（孔隙率可达95%）。由于生产不锈钢丝过滤器的技术要求高，制袋成本高，对滤袋或过滤单元的支撑要求滤室有较高的结构强度等，因此在应用上受到一定限制。

2.4.4 过滤用纤维材料的选择

纤维是滤料的重要组成部分，滤料的耐温性、耐蚀性、阻燃性等指标主要依据其组成的纤维性能确定。正确地选择纤维过滤介质（过滤材料）是有效净化污染物的关键，因此在环境治理中要根据污染物的性质正确的使用纤维滤料。

1. 天然纤维

天然纤维使用时，由于棉纤维的湿膨润性好，故多用于液体过滤；羊毛纤维具有优良的成毡性，滤尘良好，故用作空气过滤。毛织厚绒布等过滤介质，多半是用绵羊毛制成的，强度和对颗粒的截留性能方面，毛织介质逊色于棉织滤布，但在弹性方面却优于棉织滤布。丝的耐酸稳定性大致相当于毛，而耐碱稳定性则介于棉、毛之间。丝织滤布对悬浮液中的固相颗粒具有令人满意的截留性，同时对滤液也有足够的渗透性。但天然纤维与合成纤维相比较，力学性能、耐化学药品能力均较差，且价格较高，因此在合成纤维滤布出现后，天然纤维滤布已经很少采用。

2. 无机纤维

玻璃纤维的强度、韧性和耐化学腐蚀性好，不吸湿，不产生膨胀，耐高温，热稳定性好，是处理含湿量高、温度高、有腐蚀性化学成分烟气的较理想滤料。由于玻璃纤维的软化温度高于500℃，目前，在中、高温烟气净化中，玻璃纤维滤料得到了广泛应用，用于布袋除尘器的玻纤滤料可以是平幅过滤布、玻纤膨体纱滤布、玻纤针刺毡。

现有的金属滤料都具有耐高温的特性，但由于加工工艺要求较高，因此多应用于某些特殊领域，如发动机排气管烟气净化等，在常规高温烟气净化上的应用较少。陶瓷纤维具有热导率低、蓄热低，强度和柔韧性良好等优良性能，在环保领域主要作为性能优良的耐超高温滤材，由于陶瓷纤维中的 Al_2O_3 具有捕捉极细尘埃的性能，所以普遍认为陶瓷纤维将成为过滤高温、高压、具有腐蚀性气体的一种主要材料。碳纤维具有较大的比表面积和发达的微孔结构，孔径分布均匀，能耐300℃以下的高温，能有效去除废水、废气中的大部分有机物和某些无机物及金属，但活性炭纤维的成本过高。

3. 合成纤维

合成纤维在过滤织物中占有重要的地位，这不仅因为它具有优良的物化性能，而且也因为它可根据过滤要求，提供不同的纤维结构。使用较多的有锦纶、涤纶、腈纶和维纶等。我国生产的"208"工业涤纶绒布，具有过滤能力大，效率高，阻力小，强度高等优点，可耐温130℃，大量用于各种袋式除尘器中。合成纤维还可以与棉、毛纤维混合织布，如我国生产的"尼毛特2号"及"尼棉特4号"，经线用维纶线，耐磨性好，纬线用毛线或棉线，直接织成无缝的圆筒形斜纹布，过滤性能和透气性好。

此外，各种耐高温纤维滤料（如聚酰亚胺纤维（P84）、聚丙硫醚纤维（Ryton）、芳香族聚酰胺纤维（Nomex、Conex）、预氧化碳纤维等）分别和玻纤混配复合，制成针刺过滤毡滤料，使用温度可达 180~250℃。

2.4.5 纤维滤料的种类与纤维过滤器

纤维滤料具有柔性，可压缩，孔隙率大，比表面积大，截污能力强。工作层具有上疏下密的理想滤层的孔隙分布，易于反洗，具有较强的耐磨性及抗化学侵蚀性。纤维材料用于过滤技术中的有两种类型，一类是直接以纤维形式使用的，如以散纤维、纤维束、纤维球等形式进行过滤分离；另一类，将纤维纺成纱线织成织物或以非织造工艺技术制备成非织造材料使用。目前纤维过滤技术已在钢铁生产、地下水除铁除锰、含油废水等方面得到了广泛的应用。

1. 纤维滤料的种类

（1）短纤维单丝乱堆过滤材料 以密度大于水的短纤维单丝乱堆方式构成滤床，在过滤器中设置隔离丝网以防止短纤维过滤材料流失，反洗方式为气水联合反冲洗。这种过滤材料的短纤维单丝易流失，易缠挂隔离丝网，此外由于纤维与过滤液的密度差小，因而清洗效果差。

（2）对称结构纤维过滤材料成型体 对称结构纤维过滤材料成型体和后面要介绍的不对称结构纤维过滤材料成型体都属于"规格化纤维过滤材料"。所谓"规格化纤维过滤材料"是指将纤维材料按规定的设计要求制成某种形式的成型体。该成型体过滤材料具有特定的形状和规格，滤床在水中由无固定约束的单体过滤材料的集合体所构成。该类纤维过滤材料有以下几种，具体形式如图 2-19 所示。

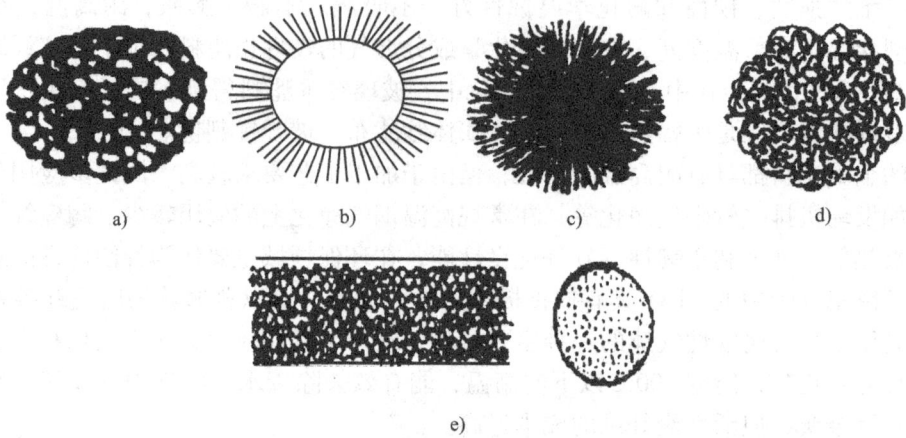

图 2-19 对称结构纤维过滤材料成型体

a）低卷曲纤维椭球过滤材料 b）实心纤维球 c）直纤维中心结扎球
d）卷缩纤维中心结扎纤维球 e）棒状纤维过滤材料

1）低卷曲纤维椭球过滤材料。长 5 ~ 50mm 的无卷缩（低卷曲）纤维丝在液体中搅拌制作成椭球状纤维过滤材料，亦称纤维球。丝径为 5 ~ 100μm，过滤材料外形为直径为 5 ~ 20mm、厚 3 ~ 5mm 的扁平椭球体。这种过滤材料的特征是制造简便，由于过滤材料在液体中成型，纤维缠绕紧密，因而过滤材料内核较硬，变形小，但过滤材料内部捕捉的粒子反洗时脱落困难，此外，多次运行后从过滤材料上脱落的短纤维较多。

2）实心纤维球。采用静电植绒法将长 2 ~ 50mm 的纤维植于实心体上，并可通过改变实心体的密度而改善过滤材料床的特性。实心纤维球纤维牢固不掉丝，且球体中不含"死区"，而其他过滤材料均含有"死区"，即部分过滤材料受到某种约束。反冲洗时纤维无法散开，从而使其间截留的悬浮颗粒难以脱落。

3）直纤维中心结扎球。以纤维球直径的长度作为节距，用细绳将纤维丝束扎起来，在结扎间的中央处切断纤维束，形成大小一致的球状纤维过滤材料。

4）卷缩纤维中心结扎纤维球。卷曲度高的纤维丝束结扎、切断后形成球状过滤材料，特点是弹性好，耐机械变形。

5）棒状纤维过滤材料。将卷曲纤维长丝集束，用粘合剂喷雾收束，纤维丝束上的纤维之间形成多点相接，成为一体的棒状，然后切开成定长度的、类似于去外皮的香烟滤嘴形状的过滤材料。

6）纤维束过滤材料。这是一种极其规格化的纤维滤料，首先将纤维长丝缠绕成卷，拉直后构成束状，形成纤维束，在过滤设备的填充中，纤维束采用悬挂或者是两端固定的方式。纤维束作为滤元，其滤料单丝可达几十微米甚至几微米，微小的滤料直径，极大地增大了滤料的比表面积和表面自由能，增加了水中的杂质颗粒与滤料的接触机会和滤料的吸附能力，从而提高了过滤效率和截污容量。此外纤维束可以完全放松清洗，不掉毛且几乎不磨损，滤料寿命达十年以上。

（3）不对称结构纤维过滤材料成型体 彗星式纤维过滤材料是一种不对称型过滤材料，

一端为松散的纤维丝束，另一端纤维丝束固定在密度较大的实心体内，形如彗星，形状如图 2-20 所示。过滤时，密度较大的彗核起到对纤维丝束的压密作用，同时，由于彗核尺寸较小，对过滤断面空隙率分布的均匀性影响不大，从而提高了滤床的截污能力。反冲洗时，由于彗核和彗尾纤维丝的密度差，彗尾纤维随反冲洗水流散开并摆动，产生较强的甩曳力，过滤材料之间的相互碰撞同时加剧纤维在水中所受到的机械作用力，过滤材料的不规则形状又使过滤材料在反冲洗水流作用下产生旋转，从而强化了反冲洗时过滤材料受到的机械作用力，上述几种力的共同作用使附着在纤维表面的固体颗粒容易脱落，提高了过滤材料的洗净度。

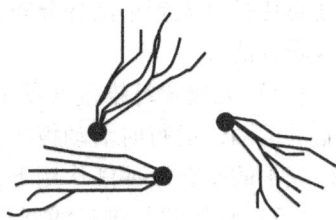

图 2-20　彗星式纤维过滤材料

2. 纤维滤料的应用

目前纤维滤料在工业水处理中以纤维过滤器的形式进行应用。纤维过滤器主要有纤维球过滤器、刷形纤维过滤器、胶囊式纤维过滤器和无囊式纤维过滤器等。这些过滤器使用原理基本相同，只是在设计的方式上有所区别。

（1）纤维球过滤器　容器内的床层是由纤维球形成的，由于纤维球个体较疏松，在床层中纤维球之间的纤维丝可实现相互穿插，使床层成为了一个整体。因纤维球具备一定弹性，床层中纤维球在受到了过滤水流的流体阻力、纤维球自身的重力以及截留悬浮物的重力后，滤层孔隙率和过滤孔径由大到小渐变分布，滤料的比表面积由小到大渐变分布，达到了一种过滤效率由低到高递增的理想过滤方式。直径较大、容易滤除的悬浮物可被上层滤层截留，直径较小、不易滤除的悬浮物可被中层和下层滤层截留。但该过滤器的不足之处是，由于纤维球呈辐射状的球体，靠近球中心部位的纤维密实，反洗时无法疏松，截留的污染物难以彻底清除；用气、水联合清洗时纤维球易流失，用机械搅拌清洗时纤维球易破碎，且不易洗净。

（2）彗星式纤维过滤器　过滤器的滤层由彗星式纤维束过滤器构成，滤料上下支承挡板采用深沟窄缝栅网结构，滤料构成的滤层其孔隙率沿层高呈梯度分布，下部滤料压实程度高，孔隙率相对较小，易于保证过滤精度，中、上部孔隙率逐渐增大，易于保证过滤速度。该过滤器横断面孔隙均匀，过滤周期长，滤床截污容量大，容积效率高。

（3）PCF 型纤维过滤器　采用的是 PP、尼龙材质的纤维丝，该纤维丝的丝径微小，且材质柔软。在过滤器运行的过程中，对滤床施以压力，使其孔隙变小后进行过滤，清洗时释放压力，让孔隙舒张，用加压空气和水施以反冲洗以达到去污目的。过滤器运行、反冲洗时纤维滤料与水流的方向呈垂直状态。PCF 型纤维过滤器具有体积小，占地面积小，易于实现自动控制的优点。缺点是纤维装填量少，运行周期短，反洗频繁。

（4）刷形纤维过滤器　将纤维长丝制成纤维束，每束纤维可粘或压在支承板上，长度一般为 15～300mm，具体大小根据过滤的流体和过滤效率来确定，纤维之间也可编织起来。过滤时流体压缩纤维束，形成滤层，使通过的液体或气体得到过滤。反冲洗时，从相反的方向通入反洗液，压紧的纤维束伸展，易于去除其中的杂质。该过滤器的优点在于结构简单，操作方便。缺点是纤维床层一般较薄，过滤性能不稳定，容易形成表面过滤。此外因纤维呈刷状，容易缠在一起，使反冲洗较困难。

（5）纤维束过滤器　纤维束过滤器有胶囊式纤维过滤器、无囊式纤维过滤器和自压式纤维过滤器三种类型。

　　1）胶囊式纤维过滤器是将长纤维束悬挂在孔板上，装在过滤设备中，纤维束下挂重锤，纤维层中安装数个软质胶囊，运行时将胶囊充水，横向挤压长纤维，使纤维层孔隙率和过滤孔径由大到小渐变分布，反洗时先排净胶囊中的水，使长纤维束床层得以疏松，再用气水联合清洗。

　　2）无囊式纤维过滤器是将纤维束固定在两块孔板之间，其中一块孔板可以在设备内部上下运动，运行时活动板压实纤维，反冲洗时在反向力的作用下孔板反向运动，拉直纤维，在气水的联合反冲洗作用下，使截留在纤维中的悬浮物得以清除。

　　3）自压式纤维过滤器是指不依靠其他装置，仅靠水流和纤维层相对运动产生的作用力实现对纤维层的压缩。当水流自上向下通过纤维层时，纤维承受向下的纵向压力且越往下纤维所受的向下压力越大。由于纤维束是一种柔性滤料，当纵向压力足够大时就会产生弯曲，进而纤维层会整体下移，最下部纤维首先弯曲并被压缩，此弯曲、压缩的过程逐渐上移，直至作用力相互平衡。

　　由于纤维层所受的纵向压力沿水流方向依次递增，所以纤维层沿水流方向被压缩弯曲的程度也依次增大，滤层孔隙率和过滤孔径沿水流方向由大到小分布，这样就达到了高效截留悬浮物的理想床层状态。纤维束过滤器的优点是截污容量大，过滤周期长，占地面积小。但也存在着水头损失大，而且截污容量不能充分利用等缺陷。

　　（6）旋压式纤维过滤器　旋压式纤维过滤器多用于油中水的分离。过滤介质一般采用尼龙、聚酯、丙纶等，纤维直径 $1 \sim 50 \mu m$，长度 $0.3 \sim 2.0 mm$，纤维两端编织起来缠在接头上，再用夹紧或粘结的方法固定。过滤时，通过传动机构推动活接头向下滑动，并旋转一定角度使纤维缠绕在内筒上，形成滤层。过滤液体时，固体杂质被截留。床层也能使细小液滴凝聚成大液滴。反冲洗时，活接头上升，松开纤维，反方向加入清洗液，活接头便在一定范围内旋转，能很快清除床层中的固体杂质。

　　（7）HW 深层过滤器　HW 深层过滤器的过滤介质选用富有弹性的纤维材料，如羊毛、碳纤维等。过滤时，采用活塞压缩过滤介质形成滤层，根据活塞对纤维的压缩程度，决定可滤除颗粒的细度。反冲洗时，从过滤器底部通入反洗液，活塞上升并在一定高度振荡，以除掉滤料间固体杂质，并可节省反洗液。该过滤器如采用碳纤维，在滤层厚度为 0.23m，流速为 14.8m/h 的情况下，对 $3.1 \mu m$ 以上的颗粒过滤效率高达 99%。

2.5　织物滤料

　　由纤维集合形成的厚度远比面积小的集合体称为织物，所以通常将织物视为二维集合体。织物过滤材料是各种过滤介质中使用最为广泛的材料，根据纤维集合成型方法的不同，可将织物分为机织物、针织物和非织造织物。其中机织物和针织物的结构是以纱线为基本结构单元，而非织造织物是以纤维为基本结构单元。

2.5.1　纤维成纱

　　纱线是先将松散的纤维聚结、梳理、拉旋成捻，然后根据需要合股加捻成纱线。常见的纱线形式有 3 种，具体形式如图 2-21 所示。单丝纱是由合成纤维制成的单根连续长丝，其直径为 $20 \mu m \sim 3 mm$。单纱线纺成的一根多股纱线，也叫复丝纱。短纤维合股加捻能纺成起绒的多股纱线，这种纱线织成的滤布具有很好的内部过滤作用。

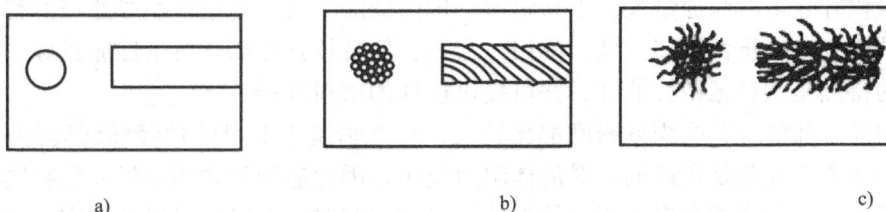

图 2-21 常见纱线形式
a) 连续单丝纱线 b) 连续复丝单根纱线 c) 短纤维起绒纺纱线

2.5.2 机织物滤料

1. 机织物的成型与分类

通常把经纱和纬纱呈直角交织而成的织物称为机织物。机织物最初的分类方法是根据纤维种类的不同分为棉织物、毛织物、麻织物和丝织物。后来在这些织物中不同程度地混用各种化学纤维，目的在于取代一部分天然纤维，以改善织物的性能。

2. 机织物的结构

常规机织物有平纹组织、斜纹组织和缎纹组织三种，常称为三原组织。在三原组织的基础上还可再变化出许多其他组织。具体形式如图 2-22 所示。

平纹是最简单的织物组织，它由两根经纱和两根纬纱组成一个组织循环，经纱和纬纱每隔一根纱交错一次，是所有织

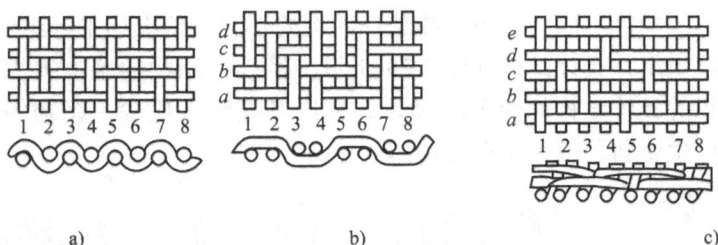

图 2-22 机织滤布组织结构示意图
a) 平纹 b) 斜纹 c) 缎纹

物中交织次数最多的组织。由于交织点多，因此平纹空隙率低，但相对位置较稳定。平纹滤料的透气性差，在高滤速情况下很少使用。

斜纹组织最少要有三根经纬纱才能构成一个组织循环，它的特征是在织物表面呈现出由经纱或纬纱浮点邻接组成的斜纹线（成为一种纹织线），斜纹线的倾斜方向有左有右。当斜纹线由经纱浮点组成时，称为经面斜纹；由纬纱浮点组成时，称为纬面斜纹。在斜纹组织的织物中，经纬纱线的交织次数比平纹组织少，孔隙率较大，透气性较好，所以过滤时风速会比平纹高些。

缎纹组织是以连续 5 根以上的经纬线织成的织物组织。缎纹组织有经面缎纹和纬面缎纹两种，经面缎纹织物的正面主要由经纱显示，而纬面缎纹织物的正面主要由纬纱显示。缎纹组织的正反面有很明显的区别，正面特别平滑而富有光泽，反面则比较粗糙、无光。缎纹组织的交织点比平纹和斜纹都少，透气性最好。但由于有较多的纱线浮于织物表面，较易破损。

3. 过滤用机织物滤料的形式

用作过滤材料的机织物是以合股加捻的经、纬纱线或单丝（单孔丝）作经纬线织成的过滤布，称为二维结构的过滤布。由单丝纱制成的单丝滤布，孔隙分布规则均匀，孔径分布

范围很窄，滤布没有纤维间的细小孔隙，因此有很高的分离能力；表面光滑整齐，卸饼容易；单位面积开孔多，流通量大；不易阻塞，抗污染能力强。复丝纱织成滤布的特点是阻力大，孔隙结构复杂，抗污染能力低，使用寿命短，但抗拉强度高，再生性能较好。短纤维纱织成滤布的特点是颗粒截留性能好，并可提供极佳的密封性能。

机织物经、纬线及其交织处密度都比较大，过滤物基本上只能从经纬线间的孔隙通过，由于织物的孔道与缝隙是贯通的，对流体阻力较小，因此适用于含相关尺寸颗粒物的液体的过滤。此外，由于此类滤布多选用无伸缩性能的纱线织成，所以孔眼尺寸固定，在过滤时一般不会截留较小粒径的颗粒物，同时又易于清除存在于孔眼间的颗粒物。

2.5.3　针织物滤料

1. 针织物的成型与分类

将纱线编织成线圈并相互串套而形成的织物称为针织物，按成型方式可将针织物分为纬编和经编两大类。纬编针织物的横向延伸性较大，有一定弹性，许多组织结构的纬编针织物均具有较大的脱散性。经编针织物的延伸性小，弹性较好，脱散性小。

2. 针织物的结构

线圈是组成针织物的基本单元。根据线圈的结构及组合方式不同，构成了纬编织物和经编织物等不同的组织。纬编针织物的基本组织有纬平针组织、罗纹组织、双反面组织和双罗纹组织，具体结构如图 2-23 所示。经编针织物的基本组织有编链组织、经平组织、经缎组织等具体结构如图 2-24 所示，但因其花纹效应少，织物的覆盖性和稳定性差，加上线圈易产生歪斜，故很少单独使用。

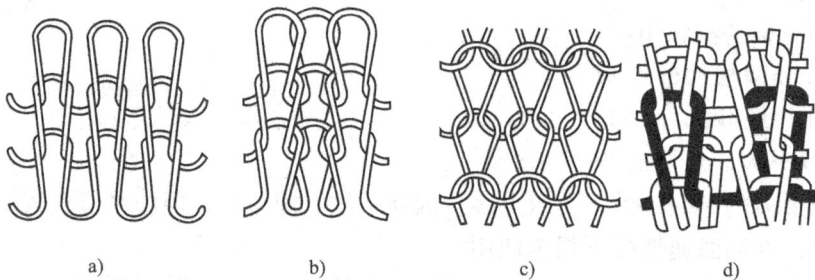

图 2-23　纬编针织物基本组织示意图

a）纬平针组织　b）罗纹组织　c）双反面组织　d）双罗纹组织

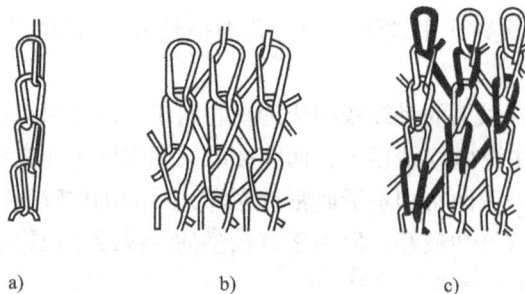

图 2-24　经编针织物基本组织示意图

a）编链组织　b）经平组织　c）经缎组织

3. 过滤用针织物滤料的形式

纱线的线密度、织物的紧度和厚度对过滤材料的渗透性、漏透性和力学性能有很大的影响。针织物中的孔洞和缝隙弯曲迂回的通道能阻挡比孔隙小得多的颗粒，具有较好的除尘效果，除尘率可达99%以上。纬平针织物沿纵向或横向拉伸时，线圈形态会发生变化。故纬平针织物纵向和横向的伸长都很大，纵向断裂强度比横向断裂强度大。这种组织的织物较薄，透气性较好，可根据过滤工程与设备的需要，织成需要的材料。选择具有较高玻璃化温度的纤维材料，生产出的经编针织物具有在高温下的高体积弹性，耐热冲击和机械振动的性能，因此经编针织物适合在需要筒状过滤的场合使用。

2.5.4 非织造过滤材料

1. 非织造过滤材料的成型与分类

非织造织物曾被称为无纺织物、无纺布等。定向或随机排列的纤维通过摩擦、抱合或粘合或这些方法的组合而相互结合制成的片状物、纤网或絮垫，称为非织造织物。根据非织造织物成型原理和制造方法不同，可以分成毛毡、树脂粘合或热粘合非织造织物、针刺毡状非织造织物、缝结非织造织物、纺粘法非织造织物、熔喷法非织造织物、水刺法非织造织物几大类。

2. 非织造织物的结构

典型的非织造织物都是直接由纤维形成网状结构的集合体——纤维网。为了达到结构稳定目的，纤维网必须通过粘合、缠结等方式加固。因此，大多数非织造织物的基本结构都是由纤维网与加固系统组成的。非织造织物有四种最基本的粘合方法，即化学粘合法、机械粘合法、自身粘合法和热融粘合法。化学粘合和热融粘合法形成的网状构造成中，粘合点是由高分子材料提供的，而机械粘合法和自身粘合法的粘合则是通过纤维间的缠结或自锁而形成的。

3. 过滤用非织造织物的形式

非织造滤料的孔隙通过纤维在三维空间交错排列的立体结构形成，孔隙分布均匀，是机织物孔隙率的一倍。在过滤过程中，它的过滤单元用的是单根纤维，当流体从纤维形成的曲折通道通过时，随机分布的单纤维会随机地粘合在一起，对含颗粒流体进行两相分离。相对于机织布，非织造布过滤效率明显提高，而且还可以提高载体相的流动速度。

非织造滤料可通过针刺法、纺丝成网法（纺粘法）和熔喷法制得。纺粘法和熔喷法是采用高聚物的熔体进行熔融纺丝成网，或采用浓溶液进行纺丝和成网，纤网经机械、化学、热粘合加固后制成非织造材料。纺粘法非织造滤布具有强度高、整体性好、均匀度高的特点，作为过滤材料主要使用丙纶和涤纶为原料。而熔喷法制得的熔喷布是一种高级空气过滤材料，能滤去空气中的大小尘埃和细菌，而且能耐各种强酸碱的腐蚀，效率稳定，使用寿命长。

目前最常用的工艺是采用针刺法将纤维网加固成无纺布，针刺非织造织物用量最大，针刺过滤材料约有90%是常温合成纤维滤料，其余10%是采用耐高温合成纤维、无机纤维、纤维束纤维以及其他纤维生产的特殊用途的滤料。

针刺非织造过滤材料的制备工艺如图2-25所示。非织造过滤材料有基布和无基布两大类。增加基布是为了提高针刺毡滤料的强度和尺寸稳定性。基布是事先织好的，生产过程中

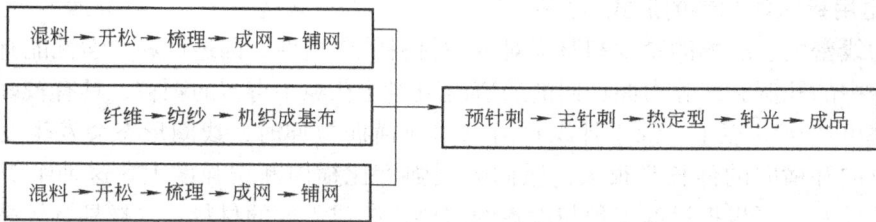

图 2-25   针刺非织造过滤材料的制备工艺

用上下纤维网将基布夹于其中，然后经过预针刺和主针刺加固，再采取必要的后续处理技术即可制成所需要的滤料。滤料也可以根据用途加工成毡状、袋状或管状，袋式除尘器用的滤料绝大部分是针刺毡。针刺毡在加工完成后，表面会有许多突出的绒毛，这不利于粉尘从纤维滤料表面脱落。于是就需要进行烧毛、热定型、热轧光等表面热处理。针刺毡表面处理的目的是：提高过滤效率和清灰效果；增强耐热、耐酸碱、耐腐蚀性能；降低滤料阻力，延长使用寿命等。常用的针刺毡滤料具有如下特点：

1）滤料中的纤维呈交错随机排列，孔隙率高达 70% ~ 80%，这种结构不存在直通的孔隙，过滤效率高而稳定。

2）针刺毡滤料的孔隙率比纺织纤维的孔隙率高 1.6 ~ 2 倍。因而自身的透气性好，阻力小。

3）针刺毡滤料的生产速度快，生产率高，产品成本低，产品质量稳定。

2.6   多孔过滤材料

多孔材料是一种由相互贯通或封闭的孔洞构成网络结构的材料，孔洞的边界或表面由支柱或平板构成。典型的孔结构有两类，一类是其形状类似于蜂房的六边形结构而被称为"蜂窝"材料；另一类是由大量多面体形状的孔洞在空间聚集形成的三维结构，称之为"泡沫"材料。如果构成孔洞的固体只存在于孔洞的边界（即孔洞之间是相通的），则称为开孔；如果孔洞表面也是实心的，即每个孔洞与周围孔洞完全隔开，则称为闭孔；而有些孔洞则是半开孔半闭孔的。多孔材料既具有结构材料的特点（如比表面积大，孔隙率高，密度小等），又兼有功能材料的多种性能（如吸附分离、减振、隔声、电磁屏蔽等），属于结构功能型材料。多孔材料有多孔陶瓷、多孔金属、活性炭和分子筛等不同类型。在本章中只介绍以过滤性能为主的多孔陶瓷和多孔金属材料，其他材料因其另具特性，将放入其他章节重点介绍。

2.6.1   多孔陶瓷过滤材料

多孔陶瓷又称为微孔陶瓷、泡沫陶瓷，是一种新型陶瓷材料，由骨料、粘结剂和增孔剂等组分经过高温烧成，成分大多是氧化物、氮化物、硼化物和碳化物等，是在成形与烧结过程中材料体内形成大量彼此相通或闭合气孔的新型陶瓷材料。以多孔陶瓷材料作过滤介质的陶瓷微过滤技术及陶瓷过滤装置由于具有过滤精度高、洁净状态好以及容易清洗，使用寿命长等特点，目前已在石油、化工、制药、食品和环保等领域得到广泛应用。

1. 多孔陶瓷的性能和分类

多孔陶瓷种类繁多，可根据孔径大小、成孔方法、孔隙结构以及材质的不同划分为多种类型，具体分类见表 2-7。

表 2-7　多孔陶瓷的种类

分类依据	孔径大小	成孔方法和孔隙结构	材　质
种类	微孔陶瓷（<2nm） 介孔陶瓷（2~50nm） 宏孔陶瓷（>50nm）	粒状陶瓷烧结体 泡沫陶瓷 蜂窝陶瓷	碳化硅陶瓷 粉煤灰基陶瓷 硅藻土基陶瓷

　　表 2-6 中的碳化硅陶瓷是以工业碳化硅粉作为骨料，同时加入一些氧化物作为结合剂以降低烧结温度，实现液相烧结，加入一定量的锯末、炭粉和石油焦粉作为造孔剂。得到的材料具有连通气孔，气孔孔径从几微米到几十微米不等。

　　硅藻土基陶瓷以硅藻土为基质，采用低温烧结和加入添加剂的方法，可使原有气孔保留下来而形成多孔陶瓷。采用这种方法制得的多孔陶瓷，其气孔率随着硅藻土含量的增加而增大，且含有大量三维网状微孔，孔径在几十微米范围内。

　　粉煤灰基陶瓷是以粉煤灰中漂珠为骨料，以聚苯乙烯颗粒、炭粉等为造孔剂制得的高孔隙率的多孔粉煤灰基陶瓷材料。该材料内部的微孔非常发达，孔的形态不规则，以三维交错的网状孔道贯穿其中，孔隙的内表面凹凸不平，具有很高的比表面积，多作为净化过滤材料使用。

　　多孔陶瓷具有如下特点：

　　1）化学稳定性好，即选择适宜的材质和工艺，可制成耐酸、耐碱的多孔制品。

　　2）孔隙率高，可达 20%~95%，且孔径分布均匀和大小可控。

　　3）强度高，刚性大，在冲击压力作用下不引起外形变化和孔径变形。

　　4）热稳定性好，不会产生热变形、氧化现象等。

　　5）自身洁净，无毒无味，不会产生二次污染。

　　6）具有发达的比表面积及独特的表面特性。

　　7）再生性强。通过用液体或气体反冲洗，可基本恢复原过滤能力，因而具有较长的使用寿命。多孔陶瓷基于上述特点而被应用于高温烟气过滤、汽车尾气处理、工业污水处理、催化剂载体和隔声材料上。近年来，多孔陶瓷的应用领域又扩展到航空领域、电子领域、医用材料领域及生物化学领域等。

2. 多孔陶瓷的制备工艺

　　多孔陶瓷材料由于使用目的不同，对材料的性能要求各异，因此逐渐开发出许多不同的制备技术。目前广泛应用的多孔陶瓷大部分是由传统方法制备的，这些制备方法比较成熟。表 2-8 列出了各种传统制备工艺的比较。

表 2-8　多孔陶瓷的传统制备工艺的比较

工艺名称	制备方法	孔径尺寸	孔隙率（%）	优　点	缺　点
添加造孔剂法	加入造孔剂，高温下燃尽或挥发后留下孔隙	10μm~1mm	≤50	可以制得形状复杂的制品且孔隙率和强度可控	孔隙率一般低于50%，且气孔分布均匀性差

（续）

工艺名称	制备方法	孔径尺寸	孔隙率（%）	优点	缺点
挤压成形法	泥条通过蜂窝网格结构的模具挤出成形	>1mm	≤70	孔形状和孔大小可以精确设计	不能获得复杂孔道结构和较小孔径
颗粒堆积法	颗粒堆积形成空隙，粘合剂高温下产生液相使颗粒粘结	0.1～600μm	20～30	工艺简单，制品的强度高	孔隙率低
有机泡沫浸渍法	用有机泡沫浸渍陶瓷浆料，干燥后烧掉有机泡沫	100μm～5mm	70～90	开口孔隙率较高且气孔相互贯通，强度高	不能获得小孔径闭气孔，形状受限且密度难控制
溶胶凝胶法	利用凝胶化过程中胶体粒子的堆积，形成可控多孔结构	2～10nm	≤95	能制取微孔制品，孔径易于控制且孔分布均匀	生产效率低，制品形状受限制
发泡法	加入发泡剂，通过化学反应产生气体挥发	10μm～2mm	40～90	孔隙率高、强度好，易于获得闭气孔	对原料和工艺条件要求苛刻

上述传统方法由于技术条件的成熟，在短期内不会被新兴的方法所取代。但是近年来，科学技术的发展对多孔陶瓷提出了新的要求——更高的孔隙率、更大的比表面积、合理的孔径分布、低成本以及各种新的功能。因此发展起来的新型工艺制备的陶瓷材料具备传统工艺所不具备的优势，新型制备方法主要有冷冻干燥法、水热-热静压法、凝胶注模法、化学气相渗透法等。其中冷冻干燥法是将需干燥的物料在低温下先行冻结至共晶点以下，使物料中的水分变成固态的冰，然后在适当的真空环境下，通过加热使冰直接升华为水蒸气而除去，这样就留下了开口多孔结构，经烧结便得到多孔陶瓷。通过该工艺可获得孔隙率高于90%的制品，且可以在较大范围内实现控制；水热-热静压法通过水作为压力传递介质制备各种孔径多孔陶瓷，其制品抗压强度高、性能稳定、孔径分布范围广；凝胶注模法利用有机单体的化学反应，使得陶瓷浆料原位凝固形成坯体，获得微观均匀性好，强度较高便于加工的素坯；化学气相渗透法是通过热解有机泡沫形成网眼碳骨架，然后通过化学气相渗透（CVI）工艺将陶瓷原料涂到网眼碳骨架上，通过控制工艺条件得到强度较高的网眼陶瓷。多孔陶瓷制备技术的发展拓展了多孔陶瓷的应用领域，但是目前仍存在一些亟待解决的问题，如制造成本的降低问题、精确控制孔径的尺寸问题、孔隙率与强度的关系问题等。从目前多孔陶瓷的制备来看，单一制备技术往往不能满足目前的性能指标需求，因此多孔陶瓷制备的一个研究重点是改进传统制备技术、传统制备技术与新型制备技术的结合、多种传统技术的糅合等。

3. 多孔陶瓷滤料的应用

（1）废气治理　高温烟气过滤技术的应用与发展一直引起世界各国的广泛关注，早在20世纪70年代日本等国家在高温气体净化、烟气除尘等方面就研究使用多孔陶瓷滤料，取得了较大进展。在烟尘过滤中，陶瓷滤料是将陶瓷烧制成刚性块状单体，即陶瓷滤料单元来使用的。表2-9列出了目前陶瓷过滤单元常用的陶瓷材料。

表 2-9　目前陶瓷过滤单元常用的陶瓷材料

材 料 名 称	化学分子式	材 料 名 称	化学分子式
碳化硅	SiC	氧化铝/多铝红柱石	$Al_2O_3/3Al_2O_3 \cdot 2SiO_2$
氮化硅	Si_3N_4	多铝硅酸盐	$Al_2O_3 \cdot SiO_2$
氧化铝	Al_2O_3	β-堇青石	$Al_3(Mg, Fe)_2 [Si_5AlO_{18}]$

　　碳化硅颗粒常用于制作高密度颗粒过滤单元,其滤料孔隙率为 30% ~ 60% ;使用氧化铝或多铝硅酸盐制成的低密度纤维过滤单元的孔隙率为 80% ~ 90% 。陶瓷材料虽然是高温气体除尘的优良选材之一,但也存在着性脆、延展性、韧性很差,热传导性以及抗热震性差等缺点。在高温、高压条件下,陶瓷材料的整体强度、操作的长期性、可靠性及反吹洗性仍存在不少问题。

　　可将催化剂沉积在多孔陶瓷表面,使其具有催化功能来去除气态污染物。如将多孔陶瓷催化净化器应用于汽车排气管中,可使排出的 CO、HC、NO_x 等有害气体转化成 CO_2、H_2O、N_2 ,从而达到净化空气的目的。目前世界上 90% 的车用催化器载体是多孔陶瓷,其中应用最为广泛的是蜂窝状的堇青石陶瓷载体。如果把室内空气中的悬浮颗粒物、灰尘等先经活性炭或滤网滤除后再通过 TiO_2 光触媒担载多孔陶瓷元件,可有效地提高空气净化效率,从而提高室内空气清新度。

　　(2) 废水治理　多孔陶瓷的首要特征是其多孔性。当滤液通过时,其中的悬浮物、胶体物和微生物等被阻截在过滤介质的表面或内部,同时附着在污染物上的病毒等也一起被截留。该过程是吸附、表面过滤和深层过滤相结合的过程,且以深层过滤为主。表面过滤主要发生在过滤介质的表面,多孔陶瓷起一种筛滤的作用,大于微孔的颗粒被截留,被截留的颗粒在过滤介质的表面形成了一层滤膜,该滤膜可防止杂质进入过滤层内部将微孔堵塞。深层过滤发生在多孔陶瓷内部,由于多孔陶瓷孔道的迂回,加上流体介质在颗粒表面形成的拱桥效应、惯性冲撞的影响,其过滤精度比本身孔径小很多,对液体介质约为多孔陶瓷孔径的 1/5 ~ 1/10,对气体介质约为孔径的 1/10 ~ 1/20。

　　多孔陶瓷在处理锅炉湿法含尘废水、热电厂水力冲渣废水等方面都能达到相关国家排放标准。多孔陶瓷在城市污水和工业废水的处理中,曝气装置所用材料即为多孔陶瓷。此外多孔陶瓷在饮用水的净化、海水淡化、食品医药过滤以及工业废水的处理等方面也有着广泛的应用。

　　(3) 噪声治理　多孔陶瓷的吸声性能是通过内部大量的连通微小孔隙和孔洞实现的。当声波到达多孔陶瓷的孔隙后,引起空气与孔壁的摩擦和粘滞阻力,部分声能转化为热能被吸收,改善声波在室内的传播质量,声能不断衰减,减少噪声的危害,起到吸声的作用。为达到较好的吸声效果,多孔陶瓷要求具备结构细密、相互连通的孔径结构。

2.6.2　多孔金属材料

　　多孔金属材料是以金属或合金粉末、金属丝网、金属纤维等为基础材料通过压制成形和高温烧结而制成的一类特殊工程材料。该类材料孔隙率可达 98% ,并且具有金属材料的基本属性。多孔金属材料既可作为许多场合的功能材料,也可作为某些场合的结构材料,一般情况下它兼有功能和结构双重作用。因此多孔金属材料被广泛应用于多种行业中的分离、过滤、布气、催化热交换等工艺过程中，用来制作过滤器、催化剂及催化剂载体等材料。

1. 多孔金属的性能

相对于致密金属材料，多孔金属的显著特征是其内部具有大量的孔隙，这些孔隙使得材料具有诸多优异的特性。

1）优良的渗透性、过滤与分离特性，是适合于制备多种过滤器的理想材料。利用多孔金属的孔道对流体介质中固体粒子的阻留和捕集作用，将气体或液体进行过滤与分离，从而达到介质的净化或分离作用，过滤精度为 $0.05 \sim 100\mu m$。使用最广的金属过滤材料是多孔青铜和多孔不锈钢。

2）良好的力学性能、韧性和优异的抗热震性能。在常温下，金属多孔材料的强度是陶瓷材料的 10 倍，即使在 700℃ 高温，其强度仍然高于陶瓷材料数倍。

3）较好的导热性、高温耐腐蚀能力。这些性能使金属多孔过滤材料在高温除尘过滤介质上的应用具有优势。

4）具有很好的加工性能和焊接性能。克服了多孔陶瓷材料延展性、韧性差的缺点，易与系统整体封接。基于多孔金属材料的上述特点，在涉及固-液、液-液、气-液过滤与分离的场合，基本上均可使用。

2. 多孔金属材料的分类

从结构上看，多孔金属材料可分为粉末烧结多孔材料、金属纤维毡、复合金属丝网和泡沫金属材料等。

（1）粉末烧结多孔材料   粉末烧结多孔材料是采用金属或合金粉末为原料，经熔融、雾化、冷凝、压制和烧结等工序，制成各种形状复杂、有较高过滤精度的刚性结构的多孔材料。该材料的孔隙结构由规则和不规则的粉末颗粒堆砌而成，孔隙的大小、孔隙率以及孔隙分布取决于粉末粒度组成和加工工艺。目前，我国已具有烧结金属多孔材料的规模生产能力，大量生产与应用的主要是青铜、不锈钢、镍及镍合金、钛等粉末烧结多孔材料。

（2）金属纤维毡   金属材料良好的塑性使之可拉拔成金属细丝或纤维，并进一步编织成网或铺制成毡。金属纤维毡材料的孔隙率可达 80% 以上，全部为贯通孔，塑性和冲击韧度好，容尘量大，用于许多过滤条件苛刻的行业。

（3）复合金属丝网   多层复合金属丝网具有很高的整体强度和刚性，孔隙分布均匀，再生性好，滤速大，易制成小直径长管元件。目前，复合金属丝网的层数已从 2 层发展到了 20 多层，宽度达 1200mm，精度为 $2 \sim 500\mu m$，且网的种类繁多。美国不锈钢丝网约有 600 多种，前苏联约有 400 多种。我国不锈钢丝网种类较少，约有 30 多种，市场所需的复合网基本依赖进口。

（4）泡沫金属材料   多孔泡沫金属是指基体中含有一定数量、一定尺寸孔径、一定孔隙率的金属材料，实际上是金属与气体的复合材料。正是由于这种特殊的结构，使之既有金属的特性又有气泡特性。通孔金属泡沫材料具有热导率高，气体渗透率高，换热散热能力强等优点；而闭孔金属泡沫材料则具有相反的物理特性，是一种性能优异的多用途工程材料。

3. 多孔金属材料的制备工艺

多孔金属的制备方法很多，可以分为液相法、固相法和金属沉积法三大类。每一大类中又包含很多小类，见表 2-10。

表 2-10 多孔金属的制备方法

液 相 法	固 相 法	金属沉积法
直接发泡法（直接吹气发泡法和金属氢化物分解发泡法） 铸造法（熔模铸造法和渗流铸造法） 溅射法	粉末冶金法 粉末发泡法 金属空心球法 金属粉末纤维烧结法	电沉积法 气相沉积法

（1）液相法 液相法包括直接发泡法、铸造法和溅射法。

直接发泡法有两类工艺，一类是直接吹气发泡法，该方法是在液态金属中产生多孔结构；另一类是金属氢化物分解发泡法，这种方法是在熔融的金属液中加入发泡剂（金属氢化物粉末），氢化物被加热后分解出 H_2，并且发生体积膨胀，使得液体金属发泡，冷却后得到泡沫金属材料。

铸造法包括熔模铸造和渗流铸造两种工艺。熔模铸造是将已经发泡的塑料填入一定几何形状的容器内，在其周围倒入液态耐火材料，在耐火材料硬化后，升温加热使发泡塑料汽化，此时模具具有原发泡塑料的形状，将液态金属浇注到模具内，在冷却后把耐火材料与金属分开，可得到与原发泡塑料的形状一致的金属泡沫，这种方法制备多孔金属成本较高；渗流铸造法是先把填料放于铸型之内，在其周围浇铸金属，然后把填料去除掉，得到泡沫金属材料。

溅射法是在反应器内维持可控的惰性气体压力，在等离子的作用下，通过电场的作用将金属沉积在基体上，与此同时，惰性气体的原子也一并沉积，升高温度，金属熔化时惰性气体发生膨胀形成一个个的空穴，冷却后即为多孔金属。

（2）固相法 固相法包括粉末冶金法、粉末发泡法、金属空心球法和金属粉末纤维烧结法。

粉末冶金法是将金属粉末与造孔剂按一定的配比混合均匀后，在一定的压力下压制成一定致密度的预制品。将预制品在真空烧结炉中进行烧结，制得复合材料烧结坯，去除造孔剂后即得多孔金属材料。

粉末发泡法是将金属或非金属粉末与发泡剂按一定的比例混合均匀，然后在一定的压力下形成具有一定致密度的预制品。将预制品进一步加工，如轧制、模锻等，使之成为半成品，然后将半成品放入一定的钢模中加热，使得发泡剂分解放出气体，即得到多孔金属材料。

金属空心球法是通过化学合成和电沉积的方法在高分子球的表面镀上一层金属，然后把高分子球去除得到金属空心球，将一个个的金属空心球通过烧结粘结到一起而形成多孔结构。

金属粉末纤维烧结法采用金属或合金粉末为原料，通过压制成形和高温烧结而制得具有刚性结构的多孔材料。

（3）金属沉积法 金属沉积法可分为电沉积和气相沉积两种。

电沉积法是以泡沫有机物为基体，将其粗化和活化后，放入镀液进行化学镀，制得均匀地附着在有机物表面的导电金属层，常见的镀层有 Cu、Ni、Fe、Co、Ag、Au 和 Pd。

气相沉积法是在真空条件下将液体金属挥发成金属蒸气，然后沉积在一定形状的聚合物基底上，形成一定厚度的金属沉积层，冷却后采用化学或热处理方法除去聚合物，得到通孔金属多孔材料。

2.6.3　多孔金属材料在环境工程中的应用

利用多孔金属的孔道对流体介质中固体粒子的阻留和捕集作用，将气体或液体进行过滤与分离，从而达到介质净化或分离的目的。

1. 废水治理

多孔金属材料作为分离媒介，可从水中分离出油、从冷冻剂中分离水。20 世纪 80 年代以后，石化、纺织、造纸等行业的发展，对耐高温、高压和腐蚀多孔材料的需求不断扩大，促进了多孔材料的规模生产。如在纺织业，粉末烧结多孔不锈钢管用于喷丝头的前级过滤和分散及纺织厂热洗水中染料颗粒的去除。在造纸业，316L、317LN、镍及镍合金、钛多孔材料用于纸浆漂洗和污水处理。在纺织业，采用海绵铁、锰砂多孔金属滤料对印染废水的脱色效果进行研究，研究表明海绵铁对印染废水脱色效果显著，脱色率可达 90% 以上，值得进一步研究和推广应用。

2. 废气治理

高温气体的净化除尘是实现高温气体资源合理利用必不可少的关键技术。在现代工业生产过程中，涉及含尘气体在高温下直接净化除尘和应用的领域十分广泛，如能源工业中先进的燃煤联合循环发电技术的高温气体，石化的高温反应气体，冶金工业高炉与转炉高温煤气，玻璃工业的高温尾气，锅炉、焚烧炉的高温废气等，都需要进行合理的处置。针对中高温气体除尘，目前国内外研究较多的是陶瓷和金属多孔材料。陶瓷材料虽然具有优良的热稳定性和化学稳定性，但缺点是性脆、抗热震性极差，很难推广应用。为了解决陶瓷过滤材料的抗热震性不好、可靠性不高的问题，国内外开展了高性能烧结金属多孔过滤材料的研究，如 Haynes 合金、铁铬铝合金、Fe_3Al 金属间化合物、Hastelloy 合金等，在各种苛刻的加热条件下，金属过滤材料都表现了很好的抗热震性。一些材料如铁铬铝合金、Fe_3Al 金属间化合物等具有优良的抗氧化和抗硫腐蚀能力，它们在 $600 \sim 800℃$ 条件下工作超过 6000h，仍然保持完好。

汽车尾气净化载体过去常使用陶瓷多孔材料，然而，由于其强度、抗热震性能及导热性能均不理想，致使净化效果较差、使用寿命也短。近年来，国外已开始用合金材料制备的多孔载体取代多孔陶瓷，取得了较好的应用效果。如 Ni-20Cr 和 Ni-33Cr-1.8Al 合金多孔体，可以抵抗柴油机废气的高温腐蚀且无多孔陶瓷的开裂问题，同样适于柴油机的排气过滤，大大减少环境污染。此外经过青铜、不锈钢、镍等多孔金属过滤器净化的空气，几乎取代了原用的活性炭加脱脂棉的空气滤清器。而钢铁厂中高炉煤气的净化也采用了不锈钢过滤器。

3. 噪声治理

通孔多孔金属材料具有良好的吸收噪声的功能，当声波压迫空气在多孔金属材料的细小的、相互连通的孔洞中流动时，通过与孔壁的摩擦产生紊流而消耗能量，因此，多孔金属材料可作为噪声环境下的吸声材料，如在高速公路两旁设置多孔金属材料作为吸声障壁。此外多孔金属材料具有良好的阻尼性能，因此可有效地将系统的振动能转变为热能，减少振动、降低噪声。

2.7　其他过滤材料

除上述传统的颗粒滤料、纤维滤料、织物滤料以及多孔滤料外，还有很多其他种类的滤料，如粉尘过滤材料中的覆膜滤料、褶皱滤料和防静电滤料等新型滤料，以及一些多功能的水处理材料，如沸石和硅藻土等。

2.7.1　粉尘过滤材料

1. 覆膜滤料

（1）概述　覆膜滤料是一层高孔隙率的厚度为 0.1mm 以下的薄膜，该薄膜可透过气体分子，用于制作商业覆膜的聚酯种类很多，主要有醋酸纤维素、硝酸纤维素、聚酰胺、聚氟乙烯等。对于粉尘过滤，覆膜要覆盖在基布的表面，使其具有足够的强度，便于使用，基布是无纺或纺织合成纤维。目前，覆膜滤料已成为工业应用最广泛的过滤材料之一。覆膜滤料按功能可分微滤、超滤、纳米过滤和反渗透滤料。微滤分离微米级粒子，超滤分离更小的粒子直至分子，纳米过滤分离分子，反渗透分离更小的分子。粉尘过滤一般属于纳米以上范围，即只要求净化比分子大的粒子就可以了，所以常用微滤覆膜。

（2）常规滤料与覆膜滤料的过滤机理的对比　常规滤料的过滤机理是：当粉尘颗粒随气流缓慢通过滤布时，由于筛滤、惯性碰撞、扩散、重力和静电效应的综合作用，颗粒粒径大于滤料纤维间孔隙的粉尘被纤维拦截，而单纯通过筛滤作用捕集的粉尘较少。在滤袋投入运行初期，由于滤料纤维间的孔隙较大，大粒径的粉尘被拦截下来，小粒径的粉尘仍随气流通过滤袋排出，故此时除尘效率较低。而随着过滤过程的不断进行，由于架桥现象在滤袋表面会形成很薄的尘膜。此后，对含尘气体中粉尘的捕集，主要是依靠这个粉尘初层以及以后逐渐增厚的粉尘层，所以称之为深层过滤，这时滤袋仅起支撑作用。随着滤袋表面粉尘层的不断增厚，滤袋的阻力也相应提高。当阻力达到限定值时，就需对滤料进行清灰。但清灰不能过度，否则会破坏粉尘初层，使除尘器的除尘效率降低。如果清灰无力，则会造成滤袋的阻力上升加快，引起清灰装置频繁动作，不仅增加了使用能耗，也降低了滤袋和清灰装置的使用寿命。

而覆膜滤料主要是利用粉尘初层有利于过滤的理论，人为地在滤料表面覆上一层有微孔的薄膜（相当于粉尘初层），从而提高除尘效率。在覆膜滤料的过滤过程中，滤料的基布只起支撑作用，不参加过滤，表面的薄膜起到相当于常规滤料的粉尘初层的过滤作用。此时，薄膜微孔对粉尘的筛滤作用在除尘中占主导地位。即把常规滤料的深层过滤机理转变成了表面过滤机理。覆膜滤料和常规滤料过滤烟气的示意如图 2-26 所示。

（3）覆膜滤料的特点　覆膜滤料的优越性可概况为以下 4 点。

1）覆膜滤料表面的微孔小而均匀，能分离所有大于微孔直径的粉尘，所以粉尘净化效率高而稳定。测试结果表明，这

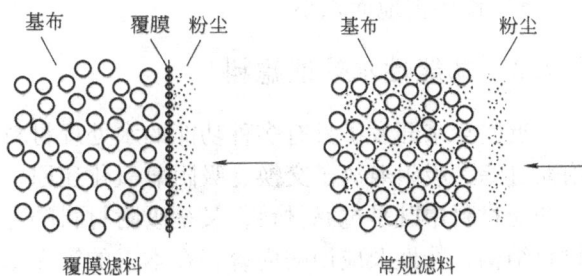

图 2-26　覆膜滤料和常规滤料过滤烟气的示意图

种滤料对粒径为 $0.01 \sim 1.0\mu m$ 的粉尘，分级捕集效率也可高达 $97\% \sim 99\%$，总捕集效率可达 99.999%，约超出普通滤布 $1 \sim 2$ 个数量级。

2）覆膜滤料表面的微孔虽然微小但很密集，其孔隙率为 $80\% \sim 90\%$，并且滤料内部无粉尘堵塞，足以使大量的气体通过。

3）覆膜滤料表面无粘性，表面光滑，减少了粉尘的聚集，因而清灰量减少，减轻了滤袋的维护量，延长其使用寿命。

4）覆膜滤料表面不透水，能将水拒之膜外，却让完全汽化了的水雾即过热水蒸气自由通过。因此经进一步表面处理的覆膜滤料可以过滤粘性很强的粉尘，甚至可以过滤烟气湿度接近饱和的粉尘。

综上，覆膜滤料具体的应用场合有水泥旋窑窑尾、冶金行业、电石炉、炭黑行业、电厂燃煤锅炉及垃圾焚烧炉等。目前常用的覆膜滤料有聚四氟乙烯覆膜滤料、玻纤覆膜滤料、聚酯覆膜滤料、芳族聚酰胺覆膜滤料和聚苯硫醚覆膜滤料等。虽然覆膜滤料与传统滤料相比具有优越的性能，但是覆膜滤料价格较高，是一般滤料的几倍，同时覆膜滤料生产的技术要求较高，国产覆膜滤料产品质量不稳定，进口产品价格昂贵，有待于进一步地进行开发及应用研究。

2. 褶皱滤料

（1）概述　褶皱滤料是指将纤维层折叠成曲折表面的滤料，早先的褶皱滤料多用于常温，而今已用于高温烟气净化。其中的一个重要应用是气燃机入口的气体预净化，此外褶皱滤料在袋式除尘器中代替纺织滤料和针刺毡滤料使用。

（2）褶皱滤料的特点

1）透气性好，因此过滤阻力小，过滤风速较高。褶皱滤料可采用聚酯纤维、尼龙、丙烯腈纤维等滤料制造。对于微滤褶皱滤料，纤维孔径范围在 $0.1 \sim 1\mu m$，用于烟尘过滤的覆膜褶皱滤料的过滤效率可达 99.99%。

2）过滤面积大，容尘量大，过滤效率高。褶皱滤料的制作是用大张的覆膜滤料放进溶剂中，使覆膜滤料有较大的韧性，然后折叠成褶皱状，因此褶皱滤料比平整的覆膜滤料的积尘量大得多。

3）允许有较大的变形，有较高的韧性，所以抗拉伸、抗断裂能力强。有些褶皱滤料在外面还增加了保护层，里面另加了初滤纤维层和覆膜，以提高褶皱滤料强度、效率和降低粉尘附着量。

4）安装、换袋方便。制成单元件的褶皱滤料，安装比较方便。

5）设备占地面积小。

2.7.2　功能性水处理滤料

近些年来开发了具有多种功能的水处理材料，这些材料集两种以上的功能于一身，如吸附兼过滤、吸附兼离子交换、吸附兼氧化还原、絮凝兼浮选、阻垢又缓蚀等。目前所使用的多功能材料中既是过滤材料，又是吸附材料的主要有活性炭、沸石和硅藻土等，而这一大类材料结构、特性及应用的内容将在本书的第 3 章吸附分离材料中进行详细介绍。

【案例】

案例一　无烟煤滤料在生物除铁除锰水厂中的应用

某水厂规模 20 万 m^3/d，滤池分建于两座净化间，每座净化间设滤池 12 个，双排布置，单池平面尺寸为 10.6m×6m，当地地下水富含铁、锰，其总铁质量浓度为 14 ~ 18mg/L；锰质量浓度为 0.5 ~ 1.0mg/L，属于罕见的高铁高锰地下水。

1. 工艺流程

生物固锰除锰理论和工程实践都证明,铁、锰可以在同一滤池中去除,铁参与了铁、锰氧化细菌的代谢过程,只含锰而不含铁的原水进入成熟的生物滤层运行一段时间后除锰能力也会渐渐丧失。用只含锰不含铁的原水培养生物滤层更难以成功,所以本工程采用单级曝气+生物除铁除锰滤池,其工艺流程如图2-27所示。

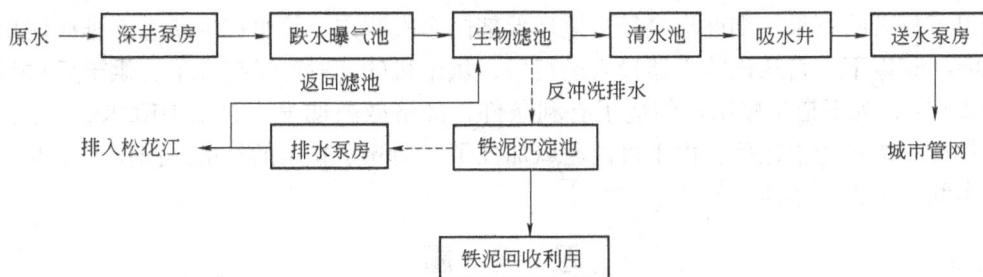

图2-27 水厂工艺流程图

2. 主要设备和参数

1)跌水曝气池。跌水曝气池采用方形,平面尺寸25.9m×10.4m,单宽流量$20m^3/(h \cdot m)$,集水槽宽0.8m,落差1m。

2)生物除铁除锰滤池。滤池分两系列,双排布置,每系列分为12格,单格平面为10.6m×6m,采用气水反冲洗。

3)滤料级配。本厂滤料采用无烟煤,承托层采用的是粗砂与卵石。无烟煤滤料参数:粒径$1.5 \sim 2.5mm$;$K_{80} = 2.0$;厚度为1000mm;松密度$0.9 \sim 1.0kg/cm^3$;孔隙率55%;破碎率和磨损率不大于1.6%,该厂采用的无烟煤滤料粒径比较均匀。

3. 滤池运行

将培养和扩增的铁锰氧化细菌浓缩液接种于滤池内。微生物在滤料上附着必须经历两个阶段,第一阶段就是微生物通过一个厚水层到达滤料附近;第二阶段就是通过滤料表面的一层水化膜到达滤料表面。为了让微生物尽早地在滤料上固定下来,在调试初始阶段就考虑了以下两个环节:低滤速;弱反冲洗强度。低滤速是为了避免微生物随着水流穿透滤池而流失,弱反冲洗是为了降低水力剪切力和滤料之间的摩擦以减少滤料表面还未固定的微生物的损失。因此每个滤池初期滤速控制在2m/h,反冲洗周期60h,反冲洗强度$12L/(m^2 \cdot s)$,每日取进、出水进行水质分析。当滤后水中锰的质量浓度达到饮水标准0.1mg/L后稳定运行数日,再缓慢提高滤速到设计滤速,继续运行。

4. 运行效果

在高铁高锰生物除铁除锰地下水厂,采用无烟煤作为滤料,通过采用低滤速($v = 2m/h$)、弱反冲洗强度[$12L/(m^2 \cdot s)$]、反冲洗周期($T = 72h$)等运行参数,能使滤池在较短时间内成熟,出水中铁、锰质量浓度都小于0.05mg/L,明显好于国家饮用水标准中铁、锰质量浓度的规定(总铁小于0.3mg/L,锰小于0.1mg/L)。

案例二 袋式除尘器在水泥厂的应用

某水泥厂黏土烘干采用一台$\phi 2.4m \times 18m$烘干机,燃烧炉为人工喂煤热风炉。原来采用

CLK 扩散式旋风＋高压管式静电除尘器组成的两级除尘系统，由于除尘系统腐蚀严重，系统漏风多，致使除尘效率极低，出口标准状态下排放体积质量高达 $48.65g/m^3$。粉尘扩散严重污染周围环境，而且岗位粉尘也远远超过国家规定的标准。热风炉和烘干机通风不良，煤粉不能充分燃烧，烘干后的黏土水分超过 6%，直接影响烘干机产量和产品质量。原通风除尘系统不但达不到除尘目的，而且影响生产，经济损失很大，危害健康，污染了周围环境。

选用 HKD400—4 型袋式除尘器作为一级除尘系统的技术方案，该除尘器系统正式使用后，取得了显著的效果，烟囱出口经当地环保部门多次测定，粉尘标准状态下排放体积质量均在 $40mg/m^3$ 以下。自从该除尘器投入运行后，烘干机的台时产量提高了，烘干后物料的终水分为 2.0%，为下道工序增产创造了有利条件，经济效益明显。自从 HKD400—4 型袋式除尘器作为一级除尘投运后，由于机内通风加强了，消除了粉尘的扩散，岗位干净卫生，整个烘干车间成了无尘车间。

思 考 题

1. 水中颗粒物有哪些类型，其主要物质是什么？
2. 按作用原理，滤料可分为哪些类型？简述过滤机理。
3. 简述铁盐改性石英砂的制备工艺及除污机理。
4. 叙述石英砂滤料的应用情况。
5. 简述无烟煤滤料的性能及使用方法。
6. 叙述陶粒滤料的制备工艺及陶粒烧制的原理。
7. 合成纤维有哪些类型？相应的分子结构是什么？
8. 简述玻璃纤维和金属纤维的制备方法。
9. 纤维滤料的应用形式有哪些？
10. 三原组织包括哪些机织物类型？简述其组织结构。
11. 过滤用的机织物、针织物和非织造织物滤料有哪些形式？
12. 多孔材料典型孔结构有哪几种类型？
13. 简述多孔陶瓷的种类及特点。
14. 什么是多孔金属，多孔金属的性能是什么？
15. 比较常规滤料与覆膜滤料的过滤机理。
16. 什么是褶皱滤料？褶皱滤料有什么样的特性？

参 考 文 献

[1] 刘斐文，王萍. 现代水处理方法与材料 [M]. 北京：中国环境科学出版社，2003.
[2] 杨慧芬，陈淑祥，等. 环境工程材料 [M]. 北京：化学工业出版社，2008.
[3] 姜兆华，孙德智，邵光杰. 应用表面化学与技术 [M]. 哈尔滨：哈尔滨工业大学出版社，2002.
[4] 冯玉杰，蔡伟民. 环境工程中的功能材料 [M]. 北京：化学工业出版社，2003.
[5] Mackenzie L Davis，Susan J Masten. 环境科学与工程原理 [M]. 王建龙，译. 北京：清华大学出版社，2007.
[6] 朱亦仁. 环境污染治理技术 [M].2 版. 北京：中国环境科学出版社，2008.
[7] 《空气和废气监测分析方法指南》编委会. 空气和废气监测分析方法指南：上册 [M]. 北京：中国环境科学出版社，2006.
[8] 华坚. 环境污染控制工程材料 [M]. 北京：化学工业出版社，2009.

[9] 孙锦宜，林西平. 环保催化材料与应用 [M]. 北京：化学工业出版社，2002.

[10] 李栋高. 纤维材料学 [M]. 北京：中国纺织出版社，2006.

[11] 向晓东. 烟尘纤维过滤理论、技术及应用 [M]. 北京：冶金工业出版社，2007.

[12] 严煦世，范瑾初. 给水工程 [M].4 版. 北京：中国建筑工业出版社，1999.

[13] 陈国华. 环境污染治理方法原理与工艺 [M]. 北京：化学工业出版社，2003.

[14] 詹怀宇. 纤维化学与物理 [M]. 北京：科学出版社，2005.

[15] 王琳，王宝贞. 饮用水深度处理技术 [M]. 北京：化学工业出版社，2002.

[16] 马军，盛力，王立宁. 改性石英砂滤料强化过滤处理含藻水 [J]. 中国给水排水，2002，18（10）：9-11.

[17] 吕建波，孙力平，赵新华，等. 改性石英砂过滤技术用于污水再生回用的研究 [J]. 中国给水排水，2008，24（9）：17-21.

[18] 莫德清，肖文香，陈波. 改性石英砂的吸附过滤性能 [J]. 桂林工学院学报，2007，27（3）：378-381.

[19] 高乃云，徐迪民，范瑾初，等. 氧化铝涂层改性石英砂过滤性能研究 [J]. 中国给水排水，1999，15（3）：8-11.

[20] 丁春生，蒋志元，张德华，等. 铝盐改性石英砂制备及其吸附性能研究 [J]. 非金属矿，2009，32（5）：17-20.

[21] 王俊岭，冯萃敏，龙莹洁. 改性石英砂过滤吸附去除微量磷 [J]. 水处理技术，2007，33（12）：70-72.

[22] 黄怡，高乃云. 改性石英砂及沸石滤料除氟性能比较 [J]. 化学工业与工程技术，2003，24（4）：21-25.

[23] 丁春生，付静，张德华，等. 铝盐改性石英砂制备及其吸附 Zn^{2+} 性能研究 [J]. 能源环境保护，2009，23（2）：26-29.

[24] 赵玉华，贾莹，张旭. 不同改性石英砂去除有机物的效能比较 [J]. 中国给水排水，2007，23（19）：15-18.

[25] 蒋志元. 铁盐改性石英砂的制备及其去除重金属性能研究 [D]. 杭州：浙江工业大学，2009.

[26] 张苑茹. 改性滤料涂层工艺及其表面特性研究 [D]. 西安：西安建筑科技大学，2008.

[27] 杨斌武. 水处理滤料的表面性质及其过滤除油性能研究 [D] 兰州：兰州交通大学，2008.

[28] 赵玉华，于海华. 处理微污染水的改性无烟煤制备工艺 [J]. 沈阳建筑大学学报：自然科学版，2009，25（5）：963-967.

[29] 李冬，杨昊，李相昆，等. 无烟煤滤料在生物除铁除锰水厂中的应用 [J] 沈阳建筑大学学报：自然科学版，2007，23（5）：818-821.

[30] 王淑辉，杨润龙，张瑞仁. 无烟煤表面改性除酚的研究 [J]. 佳木斯大学学报：自然科学版，1999，17（3）：295-297.

[31] 刘桂臣，蒋白懿，徐箴. 沸石-无烟煤生物滤池联合处理微污染水试验研究 [J]. 供水技术，2008，2（5）：8-10.

[32] 王萍，李国昌. 曝气生物滤池陶粒滤料制备及其性能 [J]. 非金属矿，2006，29（5）：53-55，58.

[33] 高连敬. 曝气生物滤池沸石和陶粒滤料性能对比研究 [J]. 水处理技术，2009，35（12）：53-57.

[34] 徐淑红，马春燕，张静文，等. 底泥陶粒滤料在印染废水处理中的应用 [J]. 印染，2008（18）：28-31.

[35] 李国昌，王萍. 优质页岩陶粒滤料的制备与基本性能研究 [J]. 环境工程学报，2007，1（6）：123-129.

[36] 冯敏，刘永德，赵继红. 污水处理用生物陶粒滤料的研究进展 [J]. 河北化工，2009，32（1）：64-66.

[37] 冯奇，高郁，马放，等. 孔隙结构表征陶粒滤料净水效能的方法 [J]. 黑龙江科技学院学报，2007，17（6）：466-469.

[38] 刘贵云. 河道底泥资源化——新型陶粒滤料的研制及其应用研究 [D]. 上海：东华大学，2002.

[39] 李国会，王继斌，李晓华. 粒状滤料过滤技术发展与应用的探讨 [J]. 中国环境管理干部学院学报，2005，15（4）：82-85.

[40] 邵敬党. 针刺非织造布空气过滤材料的研究探讨 [J]. 丹东纺专学报，2003，10（1）：14-16.

[41] 王旭，焦晓宁，赵小翠. 针刺非织造布的空气净化过滤材料的实验与分析 [J]. 洁净与空调技术，2006（1）：16-18.

[42] 林娇梅. 新型纤维滤料对微生物的抑制研究 [D]. 上海：同济大学，2006.

[43] 吕淑清，侯勇，李俊文. 纤维过滤技术的研究进展 [J]. 工业水处理，2006，26（10）：6-9.

[44] 杨朝坤，赵谦，蒋云，等. 纤维过滤材料技术与应用 [J]. 棉纺织技术，2009，37（9）：513-516.

[45] 陈斌，项深泽. 纤维过滤材料过滤气体机理及其应用 [J]. 化学工程与装备，2009（10）：140-141.

[46] 张久政，高院安，黄惠文，等. 理想纤维过滤材料的影响因素 [J]. 过滤与分离，2006，16（2）：39-41.

[47] 乔欣，崔淑玲，夏勇. 几种无机纤维的制备及应用介绍 [J]. 非织造布，2010，18（3）：27-31.

[48] 袁斌，吕松，王炎红. 基于合成纤维过滤技术的评述 [J]. 广东化工，2003，30（1）：32-34.

[49] 芦长椿. 合成纤维在过滤领域的应用 [J]. 纺织科技进展，2009（5）：31-34.

[50] 张小良，沈恒根. 高温烟气除尘用纤维滤料研究进展 [J]. 中国安全生产科学技术，2009，5（5）：13-17.

[51] 元新艳，沈恒根，王振华. 芳砜纶过滤材料在高温烟气净化中的稳定性分析 [J]. 产业用纺织品，2010（7）：27-30.

[52] 朱孟钦. 玻纤覆膜滤料的过滤原理及应用 [J]. 玻璃纤维，2010（3）：27-31.

[53] 陈士冰，王世峰，辛旭亮，等. 多孔陶瓷过滤材料的研究进展 [J]. 山东轻工业学院学报，2009，23（7）：17-20.

[54] 张健，汤慧萍，奚正平，等. 高温气体净化用金属多孔材料的发展现状 [J]. 稀有金属材料与工程，2006，35（增刊2）：438-441.

[55] 吴丽娜，黄玉东，王志江，等. 发泡工艺制备多孔陶瓷研究进展 [J]. 中国陶瓷，2010，46（3）：5-8.

[56] 曾令可，胡动力，税安泽，等. 多孔陶瓷制备新工艺及其进展 [J]. 中国陶瓷，2007，43（4）：3-7.

[57] 梁永仁，罗艳妮，杨志懋，等. 多孔陶瓷及其制备方法研究进展 [J]. 绝缘材料，2006，39（2）：60-64.

[58] 鞠银燕，宋士华，陈晓峰. 多孔陶瓷的制备、应用及其研究进展 [J]. 硅酸盐通报，2007，26（5）：969-974.

[59] 赵文焕，原永涛，赵利，等. 聚四氟乙烯覆膜滤料的发展及应用特点 [J]. 建筑热能通风空调，2006，25（4）：35-37，103.

[60] 陈强，沈恒根，李华. 覆膜滤料与常规滤料的性能测试及比较 [J]. 电力环境保护，2005，21（2）：30-32.

[61] 沈丽娜. 金属多孔滤料脱色技术研究 [J]. 西北大学学报：自然科学版，2007，36（6）：945-947.

[62] 奚正平，汤慧萍，朱纪磊，等. 金属多孔材料在能源与环保中的应用 [J]. 稀有金属材料与工程，2006，35（增刊2）：413-417.

[63] 杨素媛. 过滤净化用多孔金属材料的开发应用与进展 [J]. 中国稀土学报，2003，21（增刊1）：204-208.

[64] 李雯霞. 多孔泡沫金属的制备和性能 [J]. 中国铸造装备与技术，2009（5）：9-13.

[65] 许庆彦，熊守美. 多孔金属的制备工艺方法综述 [J]. 铸造，2005，54（9）：840-843.

[66] 许明珠. 高温烟气过滤除尘用合成纤维性能的试验研究 [D]. 上海：东华大学，2008.

[67] 安娜. 颗粒活性炭性能指标评价体系及净水效能研究 [D]. 哈尔滨：哈尔滨工业大学，2004.

第 3 章
吸附分离材料

本章提要： 吸附分离材料是功能材料的重要组成部分。由于其巨大的表面能而被广泛应用于工业生产的各个领域，目前，吸附技术在水处理和大气污染物治理中发挥着重要的作用。本章在分析吸附作用和吸附分离材料分类的基础上，从材质化学结构的角度介绍了碳质吸附材料、离子交换吸附材料和生物吸附材料的组成、结构及性质，并对各类材料的应用研究现状进行了总结。

3.1 吸附作用与吸附分离材料的种类

3.1.1 吸附作用

1. 吸附概念和类型

当流体（气体或液体）与多孔固体接触时，流体中某一组分或多个组分在固体表面处产生积蓄的现象称为吸附。在表面积不能改变的情况下，通过吸附可以达到降低界面张力的目的，所以吸附过程是自发过程，且真正干净的固体难以获得。其中被吸附到固体表面的组分称为吸附质，吸附吸附质的多孔固体称为吸附剂。

吸附作用基本上是由"气—固"或"液—固"非均相界面上分子间或原子间作用力所产生的，吸附剂和吸附质的不同组合决定了不同的吸附作用。根据吸附质与吸附剂表面分子间作用力的性质，吸附作用可分为物理吸附和化学吸附。

（1）物理吸附 吸附剂与流体分子之间的作用力是分子间引力（即范德华力）的吸附过程，是物理吸附。由于这种力较弱，故对分子结构影响不大，所以可把物理吸附类比为凝聚现象。物理吸附的主要特征是：

1）发生物理吸附时，吸附分子和固体表面组成都不会改变，即不发生化学反应。

2）物理吸附无选择性，可以是单分子层吸附也可以是多分子层吸附。

3）吸附过程是放热的，因而温度对其影响大，在低温时吸附量高；反之，升高温度会使其解吸。

4）物理吸附通常进行的速度很快，且吸附剂与流体分子间的吸附力弱，因而有较高的可逆性。当改变吸附操作条件时，被吸附的分子很容易从固体表面上逸出。

（2）化学吸附 固体表面与吸附分子之间的作用力是化学键力的吸附过程称为化学吸

附。该吸附本质上是一种表面化学反应，需要一定的活化能，故又称为活性吸附。化学吸附的主要特征是：

1）吸附有选择性，被吸附物呈单分子层。

2）吸附作用强，吸附热接近化学反应热，除特殊情况外，自发的吸附过程是放热过程。

3）化学吸附的反应速率快，且吸附速率随温度的升高而增大。

4）吸附过程不可逆，且不易解吸。

物理吸附与化学吸附的基本区别见表 3-1。

表 3-1　物理吸附与化学吸附的基本区别

性　　质	物 理 吸 附	化 学 吸 附
吸附力	范德华力	化学键力
吸附热	近于液化热（<40kJ/mol）	近于化学反应热（约 80～400kJ/mol）
吸附温度	较低（低于临界温度）	相当高（远高于沸点）
吸附速度	快	有时较慢
选择性	无	有
吸附层数	单层或多层	单层
脱附性质	完全脱附	脱附困难，常伴有化学变化

在实际的吸附过程中，物理吸附和化学吸附并不是孤立的，往往相伴发生。如先发生单层的化学吸附，而后在化学吸附层上再进行物理吸附。因此，欲了解一个吸附过程的性质，常要根据多种性质进行综合判断。物理吸附常用于脱水、脱气、气体的净化与分离等；化学吸附是发生多相催化反应的前提，并且在多种学科中有广泛的应用。在污水处理技术中，大部分的吸附往往是几种吸附综合作用的结果。

2. 吸附原理

固体表面由于存在着未平衡的分子引力和化学键力，而使所接触的气体或溶质发生吸附现象。吸附过程是放热的，因而吸附热能使吸附剂升温，对吸附作用产生影响。

吸附过程大体分为如下三个步骤：

1）吸附质通过边界层扩散到吸附剂外表面（外扩散）。

2）吸附质经吸附剂内孔扩散到吸附剂内表面（内扩散）。

3）吸附质吸附在表面上（化学吸附）或进一步发生反应。

无论是物理吸附还是化学吸附，一般都经历上述三个步骤，不同之处在于物理吸附虽不发生表面反应，但可能出现多层吸附。吸附分离的效果常用吸附量和吸附速率来衡量。

单位质量吸附剂所具有的吸附能力称为吸附量，通常以 kg（吸附质）/kg（吸附剂）或质量分数表示。

$$q = \frac{m}{w} = \frac{V(C_0 - C)}{w} \tag{3-1}$$

式中，w 为吸附剂的质量（kg）；m 为吸附质的质量（kg）；V 为被净化流体的体积；$C_0 - C$ 为吸附前后质量浓度的变化（kg/L）。

在吸附初期由于吸附剂表面较多的活性位置，吸附速率大于解吸速率，最终因两种速率相等而建立动态平衡，通常叫做吸附平衡。不同的吸附剂和吸附质组成的体系，达到平衡的时间有很大差异。吸附质的平衡吸附量（单位质量吸附剂在达到吸附平衡时所吸附的吸附质的质量），首先取决于吸附剂的化学组成和物理结构，同时与系统的温度和压力以及该组分和其他组分的含量或分压有关。对于只含一种吸附质的混合物，在一定温度下吸附质的平衡吸附量与其含量或分压间的函数关系的数学式，称为吸附等温式。目前已提出不同类型的数学式，各有其适用范围，常用的有弗兰德里希（Freundich）吸附等温式和朗缪尔（Langmuir）吸附等温式，利用等温式可以作出相应的吸附等温线。对于压力不太高的气体混合物，惰性组分对吸附等温线基本无影响；而液体混合物的溶剂通常对吸附等温线有影响。在判定某种吸附剂对指定污染物的去除效果时，一般通过试验绘制等温线。

虽然各种模式的吸附等温式均反映吸附平衡，但没有揭示吸附过程的细节，吸附动力学从不同方面研究吸附的微观过程，而两种吸附扩散常常是控制步骤。建立相关的扩散方程成为吸附动力学中的基本问题。对吸附速率的讨论和理解可以参考相关文献。

3.1.2 吸附分离材料的种类与选择原则

广义而言，一切固体表面都具有吸附作用，但只有多孔物质和磨得很细的物质由于具有巨大的表面积，才能成为吸附分离材料。工业上使用的吸附剂通常有吸附能力强，吸附选择性好，容易再生和再利用，力学强度高，化学性质稳定，来源广泛，价格低等特点。

1. 吸附分离材料的种类

吸附分离材料按化学结构可分为无机吸附剂、高分子吸附剂和碳质吸附剂三类。无机吸附剂是指具有一定晶体结构的无机化合物，多数是天然的无机物，因其兼有离子交换性质，所以也称为无机离子交换剂，沸石、蒙脱土等都属于无机吸附剂。高分子吸附剂是由烯类单体聚合制成的。通过改变聚合单体的组成和聚合的方法可以制得不同结构的吸附材料。与无机吸附剂相比较，这类材料的种类更多，应用范围更广，吸附作用包括整合、静电引力、化学键合、范德华力、氢键以及偶极-偶极的相互作用等；碳质吸附剂是一类介于无机和有机吸附剂之间的一类吸附材料，包括颗粒活性炭、活性炭纤维以及石墨吸附材料等。碳质吸附剂具有吸附能力强，化学稳定性好，力学强度高等特点，被广泛应用于工业、农业、国防、交通、医药卫生、环境保护等领域。

2. 吸附分离材料的选择原则

选择吸附分离材料应当遵守"相似相溶"原理和"孔径匹配"原则。所谓"相似相溶"原理指当吸附剂与吸附质的化学组成和结构最为相似或接近的时候，两者之间的亲和力达到最大，吸附分离能力最强，分离效率达到最高。而"孔径匹配"原则指只有那些内部孔道直径适当大于或最好达到 3~6 倍吸附质分子尺寸（水合直径）的吸附剂，才具有最佳的吸附分离能力和最高的分离效率。根据以上两个原则，污染物净化过程选择吸附剂要遵循如下原则：

1）工业废水中电解质或离子型污染物的去除。应选择离子交换树脂或离子交换纤维，可达到最佳的环境净化和控制目标。

2）废水中的重金属污染物。选择吸附树脂可以定量地将其从废水中除去并实现回收利用。

3）大气中气态分子型污染物的去除。宜选择高比表面积和 0.5nm 以下微小孔径占主导地位的活性炭和分子筛等。

4）气体或废水中分子型有机污染物的去除。各种类型的吸附树脂是最佳选择，其分离效率往往可以达到99％以上，并且具有回收利用污染物并实现资源化的功能。

3.2　碳质吸附材料

3.2.1　颗粒活性炭吸附材料

活性炭是最常用的碳质吸附剂，由无定形碳和少量灰分组成。活性炭因其形状不同有粉末和颗粒活性炭两类。在活性炭工业发展过程中，为了扩大活性炭的原料来源和用途，从20世纪30年代开始用煤生产定形颗粒炭，用硬果壳（核）生产不定形颗粒炭。由于颗粒炭本身具有一定的强度，再生容易，使用寿命长，使用方便等优越性，在空气净化、水处理等方面的大量使用，使其在量和质上都超过了粉末活性炭。

1. 颗粒活性炭的分类

颗粒活性炭又称粒状活性炭，外观为暗黑色，具有良好的吸附性能，其化学性质稳定，耐高温和耐强酸强碱，密度比水小，是一种多孔的疏水性吸附剂。目前国内外粒状活性炭的规格较多，按生产原料不同可分为煤基活性炭、木质活性炭、果壳活性炭和合成活性炭等。按形状分定形（圆柱形、球形）和不定形（破碎颗粒）；按生产方法又分为气体活化法和化学活化法。气体活化法又可用多种粘结剂和各种活化炉生产不同用途的颗粒炭。此外还有空心柱形活性炭和空心球状活性炭等。为了保护日益减少的森林资源，保护人类的生存环境，木质活性炭生产受到越来越多的限制，在我国市售的活性炭中以煤质活性炭居多。

2. 颗粒活性炭的性质

（1）物理特性　活性炭的物理特性主要指其多孔性结构。从宏观上看，活性炭是非晶体，但从微观角度看，活性炭是由微细的石墨微晶和将这些石墨微晶连接在一起的碳氢化合物组成。在制造活性炭的活化过程中，其挥发性有机物被去除，晶格间生成各种形状和大小不同的孔隙，因而构成巨大的吸附表面积，赋予活性炭特有的吸附性能。

由于活性炭发达的孔隙结构，孔壁的总面积几乎等于活性炭的总面积。一般将半径在2nm以下的称为微孔；半径在2～50nm之间的称为中孔；半径大于50nm的称为大孔，其中微孔可进一步分为一级微孔（半径小于0.8nm）和二级微孔（半径为0.8～2nm），颗粒活性炭的孔径分布如图3-1所示。大孔的主要作用是为吸附质的扩散提供通道，吸附质通过大孔再扩散到中孔和微孔中去，吸附质的扩散速度往往受到大孔结构、数量的影响。

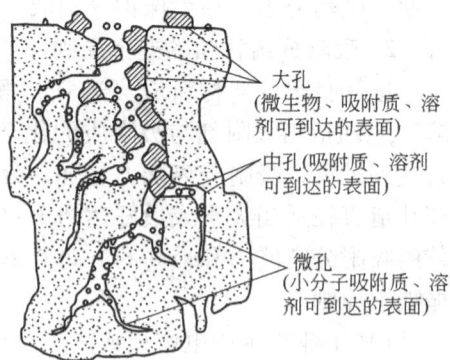

图3-1　颗粒活性炭的孔径分布示意图

中孔也具有一定的吸附和通道作用，由于水中有机物分子大小不同，活性炭对大分子有机物的吸附主要靠中孔完成，但是这有可能堵塞小分子溶质进入微孔的通道。

总之，在吸附过程中，活性炭孔径的匹配情况能反映出其吸附性能的优劣。如果活性炭的孔径以微孔居多，那么它比较适合于气相吸附及吸附液体中相对分子质量、分子直径较小的物质；如果中孔和大孔比较发达，则更适合于吸附液体中相对分子质量和分子直径较大的物质。因此用于吸附污染物的活性炭，要求大孔、中孔和微孔有适当的比率，否则活性炭的吸附性能也会由此降低。

（2）化学特性　活性炭的吸附特性，不仅受孔结构的影响，还受到活性炭表面化学性质的影响。活性炭的主要成分是碳元素，一般含量均超过 80%，纯碳表面是非极性的，主要通过物理吸附作用吸附非极性的和弱极性的物质。但活性炭组成中除碳元素外，还有其他一些成分，如氧、氢、氮、硫和灰分。在活性炭的活化反应中，微孔进一步扩大形成了许多大小不同的孔隙，孔隙表面一部分被烧掉，化学结构出现缺陷或不完整，由于其他组分的存在，使活性炭的基本结构产生缺陷和不饱和价，氧和其他杂原子吸附于这些缺陷上与边缘上的碳反应形成各种键，以至形成各种表面功能基团，因而使活性炭产生了各种各样的吸附特性。图 3-2 所示为活性炭表面可能存在的含氧官能团，官能团 a ~ e 表现出不同的酸性，一般来说，活性炭的氧含量越高，其酸性也就越强。具有酸性表面基团的活性炭具有阳离子交换特性，氧含量低的活性炭表面表现出碱性特征以及阴离子交换特性。图 3-3 所示为活性炭表面可能存在的含氮官能团，这些基团使活性炭表面表现出碱性特征以及阴离子交换特性。

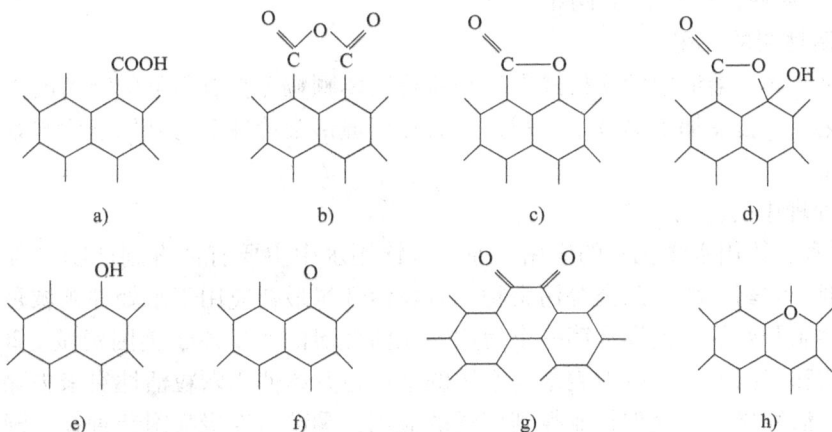

图 3-2　活性炭表面可能存在的含氧官能团

a）羧基　b）酸酐基　c）内酯基　d）乳醇基　e）羟基　f）羰基　g）醌基　h）醚基

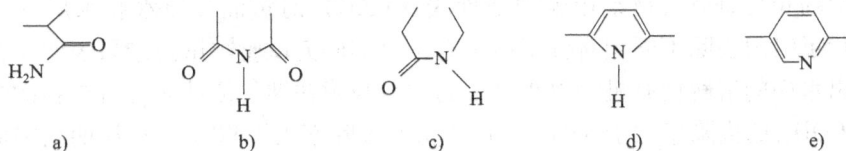

图 3-3　活性炭表面可能存在的含氮官能团

a）酰胺基　b）酰亚胺基　c）乳胺基　d）吡咯基　e）吡啶基

3. 颗粒活性炭的制备

颗粒活性炭由含碳原料（如果壳、煤、动物骨骼和石油焦）在不高于 773K 下炭化，然后通水蒸气活化制成，图 3-4 所示为颗粒活性炭制备工艺流程。

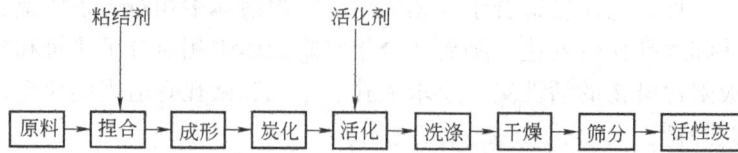

图 3-4 颗粒活性炭制备工艺流程

将原料经过破碎制成一定粒度（约为 200 目以下）。加入焦油和沥青等粘合剂加热混合，通过挤压机挤压成形，切成一定尺寸的团块，然后经过固化烧结、干燥，缓缓地加热炭化制成致密坚硬的炭材，再放入活化炉，控制氧气量进行水蒸气活化。通常煤质和果壳活性炭采用上述方法制备时，产品形状以颗粒状为主，而木质活性炭的产品形状以粉状为主。图 3-5 为果壳、煤质活性炭的外形图。

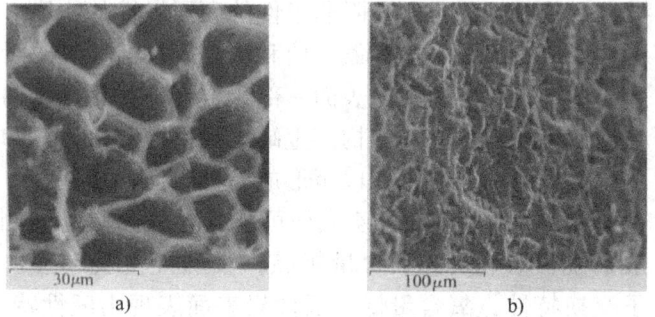

图 3-5 果壳、煤质活性炭的外形图
a）果壳活性炭　b）煤质活性炭

4. 颗粒活性炭的应用

活性炭对气体、溶液中的无机或有机物质及胶体颗粒等都有很强的吸附能力，广泛地应用于环保、化工、食品加工等各个领域，尤其在环境污染治理上已被用于污水处理、大气污染防治等方面。

（1）水处理中的应用

1）在原水、饮用水净化中的应用。原水、饮用水中主要有消毒副产物、含氮化合物以及残留洗涤剂、农药、酚、菌类等污染物。颗粒活性炭最初应用于水处理领域是从去除水中产生嗅味的物质开始的，世界上第一个使用颗粒活性炭的水厂建于美国费城。20 世纪 50 年代初期，西欧和美国的一些以地表水为水源的水厂也开始使用颗粒活性炭来去除水中的色度及嗅味。从此活性炭在水处理行业得到广泛的应用，颗粒活性炭吸附装置在美国、日本等国及欧洲陆续建成投产。随着人们对饮用水安全的重视，研究重点从仅去除水中的嗅味物质转移到去除有机污染物方面。

同济大学的相关研究人员采用颗粒活性炭（GAC）对黄浦江原水和水厂常规工艺处理的出水，进行了吸附去除不同相对分子质量有机物的研究试验。试验结果表明，黄浦江原水及常规工艺出水中的溶解性有机物以小分子为主。吸附初期的活性炭对有机物的去除能力较强，其中对 COD_{Mn} 的去除率大于 83%，对 UV_{254} 的去除率大于 90%；从初期到中期的去除率下降幅度不大，而从中期到后期的变化幅度较大，吸附后期对 COD_{Mn} 和 UV_{254} 的去除率都只有 25% 左右；活性炭吸附的各个阶段对小分子有机物的去除率均较高，而对大分子有机物的去除率则较低。

此外活性炭去除卤素（氟、氯、溴、碘）、酚类、着色物质以及洗涤剂中的活化剂等亦有很好的效果。而对重金属的去除研究见报道的有铬、汞、铅、锑、锡、镍、钴、钛等，处理效果与金属的化学形态和水的 pH 值有关。

粒状活性炭可单独使用，但大多使用组合工艺处理水。颗粒活性炭在给水处理厂中设置的位置如图 3-6 所示。

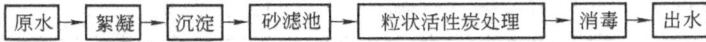

原水 → 絮凝 → 沉淀 → 砂滤池 → 粒状活性炭处理 → 消毒 → 出水

图 3-6　颗粒活性炭在给水处理厂中设置的位置

2）活性炭在废水处理中的应用。现有的研究资料显示，活性炭吸附法处理的废水包括有机废水、印染废水、含油废水、含酚废水、含重金属废水等，均取得了良好的效果。在有机废水处理中，由于活性炭对有机物的吸附能力不同，要针对不同工业有机废水进行工艺设计，在某些情况下，活性炭对混合有机物的吸附量有时比单独组分还要大。有人用烷基苯磺酸盐、壬基苯氧基乙氧基乙醇、二氯二苯三氯甲烷、菸酸、三乙醇胺五种物质的吸附试验进行了验证。除吸附作用外，活性炭还具有催化作用，可去除水中的余氯、氯酚。

对于印染工业，活性炭能有效去除废水中的活性染料、酸性染料、碱性染料、偶氮染料。活性炭在吸附水溶性染料时吸附率高，但不能吸附悬浮固体和不溶性染料。而采用的工艺多是化学法（氧化法、混凝法、电解法）、物理化学法（吸附法、膜技术法）、生物法（投菌法、厌氧—好氧法）等组合工艺。目前国内对多种染料进行活性炭吸附，其中对红色、黑色的染料研究较多，如酸性品红、碱性品红、活性艳红、活性黑、耐晒黑等，普遍的脱色率达 90% 以上。不同染料吸附的平衡时间也不一样，活性炭使一些染料脱色能较快达到平衡，一些则需要较长时间，平衡时间 3 ~ 17h 不等。另外，各种染料的吸附等温线一般都符合 Frendlich 方程，处理后水质接近地表水质标准。

在炼油厂、石化厂污水中，工艺污水或含油废水中污染成分比较复杂，有油、酚、含硫有机化合物、环烷酸等。这些污染物，用活性炭直接处理效果较差，一般先采用混凝沉淀等组合方法进行预处理，再用活性炭吸附或其组合法处理这些污水更有效。炼油厂废水按处理深度可分为二级、三级处理（或深度处理）；按处理方法可分为生化法和非生化法流程。自 20 世纪 70 年代中期以来，国外炼油厂除继续采用传统的二级生化法流程外，还发展了活性炭吸附法三级处理工艺，而且发展很快。到了 20 世纪 80 年代中期，在炼油厂和石化厂废水三级处理中，往往包括活性炭吸附法，特别是臭氧/活性炭组合法应用日渐广泛。我国 1976 年已建成活性炭处理废水的大型装置，并且在多个炼油厂都有应用，废水经处理后一般都达到了地表水标准，可以重复利用。

废水中的某些重金属离子也可采用活性炭吸附去除。如山西某化工厂用酸处理后的活性炭进行含铬污水的处理，研究表明，活性炭改性后，其吸附六价铬的效率可提高 15% 以上；利用活性炭表面氧化物的催化作用和催化剂载体的作用，并以氧气或空气为氧化剂，能使氰和镉的去除率达到 99% 以上；而对于废水中的 Cu^{2+} 的去除，使用的活性炭一般用硫化钠溶液改性，以氢氧化铜和硫化铜沉淀的形式去除 Cu^{2+}；此外采用离子交换法和反渗透法去除水中 Ni^{2+}，特别当活性炭用碱处理后，会增加活性炭对 Ni^{2+} 的吸附量和除 Ni^{2+} 的能力。

在城市污水处理过程中，活性炭吸附法往往作为二级处理和三级处理。在美国，将工业废水和生活污水联合处理是较为普遍的。在日本，对活性炭吸附法处理城市废水进行了大量的试验研究，经活性炭处理后，城市废水处理水色度为 15 ~ 20 度，BOD 去除率约为 60%，也能去除臭氧；城市废水如经充分凝聚、砂滤等前处理后，活性炭吸附效果更好。

（2）废气治理中的应用　活性炭用作气体吸附剂，开始于第一次世界大战的防毒面具。

第一次世界大战结束以后，在欧美各国活性炭的应用逐渐普及到溶剂回收、气体精制和分离中。日本当时由于化学工业落后，活性炭在气相中的应用，于第二次世界大战后才开始。目前活性炭在废气治理中，主要用于烟气脱硫和空气净化等方面。

活性炭脱硫是常用的工业脱硫方法之一。烟气中没有氧和水蒸气存在时，用活性炭吸附 SO_2 仅为物理吸附，吸附量较小；有氧和水蒸气存在时，在物理吸附过程中，还发生化学吸附。这是由于活性炭表面具有催化作用，使吸附的 SO_2 被烟气中的 O_2 氧化为 SO_3，SO_3 再和水蒸气反应生成 H_2SO_4，使其吸附量大大增加，其反应式如下：

$$SO_2 + H_2O + \frac{1}{2}O_2 \rightarrow H_2SO_4$$

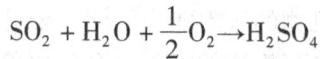

活性炭表面上形成的硫酸存在于活性炭的微孔中，降低其吸附能力，因此需要把存在于微孔中硫酸取出，使活性炭再生。再生方法可分为加热再生和水洗再生。当活性炭采用高温惰性气体再生时，其再生反应过程描述如下：

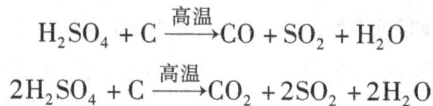

$$H_2SO_4 + C \xrightarrow{\text{高温}} CO + SO_2 + H_2O$$

$$2H_2SO_4 + C \xrightarrow{\text{高温}} CO_2 + 2SO_2 + 2H_2O$$

这种方式具有热解温度低，活性炭消耗量少，解吸出的 SO_2 易于回收且运行操作安全可靠等优点。洗涤再生是通过洗涤活性炭床层，使炭孔内的酸液不断排出，从而恢复炭的催化活性。

活性炭在空气净化中多作为空气净化器中的吸附剂，吸附剂的更换费用和更换后的活性炭处理问题限制了其应用。由于空气净化装置本身没有再生装置，所以当吸附剂吸附有害物质达到饱和时，就需要更换活性炭吸附剂，并且为了防止二次污染也需要对更换下来的活性炭吸附剂进行统一管理和处理。

3.2.2　活性炭纤维吸附材料

1. 活性炭纤维简介

活性炭纤维（Activated Carbon Fiber，ACF）又称纤维状活性炭，是继粉状活性炭（Powdered AC，PAC）和粒状活性炭（Granulated AC，GAC）之后的第 3 种类型的活性炭材料。人们最初将传统的粉状或粒状活性炭吸附在有机纤维上或灌到空心有机纤维里制成纤维状活性炭，但产品性能不够理想。目前应用的 ACF 是将碳纤维（Carbon Fiber，CF）及可炭化纤维（carbonizable fiber）经过物理活化、化学活化或物理化学活化反应后，所制得的具有丰富和发达孔隙结构的功能型碳纤维，其多用作吸附材料、催化剂载体、电极材料等。

活性炭纤维是由 C、H 和 O 三种元素组成的，主要成分是碳。碳原子以类似石墨微晶片层形式存在，约占总数的 60%，含氧官能团（如羟基、醚基）约占 25%，羰基、羧基、酯基约占 10%，此外还有其他形式的官能团以及金属等。

活性炭纤维与传统炭质吸附材料相比，具有独特的化学和物理结构，并且作为一种高效吸附材料，吸附性能比粒状活性炭大大提高。原因在于：

1）纤维直径细，一般为 $10 \sim 13 \mu m$，与吸附质的接触面积大，增加了吸附概率。

2）外表面积大，吸脱速度快，吸附量大，是其他活性炭吸附量的 $1 \sim 10$ 倍。

3）孔径分布窄，且主要以微孔和亚微孔为主，孔径小，可以通过各种手段来调节孔径做成分子筛，达到分离的目的。

4）漏损小，滤阻小，吸附层薄和体密度小，易制作轻而小型化的生产设备。

5）蓄热少，操作安全。

6）强度大，不易粉化，二次污染小，同时纯度高、杂质少，可以用于食品和医疗工业。

7）良好的成形性，可以做成各种形态的吸附剂，如纤维、毡、布、网和纸。

2. 活性炭纤维的制备工艺

活性炭纤维是由原料纤维经预处理、炭化和活化三个阶段制备而成的。

（1）预处理　不同原料纤维预处理的目的和方法不一样。聚丙烯腈和沥青纤维预处理的目的是为了使原料纤维在炭化过程中不熔融变形，保持纤维形状。因此通常采取氧化预处理，使丙烯腈和沥青分子形成梯状聚合物而提高原料纤维的热稳定性。粘胶基纤维预处理的目的是提高原料纤维的热稳定性和控制活化反应特性，以改善活性炭纤维的结构和性能。

（2）炭化　炭化是生产活性炭纤维的重要环节。通常采用热分解反应来排除原料纤维中可挥发的非碳元素。用热缩聚反应使富集的碳原子重新排列成石墨微晶结构，最终生成活性炭纤维。升温速率、炭化温度、炭化时间、炭化气氛和纤维的控制等都影响炭化质量。

（3）活化　制备 ACF 的关键在于活化工艺，活化反应是活性炭纤维生成发达的微孔结构和比表面积的重要工艺过程。而在相同的活化工艺参数下，最终产品的活化效果又取决于所用原料活化的难易程度，因此原料性质和结构不同，会导致具体的生产工艺及参数有所不同，所得产品性能和结构也有各自的特点。原料的活化过程就是在一特定温度下把纤维暴露于氧化介质中进行处理，可分为物理活化和化学活化。无论哪种活化工艺，影响因素主要有四个：活化剂种类、活化温度、活化剂含量、活化时间。活化剂的种类很多，原则上只要可以和碳发生氧化反应的介质就可以作为活化剂。但是，在物理活化时，由于空气与碳反应为放热反应而不易控制，所以通常使用的是水蒸气和二氧化碳（CO_2）或者两者同时使用；活化温度一般为 $600 \sim 1000℃$，$700 \sim 900℃$ 为最佳；活化时间可控制在 $10 \sim 120min$；在相同活化温度和活化气氛下，比表面积和孔径随活化时间的增长而增大，但收率却随之降低。因此如何协调活化收率与活化产品性能，改善生产工艺，仍是 ACF 新品种开发和工业化生产的重点。表 3-2 列出了目前工业化生产不同原料基 ACF 的主要特点。

表 3-2　目前工业化生产不同原料基 ACF 的主要特点

原料	粘胶基	PAN 基	酚醛基	沥青基	PVA 基
化学式	$(C_6H_{10}O_5)_n$	$(C_3H_3N)_n$	$(C_{63}H_{55}O_{11})_n$	$(C_{124}H_{80}NO)_n$	$(C_2H_4O)_n$
理论炭收率（%）	44.4	67.9	76.6	93.1	54.5
工艺特点	原料价格低廉，但收率低，强度低，比表面积在 $1600m^2/g$ 以下，生产工艺较复杂	比表面积在 $1500m^2/g$ 以下，结构中含有 4%~8% 氮，工艺较简单、成熟	原料价格低廉，收率高，比表面积可达 $3000m^2/g$，工艺简单	原料价格低廉，收率高，但强度低，比表面积在 $1800m^2/g$ 左右，杂质多	原料价格低廉，比表面积在 $2500m^2/g$ 以下

目前市场前景看好的炭纤维是沥青炭纤维和聚丙烯腈基（PAN）炭纤维。图 3-7 为沥青基 ACF 的制造工艺流程。

沥青纤维的突出优点是原料价格便宜，碳含量高。最早的原料纤维是煤沥青纤维，后来

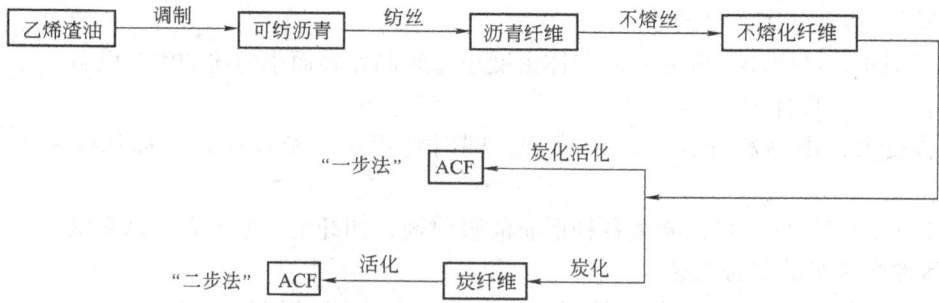

图 3-7   沥青基 ACF 的制造工艺流程

石油沥青基纤维的报道增多，制备工艺的技术关键为：沥青的特殊调制技术，沥青的熔融纺丝技术，沥青纤维的不熔化技术以及不熔化沥青纤维的炭化活化技术。得到的 ACF 和 GAC 的表面形态结构如图 3-8 所示。

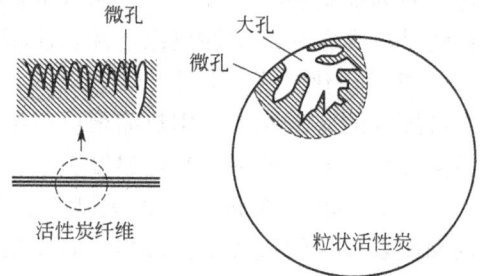

图 3-8   ACF 与 GAC 的表面形态结构示意图

由图 3-8 可见活性炭纤维的微孔都开在纤维细丝表面，因而孔道极短，与粒状活性炭的微孔孔道长度相差 2 ~ 3 个数量级。此外活性炭纤维不但孔隙率大，而且孔径均一，并且绝大多数为特别适合气体吸附的 0.0015 ~ 0.003μm 的小孔和中孔，因而活性炭纤维的吸附、脱附速率要高于粒状活性炭。

3. 活性炭纤维的应用

活性炭纤维因其优异的吸附性能而广泛用于空气净化、废水处理、溶剂回收、贵金属回收等方面。

（1）废水处理   活性炭纤维较一般活性炭吸附量大，因此用其制造的水净化装置净化效率高，且处理量大。采用改性的 ACF 来处理废水中硝基苯类化合物含量可以达到国家一级排放标准，而且再生工艺简单，可以重复使用，加热再生的 ACF 可完全恢复原有吸附性能；而采用粘胶基 ACF 吸附水中苯酚和氯苯酚试验证明了活性炭纤维对酚类废水处理的有效性。研究发现在室温条件下，通过调节水体 pH 可改变对苯酚吸附能力，从而提高吸附效率和活性炭纤维的再生效率，再生后的活性炭纤维吸附率最高可达 90% 以上，有很高的重复使用价值。而吸附氯苯酚饱和后的 ACF 用 NaOH 再生解吸速率快，再生后吸附性能基本不变，这些研究为 ACF 在酚类废水处理中的实际运用提供了理论依据。除此之外，ACF 对重金属离子也有较好的处理效果，且不同于以往的化学物理、微生物方法，通过对最佳吸附时间、pH 等各种条件的进一步摸索和控制，以及对 ACF 性能的改良和更优化的生产工艺，活性炭纤维将成为去除水中金属离子的一种新材料。

（2）饮用水深度处理   近年来由于水质污染日趋严重，用新型的活性炭纤维对饮用水进行深度处理得到了越来越广泛的研究和推广应用。日本东京大学的利用改性 ACF 对地表水源进行处理，对"三致物质"的去除率达 80%，TOC 去除率大于 50%，使用过的 ACF 可以利用碱性物质再生。同济大学在用活性炭纤维深度处理饮用水方面也作了充分的探讨。

（3）废气处理 SO_2 被 ACF 吸附后，在 O_2 存在的情况下被催化氧化为 SO_3，SO_3 再与烟气中的水蒸气作用形成 H_2SO_4。吸附饱和的 ACF 可通过洗脱过程空出吸附部位，进行下一个周期的吸附。如果将 ACF 用 HNO_3-Fe^{3+} 处理后，对 SO_2 和 NO 的处理效果更好。此外 ACF 对硫化氢、氮氧化物、挥发性有机化合物等也有很好的吸附作用。

（4）空气净化　ACF 对多种气体有特殊的吸附、分解能力。如可制成毡、纸、过滤芯等形式用于汽车车厢、客厅等场所的空气净化，去除异味、有害气体以及杂质微粒等。活性炭纤维可制成防毒衣、面罩和口罩等器材，这些对于人们免受有害气体的侵害，保护身体健康有良好的效果。

3.2.3　膨胀石墨吸附材料

1. 膨胀石墨的特点

膨胀石墨是制造柔性石墨的中间产品，是一种新型碳素材料，由天然鳞片石墨经化学或电化学插层处理、水洗、干燥、高温膨化制得。膨化之后的石墨呈蠕虫状，又称膨胀石墨蠕虫。膨胀石墨除了具有石墨的耐高温、耐腐蚀、自润滑等特点外，还具有其他特性：

1）由于天然鳞片石墨沿微晶 C 轴方向膨胀数十倍到数百倍，从而在材料表面和内部形成许多微小的孔，比表面积大大增加，是一种很好的吸附材料。

2）膨胀石墨表面主要表现为非极性，所以疏水亲油，在水中具有选择性吸附特性，对轻质油、重质油具有良好的吸附性。

3）膨胀石墨具有多孔性，且主要以中、大孔为主，可用于废气脱除、催化剂载体等领域。

4）膨胀石墨还具有密度低、质轻的特点，并且耐氧化、耐腐蚀，具有较高的化学稳定性，还可以耐高温、低温，无毒，不会造成环境污染。

2. 膨胀石墨的制备工艺

早在 19 世纪 60 年代初，Brodie 将天然石墨与硫酸和硝酸等化学试剂作用后加热，发现了膨胀石墨。然而百年之后才开始将其应用，众多国家相继展开了膨胀石墨制备工艺的研究和开发，取得了许多重大的科研突破。

制备膨胀石墨的第一步是让天然鳞片石墨与氧化剂发生反应，以消除鳞片石墨层间作用力，其平面大分子因被氧化而带正电荷，边缘相邻层面的碳原子相互排斥，使层间距加大，从而使石墨层间打开。鳞片石墨氧化时可直接利用氧化剂进行化学氧化，也可在电场作用下进行电化学氧化；第二步是加入酸类物质作为插层剂，在石墨层间已经打开的情况下，插层剂分子或离子得以插入层间形成石墨盐，该石墨被称为酸化石墨或可膨胀石墨；第三步是高温膨化，在 1000℃ 左右的瞬间高温处理下，已干燥的石墨层间化合物会快速分解，产生的推动力克服石墨 C 轴方向 C—C 之间较弱的范德华力，使石墨沿 C 轴方向剧烈膨胀即得到膨胀石墨，体积可膨胀为原来的百倍到数百倍。外观如蠕虫状，由许多粘连、叠合的石墨鳞片构成，而片间又有许多蜂窝状的微细孔隙，图 3-9 为膨胀石墨不同孔径尺寸的 SEM 图。制备中选用的鳞片石墨粒度越大，所得膨胀石墨的膨胀率越高。

传统的化学法制备膨胀石墨采用的氧化剂为浓硝酸，插层剂为浓硫酸，反应在 100 ~ 105℃下进行，机理可表示为

$$3nH_2SO_4 + n\,石墨 + n/2[O] \rightarrow n/2H_2O + [石墨^+ \cdot HSO_4^- \cdot 2H_2SO_4]_n$$

此法所得产品中含硫量往往高达 3% ~ 4.5%，严重影响了材料的耐蚀性，直接损害了材料的密封效果；另外使用的都是强酸，甚至有挥发性酸，制备过程中会释放出 SO_2、NO_2 等

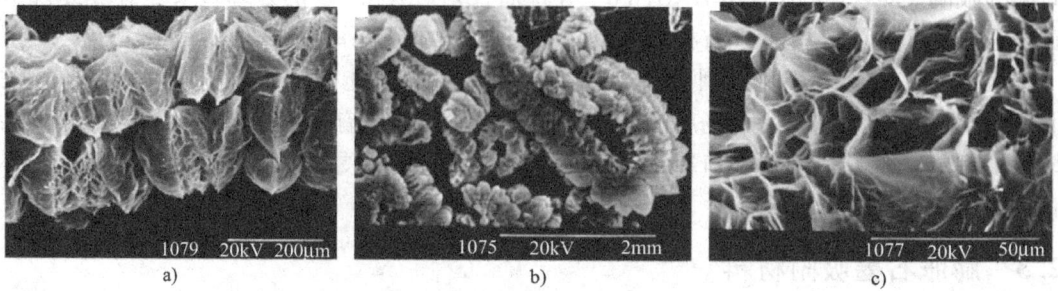

图 3-9   膨胀石墨不同孔径尺寸的 SEM 图

a）蠕虫缠绕空间   b）石墨蠕虫外观结构   c）内部空隙

有毒气体，危害环境，因此着重研究其他类型的氧化剂和插层剂。研究较多的氧化剂有 KM-nO$_4$，（NH$_4$）$_2$S$_2$O$_8$，K$_2$Cr$_2$O$_7$，H$_2$O$_2$等。插层剂有丙酸、草酸、醋酸、乙酐、高氯酸等。并且制备过程中氧化剂和插层剂的用量都应适中，若氧化剂含量较低，对鳞片石墨的氧化能力弱，易使鳞片石墨氧化不够充分，表现为石墨边缘不能完全打开，影响插层剂的插入，进而影响了膨胀容积；如果氧化剂含量过高，则会发生石墨边缘层的过度氧化以至发生卷曲，反而影响了插层的进行，导致膨胀容积下降。

3. 膨胀石墨在环境工程中的应用

（1）油类污染治理   油类污染是海洋污染的主要形式，据联合国环境规划署估计，因海上运输、生产、事故和陆地排放等注入海洋中的油量每年达 10 万 t，严重污染着海洋环境。膨胀石墨作为一种疏松多孔物质，表面具有丰富的网状结构，虽然经过高温膨化，但仍然保留了天然鳞片石墨的非极性性质，因而对各种油具有很好的亲和性。早在 1981 年日本科学家就指出，膨胀石墨可以在水中有选择地除去被吸附的非水溶液，特别是从海上、河流和废水中除去油类及有机成分。几年后以色列科学家进一步的研究成果显示膨胀石墨可制成多种形状（如颗粒状、垫板状、毡状等）从水中吸油，由于膨胀石墨具有疏水亲油的性能，在吸附了大量的油后，结成块状浮在水面而不下沉，便于收集。膨胀石墨吸附重油时，先是重油在膨胀石墨表面的大孔壁上实现单层吸附，进而是多层吸附，并通过互连孔隙的扩散进入内部的大孔进行单层直至多层吸附。因此膨胀石墨对重油的吸附性能远远高于其他吸附剂。

（2）废水治理   膨胀石墨对印染废水、重金属废水、农药废水及有机废水均有较好的处理效果。在印染废水处理中对活性染料、酸性染料及直接染料均有吸附脱色作用，为了保证膨胀石墨在使用时不会破碎变形，研究人员将膨胀石墨加压制成低密度板后用于处理毛纺厂印染废水，静态条件下，色度平均降低 40%。现场应用时，废水中色度平均降低 20%，作为吸附剂处理印染废水具有潜在应用价值；此外膨胀石墨也可用作催化剂载体。采用化学氧化法制备了膨胀石墨负载 TiO$_2$光催化剂，对甲基橙和氯氰菊酯有很强的吸附和降解性能，而金红石型的光催化剂，更有利于敌敌畏的降解。膨胀石墨在处理有机废水和重金属废水方面有很好的降解效果。膨胀石墨对硝基苯的吸附符合一级吸附动力学，属于单分子层吸附。而对含 Cr（Ⅵ）的吸附主要是物理吸附及含氧官能团和 Cr（Ⅵ）形成氢键的结果，但以物理吸附为主。

（3）废气治理　膨胀石墨可以对煤和石油燃烧产生的 SO_2 和 NO_x 等有害气体进行脱除。通过 SO_2 动态柱吸附试验发现膨胀石墨对 SO_2 吸附脱除能力较好；而对 NO_x 的吸附研究表明，单位质量膨胀石墨对 NO_x 的吸附量是活性炭的 4 倍；膨胀石墨对甲醛的吸附以物理吸附为主，吸附量随温度升高而逐渐减小，对甲醛的吸附量比活性炭吸附剂大 3 倍，说明膨胀石墨对甲醛废气具有较好的吸附效果。

3.3　离子交换吸附材料

典型的离子交换反应和典型的吸附过程的区别是非常明显的。以水相为例，虽然它们都是将水中的某种组分固定在离子交换剂或吸附剂上，但前者将交换剂上的相应组分转移（交换）至水相中，而后者只是将水相中的组分通过物理的或化学的作用吸附在吸附剂表面上。但是很多吸附材料除具有吸附功能外，也可发生离子交换过程，因此本节所介绍的离子交换吸附材料集中这两种功能，即吸附兼离子交换。

3.3.1　离子交换分离原理

离子交换吸附材料也属于离子交换剂的范畴，离子交换剂是一种带有可交换离子的不溶性固体物，由固体母体和交换基团两部分组成，交换基团内含有可游离交换的离子（阳离子或阴离子），离子交换反应是可游离交换的离子与水中同性离子间的交换过程。

典型的阳离子交换反应可表示为

$$B^+ + R^- A^+ \rightarrow R^- B^+ + A^+$$

典型的阴离子交换反应可表示为

$$D^- + R^+ C^- \rightarrow R^+ D^- + C^-$$

式中，R 为交换剂的母体；A^+、C^- 为交换剂上所带的可交换离子；B^+、D^- 为废水中待交换的离子。

分子式下的横线表示固相。

1858 年 W·Henneberg 和 F·Stohmann 证实了离子交换反应具有可逆性和等当量交换两个基本特征，反应的可逆性是离子交换剂反复使用的化学基础，交换反应的等当量性可用来测定离子交换剂的交换容量。交换过程电荷传递也呈当量关系，所以交换过程任一瞬间离子交换剂保持电中性。

3.3.2　无机离子交换吸附材料

典型无机离子交换材料（无机吸附剂）大多数是天然的无机物，不仅具有吸附性能，还具有离子交换特性。主要有沸石、膨润土、硅藻土、海泡石等，而应用最为广泛的是凝胶型的硅铝酸盐——沸石。

1. 沸石

18 世纪瑞典矿物学家首次在冰岛玄武岩孔隙内发现一种低密度、软性的白色透明矿物，对这种矿物在进行分析时，它显示出独特的发泡特性，因而被称为"Zeolite"，意为"沸腾的石头"，即"沸石"。沸石种类很多，按生成方式可分为天然沸石和人工合成沸石两大类。迄今为止，已经发现的天然沸石达 40 多种，人工合成沸石已有 100 多种，而且仍不断有新的品种出现。

（1）沸石的结构　沸石是一种呈结晶阴离子型架状结构的多孔硅铝酸盐，其化学通式可表示为

$$M_{n/2} \cdot Al_2O_3 \cdot xSiO_2 \cdot yH_2O$$

式中，M 为碱或碱土金属，称为沸石中的阳离子；n 为其电价；x 为硅铝比；y 为水分子的个数。根据上述元素组成可以认为沸石由 SiO_2、Al_2O_3、H_2O 和碱或碱土金属离子四部分组成，SiO_2 和 Al_2O_3 两种成分占沸石矿物总量的 80%。在不同的沸石矿中硅铝比（Si/Al）不同，且相差较大，最小为 2，最大可达 200。硅铝比值的大小影响沸石的相应性能。构成沸石骨架的基本结构单元是硅氧四面体（SiO_4）和铝氧四面体（AlO_4）。四面体中心是硅或铝原子，周围为四个氧原子，通过四面体顶点的氧原子互相连接，并且按边、角、面的布置，形成一种多微孔、孔结构十分精确的多孔固体，如图 3-10 所示。

沸石根据结构和键的类型可分为纤维状、层状和严格的三维空间结构，常用三维网架结构来代表沸石。沸石以（SiO_4）和（AlO_4）四面体的角顶连接构成四元环、六元环等亚结构单元，它们再以不同的布置方式构成更大的多面体，沸石结构中的环围成的空腔被称作笼。笼有多种类型，如立方体笼（由 6 个四元环组成）和八面沸石笼（由 18 个四元环、4 个六元环和 4 个十二元环组成）等，图 3-11 为沸石三维空间网架四面体交联示意图。

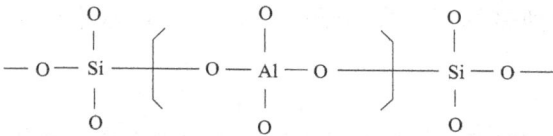

图 3-10　沸石结构平面图

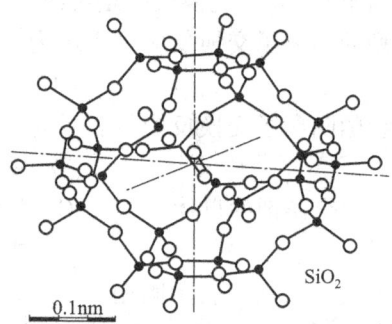

图 3-11　沸石三维空间网架四面体交联示意图

沸石的硅（铝）氧四面体连接的方式不同，沸石结构中便形成很多孔穴和孔道，这些孔道通常为 Na^+、K^+、Ca^{2+}、Mg^{2+} 和水分子所占据，孔容积有时可达沸石体积的 50% 以上，加热可将水除去，而不破坏它们的结构，这种水称为沸石水，脱除水的沸石具有很强的吸附性能。但与活性炭相比，天然沸石的比表面积小得多。

（2）沸石的性质　沸石的性质主要取决于沸石的结构以及其中的水分子和阳离子的性质。

1）阳离子交换性能。沸石的骨架带负电，在其周围分布着 Na^+、Ca^{2+} 等阳离子。沸石浸泡于水中后，水进入沸石孔道，水中的阳离子可以和由沸石离解出的阳离子发生离子交换。所以沸石为天然无机离子交换剂，但沸石的离子交换具有选择性，如丝光沸石阳离子交换顺序为：$Cs^+ > K^+ > Na^+ > Li^+$ 和 $Ba^{2+} > Sr^{2+} > Ca^{2+} > Mg^{2+}$。

2）选择吸附性能。沸石对不同分子的吸引力是不同的，这种现象称为选择吸附性。由于沸石微孔分布均匀，孔径较小，与一般物质的分子尺寸相当，只有比沸石孔径小的分子才

可进入，故具备了选择吸附功能，也称分子筛作用。如沸石对无机物的吸附中，对水的吸附能力最强。而对烃类化合物的吸附中，对芳香族的吸附能力最强，烯烃次之，烷烃最弱。

3）沸石的稳定性。沸石具有坚固的刚性骨架，对较高的温度是稳定的。沸石加热到一定温度时可脱去其中的结晶水，在700℃以下结构保持不变。高硅铝比的沸石具有很强的耐酸性，在一般的酸碱介质中沸石是稳定的，但用高含量强碱或强酸处理后结构完全破坏。

（3）沸石的改性 天然沸石由于硅（铝）氧结构带有负电荷，不能直接去除水中的阴离子污染物，为了满足不同的工业需要，沸石改性是必要的方法之一。沸石的改性主要有以下几种方法：

1）高温焙烧。焙烧温度一般控制在300~580℃之间，焙烧时间为90min或120min，焙烧的目的是清除沸石孔穴和孔道的有机物等。

2）酸处理。盐酸、硫酸等都可用于处理沸石，酸处理的目的是清除沸石孔穴和孔道的SiO_2、Fe_2O_3和有机物质等杂质，从而使孔穴和孔道得到疏通；半径小的H^+置换半径大的Ca^{2+}、Mg^{2+}等阳离子，使孔道的有效空间拓宽；增加吸附活性中心。

3）盐或（和）碱处理。碱处理常用氢氧化钠作为处理剂。盐处理通常采用氯化钠、氯化钾、氯化铵使其中的K^+、Na^+、NH_4^+置换沸石中的Ca^{2+}、Mg^{2+}等。

4）改变硅铝比。沸石的吸附量主要取决于铝原子取代四面体硅的数目，铝原子取代硅的数目越大，对极性分子或离子的吸附能力也就越大。

（4）沸石在环境工程中的应用

1）水处理中的应用。天然沸石的成分不同，吸附性能也各有差异，其共同点是均对水中阳离子（重金属离子和氨离子）具有强烈吸附作用。如用山东胶州沸石破碎过40目筛，以1∶500重量比处理质量浓度为300mg/L的含铬废水，铬去除率达99%以上；用白银产钠型沸石进行去除重金属离子的试验，结果表明交换容量差别较大，交换顺序为$Pb^{2+} > Cu^{2+} > Zn^{2+} > Cd^{2+} > Ni^{2+} > Cr^{3+}$；将天然沸石变为铵型或钠型后，对$Cu^{2+}$和$Zn^{2+}$的吸附交换容量比原样提高十几倍；用氯化钠改型后的白银沸石，除硬交换容量提高近三倍。

沸石对氨氮有着优越的吸附性能和选择性，有研究人员直接向城市污水初沉池出水中投加沸石，结果表明沸石对初沉池出水中的氨氮具有很强的选择性，在交换开始后的10~20min内沸石的氨氮交换容量迅速上升。离子交换顺序为$Cs^+ > Rb^+ > K^+ > NH_4^+ > Sn^{2+} = Ba^{2+} > Ca^{2+} > Na^+ > Fe^{3+} > Al^{3+} > Mg^{2+} > Li^+$，利用沸石的这一特性，将沸石预先改性成$Na^+-Z$沸石，再对水中氨氮进行交换去除，去除反应式如下

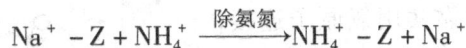

$$Na^+ - Z + NH_4^+ \xrightarrow{除氨氮} NH_4^+ - Z + Na^+$$

研究发现，经过盐热改性后的沸石，表面形貌发生了改变，沸石孔结构得到了充分扩展，微观孔径大小和形状均发生了变化，其脱氮能力提高了37.12%，吸附氨氮的等温线较好地符合Freundlich等温线模型，沸石失活后还可用于改良土壤和增加土壤氮源，达到变废为宝的效果。

沸石对水体中的有机物和磷酸盐也有一定的去除效果。沸石去除有机物主要基于其表面容易吸附氯仿、三氯乙烷、苯胺、苯酚等有机物。不同活化剂影响沸石对有机物的吸附效果，表3-3列出了不同活化剂对沸石吸附苯、氯仿的影响。

表 3-3　不同活化剂对沸石吸附苯、氯仿的影响

活 化 剂	去除率（%）		吸附量/（mg/L）	
白银沸石	苯	氯仿	苯	氯仿
氯化钠溶液	17.10	22.19	7.68	519.6
氯化钙溶液	24.49	8.36	11.09	195.7

钠型沸石的极性大于钙型沸石，因此，钠型沸石易吸附极性大的氯仿，而极性小的钙型沸石易吸附非极性的苯。

近年来，沸石复合材料在水处理中的应用也有研究报道。煤矸石可以和沸石制成沸石—活性炭复合材料，该材料既具有中孔和微孔双重孔结构特征，又兼顾了沸石的亲水性和活性炭的亲油性两种吸附特性，对苯酚的脱除率可高达100%，这为煤矸石的利用开辟了一条新途径；郝长红等人以天然沸石为对照，探讨了天然沸石负载氧化镁对养猪场废水中磷素的净化效果，结果表明：天然沸石负载氧化镁对养猪场废水中磷素的去除率可以高达96.8%，比单独天然沸石处理高出38.5%，天然沸石对磷素的净化机制主要是专性吸附和表面吸附，其中表面吸附机制去除的磷占全部去除磷素的35.4%~45.1%，专性吸附机制去除的磷素占44.5%~50.2%。而改性沸石去除机制主要是化学吸附（沉淀），通过化学吸附（沉淀）去除的磷占全部去除磷素的比重为97.7%~97.9%。

2）废气处理中的应用。采用碱熔融与水热合成方法，以粉煤灰为原料制备了一种类沸石产品，进行了烟气脱硫研究。研究表明制备的沸石对SO_2有明显的吸附效果，最高吸附率达到99%以上，但吸附时间较短，10min后已经穿透；沸石脱除硫酸厂尾气中的SO_2和硝酸厂尾气中的NO_x已被工业化应用，运行数据显示，对NO_x可脱除到小于$10\mu g/L$，沸石可再生使用1000次，寿命达2年。

2. 其他无机离子交换吸附材料

（1）膨润土　膨润土又称斑脱岩、膨土岩、膨胀土，是被人们称为万能土的一种黏土。我国开发使用膨润土的历史悠久，四川仁寿地区数百年前就有露天矿，原来只是作为一种洗涤剂，称为土粉。美国的最早发现就是在怀俄明州的古地层中有黄绿色的黏土，吸水后能膨胀成糊状，后来人们把凡是有这种性质的黏土，统称为膨润土。

1）膨润土的结构、类型及理化特性。

膨润土是以蒙脱石为主要成分的黏土矿物，含量在85%~90%。蒙脱石的结构为由两个硅氧四面体夹一层铝氧八面体组成的2∶1型晶体三明治状结构，组成部分之间靠共用氧原子连接，蒙脱石的一般结构式为$\{(Al_{2-x}Mg_x)[Si_4O_{10}](OH)_2\}$。蒙脱石的晶体结构如图 3-12 所示。由于膨润土晶胞带有负电荷，故具有吸附阳离子的能力，即在膨润土晶胞形成的层状结构间存在Ca^{2+}、Mg^{2+}、Na^+、K^+等阳离子，此阳离子与膨润土晶胞间仅存在静电作用，很不牢固，易被

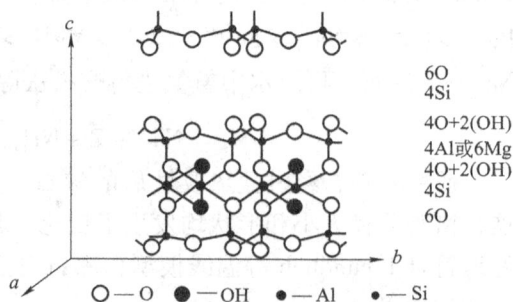

图 3-12　蒙脱石晶体结构

其他阳离子交换。此外，膨润土矿物晶粒细小，具有较大的比表面积；同时由于层间作用力

较弱，在溶剂作用下，可发生层间剥离、膨胀，分离成更薄的单晶片，这又使膨润土具有更大的比表面积，所以膨润土具有较强的吸附能力。膨润土具有各种颜色，如白色、乳黄色、浅灰色等，有油脂光泽、蜡状光泽或土状光泽，呈现贝壳状或锯齿状端口，膨润土矿地表一般松散如土，深部较为致密坚硬，其密度一般为 $2g/cm^3$。

天然膨润土的类型由膨润土层间的阳离子种类决定，层间阳离子为 Na^+ 时称为钠基型膨润土，层间阳离子为 Ca^{2+} 时称为钙基型膨润土，层间阳离子为 H^+ 时称为氢基膨润土（活性白土）。层间阳离子为有机阳离子时成为有机膨润土。钠基型膨润土具有较其他类型膨润土吸附性、悬浮性、膨胀性、粘结性及稳定性高等特点。天然膨润土由于其表面硅氧结构亲水性极强及层间阳离子的水解，使其表面通常蒙上一层薄的水膜，故未经改性的原土吸附有机物的能力较差，而且由于硅氧结构本身带负电荷，故也不能去除水中的阴离子污染物。

为了提高膨润土的污水处理能力，往往对其进行改性处理。膨润土的改性方法可以分为活化改性和添加活化剂改性两类。活化改性的方法有焙烧法、酸活化法、微波活化法、氧化法、氢化以及还原法等，其中焙烧和酸活化法因工艺简单、效果明显而尤为人们所重视。添加活化剂可分为无机改性和有机改性。无机改性一般指加入无机盐活化剂、柱撑改性等；研究较多的有机改性剂是含季胺结构的活化剂、重金属捕集剂等有机物。此外，使用硅烷等偶联剂进行耦合改性、有机-无机复合改性等方式都是近来较受关注的膨润土改性方法，也取得了较大的进展。

膨润土具有以下特性：吸附性——膨润土具有吸附阳离子的特性；离子交换性——蒙脱石中硅氧四面体或铝氧八面体中的 Si^{4+} 离子或 Al^{3+} 离子被其他低价离子取代的晶格置换导致单位晶层中的电荷不平衡，需置换 O^{2-} 来补偿，另一部分静电吸附一些低价的阳离子来维持电荷的平衡，被吸附的阳离子具有交换性；触变性——指胶体溶液在搅拌时切应力下降，而静置后切应力升高的特性；粘结性和可塑性；吸水膨胀性——膨润土能吸附比自身体积大 $8 \sim 15$ 倍的水量；分散悬浮性——膨润土以胶体分散状态存在。

2）膨润土在环境工程中的应用。膨润土或者改性膨润土对重金属的吸附机理主要有两种解释：层间离子交换和表面络合。对未改性膨润土吸附 Pb^{2+} 的机理研究发现，Pb^{2+} 含量较低时，以离子交换为主；Pb^{2+} 含量较高时，则以表面配合作用为主。而膨润土对 Cu^{2+} 的吸附是离子交换和表面络合的共同作用。

膨润土在处理有机废水时，都需要进行改性，这是因为天然膨润土表面的硅氧结构具有较强的亲水性，导致层间阳离子水解，从而天然膨润土吸附有机物的能力较差。改性膨润土不但可以吸附去除水中的污染物而且还可以作为催化剂。如用 $Al(OH)_3$、H_2SO_4 处理的膨润土对废水中酚的最高去除率可达 73.88%；而对阴-阳离子有机膨润土吸附水中硝基苯酚的性能的研究发现，阴阳离子活化剂在膨润土中形成了增溶（分配）作用较强的有机相，在一定的配比下对水中有机污染物产生协同去除反应。

国内外利用膨润土处理废水中氨氮的研究也有报道。如聂锦旭等利用微波强化改性膨润土对废水中的氨氮进行了吸附研究，研究结果表明，在微波辐照功率为 480W，辐照时间为 10min，溶液 pH 为 10，吸附剂用量为 0.4g/L，吸附时间为 20min 条件下，对质量浓度为 100mg/L 氨氮废水的去除率可达 96.8%；许德厦等也研究了改性膨润土对氨氮废水的处理效果。研究结果表明，经过浓度 1% 的氯化钠溶液改性的膨润土，室温条件下处理质量浓度为 160mg/L 的氨氮废水最高去除率可达到 93.78%。

（2）硅藻土

1）硅藻土的结构与性质。硅藻土是一种生物成因的硅质沉积岩，主要由古代硅藻的遗骸（壳体）组成。硅藻在生长繁衍的过程中，吸取水中胶态的二氧化硅，形成由蛋白石构成的硅藻壳，而硅藻土即由 80% ~ 90% 甚至 90% 以上的硅藻壳组成，主要化学成分是 SiO_2，还有少量的 Al_2O_3、Fe_2O_3、CaO、MgO 及一定量的有机质等。不同产地硅藻土中的硅藻可以有许多不同的形状，图 3-13 所示为浙江硅藻土中所发现的几种不同硅藻的表面形貌。

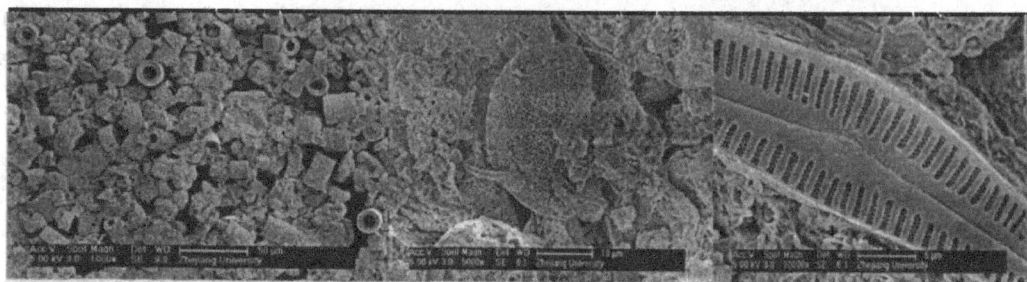

图 3-13　浙江硅藻土中所发现的几种不同硅藻的表面形貌

硅藻土的外形为块状或页岩状，颜色有白色、灰绿色、暗绿色及蓝灰色等，硅藻含量越大、杂质越少，则颜色越白，质越轻，其相对密度一般为 0.4 ~ 0.9。由于硅藻体具有很多的壳体孔洞，使硅藻土具有多孔构造，孔隙度达 90% ~ 92%，吸水性强。硅藻颗粒细小约为 0.001 ~ 0.5mm，不溶于 HCl、H_2SO_4 和 HNO_3，但溶于 HF 和 KOH。由于硅藻土具有很多独特的物化性能，因而在工业上用途较广，它是理想的过滤介质、化工催化剂载体、吸附剂、助滤剂和脱色剂等。

2）硅藻土在环境工程中的应用。形成硅藻土的硅藻壳体具有大量、有序排列的微孔，从而使硅藻土具有很大的比表面积，而且硅藻土的表面及孔内分布有大量的硅羟基。这些硅羟基在水溶液中离解出 H^+，从而使硅藻土颗粒表面表现出一定的负电性，可用于吸附各种金属离子、有机化合物及高分子聚合物等。但城市生活污水或综合废水中的胶体颗粒大多是带负电的，如用纯的硅藻土作为处理剂，只能起到压缩双电层的作用，而无法使胶体颗粒脱稳，处理效果不佳。所以在实际应用中，要对硅藻土进行改性，使其对带负电的胶体颗粒也能脱稳。改性方法有如下几种：用铝、铁等带正电荷的离子对其进行表面改性；加入其他的絮凝剂复合制成改性硅藻土；对其进行酸化、灼烧等处理。

20 世纪 90 年代中期，世界上硅藻土总开采量的 62% ~ 65% 都用于加工过滤材料，其中绝大部分用于制备硅藻土助滤剂。近年来，硅藻土作为吸附剂逐渐得到了更为广泛的应用。表 3-4 列举了一些近年来国内外利用硅藻土对各种污染物吸附方面的研究情况。

表 3-4　近年来国内外利用硅藻土对各种污染物吸附方面的研究情况

改性试剂	吸附对象	吸附效果	研　究　人
—	放射能	降低 2.2Bq/mL	Osmanlioglu（2007）
—	Pb^{2+}、Cu^{2+}、Zn^{2+}	$Pb^{2+} > Cu^{2+} > Zn^{2+}$	Murathan 和 Benli（2005）
聚乙烯亚胺	苯酚	92mg/g	高保娇等（2006）
微波	硫化物	去除率87%	刘景华等（2006）

(续)

改性试剂	吸附对象	吸附效果	研 究 人
NaOH	氟	净化率提高 20%	翁焕新等（2002）
改性硅藻土	生活污水	BOD、COD 去除率 60% 以上，SS 去除率 90% 以上	—
Ca（OH）$_2$	SO$_2$	反应能力提高	Karatepe 等（2004）

（3）海泡石

1）海泡石的结构与性质。海泡石是一种天然纤维状含结晶水层链状镁硅酸盐黏土矿物，属斜方晶系，分子式为 $Mg_8Si_{12}O_{30}(OH)_4 8H_2O(OH_2)_4 \cdot 8H_2O$，具有 2：1 型链状和层状的过渡型结构，是由两层硅氧四面体和夹在中间的一层镁氧八面体及吸附于晶体层间的水化阳离子构成的结构单元。构成硅氧四面体基础的氧，组成间隔约 0.65nm 的连续晶层，而顶角的氧则交替指向这种连续晶层的上下，各四面体顶角所构成的晶层可以靠羟基加以完善。这些晶层按八面体与镁离子配位并相互连接起来，形成由 2：1 的层状结构单元上下层相间排列的与键平行的孔道，水分子和可交换的阳离子就位于其中。海泡石这种特殊结构，使其与膨润土、沸石这些现有的无机载体相比，具有更好的吸附金属离子的性能、更大的比表面积、分散性和更强热稳定性。

海泡石由于成因不同，化学组成有较大差异，一般有两种类型，一种为长纤维状的热液型海泡石即 α-海泡石；另一种为黏土状，但在显微镜下观察仍呈纤维状的沉积型海泡石即 β - 海泡石。热液型纤维状海泡石中 MgO 和 SiO$_2$ 含量高，而 Al$_2$O$_3$ 含量低，为富镁海泡石；沉积型海泡石 Al$_2$O$_3$ 含量高，而 MgO 和 SiO$_2$ 含量低，为富铝海泡石。

海泡石表面有 3 种类型的吸附活性中心，分别是：硅氧四面体中的氧原子——由于这类矿物的四面体中仅存在少量的类质同象代替，氧原子提供弱的电荷，因而它们与吸附物之间的相互作用是微弱的；在边缘与镁离子配位的水分子——它可与吸附物形成氢键；在四面体的外表面——由 Si—O—Si 键破裂产生的 Si—OH 离子团，通过一个质子或一个羟基分子来补偿剩余的电荷。这些 Si—OH 离子团可以同海泡石外表面吸附的分子相作用，并且能与某些有机试剂形成共价键。此外由于海泡石内部活性吸附中心和孔隙度的存在，使海泡石具有很大的负压，其直观表现为很强的吸附性。海泡石还具有阳离子交换性，但其阳离子交换量与其巨大的比表面积相比是很低的，一般每 100g 海泡石干土只有 25～30mg 当量阳离子。海泡石热稳定性能好，耐腐蚀，还具有良好的抗盐性、流变性以及良好的催化性能。

2）海泡石在环境工程中的应用。天然海泡石一般通过加热（烘烧、焙烧）、酸处理和离子交换等方法对其进行改性处理，改性后的海泡石其比表面积大，吸附性能增强，离子交换容量增大，它在脱色和废水吸附方面的功能引起了人们的重视。用 Fe^{3+} 和 Al^{3+} 对海泡石原矿进行改性，得到的材料对活性艳兰模拟染料废水的脱色率达 99%；吸附容量最高可达 58.44mg/g，与同条件下的活性炭及海泡石原矿相比，最高吸附容量分别提高了 3～4 倍和 9～10 倍。以热酸活化过的海泡石对亚甲基蓝、结晶紫和甲基绿 3 种染料吸附过程的研究发现，含量、温度等因素均对海泡石吸附效果有影响。其中温度对吸附过程的影响较小，而染料溶液含量的改变则会对吸附产生很大的影响。进一步的研究发现，亚甲基蓝由于分子体积较小可以进入海泡石内部通道，而大体积的结晶紫和甲基绿的吸附主要发生在海泡石外表面，且一价有机阳离子会在中性位置发生吸附，形成带电或中性复合物。

如用 HCl 溶液浸泡海泡石，并在 420℃ 下烘烤活化后，用于含 Pb^{2+}、Cu^{2+}、Hg^{2+} 等金属离子冶金废水的处理，去除率达 100%。经酸和离子活化的海泡石对工业废水中的微量重金属离子吸附效果好，吸附容量为 $Cd^{2+} > Cu^{2+} > Zn^{2+} > Ni^{2+}$。热活化海泡石对水中有机污染物苯、甲苯和乙苯有较强的吸附性，对含氮化合物中 NH_4^+ 的吸收为 3.5mol/g，去除率达 90%，其中 60% 的氮被转化为无毒物质，用盐酸或硝酸处理的海泡石对丙酮和苯乙烯气体吸附量较大，用酸和热活化的海泡石能吸附废水中的活化剂。

海泡石经煅烧，除去其中的吸附水并使之活化，具有极强的吸附和除臭能力，适于室内空气净化。海泡石对臭气分子有很强的吸附能力，特别是对生物的腐烂味和尸臭味，以及它们的排泄物臭气中的氮茚和丁烷一类气体，具有速效吸附性能。此外，海泡石对氨气也有良好的吸附性，可用作动物饲养场除氨的吸附剂。经 HCl 改性的海泡石对恶臭的吸附能力为 $HCl > Cl_2 > SO_2 > NH_3 > H_2S$，可用于制造毒气吸收器中的高级粘合剂配料，以及放射性废物和毒气的吸附剂。

3.3.3 高分子吸附材料

高分子吸附材料不仅能通过离子交换选择性吸附分离物质，有机离子交换材料还具有整合、阴离子与阳离子间的电荷相互作用、化学键合、范德华引力、偶极-偶极相互作用等吸附作用。最常见的高分子吸附材料包括离子交换树脂和吸附树脂。

1. 离子交换树脂

离子交换树脂是一类具有离子交换特性的有机高分子聚合电解质，是一种疏松的、具有多孔结构的固体球形颗粒，主要有强酸阳离子交换树脂、弱酸阳离子交换树脂、强碱阴离子交换树脂、弱碱阴离子交换树脂、螯合树脂和大孔吸附树脂等。其中，螯合树脂和大孔吸附树脂是在离子交换树脂的基础上发展起来的吸附树脂。

（1）离子交换树脂的分类和选择性　高分子离子交换树脂的品种很多，按功能基类别可分为两大类：可与溶液中的阳离子进行交换反应的称阳离子交换树脂，其中的阳离子包括氢离子及金属阳离子；可与溶液中的阴离子进行交换反应的称阴离子交换树脂。根据离子解离程度的不同，离子交换树脂又分为强酸性、弱酸性、强碱性、弱碱性。

1）强酸性阳离子交换树脂。含有磺酸基（$-SO_3H$、$-CH_2SO_3H$）的树脂为强酸性阳离子交换树脂。这种树脂容易电离，若以 R 代表树脂的骨架部分，其结构式可写为 $R-SO_3H$，水中电离式为

$$R-SO_3H \Leftrightarrow R-SO_3^- + H^+$$

电离后水溶液的酸性与强酸 HCl、H_2SO_4 接近。在常温下，低含量时，强酸性阳离子交换树脂对各种离子的亲和力为 $Fe^{3+} > Cr^{3+} > Al^{3+} > Ca^{2+} > Mg^{2+} > K^+ = NH_4^+ > Na^+ > Li^+$。

2）中酸性及弱酸性阳离子交换树脂。阳离子交换树脂中含有羧酸基（$-COOH$）、磷酸基（$-PO_3H_2$）、酚基（$-C_6H_4OH$）时因其离解度小于强酸性阳离子交换树脂而称为中酸性（含磷酸基）、弱酸性（含羧酸基）阳离子交换树脂。该类树脂对各类离子的亲和力为 $H^+ > Fe^{3+} > Cr^{3+} > Al^{3+} > Ca^{2+} > Mg^{2+} > K^+ = NH_4^+ > Na^+ > Li^+$。

含羧酸基的弱酸型树脂用途最广，它仅能在接近中性和碱性介质中解离而显示离子交换功能。弱酸性阳离子交换树脂的特点是具有高的交换容量、容易再生以及对二价金属离子具

有较好的选择性。

3）强碱性阴离子交换树脂。强碱性阴离子交换树脂中的交换基团为季胺基（—N$^+$R）和季锍基（S$^+$），常温下强碱性阴离子树脂在稀溶液中离子选择性次序为 $Cr_2O_7^{2-} > SO_4^{2-} > CrO_4^{2-} > NO_3^- > Cl^- > OH^- > F^- > HCO_3^- > HSiO_3^-$。

强碱性阴离子树脂中胺基化学稳定性较差，季胺基氧化后可变为叔胺基，甚至最后可变为无碱性物质。强碱性阴离子树脂上的 OH$^-$ 离子极易电离，故对水中弱酸根如 HCO$_3^-$ 及 HSiO$_3^-$ 有强的交换能力。

4）弱碱性阴离子交换树脂。树脂中的交换基团为伯胺基（—NH$_2$）、仲胺基（—NHR）、叔胺基（—NR$_2$）时均为弱碱性阴离子交换树脂。常见的有苯乙烯、丙烯酸和酚醛三种阴离子树脂，弱碱性阴离子交换树脂对 OH$^-$ 离子亲和力强、选择性高，对离子的亲和力为 $OH^- > Cr_2O_7^{2-} > SO_4^{2-} > CrO_4^{2-} > NO_3^- > Cl^- > HCO_3^-$。

这类树脂的交换基团容易受到氧化而使碱性下降，不耐碱，并且耐热性较差。

（2）离子交换树脂在水处理中的应用

1）除硬。离子交换法可将水中的 Ca^{2+}、Mg^{2+} 除去，使水软化，因此实质是一种化学脱盐法。水的软化通常采用 Na 型阳离子交换树脂，当原水通过 Na 型阳离子交换树脂柱时，水中的 Ca^{2+}、Mg^{2+} 等离子与树脂上的 Na$^+$ 进行交换而保留在树脂上，从而将 Ca^{2+}、Mg^{2+} 等离子从水中除去，使水得到软化，交换反应为

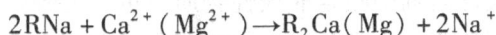

$$2RNa + Ca^{2+}(Mg^{2+}) \rightarrow R_2Ca(Mg) + 2Na^+$$

软化水系统一般以减少水中的钙镁离子的含量为主，有些软化系统还可以去掉水中的碳酸盐，甚至可以降低水中的阴阳离子的含量。

2）脱盐。用离子交换树脂除去水中的盐，可以将阳离子树脂和阴离子树脂分开，也可以阴阳混合使用。前者称为复床，后者称为混床。除盐过程将原水依次通过阳离子交换床（简称阳床）和阴离子交换床（简称阴床）。通过阳床时交换出等量的 H$^+$，通过阴床时交换出等当量的 OH$^-$ 离子。两个过程反应式为

$$nRH + M^{n+} \rightarrow R_nM + nH^+$$
$$nROH + A^{n-} \rightarrow R_nA + nOH^-$$
$$nH^+ + nOH^- \rightarrow nH_2O$$

在除盐过程中若需要彻底除盐，采用强酸性及强碱性树脂，需要部分除盐可以强弱搭配。

3）废水处理。利用离子交换树脂对废水中阴阳离子的选择性交换作用来处理废水的方法，不仅树脂可以回收，而且操作简单、工艺条件成熟，目前在废水处理方面得到了大量应用。

离子交换树脂处理贵金属废水，如含银或含金电镀漂洗水时，金或银可完全回收；处理含铬、镍、锌、铜、氰废水后，还可以使部分水循环利用；处理含铬废水时为防止金属离子对树脂的氧化，应选用化学性质稳定、耐氧化的强碱性阴离子树脂；处理含汞废水时失效后的树脂不再回收，作为汞废渣回收汞，防止了二次污染。

目前处理的有机废水有：含酚废水、造纸废水、农药废水、印染废水及其他有机废水。离子交换树脂主要除去有机废水中的酸性或碱性的有机物质，如酚、酸、胺等离子，这些有机物均可电离，如苯酚可离解为 H$^+$ 和苯氧负离子，某染料化工厂利用离子交换树脂对高含

量含酚废水进行试验，结果显示，对酚的吸附量在 600mg/g，酚回收率达 96%。

2. 吸附树脂

吸附树脂以吸附为特点，是具有多孔立体结构的树脂吸附剂。它是最近几年高分子领域里新发展起来的一种多孔性树脂，可分为大孔吸附树脂、螯合树脂和螯合纤维，其中应用比较广泛的是大孔吸附树脂。大孔吸附树脂因其内部具有三维空间立体孔结构，孔径与比表面积都比较大而得名。一般为白色球状颗粒，粒度为 20～60 目，内部呈交联网络结构的高分子珠状体，具有优良的孔结构和很大的比表面积，通过范德华引力可从水中吸附有机溶质，实现废水中有机物的富集和分离。

（1）大孔吸附树脂的制备、类型和性能

1）制备。在高分子化合物合成过程中加入致孔剂，控制反应条件可以制成具有一定孔径、孔容、比表面积和特定表面化学结构的树脂。合成吸附树脂单体有苯乙烯、甲基丙烯酸甲酯，交联剂为二烯苯，单体和交联剂经过共聚而成。致孔剂有汽油、苯、石蜡等不含双键、不参与共聚、能溶于单体、可使共聚物溶胀或沉淀的物质，聚合完成后存在于共聚物中的致孔剂经蒸馏或溶剂萃取而除去，从而得到多孔结构。

2）类型。吸附树脂按其极性大小和所选用的单体分子结构不同，大孔吸附树脂可分为非极性、中等极性和极性三类：非极性大孔吸附树脂——由偶极矩很小的单体聚合制得，该树脂孔表面疏水性较强。可通过与小分子内疏水部分的作用吸附溶液中的有机物，主要是物理结构起作用，最适于由极性溶剂中吸附非极性物质，也称为芳香族吸附剂；中等极性大孔吸附树脂——含酯基的吸附树脂，以多功能团的甲基丙烯酸酯作为交联剂，其表面疏水部分和亲水部分共存，既可由极性溶剂中吸附非极性物质，又可由非极性溶剂中吸附极性物质，也称为脂肪族吸附剂；极性大孔吸附树脂——含酰胺基、氰基、酚羟基等极性功能基的吸附树脂，它们通过静电相互作用和氢键作用等进行吸附，适用于从非极性溶剂中吸附极性物质，如丙烯酰胺。

3）性能。吸附性能主要取决于吸附材料表面的化学性质、比表面积和孔径。由于大孔树脂的基质是合成的高分子化合物，因此通过选择各种适当的单体、致孔剂和交联剂，根据需要对孔结构进行调整，同时还可以通过化学修饰改变树脂表面的化学状态；吸附树脂耐热、耐化学药剂、不发生氧化还原、不溶于水、不溶于有机溶剂、力学强度高、使用寿命长；吸附树脂失效后再生比较容易，根据吸附质的性质，选用有机溶剂或酸、碱即可达到解吸的目的。

（2）大孔吸附树脂在环境工程中的应用　吸附树脂在水处理中应用广泛，可以从废水中回收有用物质，具有良好的环境效益和经济效益。含酚废水经树脂吸附后，一般可达到或接近排放标准，酚类吸附率通常大于 99%，COD 也可明显降低。常用稀酸、稀碱、有机溶剂作为脱附剂，脱附率大于 95%，不产生二次污染；采用超高交联吸附树脂处理芳香两性化合物对氨基苯甲酸（PABA）生产废水，COD 去除率达 88% 以上，树脂脱附性能良好；利用 ZH-01 吸附树脂对氯酚生产废水的吸附研究发现，废水中氯酚类化合物平均去除率达92.3%，COD 平均去除率达 91.0%，树脂经碱液脱附可重复利用并回收了高含量的氯酚类化合物。树脂有较高的耐氧化、耐酸碱、耐有机溶剂的性能，可在低于 150℃ 的温度下长期使用，正常情况下，树脂的年耗损率小于 5%。

大孔树脂还可以分离、富集贵金属，如 NKA—9 大孔树脂在稀盐酸或稀王水介质中，对Au（Ⅲ）具有强烈的吸附作用。

3.4　生物吸附材料

生物吸附是指物质通过共价、静电或分子力的作用吸附在生物体表面的现象。如大气中的尘埃、细菌、重金属等能被吸附在植物叶片上；水体中的颗粒物及一些污染物也能被水草、藻类及鱼贝类所吸附。吸附作用与表面积有关，微细的细菌、藻类等相对表面积越大，其吸附能力越强。能够吸附重金属及其他污染物的生物材料称为生物吸附材料。

通常所说的生物吸附仅指非活性微生物的生物吸附作用，而活性微生物、生物具有的去除金属离子的作用一般称为生物积累。因此，当利用活体生物作吸附剂时，新陈代谢作用和物质的主动运输过程不属于生物吸附过程。与传统的吸附剂相比，生物吸附具有以下主要特征：适应性广，能在不同 pH、温度条件下操作；选择性高，能从溶液中吸附重金属离子，而不受碱金属离子的干扰；金属离子质量浓度影响小，在低质量浓度（小于 $10mg \cdot L^{-1}$）和高质量浓度（大于 $100mg \cdot L^{-1}$）下都有良好的金属吸附能力；对有机物耐受性好，有机物污染不影响金属离子的吸附；再生能力强、步骤简单，再生后吸附能力无明显降低。

3.4.1　生物吸附机理

生物体吸收金属离子的过程主要有两个阶段，第一个阶段是金属离子在细胞表面的吸附，即细胞外多聚物、细胞壁上的官能基团与金属离子结合的被动吸附；另一阶段是活体细胞的主动吸附，即细胞表面吸附的金属离子与细胞表面的某些酶相结合而转移至细胞内，它包括传输和沉积。由于细胞本身结构组成的复杂性，目前吸附机理还没有形成完整的理论。

（1）离子交换机理　细胞壁与金属离子的交换机理即在细胞吸附重金属离子的同时，伴随有其他阳离子的释放。

（2）表面配合机理　当生物体暴露在金属溶液中时，首先与金属离子接触的是细胞壁，细胞壁的化学组成和结构决定着金属离子与它的相互作用特性。生物体细胞表面的主要官能团有羧基、磷酰基、羟基、硫酸酯基、氨基和酰胺基等，其中氮、氧、磷、硫可作为配位原子与金属离子配合。

（3）氧化还原及无机微沉淀机理　变价金属离子在具有还原能力的生物体上吸附，有可能发生氧化还原反应。如硫酸盐还原菌（SRB）在厌氧条件下产生的 H_2S 能和金属离子 Zn^{2+}、Cd^{2+}、Pb^{2+} 和 Cu^{2+} 等反应生成金属硫化物沉淀而除去。

（4）酶促机理　非活性和活性的生物都能吸附重金属，活性生物细胞对金属的吸附与细胞上某种酶的活性有关。如啤酒酵母中的磷酸酶能够将溶液中的重金属离子运输进细胞内，液泡是细胞内金属积累的主要场所。

一般来说，金属的生物吸附是以许多金属结合机理为基础的。这些机理可以单独起作用，也可以与其他机理结合在一起起作用，这取决于过程条件和环境。

3.4.2　生物吸附剂的种类

生物吸附剂的种类见表 3-5。

表 3-5　生物吸附剂的种类

种　　类	生物吸附剂
有机物	纤维素、淀粉、壳聚糖等
细菌	枯草芽孢杆菌、地衣型芽孢杆菌、氰基菌、生枝动胶菌等
酵母	啤酒酵母、假丝酵母、产朊酵母等
真菌	黄曲霉、米曲霉、产黄青霉、白腐真菌、芽枝霉、微黑根霉、毛霉等
藻类	绿藻、红藻、褐藻、鱼腥藻、墨角藻、小球藻、岩衣藻、马尾藻、海带等
动植物碎片	螃蟹壳、金钟柏、红树叶碎屑、稻壳、花生壳粉、番木瓜树木屑
植物系统	苎麻、红树、加拿大杨、大麦、香蒲、凤眼莲、芦苇和池杉等

目前研究比较多的生物吸附剂是细菌、真菌和藻类。

1. 细菌吸附剂

细菌是地球上最丰富的微生物，尺寸小、普遍存在、对环境适应能力强，可用来作为生物吸附剂。早在 20 世纪 80 年代，人们就发现微生物能吸附高含量金属。海水中有些微生物吸附 Pb 和 Cd 的含量比周围海水环境高 1.7×10^5 倍、1.0×10^5 倍，已报道的可以吸附重金属的细菌包括枯草芽孢杆菌等都是较广泛的生物吸附材料。细菌及其产物对金属离子有很强的配合能力。细胞壁带有负电荷，使得细菌表面具有阴离子的性质，金属离子能够与细胞表面结构上的羧基阴离子和磷酸阴离子发生相互作用而被固定，因而金属很容易结合到细胞的表面。不同的细菌种类、不同类型的重金属离子，生物吸附量一般从几毫克到几百毫克不等，差别较大。

2. 真菌吸附剂

在重金属生物吸附中，丝状真菌和酵母菌由于其菌丝体粗大、吸附后易于分离、吸附量大等特点受到了普遍关注。真菌能够吸附和积累重金属，这一特征既有以代谢为目的的主动金属离子吸附，也有由细胞及其组成成分的化学补偿而引起的被动吸附和结合。丝状真菌和酵母菌容易利用不复杂的发酵技术在廉价的生长基质上培养。真菌易于生长、产量高、较容易进行基因操作和改造；酵母菌广泛用于食品和酿造工业，易于大量廉价地获得这些生物材料来制备生物吸附剂。使用真菌生物吸附剂从工业废水中除去重金属离子，一方面可以脱除工业废水的毒性。而另一方面吸附的贵金属可以回收和再生，能补偿水处理过程的费用。而且很多菌体，特别是真菌生物吸附剂是很多大规模发酵工业中不需要的副产物，如果能从中选择出具有生物吸附性能的菌体，就可使这些菌体副产品得到很好的利用。在真菌吸附剂中，酿酒酵母对 Pb、Hg 和放射性核素 U 的吸附量较高，在竞争吸附中占优势，受干扰小；而对 Co 的吸附量较低。丝状真菌，如青霉菌（*Penicillium*）可以吸附多种重金属离子，如 Pb、Cu、Zn、Cd、Ni、Cr、Hg、U、Th 等。

3. 藻类吸附剂

海藻是一类天然的、光合自养生物，大多数情况下，对许多重金属具有良好的生物富集能力，常被用来指示水体、生态系统及营养条件的变化。不管是海洋微藻还是大型海藻都可以吸附多种金属离子，如 Co、Cd、Ag、Cu、Zn、Mn、Pb、Au 等，而且吸附量往往很高。

Romera 等对 37 种藻类（20 种褐藻、9 种红藻、8 种绿藻）的生物吸附情况进行了综述。认为与细菌、真菌吸附重金属的情况相比，藻类的生物吸附研究相对较少，而三大藻类中（红藻、绿藻、褐藻），褐藻的吸附量较高。

早期的研究表明在吸附和积累重金属离子方面，死藻菌体比活细胞和组织更有效，并且使用死海藻从水溶液中回收金属有两个主要的优点：

1）死海藻可以在通常对活海藻有毒的条件下回收金属离子。

2）通常在硬水或咸水中存在的 Ca^{2+}、Mg^{2+}、Na^+ 和 K^+ 离子与死海藻的结合力很小，因此这些离子对其他重金属离子的结合没有太大的干扰。

4. 其他生物吸附剂

（1）富含丹宁酸的废物　富含丹宁酸的物质主要有树皮、花生皮和锯末等废物，丹宁酸中多羟基酚是吸附的活性组分。当金属阳离子取代相邻的羟基酚时，离子交换作用发生，并形成螯合物。已有学者把一些富含丹宁酸的农业副产品用作金属吸附剂。但是研究表明，一些化学预处理（如甲醛、酸、碱处理）可以消除有色化合物的浸渍而不会显著影响其吸附能力。虽然预处理会增加成本，但通过预处理控制颜色还是有必要的。还有研究人员把坚果、胡桃壳、废弃的茶叶、咖啡与活性炭进行了对比，并发现含丹宁酸的物质的吸附能力仅比活性炭稍弱一点。

（2）木质素　木质素是从造纸厂黑液中提取出来的，它的成本比活性炭低约 20 倍。研究了木质素对 Pb 和 Zn 的吸附，发现在 30℃ 时对 Pb 的吸附能力为 1587mg/g，40℃ 时为 1865mg/g。木质素的强吸附能力在一定程度上归于多元酚和其他表面官能团，离子交换也有一定的作用。

（3）甲壳质　甲壳质是几丁质的脱乙酰衍生物。几丁质存在于甲壳动物的外壳和真菌细胞壁中（像虾壳和蟹壳），在自然界中的丰度仅次于植物纤维，它是海产品加工的废物，因此几丁质数量丰富而且价格低廉。几丁质具有较强的重金属吸附能力，甲壳质在脱乙酰过程中自由氨基裸露，使得它吸附重金属的能力比几丁质的吸附能力高 56 倍。

3.4.3　生物吸附剂的制备

生物吸附剂的原材料主要包括细菌、真菌、酵母菌和藻类等，就处理效果而言，酵母、曲霉、青霉和毛霉属等几个属的微生物是极具前景的生物吸附剂原料，这些属既有高度吸附专一性的菌株，又有吸附广泛性的菌株。生物吸附剂制备使用的菌体有两种形式：一是活细胞体系；二是无代谢活性的、无生命的材料。使用活细胞体系在某些废水的金属回收系统中有一定的应用。但是废水成分复杂，并且重金属废水中存在的一些有毒的物质（像重金属本身）阻碍了活细胞体系的应用，因此使用无生物活性体系更具有优势。但天然的菌体力学强度低、密度小、颗粒小，吸附重金属后，必须使用过滤、沉淀或离心的方法从溶液中分离菌体，这样的使用成本很高。因此要把菌体的形式改变，使其强度、密度、颗粒加大，更适宜工业应用。一般在生物吸附剂制备过程中都要对其进行预处理和固定化。

1. 预处理

微生物菌体可以直接用于生物吸附剂的生产，但吸附剂表面经过物理或化学处理，可以提高吸附剂对重金属的吸附能力。物理方法包括加热或煮沸、冷冻干燥、高压灭菌等，化学方法是利用各种无机或有机物质进行处理，如酸、碱、甲醇、甲醛等。对吸附剂进行预处理的主要目的是：使吸附剂表面去质子化，活化吸附点位；改善吸附剂化学性能。未处理的芽孢杆菌菌体的金属吸附能力是每克菌吸附银 11.4mg、吸附铜 9.2mg，用碱处理后，相应的金属吸附力增加到了吸附银 86.7mg，而铜达到了 79.2mg。出现这种情况有几方面原因：

1）碱处理将菌体羟基化。使细胞壁上的 H^+ 解离下来，导致负电性官能团增多，吸附量也会增大。

2）去除了脂肪和其他遮盖活性点的细胞成分，使络合作用更突出，因此吸附金属的活性量增加。

2. 固定化

菌体强度、密度小，在污水处理过程中为了使用方便和安全，要将其固定化或颗粒化。具体固定化的方法见第 5 章内容。

3.4.4　生物吸附工艺

研究人员对吸附动力学进行了研究，发现生物吸附剂对重金属的吸附速率很快，几秒或几分钟内即可以达到理想的吸附量。因此采用的吸附工艺主要是固—液接触式反应器。具体有以下几种类型。

1. 间歇搅拌式反应器

在间歇反应器中，生物吸附剂与含重金属的废水首先在反应罐中混合形成悬浮液，当吸附结束时，悬浮液进入过滤器进行固液分离，得到的固体吸附剂进行再生处理，滤液进入回收槽后进一步净化处理。在这种反应器中要注意吸附剂与重金属充分接触，才能有效去除重金属。因此搅拌形式、反应器的尺寸非常重要，工艺流程如图 3-14 所示。

2. 连续搅拌式反应器

该工艺是在间歇反应器的基础上改进而成的。含重金属的废水和吸附剂均连续进入反应器中，经混合后形成悬浮液，在适宜的运行条件下，吸附反应结束，悬浮液经过滤器将吸附剂和废水进行分离，要求在进水和出水的这个时间段内完成吸附。工艺流程如图 3-15 所示。

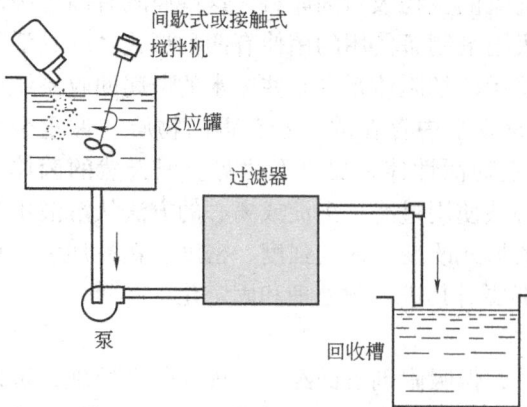

图 3-14　间歇搅拌式反应器

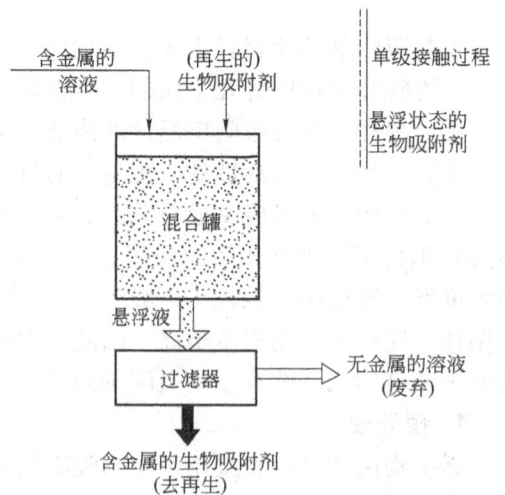

图 3-15　连续搅拌式反应器

3. 固定床式反应器

固定床式反应器中，颗粒状的吸附剂以固体床层方式填充于反应器中，含重金属的废水自上而下缓慢通过床层。为了保证床层的水流状态和吸附效率，吸附剂的粒径大小要适中，粗径过大会降低容积负荷（单位体积吸附剂的有效比表面积），粒径过小容易产生堵塞而影响运行。所以粒径以 1～3mm 较适宜。通常情况下使用两个以上反应器并联运行，交替进行吸附和再生操作。工艺流程如图 3-16 所示。

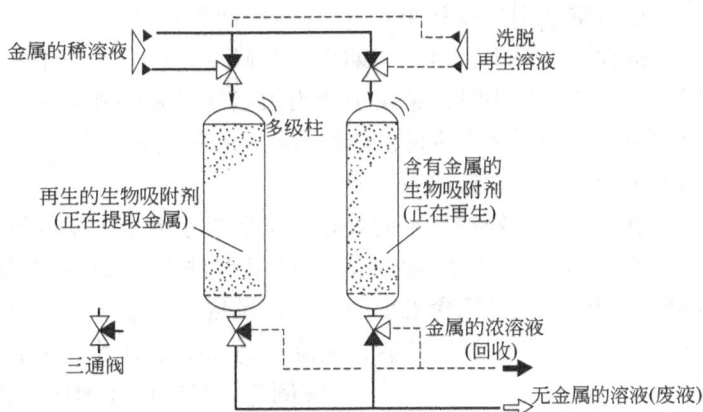

图 3-16　固定床式反应器

4. 脉冲接触式反应器

脉冲接触式反应器是指在适宜的进水水力负荷条件下，吸附达到饱和的生物吸附剂能够及时地从反应器进入再生系统，新鲜的吸附剂同时从脉冲槽中快速补充，反应器的吸附剂采取"吸附—排空—补充"的方式周期运行。在单元反应器中达到饱和的吸附剂得到有效再生的同时，整个吸附工艺仍处于连续稳定的运行状态。各种吸附工艺流程如图 3-17 所示。

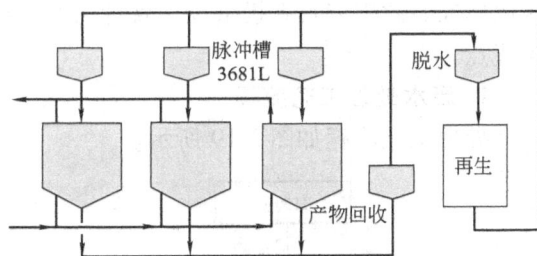

图 3-17　脉冲接触式反应器

【案例】

案例一　吸附法处理含汞废水

活性炭可用于去除含汞的重金属废水。图 3-18 所示为某厂吸附法处理含汞废水工艺流程。

废水经 Na_2S 化学沉淀和 $FeSO_4$ 混凝处理后，仍含有金属汞及其化合物（如 $HgCl_2$），含汞量为 1～2mg/L，达不到的排放标准，需经活性炭进一步吸附处理，吸附处理部分由三个池子组成。

图 3-18　吸附法处理含汞废水工艺流程

（1）沉淀池　其作用是调节水量、水质，同时将水中杂质、砂及在反应中形成的沉淀物沉降分离，沉淀池体积为 1～2d 的废水总量。

（2）吸附池　共 2 个，各可容纳 2～3d 废水（约 40t），池内放置活性炭，废水加入 I 号池到 40t 后，用 3～4 个大气压的压缩空气搅拌 30min，然后静置 2h，取样测定，若含汞量小于 0.05mg/L，则直接排放，否则进入 II 号池进一步吸附处理。一般经 2～3 次吸附处理即

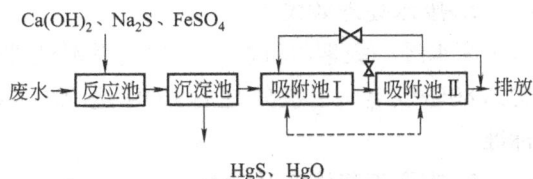

可达到排放标准，第一个池子可以吸附95%以上的汞。

压缩空气用量按 $0.4m^3/m^2$（池底面积）计。

活性炭的再生：再生周期由试验确定，该厂为一年。将待活化的活性炭置于活化炉，在1000℃时加热半小时，金属汞变为汞蒸气（汞的沸点为357℃），汞化合物也分解成汞蒸气，Cl_2等再导入冷凝系统回收，有一部分汞在气相中重新结合成氯化汞可进入水封系统回收，然后再加入铁屑置换出汞。

利用活性炭处理废水的处理效果取决于废水中汞的形态和含量、活性炭的种类和用量以及活性炭和废水的接触时间。使用该法处理高含汞量的废水，可得到很高的去除率（85%~99%），对低含汞量的废水，虽然去除率不高，但可得到含汞量很低的出水。如进水含汞 $5 \sim 10\mu g/L$，经处理后，去除率为80%，出水含汞仅为 $2\mu g/L$。

案例二 吸附法处理印染废水

某印染厂是以生产印染棉布、针织品和棉线为主的印染厂。产生的废水中含有染料、助剂和酸碱等。色度为 500~600 倍，pH 变化大，COD 平均为 800~900mg/L，排水量为 $80m^3/d$。近年来，该厂曾对此废水的处理进行多次调研，经过多次试验后确定，采用两级絮凝沉淀——炉渣吸附法处理印染废水。实际运行表明：处理后出水和色度符合国家规定的排放标准。此工艺具有投资少、管理简便、操作维护方便、设施紧凑、成本低、处理效果好等优点。

1. 废水处理工艺流程

处理工艺流程如图3-19所示。

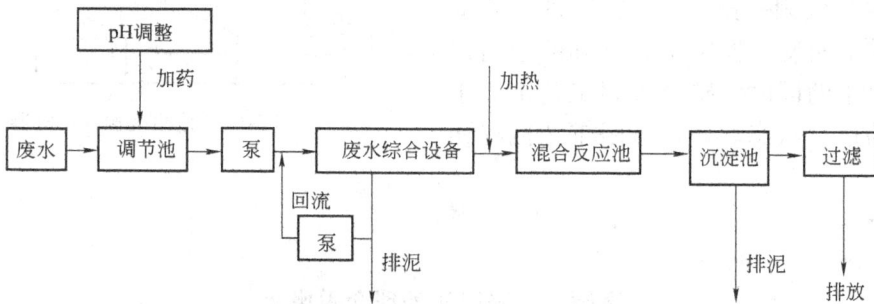

图 3-19 废水处理工艺流程

2. 废水处理效果

废水经一级絮凝沉淀——炉渣吸附处理后的 COD 去除率平均达 65%~75%，脱色率平均达80%以上。二级处理后 COD 达 90~140mg/L，水质无色透明，符合国家规定的排放标准。

3. 主要工艺设备及参数

调节池：调节池规格为 $8m \times 4.2m \times 2.8m$，有效容积为 $80m^3$，调节池的进水采用沿程多点进水，停留时间为24h。

一体化处理设备：该设备为自行研制，集自动加药、混合、反应、絮凝沉淀、吸附、过滤、污泥回流为一体的处理设备。

1）反应室：废水进入设备主体的折板反应室，尺寸为 $1.5m \times 1.6m \times 0.3m$，反应8~

12min 后，废水中形成的大量絮体在反应室下部开始沉降，将废水导入沉淀室。

2）沉淀室：结构尺寸为 2m×1.6m×3m，采用斜板沉降，斜板垂直，间距为 0.12m，斜长为 1.2m，倾角为 60°，表面负荷 1.5~2.5m³/(m²·h)，斜板上部水深 0.5m，下部水深 0.7m，穿孔管排泥，穿孔小于 20mm，集水槽保证集水均匀。

3）炉渣吸附室：吸附剂采用粒径为 5~10mm 的炉渣，厚度为 0.7m，设计充分利用斜板后部出水区作为吸附室，废水与炉渣层接触时间为 5~7min，滤速为 5~8m/h，清水反冲，炉渣更换期为 3~5 个月。

4）药剂的投加：提升泵与加药装置均安装流量计，采取对应加药，一般情况下，每 1t 废水加药 1~1.5kg。

二级絮凝—吸附设备：

1）絮凝混合设备：采用直径小于 0.8m、高 0.5m 的圆形自动旋流混合器。

2）絮凝反应沉淀池：采用三折式絮凝反应沉淀池，其尺寸为 2.5m×1.2m×1.5m，停留时间为 40~50min。

3）炉渣吸附池：规格为 4m×3.5m×0.8m，炉渣添加量为 5m³，炉渣直径 $d_{max}=3cm$，$d_{min}=0.5cm$。

4. 经济分析

处理 1t 废水费用为 0.8~1 元，比生物法及其他混凝处理法费用低。

思 考 题

1. 什么是吸附？根据吸附质与吸附剂之间的作用力不同，吸附有哪几种类型？
2. 吸附过程可分为几个步骤？物理吸附和化学吸附的有什么不同？
3. 简述吸附分离材料的选择原则。
4. 简述颗粒活性炭的物理化学特性。
5. 什么是活性炭纤维？活性炭纤维与传统炭质吸附材料相比较优越性体现在哪？
6. 简述膨胀石墨的制备过程。
7. 简述离子交换分离的原理及其与吸附过程的区别。
8. 吸附剂有哪些类型？简述两种无机吸附材料的理化性质。
9. 根据功能基团的不同，离子交换树脂和大孔吸附树脂分别有哪几种类型？
10 生物吸附的主要特征？叙述生物吸附机理。

参 考 文 献

[1] 刘斐文，王萍. 现代水处理方法与材料 [M]. 北京：中国环境科学出版社，2003.
[2] 杨慧芬，陈淑祥，等. 环境工程材料 [M]. 北京：化学工业出版社，2008.
[3] 姜兆华，孙德智，邵光杰. 应用表面化学与技术 [M]. 哈尔滨：哈尔滨工业大学出版社，2002.
[4] 华坚. 环境污染控制工程材料 [M]. 北京：化学工业出版社，2009.
[5] 陈坚，堵国成. 环境友好材料的生产与应用 [M]. 北京：化学工业出版社，2002.
[6] 沈曾民，张文辉，张学军，等. 活性炭材料的制备与应用 [M]. 北京：化学工业出版社，2006.
[7] 朱虹，孙杰，李剑超. 印染废水处理技术 [M]. 北京：中国纺织出版社，2004.
[8] 冯孝庭. 吸附分离技术 [M]. 北京：化学工业出版社，2000.
[9] 吴新华. 活性炭生产工艺原理与设计 [M]. 北京：中国林业出版社，1994.
[10] 冯晓西，乌锡康. 精细化工废水治理技术 [M]. 北京：化学工业出版社，2000.

[11] 安娜.颗粒活性炭性能评价体系及净水效能研究 [D].哈尔滨:哈尔滨工业大学市政环境工程学院,2004.

[12] 吴云海,李斌,冯仕训,等.活性炭对废水中 Cr（Ⅵ）、As（Ⅲ）的吸附 [J].化工环保,2010,30（2）:108-112.

[13] 王福连,高乃云,徐斌,等.颗粒活性炭吸附去除黄浦江原水中有机物的研究 [J].中国给水排水,2006,22（11）:1-5.

[14] 李凤镱,谭君山.活性炭吸附法处理染料废水研究的进展概况 [J].广州环境科学,2010,25（1）:5-8.

[15] 蔡可键.活性炭吸附技术在给水处理中的应用 [J].公用科技,1997（2）:19-22.

[16] 陆俊宇,李伟英,陈清,等.不同颗粒活性炭去除微污染水中有机物的性能研究 [J].净水技术,2010,29（1）:60-63.

[17] 张月,李家护,阎维平,等.活性炭和活性炭纤维烟气脱硫技术 [J].锅炉制造,2003（3）:17-19.

[18] 李洪美.活性炭纤维对有机废气吸附性能的研究 [D].大连:大连理工大学,2008.

[19] 胡祖美.活性炭纤维制备及对有机物吸附性能研究 [D].大连:大连理工大学,2008.

[20] 何婷.活性炭纤维对苯酚的吸附及活性炭纤维改性的研究 [D].上海:华东师范大学,2007.

[21] 曹乃珍,沈万慈,刘英杰,等.膨胀石墨对 SO_2 的吸附 [J].炭素,1995,33（3）:9-13.

[22] 连锦明,陈前火,甘晖,等.膨胀石墨对甲醛废气吸附行为的研究 [J].吉林化工学院学报,2005,22（1）:1-3.

[23] 连锦明,陈前火,张晓勤,等.膨胀石墨对氮氧化物的吸附 [C] //中国化学会.第一届全国环境化学学术讨论会论文集.2002:154-155.

[24] 王鲁宁,陈希,郑永平,等.膨胀石墨处理毛纺厂印染废水的应用研究 [J].中国非金属矿工业导刊,2004（5）:59-62.

[25] 李冀辉.膨胀石墨对水相中酸性媒介黄 GG 的吸附研究 [J].化工环保,2004,24（增刊1）:374-375.

[26] 李冀辉,刘淑芬,贾志欣,等.TiO_2 嵌入膨胀石墨处理农药污水研究 [J].非金属矿,2007,30（5）:54-56.

[27] 马宵颖,张涛.粉煤灰合成沸石用于烟气多污染物的控制 [J].粉煤灰,2010（4）:37-38.

[28] 孙鸿,张稳婵,武洋仿,等.沸石-活性炭复合材料处理废水的应用研究 [J].环境科学与技术,2010,33（8）:159-161.

[29] 丁仕琼,王东田,黄梦琼,等.沸石的改性及其去除水中氨氮的研究 [J].苏州科技学院学报:自然科学版,2010,27（2）:33-36.

[30] 江乐勇,林海,赵志英,等.热盐改性沸石去除氨氮的性能研究 [J].水处理技术,2010,36（8）:25-28.

[31] 郝长红,颜丽,娄翼来,等.天然沸石负载氧化镁对养猪场废水中磷的净化效果及其机制研究 [J].沈阳农业大学学报,2010,41（3）:331-334.

[32] Zhu Shujing, Hou Haobo, Xue Yongjie, et al. Kinetic and isothermal studies of lead ion adsorption onto entonite [J]. Applied Clay Science, 2008, 40 (1-4): 171-178.

[33] Eren E, Afsin B. An investigation of Cu (Ⅱ) adsorption by raw and acid-activated bentonite: A combined potentiometric, thermodynamic, XRD, IR, DTA study [J]. Journal of Hazardous Materials, 2008, 151 (2-3): 682-691.

[34] 肖利萍,潘纯林,邓特钢.膨润土在水处理中的应用研究与展望 [J].水资源与水工程学报,2010,21（4）:28-33.

[35] 陈宝梁,朱利中.阴-阳离子有机膨润土吸附水中对硝基苯酚的性能及机理研究 [J].浙江大学学报:理学版,2002,29（3）:317-323.

[36] 聂锦旭,肖贤明.改性膨润土处理染色废水的试验研究 [J].化工矿物与加工,2006,35（6）:15-17.

[37] 王代芝，许德厦. 钠基膨润土对氨氮废水的处理 [J]. 化学工业与工程技术，2006，27（1）：22-25.

[38] 林俊雄. 硅藻土基吸附剂的制备、表征及其染料吸附特性研究 [D]. 杭州：浙江大学，2007.

[39] 李芳，林红岩，孙艳萍. 硅藻土用于污水处理 [J]. 油气田地面工程，2006，25（10）：25-26.

[40] 王亮，张宏伟，李霞. 改性硅藻土/生物滤池处理城镇污水 [J]. 中国给水排水，2005，21（11）：89-90.

[41] 刘华君. 海泡石基空气净化材料抗菌改性实验研究 [D]. 天津：天津大学，2009.

[42] 梁凯. 海泡石的矿物学研究与其在环境治理中的应用 [D]. 长沙：中南大学，2008.

[43] 弓晓峰，张文涛，崔秀丽. 海泡石在废水处理中的应用研究 [J]. 环境污染治理技术与设备，2003，4（9）：27-30.

[44] 郭亚丽. 离子交换树脂在水处理中的应用 [J]. 太原城市职业技术学院学报，2010（6）：171-172.

[45] 蔡艳. 离子交换树脂在废水处理中的综合应用 [D]. 合肥：安徽大学，2010.

[46] 肖芳. 大孔吸附树脂对有机化工废水中低浓度水溶性有机物的吸附特性与回收工艺研究 [D]. 成都：四川大学，2004.

[47] 张力平. 多酚型大孔吸附树脂的制备及吸附机理的研究 [D]. 北京：北京林业大学，2005.

[48] 王建龙，陈灿. 生物吸附法去除重金属离子的研究进展 [J]. 环境科学学报，2010，30（4）：673-701.

[49] 刘瑞霞，汤鸿霄，劳伟雄. 重金属的生物吸附机理及吸附平衡模式研究 [J]. 化学进展，2002，14（2）：97-92.

[50] 梁莎，冯宁川，郭学益. 生物吸附法处理重金属废水研究进展 [J]. 水处理技术，2009，35（3）：13-17.

[51] 廖丽莎. 有机物生物吸附研究进展 [J]. 四川理工学院学报：自然科学版，2007，20（3）：74-78.

4

第4章
膜分离材料

本章提要：膜是指在一种流体相内或两种流体相之间的一层薄的凝聚相，可以是固相、液相、甚至是气相的；它把流体相分隔为互不相通的两部分，并能使这两部分之间产生传质作用。膜材料的化学性质和膜的结构对膜分离的性能起着决定性影响；对膜材料的要求：具有良好的成膜性、热稳定性、化学稳定性，耐酸、碱、微生物侵蚀和耐氧化性能，本章简述了反渗透膜材料、纳滤膜材料、超滤膜材料与微滤膜材料的原理、特点以及应用。

4.1 膜材料分类及其性能表征

膜分离技术是在 20 世纪初出现，20 世纪 60 年代后迅速崛起的一门分离新技术，被认为是"21 世纪最有前途、最具发展前景的重大高新技术之一，它在工业技术改造中起着战略性作用"。膜分离技术由于既有分离、浓缩、纯化和精制的功能，又有高效、节能、环保、分子级过滤及过滤过程简单、易于控制等特征，因此，目前已广泛应用于食品、医药、生物、环保、化工、冶金、能源、石油、水处理、电子、仿生等领域，产生了巨大的经济效益和社会效益，已成为当今分离科学中最重要的手段之一。

4.1.1 膜的定义

膜究竟是什么？至今还没有一个完整、精确的膜的定义。广义的定义就是，自然界中经常存在着这样的物质体系，即在一种流体相（fluid phase）内或两种流体相之间，有一薄层凝聚相（condensed phase）物质把流体相分隔成两部分，这一薄层物质就是所谓的"膜"（membrane）。这里作为凝聚相的膜可以是固态的或液态的，甚至气态的，可以是中性的或者荷电性的。而被膜分隔开的流体相物质可以是液态的或气态的。膜本身可以是均匀的一相，也可以是由两相以上的凝聚态物质构成的复合体，可以是对称型的或非对称型的。不论膜本身薄到何等程度，它都必定有两个界面，并由这两个界面分别与被其分割于两侧的流体相物质相接触。简言之，膜有两个明显的特征：其一，膜充当两相的界面，分别与两侧的流体相接触；其二，膜具有选择透过性，这是膜与膜过程的固有特性。

4.1.2 膜的分类

膜是具有选择性分离功能的材料。利用膜的选择性分离实现料液的不同组分的分离、纯化、浓缩的过程称作膜分离。它与传统过滤的不同在于，膜可以在分子范围内进行分离，并且这过程是一种物理过程，不需发生相的变化和添加助剂。

膜材料是膜分离技术的核心，膜材料的性质直接影响膜的物化稳定性和分离渗透性能，不同的膜分离过程对膜材料有不同的要求。如反渗透膜材料必须是亲水的；膜蒸馏要求膜材料是疏水性的；微滤、超滤过程膜的污染取决于膜材料与被分离介质之间的相互作用等。因此，按照膜分离过程和被分离介质的具体要求，选择或制备合适的膜材料是首先必须解决的问题。但是，选择何种材料作为膜材料并不是随意的，而要根据其特定的结构和性质来选用。

分离膜的种类和功能繁多，不可能用单一的方法来明确分类。比较通用的膜的分类方法主要有4种：按膜的材料性质分类、按膜的形态结构分类、按膜的用途分类、按膜的分离原理及适用范围分类。

1. 按膜的材料性质分类

分离膜按膜的材料性质可分为天然膜和合成膜。天然膜指生物膜（生命膜）与天然物质改性或再生而制成的膜。合成膜指无机膜与高分子聚合物膜。

合成分离膜按其凝聚状态又可分为固膜、液膜、气膜三类，目前大规模应用的多为固膜。固膜主要以高分子合成膜为主，它可以是致密的或是多孔的，可以是对称或非对称的。另外，以无机物为膜材料的分离膜近年来也发展迅速。液膜分乳状液膜（又称无固相支撑性液膜）和带支撑液膜（又称有固相支撑性液膜或固定膜）两类，它们主要用于废水处理和某些气体分离等。气膜分离现在尚处于试验研究阶段。

2. 按膜的形态结构分类

分离膜按膜的形态结构可分为多孔膜和非多孔膜。其中，多孔膜又可分为对称膜和非对称膜。对称膜，又称均质膜或各向同性膜，指各向均质的致密或多孔膜，物质在膜中各处的渗透速率相同。非对称膜，又称各向异性膜，一般由一层极薄的多孔皮层或致密皮层（决定分离效果和传递速率）和一个厚得多的多孔支撑层（主要起支撑作用）组成。非对称膜又分为两类：一类为整体不对称膜（膜的皮层和支撑层为同一种材料），另一类为复合膜（膜的皮层和支撑层为不同种材料）。

多孔膜和非多孔膜也可按晶型区分为结晶型和无定型两种。

3. 按膜的用途分类

按膜的用途分为气相系统用膜和气-液系统用膜等。

（1）气相系统用膜 伴有表面流动的分子流动；气体扩散；聚合物膜中溶解扩散流动；在溶剂化的聚合物膜中的溶解扩散流动。

（2）气-液系统用膜

1）大孔结构。移去气流中的雾沫夹带或将气体引入液相。

2）微孔结构。制成超细孔的过滤器。

3）聚合物结构。气体扩散进入液体或从液体中移去某种气体，如血液氧化器中氧和二氧化碳的移动。

（3）液-液系统用膜 气体从一种液相进入另一液相；溶质或溶剂渗透从一种液相进入另一液相。

（4）气-固系统用膜 过滤器中用膜以除去气体中的微粒。

（5）液-固系统用膜　用大孔介质过滤污染物；生物废料的处理；破乳。

（6）固-固系统用膜　基于颗粒大小的固体筛分。

4. 按膜的分离原理及适用范围分类

（1）吸附性膜

1）多孔石英玻璃、活性炭、硅胶和压缩粉末等。

2）反应膜。膜内含有能与渗透过来的组分起反应的物质。

（2）扩散性膜

1）聚合物膜。扩散性的溶解流动。

2）金属膜。原子状态的扩散。

3）玻璃膜。分子状态的扩散。

（3）离子交换膜　阳离子交换树脂膜；阴离子交换树脂膜。

（4）选择渗透膜　渗透膜；反渗透膜；电渗析膜。

（5）非选择性膜　加热处理的微孔玻璃；过渡型的微孔膜。

4.1.3　膜的性能表征

制出一张膜后，需要对其进行简单评价，以了解它的基本性能。膜过程的性能或效率通常包括分离性能、透过特性、物化稳定性及经济性，这是商品分离膜所应具备的 4 个最基本条件。膜的物化稳定性取决于构成膜的材料，主要是指膜的抗氧化性、抗水解性、耐热性和力学强度等。透过特性，用通量或渗透速率表示，即流动性，表示单位时间内通过单位面积膜的体积流量 $[L/(m^2 \cdot h)]$。在实际的分离操作中，膜的渗透通量由于浓差极化、膜的压密以及膜孔堵塞等原因将随时间衰减。分离效率，即选择性，是膜过程的另一个重要性能，对于溶液脱盐或某些高分子物质和微粒的脱除用截留率表示，而对气体混合物和有机液体混合物的分离通常用分离系数（也称分离因子）表示。理想的膜过程应该是同时具有好的选择性和高的渗透性，实际上这两者之间往往存在矛盾，在两者之间寻找合适的平衡一直是膜分离技术研究的一个重要内容。

1. 膜的分离性能

不同膜分离过程中膜的分离性能表示方法有所不同，见表 4-1。

表 4-1　膜的分离性能表示方法

膜分离过程	膜分离性能表示方法
反渗透	脱盐率
超滤	截留（切割）相对分子质量
微滤	膜的最大孔径、平均孔径或孔分布曲线
电渗析	选择透过度、交换容量等
气体分离	分离系数

关于膜的分离性能，主要有以下 3 点：

1）膜必须对被分离的混合物具有选择透过能力，即具有分离能力。

2）膜的分离能力要适度，因为膜的分离性能和透过性能是相互关联的，要求分离性能高，就必须牺牲一部分透量，这样就会提高操作费用。

3）膜的分离能力主要取决于膜材料的化学特性和分离膜的形态结构，但也与膜分离过程的一些操作条件有关。

2. 膜的透过性能

分离膜的透过性能是其处理能力的主要标志，同时也是分离膜的基本条件。一般而言，希望在达到所需要的分离率之后，分离膜的透量越大越好。

膜的透过性能首先取决于膜材料的化学特性和分离膜的形态结构；操作因素也有较大影响，它随膜分离过程的势位差（如压力差、含量差、电位差等）变大而增加，操作因素对膜透过性能的影响比对分离性能的影响要大得多。不少膜分离过程与压力差之间，在一定范围内呈直线关系。不同混合物体系，膜的透量表示方法有所不同。对水溶液体系，透水率的定义一般以单位时间内通过单位膜面积的水体积流量来表示，有时也称为渗透流率、透水速度、透水量或水通量等，见表4-2。

表4-2 膜的透过性能表示方法

膜分离过程	膜的透过性能表示方法
反渗透	透水率
超滤	透水速度
微滤	过滤速度
电渗析	反离子迁移数和膜的透过率
气体分离	渗透系数，扩散系数

3. 膜的物理、化学稳定性

分离膜的物理、化学稳定性主要是由膜材料的化学特性决定的，它包括耐热性、耐酸碱性、抗氧化性、抗微生物分解性、表面性质（荷电性或表面吸附性等）、亲水性、疏水性、电性能、毒性、力学强度等。

4. 膜的经济性

分离膜的价格不能太贵，否则生产上就无法采用。分离膜的价格取决于膜材料和制造工艺两个方面。

除此之外，任何一种膜，不论它是多孔的还是致密的，活性分离皮层内部都不允许有可使被分离物质形成短路的大孔径（缺陷）存在，因为它们的存在将会使整个分离膜的分离率大大降低。综上所述，具有适度的分离率，较高的透量，较好的物理、化学稳定性，无缺陷和便宜的价格是具有工业实用价值的分离膜的最基本条件。

在具体的膜分离过程中，对膜的更换周期要求是相同的，都是越长越好，但对具体操作条件进行的经济核算的结果表明每个过程都对应有一个适宜的使用周期。

4.2 反渗透膜材料

4.2.1 反渗透膜原理

对透过的物质具有选择性的薄膜称为半透膜，一般将只能透过溶剂而不能透过溶质的薄膜称之为理想半透膜。当把相同体积的稀溶液（如淡水）和浓溶液（如盐水）分别置于半透膜的两侧时，稀溶液中的溶剂将自然穿过半透膜而自发地向浓溶液一侧流动，这一现象称为渗透。当渗透达到平衡时，浓溶液侧的液面会比稀溶液的液面高出一定高度，即形成一个压差，此压差即为渗透压。渗透的推动力是渗透压，渗透压的大小取决于溶液的固有性质，即与浓溶液的种类、含量和温度有关而与半透膜的性质无关。若在浓溶液一侧施加一个大于渗透压的压力时，溶剂的流动方向将与原来的渗透方向相反，开始从浓溶液向稀溶液一侧流动，这一过程称为反渗透（Reverse Osmosis，RO）。反渗透是渗透的一种反向迁移运动，是一种在压力驱动下，借助于半透膜的选择截留作用将溶液中的溶质与溶剂分开的分离方法，它已广泛应用于各种液体的提纯与浓缩，其中最普遍的应用实例便是在水处理工艺中，用反渗透技术将原水中的无机离子、细菌、病毒、有机物及胶体等杂质去除，以获得高质量的纯净水。

许多天然或人造的半透膜对于物质的透过具有选择性。如图 4-1 所示，在容器中半透膜左侧是溶剂和溶质组成的浓溶液（如盐水），右侧是只有溶剂的稀溶液（如水）。渗透是在无外界压力作用下，自发产生水从稀溶液一侧通过半透膜向浓溶液一侧流动的过程。渗透的结果是使浓溶液侧的液面上升，一直到达一定高度后保持不变，半透膜两侧溶液的静压差等于两个溶液间的渗透压。不同溶液间有不同的渗透压。当在浓溶液上施加压力，且该压力大于渗透压时，浓溶液中的水就会通过半透膜流向稀溶液，使浓溶液的含量更大，这一过程就是渗透的相反过程，称为反渗透。

反渗透过程有两个必备的条件：一是要有一种高选择性、高透过率的膜；二是要有一定的操作压力，以克服渗透压和膜自身的阻力。

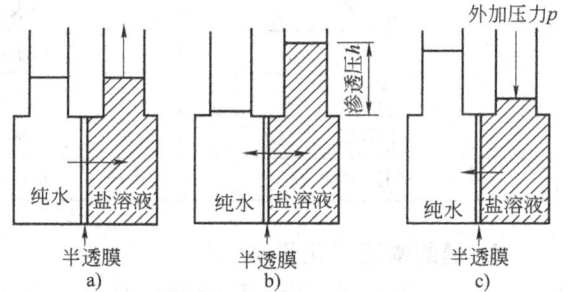

图 4-1 反渗透原理
a）渗透 b）渗透平衡 c）反渗透

4.2.2 反渗透膜特点及其分类

1. 反渗透膜特点

反渗透膜的一个特点就是，无法制造出完美的膜，即脱盐率 100% 的膜，尽管它对无机盐和相对分子质量大于 100 的有机物的脱除率可以达到 98% 以上。目前可以制造出的反渗透膜脱盐率最高可达到 99.9%。

反渗透膜的性能决定着反渗透膜器的性能，对反渗透膜的要求，要看膜是否具备下列条件：

1）高的截留率和高的透水率。

2）强抗微生物侵蚀性能。

3）好的柔韧性和足够的力学强度。

4）抗污染性能好，使用寿命长，适用 pH 范围广。

5）运行操作压力低。

6）制备工艺简单，便于工业化生产。

7）耐压致密性好，具有化学稳定性，能在较高温度下应用。

以纤维素、聚酰胺等为材料制备的非均相膜,以及近年来研究的复合膜能在不同程度上符合上述对反渗透膜的要求。

2. 反渗透膜分类

(1) 按膜的结构分类 反渗透膜可分为对称膜和非对称膜。对称膜,又称均质膜,指各向均质的致密或多孔膜,物质在膜中各处的渗透速率相同。非对称膜是由一个极薄的致密皮层(决定分离效果和传递速率)和一个多孔支撑层(主要起支撑作用)组成。不对称膜又分为两类:一类为整体不对称膜(膜的皮层和支撑层为同一种材料);另一类为复合膜(膜的皮层和支撑层为不同种材料)。

(2) 按膜的性质分类 反渗透膜一般属于合成固态膜。制备反渗透膜的材料一般为有机高分子;无机材料多用于制备微滤膜、超滤膜,也有少量用于纳滤过程,但它制备的多孔膜也可作为复合反渗透膜的基膜。

(3) 按用途分类 反渗透膜属于液体分离膜。它一般用于进行液体混合物的分离。再细分又可将反渗透膜分为高压、低压、超低压海水淡化用 RO 膜或苦咸水淡化用 RO 膜。

(4) 按膜的作用机理分类 反渗透膜属于选择渗透膜,也有文献称之为致密被动膜(透过膜前、后的组分没有发生化学变化的膜)。

3. 典型的反渗透膜

目前,国内外已商品化的反渗透膜仍以醋酸纤维素膜与芳香聚酰胺膜为主。另外在开发的过程中为了提高其性能或制备特种膜(如耐氯膜、耐热膜),也曾研究过其他一些材料,如聚苯并咪唑(PBI)、聚苯醚(PPO)、聚乙烯醇缩丁醛(PVB)等。

(1) 醋酸纤维素膜与芳香聚酰胺膜 醋酸纤维素膜是由二醋酸纤维素和三醋酸纤维素的铸膜液及二者混合物浇铸而成,由于它们具有广泛的来源和低廉的价格而普及。随着乙酰基含量的增加,盐截留率与化学稳定性增加而水通量下降。醋酸纤维素膜的化学性差,在运转期间会发生水解,其水解速度与温度及 pH 条件有关。它可在温度为 0~30℃ 及 pH 为 4.0~6.5 时连续操作。这类膜也会被生物侵蚀,但由于它们具有可连续暴露在低含氯量环境下的能力,故可以消除生物侵蚀。膜稳定性差的结果导致膜截留率随操作时间增长而下降。

目前,在反渗透过程中广泛采用的是芳香聚酰胺膜,它价格较贵,但 pH 适应范围广(4.0~11.0),脱盐率高,使用寿命长(5 年),具有优良的力学强度、高温稳定性和化学稳定性,耐压实。它们能在温度为 0~30℃、pH 为 4.0~11.0 时连续操作,且不会被生物侵蚀。然而若连续暴露在含氯环境中,则易受氯侵蚀。芳香聚酰胺膜水通量虽不及醋酸膜,但将该膜制成中空纤维膜,以增加其表面积,从而抵消了透水率低的不足。

(2) 复合膜 为克服醋酸纤维素类反渗透膜有易压密的过渡层,通量下降斜率大,pH 范围较窄,不耐生物降解等缺点,聚酰胺膜则对氯很敏感等缺点,提出了新型反渗透膜,也就是被人们誉为第三代膜的复合膜概念:它是由薄而致密的活性层与高孔隙率的基膜复合而成的。复合膜的优点与它们的化学性质有关,其主要的特点是有较大的化学稳定性,在中等压力下操作就具有高水通量和盐截留率且抗生物侵蚀。它们能在温度为 0~40℃ 及 pH 为 2.0~12.0 时连续操作,但这些材料的抗氯及其他氧化物的性能差。

(3) 工业用的反渗透膜

1) 高压反渗透膜:用于高压海水脱盐的反渗透膜主要有五种:三醋酸纤维素的细中空

纤维、直链全芳族聚酰胺细中空纤维、交链全芳族聚酰胺型薄层复合膜（卷式）、芳基-烷基聚醚脲型薄层复合膜（卷式）及交链的聚醚薄层复合膜。

2）低压反渗透膜：使用这类膜可使苦咸水脱盐在 1.4~2.0 MPa 操作压力下进行。而以前苦咸水的反渗透脱盐操作压力高达 2.8~4.2 MPa。由日本电工株式会社投入市场的 NTR-739HF 反渗透膜用于低含盐量苦咸水脱盐，其皮层由聚酰胺和聚乙烯醇组成。使用这类低压反渗透膜，除了可减少设备费、操作费，提高生产能力外，还提高了对某些有机和无机溶质的选择分离能力，因此这类膜还可用于电子工业和制药工业用高纯水生产，食品加工和过程废水处理，饮料用水生产等。

3）超低压反渗透膜：又称疏松型反渗透膜或纳滤膜。

4.2.3 反渗透膜性能参数及影响因素

1. 性能参数

（1）脱盐率和透盐率

脱盐率——通过反渗透膜从系统进水中去除可溶性杂质含量的百分比。

透盐率——进水中可溶性杂质透过膜的百分比。

$$脱盐率 = (1 - 产水含盐量/进水含盐量) \times 100\%$$
$$透盐率 = 100\% - 脱盐率$$

膜元件的脱盐率在其制造成型时就已确定，脱盐率的高低取决于膜元件表面超薄脱盐层的致密度，脱盐层越致密脱盐率越高，同时产水量越低。反渗透对不同物质的脱盐率主要由物质的结构和相对分子质量决定，对高价离子及复杂单价离子的脱盐率可以超过 99%，对单价离子（如钠离子、钾离子、氯离子）的脱盐率稍低，但也超过了 98%；对相对分子质量大于 100 的有机物脱除率也可达到 98%，但对相对分子质量小于 100 的有机物脱除率较低。

（2）产水量（水通量）

产水量（水通量）——反渗透系统的产能，即单位时间内透过膜的水量，通常用 t/h 来表示。

渗透流率——渗透流率也是表示反渗透膜元件产水量的重要指标。指单位膜面积上透过液的流率，通常用 $L/(m^2 \cdot h)$ 表示。过高的渗透流率将导致垂直于膜表面的水流速加快，加剧膜污染。

（3）回收率

回收率——膜系统中给水转化成为产水或透过液的百分比。膜系统的回收率在设计时就已经确定，是基于预设的进水水质而定的。

$$回收率 = (产水流量/进水流量) \times 100\%$$

2. 性能参数

（1）进水压力对反渗透膜的影响 进水压力本身并不会影响盐透过量，但是进水压力升高使得驱动反渗透的净压力升高，使得产水量加大，同时盐透过量几乎不变，增加的产水量稀释了透过膜的盐分，降低了透盐率，提高了脱盐率。当进水压力超过一定值时，由于过高的回收率，加大了浓差极化，又会导致盐透过量增加，抵消了增加的产水量，使得脱盐率不再增加。

（2）进水温度对反渗透膜的影响　反渗透膜产水电导对进水水温的变化十分敏感，随着水温的增加，水通量也线性地增加，进水水温每升高1℃，产水量就增加2.5%～3.0%（以25℃为标准）。

（3）进水pH对反渗透膜的影响　进水pH对产水量几乎没有影响，而对脱盐率有较大影响。pH在7.5～8.5之间，脱盐率达到最高。

（4）进水盐含量对反渗透膜的影响　渗透压是水中所含盐分或有机物含量的函数，进水含盐量越高，含量差也越大，透盐率上升，从而导致脱盐率下降。

4.2.4 反渗透技术的应用

反渗透是利用反渗透膜选择性地只能透过溶剂（通常是水）的性质，对溶液施加压力，克服溶剂的渗透压，使溶剂通过反渗透膜而从溶液中分离出来的过程。反渗透膜的制备技术相对比较成熟，其应用亦十分广泛，海水和苦咸水的淡化是其最主要的应用。

我国的海水淡化事业起步较晚，现在的规模不大，采用最多、技术最成熟的是电渗析法，其次是反渗透法；唯一的较大型蒸馏法海水淡化工程（大港电厂）采取的是引进技术和设备。我国的电渗析海水淡化技术已经接近世界先进水平，能够国产化；我国的电渗透海水淡化技术还不理想，性能优良的关键件还需要外购；我国在多级闪蒸和低温多效海水淡化方面还处于开发研究阶段，还不具备独立的技术和制造能力。还有处于研究开发阶段的太阳能法和真空沸腾法等。

下文叙述了山东荣成万吨级反渗透海水淡化示范工程项目第一期工程的工艺设计、设备配置、系统控制、平面布置和效益分析的基本情况。

1. 项目概述

原国家发展计划委员会于2001年10月27日批复山东省计划经济委员会，同意将山东石岛水产供销集团总公司万吨级反渗透海水淡化产业化示范工程项目列入国家高技术产业发展项目计划。项目由山东省计委主持，山东石岛水产供销集团总公司承担建设，国家海洋局杭州水处理技术研究开发中心为项目的依托单位。建设地点在荣成市石岛城区，建设期为2年。项目的主要建设内容和主要技术经济指标见表4-3。

表4-3　主要建设内容和主要技术经济指标

项目名称	主要建设内容	主要技术经济指标
山东荣成 10000t/d 海水淡化示范工程	1. 设计、建立万吨级反渗透海水淡化示范工程，形成工程设计技术软件 2. 研制和购置示范工程主体设备和辅助设备 3. 建设厂房约2000m²，包括海水淡化主厂房、中央控制室、取水泵房、变电站等 4. 工程成套、安装、调试等	1. 系统产水量：10000t/d（25℃） 2. 单机产水量：5000t/d（25℃） 3. 耗电量：吨水耗电量小于5.5 kW·h 4. 水回收率：35%～40% 5. 出水水质：符合 GB 5749—1985《生活饮用水卫生标准》，TDS < 500mg/L

荣成是资源型缺水城市，由于三面环海，无客水水源，开挖地下水会引起海水倒灌，城区内生产和生活用水长期严重短缺。1999～2000年连续两年严重干旱，全年降水量仅200mm。因干旱缺水，许多企业处于停产和半停产状态。为保证社会稳定，保证居民最低的生活用水需要，利用当地丰富的海水进行淡化，实施海水淡化工程。确保荣成市正常供水已经到了刻不容缓的地步，因此，选择该地区建立示范工程具有很大的示范作用。

2002 年 12 月底，山东省荣成市石岛水产供销集团总公司与国家海洋局杭州水处理技术研究开发中心签订了"万吨级反渗透海水淡化示范工程"项目（第一期）协议。示范工程采取总体设计、分步实施。其中，工程的基础设施（包括海水取水、土建、厂房、配电和供水管网等）按总体设计，一次建成。而万吨级反渗透海水淡化示范工程工艺设备由两个日产 5000t 淡化水的独立机组组成，第一期完成一个机组的施工，第二期完成另一个机组的施工。并于 2003 年 3 月初签订了"万吨级反渗透海水淡化示范工程"项目（第一期）的技术合同。

2. 工艺设计及设备配置

荣成万吨级反渗透海水淡化工程现场面临黄海，位于山东半岛石岛湾南端，沿岸地质结构为花岗石礁石；石岛湾海水水质分析报告见表 4-4；现场取海水点附近无径流，无污染排放，海水质变化较小；现场点风浪影响较小，最高和最低潮位差 3m；现场海水月水温变化见表 4-5。

表 4-4 石岛湾海水水质分析报告

序 号	项 目	质量浓度/(mg/L)	序 号	项 目	质量浓度/(mg/L)
1	K^+	9979.70	10	H_2SiO_3	未检出
2	Na^+	—	11	电导率（25℃）	41000.00μS/cm
3	Ca^{2+}	396.79	12	pH	8.13
4	Mg^{2+}	1203.84	13	$COD_{(Mn)}$	8.70
5	$Fe_{(总)}$	未检出	14	TDS	31805.02
6	HCO_3^-	225.70	15	总碱度（$CaCO_3$）	185.00
7	Cl^-	17693.10	16	总硬度（$CaCO_3$）	5940.00
8	SO_4^{2-}	2376.00	17	总阳离子	552.30mN/L
9	NO_2^-	0.03	18	总阴离子	552.30mN/L

注：mN/L 为毫当量浓度，（mN/L）×相对分子质量/价电子数＝mg/L。

表 4-5 现场海水月水温变化

月 份		1	2	3	4	5	6	7	8	9	10	11	12
海水水温/℃	最大值	4	5	11	24	24	28	31	31	30	24	15	9
	最小值	0.5	-1	1	15	15	18	25	26	21	13	6	0.5
	平均值	1	3	6	18	19	23	28	29	25	18	10	4

万吨级反渗透海水淡化工程的工艺流程如图 4-2 所示，分为海水取水、海水预处理、反渗透海水淡化系统、产品水后处理系统和控制系统五个部分。

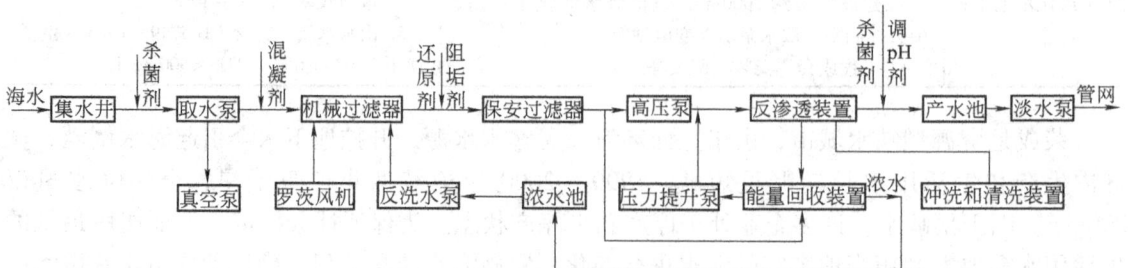

图 4-2 万吨级反渗透海水淡化工程的工艺流程示意图

（1）海水取水 海水取水构筑物由海水集水井和取水泵房组成。集水井建于码头堤坝外侧，海水靠渗透进入集水井。集水井采用钢混凝土结构，直径 2.8m，深约 11m，井底处于低潮位以下 1.8m。取水泵房内配置取水泵和水环式真空泵。该项目第一期 5000t/d 海水淡化系统配置了三台海水取水泵，二开一备，单台水泵流量 300m³/h，扬程 45m，功率 55kW，过流材质为 Duplex SST（双相钢）。取水泵吸入管插入井深约 6m，吸入口离井底 0.7m。配置抽气速率为 6m³/min 的水环式真空泵一台，利用真空抽吸使取水泵充满海水，然后起动取水泵，通过 ϕ500mm 距离约 180m 的管道，将海水输送到淡化主厂房，进入海水预处理系统。

鉴于该项目的海水水源是表层海水，海水中存在较多的微生物、藻类和细菌，易影响设备和管阀件的正常运行，因此，在设计中采用在海水取水管的进口处投加液氯杀菌灭藻的方案，投加量约为 1~2mg/L。

（2）海水预处理 海水预处理的目的是去除地表海水中存在的颗粒泥沙、胶体、微生物等杂质，确保反渗透系统能长期稳定运行。在海水预处理工艺设计时经预处理后的海水水质应达到反渗透膜元件的进水水质要求。

1）混凝过滤旨在去除海水中胶体、悬浮杂质，降低浊度：由于海水密度大，pH 较高，该项目选用 $FeCl_3$ 作为混凝剂，投加量为 1~2 mg/L。经混合器混合，铁盐与海水中胶体杂质形成较大的矾花，再经机械过滤器过滤，使出水水质的淤积指数（SDI_{15}）小于 5，浊度小于 1。

第一期工程配置了 9 台机械过滤器，单台机械滤器设计直径 ϕ3200mm，内衬 5mm 厚的天然橡胶，外涂防腐船用油漆，底部采用水冒结构，内填装按级配规定的多介质滤料，单台过滤器设计出水量为 7m³/h。

为了节省水耗，利用反渗透浓水作为机滤反洗用水。系统配置了浓水池、反洗水泵和罗茨风机。空气擦洗流速为 16 L/(m²·s)，水反洗流量为 15L/(m²·s)。

2）加药消除余氯和防止反渗透膜面结垢沉淀：海水中游离氯等氧化剂的存在会降低反渗透膜元件的性能，因此海水在进入反渗透膜以前必须控制游离氯少于 0.1mg/L。通过计量泵投加亚硫酸氢钠，投加量为 1.5~2mg/L，海水中的余氯与亚硫酸氢钠反应，形成酸和中性盐，从而消除余氯对反渗透膜的影响。

海水中 Ca^{2+}、Mg^{2+}、HCO_3^-、SO_4^{2-} 等离子的含量高，在反渗透海水淡化过程中，海水被浓缩，易在反渗透膜表面形成难溶无机盐类的沉淀。根据原海水水质和反渗透装置的水回收率，计算 Stiff&Davis 指数，判别结垢沉淀趋势，在海水进入反渗透装置前添加阻垢剂。通过对几种阻垢剂的阻垢效果和价格的综合评价后，选用硫酸作阻垢剂，投加量为 15~20mg/L。控制海水 pH 在 7.0~7.5 范围内，能有效防止海水中难溶无机盐类在反渗透膜表面形成结垢沉淀。

3）保安过滤。在反渗透装置前设置保安过滤器是为了保护高压泵、能量回收装置和膜元件的安全长期运行。根据过滤水量和过滤精度设计计算保安过滤器的规格，配置了四台直径为 ϕ800mm 的保安过滤器，滤器材质为 316L，内衬塑料。单台保安过滤器装有 ϕ7mm-1000mm-5μm 插入式滤芯 70 支，设计出水量为 150m³/h。

（3）反渗透海水淡化系统 反渗透海水淡化系统是整个工程的核心，系统的设计是根据现场海水水质报告、反渗透元件性能、水温、所需产水量和回收率，经计算确定的。

1）反渗透装置。反渗透海水淡化系统采用多组件并联单级式流程，为了提高系统运行的可靠性和机动性，首期 5000m³/d 海水淡化系统实行整体设计，按单机配置。在工艺配置上分为两个系列，即整个系统既可按单机运行，产淡水 $5000m^3/d$，又可按单系列运行，产淡水 $2500m^3/d$。

膜元件为美国陶氏化学公司生产的高性能反渗透海水淡化复合膜元件 SW30HR—380，其元件平均脱盐率为 99.6%。整套装置共配置了 420 支海水膜元件，分别装在 60 根并联布置的膜压力容器内，每根压力容器内串联排列 7 支 SW30HR—380 膜元件。

装置设有低压自动冲洗排放、淡化水低压自动冲洗置换浓水排放系统。为防止反渗透海水淡化装置停机时浓差渗透反压对海水膜元件的影响，在反渗透装置淡化水出口处安装了容积为 $10m^3$ 的空塔滤器。停机时，滤器中的淡化水部分倒流，以补充膜元件浓差渗透失水，防止膜装置受损伤。

2）高压给水系统。高压给水系统由高压泵、能量回收装置和压力提升泵组成。高压泵选用丹麦格兰富公司生产的 BME30—18 型多级离心泵，共配置了四台并联的高压泵，单台流量 $57m^3/h$，扬程 620m，功率 134kW。采用美国能量回收公司生产的 PX—120 能量回收器，将反渗透膜堆排放浓水 90%~95% 的能量回收，大大降低了生产淡水所需的电耗。系统配置了 12 台 PX—120 型能量回收器，并相应配置 6 台压力提升泵。压力提升泵选用美国能量回收公司的 HP—2403 型高压多级离心泵，单台流量 52.8~68.2m^3/h，扬程 50~70m，功率 14.7kW。

高压给水系统设计中，根据海水淡化系统工艺参数的要求，设置了高低压保护开关和自动切换设备，流量、压力出现异常时，能实行自动切换、自动联锁、报警、停机，以保护高压给水设备和反渗透膜元件。

3）冲洗和清洗装置。反渗透海水淡化系统配置了就地冲洗和清洗装置，利用产水池中产水在反渗透装置停机时，既自动冲洗反渗透装置，置换出反渗透膜元件中的浓海水，防止浓海水中亚稳定过饱和微溶盐产生沉淀，同时也冲洗膜面污染物。采用化学清洗装置根据反渗透膜污堵情况，配制不同化学清洗液对反渗透膜元件进行循环清洗，也可用以对反渗透膜元件进行长期停运保护。

（4）产品水后处理系统　反渗透产水经空塔滤器后，通过计量泵在产水管路中投加氢氧化钠溶液，以提高产水 pH，使产水从 pH = 5.5 左右提高到 pH = 7.5 左右，然后进入一个 $3000m^3$ 的产水池，再经输送泵将产水池中的淡水输入市政自来水管网。为保证供水的消毒杀菌，在淡水输送泵入口管处配置 JK—2 型加氯机向输出的淡水中投加余氯。

（5）控制系统　自动控制系统作为整个反渗透海水淡化系统的一部分，既服务于系统工艺又具有本身的独立性。该反渗透海水淡化系统的自控部分选择 GGD—3 型低压配电柜作为设备动力柜；单独设置现场控制柜、PLC 柜，以西门子 PLC 和 WinCC 监控软件为自控核心。

现场控制柜完全根据工艺的特点及方便操作的原则来设置。系统设置了海水取水泵房控制柜、反渗透海水淡化装置控制柜、产水泵房控制柜和加药控制柜。

上位机监控系统具有良好的人机交互功能，操作员既可以通过它发布命令给 PLC，也可以通过它全面了解现场设备运行情况。一旦出现异常情况，它及时提供详细的报警信息给操作员，并产生报警声。上位机自动采集系统运行的一些重要参数，并自动、及时归档，以利于今后对系统设备运行的连续性进行全面分析处理。

3. 平面布置

按工艺流程、设备规格和要求、现场实际情况，同时考虑设备的操作、维护和管理等要素设计日产万吨级反渗透海水淡化系统的平面布置，如图 4-3 所示。

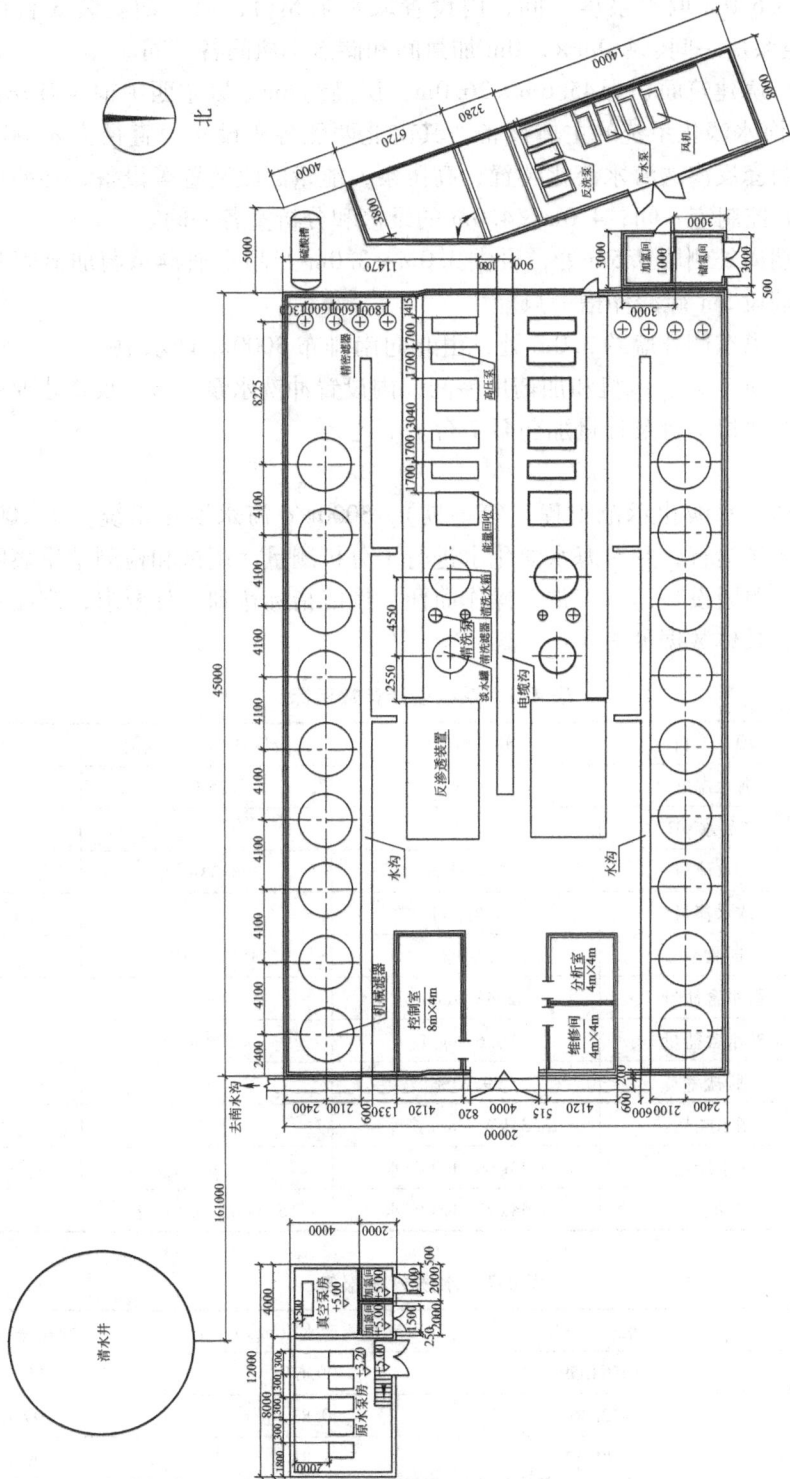

图 4-3　万吨级反渗透海水淡化系统的平面布置

靠海边设置 $\phi 2.8m$、深约 11m 的海水取水井一个，距离主厂房约 180m。在离取水井约 6m 处，设 8.0m×6.0m 取水泵房一间，内设置取水泵 5 台，第一期安装 3 台取水泵。设 4.0m×4.0m 真空泵房一间、4.0m×2.0m 加氯间和储氯钢瓶间各一间。

海水淡化主厂房建筑面积为 45.6m×26.0m，层高约 6m。以东西中轴线对开各布设一套 5000m³/d 反渗透海水淡化系统的主体设备，其南北两侧各布设 9 台直径为 $\phi 200mm$ 的机械滤器，中间布设两套反渗透海水淡化装置、高压泵、能量回收装置等设备，在西端进大门两侧设 8.0m×4.0m 控制室一间，4.0m×4.0m 的维修和分析室各一间。

主厂房东南端离外侧墙 0.5m 处，设供 3.0m×3.0m 产品水消毒杀菌加氯间和储氯钢瓶间各一个，东北端设 5m³ 硫酸储槽一只。

主厂房东面，离东侧外墙约 3.0m 处，由北向南排布 3000m³ 产水池一只，250m³ 浓水池一只，14.0m×6.0m 水泵、风机和加药房一间，内设置冲洗水泵 1 台，反洗水泵 4 台，产水输送泵 3 台，罗茨风机 1 台及计量加药泵 7 台。

4. 调试结果

万吨级反渗透海水淡化示范工程（第一期），5000t/d 海水淡化系统，于 2003 年 11 月初调试成功，投入试运行，并对海水淡化水进行了分析测量。调试和检测结果表明，该系统运行参数稳定，各单元设备运行正常，操作简便，性能指标达到设计要求，产品水符合国家生活饮用水标准。具体数据见表 4-6、表 4-7。

表 4-6　系统运行参数指标

序　号	项　目	实测值	合同或国家标准值	结　果
1	海水温度	14℃	25℃	—
2	产品水 pH	7.2	—	—
3	产水流量	220m³/h	208.33m³/h	超过
4	浓水流量	318m³/h	—	—
5	回收率	40.9%	35%~40%	超过
6	海水含盐量	32648.5mg/L	—	—
7	产水含盐量	89.67mg/L	<500mg/L	优于
8	脱盐率	99.73%	—	—
9	制水能耗	3.31kW·h/t 产水	—	—
10	送水能耗	0.23kW·h/t 产水	—	—
11	总能耗	3.54kW·h/t 产水	5.5kW·h/t 产水	优于

表 4-7　水质分析报告

项　目	海水/(mg/L)	反渗透产水/(mg/L)	脱盐率（%）
K^+、Na^+	10564.59	29.67	99.72
Ca^{2+}	432.46	0.83	99.81
Mg^{2+}	1029.47	1.83	99.82
$Fe_{(总)}$	未检出	未检出	—
HCO_3^-	129.64	5.50	95.76

（续）

项　目	海水/（mg/L）	反渗透产水/（mg/L）	脱盐率（%）
Cl^-	18488.78	41.88	99.77
SO_4^{2-}	1992.00	0.96	99.95
NO_2^-	0.002	—	—
$H_2SiO_3^-$	0.88	0.32	—
CO_3^{2-}	11.59	未检出	—
$COD_{(Mn)}$	2.42	1.22	—
TDS	32648.5	89.67	99.73
电导率/（μS/cm）	45000.0	170.00	—
pH	7.76	5.42	—

5. 成本与效益分析

海水淡化属于水资源开发建设工程。世界各国在对待水资源工程上，政策差别很大。在我国，淡水资源包括地表水、地下水尚未作为有限资源来实现商品化。开发水资源的工程仍作为公益性福利工程来建设，水的成本往往只包含运转费和维修费，很少考虑资源及投资回收、利息等，淡水供水价格普遍不高，亏损由政府补贴，因此目前尚无法直接与市政供水费作比较。

万吨级反渗透海水淡化工程第一期造水成本如下。

1）计算依据：装置生产能力为5000m³/d；一期工程投资2000万元；利率5%；装置开工率90%；电费成本为0.6元/（kW·h）；单位产水能耗为4.0 kW·h/t产水；维修费率（以总投资计）为1.5%；装置及配套设施平均使用寿命15年；反渗透膜元件平均使用寿命为4年；化学试剂和易耗品费用为0.36元/t产水；劳动力费用（三班八人制）为20000元/（年·人）。

2）造水成本：投资成本为1.17元/t产水；电费成本为2.40元/t产水；膜更换费用为0.36元/t产水；维修费用为0.18元/t产水；化学试剂和易耗品费用为0.36元/t产水；劳动力和管理费用为0.13元/t产水；合计4.60元/t产水。

由计算可知，每吨淡化水费用中投资成本占25.4%，电费成本占52.2%，两项合计占造水费用的77.6%。因此要降低造水费用，关键是减低工程投资和能耗。

目前在中东地区、岛屿国家和西方发达国家的沿海城市、岛屿已将反渗透海水淡化技术作为制取饮用水的主要方法。随着反渗透技术及海水淡化产业的不断提高与发展，反渗透膜及工程配套设备的价格也会不断下降。

在我国，反渗透海水淡化技术的推广应用才刚起步，随着科学研究的不断深入和装置国产化率的不断提高，无论是工程投资还是能耗都会不断降低。与此同时，水资源开发及供水将逐步走市场经济的道路，市政给水价格与海水淡化造成的成本之间的差距会逐渐缩小。在现阶段，反渗透海水淡化作为严重缺水地区或岛屿市政供水的补充是完全可行的。

4.2.5 膜污染与处理方法

1. 膜污染

在反渗透膜分离技术实际应用中，不可避免产生膜污染现象，且膜污染问题是影响该技术稳定性的决定因素，因此考察膜污染形成机理、对膜进行清洗是反渗透系统正常运行、防止其发生故障的重要保证。

膜污染是指与膜接触的料液中微粒、胶体粒子或溶质大分子与膜发生物理、化学相互作用或因浓差极化使某些溶质在膜表面的含量超过其溶解度及因机械作用而引起的在膜表面或膜孔内的吸附、沉积造成膜孔径变小或堵塞，使膜产生透过流量与分离特性不可逆变化的现象。污染物尤其是蛋白质等大分子在膜表面和膜孔内的吸附所引起的通量衰减及分离能力的降低，是造成膜通量衰减的主要原因。但膜污染引起的通量衰减又往往和浓差极化现象引起的可逆通量下降混合在一起，使得膜分离效果进一步降低。

反渗透系统在运行过程中，废（污）水中的金属离子、微生物、不易溶解的沉淀、有机污染物、生物粘泥、胶体、油脂等长时间与膜接触，会引起膜污染，使膜的通量及分离性能明显降低、压降升高。其原因主要包括以下几方面。

（1）浓差极化　浓差极化是引起膜表面形成附着层的一个重要因素。液体膜分离过程中，随着透过膜的溶剂（水）到达膜表面的溶质，由于受到膜的截留而积累，使得膜表面溶质含量逐步高于料液主体溶质含量。由于膜表面溶质含量与料液主体溶质含量之差产生了从膜表面向料液主体的溶质扩散传递。当溶质的这种扩散传递通量与随着透过膜的溶剂（水）到达膜表面的溶质主体流动通量完全相等时，上述过程达到不随时间而变化的定常状态。

当溶质是水溶性的大分子时，由于其扩散系数很小造成从膜表面向料液主体的扩散通量很小，因此膜表面的溶质含量显著增高形成不可流动的凝胶层。当溶质是难溶性物质时，膜表面的溶质含量迅速增高并超过其溶解度从而在膜表面上产生结垢层。此外，膜表面的附着层可能是水溶性高分子的吸附层和料液中悬浮物在膜表面上堆积起来的滤饼层。

（2）离子结垢　$CaCO_3$、$CaSO_4$、$BaSO_4$、$SrSO_4$、CaF_2 及 SiO_2 等溶度积较小的盐类，在反渗透过程中可能会因浓缩超过其溶度积而析出，产生沉积物停留在膜表面上及进水通道内形成水垢。如 $CaCO_3$ 的溶度积是 8.7×10^{-9}（25℃）即 $[Ca^{2+}] \cdot [CO_3^{2-}]$ 大于 8.7×10^{-9} 时，$CaCO_3$ 就会沉淀下来。J·H·Bruus 等发现，当从污泥中提取 Ca^{2+} 后，导致小颗粒数量及过滤阻力增加。

（3）金属氧化物沉积　一般含有低价铁离子和锰离子苦咸水范围的某些井水水源具有一定还原性，此类水源造成膜堵的主要原因就是铁、铝、锰等在膜表面产生胶体颗粒污堵。铁发生氧化所需的 pH 较低，使得反渗透系统发生铁污堵现象较频繁。引起膜面上沉积可溶性二价铁和三价铁的相关污染物可能情况为：氧气进入到含二价铁的进水中；高碱度水源形成 $FeCO_3$；铁与硅反应形成难溶性的硅酸铁；受铁还原菌氧化作用影响，将会加剧生物膜滋生和铁垢的沉积；由含铁絮凝剂转变引起的胶体状铁；铁、铝、锰等产生金属污染后，膜的特征表现为产水量降低，压差上升。

（4）生物污泥的生成　当膜表面覆盖生命力旺盛的微生物污泥时，膜所除去的盐类将陷于粘层中，不易被水冲走，为微生物繁殖提供了丰富的营养物质，同时反渗透进水前预处理时加入的阻垢剂（如聚马来酸，氨基三甲基膦酸等）、软水剂等又能促进微生物生长。有机与无机的溶解性物质以及颗粒物，可以通过有效的预处理被去除，但可繁殖的微生物颗粒，经预处理后即使剩余 0.01%，还能利用水中可生物降解的物质进行自身繁殖，这也是生物污泥在任何系统中都会造成污染的主要原因之一。

（5）"水锤"现象　对于反渗透系统，由于设计不恰当及在开始调试阶段装填膜的膜壳内有大量的空气，当待处理液瞬间进入膜壳时，由于空气具有可压缩性，且瞬间不可能完全排尽，当空气在膜壳内达到一定压力时，会突然爆破释放，引起反渗透在膜壳内相互撞击、挤压以及窜动，产生"水锤"现象。在反渗透系统中，水锤的危害在于造成无法恢复的反渗透膜元件损伤。

（6）悬浮颗粒物的污染　当保安过滤器有"短路"或缺陷造成过滤介质、腐蚀碎片及异物（如小芯绒线）等的泄漏或反渗透初次投用冲洗不彻底时，可能使膜元件受到污染，使进水通道堵塞和膜面上形成非晶体沉淀。这种情况较少遇到。

（7）其他因素造成的污染　碳氢化合物和硅酮基的油及脂能覆盖于膜表面，致使膜受到污染；膜的水解、有机溶剂及氧化性物质侵蚀等也会造成膜材料的本质改变。

2. 膜污染的防治

膜污染问题使得膜分离技术的应用领域不能进一步扩大。在压力、流速、温度和料液含量都保持一定的情况下，膜污染使膜组件性能随着时间发生变化，使膜分离技术不能充分发挥其应有效能。如在超滤浓缩蛋白质等高分子溶液过程中，膜的透过流速随时间迅速下降为纯水透过流速的 1/10 乃至 1/100；在反渗透脱盐过程中，当溶液的 pH 很高或很低时，膜透过流速随着时间逐步增大，而盐截留率则会明显降低。因而人们在研制和开发新型分离膜和膜过程技术的同时，对膜过程中所出现的膜污染也开展了大量的研究工作。

膜的污染是指由于在膜表面上形成了滤饼、凝胶及结垢等附着层或膜孔堵塞等外部因素导致了膜性能变化。其具体表现为膜的透过阻力增大造成膜的透过流速显著减小，而膜的截留率随着滤饼层、凝胶层及结垢层等附着层的形成有两种变化趋势，即附着层的存在对溶质具有截留作用，使截留率增高，同时可导致膜表面附近的浓差极化，使表观截留率降低。上述情形与溶质或附着层的类型密切相关。一般而言凝胶层具有较强的溶质截留作用使得截留率增高，而滤饼层或结垢层具有较弱的溶质截留作用，将导致膜表面附近的浓差极化现象严重，使得表观截留率降低。但由于膜面吸附形成的附着层对超滤膜截留率的影响尚不明确，可能因为浓差极化现象严重使得截留率降低，也可能因为吸附层的溶质截留作用增强使得截留率增大。

膜污染在膜过程中是不可避免的，但是通过对膜组件进料进行适当的预处理并采取适宜的操作方法可以减小其影响。防止污染应根据其产生的原因不同，使用不同的方法。具体方法如下：

预处理法——预先除掉使膜性能发生变化的因素，如用调整供给液的 pH 或添加氧化剂的方法来防止化学劣化；预先清除供给液中的微生物，以防止生物性劣化等。这种方法会引起成本的提高。

开发抗污染的膜——开发耐老化或难以引起附生污垢的膜组件，这是最根本的办法。

加大供给液的流速——可防止形成固结层和凝胶层，但需要加大动力。

对于已形成附着层的膜可通过清洗来改善膜分离过程，洗涤法有以下两种：

化学洗涤——根据所形成的附着层的性质，可分别采用 EDTA 和表面活性剂、酶洗涤剂、酸碱洗涤剂等。

物理洗涤——包括泡沫球擦洗、水浸洗、气液清洗、超声波处理（或亚音速处理）和电子振动法等。

（1）选择合适的抗污染膜材　污染物在膜上的吸附是膜、溶剂、污染物之间相互作用的结果，当然还与膜表面性质和膜孔径等因素有关。针对污染质，选择合适的耐污染膜材，可以有效地减少膜对污染物的吸附。研究表明，对蛋白质溶液的分离，膜的亲水性越好则蛋白质污染越小；而对 O/W 型乳化液的处理，亲水膜较疏水膜抗污染。

1）开发新型的抗污染膜材。具有良好的成膜性、热稳定性、化学稳定性、耐酸、碱侵蚀和耐氧化性能的膜材是研究者们一直追求的目标。但单一物质的性质都有其局限性，因此人们常针对一定的处理物系，对膜材料进行改性或对膜表面进行改性，以提高其抗污染性能。

2）膜的表面修饰。Chen 等在蛋白质超滤过程中用阴离子活化剂对超滤膜进行预处理，降低了污染所引起的通量衰减。这是由于阴离子活化剂的加入，改变了蛋白质与膜表面的静电作用，减小了蛋白质的沉积。Hamnza 等在制备聚砜超滤膜时，在膜液中添加不同的大分子作为表面改性剂，用相转化法制备了改性聚砜超滤膜，并用于处理 O/W 型含油乳化废水，结果表明改性聚砜超滤膜较未改性膜性能优越，改性膜表面凝胶层阻力相对减小。

3）开发复合分离膜。Faibish 等在氧化锆陶瓷膜表面接枝乙烯基吡咯烷酮，制备了陶瓷聚合物（CSP）抗污染超滤膜，其膜孔径减小了 25%~28%，并用来处理 O/W 型含油乳化液，提高了对乳化油的截留率，有效地降低了污染物在膜上的沉积。

4）制备共混膜。共混通常是为了克服某材料在某一性能上的不足，而加进一种或多种物质，制备出综合性能较好的膜，是目前膜科学工作者研究的热点之一。郝继华等研制了氯甲基化/季铵化聚砜与聚偏氟乙烯共混超滤膜，并用于阴极电泳漆超滤系统，具有较好的抗污染性能。

（2）选择适宜孔径的膜　对膜孔径的选择，应根据所处理物系的特点及所要达到的截留率来确定。对较大孔径的膜，尽管其初始通量较大，但通量衰减较快，易受到膜污染。因此对膜孔径的选择应比要求截留的分子要小，这样能获得较好的处理效果，还可减少溶质在膜孔上的吸附和堵塞所造成的污染。但孔径越小，流体阻力越大，通量越小。因此实际操作过程中还要综合考虑二者的关系，以选择合适的膜材和孔径。

（3）对原料液进行预处理　预处理是指在原料液过滤前向其中加入适当的药剂，以改变料液或溶质的性质，或对其进行絮凝、过滤，以去除一些较大的悬浮粒子或胶状物质，或者调整料液的 pH 以去除给膜带来污染的物质，从而减轻膜过程的负荷和污染。采用预处理方法时，应根据料液的性质以及膜材的性质来选择处理方法。对含难溶盐的料液可采用预沉、加化学阻垢剂或分散剂等方法；在高粘度料液的过滤中，加入适当的药剂以降低料液的粘度，改善其流动性能，提高过滤效果；对含悬浮微粒或胶状物的料液可采用砂滤、微滤或加混凝剂、絮凝剂等方法；对富含微生物的料液可添加杀菌剂或先进行紫外杀菌以免微生物对膜的污染和侵蚀。

（4）设计抗污染的膜组件　在膜组件设计中，设计合理的流道结构，使被截留物质及时被水带走，同时减小流道截面积，以增加流速，使流体处于湍流状态。对平板膜，通常采用薄层流道。对管式膜组件，可设计成套管。此外，应注意减少设备结构中的死角，以防止污染物质的聚集。在膜器设计中可结合所要采用的强化措施（如湍动器、旋转装置的设计，外加场的引入等）来对整个膜组件进行优化。

（5）强化过滤操作

1）改善膜面的流体力学条件。提高料液流速或使用湍流促进器或使用脉冲流技术等可以改善膜面料液的水力学条件，减小膜面流体边界层厚度，降低浓差极化，延缓凝胶层的形成，减小膜污染。

湍流流动——控制浓差极化和膜污染最简单的办法就是提高流速，使流体处于湍流状态。湍流流动与层流流动相比，在膜面附近边界层内可提供较大的剪切力，流体微团的脉动可减少颗粒和溶质在膜面的沉积，减轻膜污染。

非稳定流动——非稳定（流体）流动是指在流动系统中，流体的流速、压强等物理量随空间和时间的变化。流体的非稳定流动可以加快质量传递过程，有效控制浓差极化和膜污染，对过滤过程具有强化作用。流体的非稳定流动是一种强化效果较好的操作方式。实现这一过程的操作方式主要有设置湍流促进器、提供脉冲压力，采用脉动流或采用旋转动态膜技术等。

2）气液两相流技术。为了强化膜过滤过程中的界面传质效果，可以在料液中通入气体。研究表明在中空纤维超滤膜中喷射空气，可以防止料液中悬浮粒子的沉积，稳定过滤操作，提高过滤效率。

3）外加场强化过滤。外加场包括电场、超声等。外加电场或超声对某些料液的超滤能起到强化作用，可有效控制膜污染。

电场超滤技术——料液中的胶体及悬浮粒子具有较高的表面电性，容易在膜表面吸附，造成膜污染。若在过滤过程中施加电场，带电微粒在电场作用下会发生迁移，减少在膜面上的沉积，提高过滤效果。Nameri 等用静态湍流促进器和电场相结合的方法来强化超滤，使浓差极化和膜污染得到了有效控制。Zumbush 等用电超滤法进行了牛血清蛋白的超滤试验，发现施加交流电场可以减小超滤过程中的膜污染，增大滤液通量。其作用效果与电场频率、电场强度、电导率、蛋白质含量以及膜材等有关，且低频率高电场强度可以获得较佳的电场超滤效果。

超声强化超滤技术——Kobayashi 等用聚砜超滤膜过滤蛋白胨时，在超声频率为 28kHz、功率为 8～33W 范围内研究了超声对超滤过程的影响。结果表明超声能有效去除蛋白胨对聚砜膜的污染，强化超滤过程。C·Hai 等在不同的超声频率和功率下对蛋白胨超滤的研究也说明超声具有在线防垢作用。

4）其他操作条件的选择。选择适当的溶液温度、pH、流速及操作压力等可减少膜污染，强化超滤过程。适当提高原料液温度，可以减小溶液粘度，增大扩散系数，提高过滤通量。在含蛋白质的料液过滤中通过对预处理及超滤过程中溶液 pH 的控制，来减小蛋白质对膜的污染。增加膜面流速可以减小污染物在膜面的沉积。一般，压力增加，透液速率增加，将导致浓差极化增加，当膜面含量达到饱和含量时，会开始析出形成凝胶层，从而使膜的透液速率大大减小。因此，较佳的操作压力控制在超滤膜透水速率变得与静压力无关而凝胶层刚开始形成时所对应的压力。因为此时再增加压力只会增加凝胶层厚度和致密性，而不会增加透水率。

4.3　纳滤膜材料

4.3.1　概述

纳滤（NanoFiltration，NF）膜的研制与应用较反渗透膜大约晚 20 年。纳滤（NF）膜早期称为松散反渗透（Loose RO）膜，是 20 世纪 80 年代初继典型的反渗透（RO）复合膜之后开发出来的。后来美国的 Filmtec 公司把这种膜技术称为纳滤，一直沿用至今。之后，纳滤技术发展得很快，膜组件于 20 世纪 80 年代中期商品化。目前，纳滤技术已成为世界膜分离领域研究的热点之一。

NF 膜介于 RO 与 UF 膜之间，对 NaCl 的脱除率在 90% 以下，RO 膜几乎对所有的溶质都有很高的脱除率，但 NF 膜只对特定的溶质具有高脱除率；NF 膜主要去除直径为 1nm 左右的溶质粒子，截留相对分子质量为 200~1000，在饮用水领域主要用于脱除三卤甲烷中间体、异味、色度、农药、合成洗涤剂、可溶性有机物、Ca、Mg 等硬度成分及蒸发残留物质。

1. 纳滤膜的原理

与超滤及反渗透等膜分离过程一样，纳滤也是以压力差为推动力的膜分离过程，是一个不可逆过程。其分离机制可以运用电荷模型（空间电荷模型和固定电荷模型）、细孔模型以及近年来才提出的静电排斥和立体阻碍模型等来描述。与其他膜分离过程比较，纳滤的一个优点是能截留透过超滤膜的小相对分子质量的有机物，又能透析反渗透膜所截留的部分无机盐——也就是能使"浓缩"与脱盐同步进行。

NF 膜分离需要的跨膜压差一般为 0.5~2.0MPa，比用反渗透膜达到同样的渗透能量所必须施加的压差低 0.5~3MPa。在同等的外加压力下，纳滤的通量要比反渗透大得多，而在通量一定时，纳滤所需的压力则比反渗透低很多。所以用纳滤代替反渗透时，"浓缩"过程可更有效、更快速地进行，并达到较大的"浓缩"倍数。一般来讲，在使用纳滤膜进行的膜分离过程中，溶液中各种溶质的截留率有如下规律：

1）随着摩尔质量的增加而增加。

2）在给定进料含量的情况下，随着跨膜压差的增加而增加。

3）在给定压力的情况下，随着含量的增加而下降。

4）对于阴离子来说，按 NO_3^-、Cl^-、OH^-、SO_4^{2-}、CO_4^{2-} 顺序上升。

5）对于阳离子来说，按 H^+、Na^+、K^+、Ca^{2+}、Mg^{2+}、Cu^{2+} 顺序上升。

2. 纳滤膜的特点

纳滤膜是 20 世纪 80 年代末期问世的新型分离膜。它有两个显著特征：一个是其所截留的物质的相对分子质量介于反渗透膜和超滤膜之间，约为 200~1000；另一个是因为纳滤膜表面分离层由聚电解质所构成，对不同价态的离子存在 Donnan 效应，而使得它对无机电解质具有一定的截留率。根据其第一个特征，推测纳滤膜可能拥有 1nm 左右的微孔结构，故称之为"纳滤"。从结构上来看，纳滤膜大多是复合型膜，即膜的表面分离层和它的支撑层的化学组成不同。

到目前为止，对纳滤膜的准确定义、机制、特征等的认识还远远不充分。学术界比较统一的解释纳滤膜的定义包括以下七个方面：

1）纳滤膜介于反渗透和超滤膜之间，其膜表面分离皮层可能具有纳米级微孔结构。

2）相对于反渗透膜 NaCl 的脱除率均在 95% 以上，一般将 NaCl 脱除率为 90% 以下的膜均可称为纳滤膜。

3）反渗透膜几乎对所有溶质都有很高的脱除率，而纳滤膜只对特定的溶质具有脱除率。

4）纳滤膜孔径在 1nm 以上，一般 1~2nm。

5）主要去除 1nm 左右的溶质粒子，截留相对分子质量为 200～1000。

6）反渗透膜几乎均为聚酰胺材质，而纳滤膜材料可采用多种材质，如醋酸纤维素、醋酸-三醋酸纤维素、磺化聚砜、磺化聚醚砜、芳香聚酰胺复合材料和无机材料等。

7）一般纳滤膜的表面形成高聚物电解质，因而常常有较强的负电荷性。

4.3.2 纳滤膜在水处理中的应用

美国、日本及欧洲的一些发达国家自 20 世纪 50 年代开始研究反渗透膜水处理技术，至 20 世纪 70 年代逐步形成产业化。国内以国家海洋局杭州水处理技术研究开发中心为代表的研究机构自 20 世纪 60 年代起开始对分离膜用于膜工业过程进行研究开发。1995 年，辽宁原 8271 厂首次在国内引进复合反渗透膜及膜元件的生产线，揭开了国产反渗透膜工业化生产的进程。此后，无锡海洋膜工程有限公司、汇通源泉环境科技有限公司、杭州北斗星制膜有限公司、河北阿欧环境技术有限公司等企业相继投入反渗透膜的生产线。目前，纳滤膜的主要发展方向在于提高膜的通量，提高脱盐率（或分离效率），降低操作压力，提高耐氧化、耐生物及抗污染能力。

鉴于纳滤膜特殊的传质分离特性，R·Rautenbach 等把纳滤膜的应用归纳为 3 个方面：对单价盐截留率的要求并不是很高的场合；对不同价态离子的分离；对分子质量相对较高和相对较低的有机物的分离。

1. 对地下水的处理

膜软化水主要是利用纳滤膜对不同价态离子的选择透过特性而实现对水的软化。膜软化在去硬度的同时，还可以去除其中的浊度、色度和有机物，其出水水质明显优于其他软化工艺。而且膜软化具有无须再生、无污染产生、操作简单、占地面积小等优点，具有明显的社会效益和经济效益。膜软化在美国已很普遍，佛罗里达州近 10 多年来新的软化水厂都采用膜法软化，代替常规的石灰软化和离子交换过程。近几年来，随着纳滤性能的不断提高，纳滤膜组件的价格不断下降，膜软化法在投资、操作、维护等方面已优于或接近于常规法。典型工艺流程如图 4-4 所示。

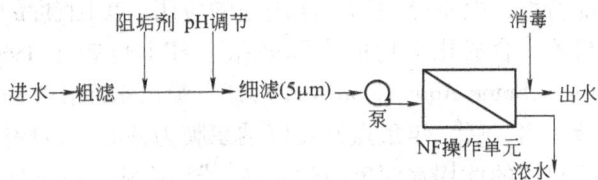

图 4-4　纳滤膜法软化地下水工艺流程

2. 工业废水处理中的应用

用纳滤处理废水是一种非常有效而且环保的选择，它可以有效降低废水中的污染物含量，经过纳滤处理的废水甚至可以回收利用，这在水资源逐渐匮乏的今天是十分引人注目的。

（1）电镀废水处理　Salzgitter Flachstahl 电镀厂采用膜技术处理镀锌废水，回收其中的 Zn^{2+} 和 H_2SO_4。处理设备包括预过滤，3 个 UF 单元（$3 \times 14\ m^2$）和 3 个连续 NF 中单元（$270\ m^2$）。试验表明：NF 阶段的渗透通量为 32.5 L/($m^2 \cdot h$)，锌离子截留率为 99.2%，铁离子截留率为 99.8%，而 H_2SO_4 的截留率低于 30%，浓缩液中锌离子的质量浓度大于 20g/L，而 H_2SO_4 的回收率为 70%。达到了设计要求。

（2）纺织印染废水处理　纳滤膜已经被应用在纺织废水的处理过程中。C·Tang 等使用纳滤膜处理被高含量无机盐所染色的纺织废水，在操作压力为 500kPa 条件下，通量可以达到很高而且染料的截留率超过98%，对 NaCl 的截留却不超过14%，因此，可以实现废水的回收利用。

（3）染料制造业废水的处理　染料制造业的废水中含有很多有毒的有机残留物，然而，由于废水中所含物质的可变性，用传统方法处理的污水往往不能达到排放标准。另外，这些方法处理费用往往很高。早在1973年，就有人用反渗透膜处理直接染料和酸性染料废水获得成功。由于染料废水中盐和染料含量高，造成反渗透膜损耗大、能耗高，但纳滤可以克服这些缺点，因此，NF 和 RO 结合的膜集成处理方法应运而生。试验表明：采用 NF 和 RO 结合的膜集成工艺处理某染料生产废水，COD 截留率大于98.4%，色度截留率大于99.6%，对 R. Y. 145 和 R. B. 5 两种染料的截留率分别是96.6% 和53.2%。NF-RO 膜集成法极大地增加了污水的回收效率，废水中的染料可回收，使污水达到了排放标准。同时，NF-RO 膜集成法巧妙解决了 RO 膜低通量和 NF 膜低分离性的问题。

（4）食品工业废水　酿造业是17个污染危害最大的行业之一，每升酒精将产生8~15L 高 COD、高色度的废水。Sanna 等采用 NF-RO 联用技术处理酒糟废水，试验表明 NF 对色度的去除率为99.8%，COD 的去除率达到99.99%，产水经过 RO 处理后回用。Li 等采用 UF-NF 集成技术从制酪乳清废水中回收有用成分，研究表明乳糖的回收率为99%~100%，乳酸的回收率为65%。

3. 饮用水中有害物质的脱除

传统的饮用水处理主要通过絮凝、沉降、砂滤和加氯消毒来去除水中的悬浮物和细菌，而对各种溶解性化学物质的脱除作用很小。随着水源的环境污染加剧和各国饮水标准的提高，可脱除各种有机物和有害化学物质的"饮用水深度处理"日益受到人们的重视。目前的深度处理方法主要有活性炭吸附、臭氧处理和膜分离。膜分离中的微滤（NF）和超滤（UF）因不能脱除各种低分子物质，故单独使用时不能称为深度处理。纳滤膜由于本身的性能特点，故十分适用于此用途的应用。美国食品与医药局曾用大型装置证实了纳滤膜脱除有机物、合成化学物的实际效果。日本也曾于1991~1996年组织国家攻关项目"MAC21"（Membrane Aqua Century21）开发膜法水净化系统。该项目的前三年侧重于微滤/超滤膜的固液分离，后三年重点开发以纳滤膜为核心，以脱除砂滤法不能脱除的溶解性微量有机污染物为目的的饮用水深度净化系统。法国 Mery-Sur-Oise 饮用水处理示范厂由于用臭氧加活性炭处理的河水仍不能满足饮用水（TOC 的质量浓度小于 2mg/L）的要求，于是采用 NF 膜对饮用水进行深度处理，工艺流程如下：河水—取水池—澄清—臭氧—絮凝—双层过滤—中间水池—低压泵—保安滤器—高压泵—NF-UV—与生化处理水混合—给水水池。经 NF 膜处理后，地表水中 TOC 量平均减少到 0.5mg/L，这样不仅可以增加配水期间氯的稳定性，降低氯含量使 THMs 含量降低约50%，还可以减少生物所能分解的有机碳（BOC），增加水的生物稳定性，降低配水期间的微生物含量。大量工业装置的运行实践表明，纳滤膜可用于脱除河水及地下水中含有三卤甲烷中间体 THM（加氯消毒时的副产物为致癌物质）、低分子有机物、农药、异味物质、硝酸盐、硫酸盐、氟、硼、砷等有害物质。

纳滤膜由于截留分子质量介于超滤与反渗透之间，同时还存在 Donnan 效应，故对低分子质量有机物和盐的分离有很好的效果，并具有不影响分离物质生物活性、节能、无公害等特点，在各行业得到日益广泛的运用。自问世以来，纳滤技术在理论和实际应用研究上取得了重大进展，但纳滤膜在实际应用中还存在着膜易受污染，耐用性差等问题。这些是目前膜分离技术的基本问题，也是纳滤膜法水处理技术应用受限的主要原因。目前，通过对原水进行预处理，优化工艺设计和运行条件等，可以有效减轻膜污染，延长膜的使用寿命。另外，纳滤膜的截留机理仍在探索阶段，这也影响着纳滤膜的材料选择和性能优化。

4.4 超滤膜材料

超滤（UltraFiltration，简称 UF）现象在 150 多年前被发现，最早使用的超滤膜是天然的动物脏器薄膜。早在 1861 年 Schmidt 首次公开了用牛心包膜截留可溶性阿拉伯胶的试验结果，堪称世界上第一次进行的超滤试验，但超滤一直作为一项试验工具而未得到发展。到了 1960 年，在 Loeb-Sourirajan 试制成功不对称反渗透醋酸纤维素（CA）膜的影响下，1963 年 Michaels 开发了不同孔径的不对称醋酸纤维素超滤膜。从 1965 年开始，不断有新的高聚物超滤膜品种问世，并很快商品化。超滤技术从 20 世纪 70 年代进入工业应用的快速发展阶段，20 世纪 80 年代建立了大规模的工业生产装置。

超滤膜材料已从最初的醋酸纤维素（CA）扩大到聚苯乙烯（PS）、聚偏氟乙烯（PVDF）、聚碳酸酯（PC）、聚丙烯腈（PAN）、聚醚砜（PES）和 NY 尼龙等。截留相对分子质量为 $10^3 \sim 10^6$，孔径为 $1 \sim 100nm$，形式包括有实验室型、板式、管式、中空纤维式和卷式。为了提高超滤膜的抗污染性、热稳定性和化学稳定性，还相继开发了耐热、耐溶剂的高分子膜。此外，无机超滤膜的开发应用也得到了迅速发展。由于超滤法具有相态不变、无需加热、设备简单、占地面积小、能量消耗低等明显优点和操作压力低、泵与管对材料要求不高等特点，因此，从研究转向实际应用很快，近年来销售量迅速增长。目前，超滤广泛用于电子、电泳漆、饮料、食品化工、医药、医疗用人工肾和环保废水处理及回收利用等各个领域。超滤公司从开始的 Amicon 发展到如今的几十家。由此可见，近 30 年来，超滤技术在工业上迅速得到大规模应用，并已成为当今世界膜分离技术领域中独树一帜的重要的单元操作技术。

4.4.1 超滤膜材料及其制备方法

1. 超滤的基本原理

人们根据超滤膜的孔径分布，认为超滤过程是一种机械筛分过程。如图 4-5 所示，在静压差为推动力的作用下，原料液中溶剂和小溶质粒子从高压的料液侧透过膜到低压侧，一般称为滤出液或透过液，而大粒子组分被膜所阻挡，使它们在滤剩液中含量增大。按照这样的分离机理，超滤膜具有选择性表面层的主要因素是形成具有一定大小和形状的孔，聚合物的化学性质对膜的分离特性影响不大。

超滤属于压力驱动型膜分离技术，其操作静压差一般为 $0.1 \sim 0.5MPa$，被分离组分的直径大约为 $0.01 \sim 0.1\mu m$，这相当于光学显微镜的分辨极限，一般被分离的对象是相对分子质量为 $500 \sim 1000000$ 的大分子和胶体粒子，这种液体的渗透膜压很小，

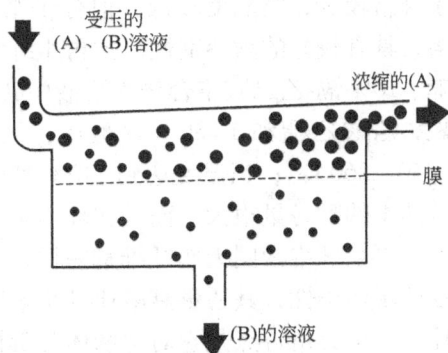

图 4-5 超滤工作原理示意图

可以忽略，常用非对称膜，膜孔径为 $10^{-3} \sim 10^{-1} \mu m$，膜表面的有效截留层厚度较小（$0.1 \sim 10 \mu m$）。

超滤主要用于从液相物质中分离大分子化合物（蛋白质，核酸聚合物、淀粉、天然胶、酶等）、胶体分散液（黏土、颜料、矿物料、乳液粒子、微生物）、乳液（润滑脂-洗涤剂以及油-水乳液）。采用先与适合的大分子复合的办法时，也可用超滤分离低相对分子质量溶质，从而达到某些含有各种小相对分子质量可溶性溶质和高分子物质（如蛋白质、酶、病毒）等的溶液的浓缩、分离、提纯和净化。

2. 超滤膜材料及其制备方法

制作超滤膜的材料很多，早期的超滤膜以醋酸纤维酯为材料。这种材料价格低、成膜性能好，至今仍有重要用途。非醋酸纤维素超滤膜材料，有聚砜、聚丙烯腈、聚碳酸酯、聚氯乙烯、芳香聚酰胺、聚酰亚胺、聚四氟乙烯、聚偏氟乙烯和高分子电解质复合体等。目前已商品化且较常用的有十几种材料，处于实验室阶段的则更多。

超滤膜为多孔膜，可分为对称膜和非对称膜。前一种超滤膜透过滤液的流量小，后者较大且不易被堵塞。

超滤膜按照原料种类可分为有机高分子材料超滤膜和无机材料超滤膜。目前，工业上常用的有机超滤膜材料主要有乙酸纤维、聚砜、芳香聚酰胺、聚丙烯、聚乙烯、聚碳酸酯和尼龙等高分子材料，可根据不同要求选择使用；而以氧化铝为主要成分的无机超滤膜也具有较好的应用前景。

（1）超滤膜材料

1）有机高分子材料。用于制备超滤膜的有机高分子材料主要来自两个方面。其一，由天然高分子材料改性而得，如纤维素衍生物类、壳聚糖等；其二，由有机单体经过高分子聚合反应而制备的合成高分子材料，这种材料品种多、应用广，主要有聚砜类、乙烯类聚合物、含氟材料类等。

纤维素衍生物类——早期的超滤膜以醋酸纤维酯为材料，这种材料价格低、成膜性能好，至今仍有重要用途。其中最常用的纤维素衍生物有二醋酸纤维素（CA）、三醋酸纤维素（CTA）等。此外，一些混合纤维素也用于制作超滤膜，如二醋酸纤维素与硝酸纤维素的混合纤维素等。

再生纤维素类——再生纤维素是将天然纤维素通过化学方法溶解后再沉淀析出的纤维素，也称为纤维素Ⅱ。它不同于天然纤维素之处在于相对分子质量（或聚合度）较低，分子缠结较少，结晶度较低，但分子结构与纤维素相同。再生纤维素在大多数有机溶剂中不溶，具有较好的耐溶剂性。如再生纤维素在各种醇类、丙酮、甲苯、二甲基甲酰胺、四氢呋喃、10%镉-乙二胺络合物水溶液中，使用几个月均未发现任何异常现象，也不溶于三氯甲烷，乙酸乙酯和 1mol/L 盐酸中；微溶于 1mol/L NaOH 溶液中；具有较高的玻璃化温度（$240 \sim 260\,℃$）；当温度达到 240℃时开始热分解。再生纤维素的基本原材料是纤维素，它在自然中的贮备量很大，而且在环境中可生物降解，对环境污染少。

再生纤维素同天然纤维素一样，具有好的亲水性，因此对蛋白质的吸附较低，表现出较强的耐污染性，其通量衰减比纤维素膜要低，清洗后的通量接近原来的值。和其他聚合物相比，一个突出特点是它对生物体无毒性，具有良好的生物相容性，可以广泛用于食品、化妆品等领域。

聚砜类——聚砜以优异的化学稳定性、宽的 pH 值使用范围和良好的耐热性能、酸碱稳定性，以及较高的抗氧化、抗氯性能而被广泛用于超滤膜的制作。芳香族聚砜有较高的相对分子质量，因而适合制作超滤膜或微滤膜。

聚砜是目前的主要超滤膜材料，其中聚砜、聚芳砜、聚醚砜已经商品化，聚苯砜尚未商品化，下面重点介绍聚砜酰胺（PSA）。

聚砜酰胺学名为聚苯砜二甲酰胺，简称 PSA，它具有耐高温（约 125℃）、耐酸碱（pH = 2 ~ 10.3）、耐有机溶剂（除耐乙醇、丙酮、醋酸乙酯、醋酸丁酯外，还耐苯、醚及烷烃等多种溶剂）等特性，可以对水和非水溶剂兼用，既可过滤油剂，又可过滤水剂。PSA 可用浇铸法成膜，铸膜液中常用的溶剂有二甲基乙酰胺（DMAC）、N-甲基吡咯烷酮（NMP），其中 PSA 的质量分数约为 12%。在铸膜液中，可加入某些无机盐或有机试剂作添加剂，以达到调节膜孔径的目的。

聚砜酰胺的密度为 $1.2 ~ 1.3 g/cm^3$，具有优良的耐热、耐酸碱和抗氧化性。其结构中的砜基提供了良好的抗氧化性，酰胺基团则增加了分子链之间的作用力，使其力学性能提高，因而兼具聚砜和聚酰胺两者的特性。PSA 可溶于二甲基甲酰胺（DMF）、二甲基乙酰胺（DMAC）、N-甲基吡咯烷酮（NMP）等溶剂。由于在 PSA 主链结构中含有酰胺基团，因此也可以将其归为聚酰胺（PA，尼龙）类材料。其他常用的聚酰胺类聚合物还有：聚己内酰胺（PA6，尼龙 6）、聚己二酰己二胺（PA66，尼龙 66）和芳香族聚酰胺等。一般 PSA 可由 4，4′-二氨基二苯砜与己二酸通过高温缩聚制得，也可与己二酰氯通过低温缩聚制备。

2）无机材料类。无机膜材料主要分为致密材料和微孔材料两类。致密材料包括致密金属材料和氧化物电解质材料。分离机理是通过溶解—扩散或离子传递机理进行的，致密材料的突出特点是对某种气体具有高的选择性。致密材料由于渗透通量小，没有达到一定的渗透通量，在工业上用于分离或反应是没有意义的。因此，多孔膜材料的开发研究就显得更为重要，受到特别的关注。作为超滤膜使用的无机材料主要是微孔无机材料，有多孔金属、多孔陶瓷膜和分子筛三种材料。

多孔金属——由多孔金属材料制成的多孔金属膜，包括 Ag 膜、Ni 膜、Ti 膜及不锈钢膜等，目前已有商品出售。其孔径范围一般为 200 ~ 500nm，厚度 50 ~ 70μm，孔隙率可达 60%。多孔金属膜孔径较大，在工业上用作微孔过滤膜和动态膜的载体。由于这些材料的价格较高，在工业上大规模使用还受到限制，但作为膜反应器材料，其催化和分离的双重性能正在受到重视。

多孔陶瓷膜——20 世纪 80 年代以来，陶瓷作为功能材料的开发利用令人瞩目，多孔陶瓷膜是目前最引人注目，也是最具有应用前景的一类无机膜。常用的多孔陶瓷膜有 Al_2O_3、SiO_2、ZrO_2 和 TiO_2 膜等。其有两大优点：一是耐高温，除玻璃膜外，大多数陶瓷膜可在 1000 ~ 1300℃高温下使用；二是耐腐蚀（包括化学的及生物的），陶瓷膜一般比金属膜更耐酸腐蚀，而且与金属膜的单一均匀结构不同，多孔陶瓷膜根据孔径的不同，可有多层、超薄表层的不对称复合结构。目前，孔径为 4 ~ 5000nm 的多孔 Al_2O_3 膜、ZrO_2 膜及玻璃膜均已商品化，都可以大规模地供应市场，构型有片状、管状及多通道状。其他材料的陶瓷膜，如 TiO_2 膜、SiC 膜及云母膜等，也有研究和实验室规模应用的报道。特别是 20 世纪 80 年代中期，多孔陶瓷膜制备技术有了新的突破，荷兰 Twente 大学采用溶胶-凝胶法制备出具有不对称结构的微孔陶瓷膜。这种微孔膜孔径可达 3.0nm 以下，孔隙率超过 50%，表层膜厚20μm。就其孔径而言，它可作为微滤膜，也可作为超滤膜使用。由多孔陶瓷制得的超滤膜，用于气体分离，已成为有机膜的有力竞争对手，并将在涉及高温及腐蚀过程（如食品加工、催化反应等）中发挥更为重要的作用。这种无机膜材料问世后，立即引起世界各国产业部门和学术界的重视。国内不少研究单位和高等学校正在大力开展这一领域的研究工作。另外，由于这类膜材料又是常用的催化剂载体，自身就对某些反应具有催化作用，这给膜催化研究提供了一个更加有利的条件，因此在膜反应器研究方面也被认为是最有希望的一类膜材料。

分子筛——分子筛膜是具有与分子大小相当且均匀一致的孔径、离子交换性能、高温热稳定性、优良的择形催化性能，易被改性，以及具有多种不同的类型与不同的结构可供选择，是理想的膜分离和膜催化材料，是近年竞相研究开发的热点。分子筛每个晶胞结构中都有笼，这些笼的窗口构成分子筛的孔。由于分子筛的孔径可在 1.0nm 以下，使气体分离的选择性大大提高，为气体分离提供了应用前景。另外，分子筛中硅铝比可以调节，硅或铝原子还能被其他原子代替，因此可以根据不同要求制备不同种类的分子筛膜。

无机膜是固态膜的一种，其表层结构可分为多孔膜和致密膜两大类。作为超滤膜使用的无机膜一般是孔径为几纳米至 100nm 的多孔膜。已商品化的有 ZrO_2、Al_2O_3 和玻璃等材料制成的无机超滤膜，见表4-8。在这些材料中，以多孔陶瓷膜最为引人注目。

表4-8　用于液体超滤分离的无机膜产品及性质

膜 材 料	载 体	膜孔径/nm	膜 构 型
ZrO_2	C	3	管状
ZrO_2（动态膜）	Al_2O_3	约10	管状
Al_2O_3	Al_2O_3	4~100	多孔道形
Al_2O_3	Al_2O_3	25	片状
玻璃（90% SiO_2）	—	4~50	管状/片状

多孔金属膜由于孔径较大，可在工业上用作微孔过滤膜和动态膜的载体。分子筛也可用于制作复合膜的载体。

（2）超滤膜材料的制备　总体上说，超滤膜制造工艺的难度并不亚于反渗透膜的制造工艺。合格的超滤膜，是无缺陷的。此外，还要有严格合适的孔径尺寸、孔径均一性、孔隙率。因此，如何在制膜工艺上严格控制生产条件以消除缺陷，制备满足上述要求的超滤膜，是一个技术很高的研究课题。由于超滤膜的制备方法较多，再加上不同的膜材料需要不同的工艺和工艺参数，因此，选择合理的制膜工艺和最佳的工艺参数，是制作出的膜性能优良的重要保证。

（3）有机高分子超滤膜的制备

相转化法：相转化法根据制膜过程中，溶剂及添加剂去除方法的不同，又分为溶剂蒸发凝胶法、浸渍凝胶法、温差凝胶法和溶出法等。

溶剂蒸发法：将预处理的聚合物与溶剂及添加剂配成铸膜液，通常由真溶剂（良性溶剂）、溶胀剂（不良溶剂）和非溶剂（致孔剂或添加剂）等组合而成。真溶剂用于溶解聚合物；溶胀剂不能单独用于溶解聚合物，只有与真溶剂混合使用才有溶解聚合物的作用；致孔剂或添加剂一般没有溶解作用，只能与混合溶剂混溶并起致孔作用。

浸渍凝胶法：是目前商品化超滤膜的主要制备方法。与溶剂蒸发法不同，铸膜液的溶剂不是完全靠挥发液体交换出来，从溶胶中去除的，而是将铸膜液薄层浸入水或其他凝固液中，使溶剂与凝固液立即相互扩散，急速发生相分离，形成凝胶。待凝胶层中剩余溶剂和添加剂进一步被凝固液中的液体交换出来后，就形成多孔膜。浸渍凝胶法制超滤膜的过程大致分为七个步骤：将制膜材料溶入特定的溶剂中，根据需要加入相应的添加剂；通过搅拌使膜材料溶解成均匀的制膜液；过滤除去未溶解的杂质；脱气；膜成型，用流延法制成平板形、圆管形，用纺丝法制成中空纤维型；使膜中的溶剂部分蒸发或不蒸发；将成型的膜浸渍于对膜材料是非溶剂的液体（通常是水）中，液态膜便凝胶固化而成为固态膜。

温差凝胶法：对在高温下才互溶的聚合物和增塑剂，先进行加热使之融合。再以此溶液流延或挤出成膜层后使之冷却。当温度下降到某一温度时，溶液中聚合物链相互作用而形成凝胶结构。最后相分离而成细孔。用萃取液除去增塑剂，可制得对称结构的多孔膜。

溶出法：将制膜基材与某些可溶出性高分子混合，用溶剂溶解制成铸膜液。成膜后，用水或有机溶剂将可溶性聚合物溶出，从而得到多孔膜。

复合膜法：一般来说，不对称复合膜是将一个薄的致密层直接支撑在多孔亚层上，皮层和亚层由不同的（聚合物）材料制成。复合膜的优点是可以分别选用适当的皮层和亚层，并使之在选择性、渗透性、化学和热稳定性等方面得到优化。常用相转化法制备多孔亚层，皮层则用难以在相转化法中使用的材料制备。具体来说，可采用溶液涂敷（浸涂、喷涂和旋转涂敷）、界面聚合、原位聚合、等离子聚合、接枝等方法在一个支撑体上沉积一个（超）薄层。除了溶液涂敷（浸涂、旋转涂敷和喷涂）外，其他几种方法都是通过聚合反应来完成的。为增强膜的力学强度，常将平板型超滤膜做在织物、无纺布或耐水滤纸上。

（4）无机超滤膜的制备　无机超滤膜的结构常为三明治式的，顶层为极薄的微孔分离膜层，一般为 $10 \sim 20 \mu m$，也有薄到 $5 \mu m$ 的；载体层较厚，约几毫米，以提供必要的力学强度、孔径分布和膜渗透量；中间为过渡层，位于顶层与载体层之间，可以是一层或多层，厚度为 $20 \sim 50 \mu m$。整个膜的孔径分布由载体层到顶层逐渐减小，形成不对称的分布。制备这种不对称结构无机超滤膜的主要方法有固体粒子烧结法、溶胶-凝胶法。此外，还可以通过阳极氧化法、动态膜法、相分离-沥滤法、薄膜沉积法、水热法等方法来制备。

固体粒子烧结法——固体粒子烧结法是将无机粉料粒度为 $0.1 \sim 10 \mu m$ 的微小颗粒或超细颗粒与适当的介质混合分散形成稳定的悬浮液，成形后制成生坯，再经干燥，然后在 $1000 \sim 1600 ℃$ 的高温下进行烧结处理，这种方法可以制备微孔陶瓷膜或陶瓷膜载体。

溶胶-凝胶法——溶胶-凝胶法是合成无机超滤膜的一种重要方法。它可以制得孔径为 $1.0 \sim 5.0 \mu m$、孔径分布窄的陶瓷膜，还可制得许多单组分和多组分金属氧化物陶瓷膜。根据起始原料和溶胶方法的不同，溶胶-凝胶法又可分为胶体凝胶法和聚合凝胶法（分子聚合法）。

阳极氧化法——阳极氧化法是制备多孔 Al_2O_3 膜的重要方法之一。其特点是，制得的膜孔径是同向的，几乎互相平行并垂直于膜表面，这是其他方法难以达到的。

4.4.2　超滤膜的应用

超滤膜的典型应用是从溶液中分离大分子物质和胶体，所能节流的溶质相对分子质量范围为 500 ~ 100 万。自 20 世纪 60 年代以来，超滤很快从试验规模的分离手段发展为重要的工业单元操作技术，它已广泛用于食品、医药、工业废水处理、超纯水制备及生物技术工业，其中最重要的是食品工业，乳清处理是其最大市场；在工业废水处理方面应用得最普遍的是电泳涂漆过程；在超纯水制备中超滤是重要过程。城市污水处理及其他工业废水处理以及生物技术领域都是超滤未来的发展方向。超滤的主要应用领域见表 4-9。

表 4-9　超滤的主要应用领域

应 用 领 域	具 体 应 用 实 例	应 用 领 域	具 体 应 用 实 例
食品工业	乳品工业中乳清蛋白的回收，脱脂牛奶的浓缩 酒的澄清、除菌和催熟 酱油、醋的除菌、澄清与脱色 发酵液的提纯精制 果汁的澄清 浓缩蛋清中的蛋白质 明胶的浓缩	水的净化	医药工业用无菌、无热原水及大输液的生产 饮料机、化妆品用无菌水的生产 饮用水生产 高纯水的制备
医药工业	抗生素、干扰素的提纯精制 中草药的精制与提纯 屠宰动物血液的回收 医药产品除菌 腹水浓缩 蛋白、酶的分离、浓缩和纯化	工业废水处理	回收电泳涂漆废水中的涂料 乳胶的回收 造纸工业废液的处理 采矿及冶金工业废水的处理 原油无水的处理 纺织工业 PVA、燃料及染色废水处理与回收 照相工业废水的处理
		城市污水处理	家庭污水处理 阴沟污水的处理

（1）在制作矿泉水方面的应用　最早的超滤膜材料是聚砜，膜结构呈中空毛细管状，管壁密布微孔，超滤所分离的组分直径为 $0.1 ~ 0.01 \mu m$。一般来讲，在压力的作用下，对于中等程度相对分子质量（约几百）的有机物（细菌、病毒）、高分子聚合物（蛋白质核酸及多糖类）、有机和无机胶体粒子，有着很好的截留功能，通过超滤能有效去除上述各种物质，使水质得到进一步的净化。一般通过超滤膜过滤后水质可到达国家饮用水标准。

随着国家和地方饮用水标准的修订以及新规范的出台，超滤技术必将被越来越多的自来水厂所采用。随着人们越来越关注人居环境和饮水安全，可以预测超滤技术将在我国未来市政水处理及饮用水处理市场得到大规模应用。

主要工艺有：自来水→多介质过滤→活性炭过滤、离子交换→超滤装置→灌装线。

（2）果汁澄清　榨取的新鲜苹果汁，由于含有单宁、果胶和苯酚等化合物而呈现混浊状。传统方法是采用酶、皂土和明胶使其沉淀，然后取上清液过滤而获得澄清的果汁，如图 4-6a 所示。使用超滤或微滤技术澄清果汁时，如图 4-6b 所示，只需部分脱除果胶，就可减少酶的用量，省去了皂土和明胶，不仅节约了原材料，同时还省工省时，果汁回收率也有提高，达 98% ~ 99%，此外，经超滤处理的果汁质量也有提高，浊度仅为 0.4 ~

0.6NTU（传统工艺为 1.5~3.0NTU）。又因超滤可无热除去果汁中的菌体，因而可延长果汁的保质期。

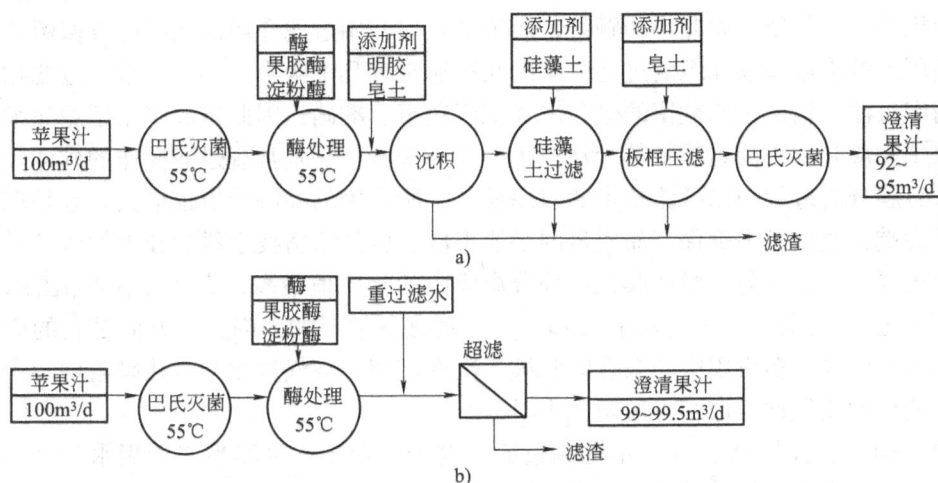

图4-6　超滤法果汁澄清工艺与传统工艺比较
a）传统工艺　b）超滤膜法新工艺

4.5　微滤膜材料

微孔过滤（Microporous Filtration 或 Micro Fltration，MF，简称微滤）与反渗透（RO）、纳滤（NF）、超滤（UF）均属于压力驱动型膜分离技术，分离组分的直径为 $0.01~10\mu m$，主要除去微米颗粒、亚微米颗粒和亚亚微米颗粒物质。微滤多用于工业超纯水（高纯水）的终端处理、反渗透的前端预处理，在啤酒与其他酒类的酿造中用于除去微生物和异味杂质，各种气体净化和流体中去除细菌等，还有如酵母、血细胞等微粒的过滤。目前，在反渗透（RO）、超滤（UF）和微滤（MF）三种主要的膜分离技术中，以微滤的应用最为广泛，据世界膜分离市场的统计，RO 约占 9.0%，UF 约占 8.0%，而 MF 约占 35.0%。由此可见，MF 在膜分离技术中的地位和作用。

我国 MF 研究始于 20 世纪 70 年代初，开始以 CA-CN 膜片为主，于 20 世纪 80 年代相继开发成功 CA、CA-CTA、PS、PAN、PVDF、尼龙等膜片，并进而开发出褶筒式滤芯；开发了控制拉伸致孔的 PP、PE 和 PTFE 膜；也开发出聚酯和聚碳酸酯的核径迹微孔膜，多通道无机微孔膜也实现产业化。并在医药、饮料、饮用水、食品、电子、石油化工、分析检测和环保等领域有较广泛的应用。

4.5.1　微滤膜的结构

微滤膜（亦称微孔膜、微孔滤膜）分离过程是在流体压力差的作用下，利用膜对被分离组分的尺寸选择性，将膜孔能截留的微粒及大分子溶质截留，而使膜孔不能截留的粒子或小分子溶质透过膜。微滤过程的基本原理同常规的用滤布或滤纸分离悬浮在气体或液体中的固体颗粒相比（筛分过程）几乎是一样的，只是膜过滤所截留的微粒尺寸更小，效率更高，过滤的稳定性更好。

常规过滤（common filtration）能截留大于 $0.5\mu m$ 的颗粒。它是依靠滤饼层内颗粒的架桥作用等机理，才截留住如此小的颗粒，而不是直接利用过滤介质的孔隙筛分截留的，常规过滤所使用的纤维堆积或编织的过滤介质的孔径通常有几十微米大小。与常规过滤相比，微滤属于精密过滤。精密过滤截留的微粒尺寸范围狭窄、准确，因此微滤多用于滤除细菌、血清、大分子物质和细小的悬浮颗粒。从粒子的大小来看，它是常规过滤操作的延伸。

在所有膜分离过程中以微滤技术的应用最广，所产生的经济价值也最大。它是现代大工业尤其是尖端工业技术中确保产品质量的必要手段，也是精密技术科学和生物医学科学中科学试验的重要方法。目前，微滤膜在各种分离膜中的年产值最高，占世界膜产值的 1/6，其总销售额超过 15 亿美元，年增长率约 15%。出现这种情况的原因，一方面是它的应用领域广泛，另一方面是许多应用中的微孔膜常被一次性使用。空气过滤的微孔膜组件寿命一般可达几年，液体的膜组件寿命则可短至几小时。

目前，MF 主要用于制药工业的除菌过滤、电子工业集成电路生产所用水、气、试剂的纯化过滤及超纯水生产的终端过滤，MF 技术在食品生产中的应用正在进入工业化。城市污水处理、反渗透脱盐的预处理及废水处理是 MF 技术的两大潜在应用市场。用 MF 或 UF 膜组件直接放置于曝气池中的浸没式生物反应器（Submerged Membrane Bioreactor，SMBR）处理城市废水或者以 MF、UF 作为城市污水生化处理的安全过滤已在日本、德国得到应用，在我国也已开始了这方面的研究。

微滤膜一般具有比较整齐、均匀的多孔结构，它是深层过滤技术的发展，使过滤从一般比较粗放的相对性质过渡到精密的绝对性质。在静压差的作用下，小于膜孔的粒子可能通过滤膜，而比膜孔大的粒子则被完全地截留在膜面上，使大小不同的组分得以分离，其操作压力通常为 $0.01\sim0.2MPa$。

微滤膜根据膜孔的形态结构可以分为两类：一类是具有毛细管状孔的筛网型微滤膜，另一类是具有弯曲孔结构的深度型微滤膜。前者是一种理想状态下的情况，此类膜一般具有理想的圆柱形孔，对大于其孔径的物质可以起到过滤作用；后者有弯曲孔结构的深度型微滤膜，在实际中经常应用，从表面上看，它是粗糙的，实际上内部孔结构错综复杂，互相交织在一起形成了一个立体网状结构，在溶液经过时，截留、吸附、架桥三种作用同时起作用，因此深度型微滤膜可以去除粒径小于其表观孔径的微粒。

微滤膜因膜材料和制备工艺的不同，大体上有以下两种膜截面结构：对称结构和不对称结构。具有对称截面结构的微滤膜称为对称微滤膜，对称膜在截面结构和膜材质上都是均匀的，没有物理孔上的明显差异，一般制备方法有相转化、延伸、烧结等方法；非对称膜则相反，膜截面结构明显呈现出不对称性，其表面为极薄的、起分离作用、具有一定孔径的皮层，而多孔的支撑层位于皮层之下。非对称膜有相转化膜和复合膜两种，前者皮层和支撑层是同一种材料，通过相转化过程形成非对称结构，后者皮层和支撑层则由不同的材料组成，通过在支撑层上进行浇铸、界面聚合、等离子聚合、核径迹蚀刻等方法形成超薄皮层。

微滤膜典型截面结构示意图如图 4-7 所示。

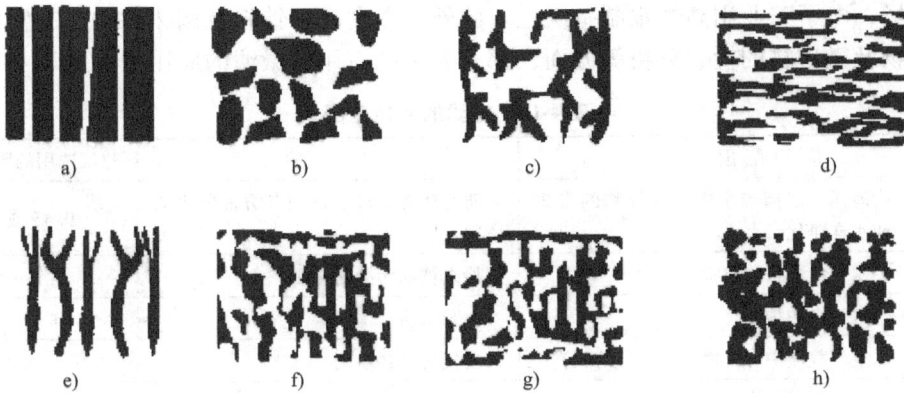

图 4-7　微滤膜典型截面结构示意图

a）直通孔结构，制备方法为核径迹法　b）曲通孔结构，制备方法为相转化法

c）海绵状曲通孔结构，制备方法为相转化法　d）细缝网络孔结构，制备方法为拉伸法

e）类指状孔结构，制备方法为相转化法　f）单皮层孔结构，制备方法为相转化法

g）双皮层孔结构，制备方法为相转化法　h）无机膜孔结构，制备方法为烧结法

注：其中 a）～d）所示为对称微滤膜孔结构，e）～h）所示为不对称微滤膜孔结构。

4.5.2　微滤膜材料的种类与特点

用于制备微滤膜的材料很多，目前国内外已经商品化的有机膜材料主要有：硝酸纤维素（CN）、醋酸纤维素（CA）及 CN 与 CA 的混合物。另外，聚氯乙烯（PVC）、聚酰胺（PA）、聚丙烯（PP）、聚乙烯（PE）、聚四氟乙烯（PTFE）、聚偏氟乙烯（PVDF）、聚碳酸酯（PC）、聚砜（PS）、聚醚砜（PES）等微滤膜开始进入市场。其中聚丙烯、聚乙烯、醋酸纤维素、聚砜、聚醚砜、聚偏氟乙烯等是常用的成膜材料。一些化学接枝聚合物、共混聚合物、共聚聚合物等也经常用作微滤膜材料。除了上述的有机膜材料以外，无机陶瓷材料（如氧化铝、氧化锆）、玻璃、铝、不锈钢等也可以用来制备微滤膜。微滤膜特点如下：

1）微滤膜膜内孔径是比较均匀的贯穿孔，孔隙率占总体积的 70%～80%，能将液体中大于额定孔径的微粒全部拦截，过滤速度快。

2）微滤膜是均一连续的高分子多孔体，具有良好的化学稳定性，无纤维和碎屑脱落，不会重新产生微粒影响滤出水的水质。

3）微滤膜过滤中不会因压力升高导致大于孔径的微粒穿过微滤膜。即使压力波动也不会影响过滤效果。

4）使用微滤膜处理废水与其他方法相比，不需要投加特殊的水处理药剂，占地面积小，操作简便，系统运行稳定可靠，易于控制、维修，处理效率高。

5）由于微滤膜近似于多层叠置筛网，截留作用限制在膜的表面，极易被少量与膜孔径大小相仿的微粒或胶体颗粒堵塞。如采用正交流结构的膜元件，由于其具有连续自清洗的特性，可以较好地解决这一缺陷。

4.5.3　微滤膜及其应用

微滤是所有膜过程中应用最普遍、总销售额最大的一项技术。制药行业的过滤除菌是其最大的市场，电子工业用高纯水制备次之。此外，在食品、饮料及调味品生产、生物制剂的分离、生物及微生物的检查分析等方面，都有大量的应用。微滤的应用范围见表4-10。

表 4-10　微滤的应用范围

应 用 范 围		目 的	建议选用的膜孔径/μm
科研、环保、分析监测	海洋、江河等水中的悬浮物的富集或水样净化	研究调查海洋、江河各方面的水质资料	0.45 或 0.65
	水中含油量的检验	检查被油污染的水质	3 ~ 5
	含油水的精滤	改善水质	0.45 ~ 1.2
	空气载体中有机物测定（气溶胶）	空气污染物监测	0.8
	工矿地区粉尘微粒	空气中微粒监测	0.45 ~ 0.8
	工业灰尘的重量分析	空气中微粒监测	0.45 ~ 0.8
电子工业	半导体器件和集成电路制造车间的空气净化	高效的空气净化	0.3
	洗涤用高纯水制备及终端过滤	除微粒和细菌	0.22 ~ 0.45
	溶液、光刻胶等的过滤	除微粒和细菌	0.22 ~ 0.45
医学科研和医药工业	热敏性药物、组织培养基及疫苗过滤	除菌	0.22 ~ 0.45
	细菌学的研究工作	细菌检查	0.22 ~ 1.25
	生化分析研究	分析测试	0.45
	药液、针剂、大输液的过滤	除微粒、细菌	0.22 ~ 1.22
	安瓿与药洗涤水过滤	除微粒、细菌	0.5
	注射液灌装前过滤	除微粒、细菌	0.22
	眼药水过滤	除微粒、纤维和细菌	0.22 ~ 0.45
医院和临床化验	化验用水净化	除微粒、细菌	0.22 ~ 0.45
	患者菌血过滤	细菌检查	0.45
食品卫生及其他	对饮水、饮料等细菌检查和去除	保证产品质量，监测细菌数量	0.22
	生奶生产微生物检查	保证食品卫生	0.65
	饮料适用期检查	保证饮料卫生	0.22 ~ 1.22
	生啤酒灭菌和饮料过滤	除菌和提高澄清度	0.8 ~ 3
	航空油中微粒监测和过滤	纯化燃料，防止事故	1.2
	白糖的色素测定	除去干扰微粒	0.45

1. 实验室中的应用

在实验室中，微滤膜过程是检测有形微细杂质的重要工具。

（1）微生物检测　如对饮用水中大肠菌群、游泳池水中假单胞族菌和链球菌、啤酒中酵母和细菌、软饮料中酵母、医药制品中细菌的检测和空气中微生物的检测等。

（2）微粒子检测　如注射剂中不溶性异物，石棉粉尘，航空燃料中的微粒子，水中悬浮物和排气中粉尘的检测，锅炉用水中铁分的分析，放射性尘埃的采样等。

2. 工业上的应用

（1）石灰软化—微滤膜技术处理电厂循环冷却排污水　热电厂根据其循环冷却排污水

高碱度、高硬度的特点，采用石灰软化—微滤膜技术处理热电厂的循环冷却排污水，处理出水回用作火电厂循环水补充水。其工艺流程为：循环排污水→石灰软化处理→微滤系统→电厂循环水补充水系统。

工程应用结果表明，石灰软化法可大大降低循环冷却排污水的硬度和碱度，微滤可有效除去水中的悬浮物，降低胶体含量，保证出水污染密度指数 SDI < 4，处理出水水质完全满足厂内对循环补充水水质的要求，而且该系统运行稳定可靠，占地面积小，经济效益和社会效益显著。

（2）在酱油除菌中的应用　用微滤代替酱油的高温灭菌（酵母菌、大肠菌群、真菌及其他致病菌），不仅能达到灭菌目的，还可避免产生焦糊气味、灭菌器结垢及有效成分的损失。应用微滤技术，可减小占地面积，简化工序，缩短料液处理时间，提高效率，降低成本。国外已有研究，日本在 20 世纪 80 年代已应用于酱油生产，国内的研究也日渐成熟，有的也已应用于工业生产。如用大连理工大学高分子材料系研发的新型耐高温高分子材料膜聚芳醚砜酮（PPESK）中空纤维微滤膜对酱油原液进行除菌试验，代替其传统工艺中高温灭菌-静置沉降-多次过滤等工艺。结果表明，微滤膜的除菌率达 100%，最佳操作压力为 0.07MPa，可选择的操作温度范围较宽，在近 30h 内膜渗透通量变化较小，表现出较强的耐污染性，热水及碱液反洗均有很好的再生效果，渗透通量恢复率高达 100%。滤膜具有耐污染性、可长期操作性、耐高温性及耐碱腐蚀性等优良特性。

3. 制药工业

医药工业中，注射液及大输液中微粒污染（是不可代谢物质）引起的病理现象可分为四种情况：较大微粒直接造成血管阻塞，引起局部缺血和水肿，如纤维容易引起肺水肿。红细胞聚集在微粒上形成血栓，导致血管阻塞和静脉炎。微粒引起的过敏性反应。微粒侵入组织，由于巨噬细胞的包围和增殖导致血管肉芽肿。据报道在 210 例患肺血管肉芽肿的小儿尸检中，发现有 19 例是由纤维素造成的。1963 年在尸检中发现用过 40L 输液的病人的肺标本中有 5000 个肉芽肿。因此，注射液、大输液及药瓶清洗用水必须去除微生物及微粒。此外，医院中手术用水及洗手水也要去除悬浊物和微生物，都可应用微滤技术。

目前，应用微滤技术生产的西药品种有葡萄糖大输液、右旋糖酐注射液、维生素 C、维生素（B_1、B_2、B_6、B_{12}、K）、复合维生素、肾上腺素、硫酸阿托品、盐酸阿托品、硫酸庆大霉素、硫酸卡那霉素、维丙胺、阿尼利定等注射剂。此外，还用于获取昆虫细胞，分离大肠杆菌、制取阿米多无菌注射液和用于组织液培养及抗生素、血清、血浆蛋白质等多种溶液的灭菌。

【案例】
膜分离技术污水回用应用实例——新加坡 NEWater 项目

1. 项目背景

新加坡近 400 万人口每天共消耗 130 万 t 水，但其水土资源有限，需从邻国马来西亚买水。在水消耗中，主要用于冷却和清洗的工业用水量从 1997 年的 30000m³/d 上升到 2000 年的 75000m³/d，约占新加坡总需水量的 5%。新加坡公用事务局（PUB）为了保证有限的水资源用于饮用，决定采用膜集成技术（超/微滤 + 反渗透）来回用再生污水，即 NEWater 项目，主要用于各种工业用途。自 Bedok NEWater 水厂于 2000 年 4 月运行以来，新生水（NE-

Water）总容量已达106000m³/d，其中采用海德能的反渗透LFC1膜的产水量为82000m³/d。

2. 低污染反渗透膜抗污染机理

LFC1的开发是为了尽量减少有机污染物在膜表面的吸附。因为在利用反渗透技术处理市政污水或地表水时，膜元件容易受到胶体和溶解性有机物的吸附、细菌或固体颗粒等污染。LFC1膜是对膜表面进行了根本性的化学改进，即在芳香族聚酰胺基础上，通过在膜表面进行PVA复合技术，将膜表面的电性由通常的负电性改为电中性，同时还具备聚酰胺高水通量与高脱盐率的性能，如图4-8所示。而且无论在酸性还是碱性条件下，低污染LFC1膜表面均接近电中性。膜表面与水的接触角由原先的62°降低到47°，增强了膜的亲水性，提高了膜对胶体、有机物、金属离子的抗污染能力。从而使进水中的负电、正电、中性、两性的污染物在膜表面上的吸附性大大减弱，使膜水通量保持稳定，如图4-9所示。

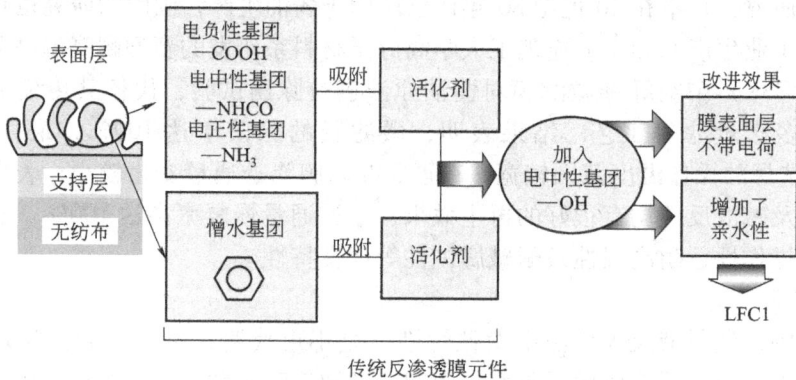

图4-8　LFC1抗污染机理

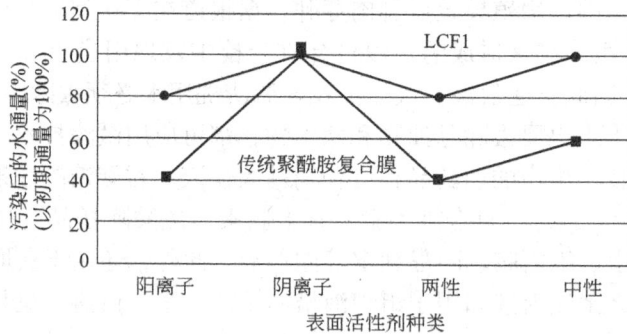

图4-9　给水表面活性剂对LFC1膜及传统复合膜的污染影响

产水量：每个系列8000m³/d，其中：Bedok 4个系列（32000m³/d），Kranji 5个系列（40000m³/d）。Kranji水厂RO系统实景如图4-10所示。

每个系列的基本设计：

膜数量为511支LFC1；设计水通量为10.4gfd［17.6L/（m²·h）］排列为每支压力容器装7支膜，50：23两段排列；回收率为75％。

虽然NEWater新生水的RO产水水质均优于1993年WHO（世界卫生组织）颁布的饮用水标准，但由于人们的心理作用，目前只回用于半导体行业或和其他工业用途。回用水的运行费用仅为0.4美元/m³。膜集成技术为新加坡污水再利用创造了良好的经济、环境效益。

图 4-10　Kranji 水厂 RO 系统实景

思　考　题

1. 简述膜分离的基本原理。
2. 论述一下分离技术在人类生产和生活中的重要作用。
3. 膜的性能通常由哪些指标表征?
4. 反渗透技术的主要应用有哪些?
5. 试述微滤技术的应用前景。
6. 超滤技术的主要应用有哪些?
7. 试述纳滤的分离机理。

参 考 文 献

[1] 黄雏菊, 魏星. 膜分离技术概论 [M]. 北京: 国防工业出版社, 2008.
[2] 王湛, 周翀. 膜分离技术基础 [M]. 2 版. 北京: 化学工业出版社, 2006.
[3] 王晓琳, 丁宁. 反渗透和纳滤技术与应用 [M]. 北京: 化学工业出版社, 2005.
[4] 许振良, 马炳荣. 微滤技术与应用 [M]. 北京: 化学工业出版社, 2005.
[5] 于丁一, 宋澄章, 李航宇. 膜分离工程及典型设计实例 [M]. 北京: 化学工业出版社, 2005.
[6] 楼民, 俞三传, 高从堦. 纳滤在水处理中的应用研究进展 [J]. 工业水处理, 2008, 28 (1): 13-17.
[7] Rautenbach R, Groschl A. Separation potential of nanofilteration membranes [J]. desalination, 1990 (77): 73-84.
[8] 芮玉青, 王薇, 杜启云. 纳滤技术的应用进展及存在问题 [J]. 工业水处理, 2009, 29 (9): 15-18.
[9] 何丽, 周从直. 纳滤膜及其在水处理中的应用 [J]. 能源研究与信息, 2007, 27 (2): 63 – 66.
[10] 王薇. 纳滤膜在水处理中的最新应用进展 [J]. 高分子通报, 2009 (10): 24-29.
[11] 朱晓兵, 周集体, 邱介山, 等. 纳滤膜在水处理中的应用 [J]. 化工装备技术, 2003, 24 (5): 12-18.
[12] 李卉, 李光明. 纳滤膜在水处理中的应用 [J]. 江苏环境科技, 2006, 19 (12): 130-132.
[13] 华耀祖. 超滤技术与应用 [M]. 北京: 化学工业出版社, 2004.
[14] 任建新. 膜分离技术及其应用 [M]. 北京: 化学工业出版社, 2003.

5

第 5 章
噪声污染控制材料

本章提要：随着现代工业、交通运输业和城市建设的发展，环境噪声污染已经成为国内外影响最大的公害之一。本章在分析噪声的产生、类型以及控制原理的基础上，介绍了多孔吸声材料、隔声材料和隔振与阻尼减振材料等，并对各种材料的性能以及组成形式进行了归纳总结。

5.1 噪声控制基础

5.1.1 声音的产生

声音的产生来源于物体的振动，故称振动而发出声音的物体为声源，声源可以是固体、液体或空气。声源发出的声音必须通过所接触的介质才能传播出去，送到人耳，使人感觉到有声音的存在，空气、液体和固体都可作为传播介质。如以空气为传播介质的情况下，声源振动时，带动相邻的空气质点，交替进行压缩和膨胀运动。由于组成空气的各分子间有一定的弹性，又会影响和促使周围相邻区域空气质点发生压缩与膨胀运动，如此由近及远相互影响传递，就会把声源的振动以一定的速度沿着弹性介质向各方向传播出去。这种压缩、膨胀交替运动由近及远向前推进的空气振动称为声波，声波作用于人耳鼓膜使之振动，刺激内耳的听觉神经，就产生了声音的感觉。声音不能在真空中传播，因为真空中不存在能够产生振动的弹性介质。声音在空气中的产生和传播过程如图 5-1 所示。

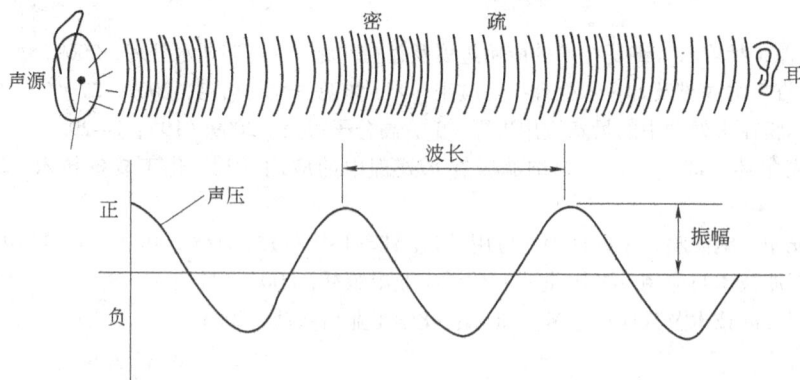

图 5-1　声音在空气中的产生和传播过程

5.1.2　噪声的概念

声音是一种物理现象，噪声和声音有共同的特性，主要来源于物体的振动。从心理学角度讲，凡是人们不需要的声音，均称为噪声。从物理学观点来看，噪声是由许多不同频率和强度的声波无规则地杂乱无章组合而成。判断一种声音是否属于噪声，人的主观意识起决定性作用，在某种条件下，乐声也可能被人们视为噪声。

绝大多数情况下，噪声是由人类各种各样的活动所产生的，因此噪声也可看成是一种环境污染物。噪声污染的特点是：

1）噪声只会造成局部性污染，一般不会造成区域性和全球性污染。

2）噪声污染无残余污染物，不会积累，不像空气污染物和水污染物那样长期存在于环境中。

3）噪声源停止运行后，污染即消失。

4）噪声的声能是噪声源能量中很小的部分，一般认为再利用的价值不大，故声能的回收尚未被重视。

5.1.3　噪声的类型

自20世纪70年代以来，噪声污染被称为城市环境问题的四大公害之一，严重地危害人们的身心健康。根据城市环境噪声的主要来源，可将噪声分为以下四类：

（1）交通噪声　交通噪声主要指机动车辆、火车、飞机和船舶所产生的噪声。这些噪声的噪声源是流动的，干扰范围大。

（2）工业噪声　工业噪声是指在工业生产中各类机械所发出的噪声，主要来自机器和高速运转的设备。

（3）建筑噪声　建筑噪声是指在建筑施工过程中所产生的噪声。在施工中使用各种动力机械进行挖掘、打洞、搅拌，从而产生大量噪声。

（4）社会噪声　社会噪声是指人群活动所产生的噪声。如人们在商业交易、体育比赛、游行集会、娱乐场所等各种社会活动中产生的喧闹声等。

5.1.4　噪声控制原理

1. 吸声降噪原理

材料的吸声性能可用吸声系数和吸声量来表示。按吸声原理的不同，吸声材料可分为多孔吸声材料和共振吸声材料两大类。

（1）吸声系数　吸声原理如图5-2所示。

当声波入射到材料表面，一部分声能被材料反射（E_1），一部分声能被材料吸收（E），还有一部分声能透过材料继续向前传播（E_2）。在室内所接收到的噪声除了通过空气直接传来的直达声外，还包括室内各壁面多次反射回来的反射声。能吸收一定声能的材料称为吸声材料，其吸声能力的大小通常用吸声系数 α 表示，α 定义为材料吸收的声能（E）

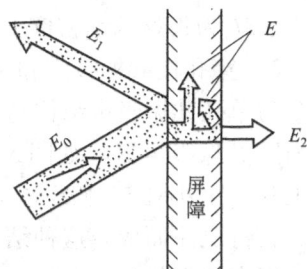

图 5-2　吸声原理示意图

E_0—入射声能量　E—吸收声能量

E_1—反射声能量　E_2—透射声能量

与入射到材料上的总声能（E_0）之比，即

$$\alpha = \frac{E}{E_0} \qquad (5-1)$$

式中，E 为被吸收的声能量；E_0 为入射的总声能量。

由式（5-1）可知，当声波被完全反射时，$\alpha = 0$，说明材料不吸声；当声波被完全吸收时，$\alpha = 1$，表示声能全部被吸收。一般情况下，α 值为 $0 \sim 1$，α 值越大，说明材料的吸声性能越好。多数吸声材料的 α 值为 $0.2 \sim 1$。此外，材料的物理性质、声波的频率和声波的入射角等对吸声系数均有影响。

（2）吸声量　工程上通常采用吸声量来评价吸声材料的实际吸声效果。吸声量定为吸声系数与吸声面积的乘积，亦称等效吸声面积，即

$$A = S\alpha \qquad (5-2)$$

式中，A 为吸声量（m^2）；α 为某频率声波的吸声系数；S 为吸声面积（m^2）。

在定义了吸声量后，吸声系数可理解为材料单位面积的吸声量。对于整个房间而言，将房间的吸声量 A 与总表面积 S 之比定义为房间的平均吸声系数。即 $\bar{\alpha} = \dfrac{A}{S}$，平均吸声系数是表示整个表面吸声强弱的特征物理量。

（3）多孔吸声原理　多孔吸声是利用吸声材料松软多孔的特性来吸收一部分声波，当声波进入多孔材料的孔隙之后，能引起孔隙中的空气和材料的细小纤维发生振动，由于空气与孔壁的摩擦阻力、空气的粘滞阻力和热传导等作用，相当一部分声能就会转变成热能而消耗掉，消耗掉的能量称为吸收能量。接收者此时只听到直达声和已减弱的混响声，从而达到降低噪声强度的目的。

（4）共振吸声原理　根据不同的共振原理，共振吸声结构可分为薄板共振吸声结构、穿孔板共振吸声结构和微穿孔板共振吸声结构。

1）薄板共振吸声。薄板共振吸声结构近似于一个弹簧和质量块振动系统。薄板相当于质量块，板后的空气层相当于弹簧。当声波入射到薄板上，由于板后空气层的弹性，薄板产生振动，发生弯曲变形，因为板的内阻尼及板与龙骨间的摩擦，便将振动的能量转化为热能，从而消耗声能。当入射声波的频率和系统固有频率接近时，板产生共振，吸收声能达到最大值。共振频率 f_0 的计算式如下

$$f_0 = \frac{600}{M_0 L} \qquad (5-3)$$

式中，M_0 为板材的面密度（kg/m^2）；L 为板后空气层的厚度（cm）。

2）穿孔板共振吸声和微穿孔板共振吸声。按照薄板上穿孔的数目，穿孔板共振吸声结构分为单孔共振吸声结构与多孔穿孔板共振吸声结构。单孔共振吸声结构（又称为"亥姆霍兹"共振吸声器）如图 5-3 所示。它是一个封闭的空腔，在腔壁上开一个小孔与外部空气相通，可用陶土、煤渣等烧制或水泥、石膏浇注而成。这种结构腔体中的空气具有弹性，相当于弹簧。当声波入射时，孔颈中的气柱体在声波的作用下便像活塞一样作往复运动，与颈壁发生摩擦，使声能转变为热能而损耗，这相当于机械振动的摩擦阻尼。当共振器的固有频率与外界声波频

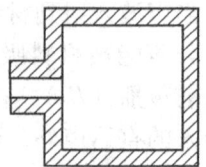

图 5-3　单孔共振吸声结构

率一致时发生共振，这时颈中空气柱的振幅最大，因而阻尼最大，消耗声能也就最多，从而得到有效的声吸收。

多孔穿孔板共振吸声结构实际是单孔共振器的并联组合，故其吸声机理与单孔共振吸声结构相同。而微穿孔板共振吸声结构实质上仍属于共振吸声结构，因此吸声机理也相同。

2. 隔声降噪原理

隔声的原理也可以用图 5-2 表示。当声波入射到障碍物表面时，一部分声能 E_1 被反射，另一部分进入障碍物。进入障碍物的声能一部分在传播过程中被吸收，另一部分到达障碍物的另一面。到达另一面的声能又有一部分被反射，只有一小部分声能 E_2 透过障碍物进入空气中。因此隔声实际上是隔声体对噪声的吸收和反射两个过程，噪声经过障碍物以后，强度就会大大降低。

隔声结构的隔声效果可用透声系数、隔声量和插入损失来衡量。

（1）透声系数　在噪声控制技术中，常采用透声系数 τ 来表示隔声构件本身透声能力的大小，定义为透射声功率（W_t）与入射声功率（W）的比值，即

$$\tau = \frac{W_t}{W} \tag{5-4}$$

通常所指的 τ 是无规则入射时各入射角度透声系数的平均值。

（2）隔声量　隔声量又称传声损失或透射损失，可用下式来表示

$$R = 10\lg\frac{I_i}{I_t} \tag{5-5}$$

式中，R 为隔声量（dB）；I_i 为入射声强（W/m^2）；I_t 为透射声强（W/m^2）。

R 值越大，隔声性能越好。由于隔声性能与入射频率有关，通常取 50Hz 和 5000Hz 两频率的几何平均值 500Hz 的隔声量代表平均隔声量，记为 R_{500}。

（3）插入损失　离声源一定距离某处测得隔声构件设置前的声压级 L_0 和设置后的声压级 L 之差称为插入损失，记作 IL，即

$$IL = L_0 - L \tag{5-6}$$

式中，L_0 为无隔声构件时的声压级（dB）；L 为有隔声构件时的声压级（dB）。

插入损失通常在现场用来评价隔声罩、隔声屏等构件的隔声效果。

3. 消声降噪原理

消声降噪可通过消声器来实现，它是降低空气动力性噪声的主要技术措施。消声器种类很多，大致可分为阻性消声器、抗性消声器、阻抗复合式消声器和微穿孔板消声器等。不同类型的消声器，其消声原理也各不相同。

（1）阻性消声原理　阻性消声器是一种吸收型消声器。它把吸声材料固定在气流通道内，利用声波在多孔吸声材料中传播时，摩擦阻力和粘性阻力的作用将声能转化为热能，达到消声的目的。

阻性消声器的消声量与消声器的结构形式、长度、通道横截面积、吸声材料性能、密度、厚度以及穿孔板的穿孔率等因素有关。消声量的计算公式为

$$\Delta L = \varphi(\alpha_0)\frac{P}{S}l \tag{5-7}$$

式中，ΔL 为消声量（dB）；$\varphi(\alpha_0)$ 为消声系数（dB），与材料吸声系数 α_0 有关，详见表 5-1；

P 为通道截面的周长（m）；S 为通道横截面面积（m^2）；l 为消声器的有效长度（m）。

表 5-1　φ（α_0）与 α_0 的关系

α_0	0.10	0.20	0.30	0.40	0.50	0.6 ~ 1.0
φ（α_0）	0.11	0.24	0.39	0.55	0.75	1.0 ~ 1.5

由式（5-7）可知，阻性消声器的消声量与消声系数有关，即材料的吸声性能越好，消声量越高；此外消声量与长度、周长成正比，与横截面面积成反比。因此，设计消声器时要挑选有较高吸声系数的材料，并准确计算通道各部分的尺寸。

（2）抗性消声原理　不使用吸声材料，而是依靠管道截面的突变或旁接共振腔等措施，在声传播过程中引起阻抗的改变，使沿管道传播的噪声在突变处发生反射、干涉等现象，从而降低由消声器向外辐射的声能，以达到消声的目的。

扩张室式消声器消声量 ΔL 的计算公式如下：

$$\Delta L = 10 \lg \left[1 + \frac{1}{4} \left(m - \frac{1}{m} \right)^2 \sin^2 kl \right] \tag{5-8}$$

式中，ΔL 为消声量（dB）；m 为扩张比，$m = \dfrac{S}{S_1}$；S 为扩张室截面积（m^2），S_1 为进、出气管截面积（m^2）；l 为扩张室长度（m）；k 为波数，$k = \dfrac{2\pi}{\lambda}$。

可见 ΔL 是 kl 的周期性函数，即随着频率的变化，ΔL 在零和极大值之间变化。在扩张室长 l 为 1/4 波长的奇数倍时，消声量为极大，而 l 为半波长的倍数时，消声量为零，即此时相应的声波可以无衰减地通过，不起消声作用。

（3）阻抗复合式消声原理　阻抗复合式消声原理是阻性和抗性原理的结合。但声波波长较长时，阻抗复合后因耦合作用而相互干涉，使声波在传播过程中的衰减机理变得极为复杂，难以确定简单的定量关系。实际应用中，阻抗复合式消声器的消声量通常由试验或实际测量确定。

（4）微穿孔板消声原理　它是以微穿孔板吸声结构作为消声器的贴衬材料，由于共振孔很小，所以声阻就大得多，当声波入射时，可以有效地消耗一部分声能，从而提高了结构的吸声系数，以达到消声的目的。

（5）排气喷流消声原理　它是利用扩散降速、变频或改变喷注气流参数等措施从声源上降低噪声，以达到消声的目的。此类消声器有小孔喷注消声器、节流降压消声、喷雾消声器和引射掺冷消声器等类型。

4. 振动控制原理

振动是一种周期性的往复运动，任何物理量，当其围绕一定的平衡值做周期性的变化时，都可称该物理量在振动。振动是自然界最普遍的现象之一，与噪声有着十分密切的联系，声波就是由发声物体的振动而产生的，当振动的频率在 20 ~ 2000Hz 的声频范围内时，振动源同时也是噪声源。

振动能量通常以两种方式向外传播而产生噪声，一部分由振动的机器直接向空中辐射，称之为空气声；另一部分则通过承载机器的基础，向地层或建筑物结构传递，在固体表面，振动以弯曲波的形式传播，因而能激发建筑物的地板、墙面、门窗等结构振动，再向空中辐射噪声，这种通过固体传导的声叫做固体声。振动超过一定界限时，即产生了振动污染，从而对人体健康和设施产生损害，或使机器、设备和仪表不能正常工作。

控制振动污染的方法大体上可归纳为三大类，即减小扰动，采取隔振措施和阻尼减振等。

（1）减小扰动 减小扰动是指改造振源，降低乃至消除振动的产生。如改善机器的平衡性能；改造机械的结构或工艺过程来降低振动级等。这种方式是控制振动的根本途径，但实施起来有较大难度。因此，采用隔振和阻尼减振措施是控制振动的主要方法。

（2）隔振原理 利用波动在物体间的传播规律，在振源和需要防振的设备之间安置具有一定弹性的装置，使振源与需防振的设备之间的近刚性连接转变为弹性连接，使部分振动为隔振装置所吸收，减少了振源对设备的干扰，从而达到了减少振动的目的。隔振技术有积极隔振和消极隔振之分。降低振动设备（振源）馈人支撑结构的振动能量称为积极隔振；防止周围振源传递给设备的隔振称为消极隔振，积极隔振和消极隔振的原理基本是相同的。

（3）阻尼减振 空气动力机械的管道壁、机械的外罩、车体、船体、飞机的机壳等都由金属薄板制成。当机械运转或行驶时，金属薄板便弯曲振动，辐射出强烈的噪声。阻尼减震主要是通过减弱金属板弯曲振动的强度来实现的。当金属薄板发生弯曲振动时，振动能量就迅速传给涂贴在薄板上的阻尼材料，并引起薄板和阻尼材料之间以及阻尼材料内部的摩擦。由于阻尼材料内损耗、内摩擦大，使得相当一部分的金属振动能量被损耗而变成热能，减弱了薄板的弯曲振动，并能缩短薄板被激振后的振动时间，从而降低了金属板辐射噪声的能量，达到了减振降噪的目的。各种阻尼技术都是围绕如何把受激振动能转化为其他形式的能（如热能、变形能等）而使系统尽快恢复到受激前的状态。

5.2 吸声材料

5.2.1 多孔吸声材料

吸声材料多为多孔性材料，有时也可选用柔软性材料及膜状材料等。作为一种良好的多孔吸声材料，必须具备如下结构特征：

1）材料内部具有大量微孔或间隙，孔隙细小且在材料内部均匀分布。

2）材料内部的微孔是互相连通的，单独的气泡和密闭间隙不起吸声作用。

3）微孔向外敞开，使声波易于进入微孔内，没有敞开微孔而仅有凹凸表面的材料不会有好的吸声性能。

常见的多孔吸声材料一般可分为纤维型、泡沫型和颗粒型三类。

1. 纤维吸声材料

（1）无机纤维吸声材料 无机纤维吸声材料是指天然人造的以无机矿物为基本成分的一类纤维材料，主要有石棉纤维、玻璃棉、岩棉和矿渣棉及其制品。其中石棉纤维是人类使用历史最悠久的天然无机纤维材料，但由于石棉纤维对人体健康有害，故传统的石棉纤维已被淘汰。而玻璃棉、岩棉等人造材料不仅具有良好的吸声性能，而且具有质轻、不燃、不腐、不易老化、价格低廉等特性，在声学工程中得到了广泛的应用。

1）玻璃棉。玻璃棉属于玻璃纤维中的一个类别，是采用石英砂、石灰石、白云石等天然矿石为主要原料，配合一些纯碱、硼砂等化工原料熔成玻璃，用喷吹法或离心法处理熔融玻璃，或将玻璃熔体吹成长纤维后折断而成，一般能耐350℃高温。由于纤维和纤维之间为立体交叉，互相缠绕在一起，呈现出许多细小的孔隙。玻璃棉分为短棉、超细棉以及中级纤维棉三种。其中超细玻璃棉是使用最普遍的吸声材料，松密度为 $18 \sim 25 kg/m^3$，每层厚为 $25 \sim 50mm$，吸声性能好，吸声系数可达 $0.7 \sim 0.8$，具有不燃、密度小、防蛀、耐蚀、耐热、抗冻、柔软、对皮肤刺激发痒感较小等优点；缺点是吸湿性大，受潮后吸声性能下降，但经过硅油处理的超细玻璃棉，具有防潮的特点。

2）岩棉和矿渣棉。岩棉纤维和矿渣棉纤维的生产工艺基本相同，差别就在于矿渣棉纤维的熔融温度稍低，一般为 $1360 \sim 1400℃$，而岩棉的熔融温度较高，一般为1500℃，棉纤维生产工艺如图5-4所示。

原料配制 → 原料熔融 → 纤维的制备 → 纤维收集 → 成形

图5-4 棉纤维生产工艺流程

岩棉是以天然岩石如玄武岩、辉长岩、白云石等为主要原料，经高温熔融、纤维制备、集束及成形等工序而制成的蓬松状短细纤维。按使用温度分为普通岩棉（小于900℃）、高温岩棉（大于900℃）、优质岩棉（1250～1400℃）。岩棉具有隔热、耐高温的优点，而且价格也比较低廉。

矿渣棉是以工业矿渣如高炉矿渣、铜矿渣、粉煤灰以及采矿废渣等为主要原料，经过高温熔融、纤维化而制成的无机质纤维。矿渣棉具有质轻、不燃、耐高温、耐腐蚀、化学稳定性强、吸声性能好等优点，但所含杂质多、性脆易折断或磨成粉末，不适于在洁净要求高的室内使用。

（2）有机纤维吸声材料　早期使用的吸声材料主要为植物纤维制品，如棉麻纤维、毛毡、甘蔗纤维板、木质纤维板、水泥木丝板以及稻草板等有机天然纤维材料。其优点是成本低，但是防火、防蛀和防潮性能差，因此该类材料不适于在环境恶劣的地方使用。现在有机天然纤维材料已多为有机合成纤维材料所代替，如腈纶棉、涤纶棉等。这类材料在中、高频范围内具有良好的吸声性能，密度小、弹性大、施工方便、应用也较为普遍，但在超高频声波场中，基本上没有任何吸声作用。

2. 泡沫吸声材料

泡沫吸声材料是由表面与内部皆有无数微孔的高分子材料制成。主要有泡沫金属、泡沫塑料、泡沫玻璃和聚合物基复合泡沫材料。

（1）泡沫金属　泡沫金属是一种新型多孔材料，经过发泡处理在其内部形成大量的气泡，这些气泡分布在连续的金属相中构成孔隙结构，孔隙率达到90%以上。泡沫金属是把金属的强度大、导热性好、耐高温的特性与阻尼性、隔离性、绝缘性、消声减振性有机结合在一起，产生了优良的吸声性能。目前泡沫金属包括 Al、Ni、Cu、Mg 等，其中研究最多的是泡沫铝及其合金。

泡沫金属的制备方法有直接法和间接法两种。直接法就是利用发泡剂直接在熔融金属中发泡，或者利用化学反应产生大量气体在制品凝固时减压发泡。间接法是以高分子发泡材料为基材，采用沉积法或喷溅法使之金属化，然后加热脱出基材并烧结。与玻璃棉、石英棉相比较，泡沫金属为刚性结构，且加工性能好，能制成各种形式的吸声板；不吸湿且容易清洗，吸声性能不会下降；不会因受振动或风压而发生折损或尘化；能承受高温，不会着火和释放毒气。泡沫金属低、中、高频区均具有较好的吸声性能。目前已成功应用于空压机房、列车发动机房、声频室、施工现场等吸声领域。

（2）泡沫塑料　与其他的多孔吸声材料相比，泡沫塑料产品拥有良好的韧性、延展性及耐热性能，同时其吸声性能也很突出，是一种理想的隔热吸声材料。当前应用比较多的泡沫吸声材料主要是聚氨酯泡沫塑料。

聚氨酯泡沫塑料（PUF）是一种新型系列化吸声材料，主链含—NHCOO—重复结构单元的一类聚合物，是以聚醚树脂或聚酯树脂为主要原料，与异氰酸酯定量混合，在发泡剂、催化剂、稳定剂等作用下，进行发泡而制成的一种泡沫塑料。一般情况下聚氨酯泡沫塑料是用二氧化碳来发泡的，具体工艺如图 5-5 所示。按照气孔形式不同，可分为闭孔型和开孔型两类，闭孔聚氨酯泡沫主要用于隔热保温，开孔的则用于吸声。

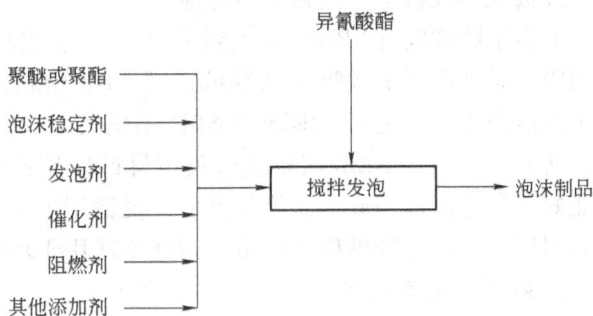

图 5-5　一步法工艺流程

聚氨酯泡沫塑料无臭、透气、气泡均匀、耐老化、抗有机溶剂侵蚀，对金属、木材、玻璃、砖石、纤维等有很强的粘合性。特别是硬质聚氨酯泡沫塑料还具有很高的结构强度和绝缘性。聚氨酯泡沫塑料具有阻燃性好、松密度轻、耐潮、易于切割和安装方便等特点，缺点是易老化、耐火性差、吸水性强等，适用于机电产品的隔声罩、吸声屏障以及在影剧院、会议厅、电影录音室、电视演播室等音质设计工程中控制混响时间。

此外，用于吸声材料的泡沫塑料还有橡胶改性的聚丙烯泡沫塑料、聚偏二氟乙烯泡沫塑料和聚氰胺酯泡沫等。

（3）泡沫玻璃　泡沫玻璃又称多孔玻璃，是以废玻璃或云母、珍珠岩等富玻璃相物质为基料，加入适当的发泡剂、促进剂、改性剂并粉碎混匀，在特定的模具中预热、熔融、发泡、冷却、退火而制成的一种内部充满无数均匀气孔的多孔材料，孔隙率可达 85% 以上，按照材料内部气孔的形态可分为开孔和闭孔两种，闭孔泡沫玻璃作为隔热保温材料，开孔的作为吸声材料。图 5-6 所示为泡沫玻璃生产工艺流程。

泡沫玻璃本身既是吸声材料，又可做成各种颜色的室内装饰材料，与常用的玻璃棉、岩棉及矿渣棉等纤维吸声材料相比，其外表不需要再加装饰穿孔护面板，使用方便。研究发现泡沫玻璃板厚度的增加对吸声系数影响不明显，因此一般选用 20 ~ 30mm 厚的板材即可。泡沫玻璃具有质轻、不燃、不腐、不易老化、无气味、受潮甚至吸水后不变形、易于切割加工、施工方便和不会产生纤维粉尘污染环境等优点。适用于候车室、商场和展览大厅，用作平顶和墙面装饰，降低混响、提高广播

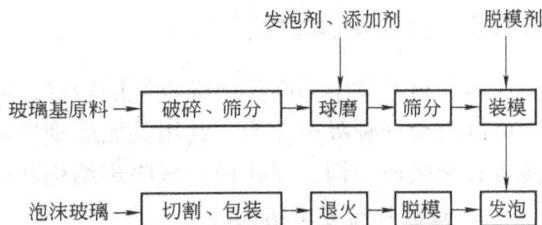

图 5-6　泡沫玻璃生产工艺流程

清晰度以及要求洁净环境的通风和空调系统的消声。由于其良好的耐水和抗老化性能，也可用在潮湿环境和露天条件下，如游泳馆、地铁、道路声屏障等。但是泡沫玻璃板强度较低，使用过程中背后不宜留有空腔，否则容易损坏。

（4）复合泡沫吸声材料　将聚氯乙烯（PVC）、增塑剂、发泡剂等原料按一定的配比混合均匀后，加入一定量的岩棉，然后在开放式炼塑机上进行混炼，再将混炼好的材料放入模具，在烘箱中升温发泡后得到聚氯乙烯/岩棉泡沫材料，这是一种既含有机物又含有无机物的复合泡沫材料。对这类复合泡沫材料的吸声性能测试表明其吸声性能优良，厚度为20mm时，平均吸声系数最大可达0.63，较好地改善了一般多孔吸声材料低频吸声性能较差的缺陷，并极大地改善了中低频吸声性能。

如将丁腈橡胶（NBR）加入到聚氯乙烯/岩棉复合泡沫吸声材料中，由于PVC发泡材料高频吸声系数高，低频吸声系数低，而NBR材料的吸声性能正相反，当两种材料共混时，吸声性能介于二者之间。即随着NBR用量的增加，高频吸声系数显著下降，而低频吸声系数有所上升。PVC/NBR/岩棉复合吸声材料具有适用频率范围宽、低频吸声系数高、可加工性能好、工艺简单、成本低等优点，广泛适用于工业和民用建筑等领域。但由于制备过程中用到岩棉，会产生纤维粉尘污染，因此不适用于环境洁净度要求较高系统的消声处理。

3. 颗粒型吸声材料

颗粒型吸声材料有膨胀珍珠岩、粉煤灰和矿渣水泥等。由于颗粒表面有许多半开口小孔，构成了空腔共振吸声结构。此外，颗粒之间能形成孔隙，加上一定的厚度，使材料也具有多孔材料的吸声性能，因此材料中加入颗粒型吸声材料会提高制品的吸声性能。

膨胀珍珠岩是常用的颗粒型多孔吸声材料，它是将珍珠岩粉碎，再急剧升温焙烧制成的一种很轻的内部蜂窝状的白色或浅灰色颗粒。工程上较少直接采用松散的颗粒材料，通常是用颗粒原料加粘合剂和部分填料制成吸声砖块或吸声板材。膨胀珍珠岩经常同水泥掺杂到一起形成水泥基膨胀珍珠岩吸声材料，在搅拌浇注成型中，由于膨胀珍珠岩内部有许多微孔，具有极强的吸水性，水会进入珍珠岩的孔内，使微孔内的空气排出。排出的气体在水泥浆体内扩散，形成一些连通气孔，使得样品的吸声性能有所提高。但是，膨胀珍珠岩的含量要适当，用量过大，发泡过程中泡孔生长非常困难，而且水泥浆体受到影响，致使生成的气泡气体一部分逸出，导致试样孔隙率下降，从而降低吸声性能。对于水泥基膨胀珍珠岩吸声材料采用颗粒尺寸为0.63~1.25mm的膨胀珍珠岩制得的制品吸声效果最好；背后留空腔相当于增加材料的厚度；在材料中加入憎水剂可以提高材料在潮湿状态下的吸声性能。

膨胀珍珠岩制品一般具有保温、防潮、不燃、耐热、耐腐蚀、抗冻等优点。可将其制成装饰吸声板或穿孔复合板做吸声吊顶和吸声墙面，以广泛用于车间、机房、控制室、候机室以及礼堂、影剧院和会议室等地面建筑和地下建筑。

5.2.2　共振吸声材料

多孔材料对中、高频声吸收性能较好，而对低频声吸收性能较差，若采用共振吸声结构则可以改善低频吸声性能。利用共振原理做成的吸声结构称作共振吸声结构，它基本可分为薄板共振吸声结构、穿孔板共振吸声结构和微穿孔板共振吸声结构三种类型。

1. 薄板共振吸声结构

将薄的塑料、金属或胶合板等材料的周边固定在框架上，并将框架牢牢地与刚性板壁相结合，这种由薄板与板后封闭空气层构成的系统为薄板共振吸声结构。在同一材料中，板越厚，共振频率越低；其后的空气层越大，共振频率也越低。这类结构在剧场建筑中应用最广。观众厅、排练厅和琴室内的胶合板护墙即为薄板共振吸声结构。共振频率一般在 60 ~ 315Hz 范围内。如在板后空腔内或龙骨边缘填以多孔吸声材料，可将吸声频带展宽。

2. 穿孔板共振吸声结构

金属板制品、胶合板、硬质纤维板、石膏板和石棉水泥板等，在其表面开一定数量的孔，其后与刚性壁之间留一定深度的空腔所组成的吸声结构为穿孔板吸声结构。它的吸声性能和板厚、孔径、孔距、空气层的厚度以及板后所填的多孔材料的性质和位置有关。穿孔板吸声结构空腔无吸声材料时，最大吸声系数约为 0.3 ~ 0.6，这时穿孔率不宜过大，以 1% ~ 50% 比较合适。穿孔率大，则吸声系数峰值下降，且吸声带宽变窄。在穿孔板吸声结构空腔内放置多孔吸声材料，可增大吸声系数，并拓宽有效吸声频带，特别当多孔材料贴近穿孔板时吸声效果最佳。

3. 微穿孔板共振吸声结构

由于穿孔板吸声结构存在吸声频带较窄的缺点，近年来国内研制出了微穿孔板吸声结构。即在厚度小于 1mm 的金属薄板上，钻出许多孔径小于 1mm 的小孔（穿孔率为 1% ~ 4%），将这种孔小而密的薄板固定在刚性壁面上，并在板后留以适当深度的空腔，便组成微穿孔板吸声结构。薄板常用铝或钢板制作，微穿孔板的孔细而密，因此比穿孔板的声阻大，在吸声系数和吸声频带方面优于穿孔板。微穿孔板结构由于不需在板后配置多孔吸声材料，使结构简化，并具有卫生、美观、耐高温等优点，这类材料在空调系统的消声结构中应用较广。

5.3 隔声材料

把空气中传播的噪声隔绝、隔断、分离的一种材料、构件或结构，称之为隔声材料。隔声是噪声控制中最有效的措施之一。对于隔声材料要求材料厚重而密实，不透气。按用途隔声材料可分为以下几类：用于隔绝相邻房间的噪声和避免噪声传出的分隔墙材料；用于防止机械等噪声扩散的隔声罩材料；用于阻止噪声传入的墙壁、屋顶、门窗等部位的建筑材料；用于降低噪声和阻断噪声传播的声屏障材料。

5.3.1 隔声板材

隔声板材的种类很多，几乎所有的材料都具有隔声作用，其区别就是不同材料间隔声量的大小不同。同一种材料，由于面密度不同，其隔声量存在比较大的变化。归纳起来隔声板材主要有单层板材、双层板材、单层墙体和双层墙体几种。

单层板材主要包括金属板、塑料板、石膏板、木板和铁板等；单层墙体多指实心砖块、钢筋混凝土墙、石膏蜂窝板墙以及矿渣珍珠岩砖墙等；双层板材包括双层金属板、双层钢丝网抹灰板和双层复合板等；而双层墙体是将墙一分为二，中间夹一定厚度的空气层，包括纸面石膏板双层墙、炭化石灰板双层墙和加气混凝土双层墙等。由于传统的隔声材料得到的隔声板材一般都比较笨重，因此开发出了一系列轻质、薄型的隔声材料，使其既可用于建筑分户墙，又可用于噪声控制工程中的隔声，取得了很好的效果。

目前开发了许多新型的复合隔声材料，如玻璃纤维织物/聚氯乙烯复合隔声材料、钢渣粉填充聚氯乙烯基隔声材料，以及无机物/聚氯乙烯基隔声材料。这类材料是采用常压浇注工艺制备的一种复合隔声材料，其隔声性能远优于单一隔声材料。研究发现由于各种类型的填充物加入基体后，材料的粘弹性发生了很大的改变，同时增大了复合材料的面密度、应变，增强了损耗能量的能力。此外由于基体树脂和填料是不同的物质，其弹性模量也不同。当承受相同的交变应力时，将产生不同的应变而形成不同材料之间相对应变，从而产生附加的能耗。所以当声波入射时，因基体与填料产生不同的应变而大大增加了声能的损耗。

5.3.2   隔声结构

隔声材料可制成各种隔声结构（构件），这些隔声构件可以选用现成产品，也可以按需要选用合适的隔声板材进行设计制造。

1. 隔声罩和隔声间

（1）隔声罩   将噪声源封闭在一个相对小的空间，以减少向周围辐射噪声的罩状结构，通常称为隔声罩，其基本结构如图 5-7 所示。有时为了操作、维修方便或通风散热的需要，罩体上需开观察窗、活动门及散热消声通道等。隔声罩通常是兼有隔声、吸声、阻尼、隔振和通风、消声等功能的综合结构体，有密封型与局部开敞型，固定型与活动型之分，主要用于控制车间内的机器噪声，降噪量一般在 10 ~ 40dB（A）之间。

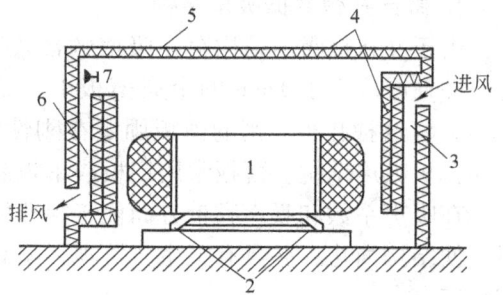

图 5-7   带有进排气消声通道的隔声罩构造
1—机器 2—减振器 3、6—消声通道 4—吸声材料
5—隔声板壁 7—排风机

隔声罩一般用厚 1 ~ 3mm 的钢板制成，为了获得理想的隔声效果，隔声罩的设计要满足以下条件：

1）尽量选用隔声性能好的轻质复合材料，以便于拆装。若采用单层金属薄板，还需表衬一定厚度的吸声材料，如果罩壁振动较大，可在金属板外表面或内表面涂一些内损耗系数大的阻尼材料，如沥青浆、石棉沥青浆等。有些大而固定的场合也可用砖或混凝土等厚重材料制作。

2）形状与声源设备轮廓相似，宜选用曲面形体，尽量少用方形，以防止驻波效应，隔声罩内所有缝隙应密封严实，否则会使隔声量大大下降。

3）避免隔声罩与声源之间的刚性连接，隔声罩与地面间应安装隔振器或铺设隔振材料。

（2）隔声间   当一个车间内有很多噪声源时，采用隔声罩很不经济。这时则可建立一个小空间把声源隔离开来，即隔声间。隔声间可用金属板或土木结构建造，有两种类型，一类是由于机器体积较大，设备繁琐又需进行手工操作，此时只能采用一个大的房间把机器围护起来，并设置门、窗和通风管道。此类隔声间类似一个大的隔声罩，只是人能进入其间。另一类隔声间是在高噪声环境中隔出一个安静的环境，以供工人观察控制机器转动或是休息用，按实际需要也要设置门、窗和通风管道。无论哪种类型都要考虑通风、照明和温度的要求，特别是要采用特制的隔声门窗。

2. 隔声门和隔声窗

门、窗的隔声能力取决于本身的面密度、构造和密封程度。因为通常需要门、窗为轻型结构，故一般采用轻质双层或多层复合隔声板制成。隔声门是将优质冷轧钢板处理成形，门体内按隔声等级填充吸声棉、蜂巢结构、隔声材料，采用特殊密封制作工艺精工制作而成的木、钢质门，具有防火、隔声、逃生优质性能，使用性能稳定。隔声窗常采用双层或多层玻璃制作，玻璃板要紧紧地嵌在弹性垫衬中，以防止阻尼板面的振动。层间四周边框宜做吸声处理，相邻两层玻璃不宜平行布置，朝声源一侧的玻璃有一定的倾角，以便减弱共振效应，并需选用不同厚度的玻璃，以便削弱吻合效应的影响。

3. 隔声屏

隔声屏也叫声屏障，是放在噪声源和受声点之间的挡板，阻挡噪声直接传播到屏障后的区域，使该区域的噪声降低。隔声屏有隔声、吸声的双重功能，设置隔声屏的方法简单、经济，且隔声屏便于拆装与移动，因而多应用于车间、办公室或道路两侧。

隔声屏一般用砖、砌块、木板、钢板、塑料板、玻璃等材料制成，外形设计上形式多样，具体如图 5-8 所示。形状的变化可以提高声屏障的插入损失，并且可有效利用地形地貌提高声屏障效果，降低成本。图 5-8a ~ d 所示声屏障适用于工业厂房中，图 5-8e 所示声屏障适用于交通干线两侧，图 5-8f 所示声屏障适用于穿过城区的铁路两侧。

隔声屏适用于室外遮挡直达声。增加路程差时可使降噪效果增加。在处理混响声时，必须配合吸声措施。如道路两侧的隔声屏，如果表面不加吸声材料，噪声就会在道路两旁的隔声屏间多次反射，形成声廊，并向声屏障外辐射，从而使其失去了应有的降噪效果。而在混响明显的房间里，可在隔声屏的两侧都贴上吸声材料，能获得较好的降噪效果。

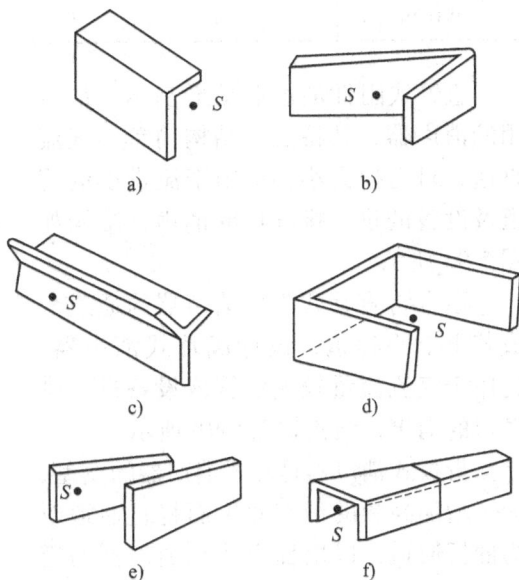

图 5-8 声屏障的几种形式

a) T 形声屏障 b) 二边形屏障 c) 遮檐式屏障
d) 三边形屏障 e) 双边屏障 f) 管道式屏障

5.4 消声材料

消声降噪可通过消声器来实现，消声器是一种既允许气流通过，又能有效阻止或减弱噪声向外传播的装置，它是降低空气动力性噪声的主要技术措施。性能优良的消声器可使气流噪声降低 20 ~ 40dB（A）。

5.4.1 阻性消声器

阻性消声器是一种利用吸声材料消声的吸收型消声器。该类型消声器结构简单，应用十分广泛，对中、高频范围的噪声具有较好的消声效果，但对低频噪声的消声性能较差，因此多用于风机、燃气轮机进排气的消声处理，不适合在高温、高湿的环境中使用。阻性消声器按气流通道几何形状的不同可分为直管式、片式、折板式、蜂窝式、声流式等。几种常用阻性消声器的性能见表5-2。

表5-2　几种常用阻性消声器的性能

名　　称	消声频率	阻　　力	通道流速/(m/s)	适　用　范　围
直管式	中	小	<15	中小型风机进、排气消声
片式	中	小	<15	大中型风机进、排气消声
折板式	中、高	中	<10	大中型风机进、排气消声
蜂窝式	中	小	<15	中型风机进、排气消声
声流式	中、高	大	<20	大中型风机排气消声

直管式阻性消声器是最基本、最常用的消声器，其特点是结构简单、气流直通、阻力损失小，适用于流量小的管道及设备的进、排气口的消声，结构如图5-9a所示。

通常将直管式阻性消声器的通道分成若干个小通道，设计成片式消声器，适用于气流流量较大的管或设备进、排气口的消声，结构如图5-9b所示。

折板式消声器是片式消声器的变型，为了增加高频的消声效果而将直通道改为曲折通道，以增加声波在消声器通道内的反射次数，使吸声材料与声波增加接触机会，提高吸声效果，为了减小阻力损失，折角不要过大，一般小于20°，结构如图5-9c所示。

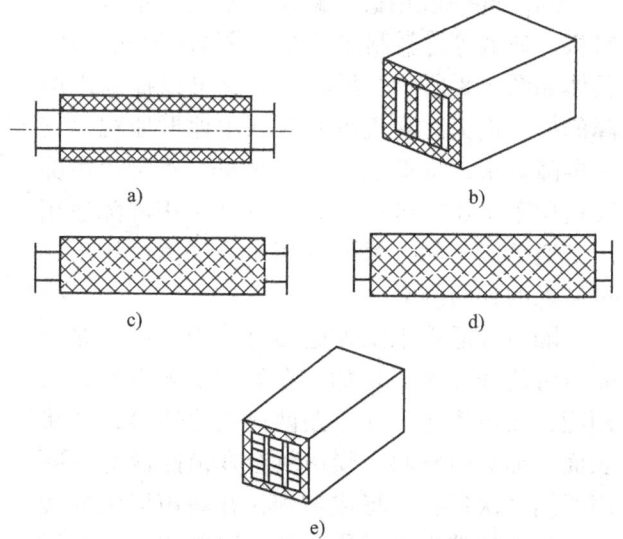

图5-9　阻性消声器结构示意图
a) 直管式　b) 片式　c) 折板式　d) 声流式　e) 蜂窝式

声流式消声器是将折板式消声器的折角变平滑，它把吸声片制成正弦波或流线型。当声波通过厚度连续变化的吸声片（层）时，改善对低、中频噪声的消声性能。与折板式消声器比较，气流通过顺畅、阻力较小，但该消声器结构复杂，制造工艺难度大，造价较高，结构如图5-9d所示。

蜂窝式消声器由若干个小型直管消声器并联而成，形似蜂窝。这种消声器对中、高频声波的消声效果好，但阻力损失比较大，构造相对复杂。一般适用于风量较大、低流速的场合，结构如图5-9e所示。

5.4.2　抗性消声器

常见的抗性消声器有扩张室式和共振腔式两种。扩张室式消声器也称为膨胀室消声器，它是由管和室组成的。利用声传播中的不连续结构产生的声阻抗改变，引起声反射而达到消声的目的。扩张室式消声器具有结构简单、消声量大等优点，缺点是局部阻力损失较大。它主要用于消除中、低频噪声，控制内燃机、柴油机、空压机等进、出口噪声。扩张室式消声器最常用的结构形式如图 5-10 所示。

共振腔消声器由管道壁开孔与外侧密闭空腔相通而构成，实际上是共振吸声结构的一种应用，主要有同心式和旁支式两种，如图 5-11 所示。

共振腔消声器适合于低、中频成分突出的噪声，且消声量比较大。但消声频带范围窄，一般采用在共振腔中填充一些吸声材料或采取多节共振腔串联的方式，可有效地展宽消声频率的范围。

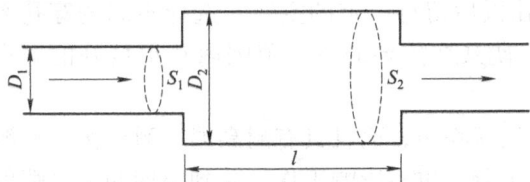

图 5-10　单节扩张室消声器

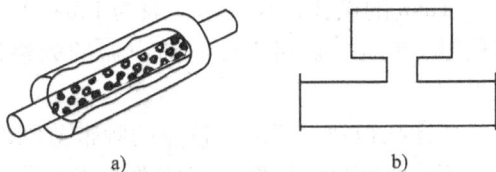

图 5-11　共振腔消声器示意图
a）同心式　b）旁支式

5.4.3　阻抗复合式消声器

在实际工作中，经常遇到低、中、高频的噪声，即宽频带噪声，为了在较宽的范围获得较好的消声效果，通常采用阻抗复合式消声器进行消声处理。

阻抗复合式消声器由阻性消声器与抗性消声器组合而成，根据阻性与抗性两种不同的消声原理，结合噪声源的具体特点和现场实际情况，通过不同的组合方式，就可以设计出不同结构形式的复合消声器。常见的形式有阻-扩复合式、阻-共复合式等，具体形式如图 5-12 所示。

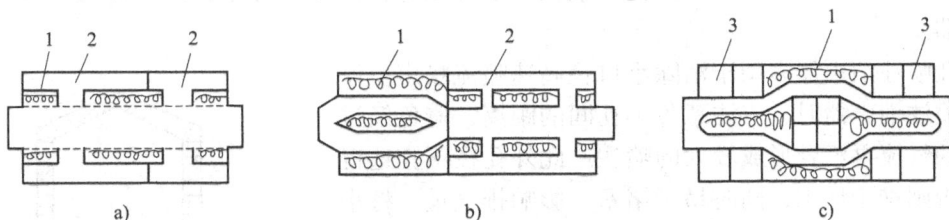

图 5-12　阻抗复合式消声器示意图
a）阻-扩复合式一　b）阻-扩复合式二　c）阻-共复合式
1—阻性材料　2—扩张室　3—共振腔

阻性扩张室复合消声器是由阻性和抗性两部分消声器组成的复合消声器，如图 5-12a 所示。该消声器是由两段或多段串联而成，第一段为阻性部分，主要用于消除中、高频噪声。为了不增加消声器的长度，在这段消声器通道周围衬贴吸声材料。主要用于消除风机等设备的高频噪声，消声效果约为 20dB（A）。第二段抗性部分，由两节不同长度的扩张室构成，主要用于消除低、中频噪声，一般有 10～20dB（A）的消声效果。有时为了将消声频带拉得宽一些，在每节扩张室内，从两端分别插入等于它的各自长度的 1/2 和 1/4 的插入管，并在插入管上衬贴吸声材料，如图 5-12b 所示。该类消声器一般用在风机进、出口上。图 5-12c 所示是阻-共复合式消声器。消声器的阻性部分设置在通道中间，将吸声材料贴在消声器通道的内壁上，用以消除压缩机噪声的中、高频成分。抗性部分是由几对共振腔串联组成的，其消声值在 20～30dB(A)。

5.4.4　微穿孔板消声器

微穿孔板消声器是衬装微穿孔板吸声结构的一种消声器，是阻抗复合式消声器的一种特殊形式。微穿孔板消声器一般是用厚度小于 1mm 的金属薄板制作，在薄板上钻许多孔径为 0.5～1mm 的微孔，穿孔率一般为 1%～3%，穿孔板后留有一定的空腔，选择不同的穿孔率和板厚、腔深，就可以控制消声器的频谱性能，使其在需要的频率范围内获得良好的消声效果。

微穿孔板消声器能在较宽的频带范围内消除气流噪声，而且具有耐高温、耐油污、耐腐蚀和不怕水蒸气的性能，即使在气流中带有大量水分，也不影响工作。受到短期的火焰喷射也不至于损坏，这对于蒸汽排气放空系统、内燃机、燃气轮机以及发动机试验站的排气系统消声具有很大的意义。由于在高速气流下，微穿孔板消声器还有一定的消声性能，这对大型空气动力设备的消声器可以较大幅度地减小尺寸，降低造价。对于要求洁净的场所，由于微穿孔板消声器中没有玻璃棉之类的纤维材料，使用后可以不必担心粉屑吹入房间，施工、维修都方便得多。

5.4.5　排气喷流消声器

工厂中各种空气动力设备的排气、高压锅炉排气放风以及喷气发动机试车的排气喷流噪声在工业生产中普遍存在，这种噪声声级高，频带宽，传播远，严重危害人的身心健康。排气喷流消声器是从声源上降低噪声的，根据不同的消声原理可将排气喷流消声器分为小孔喷注消声器、节流降压消声器、多孔扩散消声器和喷雾消声器等类型，图 5-13 所示为小孔喷注消声器。

小孔喷注消声器多用于消除小口径高速喷流噪声。设计小孔喷注消声器时，应注意各小孔间的距离，避免经过小孔后的气流再汇合形成较大的喷注。此外孔径不宜选得过小，否则难于加工，同时易于堵塞，影响排气量。将小孔喷注消声器的材料用粉末冶金、烧结塑料、多层金属网、多孔陶瓷等材料替代就成为多孔扩散消声器。该消声器与小孔喷注消声器的不同之处在于其孔心距与孔径之比较小，排放的气流被滤成无数小气流，不能忽略混合后产生的噪声，而小孔喷注消声器混合后的噪声可以忽略。节流降压消声器是利用节流降压的原理制成的，这种消声器通常有 15～30dB(A) 的消声量。喷雾消声器主要针对锅炉等排放的高温气体噪声，利用向蒸汽喷气口均匀地喷淋水雾来达到消声的目的。引射掺冷消声器周围没有微穿孔板吸声结构，底部接排气管，消声器外壳开有掺冷孔洞与大气相通，内壁设置吸声结构。

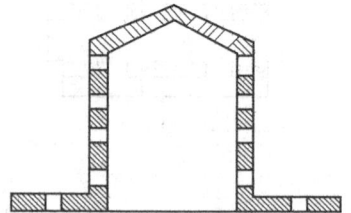

图 5-13　小孔喷注消声器

5.5　隔振与阻尼减振材料

5.5.1　隔振材料

凡是具有弹性的材料均能作为隔振器材来使用，隔振装置可分为两大类，即隔振垫和隔振器。

1. 隔振垫

隔振垫是一种适用于中小型设备的隔振装置，通常由橡胶、软木、毛毡、玻璃纤维等材料制成。制作时先把这些材料制成板材，然后再根据实际需要切成一定的形状。

（1）橡胶　橡胶隔振垫是近几年发展起来的隔振材料。天然橡胶由于变化小、拉力大、受破坏时延伸率大，价格低廉，所以应用比较多。橡胶隔振垫有肋状垫、镂孔垫、钉子垫及 WJ 型垫等，如图 5-14 所示。

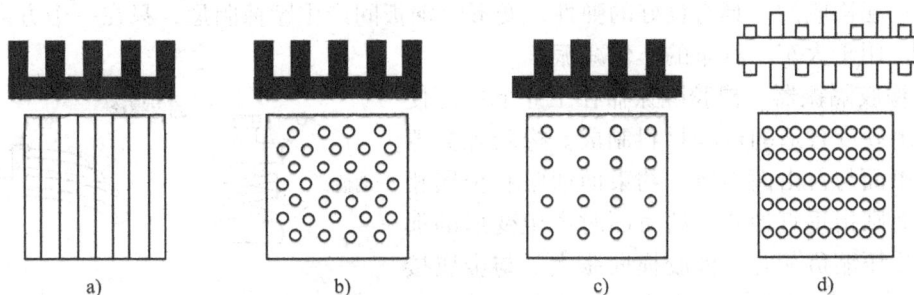

图 5-14　橡胶垫常见形式
a）肋状垫　b）镂孔垫　c）钉子垫　d）WJ 型垫

其中使用最广泛的是 WJ 型圆凸台橡胶垫，WJ 型隔振垫的结构为在橡胶垫的两面有四个不同高度的圆台，分别交叉配置，在载荷作用下，较高的凸圆台受压变形，较低的圆台尚未受压时，其中层部分受载而弯成波浪形，振动能量通过交叉圆台和中间弯曲波来传递，它与平板橡胶垫相比，通过的距离增大，能较好地分散并吸收任意方向的振动，更有效地发挥橡胶的弹性。此外由于原凸面斜向地被压缩，起到制动作用，在使用中无须紧固措施，即可防止机器滑动，承载越大，越不易滑移。

（2）软木　软木是一种应用历史悠久的隔振垫材料。隔振用的软木是用天然软木经高温、高压、蒸汽烘干和压缩制成的板状或块状物。软木具有一定的弹性，一般软木的动态弹性模量约为静态弹性模量的 $2 \sim 3$ 倍。软木隔振系统的固有频率一般可控制在 $20 \sim 30\mathrm{Hz}$ 范围内，承受的最佳载荷为 $(5 \sim 20) \times 10^4\mathrm{Pa}$，阻尼比一般取 $0.04 \sim 0.18$，常用的厚度为 $5 \sim 15\mathrm{cm}$。软木具有质轻、耐腐蚀、保温性能好、加工方便等优点。一般软木的隔振效果是随着晶粒粗细、软木厚度、荷载大小，以及结构形式的不同而变化。作为隔振基础的软木，由于固有频率较高，不宜用于低频隔振。

（3）毛毡　玻璃纤维毡、矿渣棉和各类材质的毛毡均是良好的隔振材料，这类隔振材料在极广泛的负载范围内能保持自然频率。预制的毡类隔振材料除可用在机械设备的基础上，也可作为管道穿墙套管来隔振，用时最好是预先设计，再压制成毡状，为了便于切成小块，也可制成板条形。毛毡的适用频率范围为30Hz左右，适用于车间内中小型机器隔振降噪处理。毛毡应防腐，防虫，易用油纸或塑料薄膜予以包裹，缝隙易用沥青涂抹密封。毛毡类隔振垫的优点是价格低廉、安装方便，可根据需要切成任何形状和大小，并可重叠放置，获得良好的隔振效果。

2. 隔振器

隔振器是用在某一频率范围内衰减振动传输的隔离器，是用来减弱冲击、振动传输的构件，通常是弹性的支撑物，是使用时可作为机械零件来装配安装的器件。最常用的隔振器主要有弹簧隔振器、橡胶隔振器和空气弹簧等。

（1）弹簧隔振器　弹簧隔振器是目前应用较广泛的隔振器，它的优点是承载能力强、耐高温、耐油污、性能稳定不老化、固有频率低、低频隔振性能高。缺点是本身阻尼小，共振时传递率可能很大，高频隔振性能差。

弹簧隔振器包括螺旋弹簧式隔振器和板条式隔振器两种。如图5-15所示。螺旋弹簧式隔振器多用在各类风机、破碎机、压力机、锻锤机的振动控制上。板条式隔振器是由多根钢板叠加在一起构成的，具有良好的弹性，变形时钢板间产生摩擦阻尼，只在一个方向上具有隔振作用，用于火车、汽车的车体减振。

（2）橡胶隔振器　橡胶隔振器在工业上广泛使用，主要由硬度合适的橡胶材料制成。橡胶隔振器一般由约束面与自由面构成。约束面通常和金属相接，自由面则指垂直加载于约束面时产生变形的那一面。在受压缩负荷时，橡胶横向胀大，与金属接触的面则受约束，因此只有自由面在变化，约束面和自由面大小的不同，影响着橡胶隔振材料的参数。

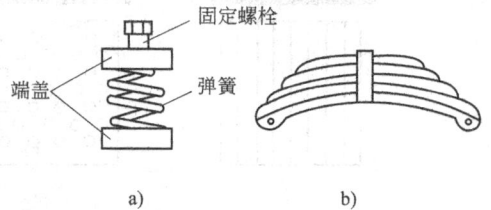

图5-15　弹簧隔振器

a）螺旋弹簧式隔振器　b）板条式隔振器

常用的橡胶隔振器根据受力情况分为压缩型、剪切型、压缩-剪切复合型3种，如图5-16所示。橡胶隔振器具有良好的阻尼特性，不会产生共振激增现象，并可通过改变配方及结构来调节弹性大小；此外还具有良好的高频隔振特性，可承受压缩、剪切或剪切-压缩力，是一种适合于中小型设备和仪器隔振的装置。但橡胶不耐高温、易老化，导致弹性劣化，在高温下使用性能不高，低温下弹性系数也会改变，且不耐油污。

（3）空气弹簧　空气弹簧也称"气垫"，指在可伸缩的密闭容器中充以压缩空气，利用空气弹性作用的弹簧。空气弹簧一般附设有自动调节机构，每当负荷改变时，可调节密闭容器中的气体压力，使之保持恒定的静态压

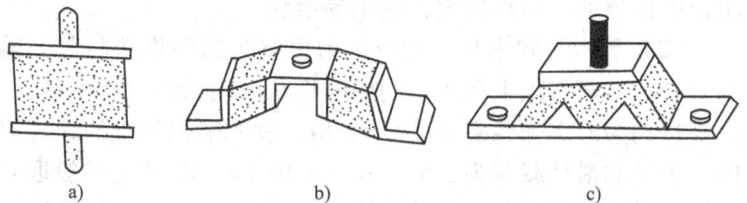

图5-16　橡胶隔振器

a）压缩型　b）剪切型　c）压缩-剪切型

缩量。这种隔振器的隔振效率高，固有频率低，且具有粘性阻尼，因此隔振性能良好，多用于火车、汽车和一些消极隔振的场合。空气弹簧的缺点是需要有压缩气源及一套繁杂的辅助系统，造价昂贵，并且荷重只限于一个方向，一般工程上采用较少。

5.5.2 阻尼材料

通常把系统损耗振动能或声能的能力称为阻尼，阻尼越大，输入系统的能量便能在较短时间内损耗完毕，因而系统从受激振动到重新静止所经历的时间就越短，所以阻尼也可理解为系统受激后迅速恢复到受激前状态的一种能力。阻尼包括系统阻尼、结构阻尼和材料阻尼。系统阻尼是在系统中设置专用阻尼减振器；结构阻尼是在系统的某一振动结构上附加材料或形成附加结构，增加系统自身的阻尼能力；而材料阻尼是依靠材料本身所具有的高阻尼特性达到减振降噪的目的。其中材料阻尼对于解决由振动造成的问题十分重要。

1. 粘弹性阻尼材料

粘弹性阻尼材料是应用较为广泛的一种高分子聚合物材料，它在一定受力状态下，既具有粘性液体消耗能量的特性，又具有弹性固体材料存贮能量的特性。当它受到外力时，有一部分能量被转化为热能而耗散掉，而另一部分能量以势能的形式储备起来。粘弹阻尼材料通过将振动机械能转变为其他能量而达到衰减振动和降低噪声的目的。

粘弹性阻尼材料包括橡胶类和塑料类，如氯丁橡胶、有机硅橡胶、聚氯乙烯、聚氨酯泡沫塑料、玻璃状陶瓷、细粒玻璃等阻性材料。早期的聚合物阻尼材料主要是单一组分的均聚物，其玻璃化转变温度区间比较窄，只能在有限的温度与频率范围内使用。为了拓宽粘弹性阻尼材料的使用温度与频率范围，相继发展了两种以上的高聚物以共聚、共混或互穿网络的方式复合的材料，通过拓宽其玻璃化转变区间，从而达到拓宽阻尼材料的使用温域与频率范围的目的。

各种粘弹性阻尼材料的缺点是模量过低，不能作为结构材料，只能作为附加材料，或者用作隔振器械弹簧上的阻尼材料。粘弹性阻尼材料作为附加材料附着在其他材料上时，需采取特殊的工艺方法，一般将粘弹性阻尼材料以胶片形式生产，使用时可用专用的粘结剂将它贴在需要减振的结构上。

2. 阻尼合金

阻尼合金又称减振合金或低噪声合金，俗称哑铁。具有足够强度和刚度的高阻尼合金既能吸收振动能量又能满足结构要求，把它制成片、圈、塞等各种形状的制品，安装在振动冲击和发声强烈的机件上，或把它作为结构材料直接代替机械振动和发声部件，可以减少机械噪声的辐射。对于振源集中的机械来说，阻尼合金将会使整机噪声有明显下降。

阻尼合金按阻尼机理可分为复合型（如 Al-Zn 系合金）、铁磁性型（如 Fe 基合金）、位错型（Mg-Zr 合金）和双晶型（Mn-Cu 合金、Mn-Cu-Al 合金）等四类。阻尼合金之所以能消耗振动的能量，主要是因为合金内部存在一定的可动区域，当它受到外力作用时，具有阻尼松弛作用，由于摩擦、振动产生滞后损耗，使振动能转化为热而被消耗掉。阻尼合金具有阻尼性能好，兼有刚性良好的硬强度性能，易于机械加工，耐腐蚀，耐高温和成本低等优点，是一种积极的阻尼技术。其不仅可以减少机械及其部件所产生的噪声，而且能吸收振动能量，使振动极快衰减，避免由于机件的激烈振动而引起的疲劳损伤，可以延长机件的使用寿命。阻尼合金的力学性能、使用温度范围不尽相同，因此应用时要全面考虑其综合特点，达到最佳应用效果。

3. 附加阻尼结构

附加阻尼结构是通过外加阻尼材料（如沥青、石棉漆、软橡胶或其他粘弹性高分子涂料配制成的阻尼浆）抑制结构振动达到提高抗振性、稳定性和降低噪声目的的结构。这种措施也称之为减振阻尼，它是噪声与振动控制的重要手段之一。附加阻尼结构按阻尼耗能的结构可分为自由阻尼结构和约束阻尼结构。

（1）自由阻尼结构　自由阻尼结构最初由德国首先研制出来，是将粘弹性阻尼材料牢固地粘贴或涂抹在作为振动构件的金属薄板的一面或两面，如图 5-17 所示。其工艺过程简单，成本低廉，是目前我国在工业噪声治理中普遍采用的阻尼处理技术。自由阻尼结构金属薄板为基层板，阻尼材料形成阻尼层，当基层板作弯曲振动时，板和阻尼层自由压缩和拉伸，阻尼层将损耗较大的振动能量，从而使振动减弱。这种阻尼结构采用厚度在 3mm 以下的薄金属板时，可收到明显的减振降噪效果，因此仅适用于减轻薄板的振动与发声。为了进一步增加阻尼层的拉伸与压缩，可在基层板与阻尼层之间再增加一层能承受较大剪切力的间隔层（粘弹性材料或纤维材料），以提高减振效果。

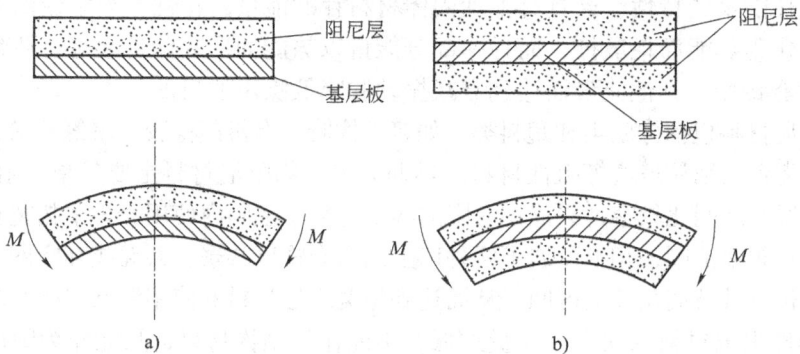

图 5-17　自由阻尼层结构

a）一面涂层自由阻尼弯曲　b）两面涂层自由阻尼弯曲

（2）约束阻尼结构　图 5-18 所示为约束阻尼结构。在金属板上先粘贴一层阻尼材料，其外再覆盖一层金属薄板（约束层），金属结构振动时，约束层相应弯曲与基层板保持平行，它的长度几乎保持不变。此时阻尼层下部将受压缩，而上部受到拉伸，即相当于基层板相对于约束层产生滑移运动，阻尼层产生切应力不断往复变化，从而消耗机械振动能量。一般选用的约束层是与基层板的材料相同、厚度相等的对称型结构，也可选择约束层厚度仅为基层板的 $1/2 \sim 1/4$ 的结构。涂覆在金属结构上的阻尼材料不仅可以有效地抑制结构在固有频率上的振动，而且还能大幅度地降低结构噪声。如地铁、电车的车轮采用约束阻尼层后，噪声由 114dB（A）下降到 89dB（A），其阻尼材料质量占车轮的 4.2%。

（3）复合阻尼结构　复合阻尼结构是用各种基本材料和高分子材料复合而成的。这类材料包括聚合物基阻尼复合材料和金属基阻尼复合材料。传统聚合物阻尼材料的吸振机理基于粘弹性阻尼，所以其适用温度和阻尼性能强烈依赖于聚合物的玻璃化转变温度。自 20 世纪中期开始，美国和日本等国家就不断研制出新的高聚物阻尼材料。到 20 世纪 90 年代初，发达国家约有十几家专业厂商生产很多品种的阻尼材料。国内的聚合物基阻尼材料研究及工程应用的发展也很迅速。

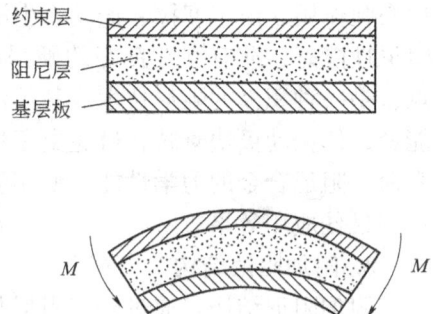

图 5-18　约束阻尼结构

金属基阻尼复合结构包括在金属基体中添加第二相粒子形成的金属基复合材料、两种不同的金属板叠合在一起或由金属板和树脂粘合在一起而形成的复合阻尼金属板等。在制备复合材料中一般选择颗粒、晶须和纤维作为第二相。与颗粒或晶须相比，连续纤维可较大程度地提高复合材料的阻尼。目前研究较多的阻尼金属基复合材料主要是 Mg 基阻尼复合材料和 Al 基阻尼复合材料。金属基阻尼复合材料可大大提高阻尼材料的刚度和强度，但目前尚未达到阻尼合金的水平。

【案例】

1. 冷冻机房吸声降噪处理

某冷冻机房，长 60m，宽 18m，平均高度 10.3m。机房内有 25CF 螺杆式冷冻机组 22台，单机制冷量为 90376MJ/h，转速为 2950r/min，电动机功率为 500kW。由于该机房壁面为混凝土弓形屋架铺大型屋面板和砖墙结构，反射声很强，混响时间长。单机运转时，经测试为 93～100dB（A），平均噪声级为 94dB（A），并以中频为主。22 台机组同时运转，机房内平均噪声级为 100dB（A）以上。该机房采用吸声降噪措施。

针对该机房噪声的实际情况，采用了 32 块吸声板；每块长 5.2m，宽 2.2m，厚 7.5cm，单块面积为 11.2m²。吸声结构是由角钢骨架、钢板网及超细玻璃棉（密度为 20kg/m²）构造制成的，每块重 200kg。32 块吸声板的总面积为366m² 占整个机房顶面积的 34%，吸声板的悬挂方式如图 5-19 所示。

由于空间吸声板两面都吸声，吸声系数较高，从而使吸声面积减小，节省投资。吸声处理后，平均噪声级降到 88～91dB（A），混响时间由原来的 5s 降到 1.7s，主观感觉有明显改善，基本上达到了预期效果。

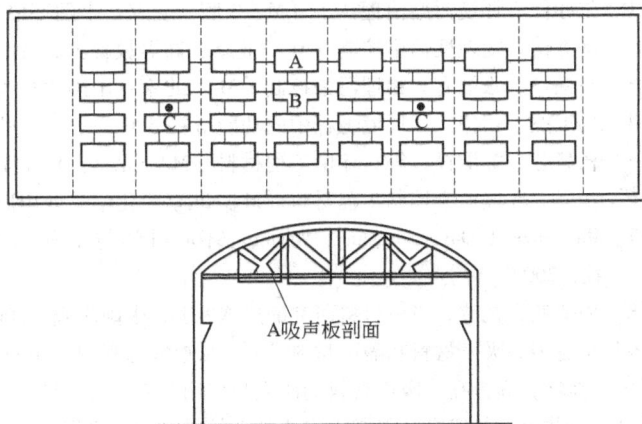

图 5-19　冷冻机房水平悬挂吸声板及剖面
A—空间吸声板　B—声源　C—测点

2. 排气阀排气噪声的消声处理

某厂储气缸自动排气阀正常排气时会发生强烈噪声，在该阀门 1.5m 处三个测点上测得噪声强度均为 123dB（A），30m 外的室内噪声级还可达 97dB（A），严重污染了周围环境。

对排气阀的噪声采用消声器进行降噪处理。所设计的消声器如图 5-20 所示。消声器由两部分组成，下部为罩在排气阀门上的隔声腔室，具有静压扩张室和扩张吸声腔的双重作用，可以起到一定的降噪效果。为避免噪声透过管壁传播，壳体采用双层金属板内注阻尼层的复合结构，并内衬 5cm 厚聚氨酯泡沫塑料。消声器上部由壳体与芯柱组成，芯柱由聚氨酯泡沫塑料、穿孔板和超细玻璃棉复合而成，气流通过环

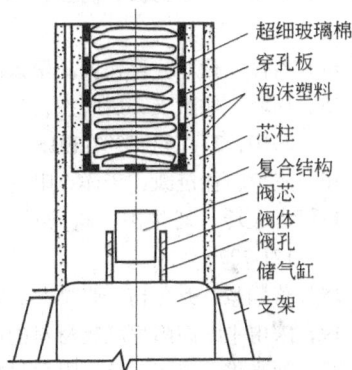

图 5-20　消声器结构简图

超细玻璃棉
穿孔板
泡沫塑料
芯柱
复合结构
阀芯
阀体
阀孔
储气缸
支架

状吸声、消声道排出。消声器与储气缸无刚性连接，以避免固体声传播，消声器采用法兰与支架螺栓连接，缝隙用工业毛毡密封。安装后降噪量达40dB(A)，效果良好。

思 考 题

1. 试述噪声的全部含义。噪声污染的特征是什么？
2. 简述多孔吸声材料的吸声机理。
3. 简述多孔吸声材料的特征及主要类型。
4. 多孔吸声材料和共振吸声结构在吸声原理上有什么区别？
5. 什么是隔声材料？隔声材料有哪些类型？
6. 衡量隔声效果的参数是什么？
7. 消声器的种类有哪些？其相应的消声机理是什么？
8. 什么是振动污染，如何控制振动污染？简述其原理。
9. 振动控制材料可分为哪几类？简述几种常用的振动控制技术。
10. 阻尼材料产生阻尼的原因，常用的阻尼材料有哪些？

参 考 文 献

[1] 朱亦仁. 环境污染治理技术 [M]. 3 版. 北京：中国环境科学出版社，2008.
[2] 陈杰瑢. 物理性污染控制 [M]. 北京：高等教育出版社，2007.
[3] 高艳玲，张继有. 物理污染控制 [M]. 北京：中国建材工业出版社，2005.
[4] 冯玉杰，蔡伟民. 环境工程中的功能材料 [M]. 北京：化学工业出版社，2003.
[5] 杨慧芬，陈淑祥，等. 环境工程材料 [M]. 北京：化学工业出版社，2008.
[6] 华坚. 环境污染控制工程材料 [M]. 北京：化学工业出版社，2009.
[7] Mackenzie L Davis，Susan J Masten. 环境科学与工程原理 [M]. 王建龙译. 北京：清华大学出版社，2007.
[8] 周曦亚，凡波. 吸声材料研究的进展 [J]. 中国陶瓷，2004，40 (5)：26-29.
[9] 张建国. 吸声材料和隔声材料 [J]. 橡塑资源利用，2006 (5)：7-11，36.
[10] 高玲，尚福亮. 吸声材料的研究与应用 [J]. 化工时刊，2007，21 (2)：63-64，69.
[11] 齐共金，杨盛良，赵恂. 泡沫吸声材料的研究进展 [J]. 材料开发与应用，2002，17 (5)：40-44.
[12] 李海涛，朱锡，石勇，等. 多孔性吸声材料的研究进展 [J]. 材料科学与工程学报，2004，22 (6)：934-938.
[13] 姚跃飞，罗勇波，高磊，等. 聚氯乙烯基隔声材料中填充炼钢炉渣粉 [J]. 复合材料学报，2008，25 (2)：74-79.
[14] 蔡俊，徐菲，蔡伟民. 聚氯乙烯基复合隔声材料的研究 [J]. 环境化学，2005，24 (6)：700-702.
[15] 周耿，姚跃飞，唐晓杰，等. 慢回弹聚氨酯发泡材料的隔声性能研究 [J]. 浙江理工大学学报，2010，27 (3)：387-391.
[16] 王萍，徐茂凯，于洋. 阻尼复合材料发展状况 [J]. 纤维复合材料，2010 (1)：36-37，30.
[17] 肖大玲，刘俊杰，赵秀英，等. 聚合物基阻尼材料的研究进展 [J]. 橡胶工业，2010，57 (2)：121-127.
[18] 蒋鞠慧，尹冬梅，张雄军. 阻尼材料的研究状况及进展 [J] 玻璃钢/复合材料，2010 (4)：76-80.
[19] 宋申平. 高阻尼减震材料的应用研究 [J]. 安徽化工，2010，36 (3)：13-14.
[20] 刘光烨，赵娟. 复合阻尼材料的研究进展 [J]. 塑料科技，2010，38 (6)：98-102.

第 6 章
环境修复材料

本章提要：面对日益严重的环境污染问题，开发门类齐全的环境工程材料，对环境进行修复、净化或替代处理，逐渐改善地球的生态环境，使之可持续发展，是治理环境污染的一个重要方面。环境工程材料一般指防止或治理环境污染过程中所用的一些材料。废水中各种重金属离子吸附材料的开发是水治理的一个重要组成部分。采用某种天然黏土吸收重金属、多环芳烃、碳氢化合物和苯酚，可用于石油化工厂的污水净化。大气污染治理的典型材料为 TiO_2 系列的光催化材料。本章简述了大气污染修复技术与材料、土壤污染修复技术与材料、沙漠化治理技术与材料、水域石油污染治理技术与材料。

6.1 大气污染修复技术与材料

自然界中局部的质能转换和人类所从事的种类繁多的生活、生产活动，向大气排放出各种污染物。当污染物超过了大气环境所能允许的极限时，大气质量发生恶化，影响人们的生活、工作、健康、精神状态，破坏设备财产以及生态环境等，此类现象称为大气污染。随着工业化、城市化和现代化的迅速发展，由人为因素造成的大气污染已成为人类无法回避的现实问题。大气中一次污染物与二次污染物的复合污染，有机污染物与无机污染物的混合污染和颗粒物、颗粒携带污染物与气态污染物的交织污染，已直接或间接地威胁到了陆地生态系统和人类自身的健康与生存。控制和治理大气污染是维持和提高区域性和全球性环境质量、保障生态环境卫生和人体健康的迫切需要，也是社会经济可持续发展的重大需求。

6.1.1 大气污染的植物修复

植物修复是利用植物及共存微生物与环境之间的相互作用对环境污染物进行清除、分解、吸收或吸附，使已被污染的环境得以恢复的科学技术，是一项用于清除环境中有毒污染物的绿色修复技术。近年来，利用植物修复技术治理大气污染尤其是近地表大气的有机污染物与无机污染物的混合污染已是大气污染研究的热点课题。

近地表大气中污染物可分成 3 类：物理性污染物、生物性污染物和化学性污染物。粉尘是主要的物理性大气污染物，绿色植物都有滞尘作用。总叶面积大、叶面粗糙多绒毛、能分泌粘性油脂或浆汁的物种可被选为滞尘树种。病原体附着在尘埃或飞沫上随气流移动，通过空气传播，即为生物性大气污染物。绿色植物的滞尘作用可以减小其传播范围，且植物的分泌物具有杀菌作用，因此，植物可以减轻生物性大气污染。大气环境中的有毒化学物质是化学性大气污染物，植物可以吸附、吸收、同化、降解、转化大气中的 CO_2 及毒害性化学物质，以修复化学性大气污染。大气污染的植物修复是一种以太阳能为动力，利用植物的同化或超同化功能净化已被污染的大气的绿色植物技术。大气污染的植物修复过程可以是直接的，也可以是间接的，植物对大气污染的直接修复是通过其地上部分的叶片气孔及茎叶表面对大气污染物的滞留、吸收与同化的过程，而间接修复则是指通过植物根系或其与根际微生物的协同作用清除干湿沉降进入土壤或水体中大气污染物的过程。目前对于大气污染的植物修复的研究主要集中在直接修复，主要过程是持留和去除。持留过程涉及植物截获、吸附、滞留，去除过程包括植物吸收、降解、转化、同化，有的植物有超同化的功能，有的植物具有多过程的作用。

1. 植物对大气中化学污染物的净化作用

（1）植物吸附与吸收修复　植物对于污染物的吸附与吸收主要发生在地上部分的表面及叶片的气孔。在很大程度上，吸附是一种物理性过程，其与植物表面的结构（如叶片形态、粗糙程度、叶片着生角度）和表面的分泌物有关。植物可以有效地吸附空气中的悬浮物及其吸附着的污染物。已有试验证明植物表面可以吸附亲脂性的有机污染物，其中包括多氯联苯（PCBs）和多环芳烃（PAHs），其吸附效率取决于污染物的辛醇-水分配系数。Simonich 和 Hites 认为植被在从大气中清除亲脂性有机污染物中的作用最大，其吸附过程是清除的第一步。

植物可以吸收大气中的多种化学物质，包括 SO_2、Cl_2、HF、重金属（Pb）等。植物吸收大气中污染物主要是通过气孔，并经由植物维管系统进行运输和分布。对于可溶性的污染物（包括 SO_2、Cl_2 和 HF 等），随着污染物在水中溶解性增加，植物对其吸收的速率也会相应增加。湿润的植物表面可以显著增加对水溶性污染物的吸收。光照条件由于可以显著地影响植物生理活动，尤其是控制叶片气孔的开闭，因而对植物吸收污染物有较大的影响。对于挥发或半挥发性的有机污染物，污染物本身的物理化学性质包括相对分子质量、溶解性、蒸气压和辛醇-水分配系数等都直接地影响到植物对其的吸收。气候条件也是影响植物吸收污染物的关键因素。有报道认为大气中约 44% 的 PAHs 被植物吸收，从大气中去除。该报道还认为，植物在春季和秋季吸收能力较强，主要吸收较高相对分子质量的 PAHs，虽然植物不能完全降解被吸收的 PAHs，但植物的吸收有效地降低了空气中的 PAHs 含量，加速了从环境中清除 PAHs 的过程。Corneji 等发现植物可以有效地吸收空气中的苯、三氯乙烯和甲苯，不同植物对不同污染物的吸收能力有较大的差异。这一结果也说明选择合适的植物种类是取得植物修复成功的一个关键环节。对植物吸收重金属机理的了解多来自于植物从土壤或水中吸收重金属的研究结果。对于植物如何从空气中吸收重金属的理性认识还很有限。但是，植物可以吸收重金属如 Pb 却是一个已知的事实，一旦重金属进入植物的组织或细胞，植物中的金属硫蛋白（MT）、植物螯合肽（PC）、游离的组氨酸、膜上特异性转运蛋白等物质将对重金属在植物体内的存在形态、运输和分布起重要的作用。

近年开展的植物吸收有机污染物的研究提出了多种平衡模型，如一室质量平衡模型和三室质量平衡模型等，这些模型拟合了污染物在植物体内与体外的平衡状况，分析了影响平衡的诸多因素。有的研究确认了植物细胞膜上具有结合 ATP 的盒式转运体（ABC），这种转运体可以识别共轭结合着有机污染物的氧化型谷胱甘肽或结合着金属的植物螯合肽，并将这些物质转运到细胞或液泡中。这些结果有助于进一步了解和提高植物吸收污染物的能力。对于已进入植物体的污染物，有些可以通过植物的代谢途径被代谢或转化，有些可以被植物固定或隔离在液泡中。虽然会有一部分被植物吸收的污染物或被转化了的产物重新回到大气中，但这一过程是次要的，不至于构成新的大气污染源。但是，如何防止植物体内的重金属和其他有毒有害污染物进入食物链是一个需要关注的问题。

（2）植物降解修复　植物降解是指植物通过代谢过程来降解污染物或通过植物自生的物质如酶类来分解植物体内外来污染物的过程。目前，对有机污染物在植物体内的降解机理的了解远远少于在动物或微生物中的了解。Sandermann 认为植物含有一系列代谢异生素的专性同工酶及相应的基因。其代谢的主要途径与在动物相似，但往往更复杂，还有一个显著的不同点是植物将代谢的产物以被束缚的状态保存。参与植物代谢异生素的酶主要包括：细胞色素 P450、过氧化物酶、加氧酶、谷胱甘肽 S-转移酶、羧酸酯酶、O-糖苷转移酶、N-糖苷转移酶、O-丙二酸单酰转移酶和 N-丙二酸单酰转移酶等。而能直接降解有机污染物的酶类主要为：脱卤酶、硝基还原酶、过氧化物酶、漆酶和腈水解酶等。Lee 和 Fletcher 认为主要是细胞色素 P450 而不是过氧化物酶导致了植物体内 PCBs 的氧化降解。Kas 等观察到几种植物在无菌培养条件下能有效地降解多种 PCBs。Doty 等将人的细胞色素 P450 2E1 基因转入烟草后提高了转基因植株氧化代谢三氯乙烯（TCE）和二溴乙烯（EDB）的功能约 640 倍。Gordan 等通过同位素标记的试验表明，植物中的酶可以直接降解 TCE，先生成三氯乙醇，再生成氯代乙酸，最后生成 CO_2 和 Cl_2。还有报道认为，植物体内的脂肪族脱卤酶也可以直接降解 TCE。Langebartels 和 Harms 的研究表明大豆和小麦的细胞悬浮培养物可以代谢五氯苯酚。至于植物能否在地上部分茎叶的表面分泌酶类而直接降解吸附在其表面的大气污染物还未见报道，有待探索。对于一些在植物体内较难降解的污染物如 PCBs，将动物或微生物体内能降解这些污染物的基因转入植物体内可能是一种好办法。这种基因工程的手段不仅能提高植物降解有机污染物的能力，还可以使植物修复具有一定的选择性和专一性。这也是基因工程技术的一个重要应用领域。人们或许可以利用多年来对微生物降解污染物研究的成果和信息，设计出自然界原先并不存在的污染物复合降解方案。植物相对于微生物在环境修复方面有一些优势，如植物修复不需要向环境中释放降解菌，因而更易为公众所接受；植物修复通常不需要无菌的生长条件和有机营养物；植物修复可以在花费很低的情况下获得较大的生物量；植物可以很容易地进行繁殖和收获。尽管在植物转基因工程方面还需要做很多基础性研究工作，如选择合适的外源基因和宿主，如何使转基因植物持续高效地表达外源基因以及生物安全问题等，但是通过转基因植物来高效降解大气环境中难降解污染物的前景是诱人的。

（3）植物转化修复　植物转化是指利用植物的生理过程将污染物由一种形态转化为另一种形态的过程。植物转化过程与植物降解过程有一定的区别，因为转化后的污染物分子结构不一定比转化前的更简单。转化后产物还有可能比转化前物质具有更高或更低的生物毒性，但一般对植物本身无毒或低毒。对于这两种不同的转化结果，毒性提高的称为植物增毒作用，毒性降低的称为植物解毒作用。如何防止植物增毒和如何强化植物解毒是利用植物转化修复大气污染物的关键。使植物将有毒有害的污染物转化为低毒低害或完全无毒无害的物质应是主攻方向。如利用基因工程技术使植物将空气中的 NO_x 大量地转化为 N_2 或生物体内的氮素。臭氧是近地表大气中主要的二次污染物，可通过产生活性氧对动、植物造成伤害。可以利用专性植物有效地吸收空气中的臭氧（包括其他的光氧化物），并利用其体内的一系列的酶如超氧化物歧化酶（SOD）、过氧化物酶、过氧化氢酶等和一些非酶抗氧化剂如维生素 C、维生素 E、谷胱甘肽等进行转化清除。通常，植物不能将有机污染物彻底降解为 CO_2 和 H_2O，而是经过一定的转化后隔离在植物细胞的液泡中或与不溶性细胞结构如木质素相结合，也有人认为一旦有机污染物进入植物体首先进行的就是木质化的过程。因此，植物转化是植物保护自身不受污染物影响的重要生理反应过程。植物转化需要有植物体内多种酶类的参与，其中包括乙酰化酶、巯基转移酶、甲基化酶、葡糖醛酸转移酶和磷酸化酶等。具有极性的外来化合物可以与葡糖醛酸发生结合反应。

（4）植物同化和超同化修复　植物同化是指植物对含有植物营养元素的污染物的吸收，并同化到自身物质组成中，促进植物体自身生长的现象。除了以上所提到的 CO_2 外，含有植物营养元素的污染物主要指气态的含硫化合物和含氮化合物。植物可以有效地吸收空气中的 SO_2，并迅速将其转化为亚硫酸盐至硫酸盐，再加以同化利用。对于大气中氮氧化合物的同化是目前一个研究热点。从天然植物中筛选或通过基因工程手段培育"超同化植物"及其理论与技术的发展是今后一个重要且具有应用前景的研究工作。Morikawa 等研究了 217 种天然植物同化 NO_2 的情况，结果发现不同植物同化能力的差异达 600 倍，其中茄科和杨柳科两个科中的植物具有较高的同化 NO_2 能力，可用来筛选"嗜 NO_2 植物"。植物体内与 NO_2 代谢有关的酶和基因的研究已比较清楚。所涉及的酶类主要为硝酸盐还原酶（NR）、亚硝酸还原酶（NiR）和谷氨酰胺合成酶（GS）。这几种酶的蛋白质性质、酶的组成、酶促反应的机理、基因的表达调控在 Omasa 等的文章中已有比较详细的阐述。这几种酶的基因都已经被成功地转入了受体植株中，并随着转入基因的表达和相应酶活性的提高，转基因植株同化 NO_2 的能力都有了不同程度的提高。这些研究成果不仅为培育高效修复大气污染的植物提供了快捷的途径，同时也为修复植物的生理基础研究提供了新的试验工具。

一些常见树木对有害气体（蒸气）的吸收情况见表 6-1。

表 6-1　一些常见树木对有害气体（蒸气）的吸收情况

植物名称	性　　状	有害气体（蒸气）						应　　用
		SO_2	Cl_2	HF	Hg	Pb	粉尘	
棕榈	常绿乔木	V	V	V	V			工厂绿化
蓝桉	常绿乔木	V	V	V				污染不太严重地区
银桦	常绿乔木	V	V	V				工厂区绿化
樟叶槭	常绿乔木	V	V					
黄槿	常绿乔木			V			V	
木麻黄	常绿乔木	V	V					
盆架子	常绿乔木	V	V					
菩提榕	常绿乔木	V	V					
樟树	常绿乔木	V		V				污染较轻地区
侧柏	常绿乔木	V						很好的抗污净化树种
桧柏	常绿乔木	V			V		V	
乌柏	乔木	V		V				工矿区防污树种
女贞	常绿小乔木	V		V		V	V	

（续）

植物名称	性 状	有害气体（蒸气）						应 用
		SO^2	Cl$_2$	HF	Hg	Pb	粉尘	
厚皮香	小乔木或灌木	V						
大叶黄杨	常绿灌木或小乔木	V		V	V		V	污染严重地区栽培
海桐	常绿灌木或小乔木	V		V			V	污染严重地区
山茶	常绿灌木或小乔木		V	V				
柑橘	常绿灌木或小乔木	V		V				
构树	落叶乔木	V	V	V			V	先锋绿化树种
板栗	落叶乔木	V		V				工厂绿化
银杏	落叶乔木	V						轻污染地区
梧桐	落叶乔木	V		V				中度污染地区
刺槐	落叶乔木	V	V	V		V	V	污染严重地区
臭椿	落叶乔木					V	V	污染严重地区 净化空气树种
垂柳	落叶乔木			V				污染较轻地区 烟尘污染或有害气体
悬铃木	落叶乔木		V	V			V	污染较轻地区
桑树	落叶乔木或呈灌木状		V	V		V		中度污染地区绿化
紫薇	落叶乔木或呈灌木状	V					V	
夹竹桃	常绿灌木	V	V		V		V	工厂抗污树种

注：表中 V 代表植物吸收有害气体。

2. 植物对大气中物理性污染物的净化作用

绿色植物的减尘作用：绿色植物都有滞尘的作用，其滞尘量的大小与树种、林带、草皮面积、种植情况以及气象条件等均有密切的关系。树木滞尘的方式有停着、附着和粘着三种。叶片光滑的树木其吸尘方式多为停着；叶面粗糙、有绒毛的树木，其吸尘方式多为附着；叶或枝干分泌树脂、粘液等的树木，其吸尘方式为粘着。根据我国南京植物所在水泥粉尘源附近的调查与测定，各种树木叶片单位面积上的滞尘量见表6-2。绿色树木减尘的效果是非常明显的，一般来说，绿化树木地带比非绿化的空旷地飘尘量要低得多。根据北京地区测定，绿化树木地带对飘尘的减尘率为21%~39%，而南京测得的结果为37%~60%。可以讲森林是天然的吸尘器。并且由于树木高大，林冠稠密，因而能减小风速，也就可使尘埃沉降下来。

表6-2 各种树木叶片单位面积上的滞尘量　　　　　（单位：g/m^2）

树 种	滞 尘 量	树 种	滞 尘 量	树 种	滞 尘 量
刺楸	14.53	楝子	5.89	泡桐	3.53
榆树	12.27	臭椿	5.88	五角枫	3.45
朴树	9.37	枸树	5.87	乌桕	3.39
木槿	8.13	三角枫	5.52	樱花	2.75
广玉兰	7.1	夹竹桃	5.39	腊梅	2.42
重阳木	6.81	桑树	5.28	加拿大白杨	2.06
女贞	6.63	丝棉木	4.77	黄金树	2.05

绿地也能起减尘作用,生长茂盛的草皮,其叶面积为其占地面积的 20 倍以上。同时,其根茎与土壤表层紧密结合,形成地被,有风时也不易出现二次扬尘,对减尘有特殊的功能。据我国北京地区测定,在微风情况下,有草皮处大气中颗粒物体积质量为 0.20mg/m³ 左右,在有草皮的足球场,比赛期间大气中颗粒物体积质量为 0.88mg/m³ 左右。而裸露地面的儿童游戏场,大气中颗粒物体积质量高达 2.67mg/m³,在有 4~5 级风时,裸露地面处的颗粒物体积质量可高达 9mg/m³。

防尘树种的选择:树叶的总叶面积大、叶面粗糙多绒毛,能分泌粘性油脂或汁浆的树种都是比较好的防尘树种,如核桃、毛白杨、构树、板栗、臭椿、侧柏、华山松、刺楸、朴树、重阳木、刺槐、悬铃木、女贞、泡桐等。

3. 植物对大气生物污染物的净化作用

大气环境质量由于大气生物污染物的污染而恶化,使生物生存、人体健康和人类活动受到影响或危害。这种污染分为大气微生物污染、大气变应原污染和生物性尘埃污染。

(1)大气微生物污染 许多微生物寄生在人和动物体内,可从呼吸道排出,直接污染大气;也可随排泄物(如痰液、脓汁或粪便等)排出而进入地面,随灰尘飞扬,造成污染。土壤中的微生物附着在尘埃颗粒上,飘浮在空中,也可造成大气的污染。污染大气的微生物种类很多,其中对外界环境抵抗能力较强的种类,如八叠球菌、细球菌、枯草杆菌以及真菌和酵母菌的孢子等,在大气中停留时间较长,是造成大气污染的主要种类。

室外空气中微生物的数量和所在地区人口密度、植物数量、土壤和地面铺垫的情况以及气温、大气湿度、气流和日照等因素有关。一般是靠近地面的空气污染程度最严重,随着高度的上升,空气中微生物的数量逐渐减少,大气上层几乎没有微生物。

室内特别是通风不良、人员拥挤的房间里,微生物很多。在未经消毒处理的医院病房中,可能会有大量结核杆菌、白喉杆菌、葡萄球菌、溶血性链球菌以及麻疹病毒和流行性感冒病毒等病原微生物。

微生物污染空气,可使空气成为传播呼吸道传染病的媒介,造成某些传染病的流行。此外,空气中的微生物还会污染食品,使之腐败变质。

防止大气微生物污染的措施有:

1)室内通风。通过空气流动,空气的稀释作用和微生物的沉降作用,可使室内空气中微生物数目明显减少。影剧院、礼堂、会议室等人员拥挤的场所应该采用这一措施。

2)空气过滤。对空气清洁程度要求较高的场所,如手术室、无菌实验室等可采用多种空气过滤器,以除去含有微生物的尘埃。

3)空气消毒。常用的空气消毒方法有物理方法、化学方法两类。物理方法主要是紫外线照射。2000~2967Å(特别是2650Å)波长的紫外线,能有效地杀灭空气中的微生物。化学消毒方法主要是用各种化学药品喷洒或熏蒸。常用的药品有甲醛、乳酸、次亚氯酸钠(或漂白粉)、三乙烯乙二醇、过氧乙酸、丙二醇等。

(2)大气变应原污染 引起人体变态反应的物质称为变应原,常见的大气变应原有花粉、真菌孢子、尘螨和毛虫毒毛等。

1)花粉:臭蒿、艾蒿、茵陈蒿和豚草属等花粉是常见的变应原。最容易引起变应性哮喘的豚草属花粉,重量轻,体积小,可随风飘扬,而且表面有许多细刺,易附着于呼吸道粘膜上。每年夏秋之交,花粉形成,污染大气,引起变应性哮喘病。

2）真菌孢子：常见的真菌有青霉属、曲霉属、格孢属、丛梗孢属、色串孢属等。真菌孢子对大气的污染无明显的季节性。

3）尘螨：尘螨是尘螨性过敏的病原体。尘螨主要孳生于家庭卧室中，可隐藏在动、植物性纤维物品中。在动物身上和其活动场所也有尘螨。因螨体细小，可在空气中悬浮飘移，造成空气污染。螨体及其分泌物和排泄物等可引起吸入型哮喘、过敏性鼻炎、过敏性湿疹等。

4）毛虫毒毛：松毛虫、桑毛虫等毛虫的毒毛脱离虫体，进入大气，可造成大气污染，引起人类过敏性疾病。

大气变应原污染的预防措施主要是杀灭病原体以及防止和避免接触变应原。

（3）生物性尘埃污染　杨柳等绿化植物的种子生有许多细毛（种缨），种子成熟时在空中随风飘荡，造成大气生物性尘埃污染，给人类的活动带来不良的影响；对精密仪器制造工业的生产，会造成直接威胁。目前，园林绿化部门采取只栽雄株的办法，试图杜绝这种污染的发生。

6.1.2　大气污染的微生物修复

1. 有机废气的微生物修复技术

随着现代工业的迅速发展，进入大气的有机化合物越来越多，这类物质带有恶臭气味，大多数有机化合物具有一定毒性，易产生"三致"效应，从而对人体和环境产生很大的危害。废气的处理方法有很多，如属于物理化学方法的吸附、吸收、氧化和等离子体转化法，也可以采用生物处理法，特别是在脱除臭味中。有些物理化学方法虽然处理效果较好，但要求高温、高压条件，需要大量的催化剂和其他化学药剂，并且有严重腐蚀设备，产生二次污染等缺点。而微生物对各类污染物均有较强、较快的适应性，并可将其作为代谢底物降解、转化。同常规的废气处理方法相比，生物处理具有效果好、设备简单、投资及运行费用低、安全性好、无二次污染、易于管理等优点。生物技术与传统技术各自的优缺点见表6-3。

表6-3　生物技术与传统技术各自的优缺点

处理技术	优　点	缺　点
生物滤器	简单，成本低，投资和运行费用低，有效去除低浓度废气，低压降，无二次废气产生	占地面积大，每隔2.5a需更换填料，不适宜处理生物滴滤器处理的高浓度的废气，有时湿度和pH值难以控制，颗粒物质会堵塞滤床
生物滴滤器	简单，成本低，中等投资，低运行费用，去除效率高，有效去除产酸的污染物，低压降	建造和操作比生物滤器复杂，营养物添加过量时，会产生大量微生物，造成堵塞
涤气法	中等投资费用，能处理含颗粒的废气，相对小的占地面积，能适应各种负荷技术，非常成熟	运行费用高昂，大量沉淀时性能下降，复杂的化学进料系统不能去除大部分的VOCs，需要有毒或危险的化学物质
活性炭吸附法	停留时间短，小单元操作稳定、可靠，中等投资费用	运行费用特别昂贵，湿润废气会缩短活性炭的使用寿命，活性炭消耗产生二次废气，中等压降
焚烧法	能有效去除各种浓度和性质的化合物，高负荷下性能稳定可靠，占地面积小	投资和运行费用昂贵，不适宜高流量、低浓度的废气，处理通常需要燃料，产生二次废气（NO_x），公众审查严格

进入大气的污染物除了有机污染物外，还有硫化物、二氧化碳以及氮氧化物等，本章将重点介绍有机污染物的生物处理技术。

有机废气的生物处理是利用微生物以废气中的有机组分作为其生命活动的能源或其他养分，经代谢降解，转化为简单的无机物（二氧化碳、水等）及细胞组成物质。与废水的生物处理过程的最大区别在于，废气中的有机物质首先要经历由气相转移到液相（或固体表面液膜）中的传质过程，然后在液相（或固体表面生物层）被微生物吸附降解，如图6-1所示。

有机废气的生物处理技术20世纪70年代在德国、日本等国家得到了应用。生物过滤是气体生物处理的主要类型，其主要优点是资金投入和运行成本低。典型生物过滤系统的费用仅约为焚烧法的6%，为臭氧氧化法的13%，为活性炭吸附法的40%。该法利用微生物降解有机废气中溶解水中的有机物质，使气体得到净化。这种方法能耗低、运转费用省，对食品加工厂、动物饲养场、粘胶纤维生产厂、化工厂等排放的低含量恶臭气体的处理十分有效，并已有研究报告表明对苯、甲苯等VOCs废气的处理也是有一定的效果。

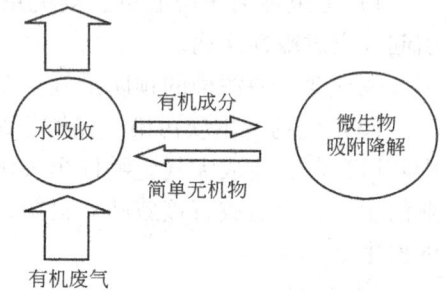

图6-1　有机废气的微生物处理过程

微生物处理法中的生物反应器的处理能力较小，往往需要很大的占地面积，在土地资源紧张的地方，应用受到限制。另外，受微生物品种的限制，并不是所有的有机物都能用生物处理法。事实上，该法对于大多数难以降解的有机物而言，根本无法应用。对生物化学法净化处理有机废气的机理研究虽然已做了许多工作，但至今仍然没有统一的理论，目前在世界上公认影响较大的是荷兰学者Ottengraf依据传统的气体吸收双膜理论提出的生物膜理论。按照生物膜理论，生物化学法净化处理有机废气一般要经历以下几个步骤：

1）废气中的有机污染物首先同水接通并溶解于水中（即由气膜扩散进入液膜）。

2）溶解于液膜中的有机污染物成分在含量差的推动下进一步扩散到生物膜，进而被其中的微生物捕获并吸收。

3）微生物对有机物进行氧化分解的同化合成，产生的代谢物一部分溶入液相，一部分作为细胞物质或细胞代谢能源，还有一部分（如CO_2）则析出到空气中。废气中的有机物通过上述过程不断减少，得到净化。

废气生物处理所要求的基本条件，主要为水分、养分、温度、氧气（有氧或无氧）以及酸碱度等。因此，在确认是否可以应用生物法来处理有机废气时，首先应了解废气的基本条件。如废气的温度太低不行，太高也不行；如果气体过于干燥，必须在微生物上加水，以保持一定的水分；废气中富含氧的话，则应采用好氧微生物处理，反之，则应采取厌氧微生物法处理。

日本和美国处理气态VOCs以及NH_3、H_2S和半挥发性臭气化合物普遍采用生物系统。逆流生物洗涤器使气流与喷洒柱中的循环液体接触。细菌主要在循环液体中被分散。在滴滤池和生物滤池处理系统中，微生物被固定在载体或填料介质上。大多数情况下，水流因重力作用向下流动，而气流则相反（向上）。滴滤池与生物滤池的不同之处在于应用的水量多少。滴滤池处理系统的水力负荷较大，所以向下的水相流动是连续的。生物过滤处理系统的水力负荷较小，水相基本上是静止的。

　　根据微生物在有机废气处理过程中的存在形式，可将其处理方法分为生物洗涤法（悬浮态）和生物过滤法（固着态）两类。不同成分、含量及气量的气态污染物各有其有效的生物净化系统。生物洗涤法适宜于处理净化气量小、含量大、易溶且生物代谢速率较低的废气；对于气量大、含量低的废气可采用生物滤池处理系统；而对于负荷较高且污染物降解后会生成酸性物质的废气应采用生物滴滤池系统。

　　（1）生物洗涤法　生物洗涤法是利用由微生物、营养物和水组成的微生物吸收液处理废气，适合于吸收可溶性气态物。吸收了废气的微生物混合液再进行好氧处理，去除液体中吸收的污染物，经处理后的吸收液可再重复使用。在生物洗涤法中，微生物及其营养物配料存在于液体中，气体中的污染物通过与悬浮液接触后转移到液体中，从而被微生物所降解，其典型的形式有喷淋塔和鼓泡塔等生物洗涤器。生物洗涤法的反应装置由一个吸收室和一个再生池构成，如图 6-2 所示。

　　生物悬浮液（循环液）自吸收室顶部喷淋而下，使废气中的污染物和氧转入液相，实现质量传递，吸收了废气中组分的生物悬浮液流入再生池（活性污泥池）中，通入空气充氧再生。被吸收的有机物通过微生物氧化作用，最终被再生池中的活性污泥悬浮液从液相中除去。生物洗涤法处理有机废气，其去除效率除了与污泥的含量、pH 值、溶解氧等因素有关外，还与污泥的驯化与否、营养盐的投加量及投加时间有关。有关文献报道，当活性污泥质量浓度控制在 5000 ~ 10000mg/L、气速小于 20m³/h 时，装置的负荷及去除率较理想。日本一铸造厂采用此法处理含胺、酚和乙醛等污染物的气

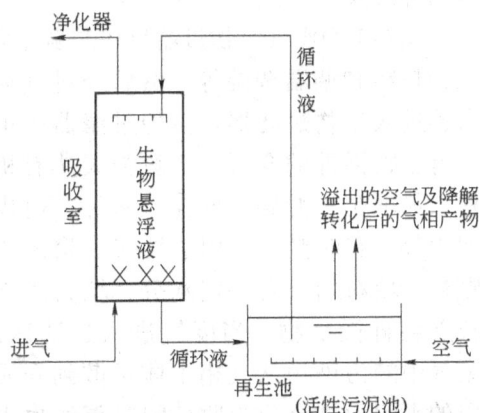

图 6-2　生物洗涤法处理有机废气装置

体，设备由两段吸收塔、生物反应器及辅助装置组成。第一段中，废气中的微尘和碱性污染物被弱酸性吸收剂去除；第二段中，气体与微生物悬浮液接触，每个吸收室配一个生物反应器，用压缩空气向反应器供氧，当反应器效率下降时，则由营养物储槽向反应器内添加特殊营养物，装置运行 10 多年来一直保持较高的去除率（95% 左右）。德国开发的二级洗涤脱臭装置，臭气从下而上经二级洗涤，质量浓度从 2000mg/L 降至 50mg/L，且运行费用极低。

　　在生物洗涤法中，气、液两相的接触方法除采用液相喷淋外，还可以采用气相鼓泡法。若气相阻力较大可用喷淋法，反之，液相阻力较大时则采用鼓泡法。鼓泡与污水生物处理技术中的曝气相仿，废气从池底通入，与新鲜的生物悬浮液接触而被吸收。因此，可将生物洗涤法分为洗涤式和曝气式两种。通常曝气脱臭效率与 pH 值、溶解氧、活性污泥中悬浮固体含量及曝气强度有关，曝气强度一般取 0.1 ~ 1m³/(m²·min)。

　　与鼓泡法处理相比，喷淋法的设备处理能力大，可达到 60m³/(m²·min)，从而大大减少了处理设备的体积。喷淋净化气态污染物的影响因素与鼓泡法基本相同。

　　生物洗涤方法可以通过增大气液接触面积，如鼓泡法中加填料，以提高处理气量；或在吸收液中加某些不影响生物生命代谢活动的溶剂，以利于气体吸收，达到去除某些不溶于水的有机物的目的。

（2）生物过滤法　生物过滤法最早出现在德国。1959 年，在德国的一个污水处理厂建立了一个填充土壤的生物过滤床，用于控制污水输送管散发的臭味。20 世纪 60 年代，人们开始采用生物过滤法处理气态污染物，德国和美国对此方法进行了深入研究。美国 1990 年通过的《清洁空气法》（修订案）严格限制了 189 种危险空气污染物（其中 70% 是挥发性有机物）的排放，这促进了包括生物过滤法在内的废气控制技术的研究和应用，大规模的生物过滤装置开始被建立用来处理各种污染气体。从 20 世纪 80 年代起，德国和荷兰越来越多地采用生物过滤法控制工业生产过程中产生的挥发性有机物和有毒气体。迄今，在德国和荷兰有 500 多座大规模的废气生物过滤处理装置，生物反应器的面积一般在 10 ~ 2000m²，废气处理流量达到 1000 ~ 15000m³/h。其基本原理是，过滤器中的多孔填料表面覆盖有生物膜，废气流经填料床时，通过扩散过程，把污染成分传递到生物膜，并与膜内的微生物相接触而发生生物化学反应，从而使废气中的污染物得到降解。较典型的有生物滤池和生物滴滤池两种形式。

图 6-3 为废气生物过滤反应装置示意图。由图 6-3 可见，废气首先经过预处理，包括去除颗粒物和调温调湿等，然后经过气体分布器进入生物过滤器。生物过滤器中填充了有生物活性的介质，一般为天然有机材料，如堆肥、泥煤、贝壳、木片、树皮和泥土等，有时候也混用活性炭和聚苯乙烯颗粒。填料均含有一定水分，填料表面生长着各种微生物。当废气进入过滤床时，废气中的污染物从气相主体扩散到介质外层的水膜而被介质吸收，同时氧气也由气相进入水膜，最终介质表面所附的微生物消耗氧气而把污染物分解、转化为二氧化碳、水和无机盐类。微生物所需的营养物质则由介质自身供给或外加。

生物滤池具体由滤料床层（生物活性填充物）、沙砾层和多孔布气管等组成。多孔布气管安装在沙砾层中，在池底有排水管排出多余的积水。按照所用固体滤料的不同，生物滤池分为土壤滤池和堆肥滤池以及微生物过滤箱。

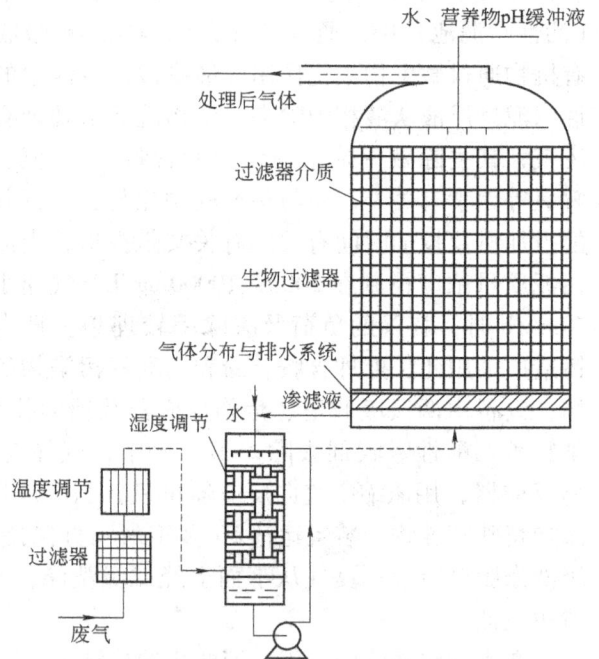

图 6-3　废气生物过滤反应装置示意图

土壤滤池（土壤床）——土壤滤池的构造为气体分配层，下层由粗石子、细石子或轻质陶粒骨料组成，上部由黄沙或细粒骨料组成，总厚度为 400 ~ 500mm。土壤滤层可按黏土 1.2%、含有机质沃土 15.3%、细沙土 53.9% 和粗沙 29.6% 的比例混配。厚度一般为 0.5 ~ 1.0m。

土壤是有机物和无机物组成的多孔混合物，其孔隙率为 40% ~ 50%，比表面积为 1 ~ 100m²/g。其中有机物的含量为 1% ~ 5%，主要分布在无机物表面上。土壤中含有大量微生物，具有较高的生物活性。每克土壤中约含有 10^9 个细菌、10^7 个放线菌和 10^5 个真菌。细菌如假单胞菌属（*Pseudomonas*）和诺卡氏菌属（*Nocardia*）易于分解小分子有机污染物，诺卡氏菌属还能降解芳香族化合物（如二甲苯和苯乙烯等）；黄杆菌属（*Flavobacterium*）能氧化五氯苯酚类化合物和三氯甲烷；分枝杆菌属（*Mycobacterium*）能降解氯乙烯；放线菌（*Actinomyces*）能降解芳香族化合物；真菌（*Fungi*）能降解三氯甲烷，但更趋于降解复杂分子，它分泌的胞外酶使聚合物断裂。

影响土壤滤池处理效果的主要因素有：温度、湿度、pH 值以及土壤中的营养成分等。土壤中微生物的活性温度范围为 $0 \sim 65℃$，在 $37℃$ 时活性最大。湿度对土壤滤床有双重影响：一方面湿度增加，有利于微生物的氧化分解作用；另一方面湿度增加，水分子与废气中的污染物在土壤表面吸附点产生竞争吸附，这对污染物的处理不利，因此湿度一般保持在 $50\% \sim 70\%$。由于土壤对废气中无机气体，如 SO_2 和 NO_x 及 H_2S 具有较强的截持和表面催化氧化能力，其产物会使土壤床酸化，因此当无机气体含量较高时，土壤中形成的酸性靠投入石灰石中和，pH 值一般控制在 $7 \sim 8$。此外，向土壤中加入一些改性剂可提高土壤床的效率，如土壤中加入 3% 鸡粪和 2% 珍珠岩后，透气性能不变，而对甲硫醇去除效率则可提高 34%，对硫化氢的去除率可提高 5%，对二甲基硫的去除率可提高 80%，对二甲基二硫的去除率可提高 70%。

应用土壤滤池法处理废气，具有的优点包括：投资小，仅为活性炭吸附法投资的 $1/5 \sim 1/10$；无二次污染，微生物对污染物的氧化作用完全，土壤中无污染物的积累；较强的抗冲击能力，土壤滤池中氧、营养物质和微生物种类与数量都很充分，当遇到冲击负荷时，微生物的种类与数量能随废气中有机物迅速变化。

土壤滤池处理废气的主要缺点是占地面积大。目前正在研究多层土壤滤池，这将是解决该问题的重要研究方向。

土壤生物滤池目前主要用于化工、制药和食品加工行业中废气的处理及卫生填埋场做覆盖层进行脱臭处理。如已用于处理肉类加工厂、动物饲养场和堆肥场地产生的废气，土壤滤池处理低含量含胺、硫化氢、甲醇硫、二甲基硫、乙醛、三甲胺等的废气，这类废气的主要特点是带强烈的臭味，臭味是由一种或多种有机成分引起的，但这些有机成分在废气中的含量不高，脱臭率均大于 99%。此外，土壤床还能脱除废气中的烟尘。

堆肥滤池（堆肥床）——堆肥滤池处理废气是将堆肥，如畜粪、城市垃圾、污水处理厂的污泥等有机废物经好氧发酵、热处理后，盖在废气发生源上，使污染物分解达到净化的目的。堆肥具有 $50\% \sim 80\%$ 的孔隙率，$1 \sim 100 m^2/g$ 的比表面积，含有 $50\% \sim 80\%$ 的部分腐殖化的有机物质。堆肥的生物活性与土壤一样，由大量各种微生物组成并具有不同的降解性能。

堆肥床的构造是在地面挖浅坑或筑池，池底设排水管。在池的一侧或中央设输气总管，总管上再接出直径约 $125mm$ 的多孔配气支管，并覆盖沙石等材料，形成厚 $50 \sim 100mm$ 的气体分配层，在分配层上再铺放厚 $500 \sim 600mm$ 的堆肥过滤层。过滤气速通常在 $0.01 \sim 0.1 m/s$。

堆肥床工作原理与土壤床基本相同，但在应用上有以下不同特点：

土壤床的孔隙较小，渗透性较差，所以在处理相同量的废气时，土壤床占地面积较大。

土壤床对无机气体（如 SO_2、NO_x、NH_3 和 H_2S）所形成的酸性有一定的中和能力，如果经石灰石预处理，其中和能力更强。堆肥床不能用石灰石处理，否则会变成致密床层，降低处理效果。

堆肥床中的微生物较土壤中多，对废气去除率较高，且接触时间只有土壤床的 1/4~1/2，约 20s，所以适用于处理含易生物降解污染物、废气量大的场合。对于生物降解较慢的气体，需要较长的反应时间。如果在废气量不大的情况下，用土壤层较合适。

堆肥床使用一定时间后，有结块的趋势，因此需周期性地搅动，防止结块。堆肥为疏水性，需防止干燥，否则再润湿较困难；土壤为亲水性，一般不会发生上述现象。

在服务年限方面，土壤床比堆肥床长，土壤床处理挥发性有机废气，其使用时间几乎趋于无限长；而对有机废气的使用年限则取决于土壤的中和能力。1964 年在华盛顿污水提升站建的土壤床，至今仍工作正常。堆肥由于本身可生物降解，因此使用年限有限，一般 1~5 年内更换一次。

堆肥床目前在欧洲用得较多，已有 500 多座处理装置投入实际应用中。其原因是堆肥床占地较少，在温湿性气候条件下不易干燥，而且工艺比较成熟。

过滤材料可用泥炭（特别是纤维状泥炭）、固体废弃物堆肥或草等。用堆肥作滤料，必须经过筛选，滤层要均匀、疏松，孔隙率需大于 40%，滤料必须保持湿润，泥炭滤层含水量应不低于 25%，堆肥滤层含水量不低于 40%，但又不能有水淤积。同时必须使滤层保持适当的温度。

微生物过滤箱为封闭式装置，主要由箱体、生物活性床、喷水器等组成。床层由多种有机物混合制成的颗粒状载体构成，有较强的生物活性和耐用性。微生物一部分附着于载体表面，一部分悬浮于床层水体中。废气通过床层，污染物部分被载体吸附，部分被水吸收，进而被微生物降解。床层厚度按需要确定，一般在 0.5~1.0m。床层对易降解碳氢化合物的降解能力约为 200g/(m³·h)，过滤负荷高于 600m³/(m³·h)。气体通过床层的压降较小，使用 1 年以后，在负荷为 110m³/(m³·h) 时，床层压降约为 200Pa。

微生物过滤箱的净化过程可按需要控制，因而能选择适当的条件，充分发挥微生物的作用。微生物过滤箱已成功地用于化工厂、食品厂、污水泵站等的废气净化和脱臭。处理含硫化氢 50mg/m³、二氧化硫 150mg/m³ 的聚合反应废气，在高负荷下硫化氢的去除率可达 99%。处理食品厂高含量（6000~10000Nod/m³，Nod/m³ 为臭味单位）恶臭废气，脱臭率可达 95%。此外，还用于去除废气中的四氢呋喃、环己酮、甲基乙基甲酮等有机溶剂蒸气。

由于生物膜反应器在有机废气的处理领域尚未广泛实际应用，因此无成熟的工艺参数供设计选用。为了使该技术向实用化方向发展，进行深入的动力学研究，得出微生物降解有机废气的动力学模式，是一项非常重要的基础研究工作。

由于生物膜反应器中涉及气、液、固三相，传质和生化反应过程比较复杂，所以影响微生物降解速率的因素很多。为了导出动力学数学模式，必须进行合理的简化，如在处理有机废气的生物滴滤池动力学研究中，将含水生物膜视为固液混合单相系；由于基质含量较低，可以认为有机污染物的降解近似遵循一级反应。通过推导可得到生物滤池的基本模式如下

$$\rho = \rho^0 \exp\left(\frac{-bK_{\mathrm{m}}l}{v}\right) \tag{6-1}$$

式中，ρ 为贯穿深度为 l 时气相中污染物的体积质量/(mg/m³)；ρ^0 为进气中污染物的体积质

量（mg/m^3）；b 为生化反应速率常数（h^{-1}）；l 为有机废气在滤池内的轴向贯穿距离（m）；v 为有机废气轴向贯穿孔隙速度（m/h）；K_m 为分配系数，为平衡时有机污染物在固液混合相（即含水微生物膜）中的质量与在气相中的质量之比值。当净化去除率确定后，就可由式（6-1）算出生物滤池的床层设计高度 l，进而确定生物滤池的结构尺寸。

生物滤池的性能参数及其影响因素：性能参数——生物滤池的性能参数主要有空床停留时间、表面负荷、质量负荷和去除率，各参数的基本含义及典型范围见表 6-4。这些参数及其范围实际上也是生物滤池的设计依据。其中空床接触时间表示的是废气经过反应器的相对时间，由于床内充满填料，而气体只能在填料孔隙间通过或停留，因此气体的实际停留时间应该是气体流量除以反应器的空隙体积。由表 6-4 可知，虽然废气在反应器中的停留时间很短，而处理率却可以高达 90% 以上。

表 6-4　生物滤池的性能参数的基本含义及典型范围

参　数	含　义	计算公式	单　位	典型范围
空床停留时间	废气在生物滤池中的相对停留时间	V/q_v	s	15～60
表面负荷	单位滤床面积的废气体积负荷	q_v/A	$m^3/(m^2 \cdot h)$	50～200
质量负荷	单位滤床体积的污染物负荷	$q_v \rho_1/V$	$g/(m^3 \cdot h)$	10～160
去除率	污染物的去除程度	$(\rho_1 - \rho_e)\rho_1 \times 100\%$	%	90～99

注：V 为生物滤池的体积（m^3）；q_v 为废气的体积流量（m^3/h）；A 为生物滤池的面积（m^2）；ρ_1 为废气中污染物的体积质量（g/m^3）；ρ_e 为废气处理后所含污染物的体积质量（g/m^3）。

影响因素——生物过滤法主要依靠微生物的作用去除气体中的污染物，微生物的活性决定了反应器的性能。因此，反应器的条件应该适合微生物的生长，这些条件包括填料（介质）及其湿度、pH 值、营养物质、温度和污染物含量等。实际上，这些因素也是生物滤池设计和运行过程中需要考虑的参数。

填料选择——填料是生物滤池设计时要首先考虑的。生物滤池中的填料不仅是生物膜附着的支撑体，而且还能对微生物胞外酶和废气中的有机物进行吸附富集。对生物滤池滤料的性能进行研究，将对滤池的选型具有指导作用。理想的填料应具有以下性质：

最佳的微生物生长环境——营养物、湿度、pH 值和碳源的供应不受限制。

较大的比表面积——接触面积、吸附量、单位体积的反应点多。

一定的结构强度——防止填料压实，压实的填料会使压降升高，气体停留时间缩短。

高水分持留能力——水分是维持微生物活性的关键因素。

高孔隙率——使气体有较长的停留时间。

较低的体密度——减少填料压实的可能性。

可供选择的滤料包括灰泥、土壤、腐泥煤、碎树皮、改性活性炭、改性硅藻土等。常用的堆肥、泥煤等能基本符合上述要求，但是其中含有的有机物会逐渐降解，这不仅使填料压实，还要在一定时间后更换，即有寿命限制。将有机物填料和惰性的填充剂混合使用，寿命可高达 5 年，一般为 2～4 年。为了提高填料性能，降低压降，一般要求 60% 的填料颗粒直径大于 4mm。

Douglas S·Hodge 等人分别用灰泥和活性滤料对含乙醇的气体进行了处理试验，并对滤料性能进行了量化分析，试验结果见表 6-5。

表 6-5　生物滤池滤料性能比较

参　数	灰　泥	活　性　炭
分配系数 K_m	3606.6	25937.5
生化速率常数 b/h^{-1}	0.0061	0.0032
bK_m/h^{-1}	22	83

由表 6-5 看出，用活性炭作滤料时，生化降解速率常数 b 比用灰泥作滤料时小，但分配系数 K_m 却要大得多，因此 b 与 K_m 的乘积比用泥灰作滤料时大。泥灰的 b 值大，说明微生物在泥灰上生长繁殖的环境较好；活性炭的 K_m 值大，说明活性炭吸附富集有机物和胞外酶的能力强。由于活性炭作滤料时 b 与 K_m 值比较大，所以有机废气的生化降解速率就比较高，但因活性炭的成本较高，所以实际应用时还要进行全面的成本效益分析。

填料的湿度（含水量）——填料的湿度是生物滤池最重要的操作参数。水是微生物生长不可缺少的条件，如果填料的湿度太低，会使微生物失活，并且填料会收缩破裂而产生气体短流。然而，如果填料的湿度太高，不仅会使气体通过滤床的压降增高、停留时间降低，而且由于空气和水界面的减少引起供氧不足，形成厌氧区域，从而产生臭味并使降解速率降低。大多数试验表明，填料的湿度在 40%～60%（湿重）范围内时生物滤膜的性能较为稳定；对于致密的、排水困难的填料和憎水性挥发性有机物，最佳含水量在 40% 附近；对于密度较小、多孔性的填料和亲水性挥发性有机物，最佳湿度为 60% 或更大。

然而要保持填料的最佳湿度并不容易，因为有许多过程和因素影响填料的湿度。影响填料湿度变化的主要因素有湿度未饱和的进气、生物氧化、与周围温度进行热交换等。其中，当未饱和进气经过滤床时，与填料充分接触从而吸收填料的水分，最终达到饱和；生物氧化作用是由于污染物氧化反应为放热反应，使废气和填料温度升高，一方面填料中的水分蒸发，另一方面废气的含水能力随温度升高而增加。

温度——如处理挥发性有机物则生物过滤器中为异养微生物，如处理无机物则是化学自养微生物，在这两种情况下，均是中温、高温菌占优势。一般的生物过滤器可在 25～35℃ 下运行。很多研究表明，35℃ 是好氧微生物的最佳温度。但是温度的提高会降低挥发性有机物在水中的溶解和在填料上的吸附，从而影响气相中挥发性有机物的去除。

pH 值——同通常的好氧生物处理相同，生物过滤器的最佳 pH 是 7～8。由于在一些有机物的降解中会产生酸性物质，一是 H_2S 和含硫有机物导致 H_2SO_4 的积累；二是 NH_3 和含氮有机物导致 HNO_3 的积累；三是氯代有机物导致 HCl 的积累。这些过程均会使生物滤池的 pH 环境发生变化。一般是采取在填料中添加石灰石、大理石、贝壳，增加缓冲能力。当然由于添加量总是有限的，这使得生物滤池的寿命受到限制。此外，高有机负荷引起的不完全氧化也会导致乙酸等有机酸的生成，影响 pH 的变化。

（3）生物滴滤法　生物滴滤法是目前较新的一种处理有机废气工艺，生物滴滤法处理有机废气的工艺流程如图 6-4 所示。

生物滴滤池在我国虽也称为生物滤池，但两者实际上是有区别的。在处理有机废气上，两者的不同之处如下：

使用的填料不同，滴滤池使用的填料，如塑料球（环）、塑料蜂窝状填料、塑料波纹半填料、粗碎石等，不具吸附性，填料之间的孔隙很大。

在生物滴滤池中，回流水由滴滤池上部喷淋到填料床层上，并沿填料上的生物膜滴流而下。因而生物滴滤池的反应条件（pH、温度）易于控制，可以通过调节循环液的 pH、温度来加以控制，也可以在回流水中加入 K_2HPO_4 和 NH_4NO_3 等物质，为微生物补加氮、磷等营养元素。而生物滤池的 pH 控制则主要通过在装填料时投配适当的固体缓冲剂来完成，一旦缓冲剂耗竭则需更新或再生滤料，温度的调节则需外加强制措施来完成，故在处理卤代烃、含硫、含氮等通过微生物降解会产生酸性代谢产物及产能较大的污染物时，生物滴滤池较生物滤池更有效。

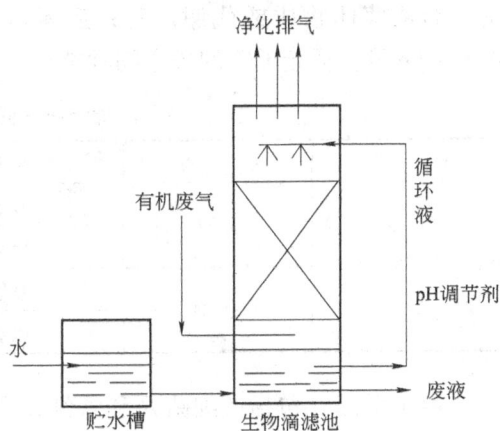

图 6-4　生物滴滤法处理有机废气的工艺流程

有机废气生物处理是一项新的技术，由于生物反应器涉及气液和固相传质，以及生化降解过程，影响因素多而复杂，有关的理论研究及实际应用还不够深入、广泛，许多问题需要进一步探讨和研究。

近年来，由于各国对有机废气造成的环境污染的关注，对有机废气的处理研究也越来越多。日、德、荷、美等国家生物法处理有机废气的设备与装置开发已成商品化态势并且应用效果良好，对混合有机废气的去除率一般在 95% 以上。生物技术由于具有传统方法不可比拟的优越性和安全性，已成为世界有机废气净化研究的前沿热点课题之一。目前，我国有关这方面的研究及应用还处于起步阶段。但是化工厂、炼油厂、溶剂、油品储运、大规模畜禽养殖等场所挥发性有机物和臭味污染问题十分严重。随着重污染、中等污染问题的逐步解决，以及经济的发展，这些虽不致人死命，但影响面广的污染问题将被人们重视，生物处理技术将凭借其高效经济的优势发挥巨大的作用。

2. 无机废气的微生物修复技术

微生物对一些无机废气的修复主要利用一些自养微生物，如硝化细菌、硫化细菌、氢细菌、光合细菌等。适合于微生物修复的无机废气污染组分主要有二氧化碳、硫化氢、氮氧化物等。

（1）二氧化碳的微生物固定　大气的温室效应（green house effect）是全球环境问题中最重要、最亟待解决的问题之一。其中 CO_2 是对温室效应影响最大的气体，占总效应的 94%。另外，CO_2 又是地球上最丰富的碳资源，它与工业的发展密切相关，而且还关系到能源政策问题。近年来由于能源紧张，资源短缺，公害严重，世界各国都在探索解决上述问题的途径，因此，CO_2 的固定在环境、能源方面具有极其重要的意义。

目前 CO_2 的固定方法主要有物理法、化学法和生物法，而大多数物理法和化学法最终都必须依赖生物法来固定 CO_2。固定 CO_2 的生物主要是植物和自养微生物，而人们的目光一般都集中在植物上，但地球上存在各种各样的环境，尤其在植物不能生长的特殊环境中，自养微生物固定 CO_2 的优势便显现出来。因此从整个生物圈的物质、能量流来看，CO_2 的微生物固定是一支不能忽视的力量。

1）固定 CO_2 的微生物。固定 CO_2 的微生物一般有两类：光能自养型微生物和化学能异养型微生物。前者主要包括藻类和光合细菌，它们都含有叶绿素，以光为能源，CO_2 为碳源，合成菌体物质或代谢产物；后者以 CO_2 为碳源，能源主要有 H_2、H_2S、S_2O_3、NH_4、NO_2、Fe 等。固定 CO_2 的微生物种类见表 6-6。

表 6-6　固定 CO_2 的微生物种类

碳　源	能　源	好氧/厌氧	微　生　物
CO_2	光能	好氧	藻类、蓝细菌
		厌氧	光和细菌
	化学能	好氧	氢细菌、硝化细菌、硫化细菌、铁细菌
		厌氧	甲烷菌、醋酸菌

由于微藻（包括蓝细菌）和氢细菌具有生长速度快、适应性强等特点，因此对它们固定 CO_2 的研究及开发较为广泛、深入。培养微藻不仅可以获得藻、菌体，同时还可产生氢气和许多附加值很高的胞外产物，是蛋白质、精细化工和医药开发的重要资源。国内外现已大规模生产的微藻主要有小球藻（*Chlorella*）、螺旋藻（*Spirulina*）、栅列藻（*Scenedesmus*）和盐藻（*Dunaliella*）等。

氢氧化细菌是生长速度最快的自养菌，作为化学能自养菌固定 CO_2 的代表，已引起人们的高度重视。目前已发现的氢氧化细菌有 18 个属，近 40 个种。其中两株氢细菌——海洋氢弧菌（*Hydrogenovebriomarinus*）和氢嗜热假单胞菌（*Pseudomonashydrogenovora*）在最适温度下（37℃和52℃），其最大比生长速率分别为 0.067/h 和 0.73/h。Igarashi 和 Nishibara 等筛选的噬氢假单胞菌和海洋氢弧菌在固定 CO_2 的同时还可分别积累大量的胞外多糖和胞内原型多糖。另外，还可利用真养产碱菌（*Alcaligeneseutrophus* ATCC 17697）固定 CO_2 的同时生产聚 3-羟基丁酸酯（PHB）。

2）CO_2 固定的途径。CO_2 固定的途径始于对绿色植物的光合作用固定 CO_2 的研究。1954 年，卡尔文等人提出了 CO_2 固定的途径——卡尔文循环。后来发现这个循环在许多自养微生物中均存在。但近年来研究表明，自养微生物固定 CO_2 的生化机制除了卡尔文循环外，还有其他一些途径，如还原三羧酸循环、乙酰辅酶 A 途径、甘氨酸途径等 3 种。

卡尔文循环——卡尔文循环一般可分为 3 部分：CO_2 的固定；固定的 CO_2 的还原；CO_2 受体的再生。其中，由 CO_2 受体 5-磷酸核酮糖到 3-磷酸甘油酸是 CO_2 的固定反应；由 3-磷酸甘油醛到 5-磷酸核酮糖是 CO_2 受体的再生反应，这两步反应是卡尔文循环所特有的。一般光合细菌和蓝细菌都是以卡尔文循环固定 CO_2。另外，在嗜热假单胞菌、氧化硫杆菌、排硫杆菌、氧化亚铁硫杆菌、脱氮硫杆菌等化学能自养菌中均发现了卡尔文循环的两个关键酶，即 1，5-二磷酸核酮糖羟化酶和 5-磷酸核酮糖激酶。卡尔文循环过程如图 6-5 所示。

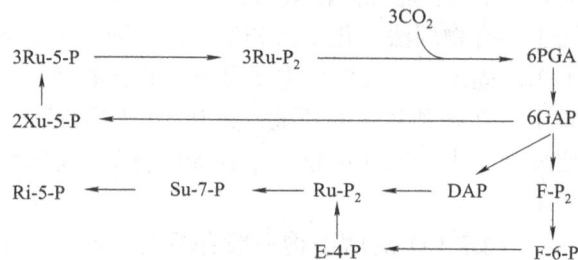

图 6-5　卡尔文循环过程

还原三羧酸循环——从图 6-6a 可以看到，这个循环旋转一次，便有 4 分子 CO_2 被固定。现已发现嗜热氢细菌、绿色硫黄细菌、嗜硫化硫酸绿硫菌等都是以还原三羧酸循环固定 CO_2。

乙酰辅酶 A 途径——以乙酰辅酶 A 途径固定 CO_2 的过程如图 6-6b 所示。甲烷菌、厌氧乙酸菌等厌氧细菌一般以乙酰辅酶 A 途径固定 CO_2。

甘氨酸途径——厌氧乙酸菌从 CO_2 合成乙酸的生化机制一般有两种，除上述的乙酰辅酶 A 途径外，还有图 6-7 所示的甘氨酸途径。总之，微生物固定 CO_2 的机理很复杂，不仅仅是上述 4 种。据报道，从一些极端微生物中，如高温光合细菌 *Choroflexus* 和高温嗜酸菌 *Acidianus* 发现了固定 CO_2 的有机酸途径。

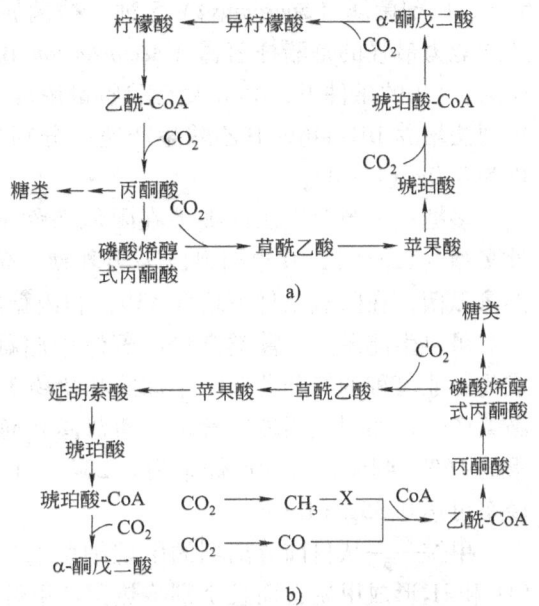

图 6-6　还原三羧酸循环以及乙酰辅酶 A 途径

a）还原三羧酸循环　b）乙酰辅酶 A 途径

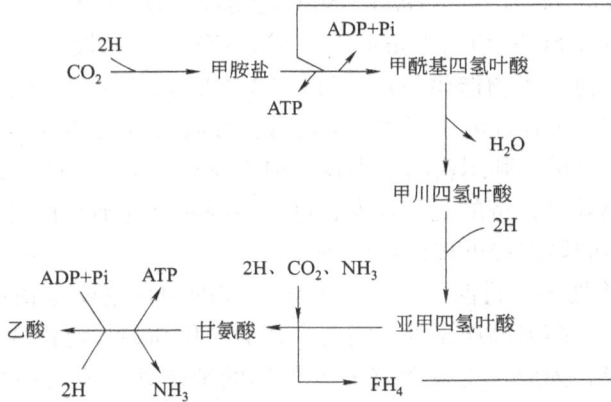

图 6-7　固定的甘氨酸途径

3）生物固定 CO_2 的应用。CO_2 是有机质及化石燃料燃烧的产物，它一方面是造成温室效应的废物，另一方面又是巨大的再生资源。因此，CO_2 的资源化研究已引起人们的极大关注。其中自养微生物在固定 CO_2 的同时，可以再转化为菌体细胞和许多代谢产物，如有机酸、多糖、甲烷、维生素、氨基酸等。

单细胞蛋白——利用 CO_2 生产单细胞蛋白的微生物主要是菌体生长速度快的微型藻类及氢氧化细菌，如真养产碱杆菌以 CO_2、O_2、H_2、NH_4^+ 等为底物合成的菌体，其蛋白含量可高达 74.29%~78.7%；嗜热红细菌的蛋白含量为 75%。而且这些氢细菌的氨基酸组成优于大豆，接近动物性蛋白，具有良好的可消化性。快速生长的高温蓝藻倍增时间仅为 3h，蛋白含量达 60% 以上。

乙酸——现已发现利用 CO_2 和 H_2 合成乙酸的微生物有 18 种，醋杆菌属（*Acetocterium*）

5 种，鼠孢菌属（*Sporomusa*）5 种，梭菌属（*Clostridium*）4 种，还有 4 种尚未鉴定。其中产酸能力最强的是醋杆菌属（*Acetocterium* BR-446）。在 35℃、厌氧、气相 CO_2 和 H_2 的体积比为 1:2 的条件下，其最大乙酸质量浓度可达 51g/L。利用中空纤维膜反应器和海藻酸钙包埋法培养 BR-446，其乙酸生产速率分别为 71g/(L·h) 和 2.9g/(L·h)，乙酸质量浓度均为 4.0g/(L·d)。

多糖——革兰氏阴性细菌在限氮条件下培养至静止期（30℃、76h），可分泌大量的胞外多糖（12g/L），其单糖组成为半乳糖、葡萄糖、甘露糖和鼠李糖。从海水中分离出的海洋氢弧菌，在限氧条件下培养 53h，胞内糖原型多糖含量达 0.28g/g 干细胞。

可再生能源——藻类产烃，藻体中储藏着巨大的潜能，有"储能库"之称。其中有望成为工业藻种的有葡萄藻、小球藻和盐藻 3 种。许多研究者发现，提高 CO_2 的含量可以促进藻类产烃，如用透明玻璃管培养葡萄藻并通以含 1% CO_2 的空气，在对数期产烃量占细胞干重的 16%～44%，最大产烃率为 0.234g/(L·h)，而在光暗比 12h:12h 室外培养盐藻，产烃率可达 0.35g/(L·h)。

甲烷——从目前分离到的甲烷细菌的生理学可以看出，绝大多数甲烷细菌都可以利用 CO_2 和 H_2 形成甲烷，而且个别嗜热菌产甲烷活性很高，如在中空纤维生物反应器中利用嗜热自养甲烷杆菌转化 CO_2 和 H_2，该反应器可保持菌体高含量及长时间产甲烷活性，甲烷及菌体产率分别为 33.1L/(L·h) 和 1.75g 细胞/(L·h)，转化率为 90%。在搅拌式反应器中利用詹氏甲烷球菌（*Methancoccus jannaschii*），80℃连续转化 H_2 和 CO_2（4:1），菌体和甲烷的最大比生产率分别达到 0.56/h 和 0.32mol/(g·h)。CO_2 是不活泼分子，化学性质稳定。开发高效固定 CO_2 的微生物（生物催化剂），可以实现在温和条件下转化 CO_2 为有机碳，而且温室气体 CO_2 的微生物固定在环境、资源、能源等方面将发挥极其重要的作用。今后微生物固定 CO_2 的研究方向主要是：利用基因工程技术构建高效固定 CO_2 的菌株；开发具有高光密度的光生物反应器；高效且经济的制氢技术；进一步深入研究不同种类微生物固定 CO_2 的机理，为 CO_2 固定反应器的调控提供理论依据等。

（2）硫化氢的生物处理　目前，工业上 H_2S 气体的净化主要是物化法，某些方法虽然治理的效果较好，但要求高温高压条件，需要大量的催化剂和其他化学药剂，而且严重腐蚀设备，产生二次污染等，因此，工业含有 H_2S 气体的细菌处理成为一个新的研究方向。除用脱氮杆菌（*Thiobacillus denitrificans*）和排硫硫杆菌（*T. thioparus*）等细菌直接氧化 H_2S 为硫以外，主要利用氧化亚铁硫杆菌（*T. ferrooxidans*）的间接氧化作用。用生物法处理含 H_2S 废气主要在生物膜过滤器中进行。在德国和荷兰已有用生物膜过滤器处理含 H_2S 废气的大规模工业应用，去除率达 90% 以上。

（3）氮氧化物的生物处理　NO_x 是大气环境的主要污染物之一，主要来源于石油燃料、制硝酸和电镀等工业排放的废气，以及汽车排放的尾气。通常所说的 NO_x 主要包括 N_2O、NO、NO_2、N_2O_3、N_2O_4 和 N_2O_5 等。NO_2 是红褐色气体，有刺激性；NO 是无色气体，极不稳定，遇氧易变成 NO_2；NO_2 和 N_2O_4 能与水缓慢作用。在潮湿的空气中除 NO_x 外，尚有硝酸和亚硝酸存在。传统的 NO_x 转化方法有催化转化、燃烧、吸附等物理化学方法。物理化学方法一般费用较高，操作繁琐。生物转化法是新型高效的处理 NO_x 的方法。生物净化氮氧化物具有设备简单、能耗低、费用低、不消耗有用的原料、安全可靠、无二次污染等优点。净化 NO_x 的生物处理方法主要分为反硝化菌去除、真菌去除和微藻去除。

反硝化菌包括异养菌和自养菌，以异养菌居多，可用于净化废气中的 NO_x 的异养菌有无色杆菌属、产碱杆菌属、色杆菌属、棒杆菌属、盐杆菌属、生丝杆菌属、微球菌属、莫拉氏菌属、丙酸杆菌属、假单胞杆菌属、螺菌属、黄单胞菌属；自养菌有亚硝化单胞菌、脱氮硫杆菌。

真菌包括镰刀菌氧化孢子、毛壳菌、曲霉、链格孢属、镰刀菌。其中，镰刀菌氧化孢子在去除 NO_x 时，氧气的存在会抑制其活性，但是其他真菌在有氧条件下，仍然可以有效地去除 NO_x。

处理 NO_x 的装置分为两类：一类是固定式反应器；另一类是悬浮式反应器。固定式反应器是把微生物固定在填料上，微生物培养液在外部循环，待处理的废气在填料表面与微生物接触，并被微生物捕获去除。悬浮式反应器是把微生物培养液填装在反应器中，待处理废气以鼓泡等方式通入反应器内，再被微生物捕获并去除。

6.2　土壤污染修复技术与材料

土壤是人类赖以生存的主要自然资源之一，也是人类生态环境的重要组成部分。土壤污染就是指人为因素有意或无意地将对人类或其他生命体有害的物质施加到土壤中，使其某种成分的含量明显高于原有含量，并引起土壤环境质量恶化的现象。

随着工业、城市污染的加剧和农用化学物质种类、数量的增加，土壤重金属污染日益严重，目前，全世界平均每年排放 Hg 约 1.5 万 t，Cu 约 340 万 t，Pb 约 500 万 t，Mn 约 1500 万 t，Ni 约 100 万 t。据我国农业部进行的全国污灌区调查，在约 140 万 hm^2 的污水灌区中，遭受重金属污染的土地面积占污水灌区面积的 64.8%，其中轻度污染的占 46.7%，中度污染的占 9.7%，严重污染的占 8.4%。

近年来，世界各国开始重视污染土壤治理技术的研究。1995 年，德国投资 60 多亿美元进行土壤治理。美国已投入 100 多亿美元的 1 万多个政府超级基金项目中，有上千个项目是对土壤（包括地下水）的治理技术研究。世界上最早对土壤进行大面积修复的是日本。

土壤重金属污染具有污染物在土壤中移动性差、滞留时间长、不能被微生物降解的特点，并可经水、植物等介质最终影响人类健康。因此，治理和恢复的成本较高，周期较长。

从根本上说，污染土壤修复的技术原理可包括为：改变污染物在土壤中的存在形态或同土壤的结合方式，降低其在环境中的可迁移性与生物可利用性；降低土壤中有害物质的含量。

6.2.1　重金属离子

当今人们主要关心的是：汞、砷、铅、锡、锑、铜、镉、铬、镍和钒。它们以空气、水和土壤的污染物以及食品残渣之类各种各样的化学形态存在于环境中。金属在一定含量时对微生物有毒害作用。重金属在很低含量时，对大多数微生物即有明显毒性。金属对微生物的毒性强度固然与其含量有关，但更取决于其存在状态。如六价铬比三价铬毒得多；在各种汞化物中，甲基汞的毒性最强；有机锡比无机锡毒，烷基锡比芳基锡毒，三烷基锡比四烷基锡更毒。

（1）植物固定　植物固定是利用植物降低重金属的生物可利用性或毒性，减少其在土体中通过淋滤进入地下水或通过其他途径进一步扩散。研究表明，植物耐 Al 能力的高低与它们维持生长介质高 pH 具有密切关系。耐 Al 植物品种根系表面、自由空间或根际环境 pH 上升，使 Al^{3+} 呈羟基 Al 聚合物而沉淀，植物对 Al 的吸收减少。Cunningham 研究发现，一些植物可降低 Pb 的生物可利用性，缓解 Pb 对环境中生物的毒害作用。

根分泌的有机物质在土壤中金属离子的可溶性与有效性方面扮演着重要角色。根分泌物与金属形成稳定的金属螯合物可降低或提高金属离子的活性。根系分泌的粘胶状物质与 Pb^{2+}、Cu^{2+} 和 Cd^{2+} 等金属离子竞争性结合，使其在植物根外沉淀下来，同时也影响其在土壤中的迁移性。但是，植物固定可能是植物对重金属毒害抗性的一种表现，并未使土壤中的重金属去除，环境条件的改变仍可使它的生物有效性发生变化。

（2）植物挥发　植物挥发是指植物将吸收到体内的污染物转化为气态物质，释放到大气环境中。研究表明，将细菌体内的 Hg 还原酶基因转入芥子科植物 Arabidopsis 并使其表达，植物可将从环境中吸收的 Hg 还原为 Hg（O），并使其成为气体而挥发。也有研究发现植物可将环境中的 Se 转化成气态的二甲基硒和二甲基二硒等气态形式。植物挥发只适用于具有挥发性的金属污染物，应用范围较小。此外，将污染物转移到大气环境中对人类和生物有一定的风险，因而它的应用受到一定程度的限制。

（3）植物吸收　植物吸收是利用能超量积累金属的植物吸收环境中的金属离子，将它们输送并贮存在植物体的地上部分，这是当前研究较多并且认为是最有发展前景的修复方法。能用于植物吸收的植物应具有以下几个特性：

1）在污染物含量较低时具有较高的积累速率。

2）体内具有积累高含量的污染物的能力。

3）能同时积累几种金属。

4）具有生长快与生物量大的特点。

5）抗虫抗病能力强。

在此方面，寻找能吸收不同重金属的植物种类及调控植物吸收性能的方法是污染土壤植物修复技术商业化的重要前提。

6.2.2　有机污染物

植物修复用于有机污染物的治理时常与其他清除方法结合使用，可用于石油化工污染、炸药废物、燃料泄漏、氯代溶剂、填埋淋溶液和农药等有机污染物的治理。

植物修复有机污染有三种机制：直接吸收并在植物组织中积累非植物毒性的代谢物；释放促进生物化学反应的酶；强化根际（根-土壤界面）的矿化作用。

1. 植物的直接吸收和降解

植物根对中度憎水有机污染物有很高的去除效率，中度憎水有机污染物包括 BTEX（即苯、甲苯、乙苯和二甲苯的混合物）、氯代溶剂和短链脂肪族化合物等。植物将有机污染物吸入体内后，可以通过木质化作用将它们及其残片储藏在新的组织结构中，也可以将其代谢或矿化为二氧化碳和水，还可以将其挥发掉。最常用的预测植物根对根际圈有机物吸收能力的参数是辛醇/水分配系数（K_{ow}），中度憎水有机污染物（$0.5 \leqslant \lg K_{ow} \leqslant 3.0$）易被植物根系吸收，憎水有机物（$\lg K_{ow} > 3.0$）和植物根表面结合得十分紧密，很难从根部转移到植物体内，水溶性物质（$\lg K_{ow} < 0.5$）不会充分吸着到根上，也很难进入到植物体内。根系对有机

污染物的吸收程度取决于有机污染物在土壤水溶液中的含量、植物的吸收率和蒸腾速率。

通过遗传工程可以增加植物本身的降解能力，如把细菌中的降解除草剂基因转移到植物中产生抗除草剂的植物。遗传工程中使用的基因还可是非微生物来源，如哺乳动物的肝和抗药的昆虫。

2. 酶的作用

一般来说，植物根系对有机污染物吸收的强度不如对无机污染物如重金属的吸收强度大，植物根系对有机污染物的修复，主要是依靠根系分泌物对有机污染物产生的配合和降解等作用，以及根系释放到土壤中酶的直接降解作用得以实现。植物能够分泌特有酶来降解根际圈有机污染物质。特别值得提出的是，植物根死亡后向土壤释放的酶仍可继续发挥分解作用，如据美国佐治亚州 Athens 的 EPA 实验室研究，从沉积物中鉴定出的脱卤酶、硝酸还原酶、过氧化物酶、漆酶和腈水酶均来自植物的分泌作用。硝酸还原酶和漆酶能分解炸药废物（TNT）并将破碎的环状结构结合到植物材料中或有机物残片中，变成沉积有机物的一部分。植物来源的脱卤酶，能将含氯有机溶剂三氯乙烯还原为氯离子、二氧化碳和水。

3. 微生物的生物降解作用

根际的生物降解植物以多种方式帮助微生物转化，根际在生物降解中起着重要作用。根际可以加速许多农药以及二氯乙烯和石油烃的降解。植物根的微生物区系和内生微生物也有降解能力。

植物提供了微生物生长的生境，可向土壤环境释放大量分泌物（糖类、醇类和酸类等），其数量约占年光合作用产量的 10%~20%，细根的迅速腐解也向土壤中补充了有机碳，这些都加强了微生物矿化有机污染物的速率。如阿特拉津的矿化与土壤中有机碳的含量有直接关系。根上有菌根菌生长，菌根菌和植物共生具有的独特的代谢途径可以使自生细菌不能降解的有机物得以分解。

6.3 沙漠化治理技术与材料

沙漠化是干旱半干旱和部分半湿润地带在干旱多风和疏松沙质地表条件下，由于人为强度土地利用等因素，破坏了脆弱的生态平衡，使原非沙质荒漠的地区出现了以风沙活动（风蚀、粗化、沙丘形成与发育等）为主要标志的土地退化过程。

沙漠化作为极其重要的环境和社会、经济问题正困扰着当今世界，威胁着人类的生存和发展，遏制沙漠化的发展是生态环境建设和可持续发展的重要问题。

沙漠化土地在我国 30 个省区市的 851 个县旗均有分布，这些荒漠化土的颗粒较粗，一般呈细砂、粉砂状，无粘性，渗水性强。而膨润土的颗粒极细，有较强的膨胀性、粘性，两者混合拌匀，即可变成能保水的种植土。膨润土含有许多有利于动、植物生长的成分，可以为动、植物提供多种营养。

6.3.1 防风固沙——膨润土

从中国地图和中国膨润土分布图上可以清楚地看出：内蒙古的浑善达克沙地，就在北京的正北边，离盛产膨润土的兴和、张家口、赤峰都不太远；毛乌素沙地、库布齐沙漠、乌兰布和沙漠、腾格里沙漠、巴丹吉林沙漠等附近也有膨润土矿床。新疆的库木塔格沙漠、古尔班通古特沙漠、塔克拉玛干沙漠边上均有优质膨润土矿床。中国目前勘探出的最大膨润土矿储量50亿t，品质比美国的优良，离古尔班通古特沙漠较近。托克逊、柯尔碱有优质膨润土矿床，离塔克拉玛干沙漠也不远。甘肃金昌也有膨润土矿床，离腾格里沙漠和巴丹吉林沙漠都很近。

膨润土是很好的防水材料，在表层沙下铺一层膨润土（一薄层）即可储水。用膨润土做防水层也可以建大量的储水塘、池、库、渠，再将沙漠下暗河、水库里的水抽上来，储住，慢慢用。最近地质部门在塔里木大沙漠的北部勘察出储水量很大的地下水库，可用膨润土与当地土混合建输水渠，将水引向四面八方。

膨润土的抗渗性和抗冻性好；压缩性和固结性好；对沙土的稳定性好；膨润土的密实性、自保水性、永久性抵消了沙化土的种种缺陷；能增加沙土的粘性和保水能力。

用膨润土防渗层铺河道，可把有限的水引向远方。膨润土防水层可用天然钠基膨润土粉直接铺，也可以用膨润土与当地土搅拌夯实，还可以将膨润土夹在两层织物之间形成防水（渗）毯（板），快速修建起储水池、储水窖、输水渠。

沙漠里移动的沙中，没有粘粒，粉沙也很少，主要是中、细沙，蓄不了水，可供植物生长的营养成分也很少，治理、绿化、恢复生态平衡很困难。沙漠化土壤的粒径大约在0.01～0.1mm的居多，很松散，易透水。而膨润土的粒径多小于0.002mm，遇水可膨胀10～30倍。因此，在沙土中稍掺加一些膨润土就可以防止水流失，植物就可以生长。

国外治理沙漠化最成功的以色列，把贫瘠的荒漠变成节水、节肥的高产良田。美国亚利桑那州的南端，离墨西哥最近的城市图桑是建在沙漠中的城市，该城市像森林，也像野生植物园。该地年降雨量仅275mm，却能生长成百上千种沙漠植物和生存种类繁多的动物。亚利桑那大学的绿色草坪下有防渗层，也有定时喷水的喷头，既节水又节能。

由于沙漠地区一般日照时间很长，昼夜温差大，能在改造好的节水、节肥植被土上加篷，当年就会有可观的收获。而在飞播植绿时可将种子先用水拌、再用膨润土拌，其出芽率和成活率都会大大提高。膨润土还是各种肥料的很好载体。

6.3.2　宁夏沙漠化土地综合治理主要模式

1. 大沙漠边缘（五带一体防风固沙）治理模式

沙坡头位于宁夏中卫县城西部、腾格里沙漠东南缘，总面积13722hm^2。包兰铁路6次穿越腾格里沙漠，穿越该沙漠的包兰铁路线路长55km。沙坡头16km多为高大密集的格状沙丘，有世界沙都之称。中国科学院原兰州沙漠研究所和当地铁路职工经40多年的科学研究和实践，创造了草方格固沙技术，建立了"固、阻、造"相结合的防护体系，总结出了"工程措施与生物措施相结合"的治沙经验和卵石防火带、灌溉造林带、草障植物带、前沿阻沙带、封沙育草带"五带一体"防风固沙工程体系，形成了大沙漠边缘治理模式。

以固定流沙为主，机械与植物固沙相结合，使地面粗糙度比流沙提高216倍，2m处的风速比流沙削弱20%～30%，有效地沉淀了大气尘埃，减少了输沙量，加强了固沙作用。该技术及其成果，确保了包兰铁路40多年畅通无阻，1998年获国家级科技进步特等奖；1994年6月，沙坡头被联合国环境规划署评为"全球环保500佳"，成为世界治沙典范。生态环境有了极大改善，沙坡头聚集了动植物76科215属455种，其数量远远高于其他同类地区。沙漠面积占总土地面积23%的中卫县风沙天数也比过去减少了36%，300多户农民搬进了绿化的沙漠定居。

2. 干草原沙地治理模式（生物措施为主综合整治）

盐池县北部地区地处中国毛乌素沙漠南缘，面积 28 万 hm^2，年降水量小于 300mm，土地沙漠化严重，是典型的干旱沙区。宁夏农林科学院的科技人员历经十多年的艰苦努力，在当地政府的支持下，建立了"沙漠化土地综合整治试验示范基地"，形成了干旱草原沙地以生物措施为主的综合治理模式。

该模式立足于改善区域自然环境和生产条件，治理、保护和利用相结合，以生物措施为主，实施生态建设系统工程，农、林、牧协调发展，力求生态、社会和经济效益相统一。其特点是，以林草建设为重点，提高环境质量，确保人们的生存和生活条件；以畜牧业为中心，加强高效草地建设；以草定畜发展舍饲，建立生态经济型畜牧业；以节水为关键，发展"两高一优"生态农业，提高群众生活水平；保护、培植和合理利用沙地资源，发展沙产业。

3. 绿洲腹部流沙（沙产业工程开发）**治理模式**

银川市西部有一片沙丘，连绵约 $4000hm^2$，俗称"西沙窝"。多少年来，沙丘以年均 0.8m 的速度吞噬了超过 $250hm^2$ 良田，沙害紧逼银川市区。宁夏水利科学研究所和某公司联手，视沙漠为宝贵资源，产学研结合，优势互补，资金加技术，以沙产业工程开发治理绿洲腹部流沙，形成了绿洲腹部流沙（沙产业工程开发）治理模式。

此模式集沙地治理、产业开发、生态建设、环境保护为一体，实现生态、社会和经济效益协调发展。将传统农业开发和现代农业技术相结合，推沙平地、打井修路、修建泵站和电站、建设防风林网，开发应用智能化农业技术和采用先进的地理信息系统技术，实现生产通信现代化，实施节水喷灌。中冶美利纸业股份有限公司也应用沙产业工程开发治理模式，在沙漠边缘和沙荒地规划建设 $66667hm^2$ 速生林基地，构筑西部绿色长城，发展新型林纸一体化产业，推动了地区经济发展。

4. 新技术、新材料与传统方法相结合的手段在沙漠化土地综合治理中的集成应用

高新技术和综合措施的集成应用是宁夏荒漠化综合治理的重要手段。如林木、牧草、农作物、经济作物等的优良品种，适宜干旱、半干旱地区的抗旱造林技术、抗旱耕作技术、节水灌溉技术，还有畜禽高效饲养技术、农林牧等各种动植物资源的深加工技术等，以生物固沙为主，草方格沙障为辅的四带一体的治沙综合技术。集流林业技术，反坡梯田种植技术，窖窖集水节灌技术，宽林带、大网格的草原防护林体系营造技术，窄林带、小网格的林枣粮间作的农田防护林体系营造技术，生物经济圈技术，固沙型灌木饲料林栽培经营技术，日光温棚种植养殖技术等。这些技术措施并不是单一的措施，而是相互配套、相互渗透、重叠交错、综合用运，使其发挥 $1+1>2$ 的效果。此外，近几年来，我们又先后从国内外引进和试验应用了化学治沙试剂、林木节水钵、固（液）体保水剂、作物生长调节剂、微生物调肥制剂和回收型新型固沙材料方格加生物措施治沙等综合技术，取得了明显的治理效果，为今后大面积的综合示范推广提供了强有力的技术储备。

6.4　水域石油污染治理技术与材料

随着石油工业的不断发展，石油运输更加频繁，输油管线和储油罐的石油泄漏事故、油槽车和油轮的泄漏事故不断增加，受石油污染的水体将显著增加。石油烃中含有多种致癌致畸和致突变的潜在性化学物质（如苯并芘等）。石油污染中最常见的污染物质为 BTEX，即苯（benzene）、甲苯（toluene）、乙苯（ethyl benzene）、二甲苯（xylene），其中苯和甲苯是致癌物质。石油烃进入人体后，能溶解细胞膜和干扰酶系统，引起肝、肾等内脏病变。国外的调查报告说明：受到石油污染的地下水，在污染源控制后，一般几十年都难以在自然状态下使水质复原。因此石油污染水体的修复迫在眉睫。在现有的修复技术中，物理化学修复存在着一定的局限性，很难完全达到修复要求，主要表现在修复效果不彻底且容易造成二次污染。尽管石油污染土壤与水体的生物修复技术也还不太成熟，但是目前已有的研究结果和应用实践表明，生物修复技术是可行的，且具有费用低、环境影响小、应用范围广的优点，适合我国的基本国情。环境科学界普遍认为，生物修复技术比物理和化学处理技术更具有发展前途，它在土壤与水体修复中的应用价值是不可估量的。生物修复技术应用于受污染土壤与水体虽然已经取得了较好的效果，但仍存在一些缺点，如微生物生长受污染物含量、营养物和氧气等影响；目前通过培养、驯化、筛选出来的降解微生物大多数是暗箱操作得到的，降解效率较低，而且带有较大的随机性；目前针对受污染土壤与水体的生物修复技术主要是以供氧和施加营养物质为主，缺乏与其他几种技术的交叉和融合；生物修复技术对某些污染物质的降解特性、在环境中的适应性以及成本效益等因素尚没有研究清楚，这些都导致生物修复技术效率较低、所需时间较长。为克服这些缺点，应该强化生物修复技术与其他修复技术的联合使用，以扩大该技术的应用范围并不断降低其处理成本。同时通过现代生物技术，阐明石油降解微生物的降解机理和关键降解酶，并借助遗传工程技术，通过降解质粒或基因螯合来获得降解能力与抵抗恶劣环境能力更强的基因工程菌，从而大大提高石油污染水体的修复效率，缩短修复时间。

6.4.1　地下水石油污染的生物治理

环境和微生物是石油烃类降解的限制因素，克服这些限制因素便可有效地清除污染物，使土壤和地下水得以净化。常用的生物治理方法可分为两种：一种是菌种法，即引入高效除油菌；另一种是营养物法，即通过改善土壤和地下水的环境，排除降解石油烃类微生物繁殖的不利因素，在其中培育出大量的优势菌。

1. 超级细菌法

微生物对一些石油组分的降解是由染色体外的遗传物质——质粒所控制的。因此采用遗传学方法将降解不同组分的质粒整合到一个细胞内，便可构建成"超级细菌"。20 世纪 70 年代，Chak rabarty 等将三个降解不同烃类的质粒转移到铜绿假单胞菌，所得菌株可同时降解直链烷烃、轻质芳烃和重质工离烃。他们还将降解辛烷的质粒从食油假单胞菌转移到另外一些假单胞菌种中。若质粒保持稳定，降解能力便可传给子细胞。

2. 混合菌群法

一种烃类降解菌可降解一种或少数几种石油烃类。将不同烃类降解菌混合培养形成混合菌群，便可降解多种烃类。B·Lal 研究发现将醋酸钙不动杆菌 S30 和香味产碱杆菌 P20 混合培养可以显著提高单独培养时的石油降解速率。

引入高效除油菌可迅速提高微生物的数量，进而可能提高石油烃类的生物降解速率。但是由于微生物不是在污染现场培育的，现场治理能力可能不如在实验室强，且微生物在现场的生存和繁殖一时可能难以稳定。

3. 营养物法

在土壤和地下水中通常含有能进行石油烃类生物降解的微生物，然而微生物生长代谢的条件（O_2 和氮源、磷源）却是限制性的。通过耕作，强制通气和 H_2O_2 处理能够克服低含量 O_2 对物生降解速率的限制作用。魏德洲和秦煜民采用生物泥浆法在国内首次系统地研究了 H_2O_2 对土壤中烃类污染物微生物降解过程的促进作用，他们认为促进机理其一是 H_2O_2 的直接氧化作用，其二是 H_2O_2 对烃类生物降解的促进作用。添加硝酸盐可以刺激甲苯和二甲苯的生物降解，然而研究表明，在缺氧条件下，苯降解时不能以硝酸盐作为电子受体。R·L·Raymond 等发现添加（NH_4）$_2SO_4$、NaH_2PO_4、Na_2HPO_4 并强制通气，能显著减少除去地下水中溢出汽油所需时间。A·Hess 等通过注入氧化剂（O_2、NO_3）和营养物来促进柴油的生物降解并分离出了 5 种能利用甲苯的球菌（T_2、T_3、T_4、T_6、T_{10}）。

营养物法不需向污染现场引入微生物，费用较低。但是污染物的含量太高或太低都可能对降解不利，且有利于微生物繁殖的条件难以控制。

6.4.2 港口水域石油污染的生物治理

我国是一个滨海国家，有漫长的海岸线和众多港口。作为国家经济通往世界的桥梁和窗口、连接海洋的交通运输水陆枢纽和沿海城市的门户，港口除了其经济、贸易地位之外，因其自身开发建设和营运的特殊性，其环境保护工作作为一个专门的领域而引起各国政府和港口管理机构的普遍重视。我国较早地加入了国际环境保护合作领域。20 世纪 80 年代初，中国政府参加了国际海事组织《关于 1973 年国际防止船舶造成污染公约的 1978 年议定书》。

自 1974 年中国在大连港、秦皇岛港、青岛港、南京港和湛江港等港口建造首批油码头含油污水处理场以接收处理油轮压舱水以来，中国港口一直把防治船舶石油类物质对海洋环境的污染作为港口防治污染的主要内容。我国的港湾又大多属于内湾，水体流动缓慢，其水体交换能力较差，污染物的稀释扩散作用较差，更易受石油类有机污染物的影响。根据国家海洋局 1998 年度《中国海洋环境年报》，1998 年我国一半以上的近岸水体污染严重，海洋环境质量总体上仍呈继续恶化趋势，其中油类仍然为主要污染物之一。

20 世纪 80 年代，中国港口的建设进入快速发展时期，由此引出的防止港口工程建设对环境生态和周围环境影响的工作被列入环境管理的重要议程。在所进行的各项港口工程建设和开发中，港口建设单位贯彻和执行了工程环境影响评价制度和环保"三同时"制度，有效地控制了新污染源的产生和对环境的影响破坏。在港口防治污染的过程中，国家在配备港口环保设施设备方面投入了相当数量的资金。近年又利用全球环保基金赠款和世界银行软贷款在沿海主要港口建造环保防治污染设施和配备相应设备，组建国家海区溢油应急计划。目前在中国的主要沿海港口所建造、配备的环保设施、设备已初步满足接收处理船舶废弃物需求和处理港口自身污染物的环保功能，这些设施设备包括污水处理场、污水接收处理船、垃圾接收船、浮油回收船、围油栏、垃圾焚烧站、港口监测站。经过坚持不懈的努力和按照 MARPOL73/78 公约的要求和中国海洋环境保护法律规定进行管理，中国主要沿海港口的周围海域水质得到了控制和改善。有资料显示，在 20 多年的港口环境保护过程中，沿海主要港口接收处理的油轮压舱水就超过 8000 万 t，回收的污油超过 60 万 t，对防止油类污染物进入海洋起到有效作用，保护了海洋环境。

生物修复技术可通过直接作用，即通过驯化、筛选、诱变、基因重组等技术得到一株以目标降解物质为主要碳源和能源的微生物。然后向处理器中或受污染场地投加一定量的该菌种来达到去除目标降解物质的目的；也可通过共代谢作用，即利用微生物和植物或动物的共同作用来得到除污效果。

受污染水体的生物修复（Bio-remediation）指生物尤其是微生物催化降解环境污染物，减少或最终消除环境污染的受控或自发过程。生物修复的基础是自然界中微生物对污染物的生物代谢作用。本质上说，这种技术是对自然界恢复能力和自净能力的一种强化。

物理化学方法对于污染物仅起到稀释、聚集或使其不同环境中迁移的作用；化学方法还可能造成二次污染。而在生物修复作用下污染物转化为稳定的、无毒的终产物，如水、CO_2、简单的醇或酸及微生物自身的生物量，最终从环境中消失。与物理、化学治理方法相比，生物技术显得高效、经济、安全、无二次污染，特别是对于机械装置无法清除的较薄油膜和化学药品被限制使用时，更显现出其无可替代的重要作用。目前，生物修复技术成为治理石油污染的一项重要的清洁环保技术。

总之，在海上或港口发生石油污染事故后的常规程序应该是首先撒布聚油剂阻止油的进一步扩散，然后用围油栏将油拦截，再使用各种机械回收装置。对厚度为 0.3 ~ 0.5cm 的液态油可使用凝油剂使之固化再用网袋回收。油层厚度在 0.05cm 以下时才使用乳化分散剂。最后再利用自然生物恢复或者强化生物恢复的方法处理。

6.4.3　海洋石油污染的生物修复

采用物理方法消油，很难去除海表面的油膜和海水中的溶解油；采用化学法实际上是向海洋投加人工合成的化学物质，很有可能会造成二次污染。海洋微生物具有数量大、种类多、特异性和适应性强、分布广、世代时间短、比表面积大的特点，用细菌来清除海表面的油膜和海水中溶解的石油烃，具有物理、化学方法不可比拟的优点。

石油烃类的自然生物降解过程速度缓慢，因此可采取多种措施强化这一过程，常用的技术包括投加分散剂促进微生物对石油烃的利用；提供微生物生长繁殖所必需的条件如施加营养；添加能高效降解石油污染物的微生物等。

1. 投加分散剂

石油烃类基本上不溶于水，但通常烃类物质只有在水溶性环境中与微生物接触才能被更好地利用。分散剂（即活化剂）是集亲水基和疏水基结构于同一分子内部的两亲化合物，通过添加分散剂，可以使油形成很微小的油颗粒，增加其与微生物和 O_2 的接触机会，从而促进油的生物降解。

但不是所有的分散剂都有促进作用，许多分散剂由于其毒性和持久性会造成新的污染。如在 1967 年托里坎荣油轮事件中，撒用了 10000t 的分散剂，结果造成了严重的生态破坏。因此人们尝试利用微生物产生无毒害的活化剂来加速这种降解。生物活化剂是用生物方法合成的，它是微生物在其代谢过程中分泌产生的具有一定表面活性的物质，这种物质可增强非极性底物的乳化作用，促进微生物在非极性底物中的生长。李习武等人曾做试验，将一株能降解多种石油烃的 Eml 菌株产生的生物乳化剂分离出来，结果表明添加这种生物活化剂后细菌对多环芳烃的降解率提高了 20%。由于生物活化剂的反应产物均一，常温常压下即可反应，有较好的热与化学稳定性，pH 在 5.5 ~ 12 之间都可保持稳定性，且微生物发酵生产工艺简便，成本低廉，因此生物活化剂的应用极具发展潜力。

不同水域对分散剂的使用要求也不同，根据水域的水深、水体交换能力以及海洋生物等情况将使用分散剂的水域分成三种情况：

1）允许使用分散剂。当被分散的油能均匀地混合进入水体，并能发生大范围的混合稀释，使得分散油的含量很低，对该水域的任何生物都不会造成影响，这种水域对分散剂的使用可不做任何限制，使用量根据油量确定。如水深在 20m 以上的开阔海洋属于这一类。

2）允许使用分散剂，但使用时间受限或使用量受限。像封闭的海湾和港湾，如这类水域具有较强的水体交换能力，一天内可以交换 90% 以上，就允许使用。在使用时还要考虑季节、水深和潮汐特点，如在敏感生物产卵季节就要限制使用或限量使用。

3）通常情况下不允许使用分散剂，如敏感岸线不宜使用分散剂。但油的影响周期很长的话，也可以考虑使用。

2. 添加营养盐和电子受体

微生物的生长需要维持一定数量的 C、N、P 营养物质及某些微量营养元素。因此投加营养盐是一种最简单而有效的方法。目前使用的营养盐有 3 类：缓释肥料、亲油肥料和水溶性肥料。缓释肥料要求肥料具有适合的释放速率，可以将营养物质缓慢地释放出来。亲油肥料要求其营养盐可以溶入油中。水溶性肥料可以与海水混合。在阿拉斯加的溢油事件中通过添加肥料已取得了良好的去除效果。Prince 等人通过试验发现施加肥料可以使微生物降解速率提高 3 ~ 5 倍。但添加肥料并不总是有效的。在 Oudot 的研究中，当 N 的本底含量很高时，添加营养并没有什么显著的效果。此外由于海洋水体是一个开放的环境，如何解决肥料随水体的流失，也是一个值得关注的问题。

微生物的活性除了受到营养盐的限制外，环境中污染物氧化分解的最终电子受体的种类和含量也极大地影响着污染物降解的速度和程度。环境中的石油烃类多以好氧生物降解进行，因此 O_2 对微生物而言是一个极为重要的限制因子。一般情况下，每氧化 3.5g 石油需要消耗 1g 氧气。在海洋环境中，微生物每氧化 1L 的石油就要消耗掉 320m^3 海水中的溶解氧。此时 O_2 的迁移往往不足以补充微生物新陈代谢所消耗的氧气量。因此有必要采用一些工程措施，如人工通气，以改善环境中微生物的活性和活动状况。另外，在石油污染水体中建立藻菌共生系统，通过藻类的光合作用，可以有效地增加水体中的溶解氧，在藻类和细菌等微生物的联合作用下，石油的降解速率能够得到显著提高。

3. 引进石油降解菌

用于生物修复的微生物有土著微生物、外来微生物和基因工程菌。土著微生物的降解潜力巨大，但通常生长缓慢，代谢活性低；受污染物的影响，土著菌的数量有时会急剧下降。而且，一种微生物可代谢的烃类化合物范围有限，污染地区的土著微生物很可能无法降解复杂的石油烃混合物。因此有必要添加外来菌种来促进降解过程的进行。实验室研究表明，添加油降解菌确实提高了油的降解速率。实际应用中，如在 1990 年墨西哥湾和 1991 年得克萨斯海岸实施微生物接种后，生物修复处理也获得了明显成功。但是，在受污染环境中接种外来微生物也存在多重压力。这是因为在海洋环境中，由于风、浪、海流及微生物间的竞争及捕食作用都有可能影响添加细菌的处理效果。因此也有不少学者认为，在限制微生物对石油污染物生物修复的诸多因素中，并不包括油降解菌。此外，在接种外来微生物的问题上也存在分歧。接入的降解菌必须经过详细的分类鉴定，以确定其中无人类及其他生物的致病菌。

基因工程菌是通过现代生物技术，将能降解多种污染物的降解基因转移到一种微生物的细胞中，获得分解能力得到几十倍甚至是上百倍提高的菌种。如美国生物学家曾应用遗传工程创造出一种多质粒的超级菌，利用这种超级菌可在几小时内就把母菌需一年才能代谢完的原油降解完。然而，由于基因工程菌对环境的潜在影响仍无法评估，因此对基因工程菌的利用受到了欧美国家的严格立法控制。

石油烃类的微生物降解是一个复杂的过程，它的降解效率受多方面的因素限制。微生物的种属、石油本身的物理状态和性质以及环境的因素都可以影响微生物对石油污染物的降解。为强化这一过程我们可采取多种措施，如投加分散剂，提供微生物生长繁殖所必需的条件和添加能高效降解石油污染物的微生物等。

随着经济的增长，各个国家对石油的需求日益增大，石油污染已经成为环境领域中的一个突出问题。与传统的或现代的物理、化学修复方法相比，石油污染的生物修复具有明显优势，具有很大的发展潜力。但我们也应看到生物修复的对象通常是多相的、非均质的复杂系统，涉及了微生物学、生态学、工程学、水文学、化学等多学科的知识，其许多机理甚至到目前为止还不是很清楚，因此有必要加强该领域的研究。

6.4.4　海洋石油污染的生物修复实例

20 世纪 80 年代末美国成功修复 Exxon 公司 Valdez 号油轮石油泄漏，开创了生物修复在治理海洋污染中的应用。

1989 年，Exxon 公司 Valdez 号油轮在阿拉斯加的一个海湾触礁，泄露了 $42000m^3$ 的原油。事故发生以后，Exxon 公司首先使用的是物理方法，即用热水冲洗附着在海滩上的油污。这种方法每天要花费 100 万美元。后来，美国环保局和 Exxon 公司达成协议，研究生物修复法处理石油污染的可行性。

实验室研究表明，N、P 营养是生物降解的限制因素。为此，他们选择了亲油性肥料 Inipol EAP—22，首先对 117km 的海岸进行了处理。在 2 周内就明显看出使用和不使用肥料在对石油的去除上表现出明显的不同，1990 年，他们对其他区域投加了肥料，海岸的油污明显减少。泄漏事故后 16 个月的定量分析表明，60% ~ 70% 的油类被降解。1992 年美联邦调查组确认油污已基本消失，残余的油污可以靠微生物自行清除。对该区的生态监测结果表明，与相邻区域比较，处理区海域中养分的含量并未增加，也并未引起海水的富营养化。类似地，在 Soug 港施加该种肥料 810d 后，处理区油污明显减少，特别是鹅卵石表面的油污消失较快。这些结果表明，生物修复海上溢油是安全有效的。

【案例】
蜈蚣草成套技术与成功实例

蜈蚣草修复砷污染土壤技术在湖南、广西、云南等地运用，成效显著。广西、云南等地遇到洪水时，含有大量上游堆积的开采矿产中重金属的污水就顺势蔓延下来，造成下游上百公里的河道和农田受到污染，从而大面积稻田绝收或严重减产。人长时间暴露在含砷环境中可诱发癌症，高剂量砷可导致死亡。陈同斌研究员的重金属污染土壤植物修复团队从 1997 年开始在全国范围内进行土壤污染状况调查，1999 年在中国本土发现了世界上第一种砷的超富集植物——蜈蚣草，至今已开发出 3 套具有自主知识产权的土壤污染风险评估与植物修复的成套技术，并鉴别出在中国生长的 16 种能够吸收土壤重金属污染物的植物。在国家高技术发展计划（863 项目）、973 前期专项和国家自然科学基金重点项目的支持下，陈同斌在湖南郴州建立了世界上第一个砷污染土壤植物修复基地。修复后：在田间种植条件下，蜈蚣草叶片含砷量高达 0.8%，有力证明了蜈蚣草在砷污染土壤的治理方面具有极大的应用潜力。

思 考 题

1. 什么是环境修复？
2. 论述植物对大气生物污染物的净化作用。
3. 在沙漠化治理过程中膨润土的作用是什么？

参 考 文 献

[1] 赵景联. 环境修复原理与技术 [M]. 北京：化学工业出版社，2006.
[2] 陈玉成. 污染环境生物修复工程 [M]. 北京：化学工业出版社，2003.
[3] 杨持，常学礼，赵雪，等. 沙漠化控制与治理技术 [M]. 北京：化学工业出版社，2004.
[4] 刘星，王震，马新东，等. 典型消油剂对溢油鉴别生物标志物指示作用的影响 [J]. 环境化学，2010，29（2）：299-304.
[5] D E 帕诺夫，等. 石油天然气工业企业的环境保护 [M]. 裴德禄，等译. 北京：石油工业出版社，1992.
[6] 李文利，王忠彦，胡永松. 土壤和地下水石油污染的生物治理 [J]. 重庆环境科学，1999，21（2）：35-37，44.
[7] 鞠建英. 膨润土——天然纳米材料在环保和荒漠化治理中的应用 [J]. 中国环保产业，2002（5）：16-17.
[8] 王东. 浅谈土地荒漠化的成因及治理 [J]. 内蒙古草业，2010，22（2）：5-8.
[9] 王建军，黄泽云. 宁夏土地沙漠化治理模式的探讨 [J]. 宁夏农林科技，2006（6）：56-57.

7

第7章
环境替代材料

本章提要：环境替代材料是指那些不仅具有优异的使用性能，而且从材料的制造、使用、废弃直到再生的整个生命周期中必须具备与生态环境的协调共存性以及舒适性的材料。本章介绍了一些新型的可替代氟利昂、石棉的环境替代材料，以及一些新型环境相容性材料。

7.1 环境替代材料概述

7.1.1 概念

环境替代材料是指那些不仅具有优异的使用性能，而且从材料的制造、使用、废弃直到再生的整个生命周期中必须具备与生态环境的协调共存性以及舒适性的材料。其特点是对资源和能量消耗少、环境污染小、再生利用率高，同时又具有优异使用性能。

随着地球上人类生态环境的恶化，保护地球、提倡绿色技术及绿色产品的呼声日益高涨。针对传统的材料在加工、制备、使用及废弃过程中往往会对生态环境造成很大的污染，20世纪90年代初诞生的一门新兴交叉学科——环境材料，着手开发高性能、低能耗、低污染的新材料，并对现有的材料进行环境协调性改造，对环境进行修复、净化或替代等处理，以期逐渐改善地球的生态环境，使人类社会可持续发展。

7.1.2 特点

（1）先进性　发挥材料的优异性能，为人类开拓更广阔的活动范围和环境。

（2）环境协调性　减轻地球环境的负担，提高资源利用率，对枯竭性资源实现完全循环利用，使人类的活动范围同外部环境尽可能协调。

（3）舒适性　使人们乐于接受和使用，使活动范围中的人类生活环境更加舒适。

环境材料包括环境相容材料、环境降解材料、环境修复材料、环境净化材料和环境替代材料。其中用环境负荷小的材料替代环境负荷大的材料以减少对生态环境的影响，或者将环境负荷小，但对人体健康不利的材料替换掉，是21世纪新型生态环境材料应用开发的一个重要内容。本文重点介绍替代氟利昂的制冷材料、替代石棉材料、替代含磷洗衣粉材料以及新型环境相容性材料的研究和应用进展。

7.1.3　环境替代材料与可持续发展

可持续发展是指既能满足当代人的需要，又不对后代人满足其需求能力构成危害的发展，是人口、经济、社会、资源、环境和生态系统相互协调的发展。可持续发展的核心是发展，是在保证资源和环境可以永续利用的前提下进行的经济和社会的发展。

赫尔曼·戴利提出可持续性由 3 部分组成：

1）使用可再生资源的速度不超过其再生速度。

2）使用不可再生资源的速度不超过其可再生替代物的开发速度。

3）污染物的排放速度不超过环境的自净容量。

可持续发展的概念从理论上结束了长期以来把发展经济同保护环境与资源相互对立起来的错误观点，并明确指出了它们应当是相互联系和互为因果的。

它代表了当今科学对人与环境关系认识的新阶段，其包括三个基本要素：

1）少破坏、不破坏乃至改善人类所赖以生存的环境和生产条件。

2）技术要不断革新，对于稀有资源、短缺资源能够经济有效地取得替代品。

3）对产品或服务的供求平衡能实现有效的调控。

7.2　氟利昂替代材料

7.2.1　氟利昂的应用和危害

氟利昂（freon）是氟氯代甲烷和氟氯代乙烷的总称，因此又称"氟氯烷"或"氟氯烃"，氟利昂包括 20 多种化合物，主要是含氟和氯的烷烃衍生物，少数是环烷烃卤素衍生物，有的还含有溴原子。包括 CCl_3F（F-11）、CCl_2F_2（F-12）、$CClF_3$（F-13）、$CHCl_2F$（F-21）、$CHClF_2$（F-22）、$FCl_2C—CClF_2$（F-113）、$F_2ClC—CClF_2$（F-114）、$C_2H_4F_2$（F-152）、C_2ClF_5（F-115）、$C_2H_3F_3$（F-143）等。其中最常用的是氟利昂-12（F-12），其次是氟利昂-11（化学式 CCl_3F）。最早商品化的氟利昂是二氟二氯甲烷（F-12，1932 年）、一氟三氯甲烷（F-11，1931 年）。氟利昂在常温下，除 F-112 及 F-113 为液体外，均为无色、无嗅的不燃性气体。

由于氟利昂优良的性能，20 世纪 30 年代以来，其被广泛用作制冷剂、发泡剂、清洗剂、灭火剂和喷雾剂。氟利昂制冷剂大致分为三类。一是氯氟烃类产品，简称 CFC。主要包括 R11、R12、R113、R114、R115、R500、R502 等，由于对臭氧层的破坏作用最大，被《蒙特利尔议定书》列为一类受控物质。二是氢氯氟烃类产品，简称 HCFC。主要包括 R22、R123、R141b、R142b 等，臭氧层破坏系数仅仅是 R11 的百分之几，因此，目前 HCFC 类物质被视为 CFC 类物质的最重要的过渡性替代物质。在《蒙特利尔议定书》中 R22 被限定 2020 年淘汰，R123 被限定 2030 年淘汰。三是氢氟烃类，简称 HFC。主要包括 R134A、R125、R32、R407C、R410A、R152 等，臭氧层破坏系数为 0，但是气候变暖潜能值很高。《蒙特利尔议定书》没有规定其使用期限，在《京都议定书》中把其定性为温室气体。此外，也大量用作雾化剂的组分，但由于它可能破坏大气臭氧层，现已限制使用。氟利昂的另一重要应用是作聚氨酯、聚苯乙烯和聚乙烯等泡沫塑料的发泡剂。R113、R11 与其他溶剂的混合物还广泛用于电子工业和航空工业中作为溶剂，在纺织工业中用作纺织染整助剂（如整理油剂和洗涤剂）。氟利昂还是生产氟树脂的原料。由 R22 可以生产四氟乙烯；由 R113 可以生产三氟氯乙烯。三氟溴甲烷和 1，1，2，2-四氟-1，2-二溴乙烷是效果良好的灭火剂，1，1，1-三氟-二氯-二溴乙烷可作为麻醉剂。

氟利昂有其致命的缺点，它是一种"温室效应气体"，温室效应值比二氧化碳大 1700 倍，更危险的是它会破坏大气层中的臭氧。1974 年，美国加州两位学者年莫里纳和罗兰蒂率先指出，CFCs（氟氯烃）在紫外线的作用下放出氯原子，氯原子与臭氧发生自由基链反应，一个氯原子就可以消耗上万个臭氧分子，从而影响臭氧分子对 250～320nm 紫外线的吸收，使过量的紫外线到达地球表面，直接影响到人类和其他生物的生存。10 余年后科学研究证实了这一点。1987 年联合国环境保护计划会议通过了"关于臭氧层衰减物质的蒙特利尔协定"，随后，在伦敦会议和哥本哈根会议做出了修正案，严格限制和禁止使用氟利昂类物质。

7.2.2　异丁烷作为氟利昂替代制冷剂

目前应用较多的碳氢化合物主要有丙烷（R290），丁烷（R600）和异丁烷（R600a），德国绿色和平组织在 20 世纪重新论证了其在小型制冷系统上使用的可靠性后，逐渐大规模用于冰箱制冷。这类绿色环保型制冷剂，首先在欧洲得到广泛应用。它们的 ODP 为 0，GWP 值可以忽略，是环境友好型制冷剂，热力学性能优良且价格低廉，但具有可燃性。德国 90% 的冷藏箱和冷冻箱采用碳氢化合物作为制冷剂，在全欧洲新生产的家用冷藏和冷冻箱中，25% 的制冷剂为碳氢化合物。在日本，家用电冰箱制冷剂的替代工作已取得显著成效，所用的制冷剂已从 HFCs 全部过渡到了碳氢化合物。在欧洲碳氢化合物制冷剂的应用几乎涵盖了所有的空调装置，包括窗式空调器。在余热回收热泵中，碳氢化合物制冷剂也有应用。

异丁烷（R600a）可在较高的冷凝温度下工作，而其效率又不会有大的降低。R600a 的临界温度高，这样可将冰箱的冷凝器做得更小；其次它的运行压力低，可以大大降低冰箱噪声。但其容积制冷量低，所以单一采用 R600a 的系统需重新设计压缩机。Eric Granryd 研究了碳氢化合物制冷剂的系统循环特性，并与 R22 进行了对比研究。冷凝温度一定（0℃），蒸发温度改变的情况下，丁烷和异丁烷的压力比高于 R22，丙烷和环丙烷的压力比则较低。压缩机压缩终了温度除少数碳氢化合物（所列碳氢化合物中除环丙烷）外，稍低于 R22。丙烯的单位体积制冷量与 R22 接近，丙烷比 R22 低 15%，而异丁烷的单位体积制冷量则只有 R22 的一半。由于其作为制冷剂具有原料易得、对臭氧层无破坏、高循环率和不用换压缩机润滑油等优点，因而有着良好的应用前景。

这种碳氢化合物制冷剂的缺点除了使用上的安全性（可燃性）外，具有比 HFCs 类物质高的光化学烟雾，也是值得考虑的问题。

7.2.3　二氟乙烷与二氟一氯甲烷的混合剂作为替代制冷剂

它们具有良好的制冷性能，在我国和美国的部分冰箱生产线用了此类物质。它具有环保性能优越、节能等优点，在我国可以自行生产，适合我国国情。到 1999 年，这种制冷剂占到 15%。此外还有三氟二氯乙烷与三氯甲烷、五氯己烷、四氯己烷的混合剂。三氯甲烷、五氟乙烷的混合剂等。这些制冷剂中仍含有对大气臭氧层具有破坏性的氯，但由于有着比较理想的制冷效应，目前尚没有被淘汰，属于过渡替代品。

7.2.4 氟利昂的其他替代方案

据报道，国内有公司选择多元混合物作为替代品，于1997年底成功地开发出无毒、难燃的 KLB 绿色制冷剂，其成品破坏臭氧层值仅为 0.008，温室系数仅为 0.015，远远低于国际组织对氟利昂替代品所规定的环保指数。KLB 制冷剂不但能直接替代氟利昂，而且节能效果也十分显著。

此外，科研人员还发展了磁制冷和吸附制冷等替代技术，磁制冷又叫"顺磁盐绝热制冷"。顺磁盐中包含铁或稀土元素，其 3d、4f 层电子未充满，因此具有磁性，在励磁和退磁过程中会吸热或放热，如以硝酸镁铈为制冷剂的磁制冷机降温可接近 0 K。利用这种性质发展的制冷技术具有效率高、成本低、结构简单等优点，其最大好处在于不污染环境。吸附制冷是利用吸附-脱附时吸热或放热的性质制冷，常用的制冷剂体系包括金属氢化物-氢、沸石分子筛-H_2O、活性炭-氮气、氧化镨-氧化铈体系等。其基本原理是：多孔固体吸附剂对某种制冷剂气体具有吸附作用，吸附能力随吸附剂温度的不同而不同。周期性的冷却和加热吸附剂，使之交替吸附和解吸。解吸时，释放出制冷剂气体，并在冷凝器内凝为液体；吸附时，蒸发器中的制冷剂液体蒸发，产生冷量。

目前世界上关于氟利昂的替代方案很多，但都不很令人满意。迄今为止，世界上还没有发现一种经济和能效超过氟利昂的电冰箱制冷、发泡替代品。在未来能最大满足人与自然的可持续发展的制冷剂应为自然物质，如氨、二氧化碳、异丁烷等，是今后值得关注和研究的方向。

7.3 石棉替代材料

石棉种类很多，依其矿物成分和化学组成不同，可分为蛇纹石石棉和角闪石石棉两类。蛇纹石石棉又称温石棉，它是石棉中产量最多的一种，具有较好的可纺性能。角闪石石棉又可分为蓝石棉、透闪石石棉、阳起石石棉等，产量比蛇纹石石棉少。

7.3.1 石棉的性质

（1）物理性质 石棉纤维的轴向拉伸强度较高，最高可达 $374 \times 10^4 kg/m^2$，但不耐折皱，经数次折皱后拉伸强度显著下降。石棉纤维的结构水含量为 10%~15%，以含 14% 的较多。加热至 600~700℃（温升 10℃/min）时，石棉纤维的结构水析出，纤维结构破坏、变脆，揉搓后易变为粉末，颜色改变。

石棉纤维的导热系数为 0.104~0.260kcal/m·℃·h，导电性能也很低，是热和电的良好绝缘材料。石棉纤维具有良好的耐热性能，一般在 300℃ 以下加热 2h 重量损失较少，若在 1700℃ 以上的温度下加热 2h，温石棉纤维的重量损失较多，其他种类石棉纤维重量损失较少。

蛇纹石石棉是镁的含水硅酸盐类矿物，属单斜晶系层状构造。原始结构呈深绿、浅绿、浅黄、土黄、灰白、白等色，半透明状，外观呈纤维状，具有蚕丝般光泽。蛇纹石石棉纤维的劈分性、柔韧性、强度、耐热性和绝缘性都比较好。

（2）化学性质 蛇纹石石棉的耐碱性能较好，几乎不受碱类的腐蚀，但耐酸性较差，很弱的有机酸就能将石棉中的氧化镁析出，使石棉纤维的强度下降。

角闪石石棉属于单斜晶系构造。颜色一般较深，相对密度较大，具有较高的耐酸性、耐碱性和化学稳定性，耐腐性也较好。尤其是蓝石棉的过滤性能较好，具有防化学毒物和净化被放射性物质污染的空气等重要特性。

蛇纹石石棉和角闪石石棉的区分是：把石棉放在研钵中研磨，蛇纹石石棉成混乱的毡团，纤维不易开分，角闪石石棉研磨后易分成许多细小的纤维。不含铁的石棉呈白色，含铁的石棉呈不同色调的蓝色。纤维状集合体丝绢光泽，劈分后的纤维光泽暗淡。

石棉是彼此平行排列的微细管状纤维集合体，可分裂成非常细的石棉纤维，直径可小到 $0.1\mu m$ 以下。完全分裂开松后，用肉眼很难观察，因而是良好的细菌过滤材料。

纤维长度超过 8mm 的石棉与 20%～25% 的棉纱混合可制成防火纺织材料，较短的纤维可用于制作石棉胶合布、石棉板和绝缘材料等。蓝石棉具有独特的防化学毒物和净化放射性微粒污染空气的性能，被用于制作各种高效能过滤器，用它制造的石棉纸过滤效率达99.9%。

7.3.2 石棉的应用和危害

石棉又称"石绵"，指具有高抗张强度、高挠性、耐化学和热侵蚀、电绝缘和可纺性的硅酸盐类矿物产品。它是天然的纤维状的硅酸盐类矿物质的总称。包括 2 类共计 6 种矿物（蛇纹石石棉、角闪石石棉、阳起石石棉、直闪石石棉、铁石棉、透闪石石棉）。石棉由纤维束组成，而纤维束又由很长很细的能相互分离的纤维组成。石棉具有高度耐火性、电绝缘性和绝热性，是重要的防火、绝缘和保温材料。

通常所称石棉多指蛇纹石石棉，化学组成为 $Mg_6(Si_4O_{10})(OH)_8$，浅黄绿色或蓝绿色，常含少量 Fe、Al、Ca 等金属混入物，单斜晶系，呈层状构造，在高倍电子显微镜下，纤维呈平行排列的极细空心管。石棉是一种能劈分、有弹性、弧度高的耐热和耐化学腐蚀的天然硅酸盐矿物纤维。

石棉经加工后的各种制品过去曾被广泛采用，主要有：

1）石棉纺织制品，用作隔热保温材料，密封填料。其产品基体用作水电解、食盐电解的隔膜材料。

2）石棉摩擦材料，有制动片、离合器片、石油钻机制动块等。

3）石棉橡胶制品，有高压板、中压板、绝缘板、耐油板和耐酸板等。

4）石棉保温制品，如石棉粉、石棉板、石棉纸、石棉砖、石棉管等作保温绝热绝缘衬垫等材料。

虽然石棉制品具有上述优良性能，但其对人体有强烈的刺激作用，尤其易破碎成细小的粉末漂浮在大气中，长期吸入易使人致癌。世界上所用的石棉 95% 左右为温石棉，其纤维可以分裂成极细的元纤维，工业上每消耗 1t 石棉约有 10g 石棉纤维释放到环境中。1kg 石棉约含 100 万根元纤维。元纤维的直径一般为 $0.5\mu m$，长度在 $5\mu m$ 以下，在大气和水中能悬浮数周、数月之久，持续地造成污染。研究表明，与石棉相关的疾病在多种工业职业中是普遍存在的。如石棉开采、加工和使用石棉或含石棉材料的各行各业中（建筑、船只和汽车修理、冶金、纺织、机械和电力工程、化学、农业等）。美国环保局已经对一些石棉制品进行限制使用，如 1972 年颁布的有关禁止喷涂含石棉纤维的耐火涂料的条例。德国在

1980～2003 年期间，石棉相关职业病造成了 1.2 万人死亡。法国每年因石棉致死达 2000 人。美国在 1990～1999 年期间报告了近 20000 个石棉沉着病例。1998 年，世界卫生组织重申纤蛇纹石石棉的致癌效应，特别是导致间皮瘤的风险，继续呼吁使用替代品。许多国家选择了全面禁止使用这种危险性物质，包括大多数欧盟成员国（所有成员国到 2005 年必须禁止一切石棉的使用）和越来越多的其他国家（冰岛、挪威、瑞士、新西兰、捷克、智利、秘鲁、韩国）。其他一些国家正在审视石棉的危险，如澳大利亚和巴西。

7.3.3　膨胀石墨

膨胀石墨是由天然鳞片石墨经插层、水浇、干燥、高温膨化得到的一种疏松多孔的蠕虫状物质。它既保留了天然石墨的耐热性、耐腐蚀性、耐辐射性、无毒害等性质，又具有天然石墨所没有的吸附性、环境协调性、生物相容性等特性，不造成二次污染，在石油化工、原子能、电力、农药、建材、机械等工业中广泛应用。膨胀石墨作为环境材料的研究是近年来才陆续开展的。膨胀石墨的孔结构有开放和封闭孔 2 种，孔容积占 98% 左右，孔径分布范围为 1～103nm，峰值为 103nm。由于它是以大孔、中孔为主，所以与活性炭、分孔筛等微孔材料在吸附特性上也有所不同。它适于液相吸附，而不适于气相吸附。在液相吸附中它亲油疏水。1g 膨胀石墨可吸附 80g 以上重油。油类污染是当今世界面临的一个严峻问题，严重威胁着人类的生存。膨胀石墨对油类有很强的吸附作用，且吸附油类物质后仍漂浮于水面，便于分离。因而它是一种很有前途的清除水面油污染的环保材料。1997 年，日本福冈近海油轮泄漏，用膨胀石墨清除，效果良好。大庆油田含油 100μL/L 的水用膨胀石墨处理 2 次，含油量降到 0.1μL/L。在化工企业的废水治理中，常采用微生物载体，特别是对油脂类有机大分子污染的水处理中，由于膨胀石墨化学稳定性好，又可再生复用，因此也有良好的应用前景。

7.3.4　柔性石墨

用膨胀石墨轧制、压制成箔或板制造的密封填料，称为柔性石墨，由于柔性石墨的气固两相结构使其具有良好的密封性能。柔性石墨材料属于非纤维质材料。柔性石墨做成板材后模压成密封填料使用。把天然鳞片石墨中的杂质除去，再经强氧化混合酸处理后成为氧化石墨，氧化石墨受热分解放出二氧化碳，体积急剧膨胀，变成了质地疏松、柔软而又有韧性的柔性石墨。柔性石墨有优异的耐热性和耐寒性，有优异的耐化学腐蚀性，有良好的自润滑性，回弹率高。

我国鳞片石墨年产量 35 万 t，加工成膨胀石墨的年生产能力不少于 3 万 t，但目前国内柔性石墨的产量约为 1000t，仅占全球产量的 5% 左右，而且品种单一，基本上是含碳 98%～99%、残硫质量分数为 1.3×10^{-3} 左右的普通工业级别，这与我国作为石墨产量第一大国很不相称。改善性能、降低成本，更多地使用柔性石墨材料，不仅有利于合理利用资源，而且更重要的是，根除了石棉等材料在制造、使用、废弃过程中给环境和人类带来的危害。

7.3.5　其他石棉替代制品

日本已有用树皮陶瓷材料制得的汽车制动片上市。对隔热垫或其他保温绝热材料，现在大多用硅酸铝、硅酸锌陶瓷纤维材料。国内外已有用芳族聚酰胺纤维代替石棉纤维制成的高温防护材料，它有优良的阻燃、耐热性能，分解温度可达385℃，在火焰中不延燃，可用于冶金服、消防服以及特种部队战斗服等。随着科学技术的发展，新的环境友好型的保温隔热材料不断涌现，基本替代了石棉制品。

以色列技术研究院发明了一种泡沫陶瓷完全可以替代石棉的材料。也像石棉一样价格低廉、质量轻，可以耐1500～1700℃的高温。这种合成材料的优点就是将陶瓷粒子钝化；这些不经钝化的粒子以针状粉尘形式存在可被吸入人的肺里，在这一点上与石棉一样危险有害。泡沫二氧化碳与陶瓷纤维结合，产生出普通的灰尘粒子；与自然界常见的灰尘在形式上没有两样。这种泡沫因其构造而具有绝缘能力：95%的气泡和5%的氧化铝。具有这种构成的材料，则为有效的绝缘材料。而且可以与高质量的陶瓷纤维相比美。这种材料发明是借助于溶胶-凝胶技术。泡沫是用含有金属成分以及各种发泡成分的特殊的晶体发泡而成的。一经受热，晶体成为一种溶液。溶液中会出现聚合物的链，当这些链达到足够长度时，就分化为一种液体和一种聚合物。在这种反应过程中自动生成亿万个气泡，在高温作用下，生成一种陶瓷：金属氧化铝。这气泡尺寸约为250μm。另外，这种材料，还可有其他用途：隔热、隔声或吸收环境中的污染物。

7.4   无磷洗衣粉的开发与应用

7.4.1   传统洗衣粉的应用和危害

洗衣粉是现代合成洗涤剂的主要组成部分。合成洗衣粉作为天然肥皂的替代品，诞生于物资极度匮乏的"二战"时期，由于其优良的去污性能，很快风靡全球。合成洗衣粉是由三磷聚酸钠、硅酸钠、烷基苯磺酸钠、荧光增白剂等化工原料合成的。三聚磷酸钠俗称五钠，分子式为$Na_5P_3O_{10}$，它是洗衣粉的主要成分，一般占洗衣粉含量的15%～25%，因其含量的高低对去污力影响很大，目前绝大多数洗涤剂均使用三聚磷酸钠作为助洗剂。

自从现代洗涤剂问世以来，由于三聚磷酸钠（STPP）所具有的化学性质很符合理想助洗剂的特征，STPP就一直在洗涤剂助洗剂市场上占据支配地位，其用量约占总助洗剂的95%。STPP作用如下：

1）它有螯合高价金属离子的性质，可以起到软化水的作用。

2）它对蛋白质有膨润、增溶作用，因而有解胶的效果，对脂肪物质起促进乳化的作用，对砂土、尘土等固体污垢增加分散作用，它能增强活化剂的表面活性，降低临界胶束含量，起到降低活化剂用量和增强去污力的双重作用。

3）它还有碱缓冲作用，即使有酸性污垢存在也能使洗涤液保持一定的碱度，有利于酸性污垢的去除。

4）它还具有吸收水分防止洗衣粉结块的作用，它能保持合成洗涤剂制品始终成为干爽的粒状。

虽然三聚磷酸盐在洗衣粉配方中有较多的优点，但是它也有一个致命的缺点，就是"富营养化"问题，这是人类在使用过程中逐步认识到的。合成洗衣粉去除污垢后随着污水，被排放到江、河、湖泊里，使水草和藻类丛生、茂盛。异常繁殖的藻类很快枯死，不仅释放出腐败的恶臭味，而且有损于这些水域的美丽景观。造成水中缺氧，使水质污浊，给水中生物（如鱼、虾、蟹之类）的生长带来危害，有碍生态平衡和造成环境污染。近几年，我国的太湖、巢湖、滇池等湖泊的水质严重恶化，蓝藻疯长，致使水中的藻类和鱼类大量死亡、腐烂。水体变质的现象发生的重要原因之一便是湖水中的磷含量超标。在我国香港出现的"赤潮"也是由于水体中磷含量超标造成的。大量洗衣粉流入不同水系中，造成水体的富营养化。当某一湖泊中氮磷比超过 7：1 时，磷就成为湖泊富营养化的重要限制因子。生活污水中的洗涤废水是磷的外源污染物的一大组成。我国目前每年有约 50 万 t 含磷化合物排入地表水中，而生活污水中的 17%~20% 的磷来源于洗涤剂所用三聚磷酸钠。

全球范围内地表水体中磷的富营养化问题，使人们对含磷洗涤剂的使用受到限制。能否通过改进洗涤剂的组成和结构来消除或降低环境富营养化，是化学家关注与考虑的问题。现在世界上出现了很多无磷洗涤剂，新品种达到几百种。近几年来，越来越多的国家都禁止或限制在合成洗涤剂中使用 STPP，并积极开发新的 STPP 的替代品。一般认为，开发新的助洗剂必须具备 4 个条件：对人安全、不污染环境、要有可靠的去污效果、经济实用。

7.4.2　洗衣粉中的代磷助剂的性能要求

洗衣粉中助剂的性能会直接影响洗涤效果，故代磷助剂须符合以下要求：

第一，代磷助剂要有良好的软化水性能，可有效降低地下水或天然水中钙、镁离子的含量。因为洗涤用水中含有大量的金属离子，会影响洗涤剂中活化剂的性能。因此，充分结合掉水中的钙、镁离子，促进硬水软化，才能很好地发挥出活化剂的洗涤作用，提高去污力。

第二，代磷助剂必须有提供碱性和碱缓冲性能，能提供一定的碱性（pH 在 12 左右）并缓慢释放。衣物上的污物通常为酸性，需要通过碱中和以达到去污的目的。

第三，代磷助剂还应该具有良好的分散悬浮性能及抗再沉积能力，能够防止洗衣污水中的污物再沉积到洗涤物上，造成一次污染、漂洗困难或形成积聚物。另外，在毒理学、生态学及降低洗涤剂成本等方面的性能也极为重要。当然，好的代磷助剂还应该与活化剂有一定的协同效应，即可以提高活化剂的去污能力。

7.4.3　无机系助洗剂

最新的品种有：

1）美国的 Philadelphia Quartz 公司的 Britesil 产品，它是一种改性沸石产品，其 SiO_2/Na_2O = 2~2.4，碱性比硅酸钠小，能与 Ca^{2+} 和 Mg^{2+} 反应生成可溶物。该产品成为美国无磷和低磷洗涤剂的主要添加物。

2）东京工业实验所开发的碱性亚胺磺酸盐，它以 SO_3 和 NH_3 反应生成的亚胺基、亚硫酸铵为原料，于其水溶液中加入计量的 NaOH，在减压下置换出 NH_3，该产品 pH 低，对皮肤无刺激，分散力和乳化力都很好，去污能力和 STPP 相当。

7.4.4　有机系助洗剂

有机化合物有利于微生物降解，因此它不会像无机物那样产生富营养化。目前开发的产品主要有以下两种。

（1）氨基羧酸盐　如 NTA（氨基三醋酸钠），它对 Ca^{2+} 和 Mg^{2+} 的螯合能力特别突出，性能比 STPP 优良。现在已有几个国家用 NTA 代替 STPP 来制造无磷洗涤剂。20 世纪 70 年代，美国首先开发了 NTA 合成洗涤剂助剂。NTA 对钙镁离子和其他重金属离子有很好的螯合作用，具有良好的缓冲作用、反絮凝作用和去污作用，可代替 STPP 使用。但由于人们对 NTA 胎儿致畸性的怀疑和 NTA 本身是水溶性氮化物（氮是肥料重要元素之一），很难被认为能对水质富营养化治理起到作用，因此难以对其使用安全性做出结论。

（2）羟基羧酸盐　最有代表性的是柠檬酸三钠，与 NTA 同期开发的柠檬酸钠助剂，对钙镁离子和重金属离子的螯合能力也很明显，水溶液 pH 为 7.8 ~ 8.6，呈弱碱性，也可代替 STPP 使用。但其与烷基苯磺酸盐的配伍性次于 STPP，且价格昂贵，终难推广应用。

7.4.5　4A 沸石

4A 沸石学名硅铝酸钠（俗称分子筛），具有独特的结构和外形，钙离子的交换能力较强，而且分散性强、不沉淀、无毒性，因此用作洗涤剂。它可与液体中的 Ca^{2+} 和 Mg^{2+} 进行离子交换反应，吸附纤维织物中含有的污垢和金属离子，使其分散脱离、凝聚，最后形成难溶的沉淀物以达到去污的目的。分子筛对 Ca^{2+} 交换容量大于 STPP 的交换容量，而对 Mg^{2+} 的交换容量却不如 STPP。

从资源、使用安全性、环境保护、价格、助洗效果等方面综合分析比较，4A 沸石是首选的无磷助剂，它已经成为三聚磷酸钠的主要替代助剂而用于生产无磷洗衣粉。

4A 沸石的性质如下：

（1）离子交换性　4A 沸石通过离子交换，可以除去水中的钙、镁离子，把硬水变成软水。4A 沸石的离子交换是在带有铝离子的骨架上进行的，由于带电荷的铝离子不仅可以结合钠离子，也可以重新与钙、镁离子等其他阳离子结合，钙、镁离子可将 4A 沸石分子中的钠离子替换出来，取而代之，从而实现离子交换。

（2）抗污垢再沉积性　4A 沸石抗油污附着的效果显著，也有一定的抗固体污垢附着的能力。

（3）吸附性　4A 沸石对活化剂的吸附能力较强，是三聚磷酸钠的五倍，那么，可在含 4A 沸石的洗衣粉中加入更多的活化剂，以增强去污力。

（4）安全性　4A 沸石对鱼类、藻类等水生生物安全无毒，对人体安全，对皮肤和眼睛无刺激。洗衣粉被使用后，4A 沸石随洗涤污水一起排放，最终混入淤泥中，不会污染环境。4A 沸石有较好的毒理学和生态学上的安全性，不会使江河湖泊的水体富营养化。

4A 沸石物理化学性质见表 7-1。

表 7-1　4A 沸石物理化学性质

项　目	指　标
外观	白色颗粒状粉末
结晶型	4A 型
钙交换能力（mg $CaCO_3$/g 无水 4A 沸石）	≥285
颗粒度（≤4μm），%	≥80
白度，%	≥93
pH（1%溶液，25℃）	≤11.3
灼烧失重[(800±10)℃，3h]，%	≤23

7.4.6 无磷洗衣粉发展前景

随着人们环境保护意识的增强，环境保护的呼声日益高涨，世界掀起了限磷禁磷的浪潮。正是在这种背景下，许多国家，特别是发达国家相继出台了限磷禁磷的法律法规，以不同方式推进洗衣粉的无磷化，各国都致力于研究开发低磷、无磷洗衣粉，不少的洗衣粉生产商自发生产无磷洗衣粉。我国有关部门为推进无磷洗衣粉发展，已经做了大量的工作。

我国近年来对无磷洗衣粉的推广工作也非常重视，目前已制定了低磷、无磷化洗衣粉标准，不仅研制成功了4A沸石等三聚磷酸钠的替代品，而且研制开发出不少无磷洗衣粉配方。我国企业生产无磷洗衣粉时主要以有机聚合物作主活化剂进行复配，典型的无磷洗衣粉配方包括十二烷基苯磺酸钠、脂肪酸、羧甲纤维素钠、4A沸石、碳酸钠、硫酸盐、硅酸盐、荧光增白剂、香精等原料。

近年来，随着各地政府对环境治理力度的加大和国民生活水平及环保意识的提高，我国无磷洗衣粉的市场需求在逐步增加。为此，不断有新的代磷助剂脱颖而出。国内在无磷洗衣粉生产初期主要为小批量生产，产品质量得不到保证，其生产成本比含磷洗衣粉高20%~25%，售价较高，加之产品宣传推广力度不够，无磷洗衣粉不被广大消费者接受。但是，随着工作的开展，近几年国内无磷洗衣粉产量已达洗衣粉的50%以上。中国洗涤用品工业协会已将低（无）磷洗衣粉的发展作为一个工作重点列入行业发展规划，提出要进一步提高低（无）磷洗衣粉的产品质量，继续重视国内低（无）磷洗衣粉的发展以及环境保护问题。预计近期低（无）磷洗衣粉的生产和消费将有较快发展，对4A沸石的需求也将相应地快速增长。当然，对层状结晶二硅酸钠的研究也应该重视，也不可忽视其他无磷洗衣粉的复配。

无磷洗衣粉的研究是洗涤剂工业领域的研究热点。欧洲除英国、西班牙和法国市场上还出售低磷洗涤剂外，其他各国都实现了洗涤剂无磷化。在亚洲，日本的洗涤剂已达到100%无磷化。我国人口众多，是洗涤剂用量最大的国家之一。研究和开发无磷助剂和绿色环保型洗衣粉，体现了"可持续发展"的理念，因而具有广阔的市场前景和良好的经济效益。

7.5 新型环境相容性材料

7.5.1 天然材料的开发与再开发

从生态观点看，天然材料加工的能耗低，可再生循环利用，易于处理，对天然材料进行高附加值开发，所得材料具有先进的环境协调性能。木质素、纤维素、甲壳素等代替那些环境负荷较大的结构材料也属于环境替代材料的一类。将热塑性塑料和木材纤维、木屑等共混，利用传统的注射成型法得到多孔性人工木材，具有吸湿性极低的特点和良好的加工性能，并且具有生物降解性。

1. 木质素

（1）定义　木质素是由聚合的芳香醇构成的一类物质，存在于木质组织中，主要作用是通过形成交织网来硬化细胞壁。木质素主要位于纤维素纤维之间，起抗压作用。在木本植物中，木质素占 25%，是世界上第二位丰富的有机物（纤维素是第一位）。

随着人类对环境污染和资源危机等问题的认识不断深入，天然高分子所具有的可再生、可降解性等性质日益受到重视。废弃物的资源化与可再生资源的利用，是当代经济与社会发展的重大课题，也是对当代科学技术提出的新要求。在自然界中，木质素的储量仅次于纤维素，而且每年都以 500 亿 t 的速度再生。制浆造纸工业每年要从植物中分离出大约 1.4 亿 t 纤维素，同时得到 5000 万 t 左右的木质素副产品，但迄今为止，超过 95% 的木质素仍以"黑液"直接排入江河或浓缩后烧掉，很少得到有效利用。

化石能源的日益枯竭、木质素的丰富储量、木质素科学的飞速发展决定木质素的经济效益的可持续发展性。木质素成本较低，木质素及其衍生物具有多种功能性，可作为分散剂、吸附剂或解吸剂、石油回收助剂、沥青乳化剂，木质素对人类可持续发展的重大贡献就在于提供稳定、持续的有机物质来源，其应用前景十分广阔。

研究木质素性能和结构的关系，利用木质素制造可降解、可再生的聚合物。木质素的物化性能和加工性能、工艺成为目前木质素研究的障碍。

（2）性质　木质素单体的分子结构，同时含有多种活性官能团，如羟基、羰基、羧基、甲基及侧链结构。其中羟基在木质素中存在较多，以醇羟基和酚羟基两种形式存在，而酚羟基的多少又直接影响到木质素的物理和化学性质，如能反映出木质素的醚化和缩合程度，同时也能衡量木质素的溶解性能和反应能力；在木质素的侧链上，有对羟基苯甲酸、香草酸、紫丁香酸、对羟基肉桂酸、阿魏酸等酯型结构存在，这些酯型结构存在于侧链的 α 位或 γ 位。在侧链 α 位除了酯型结构外，还有醚型连接，或作为联苯型结构的碳-碳连接。同酚羟基一样，木质素的侧链结构也直接关系到它的化学反应性。

由于木质素的分子结构中存在着芳香基、酚羟基、醇羟基、碳基共轭双键等活性基团，因此可以进行氧化、还原、水解、醇解、酸解甲氧基、羧基、光解、酰化、磺化、烷基化、卤化、硝化、缩聚或接枝共聚等许多化学反应。其中，又以氧化、酰化、磺化、缩聚和接枝共聚等反应性能在研究木质素的应用中显示着尤为重要的作用，同时也是扩大其应用的重要途径。在此过程中，磺化反应又是木质素应用的基础和前提，到目前为止，木质素的应用大都以木质素磺酸盐的形式加以利用。在亚硫酸盐法生产纸浆的工艺中，正是由于亚硫酸盐溶液与木粉中的原本木质素发生了磺化反应，引进了磺酸基，增加了亲水性，而后这种木质素磺酸盐在酸性蒸煮液中进一步发生水解反应，使与木质素结合着的半纤维素发生解聚，从而使木质素磺酸盐溶出，实现了木质素、纤维素与半纤维素的分离，得到了纸浆，同时也使木质素的应用成为了可能。

（3）应用

1）用作混凝土减水剂，掺水泥重量的 0.2%~0.3%，可以减少用水量 10%~15% 以上，改善混凝土和易性，提高工程质量。夏季使用，可抑制坍落度损失，一般都与高效减水剂复配使用。

2）用作选矿浮选剂和冶炼矿粉粘结剂，冶炼业用木质素磺酸钙与矿粉混合，制成矿粉球，干燥后放入窑中，可提高冶炼回收率。

3）耐火材料：制造耐火材料砖瓦时，使用木质素磺酸钙做分散剂和粘合剂，能改善操作性能，并有减水、增强、防止龟裂等良好效果。

4）陶瓷：用于陶瓷制品可以降低碳含量，增加生坯强度，减少塑性黏土用量，泥浆流动性好，提高成品率 70%~90%，烧结速度由 70min 减少为 40min。

5）其他：木质素磺酸钙还可用于精炼助剂，铸造，水煤浆分散剂，农药可湿性粉剂加工，型煤压制，道路、土壤、粉尘的抑制，制革鞣革填料，炭黑造粒，饲料粘合剂等方面。

木质素磺酸钠是阴离子活化剂，棕黄色粉末。主要用于分散染料和还原染料的分散和填充，具有良好的分散性、耐热稳定性和高温分散性，助磨效果良好，对纤维沾污轻，对偶氮染料还原性小。

2. 可降解塑料

（1）生物降解塑料 微生物体内贮存的动植物脂肪或糖原，是一类脂肪族聚酯，称为生物聚酯，是微生物的营养物质。当无碳源存在时，这些聚酯可分解为乙酰辅酶作为生命活动的能源。聚乳酸（PLA）又称聚内交酯，是以微生物发酵产物乳酸为单体经化学合成的。使用后可自动降解，不会污染环境。聚乳酸可以被加工成力学性能优异的纤维和薄膜，其强度大体与尼龙纤维和聚酯纤维相当。聚乳酸在生物体内可被水解成乳酸和乙酸，并经酶代谢为 CO_2 和 H_2O，故可作为医用材料。日本、美国已经利用聚乳酸塑料加工成手术缝合线、人造骨、人造皮肤。聚乳酸还被用于生产包装容器、农用地膜、纤维运动服和被褥等。

（2）淀粉塑料 含淀粉在 90% 以上，添加的其他组分也是能完全降解的，目前已有日本住友商事株式会社、美国 Wamer-Lamber 公司、意大利 Ferrizz 公司等宣称研究成功含淀粉量在 90%~100% 的全淀粉塑料，在 1 年内完全生物降解而不留任何痕迹，无污染，可用于制造各种容器、瓶罐、薄膜和垃圾袋等。

全淀粉塑料的生产原理是使淀粉分子变构而无序化，形成了具有热塑性能的淀粉树脂，因此又称为热塑性淀粉塑料。其成型加工可沿用传统的塑料加工设备。

以淀粉为原料开发生物降解塑料的潜在优势在于：淀粉在各种环境中都具备完全的生物降解能力；塑料中的淀粉分子降解或灰化后，形成二氧化碳气体，不对土壤或空气产生毒害；采取适当的工艺使淀粉热塑性化后可达到用于制造塑料材料的力学性能；淀粉是可再生资源，取之不绝，开拓淀粉的利用有利于农村经济发展。

需要说明的是，我国目前生产的淀粉塑料绝大多数为填充型淀粉塑料，即在非生物降解的高分子材料中添加一定比例的淀粉，通过淀粉的生物降解而致使整个材料物理性能崩溃，促使大量端基暴露以致氧化降解，但这种"崩溃"后的剩余部分中的 PE、PVC 等均不可能降解而一直残留于土壤中，日积月累当然会造成污染，因此国外将此类产品归属为淘汰型。

（3）光降解塑料

1）乙烯/一氧化碳共聚物（E/CO）。光降解以主链断裂为特征。E/CO 的光降解速度和程度与链所含的酮基的量有关，含量越高，降解速度越快，程度也越大。美国德克萨斯州的科学家曾对 E/CO 进行过户外暴晒试验，在阳光充足的六月，E/CO 最快只需几天便可降解。

2）乙烯基类/乙烯基酮类共聚物（Ecolyte）。Ecolyte 分子侧链上的酮基在自然光的作用下可发生分解。Ecolyte 的光降解性能优于 E/CO，但成本也较高。这类聚合物的缺点是一旦见光就开始发生降解，几乎没有诱导期，需要加入抗氧剂以达到调节诱导期的目的。

7.5.2 环境相容性农药

农药是农业生产的重要物资，发展环境相容性农药是农药发展的必然趋势，这是环境保护和农业可持续发展以及农药自身发展的要求所决定的。对已经存在的农药品种进行制剂和改进施药器械以及围绕施药器械改进施药技术，使农药减小对环境、对施药者的危害，这是发展环境相容性农药的一条有效和简便的途径。更根本的途径在于作为农药的化合物本身。大力发展生物源农药，直接利用生物材料作为农药以及筛选生物中存在的活性物质作为先导化合物开发新型农药，是目前研究开发环境容性农药的有益途径。另辟蹊径，在研制的思路上创新，在研制方法上采用高新技术，是必须要走的道路。新药筛选中的生物测定技术，随着农药的角色特征的转变而改变，也随着农药作用靶标的改变而改变。基因组学、生物信息学、组合化学、基因芯片、高通量筛选等现代技术的发展有利于促进新农药的发展。

1. 环境相容性农药的含义

环境相容性农药（environment-friendly pesticide）是指农药对非靶标生物的毒性低、影响小，在大气、土壤、水体、作物中易于分解，无残留影响。具体地讲，环境相容性农药的特点应该是：

1）有很高的生物活性，即控制农业有害生物药效高，单位面积使用量小。

2）选择性高，包括对农业有害生物的自然天敌和非靶标生物无毒或毒性极小。

3）对农作物无药害。

4）使用后在农作物体内外、农产品以及在土壤、大气、水体中无残留或即使有微量残留也可以在短期内降解，生成无毒天然物质而完全融入大自然。

2. 农药与可持续发展

1987年联合国环境与发展大会（UNCED）上提出了"可持续发展（sustainable development）"的思想，1992年第二次联合国环境与发展大会通过并颁布了"21世纪议程"，进一步提出了"促进可持续的农业（sustainable agriculture）和农村发展"的要求。明确了环境是可持续发展的重要因素。在"可持续发展"思想的影响下，促成了"可持续植物保护"思想的形成。它要求不仅针对危害作物生产的病虫草鼠害等有害生物要考虑IPM和INM的结合，还要考虑土壤、栽培、育种等学科及社会经济学科，充分考虑作物、有害生物和天敌等生物因子间的关系，以及自然资源（如品种资源、天敌资源等）的利用等方面。"可持续植物保护"已成为现代植物保护的重要指导思想。

随着WTO的加入和环境生态保护措施的强化，在我国实施的可持续发展战略要求在对病毒、病菌、杂草、害虫及害鼠加以有效控制的同时，必须加强环境生态保护。由于历史的原因，我国创新研究开发能力薄弱，农药工业品种老化、污染严重，97%以上为仿制品，其中约一半集中于国外已禁用或限制使用的高毒、高污染品种。传统高毒化学农药在我国的长期使用，不仅对我国的生态环境、人民健康、食品安全、出口贸易产生严重消极影响，而且不利于农药精细化工产业的可持续发展。由此而带来的传媒、公众及部分政策制定者对"化学农药"的片面或负面理解，也曾经给化学农药的科研及农药工业的发展造成了许多困难。因此，发展符合现代社会发展需求的、具有自主知识产权特征的高效低用量、环境友好无公害的化学农药已成为农药工业的可持续发展的必然选择。目前我国的农药应用面积已居世界第二，特别是近年我国重大病虫草害发生率总体呈上升趋势，主次演替态势加剧，农业病虫草害种类繁多，而我国又人口增长、耕地减少，这些都对发展能保证我国农作物优质、安全、高产、高效，同时又能与环境和谐相容的农药提出了巨大而迫切的需求。

农药是动态发展的事物，在可持续发展战略思想的指导下，农药应逐步朝着可持续发展的战略目标发展。是否与环境相容性好是农药发展的首要条件，农药的使用和生产不能以牺牲环境为代价，而应维持生态平衡，营造良好的环境。新型农药应该是环境制约下的农药。

3. 传统农药的危害

（1）农药对人体的危害　农药主要由三条途径进入人体内：一是偶然大量接触，如误食；二是长期接触一定量的农药，如农药厂的工人、周围居民和使用农药的农民；三是日常生活接触环境和食品、化妆品中的残留农药，这是大量人群遭受农药污染的主要原因。环境中大量的残留农药可通过食物链经生物富集作用，最终进入人体。农药对人体的危害主要表现为三种形式：急性中毒、慢性危害和"三致"危害。

（2）农药对其他生物的危害　大量使用农药，在杀死害虫的同时，也会杀死其他食害虫的益鸟、益兽，使食害虫的益鸟、益兽大大减少，从而破坏了生态平衡。加之经常使用农药，使害虫产生了抗药性，导致用药次数和用药量的增加，加大了对环境的污染和对生态的破坏，由此形成滥用农药的恶性循环。还有一个鲜为人知的事实是，使用农药不仅不能从根本上除掉害虫，反而会加速害虫的进化，加强它们的抗药性，甚至会产生无法用农药消灭的害虫。

农药的使用是药物直接与作物、有害生物、环境接触的环节，使用不当，不仅不能收到预期的防治效果，甚至伤及作物、非靶标生物、污染收获物、污染环境。据世界卫生组织统计，全世界每年约有 300 万农药中毒者，中国每年农药中毒者达数万至 10 万人，20 世纪 90 年代以来，每年仍有 5～7 千人死亡，农业生产者已经产生和潜在的不少疾病被证明与农药有关。因此农药是农业持续发展的重要物资，也是潜在的污染源。甚至，农药突出的"3R"问题，即减少原料（reduce）、重新利用（reuse）和物品回收（recycle）。曾一度引发农药是否应当存在下去的争论。

但是，更应当看到的是：人类将面临多种挑战，而首当其冲的将是人口与粮食问题，农药的使用是保证粮食安全的重要措施之一。同时，农药是在适应农业发展要求中不断发展起来的，它对环境的负面影响是在其广泛使用过程中逐步被认识的，并已经和正在不断地被克服。重要的不是农药是否会继续存在的问题，而是农药应当如何发展的问题。农药的负面影响迫使人们去探索：新型农药应当是什么性质的农药，农药的发展道路应该怎样走？

4. 生物来源的化合物直接作为农药

对生物源农药直接分离提取利用是一种实际可行的方式，如植物中的次生代谢物质就是很重要的农药化合物来源。植物能够产生超过 100000 种低相对分子质量的天然产物，这些丰富的次生代谢产物很多是在长期进化过程中形成的，可以保护植物免受微生物、昆虫和动物的侵染危害。因此这些化合物，从理论上来讲，都可以作为农药使用。目前对生物源农药直接分离提取利用主要集中在植物和包括食用菌在内的微生物方面，这类新型农药具有安全性高、低毒、低残留和经济等优点。

在微生物农药中，农用抗生素的发展要比活体微生物农药的发展快得多。最具有代表性的就是阿维菌素（近年开发的还有戒台菌素、埃尔森菌素等），是一种杀虫、杀螨剂，同时还在它的基础上开发出许多新的品种。具有杀螨作用的还有浏阳霉素、华光霉素和多杀霉素；防真菌性病害的有阿司米星、米多霉素、多抗霉素等；防细菌性病害的有中生霉素、新植霉素等；防病毒的抗生素有宁南霉素等。这些新品种都表现出很好的效果。我国华南热带地区有着丰富的微生物资源，亟待开发利用。微生物农药的发展中也存在着种种问题，如杀虫、杀菌较缓慢，稳定性较差，常会发生变化，贮存期也较短。但随着人们工作的不断深入，认识不断提高，必将得到很好解决。

植物源农药是人类历史上最古老的生物农药之一，化学农药的发展在一定程度上有赖于植物源农药，尽管化学农药的不断开发和发展，逐渐代替植物源农药，但随着人们对环境安全性的高要求，由于科学技术的进步，使人们对植物源农药有了更进一步的认识，植物已成为再度开发出新的农用化学品的宝贵资源。据估计当今世界上有近50万种植物，而在化学性质上进行研究的仅占10%左右。近年来人们进一步对印楝、川楝、银杏、苦皮藤、茴蒿等一些植物投入力量进行开发研究。从而使植物源农药获得新生，并且成为当今创新化学农药的重要依据。

5. 仿生合成

仿生合成（biomimetic synthesis）是指模仿生物体内的反应和天然活性物质及其衍生物的结构所进行的农药合成，是创新农药的重要途径。仿生合成的农药称为仿生农药。纵观农药发展史，经历了天然药物时代、无机合成农药时代和有机合成农药时代。以除虫菊酯类仿生农药在农药历史上的重要地位说明随着人类技术文明的进步，直接利用生物中的天然物质作为农药固然有意义，对于农药的发展来讲，采用仿生合成的手段，则更有意义。仿生合成的根本在于寻找先导化合物——天然生物中存在的极其大量的化合物成分，而且，由于其来源于天然生物，就具有了与环境相容性的自然优势，这就促使人们将寻找先导化合物的眼光瞄向了天然生物。从天然产物中筛选先导化合物，可以采取2条路线，即"从源到果"和"从果到源"。

7.6 开发环境友好型材料的前景及展望

在人类跨入21世纪的今天，拥有一个美丽洁净的地球是人类共同的心愿，而资源的枯竭、白色垃圾的泛滥却使现实与这个美好的心愿的距离越来越远，因而，生产绿色产品、爱护生态环境、保护地球已成为全球人类最关心的议题，也是全球人类最想解决的问题。

据资料报道，每年全球生产塑料垃圾1.7亿t，我国达1100万t，占世界总量的6%；1998年夏天，长江上游波涛汹涌的滚滚洪流驮载着铺天盖地的白色垃圾，冲向葛洲坝电厂，形成了一道40cm厚的水下垃圾屏障，自6月28日至7月26日，在不到30d的时间内，由白色垃圾造成电厂机组被迫停机57台次，减少发电量3808万kW·h，损失近千万元，这期间，光电厂职工采用机械清除的垃圾就达14110m³；据世界银行发表的中国环境报告测算，每年环境污染给大陆地区造成的损失达540亿美元，占全国GDP的8%，几乎冲抵了中国年经济的增长量；新疆是中国最大的棉花种植基地，种植面积每年都在1400万亩（1亩=666.6m²）左右，用地膜达5万t以上，铺膜率100%，回收不足80%，废旧地膜残留量平均每亩2.52kg，最高可达18kg，严重影响了农作物的产量及质量；在台湾地区，因燃烧塑料垃圾而产生的有害物使这个地区的妇女生出许多畸形儿；动物吃下用塑料袋包装着的食物造成肠梗阻而死亡等。

另据报道，全球石油储量只够开采 50 年。如果美国人开采本国石油，其储量仅够开采 3 年；如果不加限制，我国最多能开采 8 年。石油属于不可再生资源，从能源角度讲，全世界都面临能源危机。

"白色污染"触目惊心，石油资源面临枯竭，保护生存环境，用速生资源替代不可再生资源的重任落在了我们的肩上，我们有义务、有责任，也有能力为人类的健康、社会的持续发展做出我们的贡献。

如 1900 年，使用的塑料材料只有虫胶、硬橡胶和赛璐珞；20 世纪 50 年代之前，欧洲塑料工业的主要原材料是煤，第一次世界大战之后不久就建立起了石油化学工业。经过近100 年的发展，目前塑料工业已与石油工业牢固地结合在一起。石油化学工业的发展可以说是使塑料工业得以增长的唯一最有影响的因素，这两个工业具有明显的相互依存关系。塑料不断增长的趋势刺激了来自石油的单体和其他中间体生产的研究；由于有了廉价和丰富的中间体，这种中间体随后又进一步刺激了塑料工业的增长。

但是，石油资源极其有限，塑料极大地方便了人民群众的生活，造福了人类，是以消耗石油资源为代价的。而且，塑料特别是一次性使用的塑料的过度生产及使用，势必造成石油资源的枯竭、塑料垃圾处理的难度、景观的污染、有限的土地资源的占用。因此，形势要求我们必须要搞资源替代，即用速生资源（如玉米淀粉）代替不可再生资源——石油资源。

目前而言最重要的是，用环境负荷小的材料替代环境负荷大的材料以减少对生态环境的影响，或将环境负荷虽小，但对人体健康不利材料替换，这也是 21 世纪新型生态环境材料应用开发的一个重要内容。

【案例】

蒙特利尔议定书

蒙特利尔议定书又称作蒙特利尔公约，全名为《蒙特利尔破坏臭氧层物质管制议定书》（Montreal Protocol on Substances that Deplete the Ozone Layer，以下简称《议定书》），是联合国为了避免工业产品中的氟氯碳化物对地球臭氧层继续造成损害，承续 1985 年《保护臭氧层维也纳公约》的大原则，于 1987 年 9 月 16 日邀请所属 26 个会员国在加拿大蒙特利尔所签署的环境保护公约。《议定书》自 1989 年 1 月 1 日起生效。

1. 《议定书》的内容

《议定书》在前言中指出，有关消耗臭氧层的物质在生产和使用过程中的排放对臭氧层的破坏产生直接的作用，因而对人类健康和环境造成了较大的负面影响。基于预防审慎原则，国际社会应采取行动淘汰这些物质，加强研究和开发替代品。这里特别指出，有关控制措施必须考虑发展中国家的特殊情况，特别是其资金和技术需求。前言中同时也强调任何措施应基于科学和研究结果，并考虑有关经济和技术因素。

《议定书》的主要内容包括：

（1）规定了受控物质的种类　受控物质在《议定书》中以附件 A 的形式表示，有两类共 8 种。第一类为 5 种 CFCs；第二类为 3 种哈龙。

（2）规定了控制限额的基准　受控的内容包括受控物质的生产量和消费量，其中消费量是按生产量加进口量并减去出口量计算的。《议定书》规定了生产量和消费量的起始控制限额的基准：发达国家生产量与消费量的起始控制限额都以 1986 年的实际发生数为基准；发展中国家（1986 年人均消费量小于 0.3kg 的国家，即所谓的第五条第一款国家）都以 1995 ~ 1997 年实际发生的三年平均数或每年人均 0.3kg，取其低者为基准。

（3）规定了控制时间　发达国家的开始控制时间，对于第一类受控制物质（CFCs），其消费量自 1989 年 7 月 1 日起，生产量自 1990 年 7 月 1 日起，每年不得超过上述限额基准。1993 年 7 月 1 日起，每年不得超过限额基准的 80%。自 1998 年 7 月 1 日起，每年不得超过限额基准的 50%。对于第二类受控物质（哈龙），其消费量和生产量自 1992 年 1 月 1 日起，每年不得超过限额基准。发展中国家的控制时间表比发达国家相应延迟 10 年。

（4）确定了评估机制　《议定书》规定从 1990 年起，其后至少每 4 年，各缔约方应根据可以取得的科学、环境、技术和经济资料，对规定的控制措施进行一次评估。

2. 《议定书》的修正与调整

《议定书》至今已经过了 4 次修正和 2 次调整。它们分别是：1990 年 6 月在伦敦召开的第 2 次缔约方会议上形成的伦敦修正案、1992 年 11 月在哥本哈根召开的第 4 次缔约方会议上形成的哥本哈根修正案、1997 年 9 月在蒙特利尔召开的第 9 次缔约方会议上形成的蒙特利尔修正案和 1999 年 11 月在北京召开的第 11 次缔约方会议上形成的北京修正案；以及 1995 年 12 月在维也纳召开的第 7 次缔约方会议上形成的维也纳调整案和 1997 年在蒙特利尔召开的第 9 次缔约方会议上形成的蒙特利尔调整案。

《议定书》及不同的修正案中规定了相关的受控物质和淘汰时间表，只有批准加入某修正案的国家才履行该修正案提出的受控义务。截止到 2002 年 2 月，有 183 个国家批准加入了《议定书》，163 个国家批准加入了《议定书》伦敦修正案，140 个国家批准加入了《议定书》哥本哈根修正案，78 个国家批准加入了《议定书》蒙特利尔修正案，27 个国家批准加入了《议定书》北京修正案。

在若干修正案与调整案之中，对发展中国家具有最重要意义的当属伦敦修正案。伦敦修正案把原《议定书》中第十条"技术援助"改为"基金机制"，规定缔约方应设置一个机制，建立一个多边基金，由不属于第五条第一款行事的缔约方捐款，向按第五条第一款行事的缔约方提供财务及技术合作。多边基金在缔约方权力下设置一个执行委员会，制定并监督具体业务政策、指导方针和行政安排的实施。《议定书》还明确指出，每一缔约方应配合基金机制，在公平和最有利的条件下，确保向按第五条第一款行事的国家迅速转让替代物和有关技术。

3. 《议定书》规定的受控 ODS 种类

《议定书》以附件列表的形式明确了受控物质的种类，并规定缔约方可以协商调整受控物质的种类。经过缔约方会议进行的多次调整和修正，《议定书》扩大了受控物质的范围，加快了淘汰进程。1989 年，《议定书》规定受控物质为两类 8 种；1991 年，中国加入《议定书》伦敦修正案时为五类 20 种（HCFCs 类物质 34 种，为过渡性物质）；在北京修正案中受控物质已达八类 95 种。下面将以列表的形式详细介绍《议定书》附件 A、B、C 和 E 所列出的受控物质，及其化学名称、消耗臭氧潜能值、用途和在中国的生产与消费情况（表 7-2、表 7-3、表 7-4、表 7-5 和表 7-6）。

表7-2　列入《议定书》附件 A 的受控物质及中国生产与消费情况

类　别	物质代码	化 学 式	化 学 名 称	消耗臭氧潜能值（ODP 值）	用　途	中国生产与消费情况
第一类　全氯氟烃（又称氯氟化碳）	CFC-11	CFCl$_3$	三氯一氟甲烷	1	发泡剂、制冷剂	有生产及消费
	CFC-12	CF$_2$Cl$_2$	二氯二氟甲烷	1	制冷剂、喷射剂	同上
	CFC-113	C$_2$F$_3$Cl$_3$	三氯三氟乙烷	0.8	清洗溶剂、助剂	同上
	CFC-114	C$_2$F$_4$Cl$_2$	二氯四氟乙烷	1	制冷剂	同上
	CFC-115	C$_2$F$_5$Cl	一氯五氟乙烷	0.6	制冷剂	同上
第二类哈龙	Halon-1211	CF$_2$ClBr	一溴一氯二氟甲烷	3	灭火剂	同上
	Halon-1301	CF$_3$Br	一溴三氟甲烷	10	灭火剂	同上
	Halon-2402	CF$_2$BrCF$_2$Br	二溴四氟乙烷	6	灭火剂	无生产、有消费

表7-3　列入《议定书》附件 B 的受控物质及中国生产与消费情况

类　别	物质代码	化 学 式	化 学 名 称	消耗臭氧潜能值（ODP 值）	用途	中国生产与消费情况
第一类	CFC-13	CF$_3$Cl	一氯三氟甲烷	1	制冷剂	有生产及消费
	CFC-111	C$_2$FCl$_5$	五氯一氟乙烷	1	—	无生产
	CFC-112	C$_2$F$_2$Cl$_4$	四氯二氟乙烷	1	—	同上
	CFC-211	C$_3$FCl$_7$	七氯一氟丙烷	1	—	同上
	CFC-212	C$_3$F$_2$Cl$_6$	六氯二氟丙烷	1	—	同上
	CFC-213	C$_3$F$_3$Cl$_5$	五氯三氟丙烷	1	—	同上
	CFC-214	C$_3$F$_4$Cl$_4$	四氯四氟丙烷	1	—	同上
	CFC-215	C$_3$F$_5$Cl$_3$	三氯五氟丙烷	1	—	同上
	CFC-216	C$_3$F$_6$Cl$_2$	二氯六氟丙烷	1	—	同上
	CFC-217	C$_3$F$_7$Cl	一氯七氟丙烷	1	—	同上
第二类	—	CCl$_4$	四氯化碳	1.1	清洗溶剂	有生产及消费
第三类	—	C$_2$H$_3$Cl$_3$	1, 1, 1-三氯乙烷（非1, 1, 2-三氯乙烷），又称甲基氯仿	0.1	清洗溶剂	同上

表7-4　列入《议定书》附件 C 的受控物质及中国生产与消费情况

第一类：部分卤代氯氟烃（4 个碳原子以下，又称含氢氯氟烃，英文缩写 HCFCs）

物质代码	化 学 式	化 学 名 称	异构体数目	消耗臭氧潜能值（ODP 值）	中国生产与消费情况
HCFC-21	CHFCl$_2$	二氯一氟甲烷	1	0.04	有少量生产
HCFC-22	CHF$_2$Cl	一氯二氟甲烷	1	0.055	有生产及消费
HCFC-31	CH$_2$FCl	一氯一氟甲烷	1	0.02	无生产
HCFC-121	C$_2$HFCl$_4$	四氯一氟乙烷	2	0.01 ~ 0.04	同上

（续）

物质代码	化 学 式	化 学 名 称	异构体数目	消耗臭氧潜能值（ODP 值）	中国生产与消费情况
HCFC-122	$C_2HF_2Cl_3$	三氯二氟乙烷	3	0.02 ~ 0.08	同上
HCFC-123	$C_2HF_3Cl_2$	二氯三氟乙烷	3	0.02 ~ 0.06	如下结构有生产
HCFC-123	$CHCl_2CF_3$	1，1-二氯2，2，2-三氟乙烷	—	0.02	有生产，是上述异构体之一
HCFC-124 *	C_2HF_4Cl	一氯四氟乙烷	2	0.02 ~ 0.04	如下结构有生产
HCFC-124 *	$CHFClCF_3$	1-氯1，2，2，2-四氟乙烷	—	0.022	有生产，是上述异构体之一
HCFC-131	$C_2H_2FCl_3$	三氯一氟乙烷	3	0.007 ~ 0.05	无生产
HCFC-132	$C_2H_2F_2Cl_2$	二氯二氟乙烷	4	0.008 ~ 0.05	无生产
HCFC-133	$C_2H_2F_3Cl$	一氯三氟乙烷	3	0.02 ~ 0.06	其中133a有生产
HCFC-141	$C_2H_3FCl_2$	二氯一氟乙烷	3	0.005 ~ 0.07	如下结构有生产及消费
HCFC-141b *	CH_3CFCl_2	1，1-二氯1-氟乙烷	—	0.11	有生产及消费，是上述异构体之一
HCFC-142	$C_2H_3F_2Cl$	一氯二氟乙烷	3	0.008 ~ 0.07	如下结构有生产及消费
HCFC-142b *	CH_3CF_2Cl	1-氯1，1-二氟乙烷	—	0.065	有生产及消费，是上述异构体之一
HCFC-151	C_2H_4FCl	一氯一氟乙烷	2	0.003 ~ 0.005	无生产
HCFC-221	C_3HFCl_6	六氯一氟丙烷	5	0.015 ~ 0.07	无生产
HCFC-222	$C_3HF_2Cl_5$	五氯二氟丙烷	9	0.01 ~ 0.09	无生产
HCFC-223	$C_3HF_3Cl_4$	四氯三氟丙烷	12	0.01 ~ 0.08	无生产
HCFC-224	$C_3HF_4Cl_3$	三氯四氟丙烷	12	0.01 ~ 0.09	无生产
HCFC-225	$C_3HF_5Cl_2$	二氯五氟丙烷	9	0.02 ~ 0.07	无生产
HCFC-225ca *	$CF_3CF_2CHCl_2$	1，1-二氯2，2，3，3，3五氟丙烷	—	0.025	无生产，是上述异构体之一
HCFC-225cb *	CF_2ClCF_2CHClF	1，3-二氯1，1，2，2，3-五氟丙烷	—	0.033	无生产，是"225"异构体之一
HCFC-226	C_3HF_6Cl	一氯六氟丙烷	5	0.02 ~ 0.10	无生产
HCFC-231	$C_3H_2FCl_5$	五氯一氟丙烷	9	0.05 ~ 0.09	无生产
HCFC-232	$C_3H_2F_2Cl_4$	四氯二氟丙烷	16	0.008 ~ 0.10	无生产
HCFC-233	$C_3H_2F_3Cl_3$	三氯三氟丙烷	18	0.007 ~ 0.23	无生产
HCFC-234	$C_3H_2F_4Cl_2$	二氯四氟丙烷	16	0.01 ~ 0.28	无生产
HCFC-235	$C_3H_2F_5Cl$	一氯五氟丙烷	9	0.03 ~ 0.52	无生产
HCFC-241	$C_3H_3FCl_4$	四氯一氟丙烷	12	0.004 ~ 0.09	无生产
HCFC-242	$C_3H_3F_2Cl_3$	三氯二氟丙烷	18	0.005 ~ 0.13	无生产
HCFC-243	$C_3H_3F_3Cl_2$	二氯三氟丙烷	18	0.007 ~ 0.12	无生产
HCFC-244	$C_3H_3F_4Cl$	一氯四氟丙烷	12	0.009 ~ 0.14	无生产
HCFC-251	$C_3H_4FCl_3$	三氯一氟丙烷	12	0.001 ~ 0.01	无生产

（续）

物质代码	化 学 式	化 学 名 称	异构体数目	消耗臭氧潜能值（ODP 值）	中国生产与消费情况
HCFC-252	$C_3H_4F_2Cl_2$	二氯二氟丙烷	16	0.005 ~ 0.04	无生产
HCFC-253	$C_3H_4F_3Cl$	一氯三氟丙烷	12	0.003 ~ 0.03	无生产
HCFC-261	$C_3H_5FCl_2$	二氯一氟丙烷	9	0.002 ~ 0.02	无生产
HCFC-262	$C_3H_5F_2Cl$	一氯二氟丙烷	9	0.002 ~ 0.02	无生产
HCFC-271	C_3H_6FCl	一氯一氟丙烷	5	0.001 ~ 0.03	无生产

注：＊仅列出中国主要生产和使用的受控物质。

表 7-5　列入《议定书》附件 C 的受控物质

第二类：部分卤代溴氟烃（4 个碳原子以下，又称含氢溴氟烃，英文缩写 HBFCs）

化 学 式	异构体数目	消耗臭氧潜能值（ODP 值）	化 学 式	异构体数目	消耗臭氧潜能值（ODP 值）
$CHFBr_2$	1	1	$C_3HF_5Br_2$	9	0.9 ~ 2.0
CHF_2Br	1	0.74	C_3HF_6Br	5	0.7 ~ 3.3
CH_2FBr	1	0.73	$C_3H_2FBr_5$	9	0.1 ~ 1.9
C_2HFBr_4	2	0.3 ~ 0.8	$C_3H_2F_2Br_4$	16	0.2 ~ 2.1
$C_2HF_2Br_3$	3	0.5 ~ 1.8	$C_3H_2F_3Br_3$	18	0.2 ~ 5.6
$C_2HF_3Br_2$	3	0.4 ~ 1.6	$C_3H_2F_4Br_2$	16	0.3 ~ 7.5
C_2HF_4Br	2	0.7 ~ 1.2	$C_3H_2F_5Br$	8	0.9 ~ 1.4
$C_2H_2FBr_3$	3	0.1 ~ 1.1	$C_3H_3FBr_4$	12	0.08 ~ 1.9
$C_2H_2F_2Br_2$	4	0.2 ~ 1.5	$C_3H_3F_2Br_3$	18	0.1 ~ 3.1
$C_2H_2F_3Br$	3	0.7 ~ 1.6	$C_3H_3F_3Br_2$	18	0.1 ~ 2.5
$C_2H_3FBr_2$	3	0.1 ~ 1.7	$C_3H_3F_4Br$	12	0.3 ~ 4.4
$C_2H_3F_2Br$	3	0.2 ~ 1.1	$C_3H_4FBr_3$	12	0.03 ~ 0.3
C_2H_4FBr	2	0.07 ~ 0.1	$C_3H_4F_2Br_2$	16	0.1 ~ 1.0
C_3HFBr_6	5	0.3 ~ 1.5	$C_3H_4F_3Br$	12	0.07 ~ 0.8
$C_3HF_2Br_5$	9	0.2 ~ 1.9	$C_3H_5FBr_2$	9	0.04 ~ 0.4
$C_3HF_3Br_4$	12	0.3 ~ 1.8	$C_3H_5F_2Br$	9	0.07 ~ 0.8
$C_3HF_4Br_3$	12	0.5 ~ 2.2	C_3H_6FBr	5	0.02 ~ 0.7

注：表中所列物质，中国基本无生产。

表 7-6　列入《议定书》附件 E 的受控物质及中国生产与消费情况

类　别	化 学 式	化 学 名 称	消耗臭氧潜能值（ODP 值）	用　途	中国生产与消费情况
第一类	CH_3Br	一溴甲烷（甲基溴）	0.7	熏蒸剂	有生产及消费

4. 《议定书》确定的 ODS 淘汰时间表

《议定书》伦敦修正案"考虑到技术和经济方面，并铭记发展中国家的发展需要"，因此要求发达国家和发展中国家淘汰 ODS 物质的时间有所不同。对第五条款国家（指发展中国家缔约方）来说，在必须实施淘汰时间表之前有一个宽限期，这反映出发达国家认识到他们对排放到大气中的大量物质负有责任，他们对使用替代品有更多的经济和技术来源。发达国家和发展中国家淘汰时间表见表 7-7 和表 7-8。

表7-7 发达国家淘汰时间表

ODS 名称		期　限	目　标
附件 A	第一组 CFCs（CFC-11, CFC-12, CFC-113, CFC-114, CFC-115）	1989.7.1 起	生产量和消费量冻结在 1986 年的水平上
		1994.1.1 起	削减冻结水平的 75%
		1996.1.1 起	完全停止生产和消费
	第二组　哈龙（哈龙 1211, 哈龙 1301, 哈龙 2402）	1992.1.1 起	生产量和消费量冻结在 1986 年的水平上
		1994.1.1 起	完全停止生产和消费
附件 B	第一组 其他全卤代烃	1993.1.1 起	生产量和消费量冻结在 1989 年的水平上
		1994.1.1 起	削减冻结水平的 75%
		1996.1.1 起	完全停止生产和消费
	第二组 CTC（四氯化碳）	1995.1.1 起	生产量和消费量冻结在 1989 年的水平上
		1996.1.1 起	完全停止生产和消费
	第三组 TCA（1, 1, 1-三氯乙烷，甲基氯仿）	1993.1.1 起	生产量和消费量冻结在 1989 年的水平上
		1994.1.1 起	削减冻结水平的 50%
		1996.1.1 起	完全停止生产和消费
附件 C	第一组 HCFCs（含氢氟氯烃）（只限于消费）	1996.1.1 起	冻结在 1989 年 HCFCs 消费量与 2.8% 的 1989 年 CFCs 消费量之和的水平上
		2004.1.1 起	削减冻结水平的 35%
		2010.1.1 起	削减冻结水平的 65%
		2015.1.1 起	削减冻结水平的 90%
		2020.1.1 起	削减冻结水平的 99.9%
		2030.1.1 起	完全停止消费
附件 E	MBr（甲基溴）	1995.1.1 起	生产量和消费量冻结在 1991 年的水平上
		1999.1.1 起	削减冻结水平的 25%
		2001.1.1 起	削减冻结水平的 50%
		2003.1.1 起	削减冻结水平的 70%
		2005.1.1 起	完全停止生产和消费（必要用途除外）

表7-8 发展中国家（即第五条款国家）淘汰时间表

ODS 名称		期　限	目　标
附件 A	第一组 CFCs（CFC-11, CFC-12, CFC-113, CFC-114, CFC-115）	1999.7.1 起	生产量和消费量冻结在 1995~1997 三年的平均水平上
		2005.1.1 起	削减冻结水平的 50%
		2007.1.1 起	削减冻结水平的 85%
		2010.1.1 起	完全停止生产和消费
	第二组　哈龙（哈龙 1211, 哈龙 1301, 哈龙 2402）	2002.1.1 起	生产量和消费量冻结在 1995~1997 三年的平均水平上
		2005.1.1 起	削减冻结水平的 50%
		2010.1.1 起	完全停止生产和消费

（续）

ODS 名称		期　限	目　　标
附件 B	第一组 CFC-13	2003.1.1 起	生产量和消费量削减 1998～2000 三年平均水平的 20%
		2007.1.1 起	削减 1998～2000 平均水平的 85%
		2010.1.1 起	完全停止生产和消费
	第二组 CTC（四氯化碳）	2005.1.1 起	削减 1998～2000 平均水平的 85%
		2010.1.1 起	完全停止生产和消费
	第三组　TCA（1，1，1-三氯乙烷，甲基氯仿）	2003.1.1 起	生产量和消费量冻结在 1998～2000 三年的平均水平上
		2005.1.1 起	削减冻结水平的 30%
		2010.1.1 起	削减冻结水平的 70%
		2015.1.1 起	完全停止生产和消费
附件 C	第一组　HCFCs（含氢氟氯烃）（只限于消费）	2016.1.1 起	冻结在 2015 年的水平上
		2040.1.1 起	完全停止消费
附件 E	MBr（甲基溴）	2002.1.1 起	生产量和消费量冻结在 1995～1998 四年的平均水平上
		2005.1.1 起	削减冻结水平的 20%
		2015.1.1 起	完全停止生产和消费（必要用途除外）

思　考　题

1. 什么是环境替代材料？请举例说明。环境替代材料的特点有哪些？
2. 请举例说明氟利昂的应用及其在使用中给环境造成的危害。
3. 请举例说明石棉的性质。
4. 请论述石棉的危害。
5. 请举例说明无磷洗衣粉代磷助剂的性能要求。
6. 简述木质素的性质及其应用。

参 考 文 献

[1] 王天民. 生态环境材料 [M]. 天津：天津大学出版社，2000.
[2] 聂祚仁，王志宏. 生态环境材料学 [M]. 北京：机械工业出版社，2004.
[3] 祝方. 环境友好材料及其应用 [M]. 北京：化学工业出版社，2009.
[4] 冯奇，马放，冯玉杰，等. 环境材料概论 [M]. 北京：化学工业出版社，2007.
[5] 冯玉杰，孙晓君，刘俊峰. 环境功能材料 [M]. 北京：化学工业出版社，2010.

第 8 章

电磁波防护材料

本章提要： 电磁波（又称电磁辐射）由同相振荡且互相垂直的电场与磁场在空间中以波的形式移动，其传播方向垂直于电场与磁场构成的平面，有效地传递能量和动量。本章介绍了电磁波污染的危害、防护以及屏蔽、吸收方式以及防护涂层。

8.1　电磁波防护概论

8.1.1　电磁波的概念

（1）定义　电磁波（又称电磁辐射）由同相振荡且互相垂直的电场与磁场在空间中以波的形式移动，其传播方向垂直于电场与磁场构成的平面，有效地传递能量和动量。所有电磁波以相同的速度传播，但波长和频率却不同。介质会减缓传播速度。按照波长或频率的顺序把这些电磁波排列起来，就是电磁波谱（electromagnetic spectrum）。如果把每个波段的频率由低至高依次排列的话，它们是工频电磁波、无线电波、红外线、可见光、紫外线、X 射线及 γ 射线。人眼可接收到的电磁辐射，波长大约在 380～780nm 之间，称为可见光。只要是本身温度大于 0K 的物体，都可以发射电磁辐射，而世界上并不存在温度等于或低于 0K 的物体。

（2）性质　电磁波频率低时，主要借由有形的导电体才能传递。原因是在低频的电振荡中，磁电之间的相互变化比较缓慢，其能量几乎全部返回原电路而没有能量辐射出去；电磁波频率高时即可以在自由空间内传递，也可以束缚在有形的导电体内传递。在自由空间内传递的原因是在高频率的电振荡中，磁电互变甚快，能量不可能全部返回原振荡电路，于是电能、磁能随着电场与磁场的周期变化以电磁波的形式向空间传播出去，不需要介质也能向外传递能量，这就是一种辐射。如太阳与地球之间的距离非常遥远，但在户外时，我们仍然能感受到和煦阳光的光与热，这就好比是"电磁辐射借由辐射现象传递能量"的原理一样。

电磁波为横波。电磁波的磁场、电场及其行进方向三者互相垂直。振幅沿传播方向的垂直方向作周期性交变，其强度与距离的平方成反比，波本身带动能量，任何位置的能量功率与振幅的平方成正比。

其速度等于光速 c（$3 \times 10^8 m/s$）。在空间传播的电磁波，距离最近的电场（磁场）强度方向相同，其量值最大两点之间的距离，就是电磁波的波长 λ，电磁每秒钟变动的次数便是

频率 f。三者之间的关系为 $c = \lambda f$。

电磁波的传播不需要介质，同频率的电磁波，在不同介质中的速度不同。不同频率的电磁波，在同一种介质中传播时，频率越大折射率越大，速度越小。且电磁波只有在同种均匀介质中才能沿直线传播，若同一种介质是不均匀的，电磁波在其中的折射率是不一样的，在这样的介质中是沿曲线传播的。通过不同介质时，会发生折射、反射、绕射、散射及吸收等。电磁波的传播有沿地面传播的地面波，还有从空中传播的空中波以及天波。波长越长其衰减也越少，电磁波的波长越长也越容易绕过障碍物继续传播。机械波与电磁波都能发生折射、反射、衍射、干涉，因为所有的波都具有波粒两象性。折射、反射属于粒子性；衍射、干涉为波动性。

8.1.2　电磁波污染及其分类

电子工业问世以来不仅使科学技术和工业生产发生了革命性的变革，也给人的生活带来了方便和舒适。但是各种电子产品和设备辐射出的电磁波，有时会对环境造成污染，并危及人体健康，从而成为继废气、废水、废渣和噪声之后的人类环境的又一大公害。

电磁辐射是以一种看不见、摸不着的以特殊形态存在的物质。人类生存的地球本身就是一个大磁场，它表面的热辐射和雷电都可产生电磁辐射，太阳及其他星球也从外层空间源源不断地产生电磁辐射。围绕在人类身边的天然磁场、太阳光、家用电器等都会发出强度不同的辐射。

电磁波是传播着的交变电磁场。各种光线和射线都是波长不同的电磁波，其中以无线电波的波长最长，宇宙射线的波长最短。本节阐述的电磁波是指无线电波。无线电波按波长可分为长波、中波、短波、微波和混合波；按频率可分为低频、高频、超高频和特高频。

（1）高频　高频电磁波即中波和短波，波长 $10 \sim 3000m$，频率 $10^5 \sim 3 \times 10^7 Hz$，如高频淬火、熔炼、焊接、切割等感应加热设备；高频介质加热设备、塑料加工、食品烘干设备；无线电广播与通信等都是人为产生高频电磁波的来源。

（2）超高频　超高频电磁波即短波，波长 $1 \sim 10m$，频率 $3 \times 10^7 \sim 3 \times 10^8 Hz$，如无线电通信、电视信号发射、医疗电器设备、电气化铁路等是人为产生超高频电磁波的来源。

（3）特高频　特高频电磁波即微波，波长 $0.07 \sim 1\ m$，频率 $3 \times 10^8 \sim 3 \times 10^{10} Hz$，如无线电定位、导航、雷达等都是人为产生特高频电磁波的来源。

8.1.3　电磁波的应用

电磁波的应用，已涉及各领域，近几年来，微波技术的发展更为迅速，新领域应用层出不穷。

在家用电器方面：电视机、音响、微波炉等家电，给人们提供了高质量的生活条件。在通信方面：微波通信是微波技术的重要应用，在现代通信中，移动电话发展迅速，由于微波频带宽、信息量大，可用于多路通信；另外，其频率高，既不受外界工业干扰及天电干扰的影响，又不受季节、昼夜、温度变化的影响，使通信性能稳定、质量提高；还能通过微波中继通信和卫星通信来实现远距离通信。

在生物医学方面：电磁波在医疗技术中得到更广泛的应用，它不仅可以用于诊断疾病，如肺气肿、肺水肿、癌症及测量心电图、脑电图等，又能用来治疗疾病，如利用微波理疗机和微波针灸等治疗关节炎、风湿，用磁振机治疗结石等疾病。

在食品加工方面：电磁波加热器的新技术应用于日常生活中，由于微波加热具有加热均匀、加热时间短、产品质量好等优点，现已应用于食品加工，如微波炉、电磁炉等，微波加热在工农业生产中也将有所突破。

在科学研究方面：由于各种物质对微波吸引程度不同，用来研究物质的内部结构，现被称为微波波谱学；利用微波能穿透电离层并受天体反射的特点，可借助雷达来观察天体情况，研究宇宙天体；利用大气对微波的吸收和反射特性，借助雷达来观察雨、雪、冰雹、雾、云等的存在和变化情况，可以预报附近地区的天气情况等。

在军事航海方面：雷达能够准确地测定目标的方位、距离和速度，它不仅可用来发现目标，还能进行敌我机（船）的识别；导航仪器能够测定船位、航向等。

8.1.4　电磁波污染来源

造成电磁波污染的原因是多方面的：

1）随着城市的发展，市区扩大，建筑用地日趋紧张，使原本处于郊区的大功率电磁发射台、电视广播发射台站逐渐被新建居民区包围；卫星通信的发展，使得城市出现众多的卫星地面站，有的地区发射天线过密。

2）移动通信技术在城市广泛应用。由于电磁波信号采用直线传播，为保证通信效果，在市区高层建筑上架设许多起联络作用的基站，通信天线林立，一方面形成相互间的交调干扰，另一方面部分架设不合理的天线对附近高层建筑产生电磁辐射。

3）传输电力的高压特别是超高压输电线路；城市交通运输系统形成的电磁污染增加。

4）高频焊接、高频淬火、高频熔炼、射频溅射、电子管排硅对接、半导体封装。

5）短波与微波理疗、微波加热等在工业、医疗、交通等领域广泛应用，致使局部空间的电磁波强度过高。

6）家庭小环境的电磁污染有发展的趋势。日常家用电子产品如计算机、彩电、音响、微波炉、电磁灶、无线手机、电热毯等进入千家万户，大大方便了我们的生活，但如使用不当就会辐射出电磁波，造成环境电磁波污染。

8.2　电磁波污染危害

电磁波污染看不见、摸不着、闻不到，但却无处不在。所以，世界卫生组织认为，在各类污染中，电磁波污染对人的威胁最大。人体时时处处处于一定能量电磁波辐射环境中，当其频率超过 10^5 时就对人体有害。电磁波辐射源的输出功率越大，辐射强度越大；波长越短，频率越高；距离越近，接触时间越长；环境温度越高，空气越不流通；则对环境污染程度越大，并且女性和儿童受危害更严重。

8.2.1　电磁波对人体的危害

目前的研究发现：电磁波会扰乱人体自然生理节律，导致机体平衡紊乱，引发头痛、头晕、失眠、健忘等神经衰弱症状；使人乏力、食欲缺乏、烦躁易怒；还能使人体热调节系统失调，导致心率加快、血压升高或降低、呼吸障碍、白细胞减少；对心血管疾病的发生及恶化起着推波助澜的作用；电磁波使体内生物电发生干扰和紊乱，导致脑电图、心电图检查异常，延误疾病诊断，影响治疗。由于电磁波的穿透力强，故不仅作用于体表，而且可深入内层组织和器官，往往人体还未感到疼痛，内层组织已受到损伤；它还促使癌组织生长，致使癌发病率增高。电磁波还会引起视力下降，当强度为 $100mW/cm^2$ 的电磁波照射眼睛时，会使晶状体发生水肿，可发展成白内障，甚至会导致失明；强度为 $5 \sim 10mW/cm^2$ 的电磁波，人的皮肤感觉虽不明显，但可能影响生育和遗传。妇女在电磁波作用下月经周期发生明显改变，易引起孕妇流产和基因缺陷，可增加小儿出生后癌症的发病率。长期处于强电磁波作用下的儿童，其癌症发病率比低电磁波下的儿童高 $2 \sim 5$ 倍。电磁波也是白血病、淋巴癌、脑肿瘤的诱因。

受到电磁波影响最直接最严重的是电视台、广播电台、雷达通信站（台）及发射塔周围的居民。由于发射设备功率大（一般功率为 $10 \sim 90kW$），其电磁辐射可损伤人的血液和眼睛，损伤染色体，产生畸形胎儿，甚至导致中枢神经失常。人们通过长期研究后发现，纵横交错的高压输电线除影响环境美观外，其周围的电磁场对附近的人也会产生有害影响，这主要决定于电磁场强度。人们接触到电磁场强度达到 $50 \sim 200kV/m$ 时，可出现头痛、头晕、疲乏、睡眠不佳、食欲缺乏、血液、心血管系统及中枢神经系统异常等。

当然这指的是电压在 100kV 以上的超高压输电线路，按规定这种输电线路不许从居民区通过，所以，一般人可免受其危害。城市及居民区常见的多是电压在 1kV 以下的配电线路，架设在规定高度对人体的影响甚微。$1 \sim 100kV$ 之间的高压输电线路，不得不通过居民区时，按规定架设高度应距地面 6.5m 以上。

随着移动电话的普及和家用电器的增多，家庭小环境电磁能量密度在不断地增加，各种微波炉、电视机、电冰箱、计算机等电器都是电磁辐射源。由于城市的发展与扩大，一些大中型广播电视发射台与移动通信发射基站被居民区所包围；城市交通运输系统（汽车、电车、地铁、轻轨及电气化铁路）迅速发展引起城市电磁噪声呈上升趋势，高压输电线穿过人口密集的住宅区上空，局部居民生活区形成强场区而受到污染；据调查，一些基站附近高层居民楼窗口处的电磁辐射功率密度高达 $400\mu W/cm^2$，远远超过了 GB 9175—1988《环境电磁波卫生标准》中的规定。电磁辐射量在不断增加，可以说电磁辐射无处不在，人类已处在一个巨大的电磁辐射海洋之中。

8.2.2　对电子设备的危害

电磁波过强，会对电视机等家电的使用，产生程度不同的影响。会对船艇、飞机的电控系统仪器等产生干扰，使之失控、失灵、失效。如船艇间展开的电子战，以及在飞机上使用移动电话使通信仪器失灵等。船艇内产生电磁波较强的电气设备同时使用，会有一定程度的相互干扰。

现代科技越来越倾向于运用大规模和超大规模集成电路，电路元件密度极高，加之所用电流为微电流，以致信号功率与噪声功率相差无几，寄生辐射可能造成电子系统或电子设备的误动作或障碍。另一方面，现代无线通信业的迅猛发展，各种发射塔使得空中电波拥挤不堪，严重影响了各方面的正常业务。

北京首都机场 1.30MHz 以上的航空专用通信频率遭到无线寻呼台干扰的事件频频发生。1996 年 2 月 20 日上午 8 时 15 分，航空对空频道受到严重干扰，10 架飞机不得不在空中盘旋等待，致使出港的飞机不得不拉开 5 ~ 15min 的飞行时间。同样的事件在全国其他地方也频频发生。在人们习惯上认为天高任鸟飞的地方，电磁波的干扰却给人们带来了极大的危害。

8.2.3   引发炸药或爆炸性混合物发生爆炸的危险

一些高大金属结构在特定条件下由于高频感应会产生火花放电。这种放电不但给人以不同程度的电击，还可能引爆危险物品，造成灾难性后果。这对火炸药生产企业来说是一个需要引起高度重视的问题。电磁波的干扰传播途径有两种，一种是传导干扰，它是电流沿着电源线传播而引起的干扰；另一种是辐射干扰，由电磁波发射源向周围空间发射导致。为了防止和抑制电磁波干扰，主要采用合理设计电路、滤波、屏蔽等技术方法。合理设计电路就是在狭小的空间内，合理地排列元件和布置线路，可削弱寄生的电磁耦合，抑制电磁干扰。

8.3   电磁辐射的机理

电磁辐射危害人体的机理主要是热效应、非热效应和累积效应等。

1）热效应：人体内 70% 以上是水，水分子受到电磁辐射后相互摩擦，引起机体升温，从而影响到身体其他器官的正常工作。

2）非热效应：人体的器官和组织都存在微弱的电磁场，它们是稳定和有序的，一旦受到外界电磁波的干扰，处于平衡状态的微弱电磁场即遭到破坏，人体正常循环机能会遭受破坏。

3）累积效应：热效应和非热效应作用于人体后，其对人体的伤害尚未来得及自我修复之前若再次受到电磁波辐射的话，其伤害程度就会发生累积，久而久之会成为永久性病态或危及生命。对于长期接触电磁波辐射的群体，即使功率很小，频率很低，也会诱发想不到的病变。

各国科学家经过长期研究证明：长期接受电磁辐射会造成人体免疫力下降、新陈代谢紊乱、记忆力减退、提前衰老、心率失常、视力下降、听力下降、血压异常、皮肤产生斑痘、粗糙，甚至导致各类癌症等；男女生殖能力下降、妇女易患月经紊乱、流产、畸胎等症。

现代信息化社会中，人类的生活环境日益具有电磁环境的内涵。随着电子、通信、计算机、家用电器和电气设备越来越多地服务于人类，人在享受生活方便的同时也在遭受电磁辐射的危害。有文献报道，空间人为电磁能量每年以 7% ~ 14% 的速度增长。鉴于电磁环境的日益复杂性，无论是为了人的身体健康还是电子元件的正常工作都应增加对电磁波的防护，因此探讨电磁波及其防护措施是极为重要的。

8.4   电磁波防护

8.4.1   标准及规定

为控制现代生活中电磁波对环境的污染，保护人民身体健康，1989 年 12 月 22 日我国卫生部颁布了 GB 9175—1988《环境电磁波卫生标准》，规定居住区环境电磁波强度限制值。

对于长、中、短波应小于 $10V/m$，对超短波应小于 $5V/m$，对于微波应小于 $10\mu W/cm^2$。我国有关部门还制定了《电视塔辐射卫生防护距离标准》。我国原国家环保局也颁布了《电磁辐射环境保护管理办法》。针对移动通信发展状况，北京市环保局于 2000 年 2 月 17 日颁布了全国首例对电磁污染进行规范管理的《北京市移动通信建设项目环境保护管理规定》，以规范移动通信台（站）的建设和运行，防止其对环境造成电磁污染。该规定中明确了能够产生电磁辐射的移动通信台（站）在建设前均要履行环保审批手续，并要办理环保验收审批，经环保部门的监测，当地功率密度符合 GB 8702—1988《电磁辐射防护规定》中的频率在 20～3000MHz 范围内、照射导出限值的功率密度为 $40\mu W/cm^2$ 这一标准，可正式投入使用，大于这一标准的必须停用或整改；室设蜂窝移动通信基站前要预测用户密度分布，采用最佳频率复用方式，尽量减少基站个数；在居民楼上建设移动通信台（站），事前建筑物产权单位或物业管理单位必须征得所住居民意见；无线寻呼通信、集群通信天线最低允许高度不得低于40m，而蜂窝移动通信基站室外天线一般不得低于25m，发射天线主射方向50m 范围内，非主射方向30m 范围内，一般不得建高于天线的医院、幼儿园、学校、住宅等敏感建筑；建设单位应在上述各类天线安装地点设置电磁辐射警示牌。

8.4.2　电磁波防护措施

根据电磁波随距离衰减的特性，为减少电磁波对居民的危害，应使发射电磁功率大的、可能产生强电磁波的工作场所和设施，如电视台、广播电台、雷达通信台站、微波传送站等，尽量设在远离居住区的远郊区县及地势高的地区。必须设置在城市内、邻近居住区域和居民经常活动场所范围内的设施，如变电站等，应与居住区间保持一定安全防护距离，保证其边界符合《环境电磁波卫生标准》的要求。同时，对电磁波辐射源需选用能屏蔽、反射或吸收电磁波的铜、铝、钢等金属丝或高分子膜等材料制成的物品进行电磁屏蔽，将电磁辐射能量限制在规定的空间之内。

高压特别是超高压输电线路应架设在远离住宅、学校、运动场等人群密集区。使用计算机及一些监视和显示设备时，应选用低辐射显示器产品，并保持人体与显示屏正面不少于75cm 的距离，侧面和背面不少于90cm，最好加装屏蔽。

应严格控制移动通信基站的密度，确保设置在市区内各种移动通信发射基站天线高于周围附近居民住宅建筑，天线主发射方向避开居民住宅；特别是在幼儿园所、学校校舍、医院等建筑周围一定范围内不得建立发射天线。

为减轻家庭居室内电磁污染及其有害作用，应经常对居室通风换气，保持室内空气畅通。科学使用家用电器：诸如观看电视或家庭影院、收听组合音响时，应保持较远距离，并避免各种电器同时开启；使用计算机或电子游戏机持续时间不宜过长等。

使用手机时，尽量减少通话时间；手机天线顶端要尽可能偏离头部，尽量把天线拉长；在手机上加装耳机，在目前被认为是最安全的选择。

另外，可每天服用一定量的维生素 C 或者多吃些富含维生素 C 的新鲜蔬菜，如辣椒、柿子椒、香椿、菜花、菠菜、蒜苗、雪里红、甘蓝、小白菜、水萝卜、红萝卜、甘薯等；多食用新鲜水果如柑橘、枣、草莓、山楂等。饮食中也注意多吃一些富含维生素 A、C 和蛋白质的食物，如西红柿、瘦肉、动物肝脏、豆芽等；经常喝绿茶。通过这些饮食措施，对加强防御功能是有益的，也可在一定程度上起到积极预防和减轻电磁辐射对人体造成伤害的作用。

电磁波辐射是近四五十年才被人们认识的一种新的环境污染，现在人们对电磁辐射仍处于认识和研究阶段，人们对它的认识还是很有限的。由于它看不见、摸不着、不易察觉、很陌生，所以，容易引起人们的疑虑。另外，有些关于电磁辐射的报道不太客观，缺乏科学性，以至引起一些不必要的误解和恐慌。一般地说，判定电磁辐射是否对居住环境造成污染，应从电磁波辐射强度、高度、主辐射方向、与辐射源的距离、持续时间等几方面综合考虑，当达到一定程度时才会对人产生直接危害。所以，在加强电磁防护同时，对电磁波污染问题也应采取科学的态度，客观分析、严肃对待，切不可人云亦云，盲目夸大，造成人们认识的混乱。当然，随着科学技术水平的发展，人们对电磁波污染及其危害的认识会逐渐深入，许多谜底终将被人类揭开。

8.4.3 电磁波防护机理

关于电磁辐射对人类生活环境的污染，从经典意义上讲，电磁辐射是一种波，由电场分量和磁场分量组成。两个分量彼此互相垂直并都垂直于波的传播方向。光、热、雷达、无线电波和 γ 射线都是电磁波，它们之间的差别是波长不同。电磁波防护是利用屏蔽体来阻挡或减少电磁能传播的一种技术，屏蔽有两个目的，一是限制内部辐射的电磁能量泄漏出该内部区域，二是防止外来的辐射干扰进入某一区域。电磁波屏蔽的一般作用原理是利用屏蔽体的反射、衰减等使得场源所产生的电磁能流不进入被屏蔽区域。电磁波防护材料的开发途径大体可分为两大类：

1）反射电磁波的辐射。主要是利用金属纤维对电磁波的反射功能，当电磁波辐射在材料表面上时，金属纤维可将其部分反射回去，减少了电磁波的透过量。即采用电磁屏蔽将对电磁波敏感的电子设备在空间上与电磁波辐射环境隔离开，减少电磁波对设备的耦合影响，用导电导磁的涂料制成屏蔽体，将电磁能量限制在一定的空间范围内，使电磁能量从屏蔽体的一端传输到另一端时受到很大的衰减；虽然电磁波屏蔽是电磁波辐射防护的方法之一，但它并不能从根本上消除电磁波，屏蔽后造成的二次反射又会造成新的电磁污染，并没有减少空间中电磁能量密度。

2）吸波材料的利用。织物表面有一层吸波材料，如铁氧体、某些复合材料以及部分导电材料（如碳纤维电阻值达到某一值时，就具有吸波功能）等，使织物具有电磁波屏蔽性。能从根本上将电磁波吸收衰减掉，能够减少整个空间环境的电磁波能量密度，从而净化电磁环境，防止电子仪器受到电磁干扰，保护人类的身心健康，保障信息安全。吸波材料主要是以吸收电磁波能量的形式，将电磁能量转化为焦耳热衰减电磁辐射。

但是综合比较而言，通过对织物涂覆吸波材料来吸收电磁波的方法存在较多的缺点，如受外界环境的影响或耐洗涤性差等。而使用金属纤维发射法则可避免这些缺陷的产生。

8.5 电磁波屏蔽织物

目前，传统的具有电磁波屏蔽功能的纺织品生产方式主要有：

1）在纺织物表面涂上金属粒子以及直接在纺织物表面将金属进行真空沉积，此方法不能在单纤维上进行，而且涂层会影响织物的透气性和手感，涂层与纤维间的结合力差，不耐机械搓揉和水洗。

2）化学镀法：即将金属银、铜或镍等与纺织物进行有效复合，形成整体三维连续沉积，并且可以在复杂微观表面及纱线埋入的部分均匀地沉积金属。该方法镀层不易脱落，重量轻，对微波辐射具有较高的屏蔽作用，但织物透气性差。

3）直接采用金属丝与纱线并合、加捻，织成机织布。由于纯金属丝纤维弯曲时强力损失较大，故该方法不适合针织布。

8.5.1 电磁波屏蔽织物屏蔽机理

电磁波屏蔽，即利用屏蔽体的反射、衰减等使得电磁波辐射场源所产生的电磁波能流不进入被屏蔽区域。电磁波屏蔽效果用屏蔽效能（SE）来表示，单位为分贝（dB），定义为：在电磁场中同一地点，无屏蔽时的场强与加屏蔽体后的场强度之比。计算式如下

$$SE = 10\lg(E_1/E_2) \tag{8-1}$$

式中，E_1 为有屏蔽材料时的电磁强度（$\mu V/m$）；E_2 为无屏蔽材料时的电磁强度（$\mu V/m$）。

如果接收器的读数是以电压为单位，屏蔽效能可用式（8-2）计算

$$SE = 10\lg(V_1/V_2) \tag{8-2}$$

式中，V_1 为有屏蔽材料时的电压值（V）；V_2 为无屏蔽材料时的电压值（V）。

SE 小于 30dB 为差；30 ~ 60dB 为中；60 ~ 90dB 为良好；90dB 以上为优。根据实用需要，在 30 ~ 1000MHz 频率范围内，SE 不低于 35dB 才认为是有效屏蔽。

Schelkunoff 电磁波屏蔽理论认为，电磁波传播到屏蔽材料表面时，通常有 3 种不同机理进行衰减，分别为反射损失、吸收损失和多次反射损失。其中 R 表示反射损失，A 表示吸收损失，B 表示多次反射损失，表示如下：

$$SE = R + A + B \tag{8-3}$$

其中：$R = 50 + 10\lg pf$，$A = 1.7d\sqrt{f/p}$。

一般 SE 小于 10 dB 时，B 值小到可以忽略的程度，公式可以写成

$$SE = 50 + 10\lg pf + 1.7d\sqrt{f/p} \tag{8-4}$$

式中，p 为屏蔽材料的体积变阻率（$\Omega \cdot cm$）；f 为电磁波频率（Hz）；d 为屏蔽层厚度（mm）。

由式（8-4）可知，SE 主要由 p、f、d 三个因素决定。

8.5.2 喷涂型电磁波屏蔽织物

最初的屏蔽服采用涂层技术将金属漆喷涂在纺织面料上，形成片状屏蔽层，所选用的导电磁性物质主要有银粉、铜粉、铁粉和石墨粉等。优点是屏蔽效果好，电磁波损耗以反射为主，可达 60dB 以上。缺点是不透气，不能弯曲，较笨重，而且污染严重，不利于环保，若使用时间过长会造成皮肤过敏等副作用。

8.5.3 金属纤维混编或混纺型电磁波屏蔽织物

此类屏蔽织物是国内外市场的主流，其屏蔽机理主要是利用金属纤维，如镍、不锈钢、铜等的导电功能，这些导电性很好的金属对电磁波具有强烈的反射功能，当电磁波辐射在织

物上时，织物中均匀分布的金属丝或金属纤维成为导电介质而将部分电磁波反射回去，减少了电磁波的透过量。一般混合金属纤维的比例为 15% ~ 30%，随着织物中导电纤维含量增多，导电介质区域增大，反射能力就越强，透过量越小，屏蔽作用也就越好。根据电磁波屏蔽理论，表面反射损耗与电磁波频率成反比，混纺织物的电磁波屏蔽效果主要依靠对电磁波的反射作用，屏蔽性能随着电磁波频率的增加会有所下降。最初的产品是把金属抽成细丝织成混编织物，它由金属丝（外包缠棉纱）和服用纱线混编而成，效果尚好。不足之处在于织物厚、重、硬，不耐折，且屏蔽效率低，通常为 25dB 左右，且在较低频率使用（如频率小于 30MHz）。为了改善屏蔽织物的服用性，把金属丝通过冷拉抽成纤维状，同服用纤维混纺成纱，再织成布，其中所选用的金属纤维主要是镍纤维和不锈钢纤维，其直径为 21 ~ 10μm。屏蔽性能可达 40dB，这种织物手感柔软，色谱较多，透气性好，轻巧舒适，比较耐洗涤，使用寿命长。而且服装的屏蔽效能与环境温度、相对湿度无关，防护作用可靠。但对高波段电磁波屏蔽效果不理想，而且金属纤维纺纱还存在不易牵伸、细纱的粗细节多、混合不均、断头率高等问题，应进一步探索工艺，改善纺纱质量，提高生产效率，降低价格成本。

8.5.4　多离子型电磁波屏蔽织物

多离子型电磁波屏蔽织物的特征在于：织物的纤维中含有质量百分比为 0.2% ~ 5% 的银离子、1.4% ~ 29% 的铜离子、0.2% ~ 3% 的镍离子、0.4% ~ 8% 的铁离子（上述的质量百分比是以纤维为 1 的质量百分比），这些离子来源于价格低廉的硫酸铜、硫酸镍、硫酸亚铁和硝酸银，靠电子空穴跳动而吸收电磁波能，将其转化成无害的热能，无二次污染问题，是目前国际上屏蔽低、中频段电磁波最先进的电磁波屏蔽技术。多离子屏蔽织物不像镀金属织物、金属纤维织物那样是将 95% 电磁波反射回去而达到屏蔽目的，而是以吸收为主。在 10 ~ 2.45MHz 范围内，多离子屏蔽织物的屏蔽效能可达 12 ~ 18dB，改进生产工艺后，其屏蔽效能可达 30dB。多离子屏蔽织物耐揉搓性好，经揉搓后性能几乎无变化。同时由于织物中富含大量金属阳离子，可起到杀菌除臭的作用，在受到摩擦和外界温度的影响时，离子可加速运动，有助于改善人体表皮微循环，还具有防静电、防 X 射线及紫外线等功能，而且面料柔软舒适，耐洗耐磨，是最适合民用的防护材料，但价格较高。

8.5.5　金属镀化型电磁波屏蔽织物

（1）真空镀金属织物　采用真空镀（物理气相沉积）金属技术制备金属织物主要有两种途径：

1）先将金属镀在涤纶薄膜上。再切成丝，镶嵌在织物内。

2）直接把金属镀覆在织物上，在表面再涂上树脂。

有的还在树脂内添加各种色料，增加色彩，改变以往单一银白色的基调。这种真空镀技术镀覆的金属层的厚度一般在 3μm 以下，屏蔽效果有限，而且结合力较差，金属很容易脱落，至今在电磁波屏蔽领域内还没有得到广泛的应用。

（2）化学镀金属织物　化学镀溶液由金属盐、还原剂、络合剂、缓冲剂和稳定剂等组成，其反应是由还原剂将金属离子还原成金属原子或分子沉积在纤维表面，从而形成金属膜，由于这种金属薄膜是镀上去的，所以金属密度高、附着力强、柔软、透气性好、使用频率宽、屏蔽效能高。在 300k ~ 18GHz 频段，电磁波屏蔽效能为 58 ~ 80dB，屏蔽率在 99.99% 以上，防护效果很好。

化学镀金属织物主要有以下三种。

1）化学镀银织物：化学镀银织物是利用"银镜反应"的原理，用甲醛或还原糖与银氨络盐发生氧化还原反应。在织物表面沉积一层白银。反应方程式

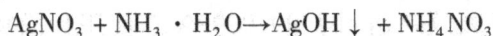

$$AgNO_3 + NH_3 \cdot H_2O \rightarrow AgOH \downarrow + NH_4NO_3$$

$$AgOH + 2NH_3 \cdot H_2O \rightarrow Ag(NH_3)_2OH + 2H_2O$$

$$CH_2O + Ag(NH_3)_2OH \rightarrow Ag \downarrow + 2NH_3 + H_2O + CHO^-$$

化学镀银不是自催化反应，一次施镀仅能镀薄层，为了达到屏蔽性能要求和表面平整。可多次施镀。化学镀银织物的主要特点是屏蔽效能非常好，而且质地轻柔、透气抗菌、耐腐蚀。在 20 世纪 70、80 年代曾经被广泛用于电磁波防护领域。

2）化学镀铜织物：由于白银昂贵，国内外为了实现以化学镀铜（或镍）织物代替镀银织物做了大量的研究工作。化学镀铜是一个自催化反应，化学镀铜溶液中，甲醛为还原剂，EDTA 作络合剂，pH 均在 12 以上，二价铜离子被反应为金属铜，而甲醛自身则氧化为甲酸根，其反应式为

$$Cu^{2+} + HCHO + 3OH^- \rightarrow Cu + HCOO^- + 2H_2O$$

生成的铜具有催化作用，另一个反应式为

$$HCHO + OH^- \rightarrow HCOO^- + H_2$$

两个反应式相加，得总反应式如下

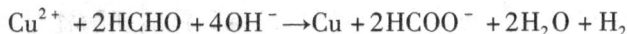

$$Cu^{2+} + 2HCHO + 4OH^- \rightarrow Cu + 2HCOO^- + 2H_2O + H_2$$

由于是自催化反应，反应会不断进行下去，通过控制反应速度和时间可控制铜层的厚度和性能。与化学镀银相比，化学镀铜工艺较为复杂，织物化学镀铜前需进行去油、粗化、敏化和活化等前处理工序。该类织物的主要特点是屏蔽电场效能很好、质地轻柔、透气性好、价格低廉，但很容易被氧化腐蚀失效，屏蔽磁场能力不强。

3）化学镀镍织物：化学镀镍与化学镀铜一样，之前需进行去油、粗化、敏化和活化等前处理工序。在织物表面化学镀镍所获得的不是纯金属镍层，而是镍磷合金，其中磷的含量为 3% ~ 12%。碱性化学镀镍溶液多获得低磷镀层，而酸性镀液多获得中、高磷镀层。与化学镀铜技术相比，化学镀镍技术更为成熟，但也要严格控制镍离子和还原剂的含量和比例、络合剂的含量、pH、反应温度、稳定剂添加量等参数，才能保证镀层的质量和镀液的稳定。普遍接受的是 D·Simpkims 提出的反应机理，反应总式如下

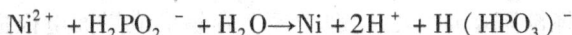

$$Ni^{2+} + H_2PO_2^- + H_2O \rightarrow Ni + 2H^+ + H(HPO_3)^-$$

国内外许多学者对化学镀镍织物的制备方法和性能进行了大量研究，研究结果显示，织物上金属的质量以及镀层内的磷含量决定了镀镍织物的表面电阻和电磁波屏蔽性能，镀镍织物的电磁波屏蔽性能较低，在 100MHz ~ 1.8GHz 频率范围内均不超过 40dB。这类织物的主要特点是质地轻柔、透气性好、耐磨性强、价格低廉、抗氧化腐蚀能力强，但电磁波屏蔽性能较弱，特别是屏蔽电场的能力很弱。

8.5.6　纳米离子型电磁波屏蔽织物

纳米离子屏蔽织物是当前国际上最先进的屏蔽电磁波材料。它是采用目前最先进的物

理和化学工艺，对纤维进行纳米离子化处理，将纳米级离子镀到织物内部所获得的。它具有良好的 X-Y-Z 三向导电性和屏蔽效果，能将有害电磁波进行反射、吸收。由于金属、金属氧化物在细化为纳米粒子时，比表面积增大，处于颗粒表面的原子数越来越多，悬挂键增多，界面极化和多重散射成为重要的吸波机制。市场上出现的纳米离子屏蔽面料经国家测试中心检测，厚度为 0.08mm 的织物，10MHz 频率下屏蔽效能为 80dB，3GHz 频率下屏蔽效能为 78dB。屏蔽效果达到了 99.9999%，使用频段宽，性能稳定，同时由于织物中富含大量金属阳离子，可起到杀菌除臭的作用，还具有防静电、防 X 射线及紫外线等功能。

8.6　电磁波吸收材料

电磁波吸收材料指能吸收、衰减入射的电磁波，并将其电磁能转换成热能耗散掉或使电磁波因干涉而消失的一类材料。吸波材料由吸收剂、基体材料、粘结剂、辅料等复合而成，其中吸收剂起着将电磁波能量吸收衰减的主要作用。吸波材料可分为传统吸波材料和新型吸波材料。

8.6.1　传统吸波材料

传统的吸波材料按吸波原理可分为电阻型、电介质型和磁介质型。电阻型吸波材料的电磁波能量损耗在电阻上，吸收剂主要有碳纤维、碳化硅纤维、导电性石墨粉、导电高聚物等，它们的特点是介电损耗角正切较大。金属短纤维、钛酸钡陶瓷等属于电介质型吸波材料，其吸波机理是依靠介质的电子极化、离子极化、分子极化或界面极化等弛豫损耗衰减吸收电磁波。铁氧体、羰基铁粉、超细金属粉等属于磁介质型吸波材料，它们具有较高的磁损耗角正切，主要依靠磁滞损耗、畴壁共振和自然共振、后效损耗等极化机制衰减吸收电磁波，研究较多且比较成熟的是铁氧体吸波材料。

8.6.2　纳米吸波材料

纳米粒子由于独特的结构使其自身具有表面效应、量子尺寸效应、小尺寸效应和宏观量子隧道效应，因而呈现出许多特有的奇异的物理、化学性质，从而具有高效吸收电磁波的潜能。纳米粒子尺度（1～100nm）远小于红外线及雷达波波长，因此纳米微粒材料对红外线及微波的吸收性较常规材料要强。随着尺寸的减小，纳米微粒材料的比表面积增大，随着表面原子比例的升高，晶体缺陷增加，悬挂键增多，容易形成界面电极极化，高的比表面积又会造成多重散射，这是纳米材料具有吸波能力的重要机理。量子尺寸效应使纳米粒子的电子能级由连续的能谱变为分裂的能级，分裂的能级间隔正处于与微波对应的能量范围（10^{-2}～10^{-5}eV）内，与电磁波作用时发生共振吸收。在微波场的作用下，原子、电子的运动加剧，促使磁化，引起磁损耗，从而使电磁能转化为热能而吸收电磁波。纳米微粒特殊的结构特征使得纳米吸波材料具有吸收强、频带兼容性好、相对密度小、厚度薄等特点。陈利民等人制备的纳米 γ-(Fe，Ni) 合金吸收剂具有优良的微波吸收特性，在厘米波（频率为 8～18GHz）和毫米波（频率为 26.5～40GHz）波段均有较好的吸波性能，最高吸收率达 99.95%。由 α-Fe，Fe_xB、Nd_2O_3 的纳米复合粉与环氧树脂复合制备的 2mm 厚的吸波材料，其最大吸收可达到 32.7dB。美国专利报道了在树脂中添加质量分数为 1.5%，长径比大于 100 的碳纳米管，这种厚度为 1mm，密度为 $1.2 \sim 1.4 \, g/cm^3$ 的薄膜材料对 20 ~ 50Hz 的宽频电磁波具有较好的吸收能力，能够吸收 86% 的 1.5GHz 的电磁波，这种薄膜型吸波材料在防辐射领域有广泛的应用前景。

8.6.3　高聚物吸波材料

导电聚合物具有电磁参数可调、易加工、密度小等优点，通过不同的掺杂剂或掺杂方式进行掺杂可以获得不同的电导率，因此导电聚合物可以用作吸波材料的吸收剂。根据 A·J·Heeger 提出的孤子（Soliton）理论（简称 SSH 理论），孤子（Soliton）、极化子（Polaron）和双极化子（Bipolaron）是导电高分子的"载流子"。当电磁波入射到吸波材料表面后，进入材料内部的电磁能通过电导损耗将其转化成热能，从而消耗电磁波能量。Wong 等成功地用化学氧化法在纸基质上制备了大面积的聚吡咯膜，该膜具有很好的柔韧性，在 2 ~ 18GHz 表现出很好的吸收性能与宽频吸收特性。美国宾夕法尼亚大学制备了 2mm 厚的聚乙炔薄膜吸波材料，对 35GHz 电磁波的吸收高达 90%。北京科技大学的方鲲等采用热压成形技术制得了聚苯胺/三元乙丙橡胶复合共混物橡胶吸波贴片，在 2 ~ 18GHz 的频率范围，平均吸收衰减可达到 10dB，且具有明显的宽频效应。日本研制的 DPR 系列薄片状柔软性吸波材料具有厚度薄、质量轻、可折叠、吸收强等优异的性能，使用方便，应用广泛，可以用来有效地解决电磁污染。

8.6.4　手性吸波材料

手性吸波材料是在基体材料中加入手性旋波介质复合而成的新型电磁功能材料。手性材料是一种双（对偶）各向同性（异性）的功能材料，其电场与磁场相互耦合，手性材料的根本特点是电磁场的交叉极化。理论研究认为，可以通过调节手性旋波参量（ξ）来改善材料的吸波特性，手性材料具有电磁参数可调、对频率的敏感性小等特点，在提高吸波性能、展宽吸波频带方面有巨大的潜力。手性介质材料与普通材料相比，具有特殊的电磁波吸收、反射、透射性质，具有易实现阻抗匹配与宽频吸收的优点。Sun 等研究表明，掺杂手性物质的 Fe_3O_4/聚苯胺复合物的电损耗与磁损耗均比不掺杂手性物质的 Fe_3O_4/聚苯胺复合物的高，掺入手性材料后复合物的最大吸收衰减由 17.8dB 增加到了 25dB。但是目前能用作吸波材料的手性材料还难以大量制得，这是限制手性吸波材料发展的一个瓶颈。使手性材料实现工业化生产，将会极大地促进吸波材料的发展。

8.7　电磁波防护涂料

8.7.1　电磁波防护涂料的组成

电磁波防护涂料一般包括填料、聚合物基体、稀释剂、固化剂和其他助剂。各种组成成分及常用类型如图 8-1 所示。

```
                  ┌── 填料 ──────── 铜系、镍系导电颗粒,高分子聚合物,非金属粉体,
                  │                 纤维或铁氧体表面改性、掺杂铁氧体系列,羰基铁、
                  │                 手性材料
                  │
          电      │
          磁      ├── 聚合物基体 ── 环氧树脂WSR 618
          波      │                 环氧树脂WSR 6101,丙烯酸树脂等
          防      │
          护      ├── 稀释剂 ────── 丙酮、四氯化碳
          涂      │                 二甲苯、乙酸乙酯等
          料      │
                  ├── 助剂 ──────── 硅烷偶联剂KH-550、KH-560
                  │                 有机膨润土
                  │
                  └── 固化剂 ────── 脂肪胺类、芳香族、脂肪环类、改性胺类、酸酐类、
                                    低分子聚酰胺等,一般选用型号为T-31配套固化剂
```

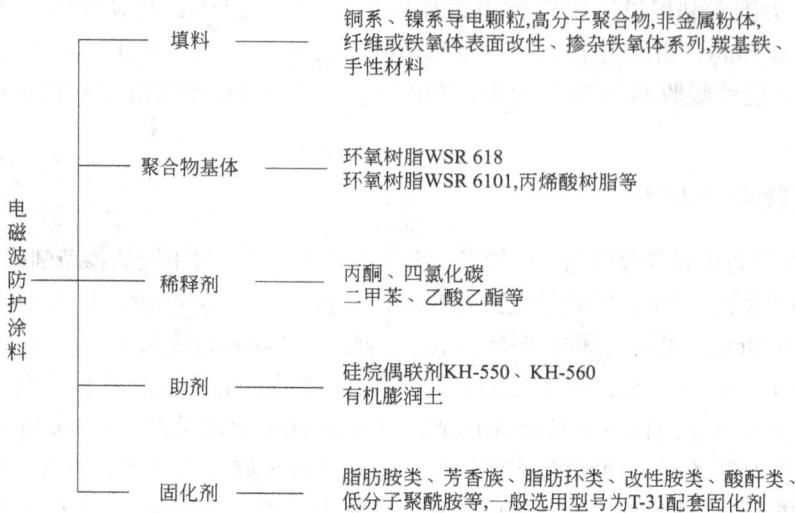

图 8-1　电磁波防护涂料的各种组成成分及常用类型

8.7.2　影响涂层性能的因素

影响涂层性能的因素主要有填料形状、含量、填料的表面处理、胶粘剂及溶剂和涂层厚度等。

1. 填料形状的影响

电磁波防护涂料性能的决定因素是填料种类。不同种填料粒子具有不同的形状,从电磁波防护涂料起作用的机理分析,球状粒子只有 3 个接触点,而且接触面积小,在密集堆砌状态下才彼此接触,枝状粒子之间的接触点在 3 个以上,更容易形成导电网络,在保证导电能力的前提下,可以使填料的填充量大大减少,从而可以提高制备好的涂层的物理性能、稳定性、力学性能和耐环境性能。北京工业大学张晓宁研究表明片状粒子的吸波效果比球状粒子的吸波效果好:

1) 当吸收剂颗粒为圆片形时,材料的吸波效能明显大于吸收剂颗粒为球形的情况。

2) 由吸收剂颗粒形貌所引起的材料吸波效能的改善,随着吸收剂颗粒电磁参数的增大而变得更加明显。

2. 填料含量的影响

从理论上分析,当填料含量小于 50% 时,粒子数目相对少,各自独立或部分接触,不易形成导电三维网络体系,涂层对电磁波基本上没有防护性能,所以一般研究人员所作的试验研究都是从 60% 开始。管登高采用镍粉为研究对象,试验结果显示,当镍粉含量在 60% 左右时,粒子间的接触数目少,形成的导电通路少,粒子之间距离相对远,形成的导电网络稀疏,因此整个涂层导电性差,防护效果差;当镍粉含量在 60% ~ 80% 之间时,部分粒子由于相互接触或由于隧道效应而形成导电网络,随粒子间接触数目的增多,间距缩短,涂层的表面电阻率急剧下降,从而使涂层的防护效果提高。经过多次试验得出结论:涂层填料粒子的含量在 60% ~ 70% 的范围内,导电效果最好,可以实现符合要求的防护效果。

3. 基体与溶剂的影响

(1) 基体　聚合物基体是吸波涂料中的成膜物质,它决定着材料的主要力学性能和耐

环境性能，同时也对涂层的吸波性能产生重要影响，所以研制与选择高性能胶粘剂已成为吸波涂料技术的难点之一。试验研究表明，使用不同种类的胶粘剂对试样屏蔽或吸波效能有一定的影响，但不显著，所以可以把胶粘剂的其他指标作为选择的依据，如力学性能、热稳定性、湿度稳定性等。选取胶粘剂类型的标准可以概括为：

1）基体本身无杂质，粘稠度适合所需，流动性好。

2）物理性能好，能耐一定的高温，力学强度高，耐环境性能好，可使制备出的涂层具有耐环境性能。

3）对粉体颗粒有较强的粘附性能，胶粘剂基体在复合材料中应能与颗粒填料很好地粘附成一个整体，从而构成具有新性能的复合材料。

4）成膜树脂的固体分不宜过高，否则填料粒子的添加量很难加大。

5）良好的工艺性能。复合材料在成形加工时需要有较易控制的条件，即胶粘剂基体具有合适的粘度、固化时间、收缩率等。

6）介电常数小，以保证静电屏蔽的效能。

7）取材方便，价格低廉。

常用胶粘剂及其电磁参数见表 8-1。

表 8-1 常用胶粘剂及其电磁参数

胶粘剂类型	介电常数 ε	损耗值 $\tan\delta$
环氧树脂 618	2.95	0.040
环氧树脂 648	3.39	0.074
环氧树脂 TDE-85	3.39	0.071
环氧树脂 AG-80	3.32	0.071
环氧树脂 AS-70	3.70	0.053
聚氨酯 OW-1	2.87	0.032
氯磺化聚乙烯	6.86	0.042
聚硫橡胶	14.0	0.150
氯丁橡胶	4.0	0.026
聚酰胺	2.7 ~ 3.2	0.005

环氧树脂的特点是粘附力高、韧性好、收缩率低，因而形成的复合材料强度高，尺寸稳定性好；含有活泼的环氧基团，可与多种类型的固化剂交联形成网状结构的高聚物，固化过程中没有低分子物排出，不易产生气泡；热稳定性好。通常选择环氧树脂 618 型或 6101 型作为胶粘剂，其配制电磁波防护涂料助剂的质量配比通常是环氧树脂：稀释剂：固化剂 = 10 : 1 : 2。

（2）稀释剂 稀释剂的作用主要是溶解树脂基体，调节粘稠度，并在一定程度上控制固化时间。涂料从液态逐渐变为固态的过程中，稀释剂挥发产生的基料收缩力使粒子从孤立分散的状态逐渐相互趋近，并最终固定下来。

选择稀释剂的一般原则是：具有溶解涂料中胶粘剂基体的能力；不与涂料中加入的其他助剂发生化学反应；不改变填料粒子本身具有的性能；不降低涂层的物理性能；对应用表面

没有溶蚀性。在使用环氧树脂作为胶粘剂基体时一般选用价廉易得的丙酮，特殊情况时，如在涂料中加入硅烷偶联剂，丙酮就不再适合用作稀释剂，改用二甲苯或乙酸乙酯。选用二甲苯作稀释剂，操作过程中应小心谨慎，二甲苯是有刺激性气味的有毒物质，与丙酮相比，具有毒性高、渗透能力强、挥发快等特点，在试验中，用量较丙酮略少。

根据施工工艺的不同，稀释剂加入量也不尽相同。采用刷涂方法制备电磁防护涂料时，树脂基体与稀释剂的质量百分数比为 10：1。如果稀释剂加入量过少，则胶粘剂不能充分溶解，其中的填料粒子不能充分分散并相互接触，造成树脂和填料的分堆聚集；如果稀释剂加入量过多，刷涂后固化时间长，带来制备上的不方便，效率低下，而且在长时间固化过程中，分散在其中的填料粒子由于重力的作用沉降，使涂层下部填料粒子增多，上部树脂含量高，导致表面电导率或磁导率下降，直接影响涂层的防护性能。因此，稀释剂的加入量适合，则固化时间适合，填料粒子沉降不明显，分散均匀，能够得到性能好的涂层。

（3）固化剂　电磁波防护涂料在流态时电流几乎不能通过，不具有预期的屏蔽和吸波效果，随着涂层的固化，稀释剂的挥发，基体聚合使填料粒子相互接触形成导电网络，涂层才变得具有导电性，因此，涂层的充分固化十分重要。添加固化剂量少时，固化时间长，涂层中的填料粒子沉降时间长，由于重力作用聚集在涂层底部，使树脂与填料分层，防护效果丧失；添加固化剂量多时，固化时间短，稀释剂等溶剂挥发速度快，使涂层内部产生很多孔状缺陷，阻碍填料粒子相互接触形成导电网络，导电性能下降，测得的防护效果差。

8.7.3　存在的问题

涂料研究人员在电磁波防护材料方面做了大量的研究工作，取得了一定的成果，目前仍然存在的问题是：

1）电磁波防护涂料的防护性能根据评价标准只能达到良好及良好以下状态。

2）当增加填料粒子在涂料中含量时，所制备的涂层力学性能差，粘结强度低、温度稳定性差、耐环境性能差。

3）急需制定出可以实现性能好、施工方便、制备简单的一种具体试验配比方案标准。

4）缺乏环境友好性的涂料。

5）针对已经提出的两种对涂层防护机理的解释（导电链路理论和隧道效应理论），需要进一步探寻。

8.8　电磁波防护材料开发历程和展望

8.8.1　发展历程

电磁波防护材料从无到有，已历经 70 多年的时间。在 20 世纪 70 年代以前，就已开发了金属丝混编织物和金属纤维混纺织物，但织物厚、重、不耐折。到了 20 世纪 70 年代，研制成了化学镀银织物、金属涂层织物、金属膜复合织物以及真空镀金织物等，但其透气性差，手感硬，屏蔽电磁波功能不理想。

20 世纪 80 年代出现了化学镀铜织物、化学镀镍织物和硫化铜织物等，但它们都只能屏蔽某一波段的电磁波，并非在所有波段范围内有效，屏波性能还称不上优良，这是因为性能良好的电磁屏蔽材料应具有较高的电导率及磁导率。铜、铝等金属或合金是电的良导体，对高阻抗电场有很好的屏蔽作用，但对低阻抗磁场的屏蔽却不够理想；而铁、铍镁合金等却对低阻抗磁场有很好的屏蔽作用。因此为了在较宽广的频率范围内都有好的屏蔽作用，电磁波防护屏蔽材料应是高电导率及高磁导率材料的组合。

另外随着人们安全、舒适、美观意识的增强，对屏蔽织物材料又提出了新的要求，仅靠以前的单一金属化织物已难以达到理想的屏蔽效果，从 20 世纪 90 年代至今，国内外先后又研制开发成了复合镀金属织物、合金镀层喷镀织物、溅射镀金属织物、多元素织物、多离子织物、多功能织物、合成导电高分子织物和纳米材料织物等一系列相关防护材料，用以满足不同环境、不同群体的需求。

在国外，电磁波防护屏蔽材料的研究和开发较早，目前已形成屏蔽材料产业化，其产品种类齐全。英国、日本、加拿大、瑞典、美国、德国、法国、韩国等发达国家，从 20 世纪三四十年代就开始进行特种防护服装与织物的研究。到了 20 世纪 80 年代，美国北美航空公司研制成功防止雷达探测的防护衣和头盔，由微波吸收材料制作。日本等国研究开发了用不锈钢纤维与织物纤维混纺织成的屏蔽织物，制成屏蔽服装用在微波防护上，如雷达防护服等。在 20 世纪 80 年代后期到 20 世纪 90 年代初期，英国、瑞典、美国、德国、法国等国家，为防止家用电器的辐射危害，诸如微波炉、电磁灶、计算机、电热毯、吸尘器等对人体，特别是对妇女与少年儿童的影响，掀起了"孕妇"穿屏蔽围裙、屏蔽大褂，青少年穿屏蔽马甲、屏蔽西服的热潮，从此，防电磁辐射屏蔽服装开始进入家庭化，成为民用服装的一大亮点。

20 世纪 90 年代初，日本、韩国开始了导电纤维的开发工作。20 世纪 90 年代中期，日本率先研制成功金属化纤维。金属化纤维是在普通织物纤维基础上进行硫化物处理，使其具有抗静电、杀菌等作用。日本已用此种纤维织物制成高档衬衣，售价约为 4000 元人民币，因价格太贵而使推广困难。

在国内，电磁波防护屏蔽材料研究起步较晚，与国外差距较大，从 20 世纪 80 年代末方才开始。目前的大多数电磁波屏蔽材料为了使其具有抗电磁波辐射的能力，都是对其进行电磁波屏蔽处理，金属化、导电化是合适的技术对策。国内部分企业采用不锈钢纤维与棉、毛等纤维混纺的方法研制微波防护纺织品，如由西安工程大学参与研发采用不锈钢纤维制成的电磁防护毛织物，先后探索采用导电纤维、纳米吸波材料开发电磁波屏蔽织物和复合材料。但是由于导电纤维、纳米吸波材料价格较贵，而铜丝或不锈钢纤维的相对密度较大，使纺织品中金属纤维重量比较高，该电磁波防护用织物的价格较高，舒适感不佳，尽管电磁波屏蔽性能优异，但最终仍难以被市场认可。

8.8.2 我国电磁辐射防护存在的问题

早期的电磁辐射防护服装受工艺限制，存在沉重、穿着舒适性差、成本高等问题，因此仅在极少数作业场所使用。随着电磁辐射伤害研究的发展、纺织科学的进步，电磁辐射防护服装的舒适性及便利性增强，应用范围也不断扩大。

虽然电磁辐射防护的概念普及程度逐步加深，电磁辐射防护越来越受重视，但电磁辐射防护的相关标准及防护装备市场仍存在以下问题：

1）电磁辐射限值标准制定的理论依据为致热效应，不能完全体现电磁辐射对人体的影响；限值标准评价方式不统一，影响其有效实施及作业场所电磁辐射的有效评估。

2）我国现行的电磁辐射防护装备国家标准为 GB/T 6568—2008《带电作业用屏蔽服装》，主要针对高压电气设备作业者，针对微波辐射的防护标准为 GB/T 23463—2009《防护服装 微波辐射防护服》。

3）民用电磁辐射防护装备的研究应用不足，存在标准缺失，缺乏监管，产品夸大宣传等情况。

在国外，电磁辐射防护服装已走入普通家庭，而我国的电磁辐射场所作业人员尚未配备足够的防护装备。随着对电磁辐射特性及其短期和长期生理伤害的了解日益加深，我国对作业场所电磁防护的重视程度将不断提升。应结合已有成果，在以下问题上做进一步的工作：

1）完善和统一电磁辐射暴露限值标准。进行电磁辐射伤害机理的进一步研究，充分了解非致热效应对人体健康危害，并作为参考依据，进行电磁辐射暴露限值标准修订。

2）完善电磁辐射防护服装国家标准，增加覆盖面，将民用防护服装纳入标准管理范围。

8.8.3 展望

纵观电磁波防护材料开发整个历程，由于该产品可广泛用于：

1）直接从事电磁波作业及间接受电磁波影响人员的防护，对防止电磁波对人体的损伤，保护作业人群健康有实际作用。

2）戴心脏起搏器及其他对电磁辐射敏感人群的防护。

3）与其他吸波材料配合制造多频谱兼容伪装隐身材料，制造专用特殊的屏蔽室、屏蔽挂幕、屏蔽窗帘、屏蔽间隔、屏蔽帐篷等功能性装备，在国防、现代化军事斗争中发挥重要作用。

因此该产品未来必然具有广阔的市场发展前景和潜在巨大的市场经济价值。选用更新型的电磁波屏蔽材料，加快大力开发新型制造工艺和技术，生产出较低成本、穿戴和使用舒适感较好的电磁波防护材料，是这一特殊功能产品的最终发展途径。

【案例】

复合电磁波吸收体

日本的 TDK 公司研究了采用复合电磁波吸收体建设电磁波暗室的吸波效果。所探讨的电磁波吸收材料能使 300MHz 以下的低频段入射的电磁波透过，然而对于 300MHz 以上的高频段所入射的电磁波能够有效地使其衰减。所选择的磁性粉体从烧结铁氧体的粉碎能力和经济性及其与介质的混合性来考虑，选用了粒径 6.5μm 的 Mn-Mg-Zn 铁氧体。

介质则选用了水溶性碱金属硅酸盐、硼酸和含有锌的无机粘结剂。其中水溶性碱金属硅酸盐、硼酸和锌，在碱性水溶液中于 0~40℃ 温度下起硬化反应而形成固形物。同时采用长度为 75μm 的人造玻璃纤维作为制造电磁波吸收体用铁氧体砖的无机纤维。铁氧体砖厚度为 6.3mm。Mn-Mg-Zn 铁氧体粉末与无机纤维、无机粘结剂混合制作成磁性损失体与铁氧体砖组合成一体制作成复合电磁波吸收体。

这种复合电磁波吸收体用于建设长 9m × 宽 6m × 高 5.7m 的（3m 法）电磁波暗室，还确认了这种复合电磁波吸收体是属于不燃性的材料。

思 考 题

1. 什么是电磁波? 其危害有哪些?
2. 举例说明电磁波污染来源。
3. 论述电磁波的防护措施。
4. 什么是电磁波屏蔽织物? 其屏蔽机理是什么?
5. 简述喷涂型电磁波屏蔽织物的种类。
6. 论述电磁波防护涂料的组成及影响涂层性能的因素。

参 考 文 献

[1] 刘顺华, 刘军民, 董星龙. 电磁波屏蔽及吸波材料 [M]. 北京: 化学工业出版社, 2007.
[2] 王一平, 郭宏福. 电磁波——传输·辐射·传播 [M]. 西安: 西安电子科技大学出版社, 2006.
[3] 冯恩信. 电磁场与电磁波 [M]. 3 版. 西安: 西安交通大学出版社, 2010.
[4] 出云谕明. 禁断的辐射: 论电磁波污染对人体健康的危害 [M]. 北京: 中国环境科学出版社, 2005.
[5] 杨儒贵. 电磁场与电磁波教学指导书 [M]. 2 版. 北京: 高等教育出版社, 2008.
[6] 戈鲁, 赫兹若格鲁. 电磁场与电磁波 [M]. 2 版. 周克定, 等译. 北京: 机械工业出版社, 2006.
[7] 古鲁, 等. 电磁场与电磁波 [M]. 北京: 机械工业出版社, 2005.
[8] 杨雪梅, 王晨, 李明. CNTs/Ferrite/PVDF 复合材料的电磁波吸收特性 [J]. 材料科学与工程学报, 2008, 26 (2): 213-216.
[9] 李丽光, 李文远. 电磁波防护涂料工艺研究 [J]. 涂料技术与文摘, 2006, 27 (9): 6-8.
[10] 郭文宏, 王秋水. 现代生活中的电磁波污染及其危害防治 [J]. 中国卫生工程学, 2000, 9 (1): 7-9.

第9章
电催化电极材料

本章提要：自 DSA 电极开发以来，其良好的稳定性和催化活性迅速获得人们的青睐。越来越多的高效电催化电极在环境工程方面得到了关注、研究和应用。由于 DSA 电极的化学和电化学性质能够随着氧化物膜的材料组成和制备方法而改变，也得到了广泛的应用和深入的研究，如钛基 RuO_2 涂层在溶液中有高度稳定性、较低的析氧析氯电位，在硫酸工业及氯碱工业上得到了成功应用。作为一种清洁的处理工艺，电化学方法具有较高的灵活性，既可以作为单独处理工艺使用，又能够与其他方法相结合，如作为前处理，可以将难降解有机物或生物毒性污染物转化为可生物降解物，从而提高废水的生物降解性，而这两者结合使用的关键在于电极材料的选择与应用，本章着重介绍了电催化电极材料的工作原理、制备与表征以及在环境工程中的应用。

9.1 电催化材料概论

9.1.1 电催化基础理论

在同样的过电位下及一定的电解液中，电极反应速度及反应类型因电极基体材料的不同而变化，这在电化学中统称为电催化。电催化是使电极、电解质界面上的电荷转移加速反应的一种催化作用。电催化反应的共同特点是反应过程包含两个以上的连续步骤，并且在电极表面生成化学吸附中间物。许多由离子生成分子或者是分子降解的重要电极反应均属于电催化反应。在电催化反应中，电极作为电催化剂，不同的电极材料可以使电化学反应速度发生数量级上的变化，所以适当选择电极材料是提高电化学催化反应效率的有效途径。

1. 电催化原理

对电催化原理的理解，直接导致了电极材料的应用性能的开发，电催化反应千变万化，对电催化过程机理的分析也不尽相同，不同的电化学反应有着不同的反应机理也是正常的。对电催化过程，研究较多的是氢气和氧气的电化学过程。

2. 电极

电催化电极主要可分为两类：二维电催化电极和三维电催化电极。

（1）二维电催化电极 对于二维电催化电极，目前应用最广泛的是 DSA 类电极。DSA 类电极（Dimensionally Stable Anodes），是以特殊工艺在金属基体（如 Ti、Ta、Zr、Nb 等）上沉积一层微米级或亚微米级的金属氧化物薄膜（如 SnO_2、PbO_2、IrO_2 等）而制备的稳定电极。早期的 DSA 类电极由于其较低的析氧、析氯电位而广泛应用于氯碱工业，而对于有机废水的电催化氧化过程，面临的主要竞争副反应是阳极氧气的析出，因此，催化电极的一个必要条件就是要有较高的析氧过电位，而 DSA 类电极可以通过改进材料及涂层结构来达到这一点，从而提高电流效率。另外，由于 DSA 类电极的化学性质和电化学性质能够随着氧化物膜的材料组成和制备方法而改变，因而能够获得良好的稳定性和催化活性，这也是 DSA 类电极获得青睐的另一个重要原因。

尽管如此，二维反应器由于有效电极面积很小，传质问题不能很好地被解决，导致单位时空产率较小。而在工业生产中，要求有较高的电极反应速度，这就要求提高反应器单位体积的有效反应面积，从而提高传质效果和电流效率，尤其是对于低含量体系更是如此。因此，三维电极应运而生。

（2）三维电极　三维电极就是在原有的二维电极之间填装粒状或其他屑状工作电极材料，致使装填电极表面带电，在工作电极材料表面发生电化学反应。由于其面体比较大，并且能以较低的电流密度提供较大的电流，粒子间距小，物质传质得以极大改善，单位时空产率和电流效率都得到较大提高，尤其对低电导率废水，其优势更加显著。

三维电催化电极可分为以下几类：

1）单极性电极。粒子具有导电性，反应器内粒子之间需要以膜隔开。

2）复极性电极。复极性电极的粒子在高梯度电场的作用下复极化，形成复极化粒子。为了尽可能使每个粒子都复极化，粒子之间不导电，通常加入一定比例的多孔电极相近的绝缘材料来做到这一点。

3）多孔电极。这是另外一种形式的三维电极，溶液在孔道内流动，目的也在于增大单位体积的有效反应面积，改善传质过程。

9.1.2　电催化与化学催化

电催化与化学催化关系极为密切，电极材料对电极过程动力学有着重大影响。电催化与一般化学催化有着明显不同，在电催化中由于界面电场而引起活化能改变，通过电极电位的改变来改变反应活化能，使电化学反应速度改变数十个数量级。在一般催化中，通过改变温度不能产生这样大的效果。

电催化与化学催化的另一区别是，在电催化下，界面上往往存在一些非反应粒子，它们常影响反应速度。

电催化的活化能一般为 $20.9 \sim 147 \text{kJ} \cdot \text{mol}^{-1}$，化学催化反应活化能一般为 $41.9 \sim 419 \text{kJ} \cdot \text{mol}^{-1}$。因而使很多碳氢化合物在燃料电池中于 423K 下工作，从而有高的能量转化效率。

9.1.3　电催化及电催化电极

电催化是功能性电极最重要的性质和功能，20 世纪 20 年代以前，电极的催化并没有引起足够的重视，对节能要求的注重对电催化电极的发展起了巨大的推动作用。近二十年来，电催化理论和实践迅速发展，被认为是电化学进一步发展的重要手段。本节对电极的发展和种类进行简单的回顾，并重点介绍有关电催化及电催化电极的相关研究及应用现状。

1. 电极材料的发展

将电能转化为化学能的电化学过程在 200 多年以前就已经开始了，但是直到 1896 年石墨电极的成功试制，电极材料才得到快速发展，石墨电极的大规模工业化应用一直持续了将近 70 年，这一时期也被称为石墨电极时代。1968 年，钛基金属涂层电极研制成功，从此，电极进入了钛电极时代。

电解食盐生产烧碱和氯气是目前规模最大的电解化学工业，近百年来，氯碱工业所使用的电极材料的演变和发展，恰好反映了电极材料的发展历程。

初期，氯碱研制阶段中食盐电解曾经使用过铂电极、天然石墨电极、天然碳素电极、二氧化铅电极、磁性氧化铁电极等。1896 年 E·G·Acheson 采用电热结晶法成功研制了人工石墨，并且首先在电解食盐的过程中应用，之后石墨电极在电化学工业的应用领域不断拓展，成为电化学工业的主要电极材料，且持续了近 70 年的时间。

石墨电极在长时间电解食盐的过程中，存在诸多问题：

1）电阻大，由此产生的能耗高。

2）不稳定，在放氯反应的同时，有氧气放出，导致阳极的碳以 CO_2 形式放出，不但降低了电流密度，而且导致电极间距不易稳定，造成电解过程的波动，同时电极的使用寿命也明显降低。

到了 20 世纪 60 年代，随着对有机氯化物的需求大幅增加，氯碱工业出现了前所未有的扩大产量的要求，而此时石墨电极已经不能满足大规模提高氯碱工业的产量的要求。由此，各大公司都在新型电极的研制开发上投入了大量的人力物力，电极的电催化性能和稳定性成为当时研发的主要指标。

Olin 公司最先注意到贵金属的电催化活性及稳定性，曾在水银电槽中使用铂电极，但因为造价昂贵而放弃。但为了发挥铂的电催化优势，Olin 公司在降低铂电极的成本方面做了大量研究。1901 发表了制备氯酸钠用铅基镀铂电极的专利，1909 年发表了石墨镀铂的专利，1913 年又发表了钨基或钽基镀铂专利，但是，这些电极都因为基体材料稳定性不足而未能获得大规模应用。

电化学电极快速发展是在 20 世纪 40~50 年代金属钛生产取得突破之后才开始的。钛金属机械加工性强，与钨基相比价格低廉，加工方便，在电化学中也更加稳定。新型钛基电极的研究与应用从此开始。

此后，先后有许多公司和研究人员投入到涂层配方的研发当中。1965 年 H·Beer 在南非获得氧化钌涂层电极的专利，并在 1967 年于比利时公布了钛基混合氧化钌涂层的专利。与镀铂涂层相比，氧化钌涂层电极不会产生钠汞齐，在水银槽中使用不存在调节间隙的问题。随后，钛电极在氯碱工业中成功应用，使钛电极迅速在电化学和电冶金两大工业部门中获得应用，从此电极进入了钛电极时代。

2. 电极材料的种类

电化学发展近百年，同时也是电极材料发展的过程，尤其是 20 世纪 20 年代以来，对电极的电催化性的研究与开发，使电极材料不断发展，功能性电极材料的种类繁多。按电极材料的化学组成，可将电极分成以下几大类别：

（1）碳素电极　电化学工业发展中最重要的标志为氯碱工业，而目前的氯碱工业普遍利用的是钛基二氧化钌电极，在此之前，氯碱工业几乎全使用碳素电极。碳素电极至今仍活跃在部分电化学工业中，如熔盐电解生产钛、镁、铝等电化学金属冶金工业，依然使用抗腐蚀性较高的碳素电极，碳素电极同时也在有机化合物的电合成领域得到广泛应用。

碳素材料种类很多，主要有石墨（天然及人工）及中间状态的碳（炭黑、活性炭、碳60、炭纤维、玻璃碳等），近年来研究发现了一些新的碳簇化合物，如碳70、碳76、碳78、碳80等，以及管状的碳分子等，这些材料因其巨大的容量有着非常大的潜在应用价值。

（2）金属电极　金属电极是指以金属作为电极反应界面的裸露电极，除碱金属和碱土金属外，大多数金属作为电化学电极均有很多研究报道，特别是氢电极反应。

金属电极之间的电化学活性相差很大，对于金属的析氢反应，在 Tafle 曲线上，若以简化电流密度表示电极的催化活性，则可以看出活性最高和最低之间相差 10^{10} 倍，见表9-1，虽然这种现象曾经被广泛研究，但尚没有统一的说法。

表9-1　不同金属电极在酸性溶液中析氢反应时的 $\lg i_0$ 平均值

元　素	$-\lg i_0$/A·cm^{-2}	元　素	$-\lg i_0$/A·cm^{-2}	元　素	$-\lg i_0$/A·cm^{-2}	元　素	$-\lg i_0$/A·cm^{-2}
Ti	6.9	Sn	9.2	Pd	2.4	Tc	4.1
V	6.2	Zr	6.7	Ru	3.3	Ga	9.8
Cr	6.4	Mn	10.9	Fe	5.8	Rh	2.5
Ge	8.7	Nb	7.3	Ni	5.2	Bi	10.2
Cd	12.0	Sb	8.7	Bi	10.2	Pb	12.6
Os	4.0	Au	5.7	W	6.4	Pt	3.3
As	7.3	Hg	11.9	Re	5.1	Zn	10.5
In	10.9	Cu	7.4	Ta	7.8	Ir	3.3

金属电极的催化活性与其电子性质，如功函数、d 征百分率（即金属键中的众成分）、电负性等密切相关。

化学吸附主要是与未参与金属键的 d 轨道作用，因此吸附键能取决于 d 征百分数与功函数两个因素。Pt 的 d 征百分数较高，但不是最高；而功函数最高，电负性较高而又不是最高，接近于氢，这样就使得吸附热适度，既不强也不弱，吸附是可移动的，使得 Pt 具有最佳的催化活性。I_B 和 II_B 元素吸附太弱，d 轨道电子充满，不易结合；V_A 至 VIII 的元素，有的吸附太强，产生了阻滞，催化活性下降。采用合金来改变其电子性质，可以改善催化性能。有人认为，如果在一种金属上是弱吸附，在另一种金属是强吸附，吸附中间物又可以由强向弱移动，就可能把两种金属组合成一种较好的催化剂。

（3）金属氧化物电极　导电金属氧化物电极具有重要的电催化特性，这类电极大多为半导体材料，实际上这类材料性质的研究是以半导体材料为基础而建立的。其中，已有大规模工业化应用的实例，如氯碱工业应用的二氧化钌电极，铅蓄电池中应用的 PbO_2 电极等，目前应用最多的是阳极析氧和析氢性质。而对环境电化学而言，此类电极是用于环境污染物去除、燃料电池、有机电合成等方面的最重要也是最具发展潜力的电催化电极。

早期（20 世纪 70 年代以前）对金属电极上的析氧过程曾作过详尽研究。那时认为在碱性溶液中，Fe、Ni、Rh、Pd 都表现出良好的电催化活性，Pt 和 Au 也相当好。在酸性溶液中，电催化活性从强到弱有以下次序：Ru > Pd > Rh > Pt > Au，其他金属则发生阳极溶解或发生钝化。早期研究也曾发现，通过电位循环，使阳极上生长一层较厚的含水氧化物膜，则析氧反应能力大为增强。后来的研究揭示出：在所谓"金属"或"合金"电极上进行的电化学反应，特别是有气体析出的阳极反应，实质上是在金属电极表面生成的阳极氧化膜上进行的，但此种阳极氧化膜必须是导电的。这样，有关的电化学过程才得以继续进行，否则会发生钝化作用，使该过程不能继续下去。因此，现代电化学把这类电极称为导电金属氧化物电极，以同光裸的金属或合金电极相区别。

导电金属氧化物电极在实际应用中具有明显的重要性，其中一些已在大规模工业生产中应用，如氯碱工业中应用的 RuO_2/TiO_2 阳极，水电解中用的 NiO 基（镀层、合金等）电极，铅蓄电池和水溶液中金属电沉积用的 PbO_2 基阳极，氧还原过程用的 PtO_2 或钙钛矿型金属氧化物电极等。它们在应用中的最重要的电化学性质，是阳极的析氧反应和析氯反应。

（4）非金属化合物电极　事实上，碳素电极和炭电极均属于非金属材料电极，只是由于碳素电极使用广泛，一般将其单独列出，因而通常所说非金属电极是指碳化物、硅化物、硫化物、氮化物、硼化物等。非金属材料作为电极材料，最大的优势在于这类材料的特殊的物理性质，如高熔点、高耐磨性、高硬度、良好的耐腐蚀性以及类似金属的性质等。就目前而言，非金属材料在电极领域的应用尚未广泛开展，基础理论的研究也需进一步开展。

3. 电催化反应与电催化电极

（1）电催化反应　广义上说，凡是能引起电极反应的电极都可称为电催化剂，即电催化电极。那么，按照此概念似乎绝大部分电化学反应都能归为电催化反应。实际上，同一电化学反应在不同的电极上的反应速度和反应结果有很大的不同，因而，一般将能引起电化学反应速度或反应选择性发生变化的电极叫做电催化电极，这样的反应称为电催化反应。因此，电催化电极通常是针对某一具体的电催化反应而言的。

（2）电催化的特点　电催化与多相催化一样，它不改变电化学反应的热力学性质，本质上属动力学范畴。所以电催化可视为一种比较特殊的多相催化，是与电极材料有关的电化学反应。与一般的液/固或气/固异相反应相比较，电催化的主要特点是电催化反应速度不仅由电催化剂的活性所决定，而且还与双电层内电场及电解质溶液的性质有关。

1）电场的作用。在电化学反应中，电极材料作为电催化剂，不仅为发生氧化还原的电子提供场所，而且，电极电位的变化，会对活化能产生明显的影响，从而方便地改变电极反应的速度、方向与选择性。电位的变化类似温度的变化。双电层内的电场强度很高，对参与电化学反应的分子或离子具有明显的活化作用，使反应所需的活化能大大减少。将电极电位移动 1V，相当于降低活化能 10 ~ 13kcal（1cal = 4.1868J），相当于在常温下提高反应速度 10^7 ~ 10^9 倍；而对照用升温来提高反应速率，则相当于从常温升高到 1000℃。所以，在多相催化中需要较高温度才能反应，而电催化可在较低的温度下进行。如在铂黑电催化剂上，就可使丙烷在 150 ~ 200℃ 下完全氧化为 CO_2 和水。还有一些反应要求很苛刻，在一般条件难以进行的反应，而在电催化作用下却可能发生，如仿生物固氮酶的分子的氮还原和仿植物光合作用的 CO_2 还原等，但并不是所有的反应均能被电场作用所促进。

2）溶剂的作用。由于电极/电解质界面存在 10^7 ~ 10^9V/cm 的强电场，溶剂极化成为偶极子，并在电极表面取向吸附，明显影响电极表面的性质。由于水偶极子的吸附，电极电位显著改变。吸附按 $A_{溶液} + \cdot H_2O \cdot - - \cdot M \cdot \rightleftharpoons \cdot A - - \cdot M \cdot + \cdot H_2O$ 进行，即溶液中物种 A（离子或偶极子）取代水的吸附。因此，吸附热

$$\Delta H = \Delta H_{\cdot A\cdots M\cdot} - \Delta H_{\cdot H_2O\cdots M\cdot}$$

水的吸附热约为 83.7kJ/mol，低于此值溶液中的离子及偶极子就很难吸附在电极上。由于溶剂（水）的作用，使电极上的吸附就可能接近于弱作用，而多相催化接近于强作用。此外，溶剂不同取向的吸附也会造成空间阻碍。

（3）电催化电极的特性　电催化电极实际上就是电催化剂，电催化电极作为一种功能性材料，除了必须具备的对电极材料的基本要求外，还必须满足对电催化的特殊要求。

1）导电率高。能够为电子传输提供一个稳定的又不会引起严重电压降的渠道。

2）良好的物理稳定性和化学稳定性。能够保持电催化性能稳定，并且在使用期内持续具有良好的电催化活性。

3）具备一定的抗中毒能力，不会因为杂质或中间产物的作用而中毒、失活。

4）制备方法简单，成本较低，便于大规模投入工业生产。

5）要有高附着力的电催化涂层和基体，不易腐蚀磨损，并具有抗电解液侵蚀的能力。

6）涂层要具有较高的比表面积。这一特征主要由制备方法决定，在制备实践中已经积累了大量的经验，如在制备过程中添加强还原性物质，既能够提高电极寿命，又可改善电极的分散性。

9.1.4　电催化作用及类型

电催化作用根据电催化剂的性质可以分成氧化-还原电催化和非氧化-还原电催化两大类。

氧化-还原电催化是指在催化过程中，固定在电极表面或存在于电解液中的催化剂本身发生了氧化-还原反应，成为底物电荷传递的媒介体（mediator），促进底物的电子传递，这类催化作用又称为媒介体电催化，其电催化过程如图 9-1a 所示。

图 9-1a 中 A 和 B 分别为底物和产物，O_x 和 R 分别表示催化剂的氧化态和还原态。固定于电极表面或存在于溶液中的电催化剂的氧化态形式 O_x 在外加电场作用下生成 R，R 与溶液中的底物 A 反应生成产物 B，并且再生了催化剂的氧化形式 O_x，在外加电势作用下不断实现电催化的循环过程，其通式可表示如下

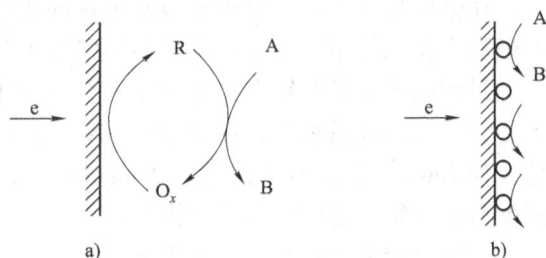

图 9-1　电催化过程示意图
a) 氧化-还原　b) 非氧化-还原

$$O_x + ne \Leftrightarrow R$$

$$R + A \Rightarrow O_x + B$$

氧化-还原媒介体的电催化性能与媒介体的物理和化学性质以及氧化-还原式电位等有关，一般来说，优良的电子传递媒介体应具有如下的主要性质：

1）一般能稳定吸附或滞留在电极表面。

2）氧化-还原的式电位与被催化反应发生的式电位相近，而且氧化-还原电势与溶液的 pH 无关。

3）呈现可逆电极反应的动力学特征，而且氧化态和还原态均能稳定存在。

4）可与被催化的物质之间发生快速的电子传递。

5）一般要求对氧气有惰性或非反应活性。

对于氧化-还原电催化，电极反应的催化作用既可以通过附着在电极表面的修饰物，也可通过溶解在电解液中的氧化-还原物种而发生。前者的媒介体电催化是典型的多相催化，后者由于媒介体在电极表面发生异相的氧化-还原后又溶解于溶液中，然后溶解于溶液中的氧化态或还原态的媒介体又起催化作用，因此，可以看成是均相的电催化。

在电极表面上接了媒介体的异相电催化与氧化-还原均相催化相比有显著的优点：催化反应发生在氧化-还原媒介体的式电位附近，通常只涉及简单的电子转移反应；催化剂的用量比均相催化中用量少得多，从而在反应层内提供高含量的催化剂；从理论上预测，与均相催化剂相比，其对反应速度的提高要高得多；不需要分离产物与催化剂。

对于媒介体作用下的电催化，通常是通过在电极表面修饰上一层或多层的媒介体，这种修饰电极用于电化学分析不仅能降低催化反应的超电势，加快反应速率，提高分析灵敏度，也拓宽了分析的线形范围，而且可有目的地选择催化剂进行有选择的电催化，因而提高了分析的选择性。

非氧化-还原催化则是指固定在电极表面的催化剂本身在催化过程中并不发生氧化-还原反应，当发生的总电化学反应中包括旧键的断裂和新键的形成时，发生在电子转移步骤的前、后或其中，而产生了某种化学加成物或某些其他的电活性中间体。总的活化能被"化学的"氧化-还原催化剂所降低，在这种情况下发生电催化反应的电势与媒介体的式电位会有所差别，其电催化过程如图 9-1b 所示。这种催化作用又称为外壳层催化。这类催化剂主要包括贵金属及其合金、欠电势沉积吸附的原子及金属氧化物等。

9.1.5 电催化性能影响因素

1. 电极材料的结构和组成

在电催化过程中，催化反应发生在催化电极/电解液的界面，即反应物分子必须与催化电极发生相互作用，而相互作用的强弱则主要决定于催化剂的结构和组成。

目前已知的具有较高电催化活性的电极材料，几乎都是过渡金属及其化合物。在形式上，它可以是金属本身，如 Pt、Ir、Ni；也可以是合金，如 PtSn、NiMo、CoMo；或是半导体，如 RuO_2、混合型氧化物（尖晶石型、钙钛矿型或青铜型）；抑或是配位化合物，如金属酞菁化合物、金属卟啉化合物等。

由于过渡金属的原子结构中都含有空余的 d 轨道和未成对的 d 电子，通过含过渡金属的催化剂与反应物分子的电子接触，这些电催化剂的空余 d 轨道上将形成各种特征的化学吸附键达到分子活化的目的，从而降低了复杂反应的活化能，达到了电催化的目的。过渡金属催化剂的活性不仅依赖于电催化剂的电子因素（即 d% 的特征），还依赖于吸附位置的类型（即几何因素）。

2. 几何因素

在电催化作用中，催化剂和底物发生直接作用，这就要求催化剂的活性中心和底物分子在结构上具有一定的对应关系，如氯气的放出

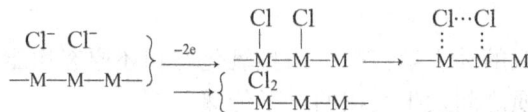

显然，若活性中心有利于 Cl 的吸附，并有利于形成中间化合物和 Cl_2 的脱附时，放氯反应将会加速。

由于电催化反应都是多相反应，故为提高其催化效率，一般都把电催化剂制备成高分散度的形式，并涂抹在支持载体上。后者应该是抗腐蚀性能高的电子良导体，如钢、钛、石墨等。

3. 催化剂的氧化-还原电势

催化剂的活性与其氧化-还原电势密切相关。特别是对于媒介体催化，催化反应是在媒介体氧化-还原电势附近发生的。一般媒介体与电极的异相电子传递速度很快，则媒介体与反应物的反应会在媒介体氧化-还原对的表面式电位下进行，这类催化反应一般只涉及单电子转移反应，但也有例外。催化剂氧化-还原电势影响电极催化活性的一个典型例子是大环过渡金属配合物对氧气的电催化还原。

4. 表面修饰

由于电化学反应是多相反应，因此决定电极催化性能的最主要因素应该是电极的表面状态。目前通常使用的电极材质多半是金属、金属氧化物、碳等，难以适应电解反应的多种要求。为了提高电极对反应的催化性能，人们便设法用某种具有特殊机能的分子或原子（离子）等，去修饰电极表面。

按照修饰方法可将表面修饰分为两种，一种是吸附修饰，即通过吸附作用把修饰物质结合到电极表面上；另一种为化学修饰，即通过化学键作用，把修饰物质固定到电极表面上。

电极在修饰之后所表现出来的活性，是基底材质与修饰物质共同作用的活性，它可以是降低某一反应的过电位，增大反应电流，增加电极使用寿命，抑制副反应进行，改变表面的亲水性、光敏性、空间性等，从而可在普通的材料上，经过修饰而开发出多种机能的电极。如用聚硝基苯乙烯覆盖的铂电极，可把内消旋的二溴-1，2-二苯基乙烷催化还原，生成顺-1，2-二苯乙烯。通过酰胺链用氯基蒽醌类修饰的玻碳电极，能在光线照射下，使异丙醇光催化电解氧化成丙酮。

在修饰材料上，有的使用低分子有机物，如用卟啉修饰的 Co-Ag、Co-Fe、Co-Mn 电极，此类电极对氧化还原反应有较高的活性，在燃料电池方面有良好的应用前景。铁卟啉电极则可催化卤代烃的还原。

此外，还有人曾经尝试把生物催化剂即酶，用来修饰电极，这样创造出的合酶电极，具有优良的反应性能。

9.2　电催化电极材料的制备与表征

9.2.1　电催化电极的组成及结构

电极材料是电催化过程中最重要的因素，而电催化过程通常在电极/溶液界面及电极表面发生，一次电极表面的性能则成为更重要的因素。在电催化过程中，催化反应发生在催化电极/电解液的界面，即反应物分子必须与电催化剂发生相互作用，而相互作用的强度则取决于催化电极表面的结构及组成。

1. 基础电极

基础电极也叫电极基质，指具有一定强度、能够承载催化层的一类材料。通常采用贵金属电极或石墨电极。基础电极不具备电催化活性，只作为电子载体存在，因此高的机械强度和良好的导电性能是对基础电极最基本的要求，另外，与电催化组成具有良好的亲和性也是基础电极的要求之一。

2. 表面材料

目前已知的电催化电极表面材料主要是过渡金属及半导体化合物。

（1）过渡金属　常用的电极表面材料，几乎都是过渡金属及其化合物。在形式上，既可以是 Pt、Ru、Ti、Ir 等金属本身或合金及其氧化物，如 RuO_2/Ti 电极、RuO_2-TiO_2/Ti 电极、Pt/Ti 电极等。

由于过渡金属的原子结构中都含有空余的 d 轨道和未成对的 d 电子，通过含过渡金属的催化剂与反应物分子的电子相接触，这些电催化剂的空余 d 轨道上将会形成各种特征的化学吸附键，以达到分子活化的目的，从而降低了复杂反应的活化能，起到了较好的电催化的作用。

（2）半导体化合物　一些非过渡金属元素，虽然没有未成对 d 电子，但其氧化物却具有半导体的性质，如 Sn、Pb 等元素。由于半导体的特殊能带结构，其电极/溶液界面具有一些不同于金属电极的特殊性质，因此，半导体化合物在电催化问题的研究中占有特殊地位。

3. 载体

基础电极与电催化涂层有时结合不够紧密，容易导致电催化涂层脱落，而严重影响电极使用寿命。电催化电极的载体就是起到将催化物质固定在电极表面并维持一定强度的一类物质，对电极的催化性能有重要影响。通常采用的载体多为聚合物膜和一些无机物膜。

载体必须具备良好的导电性能和抗电解液腐蚀的性能，载体的作用分为两种：支持和催化。按其作用不同，载体也分为两类。

（1）支持性载体　这类载体仅作为惰性支持物，只参与导电过程，对催化过程不起任何作用，催化物质负载条件不同只能引起活性组分分散度的变化。

（2）催化性载体　催化性载体与负载物质之间存在某种相互作用，这种作用的存在修饰了负载物质的电子状态，其结果可能会显著改变负载物质的活性和选择性。也就是说，载体与负载物质共同构成活性组分而起催化作用。如 Pt-WO_3 电极，Pt 对甲醇氧化有一定的催化活性但却不高，而 WO_3 并不具有氧化甲醇的活性，但是，两者共同沉积得到的 Pt-WO_3 电极却对甲醇的氧化表现出非常高的催化活性，就是说二者之间存在着协同效应。更重要的是，无论载体属于哪种情况，载体与其负载物之间的结合程度都是影响电催化电极性能的重要因素，因为这种结合程度的好坏将影响电极的机械强度与稳定性，从而影响到电极的使用寿命。在某些情况下，可以通过在载体与活性成分之间加入中间层的方法以增强附着力。如 Ti 基 PbO_2 涂层电极，加入 SnO_2 中间层后，SnO_2 不仅具有调节气体析出电位的作用，也可以有效地防止氧向 Ti 基的扩散而生成 TiO_2 绝缘层，从而避免电极失活；更重要的一点是，单一的 PbO_2 涂层由于活性层与基底晶型结构及膨胀系数不同，二者结合力较弱，而 SnO_2、TiO_2、PbO_2 同属金红石结构，可形成固熔体，这样，基底、中间层、活性层之间紧密结合，防止了表面脱落现象，提高了电极寿命。

9.2.2　电催化电极表面状态与有机物的电化学转化

电化学反应是发生在固/液界面上的非均相反应，电极的表面状态与电化学反应关系十分密切，尤其是 DSA 类的表面涂层电极更是如此。电极表面材料的性质，如分散度、晶粒大小、表面组成、掺杂以及结构缺陷等，都会影响电极的使用寿命和电催化活性。

（1）掺杂对电极性能的影响　在 DSA 电极涂层中掺杂一些特殊的金属或非金属元素，可以改变涂层的电性能，进而影响涂层的电催化活性，除置换、填隙等常见的掺杂形式之外，在电极表面还有一种物理"夹入"或"夹带"的过程，这种过程也叫做掺杂。

（2）F 离子在电极中的填隙　电沉积二氧化铅是为了防止晶粒粗化，往往在电解液中加入碱金属或者铵的卤化物。对不同氟化物含量的电沉积研究表明，电解液中不同的 F 离子含量，会使制备的电极比电阻有较大差别。显然这种导电性的差别可能与电解液中 F 离子含量不同有关，而从反应制备过程看，元素 F 很有可能填隙进入了电极表面的二氧化铅晶格中。

（3）向电沉积 β-PbO$_2$ 层中加入颗粒物或纤维物料消除内应力　这种方法可以打破 β-PbO$_2$ 的连续结合，从而将内应力分散开。只要是耐腐蚀且对 β-PbO$_2$ 的电化学活性没有影响的任何物质都可以作为填充物分散到电沉积溶液中，随着电沉积的进行"进入"β-PbO$_2$ 颗粒间，添加量大约为镀层总重量的 0.01% ~ 10%，物料的颗粒或纤维直径以小于 500μm 为宜。

（4）稀土元素掺杂对电催化性能的影响　经过对 Dy、Eu、Nd、Ce 及 Pr 等多种稀土元素对钌电极、二氧化锡电极、二氧化铅电极的电催化性能影响的研究，发现稀土元素不同，电催化性能也不同，但总的来讲，稀土元素掺杂后电催化性能和电极使用寿命均有所改善。稀土元素的这一特性为电催化电极的设计与制备提供了一个新的途径，也是稀土研究的一个新方向。

研究表明，稀土的掺杂会对 DSA 电极的电催化性能产生很多影响。稀土的掺杂能够改变电极的析氧电位。崔玉虹等采用高温热氧化法制备了稀土 Ce 掺杂 SnO$_2$/Sb 电极，以 SEM、EDX、XRD 以及 XPS 等分析方法对所制备电极进行了形貌、组成及结构的表征，所制备电极涂层由纳米级的微晶 SnO$_2$ 构成，Ce 的掺杂使 Sb 向电极表面富集，同时 Ce 本身也有向电极表面富集的趋势；Ce 的掺杂影响了 SnO$_2$ 晶粒的成核过程，可能减少了晶格中的氧缺位。冯玉杰等为改进钛基 SnO$_2$/Sb 电极的电催化性能，采用高温热氧化法制备了稀土 Dy 改性钛基 SnO$_2$/Sb 电极。Dy 掺杂后，半径较大的 Dy^{3+} 可能取代半径较小的 Sn^{4+}，导致 SnO$_2$ 晶胞膨胀。引入 Dy 可提高 SnO$_2$ 晶粒的形核与长大速率之比，使 SnO$_2$ 的平均粒径变小，有利于电极催化性能的改善。

（5）电极表面颗粒分散度对电极性能的影响　从现有研究来看，颗粒分散度对电极使用寿命和电催化活性两方面都有较大影响。其中对电极反应速率的影响随具体化学反应类别而不同，比较复杂。

9.2.3　电极结构与难降解有机物的电催化降解

利用光、电、声、磁及其他无毒试剂催化氧化技术处理有机废水，尤其是难于生化降解的、对人体危害极大的"三致"有机污染物，是当前世界水处理相当活跃的研究领域。一些新的处理方法近年来引起了极大关注与研究，电化学转化技术便是其中之一。

目前，应用电化学方法去除有机污染物主要集中在具有生物毒性的芳香族化合物的去除方面，如酚类、芳香胺类、硝基化合物与卤代化合物等。依靠电化学方法所特有的电催化功能，可以选择性地使有机物降解氧化到某一特定阶段，是电化学方法最具吸引力和挑战性的方面。

当前应用的 DSA 电极主要是利用电极的析氯和析氧性质。表9-2 介绍了在有机物处理和电合成领域应用的电极。

表9-2　在有机物处理和有机电合成领域应用的电极

电　　极	电极反应	电 极 材 料
阴极	氢析出电极	不锈钢；镍；涂层镍；贵金属涂层
	氧还原电极	Pt 分散在高表面积碳上
	其他阴极反应	具有高的氢析出过电位的金属，如 Hg、Pb、Cd、铝合金；铅碲合金；其他金属，如 Ni、Cu、Ag、不锈钢、钢；石墨及其他碳素材料；导电陶瓷，如 TiO_2（Ti_4O_7、Ti_5O_9）；多孔镍等
阳极	氧析出反应	钛基 IrO_2 电极；钛基 PbO_2 电极；铅或铅合金电极；碱性介质中镍材料；中性或碱性介质中的钢材料等
	氯析出反应	钛基 RuO_2 电极；其他氧化物电极，如 Co_3O_4、PbO_2；石墨等
	其他阳极反应	铂电极；钛基铂电极；钛基铱电极；钛基铂铱电极；钛基、Nb 基、碳基 PbO_2 电极；钛基 SnO_2 电极；酸性介质中铁或铅电极；碳素电极；碱性介质中镍或多孔镍电极；导电陶瓷电极；碳基铂、铑分散电极等

不同的电极材料，有着不同的转化机制和转化结果。掌握这方面的规律可以为新型材料的开发提供新的理论和应用依据。

下面介绍几种不同电极作阳极，不锈钢材料作阴极的电解装置对苯酚、氯酚的氧化降解情况。

1. 钛基系列 RuO_2 电极

钌系钛电极是使用最早、应用最为成功的 DSA 电极。RuO_2 是半导体型氧化物，具有金属导电性。钛基 RuO_2 电极往往采用高温热分解的方法进行制备。

对几种电极的研究结果表明，这些由不同材料组成的电极对所选定的有机物降解呈现不同的结果，即使是微量的掺杂元素，也会改变电极的降解特性。所研究的电极的电催化活性为：$Ti/PbO_2 > Pt > Ti/SnO_2\text{-}Sb_2O_3/RuO_2\text{-}Gd > Ti/SnO_2\text{-}Sb_2O_3/RuO_2 > Ti/RuO_2$。

研究表明，在电化学领域广泛应用的钛基 RuO_2 电极对有机物的降解效率很低，但在电极中分别加入中间掺杂层 SnO_2 层和少量稀土元素 Gd 后，电极性质发生了明显的变化，降解效率明显提高。

钛基钌电极效率低与很多因素有关，很多科研工作者对此都进行过研究，一般认为影响电极效率的原因主要有：涂层剥落、涂层存在裂隙、RuO_2 溶解、氧化物饱和程度等。由于所研究的电极表面较均匀，裂缝大小相当，所以基本可以否定由于裂缝不均所造成的性能不同，也不存在涂层剥落的情况，因此可以认为钌基电极对苯酚降解的不同表现，主要源于涂层材料组成和氧化物的饱和度。

少量的 Sn、Gd 元素的掺杂是钌基电极降解性能提高的主要原因。尤其是少量稀土 Gd 对钌基电极性能的影响，给高性能电极的制备提供了一个可能的途径，即可以通过掺杂一些特殊的元素，有针对性地改变电极的性能。

2. 钛基 PbO_2 电极

二氧化铅是非化学计量化合物，化学通式为 $PbO_{1.95} \sim PbO_{1.98}$，且二氧化铅有类似金属的导电性，导电行为与金属铅类似。二氧化铅有两种晶形：$\alpha\text{-}PbO_2$ 和 $\beta\text{-}PbO_2$，前者是斜方晶系，后者则是金红石型晶格的四方晶系，金属离子位于变形的八面体中心。

二氧化铅电极最早是在 1934 年在过氯酸盐的生产中使用，1943 年开始投入工业化生产。但是应用的这类电极存在许多问题，主要是畸变大、具有类似陶瓷的脆性，加工困难；导电性不够好，接触电阻大，在导电板上安装困难；电极重量大，不宜于大规模使用；电沉积时间长，制造成本高。

二氧化铅电极早期的改进主要包括两个方面：一是使用电极基体，二是在基体上复合铂族金属或涂敷铂族金属氧化物。以简单的方法在钛基上沉积二氧化铅与传统的钛基二氧化铅电极相比，虽然解决了电极尺寸不稳定的问题，但也出现了一些新的问题。

1）二氧化铅颗粒粗化：二氧化铅颗粒粗化导致与基体结合力下降，控制电沉积速度、加入颗粒细化剂可以有效地解决该问题。

2）电极畸变：$\beta\text{-}PbO_2$ 固有的电极畸变是沉积层易变脆，$\beta\text{-}PbO_2$ 与基体结合力降低，涂层易剥落，是影响二氧化铅电极使用寿命的主要原因。

3）使用过程中钛基二氧化铅在极化后，在钛基和二氧化铅镀层间会产生由几种氧化物形成的过渡层，主要为 TiO_2。

为解决后两个问题，传统方法在基体上加一层物质，被称为底层。最早使用的底层是铂族金属及其氧化物。

但由于铂的催化活性，铂电极的氧过电位与二氧化铅相似，一旦电解质侵入二氧化铅镀层，底层很快就会发生电解氧化作用，成为了阳极释放气体，从而引起二氧化铅电极的破坏。大量研究和报道关于在钛基金属上涂敷含铂和钯的氧化物、涂敷钛钽化合物、镀银或镀铅银化合物等作为底层，可以部分解决上述二氧化铅电极问题。

新型二氧化铅电极除了加入底层外，还可以加入中间过渡层。中间过渡层主要作用是降低表面电阻，提高二氧化铅镀层与基体的附着力，这是新型二氧化铅电极的主要特征之一。

新型钛基二氧化铅电极在污染物阳极氧化处理方面有很大的应用前景，特别是在臭氧发生方面的一些研究结果，使得这类电极更具有吸引力。

新型钛基二氧化铅电极可以在高电流密度下工作，电流密度可达 $30 \sim 50 \text{mA/cm}^2$。镀层破坏是电极失效的主要原因，而二氧化铅电极的镀层在失去活性后，仍可以进行活化处理，即利用旧的钛基体重新镀上新的沉积层，钛基体即可重复使用。

3. 二氧化锡电极

纯 SnO_2 是 N 型半导体材料，具有较宽的禁带宽度，纯 SnO_2 材料只有在高温状态下才具有理想的导电性，而掺杂 SnO_2 材料电导率得到很好改善，因而作为透明电极在光电化学中得到应用。

SnO_2 作为中间层使用，可以有效地改善电极的使用性能，研究发现，掺杂 Sb 为主的 SnO_2 涂层 DSA 电极，对有机物阳极氧化废水处理有较好的电催化作用。掺杂二氧化锡不仅具有良好的导电性能，而且具有搪瓷性，能够与钛基紧密结合，不仅使涂层不易剥落，而且也能避免钛基氧化而形成 TiO_2 膜。二氧化锡电极的制备过程中，通常需要加入一些添加剂，增加 Sn、Sb、Ti 之间的固溶度，以延长电极的使用寿命。

9.2.4　电极的制备

1. DSA 电极制备的理论基础

涂层钛电极是一种以金属钛作为基体，在表面涂敷以铂族金属氧化物为主要组分的活性涂层的新型电极。国内外一般称为 DSA（Dimensionally Stable Anode）。

钛基涂层电极按涂层的厚度分为两种：薄涂层钛电极和厚涂层钛电极。其中钛基金属氧化物涂层电极属于薄涂层电极。而厚涂层钛电极则包括钛基二氧化锰电极、钛基二氧化铅电极。

（1）基体的选择　一般来说，能作为电极基体的材料必须具有较高的抗腐蚀性；有良好的机械加工性能和较高的力学强度；有良好的导电性；易对基体进行改性处理。

此外，考虑到价格的因素，电极基体必须是非贵金属。而在电合成中的电解液溶液主要是硫酸，在这种强酸性及强氧化性条件下能适合的电极基体只有铅、钛。而铅质软、力学强度小、过电位高、耗电量大，因此电极基体常采用钛。钛基体分为钛网和钛板两种。相对于钛板，钛网质量较小，单位质量约 $9kg/m^2$，可使得电极轻化；钛网与涂层结合得更加牢固；电解液能很好地循环流通，有效降低电解液流动阻力，提高电流效率；使用钛网作基体，在高电流密度下可有效防止电极过热，能在 $100A/dm^2$ 下使用。

由于钛金属表面易氧化生成一层钝化膜，且在加工过程中钛也易沾染油污。为了保证电极涂层的质量和电化学性能，在制备电极前应对钛基体进行预处理。预处理方法有：

1）打磨。首先采用机械抛光，去除基体表面氧化物和污垢，然后用砂纸打磨边角，使之圆滑，尽量减少棱角。然后用去离子水冲洗干净，钛基体呈银白色金属光泽。

2）碱洗。碱洗是为了去除电极表面的油污。可在加热的碱水中浸泡。

3）酸洗。酸洗是为了增强基体与金属氧化物涂层的结合力，从而改善导电性，延长电极的使用寿命，同时还可以除去钛电极表面的氧化膜。因此酸洗对电极的性能影响最大，是预处理中最主要的过程。通常采用草酸，因其弱酸性，不会对基体产生过度腐蚀，一般质量分数在 10%，温度在 $80\sim100℃$，时间为 $6\sim8h$。预处理之后电极储存在乙醇中备用，以防止表面再氧化。

（2）中间层的选择　一般来说阳极失败的主要原因是电解过程中新生钛氧原子扩散到基体表面形成 TiO_2 绝缘层。所以需要在基体与活性层之间加一中间层，以减缓钛基体的钝化。中间层的物质应具备：

1）它能与活性层和 TiO_2 形成固溶体。

2）它对强酸具有耐蚀性。

3）具有良好的导电性。

4）能与钛基体很好地结合。到目前为止抗氧中间层除贵金属类氧化物外还有 Sn、Sb 氧化物。

（3）活性层的选择　活性层既要有高的催化活性，又要具备强的耐腐蚀性和高的导电性，氧化物电极是常见的电极材料，它的电极电位往往高于金属单质，因此其耐腐蚀性较强。其中可以利用的氧化物电极有三类：

1）活性金属氧化物，如 SnO_2、MnO_2，这些氧化物的优点是具有较高的催化活性且价格便宜，缺陷是抗腐蚀性较差，但通过在次表面下加防护层的方法，有可能克服这一缺点。

2）耐腐蚀性为主要特征的 PbO_2 电极。

3）贵金属氧化物：如 RuO_2、IrO_2、PtO_2 等，这些氧化物耐腐蚀性较好，缺点是价格昂贵且催化活性不一定好。

2. 钛基金属氧化物电极的制备

钛基金属氧化物阳极，是在钛金属基体上沉积一层金属氧化物薄膜（如 RuO_2、SnO_2、IrO_2、PbO_2 等）制得的电极。活性层主要为一些具有半导体性质的金属氧化物，体现出较高的电催化活性和选择性。它具有其他电极无法比拟的综合性能：使用中尺寸保持稳定、耐蚀性强、可在较大电流下操作、价格适中、电化学性能优异。下面介绍几种制备方法。

（1）热分解法 热分解法是广泛使用的、典型的制备方法，下面主要从钛基体的预处理、配制涂布液、涂覆和热分解等方面对该法进行介绍。

1）钛基体的预处理。预处理的目的，是为了增强钛基体与金属氧化物涂层的结合力，从而改善导电性，延长其使用寿命。预处理包括除油、酸蚀除锈、喷砂及有机溶液浸泡，具体步骤为：采用热碱水溶液浸泡除油；然后通过酸蚀除去钛基体表面的氧化膜，同时使基体表面形成凸凹不平的麻面层，使阳极的真实表面积增大，降低了真实电流密度，改善了阳极的电化学性能，这是预处理的关键，酸蚀需控制一定的操作条件和时间，否则会造成过腐蚀，影响 DSA 的使用寿命。如可以在 10% 的热草酸中浸泡 2~3h；或在 30% 的沸腾盐酸中浸泡 0.5~2h；或先经热浓盐酸处理 0.5h，洗涤后再在 10% 的草酸里浸泡 0.5h；喷砂；将处理后的基体浸泡在有机溶液（丙酮等）中备用。

2）配制涂布液。一般情况下，一定量的金属盐类按一定摩尔比溶解于特定的溶剂中即为涂布液。不同性质的钛基 DSA，配制其涂布液时金属氧化物的选择及配比也不同。所配制的涂布液不能产生沉淀，否则涂覆时会出现不均匀现象，影响阳极的工作寿命。金属盐类的选择及配比、溶剂的选择及金属离子的含量，都将直接影响钛基电极材料的性能，必须严格控制涂布液的成分，如将 $RuCl_3$ 0.2g，$Ti(C_4H_9O_4)$ 0.8mL，36% HCl 0.1mL 溶于 2mL 正丁醇中。

3）热分解。将配好的涂布液，均匀涂刷在电极表面，90~120℃烘干，然后在 500℃的炉中焙烧 1h。

4）热分解法制备的电极示例。钛基金属氧化物钌系涂层——钌系涂层钛电极使用最早和最成功的是钌钛混合物氧化物涂层。钌钛涂层电极的涂层一般制备方法是利用刷涂或浸渍的方法在钛基体上覆盖一层钌钛金属盐的盐酸醇溶液，在中温下烘干，然后在高温下热解氧化形成钌钛的氧化物薄层。

Ti/RuO_2：电极的析氯极化曲线的斜率小于析氧极化曲线的斜率，这说明在存在 Cl^- 的情况容易析出氯气，这有利于高盐分的废水的氧化处理。有报道称热氧化处理温度对阳极的相组成、极化性能等均有明显地影响。对于 Ti/RuO_2 电极最佳的热氧化温度为 400~450℃。这时钌氧化物完全形成，且与二氧化钛能生成金红石型的共熔体。因此，涂层结构牢，与钛基体的结合力好，且氯的析出电位较低。通过试验研究发现 Ti/RuO_2 电极在硫酸体系中具有较低的析氧电位，电催化性能比铅电极好，但使用寿命相对较短。

钛基锡锑涂层电极——改性锡锑氧化物涂层是一种非常有前途的非钌系涂层。锡锑涂液是由四氯化锡、三氯化锑、盐酸以及醇组成的溶液。具体操作方法与钌系涂层类似。经过高温热解后在钛基体表面形成 SnO_2 和 Sb_2O_3。

(2) 电沉积法 如 Ti/PbO_2 电极的制备。二氧化铅电极多采用电化学的方法制备(即电沉积)。电沉积二氧化铅的氧化过程分为两步:首先生成氧,氧以 OH 的形式吸附在电极表面;然后这些吸附的粒子再和 Pb^{2+} 生成可溶性的中间产物 Pb $(OH)^{2+}$,并最终氧化成 PbO_2。

电沉积时阴极和阳极反应分别为

$$Pb^{2+} + 2H_2O \rightarrow PbO_2 + 4H^+ + 2e$$
$$2H_2O \rightarrow O_2 + 4H^+ + 4e$$

阴极反应

$$Pb^{2+} + 2e \rightarrow Pb$$
$$4H^+ + 2e \rightarrow H_2$$

二氧化铅电极在电场作用下,表面会产生羟基自由基:

$$PbO_2 + H_2O\ ads \rightarrow PbO_2[\ \cdot OH\ ]ads + H^+ + e$$

其中 PbO_2 代表 PbO_2 电极表面的空穴。

由于 PbO_2 电极具有析氧电位高,耐腐蚀性好,导电性能优异的特点,而被广泛应用于化工生产、废水处理和阴极保护等领域。但传统意义的二氧化铅电极力学性能较差,而钛是一种耐腐蚀、重量轻、强度大的金属,钛的热膨胀率与二氧化铅的热膨胀率接近,因此人们开始研究以钛材为基体的钛基二氧化铅电极。

(3) 复合法 由于 Ti/PbO_2 电极、Ti/RuO_2 电极、$Ti/SnO_2 + Sb_2O_3$ 电极等虽然都有各自的优点,但还是存在寿命短,在使用过程中易失效的缺点。因此人们开始着重研究复合氧化物涂层电极,即多层氧化物涂层。尤其以 Ti/PbO_2 电极的研究较多。这样的电极上存在基层、底层、中间层和活性层等多层物质。其中底层的作用是防止基体钝化,主要是 RuO_2、SnO_2 和 Sb_2O_3 等;中间层 α-PbO_2 的 O—O 原子间距介于底层和 β-PbO_2 之间,起一个缓冲融合作用,减小电极畸变,增加表面和基底的亲和力。活性层主要是 β-PbO_2,直接催化氧化降解污染物。主要有 RuO_2、SnO_2、Sb_2O_3、PbO_2、MnO_x 等氧化物层。

(4) 其他制备方法

1) 喷雾热解法。喷雾热解法是在基板上镀各种功能薄膜的有效方法,其过程是将含金属离子的溶液经雾化喷向热基板,随着溶剂挥发,溶质在基板上反应(热分解反应)而形成薄膜。喷雾热解法制备薄膜技术主要有如下优点:工艺设备简单,不需要高真空设备,在常压下即可进行;能大面积沉积薄膜,并可在立体表面沉积,沉积速率高,易实现工业生产;可选择的前驱物较多,容易控制薄膜的化学计量比;掺杂容易并可改变前驱物溶液中组分的含量制备多层膜或组分梯度膜等;通过调节雾化参数可控制薄膜的厚度,克服溶胶-凝胶法难于制备厚膜的不足;沉积温度大多在 600℃ 以下,相对较低。

但是,喷雾热解法不容易制备光滑、致密的薄膜,在沉积过程中,薄膜中易带入外来杂质。E·Elangovan 等人也采用喷雾热解法制备了不同锑掺杂量(1%~4%)的 SnO_2 修饰电极,并采用扫描电镜对其形貌进行了观察,发现掺杂量较高(>1%)的电极表面晶粒更加致密。B·Correa·Lozano 等采用喷雾热解法详细研究了电极的热形成过程,考察了热形成温度、掺杂量、膜厚度等因素对电极性能的影响后指出,在热形成温度为 550℃,当母液中 Sb 含量为 3%,并且制备的电极膜厚为 $8\mu m$ 时所制备的电极导电性最好,但寿命有待提高。

2）溅射法。溅射法是在低气压下，让离子在强电场的作用下轰击膜料，使表面原子相继逸出，沉积在载体上从而形成薄膜的方法。溅射法在制备薄膜上有许多优点，如在溅射过程中膜料没有相态变化，化合物的成分不会改变，溅射材料粒子的动能大，能形成致密、附着力强的薄膜等。但设备昂贵，成本高，不适于制备大面积的薄膜等缺点是其无法克服的。为了防止电极的腐蚀并且获得较长的使用寿命，Isamu Kurisawa 等采用溅射法在钛电极和铅电极上镀覆了一层 SnO_2 薄膜，尽管 SnO_2 镀层的厚度大约只有 $15\mu m$，但试验证明这种经过改良的修饰电极根本不会发生腐蚀现象。

3）溶胶-凝胶技术。溶胶-凝胶技术是与纳米技术有关的一种较新的制备方法，具有低温操作的优点，能够严格地控制掺杂量的准确性，并且能克服其他方法在制备大面积薄膜时的困难，容易进行大的、形状复杂的基质覆盖，并且成本低，是一种较有前途的制备技术。溶胶-凝胶法的制备工艺是从金属的有机化合物的溶液出发，在溶液中通过化合物的水解、聚合，把溶液制成溶有金属氧化物或氢氧化物微粒子的溶胶液，进一步反应使之凝胶化，再将凝胶加热，可获得所需的金属氧化物。王静等采用溶胶-凝胶法，以无机盐 $SnCl_4 \cdot 5H_2O$、Sb_2O_3、$Gd(NO_3)_3$ 为前驱体，制备稀土（Gd）掺杂 Sn、Sb 溶胶，以钛电极为基材利用该溶胶制备稀土（Gd）掺杂 SnO_2 涂层电极。所获得的电极为纳米涂层电极，其表面涂层中 SnO_2、Gd_2O_3 等催化活性物质的含量均较高，对苯酚的降解有较好的效果。

3. 化学修饰电催化电极的制备

化学修饰电极的目的就是通过对电极表面进行各种修饰，引入特殊的分子或离子层，显著地改变电极表面的光、电、色效应或化学性质，使之在试验过程中呈现出被修饰物的某些新的化学、物理特性。

化学修饰电极的制备是化学修饰电极研究和应用的基础。目前，发展比较成熟的制备方法有：吸附法、共价键合法、电化学聚合法、电化学沉积法等。

（1）吸附法

1）化学吸附法。化学吸附法是一种制备化学修饰电极简便而又古老的方法，它通常是通过非共价作用将修饰试剂固定在固体基质表面上的。化学吸附法的优点是简单直接，但电极的稳定性和重现性较差，修饰层容易脱落或失活。最初关于吸附的研究大部分是在 Pt 表面上进行的，如沈含熙等用血红素修饰玻碳电极，发现血红素在玻碳电极表面呈现两种状态：一单体及二聚体，它们对 H_2O 的电还原均有良好的催化作用。

2）LB（Langmuir-Blodgett）膜法。用于 LB 膜修饰电极的被修饰物一般为水—油两亲分子。将该分子通过挥发性有机溶剂铺展在气—水界面上，待有机溶剂挥发后，分子的亲油端伸向气相，亲水端伸向水相。此时，沿水面横向施加一定的表面压，溶质分子就会在水面上形成紧密排列的有序单分子膜，然后将该单分子膜转移到电极表面即可得到 LB 膜修饰电极。Fujihira 等将 $PtCl_6^{2-}$ 通过非电活性可成膜阳离子挂到玻碳电极上，经还原制备出载有 Pt 的 LB 膜修饰电极，该修饰电极对分子氧的还原和氢的催化程度与光滑的 Pt 接近。

3）欠电位沉积（UPD）法。金属在比其本体沉积的可逆电位（热力学电位）更正的电位处，在异种金属基底表面发生电沉积的现象称为金属欠电位沉积（UPD）。在这一过程中，通常只有单层或亚单层的金属原子沉积在电极表面。沉积的金属相当于一个双功能催化剂，促进电极上的氧化还原反应在较低的电位下进行。

魏子栋等用欠电位沉积锡修饰的铂电极（upd-Sn/Pt），对甲醇的电化学催化氧化过程进行了研究。发现当 Pt 表面 upd-Sn 的覆盖率在 20% 附近时，对甲醇的催化氧化的增强作用最为明显。

4）涂渍法。涂渍法是一类简单而又用途广泛的制备方法。将溶解在适当溶剂中的聚合物涂覆于电极表面，待溶剂蒸发后，生成的涂膜固定在电极表面，即可达到化学修饰的目的。具体制备方法大致有 3 种：将电极浸入含有修饰溶剂的稀溶液中，取出后使附着于电极表面的溶液干固成膜；用微量注射器把一定已知量的修饰液注射到电极表面，然后干固成膜；电极在修饰液中旋转，使其溶液附着于电极表面，然后干固成膜。

（2）共价键合法 共价键合法是最早用于人工修饰电极表面的方法。该方法一般分两步进行。第一步是对电极表面预处理，引入需要的键合基团。对于碳电极（石墨、玻碳电极等），可将其抛光清洗之后，在空气中加热氧化或用强氧化剂（重铬酸钾、高锰酸钾和浓硝酸等）作湿法氧化，使其表面产生含氧基团，如羟基、羰基、羧基、硝基等。第二步是通过共价键合反应把预定修饰物连接到键合基团上。经过预处理的电极一般都带有含氧基团或含氮基团，这些基团要么直接，要么进一步进行化学处理后，通过共价键合把预定修饰物连接起来。Donnell 等将氨基-DNA 与富马酸酐反应，转化为羧基-DNA，在水溶性碳化二亚胺（EDC）的催化下，可与电极上引入的氨基偶联。

（3）电化学聚合法 将预处理好的电极放入有一定含量的单体和支持电解质的体系中，通过电极反应产生活泼的自由基离子中间体，以之作为聚合反应的引发剂，使电活性的单体在电极表面发生聚合，生成聚合物膜修饰电极。电解质在聚合溶液中起增加导电性，中和聚合膜内所带正电荷的作用，好的电解质具有高溶解度、离解度以及不亲核性等特点。单体含量不能太低，以产生足够的自由基离子进行聚合；也不能太高，以防止快速的聚合反应引起膜的不均匀性。电化学聚合修饰电极常用于电催化等方面，如聚天青 I 修饰玻碳电极用于催化还原血红蛋白等。

（4）电化学沉积法 该方法是基于某些化学物质在电化学氧化还原时，因溶解度变小而沉积到电极表面产生难溶性薄膜的性质发展而来的。这种膜在进行电化学及其他测试时，中心离子和外界离子的价态变化不会导致膜的破坏。

目前关于电沉积的研究多集中于金属及其氧化物、金属合金等。与此有关的应用有电沉积纳米金修饰电极、电沉积 PAMAM-HA 修饰电极等。

9.2.5 电极的表征

1. 电极涂层表面形貌表征

用扫描电子显微镜或电子探针，可观察阳极涂层表面形貌，如涂层裂缝情况；定性测定涂层组分；涂层中各组分元素在整个电极表面分布情况以及分布是否均匀。扫描电镜一般可选德国 LEO—1530 型扫描电镜、飞利浦公司 XL30FEG 型扫描电镜、荷兰飞利浦公司 XL30 型 ESEM 环境扫描电镜、日本 JEPL 公司 JSM—6700F 型场发射扫描电镜、日本日立公司 S—507 型扫描电镜、北京科学仪器厂 KY2—1000B 型扫描电镜以及剑桥 S—360 型扫描电镜等。

电子探针一般可选用 Shimadzu EPMA—8705/QH2 型电子探针仪、JXA—840A 型电子探针显微分析仪、日本 JCXA—733 型电子探针以及日本 JSM—6700F 型电子探针仪。

2. 电极涂层组分分析

用扫描电子显微镜、电子探针或粉末 X 射线衍射仪可定性地测定活性涂层中各组分元素。

扫描电子显微镜或电子探针配上能谱仪可定量地测定活性涂层中各组分元素的含量。可用德国 LEO—1530 型扫描电镜配上英国牛津 INCA300 型能谱仪。

粉末 X 射线衍射仪一般可用日本岛津 XRD—6000 型粉末 X 射线衍射仪。

3. X 射线衍射结构分析（XRD）

X 射线衍射仪可以正确分析涂层物质的物相成分。如 TiO_2，分析为 TiO_2（R），即为金红石型二氧化钛；分析为 TiO_2（A），即为锐钛矿型二氧化钛，属于不定相。

根据 X 射线衍射谱线的特征峰可判断涂层中氧化物组分，以及定性判断氧化物组分的量。

对电极涂层以及电极失效后涂层进行 X 射线衍射分析，根据组分元素失效前后特征峰强度变化情况，可判断电极失效原因。一般可用日本 Mac Science 公司 MO3XHF22 型 X 射线衍射仪，美国 Bruker AXS 公司 D5005 X 射线衍射仪，德国 Bruker 公司 D_8—discover 型 X 射线衍射仪，飞利浦公司 Panalytical X'Pert 转靶粉末 X 射线衍射仪，日本岛津 XRD—6000 型粉末 X 射线衍射仪等。

4. 活性涂层纳米晶体分析

用扫描电子显微镜、扫描隧道电子显微镜、透射电子显微镜可观察活性涂层氧化物组分晶粒大小，并可测量出组分纳米晶粒具体尺寸。一般可用日本 JEM—1010 型透射电子显微镜、JEM—200CX 透射电子显微镜。

5. 活性涂层剖面分析

用扫描电子显微镜或电子探针可对涂层截面状况进行观察，测定涂层厚度，并可观察各组分元素沿着剖面分布状况。

6. 光电子能谱分析（XPS）

光电子能谱分析是研究材料表面信息的一种方法，反映了固体材料表面以内 $1 \sim 10$ 个原子层和在它上面的其他原子、分子、离子所形成的吸附层信息。用 X 射线光电子能谱可检测电极过程产物，可对材料表面状态进行分析，并可分析电极表面涂层组分及元素价态。一般可用英国 VG 公司 ESCALAB MKⅡ型、ESCALAB MKⅢ型电子能谱仪。

7. 拉曼散射光谱分析

用拉曼散射光谱可对涂层结晶状况进行分析。一般可用英国 Renishaw 公司 RM100 显微共聚焦拉曼光谱仪。

8. 热重分析（TG）

热重分析（TG）结合 X 射线衍射技术，可对涂层中氧化物的热分解形成过程进行分析。一般可用 PERKIN ELMER1700 型差热-热重分析仪。

9.3　电催化在环境工程中的应用

9.3.1　电化学工程与环境问题

随着世界经济的发展，自然资源和自然环境受到日益严重的破坏，排放到环境中的污染物种类越来越多，包括有机物、无机物和微生物等，主要分布在大气、水质、土壤、固体废弃物及生物体内,对环境和人类健康极具危害,环境保护已成为举世瞩目的问题。电化学技术由于其自身的优点和特性,在环境污染物的监测及环境污染治理等方面发挥着重要作用。

1972年在瑞典斯德哥尔摩召开的人类环境会议和1992年在巴西里约热内卢召开的环境与发展大会明确指出,保护环境需改变发展的模式,将经济发展与环境保护协调起来,走可持续发展的道路。环境科学技术体系在新形势下也在发生着变化,由以"末端治理"为主的技术体系到现在的污染预防、清洁生产等新的观念和技术,环境科学发展成为了解决环境问题的各项科学技术体系,以及为保护环境所采取的政治、法律、经济、行政等各项专门知识的庞大的学科体系。现今对人类生存和发展产生严重威胁的环境问题可分为两大部分,一是人类活动所排放的废弃物带来的环境污染;二是生态环境的破坏,这些环境问题有些是全球性的,有些是局域性的。温室效应与气候变暖、臭氧层的破坏、酸雨、有毒物质污染、生态环境破坏是目前人类面临的极大挑战。

将电化学理论应用于生产实际中,形成了应用电化学体系或电化学工程体系。广义上讲,将电化学理论与任何工程体系结合,所形成的以解决工程问题为主的工程技术体系均可以称为电化学工程,它已远远超出了化学或化学工程的领域,其共同的特征就是这些体系均以电化学理论为共同的理论基础。

通过将化学过程转化为电化学过程,可以用电化学方法处理污水、废渣,用化学电源代替内燃机中燃料燃烧而作为动力能源,避免有毒气体对大气的污染等。因而,电化学在解决环境污染问题中起着重大作用。利用电化学技术解决环境问题是电化学技术在环境中应用的主要内容,也可以说是环境电化学的主要应用领域。

表9-3中所列入的是电化学对环境的正面作用,但一个需要注意的问题是,在电化学技术应用的过程中,电化学技术本身有可能又会带来新的环境污染问题,这些问题也一直是电化学应用体系进行技术更新和改进的动力。

表9-3　与环境问题相关的电化学应用领域

应 用 领 域	内 容
二次能源	燃料电池、太阳能电池等
腐蚀防护	腐蚀检测、阴极保护、阳极保护等
污染物的电化学处理	金属离子去除、无机与有机污染物、大气的电化净化等
电合成	无机化学品、有机化学品金属和合金、半导体等
传感器和环境监测	离子选择性电极、电化学传感器、电化学在线分析等

9.3.2　溶解性金属离子回收

废水中的金属离子可能是以简单或结合形态存在的单一金属离子,也可能是以简单或结合形态存在的混合金属离子。同时污染液中一般还含有溶解性有机物和其他组分。

含金属离子的污染液通常可采用以下几种方法进行处理:稀释,混合,暂时储存后运到专门处理机构进行处理,在可调控的pH条件下进行化学沉降。

但对于溶解性金属离子,虽然溶解性组分也可以被吸附到沉降产物上而去除,但这种方法的处理效果极差。上述传统的金属离子处理步骤在物质回收和再利用方面缺乏灵活性,而且作用有限。沉降的结果是在耗费了大量能源和资源后,各种金属又再次回到了加工生产之前的混合状态、因此上述方法均不是好的处理方法。

因此，许多能将中等或低含量溶解性金属离子从污水中去除的相关技术，如吸附、离子交换、提取、沉降、膜分离和生化处理等，得到了开发和应用。其中电化学方法虽然不是总能提供解决问题的关键方案，但确实常常是一种综合控制系统中的重要组成部分。本节主要介绍电沉积技术处理溶解性金属离子。

电沉积是利用电解液中不同金属组分的电位差，将自由态或是络合态的金属在阴极析出的过程。根据电沉积装备中所用电极的形式，可以将电沉积装备分成两大类，应用二维电极和三维电极的反应器，具体选择依据要根据待处理溶液中金属离子的含量高低而定。

按照回收后金属的存在状态，可将典型的用于金属沉积的电解槽分为两大类。

（1）直接金属回收　其沉积产物可以是能回用或再销售的金属块、金属粉末或金属箔等。除纯金属外，金属也可以制成合金，偶尔也会制成不溶性金属化合物，具体形态很大程度上取决于材料的最终用处。

（2）间接回收　这种工艺获得的产物是浓缩有金属离子的浓缩液，含金属离子的浓缩液可以再进一步处理或利用，二维和三维电极在这两类设计中都有应用。

此外，按照电沉积槽的运行方式，电沉积设备可以分为连续运行式和间歇运行式两种方式。

仅就电解槽而言，电极结构是决定电解槽效率的最主要因素。与平面板电极电解槽相比，旋转圆筒电极电解槽的能耗较高些。三维电极电解槽的电极具有较大的表面积，传质速率高，电极材料廉价，可在低电势条件下生产。常见的有填充床电极和流化床电极。对三维电极电解槽的研究重点正向着开发多孔新型电极材料和新型填充材料的方向发展。但是就目前而言，三维电极电解槽还存在很多技术难点，因此应用不是很广泛。

当系统中含有物质较复杂时，直接电沉积难以取得较好的效果。必须采取一些辅助手段。一些传统的水处理方法可以与电沉积结合、使得金属的处理与回收效率最高。常用的一些方法包括：吸附、萃取、气提、反渗透、化学氧化。

9.3.3　水中无机污染物的处理

电化学方法治理废水或污水，具有无需添加氧化剂、点凝剂等化学药品，设备体积小，占地面积少，操作简单灵活，排污量小，不仅可以处理无机污染物，也可处理有机污染物，特别是一些无法用生物降解的有毒有机物也可用电化学方法处理，用电还原法处理重金属废水时还可回收废水中的金属等优点。

电化学方法在去除污水中无机污染物的应用中，主要采用直接氧化、间接氧化以及氧化与其他方法相结合的技术对污染物进行针对性去除。适于电化学处理的无机污染物主要包括含毒重金属离子，有毒无机盐，如氰化物、硫氰酸盐、砷和被细菌分解时要消耗水中溶解氧的耗氧无机物等。本节介绍几种无机污染物质的电化学处理。

1. 氰化物的电化学去除

将氰化物（CN^-）氧化为氰酸盐是含氰化物废水处理的基本处理思路，电化学法处理氰化物可以有直接氧化和间接氧化两种方式，其优点在于能减少氧化剂的用量，避免产生进一步的污染物，且在很多应用中为同步回收溶解性金属离子提供了可能性。

（1）直接氧化　在碱性环境中氰化物的电化学氧化是通过下列反应步骤完成的。

放电排出　　$2CN^- \rightarrow 2CN \cdot + 2e$

二聚　　　　$2CN \cdot \rightarrow (CN)_2$

总反应　　　$2CN^- \rightarrow (CN)_2 + 2e$

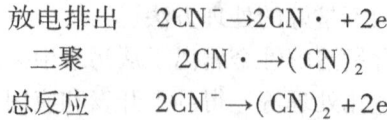

产物（CN）$_2$通过碱性水解生成氰酸根

$$(CN)_2 + 2OH^- \rightarrow CN^- + CNO^- + H_2O$$

在 pH 很高的条件下，氰化物可以直接氧化为氰酸盐

$$CN^- + 2OH^- = CNO^- + H_2O + 2e$$

（2）间接氧化　氰化物的间接氧化主要依靠氧化还原媒质进行，如溶液中氯离子氧化生成强氧化剂次氯酸，氰化物被次氯酸氧化成氰酸盐离子。间接氧化的运行费用较低。能耗一般在处理氰化物耗能 4~10kW·h/kg 的水平。

而金属氰化物的处理通常分两步进行。首先以氯处理去除 CN^-，之后在碱性条件下使金属离子形成负氧化物沉淀而去除。但当处理液的质量浓度高于 7.5g/L 时，会形成有毒的氯化氰，不能使用这种方法。此外氧化过程较慢时，金属氰化物会混入氢氧化物沉淀中，使得这种方法也受到限制。

电化学氧化可以分解金属氰化物，质量浓度低于 500mg/L 时，采用次氯酸盐氧化；质量浓度大于 1000mg/L 时，采用直接氧化。但若在 CN^- 去除时，金属形成不溶性的稳定络合物，电化学氧化方法就不适用了。

处理金属络合物时，因为金属沉积反应的速度快于氰根的氧化速度，一般倾向于先用金属沉积将氰根释放，之后再进行氰根的处理。

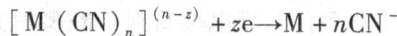

$$[M(CN)_n]^{(n-z)} + ze \rightarrow M + nCN^-$$

直接氧化方法处理多种金属的氰化物（如 Cu^{2+}，Cd^{2+}，Zn^{2+}）时的电流效率都较低。而且大多数电极材料，如二氧化铅、钛，都不能实现铁氰化物的完全氧化。

处理氰化物反应器在工业上较早使用的是铜电极箱式电解器，带空气搅拌，间歇处理。运行温度较高，为 100℃。电流一般为 400A/m²。处理后氰化物质量浓度可以从 20000~10000mg/L 降到不超过 1mg/L。但这种系统中电极溶解较严重，如在电流为 500A/m² 的条件下，二氧化铅涂层钛电极在氧化浓度为 0.23~10mol/L 的氰化钠溶液中的电流效率很高，但电极腐蚀速度也达到 0.4mg·A/h。

2. 含铬溶液的电化学处理

铬在废水中通常以剧毒的六价形式存在，毒性较高，饮用水中铬的质量浓度限制为 0.05mg/L。铬的直接电化学沉积效率不高，因此常与其他技术结合，如 Cr^{3+} 在阳极氧化为 Cr^{4+}、Cr^{6+}，氧化与电渗析结合等去除阳离子，或利用阳极生成 Fe^{2+} 离子最终使铬离子沉降。

1）沉淀去除铬离子主要用于金属加工排放水和冷却用水中的铅、铬的去除，该过程常使用不分区的反应器，用冷轧钢板作电极，且电极是双极性的。电极的阳极一侧会溶解形成 Fe^{2+}，阴极一侧发生析氢反应，结果是使溶液中的 Cr^{6+} 被还原成 Cr^{3+}

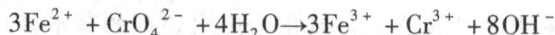

$$3Fe^{2+} + CrO_4^{2-} + 4H_2O \rightarrow 3Fe^{3+} + Cr^{3+} + 8OH^-$$

Cr^{3+} 会进一步发生反应以得到回收，形成的沉淀 Cr（OH）$_3$ 集中在电极上，可以用间断性酸洗的方法清除，也可以向溶液中加入次氯酸钠以生成重铬酸盐的方式回收 Cr，这一还原过程也是工业上生产重铬酸盐的方法之一。

$$2Cr^{3+} + 4H_2O + 3NaOCl \rightarrow Cr_2O_7^{2-} + 8H^+ + 3NaCl$$

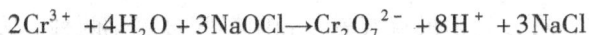

2）当含铬溶液中含有其他杂质金属离子时，将阳极氧化与离子交换膜结合可以有效处理回收 Cr^{3+}。如含 Cr^{3+} 和 Cu^{2+} 废水的处理，铜离子穿过阳离子交换膜进入阴极区，铬离子仍留在阳极电解液中，并通过 Cr^{3+} 的阳极氧化被浓缩（图 9-2）。这种方法目前已获得商业应用。

3. 其他无机化合物的电化学去除

从理论上讲，大多数无机化合物都可以电化学阴极还原或阳极氧化反应加以去除，且使有用成分得到循环利用。如硫的化合物（硫化物、硫代硫酸盐、连二硫酸盐）的氧化都可以通过阳极氧化有效实现，各类含氮化合物也可以电化学的方法进行处理。CREAT LAKES CHEMICALS 公司开发的电催化电解槽，能从 NaBr 废液中再生溴。该系统在黄金冶炼工业中被用来替代传统氰化物提炼工艺。从环境保护角度来讲，使用溴的工艺比氰化物工艺更安全。

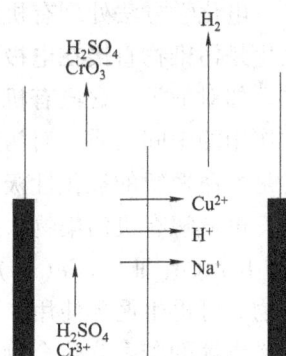

图 9-2　阳离子处理回收机理

9.3.4　水中有机污染物的处理

利用电化学方法，可使有机污染物在电极上发生直接电化学反应，转化为无害物质，如对酚类、含氮有机染料、氰化物等的处理；或发生间接电化学反应，利用电极反应产生强氧化作用的中间物质，将有机污染物氧化，最终降解。

根据污染物氧化还原产物，可将电化学水处理技术分为电化学燃烧和电化学转换两类。电化学燃烧即直接将有机物深度氧化为 CO_2 和 H_2O 等；电化学转换即把有毒物质转变为无毒物质，或把非生物相容的有机物转化为生物相容的有机物（如芳香物开环氧化为脂肪酸），以便进一步实施生物处理。这一过程可简单表示为

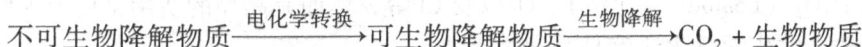

$$不可生物降解物质 \xrightarrow{电化学转换} 可生物降解物质 \xrightarrow{生物降解} CO_2 + 生物物质$$

根据有机物氧化还原过程中电子转移方式不同，电化学水处理技术又可以分为直接电解和间接电解。电化学处理污染物基本原理是使污染物在电极上发生直接电化学反应或利用电极表面产生的强氧化性活性物种使污染物发生氧化还原转变，如图 9-3 所示。

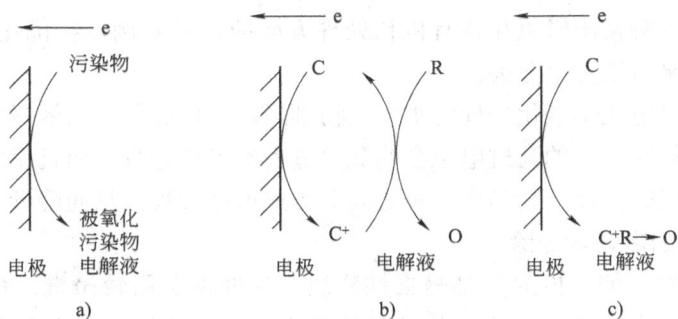

图 9-3　电化学氧化原理示意图

a）直接电化学氧化　b）可逆间接电化学氧化　c）不可逆间接电化学氧化

R—污染物　O—氧化产物　C—氧化还原媒介

电化学方法处理有机污染物废水，可分为阳极直接氧化和阳极间接氧化两种。阳极直接氧化是污染物直接在电极上发生电化学反应，使有机污染物（部分无机物）转化为无害物质，如对酚类、含氮有机染料、氰化物等的处理。阳极间接氧化则是利用阳极反应产生强氧化作用的中间物质，对污染物进行氧化，使其最终降解。强氧化中间物质主要包括两类：一类是寿命短暂的氧化性极强的活性物质，如 es（溶剂化电子）、HO·、HO_2·、O_2·等自由基，可分解有机污染物，此过程是不可逆的；另一类是具有高氧化电势的金属离子电对，如 $Co(Ⅱ)/Co(Ⅲ)$、$Ce(Ⅲ)/Ce(Ⅳ)$、$Fe(Ⅱ)/Fe(Ⅲ)$ 等，它们可产生自由基，降解有机污染物，可再生循环使用，不存在排放问题。应用电化学方法去除有机污染物主要集中在具有生物毒性的芳香族化合物的去除方面。本节介绍几种有机污染物质的电化学处理。表 9-4 列出的是电化学方法处理水中有机污染物的电极材料。

表 9-4　电化学方法处理水中有机污染物的电极材料

污　染　物	电　　极
染料	钛涂层石墨电极、PbO_2、MgO
活化剂	石墨、氧化铷涂层钛电极
芳香胺类有机物	PbO_2
卤代化合物	Ti、PbO_2、炭纤维电极、TiO_2/Ti、SnO_2
酚类化合物	石墨、PbO_2

1. 酚类有机物的电化学处理

酚是在芳香环上带有一个或多个羟基的化合物，由于其毒性及特殊的难闻气味，必须在排放前对其进行处理。最常用的方法是生物法，然而当有机废水中有机物含量高或其组分常发生变化时，生物法就不适用了。在这些情况下，化学氧化法可以取而代之。这些化学氧化剂主要包括 H_2O_2（Fentonn 氧化法）、O_3 以及 Cl 等，然而其高昂的费用又使得人们转而寻求其他替代方法。电化学氧化法就是其中之一。

阳极氧化所选用的阳极材料通常都具有较高的析氧超电势。PbO_2、石墨、TiO_2/Ti 以及 SnO_2/Ti 等，也有用 Pt 电极的。由于电极性质不同，pH 条件不同，在酚的氧化过程中检测到的降解途径、中间产物、副产品也不同。

苯酚的电化学降解是阳极氧化在有机物处理方面的重要实例。在优化的 pH、温度和电流条件下，苯酚几乎可以完全分解。

氧化锡电极还是电化学氧化处理污水中生物难降解有机成分的高效材料，有关研究表明用氧化锡作阳极材料时，它的高过电位会使氧化过程不可逆进行，而且反应产物不会发生明显还原。而用铂电极时，反应物与生成物之间会形成可逆过程，从而降低了反应效率。

2. 卤代有机物的电化学去除

许多卤代化合物（如杀虫剂）都是毒性物质，其处理费用较昂贵，在处理之前通常还需要远距离输运或贮存在合适地点。传统的处理方法包括浓缩，化学氧化、还原法以及生物法。

多卤代化合物通常不适于焚烧处理，因为焚烧产生的 Cl_2 又可能污染环境或与中间产物反应。含有卤代物的废水可能通过添加少量阳离子型、阴离子型或非离子型的可形成胶束的化合物（活化剂）来去除毒性。当废水在反应装置中通过阳极表面时（如 Ti、PbO_2 或炭纤维电极），其毒性可显著降低。同时，与不添加活化剂时相比，其能量消耗可降低约 45%。对 1，2-二氯代乙烷在 Pt 电极表面降解的研究表明，采用阳极氧化对有机物脱氯降解是可行的。其降解途径是依次经过乙醇、乙醛、乙酸，最后生成 CO_2，而氯元素则是终转变为 Cl_2 及 $HClO_4$。

虽然电化学方法对有毒氯化物的处理有较好的效果，但氯离子的电化学反应易产生氯，进而以自由氯或原子氯的形式与水中的有机物或其他氧化中间产物反应，生成一些含氯卤化物。这类卤化物虽然含量较小，但通常有毒性，因此不能使用阳极氧化进行处理。如用光面铂电极对 1，2-二氯乙烷进行阳极脱氯研究表明：主要的反应产物包括 CO_2（60%）、$HClO_4$（20%）和氯。此外还会产生少量三氯乙烷和其他氯化物。对污水处理排放而言，上述物质的产生不能忽略不计。

9.3.5　气态污染物的处理

气体污染控制是全球环境保护的一个重要方面。多种酸性气体，如 SO_2、NO_x、H_2S 和 HCl 以及温室气体排放，对环境均会造成很大的影响。电化学方法可处理净化废气。首先气态污染物通过电解液被吸附或吸收，然后直接在电极上发生电化学污染物转换，或者间接的利用均相、异相氧化还原媒介对污染物进行转换。通过有关的电化学方法处理净化废气中的有机物，在进行电化学氧化或还原处理之前，气态污染物通常需要通过吸附或吸收过程转移到液相。转变过程可以有两种模式。

（1）物理吸附或吸收　气体直接经吸附转移到电化学反应器内并被处理，这种过程也被称为槽内式过程；或者气体先被吸附到独立的容器中，然后再转移到电化学反应器内（即槽外式），如图 9-4 所示。吸附转移之后，水相中的污染物会发生不同的反应，如与溶解性催化剂发生均相电子交换等。

（2）化学吸附或吸收　这种反应的途径是溶解性气态污染物与溶液中的络合剂形成

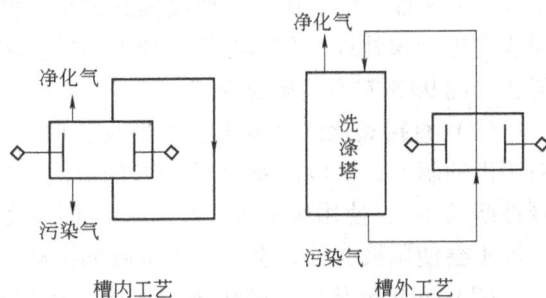

图 9-4　气态污染物电化学反应器

络合物，随后在催化剂作用下被氧化为无污染或污染性较低的产物。与此同时，络合剂被再生。络合剂可以选择 Cu^{2+}、Pb^{2+}，催化剂可以选择标准氧化还原电位较高的电对，如 Ag^{2+}/Ag^+、Co^{3+}/Co^{2+}、$Cr_2O_7^{2-}/Cr^{3+}$ 或 MnO_4^-/MnO_2。

下面介绍几种气态污染物的处理方法

1. 二氧化硫的电化学处理

用电化学法去除二氧化硫或使其发生转化主要依靠以下几种方式。

（1）直接过程　电化学氧化吸附和吸附剂再生；气体扩散电极上的电化学反应等。

（2）间接过程　在电解槽内或电解槽外过程中利用均相氧化还原媒质进行；利用异相氧化还原媒质进行；与氧的催化氧化反应；以及催化剂的电化学再生等。

二氧化硫氧化反应的典型阳极材料为铂或炭电极。有关对比试验表明 Ir、Re 和 Rh 阳极在氧化过程中活性相对较弱，Au 和 Ru 阳极的活性与 Pt 相差无几，Pd 在所有测试过的阳极材料中活性最佳。

2. 氮氧化物的电化学处理

大气中的氮氧化物是造成温室效应、酸雨和光化学烟雾的重要影响因素。但是，由于不同形式的氮氧化物之间存在复杂的化学平衡，电化学法处理所需要的水溶液状态也不易保持，因此，氮氧化物的电化学去除不是一个容易实现的过程。但电化学法至少可以处理含氮氧化物的烟道气和废气。在 NO 的电还原过程中，铂电极对氨的选择性可以达到 70%，加入 CO 会选择性生成羟胺。图 9-5 所示是将二氧化硫化学氧化和氮氧化物的电激发还原相结合的烟道气电化学处理流程，其中 NO 的还原使用了铂黑气体扩散电极。

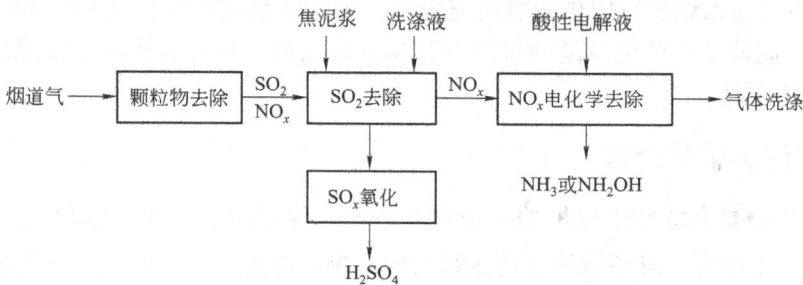

图 9-5　烟道气电化学处理流程

3. 硫化氢的电化学处理

传统处理硫化氢一般采用还原方法。但传统的处理方法在工艺上有诸多限制。如氢气由于要生成水而不能利用；需要高温和催化条件，但不能随硫化氢含量的变化灵活调节；需要对废气进行预处理，分离氢气和烃类物质。因此许多电化学处理途径得到开发，其中大部分能去除约 99% 左右的硫化氢。

（1）直接氧化法　硫化氢被吸收后形成硫化物离子，它的直接氧化通常会造成产物硫对阳极的阻塞，所以需要使用 80℃ 的溶液。但如果降低反应物溶液的 pH（将硫化氢溶解到碱性溶液中），使用炭阳极，在 85℃ 时即可完成上述硫化氢的直接氧化。这样，溶液中产生的硫不会使阳极失效，也不会发生硫的沉降。

（2）间接氧化法　硫化氢的间接电化学氧化也是通过一些氧化还原媒质进行的，常见的媒质有以下几类。

1）I_3^-/I_2^- 媒质。依靠 I_3^- 的氧化能力将硫化氢氧化成单质 S，同时在间接氧化过程中，I_2^- 被氧化，再生出 I_3^- 离子。

2）Fe^{3+}/Fe^{2+} 媒质。利用 Fe^{3+} 的氧化性氧化硫化氢，Fe^{2+} 的再生反应是在另一单独的复极性的电解槽中进行。具体反应温度为 50℃，电流为 $1020A/m^2$。此法获得的单质硫的纯度可以达到 99.99%。

9.3.6　土壤原位修复

土壤污染是目前世界上严重的环境问题之一。随着大量工业、民用固体废弃物不合理填埋，污染物事故性排放和油罐等溢出、泄漏，各种有机物、重金属及放射性有害物质进入土壤，甚至扩散到地下水中造成更大范围的污染。土壤污染的治理现在已受到普遍重视。

在对污染土壤进行修复的各种技术选择中，原位修复手段具有很大优势，因其成本较低，与其他物化方法（如燃烧法）相比，所需的相关处理比较简单。电化学用于污染土壤的原位修复又称电动力学修复。电动力学修复技术由于其高效、无二次污染、节能、原位等修复特点，被称为"绿色修复技术"。其基本原理是将电极插入受污染土壤或地下水区域，通过施加微弱电流形成电场，利用电场产生的各种电动力学效应（包括电渗析、电迁移和电泳等）驱动土壤污染物沿电场方向定向迁移，从而将污染物富集至电极区，然后进行集中处理或分离。它是利用电流清除土壤或泥浆中的放射性物质、重金属、某些有机化合物或无机与有机混合污染物的方法（图 9-6）。

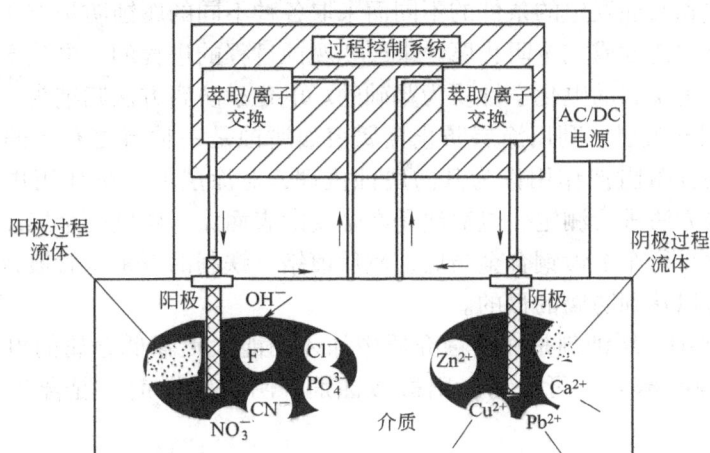

图 9-6　电动力学土壤原位修复电极结构示意图

土壤中有机污染物在水中的溶解性对电化学处理的效果有很大影响。不溶性有机物，如大分子烃，一般不会形成离子，与之结合的土壤因此不会带电。而电渗作用主要通过净化含溶解性污染物的水或活化剂或驱动污染化合物在水波阵面实现污染物的去除，因此对不溶性有机污染物的去除作用有限。

对水活性或存在弱离子态的有机物，如苯等芳香族化合物（甲苯、二甲苯、酚类化合物）和含氯有机溶剂等，电渗可以发挥作用。可溶性有机化合物与土壤接触时，会使土壤的 ζ 电位升高，在有外加电场作用时，就会产生电渗流。

而外加电场对土壤中溶解性金属的去除作用比对有机物的去除更为有效。因为金属离子带正电荷，当这些阳离子在电迁移的作用下向阴极移动时，电渗流动将被强化，至少在土壤呈负电时情况会如此。研究表明，能被电场作用的一定是饱和溶液中的金属离子。而在没有电渗流产生的情况下，金属离子，如 Ca^{2+}，也能得到有效清除。

9.3.7　电化学防腐

腐蚀是对能源的一种极为严重的浪费。电化学腐蚀比其他类型的腐蚀破坏更为常见，对金属是极其危险的，金属被腐蚀后显著影响了它的使用性能，其危害不仅是金属本身受损失，更严重的是金属的结构遭到破坏。搞好腐蚀的防护工作，不仅仅是技术问题，而且关系到保护资源、节省能源、节省材料和保护环境等一系列重大的社会和经济问题。

电化学腐蚀的特点是有电流产生。电化学腐蚀中的电流也正是由于金属在电解质溶液中形成了结构与原电池相似的"腐蚀电池"而产生的。通常在电化学腐蚀的金属中，腐蚀电池极小，但数量极多。金属接触到电解质溶液，发生原电池效应，比较活泼的金属原子失去电子而被氧化，腐蚀过程中有电流产生，称为电化学腐蚀或电化腐蚀。如钢铁在潮湿空气中，表面吸附一层薄薄的水膜，纯水是弱电解质，它能电离出少量的 H^+ 和 OH^-，同时由于空气里的 CO_2 的溶解，使水里的 H^+ 增多。结果在钢铁表面形成了一层电解质溶液薄膜，它跟钢铁的铁和少量的碳（或其他杂质）恰好构成了原电池。因此，钢铁制品的表面就形成了无数微小的原电池。电化学腐蚀的原理与原电池工作的原理是类似的，总之，整个电化学腐蚀过程由腐蚀电池的阳极反应，电子和离子的移动这三个环节组成，三者缺一不可。

依腐蚀的方式和腐蚀发生的条件的不同而采取各种不同的腐蚀防护方法。任何的防护方法都是通过减小腐蚀速度或完全阻止腐蚀来改变腐蚀过程的进程的。电化学防腐方法是在极化电流影响下以变更金属的电化学性质为基础的。电化学防腐方法归纳为以下四种：

（1）金属涂层和镀层　利用涂层防止金属表面腐蚀是一种行之有效的方法，长期以来人们一直以涂层的屏蔽阻挡作用作为其防腐蚀机理，对涂层的防护作用也一直以目视、浸渍、曝晒、掩埋等方法进行测定。电镀法是在金属的表面涂一层别的金属或合金为保护层的一种防腐方法。如自行车上镀铜合金当底，然后镀铬，铁制的自来水管镀锌以及某些机电产品镀银或金等都可以达到防腐的目的。

（2）缓蚀剂保护　缓蚀剂是在腐蚀介质中加入的能大大降低金属的电化学反应速度的介质。缓蚀剂的种类繁多，可分为：阳极缓蚀剂、阴极缓蚀剂、混合缓蚀剂、有机缓蚀剂等。

（3）阴极保护　阴极保护法就是利用外加直流电，以废铁为牺牲性阳极，而以被保护金属为阴极的保护法。其中又可分为外加电流法和牺牲阳极保护法。牺牲阳极保护法是用电极电位比被保护管道更低的金属作为阳极，与被保护的金属管道相连，由于二者之间存在电位差，阳极随着流出电流而逐渐消耗，从而保护了管道不受腐蚀，但阳极需要及时更换。使用时应根据保护对象和投资、维护等条件综合考虑选定。外加电流法是利用一个直流电源，配之一辅助的阳极对被保护的金属通入阴极电流来保护阴极的一种电化学防腐方法。

（4）阳极保护　阳极保护法就是用外加电源使被保护的金属为阳极，进行阳极化，通过使金属钝化的方法得到保护。此法是基于对金属的钝化现象研究提出的。金属阳极溶解时，在一般情况下，电极电势愈正，阳极溶解速度越大。但在有些情况下当正向极化超过一定数值后，由于表面某种吸附层或新的成相层的形成，金属的溶解速度非但不增加，反而急剧下降。所以把浸在介质中的金属构件和另一辅助电极组成电池，用恒电位仪把金属构件的电势控制在稳定钝化区，则可以把金属在介质中的腐蚀降低到最小限度。

9.3.8　电化学消毒

常用的消毒工艺有传统的加氯消毒、紫外线消毒和臭氧消毒。加氯消毒应用得最广泛，工艺也最成熟，但是药剂的运输和储存过程存在安全隐患。当人们发现加氯消毒会产生较多致癌物质之后，对氯的使用越来越谨慎。而紫外线消毒和臭氧消毒则存在技术难度大、造价高及没有持续杀菌的效果等缺点，实际应用具有一定的局限性。而采用电化学消毒方法则更具有优势。

所谓电化学消毒法就是让被消毒对象通过电化学装置，从而达到杀菌、消毒的目的。其主要特点是消毒剂可以在现场制备，并具有广谱的杀菌性，而且还可以利用电极反应去除水中的离子。此外，该技术具有持续杀菌能力，电场停止作用后仍可杀菌、灭藻。从电化学的角度出发，现场消毒技术可以大致划分为间接电化学氯消毒和直接电化学消毒两大类。直接电化学消毒技术是指利用专门的电化学消毒装置，被消毒液体在特定的反应时间内通过消毒装置以获得预期的消毒效果。间接电化学氯消毒技术是指采用相应装置，利用化学电解原理在消毒现场制造次氯酸钠或氯气等消毒剂，将消毒剂加入被消毒液体，进而完成消毒过程。

电化学消毒的过程中起重要作用的有三种因素，一种是水流通过电场而产生的一些强氧化剂，如氯气和臭氧等；另外一种是水中产生了氧化性极强但存在时间很短的自由基，如羟基自由基；还有就是电场本身对细菌细胞产生作用，如细胞的电击穿现象，细胞的电灼烧现象，以及影响细菌代谢功能的电渗和电泳现象。

人们对于电化学法的杀菌、消毒机理有着不同的认识，归纳起来有如下三种观点：第一，电解过程中，水中氯离子电解产氯的杀菌作用；第二，电场作用，包括电击穿细胞膜，通过明显改变细菌生长环境造成细菌最终水解死亡，或是通过细菌细胞与电极之间的电子传递，造成细菌细胞呼吸系统失调导致细菌死亡等；第三，电解过程中产生的一些高活性、低寿命的自由基，如氧负离子自由基、羟基自由基、次氯酸负离子自由基与二氧化氯负离子自由基等，这些自由基具有很强的杀菌作用。然而，对于电化学的杀菌、消毒机理，直到目前还没有一致的结论。

近几年，该方法已越来越引起人们的重视。电化学消毒使用的电极材料多种多样，包括石墨或石墨纤维电极、金属钛电极、多孔炭及 SnO_2 电极等。目前电化学消毒的典型应用主要涉及城乡饮用水消毒；游泳池水、浴池水消毒；工业冷却循环水杀菌灭藻；工业污水处理，如含氰废水、印染废水的氧化处理，造纸污水脱色处理；工业应用，如造纸纸浆漂白；医院器具、饮食行业器具消毒，医院污水消毒处理等。

9.3.9 国内外最新进展与展望

随着世界经济的发展，资源受到了极大破坏，排放到环境中的污染物种类越来越多，对环境和人类健康危害越来越大。环境污染物的监测应及时、准确、全面地反映环境质量和污染源现状及发展趋势，为环境管理和规划、污染防治提供科学依据。电化学催化由于其自身的优点和特性，在治理环境污染方面发挥着重要作用，电催化电极及电催化氧化技术在水污染治理方面得到了国内外广泛地应用。

国内电化学处理技术的研究应用和国外相比还显得比较分散、不系统，多集中于重金属的去除和含氰废水的处理，但已有一定的基础和进展。如采用 GJH—0.3 型和 GJH—0.4 型电解池电解处理含铬废水，通过直流电的电解作用，在铁阳极催化剂的作用下，亚铁离子在酸性条件下，可将有毒的六价铬还原为三价铬；在中性条件和偏碱性条件下则生成氢氧化物沉淀而将铬去除。其处理效率为六价铬质量浓度从 $25 \sim 50 \mathrm{mg} \cdot \mathrm{L}^{-1}$ 降至 $0.5 \mathrm{mg} \cdot \mathrm{L}^{-1}$ 以下，达到国家排放标准。随着电化学法在有机废水处理方面研究的不断深入，国内许多人正热衷于生物不相容的有机废水的研究与应用。

谢茂松等将两个装有担载型催化剂的反应器串联，把电压加到电催化电极上，在电-多相催化反应器中进行了二硝基苯酚工业废水的处理，二硝基苯酚从 $429 \mathrm{mg} \cdot \mathrm{L}^{-1}$ 降到小于 $0.05 \mathrm{mg} \cdot \mathrm{L}^{-1}$，COD 从 $156 \mathrm{mg} \cdot \mathrm{L}^{-1}$ 降至 $26 \mathrm{mg} \cdot \mathrm{L}^{-1}$，色度从 40000 倍降至小于 10 倍。该电-多相催化反应器还可以高效地处理啤酒厂的废水，经三级反应器处理后，废水的 COD 从

$3000mg \cdot L^{-1}$ 降至 $200mg \cdot L^{-1}$。在这种处理过程中，一方面产生具有强氧化能力的 HO·，使有机物进行无选择的氧化降解反应；另一方面，废水中有机物又可以在催化剂的表面上由于电场的激活而被选择性地催化转化，因而具有很好的去除有机污染物的效果。电-多相催化技术在处理难降解有机工业废水中具有显著优点，已获国家专利，并建成处理恒昌化肥厂废水的工业化规模装置，处理后的废水可以回用，节省了大量工业用水。范经华等人研究了以多孔钛板负载钯-铜（质量比4：1）合金作为阴极通过电化学还原脱除饮用水中的硝酸盐氮，结果表明，电催化反硝化的主要产物为氮气，钯-铜合金的电催化活性可达到 $16.69mg \cdot g^{-1} \cdot h^{-1}$，选择性可达96.9%，在低硝酸盐氮含量下电催化反硝化反应符合表观一级反应动力学，高含量时符合零级反应动力学，当槽电压或电流增加到一定程度时，阴极生成氨氮的副反应显著增加，中性条件下电催化反硝化的活性和选择性都能达到较好的效果，酸性条件下反应活性增加但选择性降低，溶液中的传质对反硝化没有显著影响，溶液中存在的其他阴离子对反硝化不利。

在国外，用电化学水处理技术处理有机废水的研究非常多。Li Choung Chiang 等用 PbO_2/Ti 作阳极，铁板作阴极，研究了木质素、丹宁酸、金霉素和乙二氨四乙酸（EDTA）混合废水的电解预处理，凝胶色谱分析表明：电化学过程可以有效地破坏这些大分子，并且可降解其毒性，处理后的废水可生化降解性提高。日本 Ebara Research 公司用热液电解氧化法处理有机废水，使废水中99%以上的有机物，如聚乙二醇醋、聚丙烯、乙二醇醋乳化剂、酚、乙酸等降解，并且电解产生的次氯酸根已成功应用于印染废水、甲醛废水和垃圾渗滤液的处理。Ikematsu 等人开展了利用 PtIr/Fe/PtIr 电极同时对源分离尿液进行脱氮除磷的研究，在电化学氧化脱氮时将铁电极作为阳极，而在电絮凝除磷时将铁电极转换为阴极，在试验条件下，当总氮质量浓度被稀释至 $1000mg \cdot L^{-1}$ 以下时，几乎可以将尿液中的氮和磷全部去除，同时可将尿液中的 COD 降低约85%。

总之，电催化电极不仅具有很好的节能、降耗作用，而且在电化学污染物处理技术中起着极其重要的作用，特别是电化学水处理技术对有机物具有特殊的降解能力，因而被水处理界寄予厚望，具有非常广阔的应用前景，在环境保护中占有重要的位置。当前，新电极材料、膜、电解质和反应器结构等的研究开发，电化学降解机理的探究是电催化电极与电化学水处理技术的研究发展趋势。我们相信，随着对电催化电极研究的不断深入与电化学理论的不断完善和实验室研究的不断加强，电催化电极与电化学污染物处理技术必将在工业生产及环境保护领域中发挥更大的作用。

【案例】

1. 电化学法处理回用水

我国水资源短缺，国家极为重视城市水资源化的问题。目前世界各国相继开展污水再生与回用的研究。再生后的污水可以用于农业、工业、市政用水（绿化、清洗道路等）。

要开展中水回用工作，首先要确保处理水质。以生活污水处理为例，如中水回用生活杂用水，对总大肠菌数的要求小于3个/L。因此消毒是回用过程中必不可少的环节，尤其当回用水要和人直接接触或用于食用农作物灌溉时就更显得重要了。

而采用电化学消毒方法比常用的消毒工艺（如传统的加氯消毒、紫外线消毒和臭氧消毒）更具有优势。据文献报道，采用电化学法生成的三氯甲烷的量比加氯消毒生成的量要低，即使含 THMs 的前体物质较多的水，经电化学处理后的水中三卤甲烷的含量仍低于国家标准中规定的数值。

阳极使用铂族金属氧化物涂层电极。

一般城市污水处理厂二沉池出水的氯离子质量浓度约为 126.8mg/L，含菌量约为 10^4 个/mL。在电流密度为 $2mA/cm^2$，反应器中水力停留时间为 16s 的运行条件下，水中大肠杆菌存活率均小于 0.01%，杀菌率可达 99.99% 以上，出水完全可以满足回用水的细菌指标。此时处理每吨水的耗电量为 0.035kW·h。

2. 电解煤浆制氢

电解煤浆制氢是一项新型的清洁、高效利用煤炭的方法，该反应实际分解电压约为 0.2~0.8V，低于传统电解水的理论分解电压 1.23V，该方法所制备 H_2 的成本仅为目前 H_2 成本的 20%，并且煤中的 S、N 等元素在电解过程中被氧化成相应的酸，留在电解液中，所以不会有煤炭燃烧产生的 S、N 氧化物造成的环境污染。所以无论从煤炭的清洁利用还是廉价新能源氢的开发方面均为极具应用前景的一种新的制氢方法。开发高活性的阳极催化电极，降低阳极过电位，加快阳极反应速度，提高电解电流是煤浆电解反应实用化的关键问题。

试验煤样（神府煤），煤浆质量浓度为 120g/L，所制备电极作为阳极（表面积 $4cm^2$），Pt 片为阴极（表面积 $9cm^2$），电解池为 H 型隔膜电解槽。采用热分解法，制备了钛基形稳阳极用于电解煤浆。

电极的制备方法如下：取纯度为 99% 的钛片作为电极基体，对其进行预处理，用 1~5 号金相砂纸依次打磨，丙酮中超声除油，在沸腾的 HCl 中处理 20min。取适量母液涂刷在基体表面，涂刷后在 120℃ 的烘箱中干燥固化 10min，然后在 450℃ 的热分解炉中处理 10min，冷却至室温，重复上述步骤，最后一次在 500℃ 条件下退火处理 1h，涂刷分次进行。涂刷前后电极均称量至恒重，直至催化剂载量达到 $5g/m^2$ 为止，用此方法制备了 6 种钛基形稳阳极。其中母液的配制为，以含相同物质的量的铱、钌、铂的氯铱酸、氯化钌、氯铂酸、正丁醇母液制备 Ti/Pt、Ti/RuO_2 和 Ti/IrO_2 电极；用上述母液按铂与铱摩尔比为 1:1、1:2、1:3 制备 Ti/Pt-IrO_2 电极，按铂与钌摩尔比为 1:1、1:2、1:3 制备 Ti/Pt-RuO_2 电极；按铱与钌摩尔比为 4:1、3:2、2:3 称取氯铱酸和氯化钌与正丁醇配成母液制备 Ti/IrO_2-RuO_2 电极。Ti/IrO_2-RuO_2、Ti/Pt-IrO_2、Ti/Pt-RuO_2 电极催化层中各元素的定量分析见表 9-5。电解试验：煤浆质量浓度 120g/L；电介质溶液：0.5mol/L 的 H_2SO_4；催化剂：60mmol/L 的 Fe^{3+}；电解温度：60℃；用所制备的电极作为阳极，Pt 片为阴极，进行电解，采用二电极体系，在电压为 0~1.1V 的条件下，测电流随电压变化的曲线，收集阴阳极产生的气体，测试其电解效率。并用扫描电子显微镜（SEM）、X 射线衍射（XRD）、能量散射 X 射线谱（EDS）等测试技术对所制备电极的表面形貌、成分组成等进行分析表征，如图 9-7、图 9-8 所示。

表 9-5　Ti/IrO_2-RuO_2、Ti/Pt-IrO_2、Ti/Pt-RuO_2 电极催化层中各元素的定量分析

	Ti/IrO_2-RuO_2 电极			Ti/Pt-IrO_2 电极			Ti/Pt-RuO_2 电极		
	n(Ir):n(Ru)			n(Pt):n(Ir)			n(Pt):n(Ru)		
	4:1	3:2	2:3	3:1	2:1	1:1	3:1	2:1	1:1
ω(Ir)(%)	78.7	70.3	59.1	21.8	31.2	40.3	0	0	0
ω(Ru)(%)	7.1	15.1	24.6	0	0	0	7.4	17.4	28.3
ω(Pt)(%)	0	0	0	73.3	63.2	52.5	86.3	74.2	60.5
ω(O)(%)	14.2	14.6	16.3	4.9	5.4	7.2	6.3	8.4	11.2

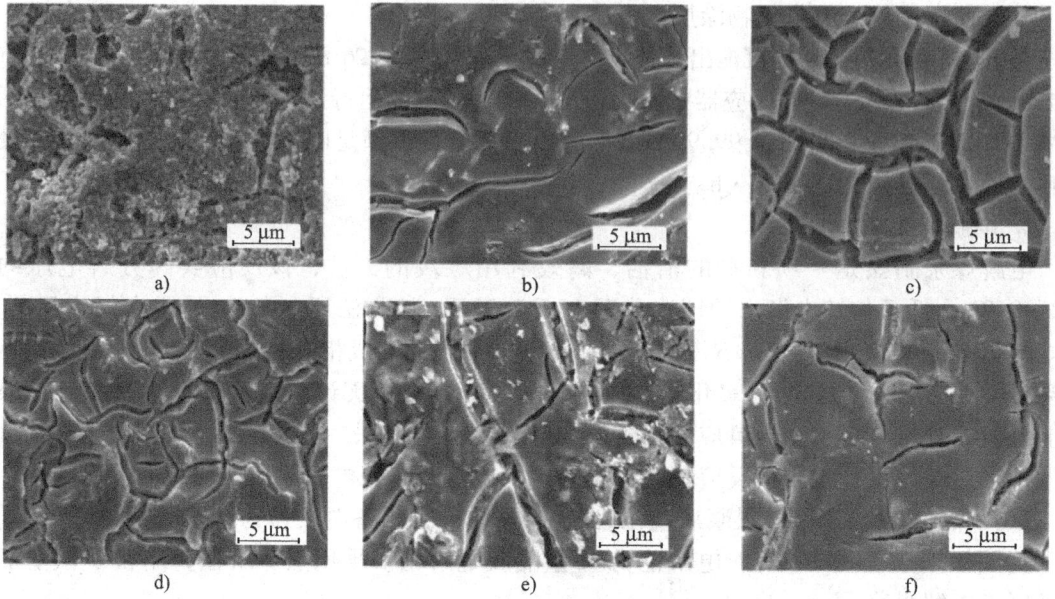

图 9-7　电极表面形貌的 SEM 表征

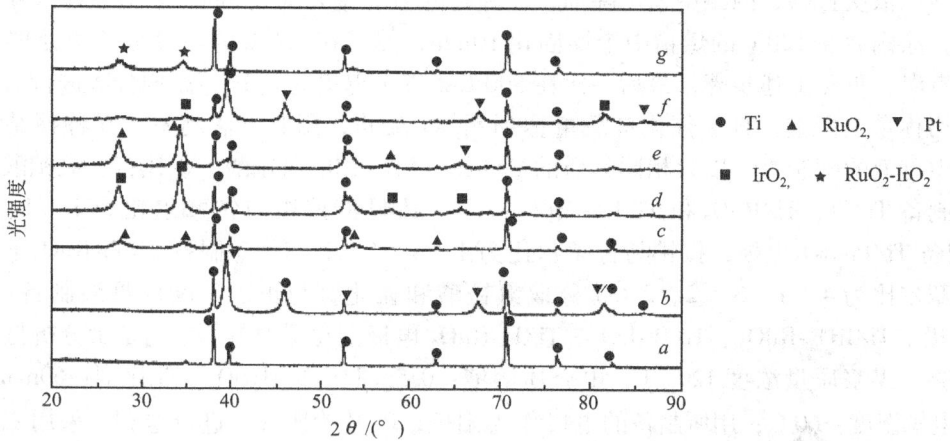

图 9-8　不同催化剂电极的 XRD 谱

　　结果表明，催化涂层中 Ru、Ir 主要以氧化物或合金的形式存在，而 Pt 主要以金属单质或合金的形式存在，用所制备的电极作为阳极，电解煤浆 10h 以后，电流大小和气体的生成速率比较稳定，在整个电解过程中，H_2 的电解效率一直为 100%，而此时阳极产物的电解效率为 40% 左右。与 Ti/Pt 电极相比，电极的催化活性均有较大的提高，其中 Ti/Pt-RuO_2（1∶1）和 Ti/Pt-IrO_2（1∶1）电极的活性最好。

思　考　题

1. 举例说明电催化电极使用过程中影响其使用寿命的因素。
2. 试说明电催化电极应具有的性能和用途。

3. 试描述电催化性能的主要影响因素。

4. 概述电催化电极的制备与表征方法。

5. 试论述电化学方法在水中污染物处理中的应用。

6. 简述电化学防腐的方法。

参 考 文 献

[1] 冯玉杰，刘峻峰，崔玉虹，等．环境电催化电极——结构、性能与制备［M］．北京：科学出版社，2010.

[2] 冯玉杰，孙晓君，刘俊峰．环境功能材料［M］．北京：化学工业出版社，2010.

[3] 张招贤，赵国鹏，罗小军，等．钛电极学导论［M］．北京：冶金工业出版社，2008.

[4] 冯玉杰，蔡伟民．环境工程中的功能材料［M］．北京：化学工业出版社，2003.

[5] 冯玉杰，李晓岩，尤宏，等．电化学技术在环境工程中的应用［M］．北京：化学工业出版社，2002.

[6] 陶映初，陶举洲．环境电化学［M］．北京：化学工业出版社，2003.

[7] 邝生鲁，陈芬儿，梁启勇．应用电化学［M］．武汉：华中理工大学出版社，1994.

[8] 刘业翔．功能电极材料及其应用［M］．长沙：中南工业大学出版社，1996.

[9] 田昭武，周绍民，庄启星，等．化学反应速率［M］．福州：福建科学技术出版社，1988.

[10] 杨辉，卢文庆．应用电化学［M］．北京：科学出版社，2001.

[11] 方度，等．氯碱工艺学［M］．北京：化学工业出版社，1990.

[12] 吴辉煌．电化学［M］．北京：化学工业出版社，2004.

[13] 崔玉虹，刘正乾，刘志刚，等．Ce 掺杂钛基二氧化锡电极的制备及电催化性能研究［C］//第五届中国功能材料及其应用学术会议论文集Ⅲ，2004.

[14] 冯玉杰，崔玉虹，王建军．Dy 改性 SnO_2/Sb 电催化电极的制备及表征［J］．无机化学学报，2005，21（6）：836-841.

[15] 张招贤．钛电极工学［M］．2 版．北京：冶金工业出版社，2003.

[16] 龚竹青，王志兴．现代电化学［M］．长沙：中南大学出版社，2010.

[17] 梁镇海，等．$Ti/SnO_2 + Sb_2O_3/PbO_2$ 电极的电催化性［J］．材料科学与工程，1996，14（1）：62-63，12.

[18] Terezo A J，et al. Fractional factorial design applied to investigate properties of Ti/IrO_2-Nb_2O_5 electrodes［J］. Electrochimica Acta，2000（45）：4352.

[19] Foti G，et al. Characterization of DSA type electrodes prepared by rapid thermal decomposition of the metal precursor［J］. Electrochimica Acta，1998（44）：813.

[20] Mousty C，et al. Electrochemical behaviour of DSA type electrodes prepared by induction heating［J］. Electrochimica Acta，1999（45）：451-456.

[21] Deng Tswen Shieh，Bing Joe Hwang. Morphology and electrochemical activity of Ru-Ti-Sn temary-oxide electrodes in L M NaCl solution［J］. Electrochimica Aeta，1993（38）：2239-2246.

[22] Berenguer R，Quijada C，Morallon E，Electrochemical characterization of SnO_2 electrodes doped with Ru and Pt［J］. Electrochimica Acta，2009.

[23] 汪文兵，龙晋明，郭忠诚．钛基金属氧化物涂层电极的研究进展［J］．电镀与涂层，2006，25（7）：46-48.

[24] 宋卫锋，谢光炎，林美强．DSA 类电极催化降解硝基苯及其动力学研究［J］．上海环境科学，2002，21（6）：353-355.

[25] 韩卫清．电化学氧化法处理生物难降解有机化工废水的研究［D］．南京：南京理工大学，2007.

[26] KONG Jiang tao，SHI Shao yuan，ZHU Xiu ping，et al. Effect of Sb dopant amount on the structure and elec-

trocatalytic capability of Ti/Sb-SnO₂ electrodes in the oxidation of 4-chlorophenol [J]. Journal of Environmental Sciences, 2007, 19 (11): 1380-1386.

[27] Pramod S Patil. Versatility of chemical spray pyrolysis technique [J]. Materials Chemistry and Physics, 1999, 59 (3): 185-198.

[28] Elangovan E, Ramesh K, Ramamurthi K. Studies on the structural and electrical properties of spray deposited SnO₂/Sb thin films as a function of substrate temperature [J]. Solid State Communications, 2004, 130 (8): 523-527.

[29] Lozano B Correa, Conminellis CH, Battisti A De. Electrochemical properties of SnO₂-Sb₂O₅ electrodes prepared by spray pyrolysis technique [J]. Applied Electrochemistry, 1996, 2 (26): 683-688.

[30] Isamu Kurisawa, Masaaki Shiomi, Shigeharu Ohsumi. Development of positive electrodes with an SnO₂ coating by applying a sputtering technique for lead-acid batteries [J]. Journal of Power Sources, 2001, 95 (1-2): 125-129.

[31] Grimim J H, Bessaeabov D G. Characterization of doped tin dioxide anodes prepared by a sol-gel technique and their application in an SPE-reactor [J]. Applied Electrochemistry, 2000, 30 (1-3): 293-302.

[32] 王静, 冯玉杰. 溶胶-凝胶法制备稀土 Gd 掺杂 SnO₂ 电催化电极的实验研究 [J]. 环境污染治理技术与设备, 2005, 6 (7): 19-24.

[33] 刘有芹, 沈含熙. 氯化血红素修饰玻碳电极的制备及其作用机理 [J]. 分析化学, 2004, 32 (1): 41-45.

[34] Fujiliira M, Poosittisak S. Electrocatalysis by electrodeposited Pt from PtCl₆²⁻ confined in a Langmuir-Blodgett film on a glassy carbon electrod [J]. Electroanal Chem, 1986, 199 (2): 481-484.

[35] 魏子栋, 三木敦史, 大森唯义, 等. 甲醇在欠电位沉积 Sn/Pt 电极上催化氧化 [J]. 物理化学学报, 2002, 18 (12): 1120-1124.

[36] Donnell M J, Tang K, et al. High-density, covalent attachment of DNA to silicon waters for analysis by MALDI-TOF mass spectrometry [J]. Anal Chem, 1997, 69 (13): 2438-2443.

[37] 袁倬斌, 张玉忠, 赵红. 聚天青 I 玻碳修饰电极对血红蛋白催化还原 [J]. 分析化学, 2001, 29 (11): 1332-1335.

[38] 贾金平, 申哲民, 周红. 电化学方法治理废水的研究与进展 [J]. 上海环境科学, 1999, 18 (1): 29-31.

[39] 高盐生, 董江庆. 电化学技术在环境污染治理中的应用 [J]. 内蒙古环境科学, 2008, 20 (1): 81-83.

[40] 陈薇, 邓冰葱. 电化学在环境工程领域中的应用 [J]. 化学与粘合, 2004 (4): 227-229.

[41] 王慧, 马建伟, 范向宇, 等. 重金属污染土壤的电动原位修复技术研究 [J], 生态环境, 2007, 16 (1): 223-227.

[42] 栾翀. 电化学防腐中的若干问题 [J]. 科技信息, 2008 (33): 587-588.

[43] 陆晖. 金属的电化学腐蚀与防腐 [J]. 宝鸡文理学院学报: 自然科学版, 1994 (1): 63-67.

[44] 刘小平. 涂层防腐蚀的电化学研究 [J]. 涂料工业, 1999 (2).

[45] 常玉, 刁慧芳, 施汉昌. 电化学消毒法处理回用水的可行性研究 [J]. 环境污染治理技术与设备, 2002, 3 (12): 46-48.

[46] 刁惠芳, 施汉昌, 李晓岩, 等. 回用生活污水的电化学消毒试验研究 [J]. 环境污染治理技术与设备, 2004, 5 (4): 23-25.

[47] 于向阳, 程继健. 稀土元素掺杂对 TiO₂ 光催化性能的影响 [J]. 华东理工大学学报: 自然科学版, 2000, 26 (3): 287-289.

[48] 谢茂松, 王学林, 徐桂芬, 等. 用电-多相催化技术处理化肥厂工业废水 [J]. 工业水处理, 2001,

21 (9)：15-17.

[49] 范经华，范彬，鹿道强，等．多孔钛板负载 Pd-Cu 阴极电催化还原饮用水中硝酸盐的研究 [J]，环境科学，2006，27 (6)：1117-1122.

[50] LI CHOUNG CHIANG. Electrochemical oxidation pretreatment of refractory organic pollutants [J]. Water Science&Technology, 1997, 34 (2-3)：123-130.

[51] FNG Y J, XIAO Y LI. Electrochemical Degradation of Phenol：Performance of Several metal oxides-based Anodes [J]. Rescarch, 2003, 37 (11)：1099-1103.

[52] Ikematsu M, Kaneda K, Iseki M, et al. Electrolytic treatment of human urine to remove nitrogen and phosphorus [J]. Chemistry Letters, 2006, 35 (6)：576-577.

[53] 印仁和，赵永刚，吕士银，等．热分解法制备电解煤浆用阳极及其电催化活性 [J]．应用化学，2010，27 (2)：215-219.

第 10 章
光催化材料的设计、制备与应用

本章提要： 光催化技术作为一种理想的环境污染治理技术，凭借室温深度反应以及可直接利用太阳能作为光源来驱动反应等独特性能逐步受到人们的关注。光催化材料（尤其是纳米二氧化钛半导体光催化剂）以其独特的光电化学性能、良好的热稳定性、治理污染无毒无害性等优点，被广泛地用于治理大气污染物、降解水中污染物以及制作自清洁玻璃、环保涂料等多个领域。虽然我国对光催化材料的研究才刚刚起步，并且在光催化剂的制备和应用等方面还有很多问题等待解决，但是作为一种高效、无污染的清洁环保材料，光催化材料无论在太阳能光电转换方面，还是在环境保护方面依然具有很好的实际应用前景，本章着重介绍光催化材料的设计、制备与表征以及在环境工程中的应用，包括在气相污染控制中的应用以及在降解水中污染物中的应用。

10.1 催化的基础知识

10.1.1 催化的概念与历史

催化是利用催化剂加快化学反应速度的一种工艺，许多化学工业要利用催化作用来获得需要的反应速度。催化也是自然界中普遍存在的重要现象，催化作用几乎遍及化学反应的整个领域。催化工艺经过漫长的发展现已成为现代化学工业的基石，人类的生命活动与催化反应同样有着密切的联系。

古代时中国已经会使用酒曲来酿酒，酒曲是一种生物酶催化剂。欧洲中世纪时期炼金术士以硫黄为原料制造硫酸时用硝石作催化剂。1746 年英国人 J·罗巴克用铅室法制硫酸，用一氧化氮作催化剂，是工业上采用催化剂的开始。

直到 19 世纪，产业革命有力地推动了科技的发展，人们相继发现了大量的催化现象。1838 年，德拉托和施万分别发现糖能发酵生成酒精和 CO_2 是由于一种微生物的存在。在生物体内存在的由普通物质、植物汁液或血而生成的有机化合物会促使反应的生成。之后，居内将这些有机催化剂称为"酶"。1835 年瑞典化学大师贝采里乌斯首次对催化现象进行总结，并给了一个新的术语"催化作用"。他首先采用了"催化"这一名词，并提出催化剂是一种具有"催化力"的外加物质，在这种作用力影响下的反应叫催化反应。这是最早的关于催化反应的理论。1902 年德国化学家 W·奥斯特瓦尔德将催化定义为："加速化学反应而不影响化学平衡的作用。"1910 年实现大规模生产合成氨是催化工艺发展史上的里程碑。

从 20 世纪 50 年代开始，红外、核磁共振谱及一些表面能谱开始被应用于催化作用本质的研究。如今，催化已发展成为一门跨学科的重要前沿学科。

10.1.2　催化反应过程

1. 催化作用不能改变化学平衡

定义催化剂时已经指出：催化剂不改变化学反应的热力学平衡位置。这是由于对于可逆化学反应，反应所达到的化学平衡位置是由热力学所决定的。由 $\Delta G = -RT\ln K_p$ 看出，化学平衡常数 K_p 大小取决于产物与反应物的标准自由能之差 ΔG 和反应温度 T。ΔG 是状态函数，取决于过程的始态和终态，与过程无关。当反应体系确定，反应物和产物的种类、状态和反应温度一定时，反应的化学平衡位置即被确定，催化剂不影响 ΔG 的数值。因此催化剂只能加速一个热力学上允许的化学反应达到的平衡状态。

2. 催化作用通过改变反应历程而改变反应速度

在化学反应中加入适当的催化剂通常可以使反应速度加快，催化剂加速化学反应是通过改变化学反应历程，从而降低反应的活化能得以实现的。在非催化反应中，反应物分子需要具有足够大的能量去克服较高的活化能从而确保反应的发生。在无催化剂的条件下是很难进行的。但在催化反应中，催化剂的加入使反应的活化能降低，从而提高了反应速率。

10.1.3　催化剂的种类及性能指标

1. 催化剂的种类

催化剂俗称触媒，是一种能够改变一个化学反应的反应速度，却不改变化学反应热力学平衡位置，本身在化学反应中不被明显地消耗的化学物质。

催化剂可分为三种类型，即均相催化剂、多相催化剂和生物催化剂。

催化剂和它们催化的反应物处于同一种物态（固态、液态或气态），没有相界存在而进行的反应，称为均相催化作用，能起均相催化作用的催化剂为均相催化剂。如四氧化二氮与氯气和日光发生反应时，就会分解成氮气和氧气，此时氯气就是一种均相催化剂。均相催化剂包括液体酸、碱催化剂，可溶性过渡金属化合物（盐类和络合物）等。均相催化剂以分子或离子形式独立起作用，活性中心均一，具有高活性和高选择性。

多相催化剂和它们催化的反应物处于不同的状态。一般为固体催化剂。如生产人造黄油时通过固态镍（催化剂）把不饱和的植物油和氢气转变成饱和的脂肪。这里，固态镍就是一种多相催化剂，而被它催化的反应物是液态的植物油和气态的氢气。多相催化剂包括固体酸、碱绝缘体氧化物，负载在适当载体上的过渡金属盐类及络合物，半导体型过渡金属氧化物和硫化物，过渡金属和 I_B 族金属等。

生物催化剂广义是指由生物产生用于自身新陈代谢，维持其生物活动的各种催化剂。酶是具有催化功能的蛋白质，活的生物体利用酶来加速体内的化学反应，酶是最常见最重要的一类生物催化剂。

此外，按催化作用机理，又可以把催化剂分为金属催化剂、金属氧化物催化剂、有机金属化合物催化剂和酸碱催化剂（见表 10-1）。

表 10-1 催化剂的分类

分 类	功 能	实 例
金属	加氢，氢解	Ni，Pd，Pt（Cu）
	氧化	Ag，Pt
	链烷烃异构	Pt/酸性载体
	氢解	Pd/沸石
金属氧化物	部分氧化	复合金属氧化物
	脱氢	Fe_2O_3，ZnO，Cr_2O_3/Fe_2O_3
酸碱	水合	酸性离子交换树脂
	聚合	H_3PO_4/载体
有机金属化合物	烯烃聚合	α-$TiCl_3$ + Al（C_2H_5）$_2$Cl
	羰基化，羟基化	RhCl（CO）（PPh_3）$_2$

2. 催化剂的性能指标

催化剂的性能是评价催化剂好坏的主要指标，它包括催化剂的活性、选择性和稳定性。

（1）催化剂的活性　催化剂参与化学反应，降低了化学反应的活化能，大大加快了化学反应的速率。这说明催化剂具有催化活性。催化反应的速率是催化剂活性大小的衡量尺度。活性是评价催化剂好坏的最主要的指标。

（2）催化剂的选择性　一种催化剂只对某一类反应具有明显的加速作用，对其他反应则加速作用甚小，甚至没有加速作用。这一性能就是催化剂的选择性。催化剂的选择性决定了催化剂作用的定向性。可通过选择不同的催化剂来控制或改变化学反应的方向。

（3）催化剂的稳定性　催化剂的稳定性是指催化剂在使用条件下具有稳定活性的时间。稳定活性的时间越长，催化剂的催化稳定性越好。催化剂的稳定性包括化学稳定性、耐热稳定性、抗毒稳定性和机械稳定性等。催化剂的稳定性通常以寿命表示。催化剂的寿命是指催化剂在一定反应条件下维持一定反应活性和选择性的使用时间。这段时间称为催化剂的单程寿命。活性下降后又经再生恢复活性，继续使用，累积的总反应时间称为总寿命。

10.1.4　催化作用及其反应机理

催化是通过催化剂改变反应物的活化能，改变反应物的化学反应速率，反应前后催化剂的量和质均不发生改变的反应。催化作用是指催化剂对化学反应所产生的效应。

反应物要想发生化学反应，必须使其化学键发生改变。改变或者断裂化学键需要一定的能量支持，能使化学键发生改变所需要的最低能量阈值称为活化能，而催化剂通过降低化学反应物的活化能而使化学反应更易进行，且大大提高反应速率。

化学反应能否进行要根据反应的自由能变，但仅仅根据自由能变还不能判断反应能否完成，因为化学反应的完成还取决于反应的能垒即活化能，如果反应能垒很高，反应物分子就难以具有足够的能量克服反应能垒而发生反应，则必须为其提供一定的能量，越过能垒，完成反应。而催化剂的作用就是降低该活化能，使之在相对不苛刻的环境下发生化学反应。催化剂改变反应速率，是由于改变了反应历程，降低了反应的活化能。

如化学反应 A + B→AB，所需活化能为 E，在催化剂 C 参与下，反应按以下两步进行：

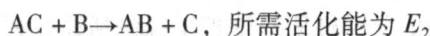

$$A + C→AC，所需活化能为 E_1$$

$$AC + B→AB + C，所需活化能为 E_2$$

E_1、E_2 都小于 E（图 10-1）。催化剂 C 只是暂时介入了化学反应，反应结束后，催化剂 C 立即再生。

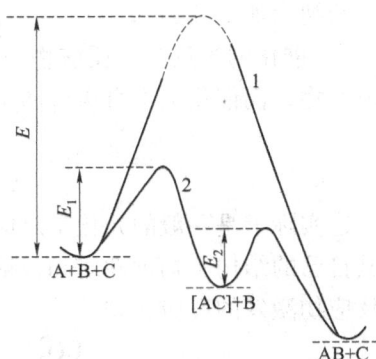

图 10-1　活化能与反应的途径

1—无催化剂时的反应　2—有催化剂时的反应

10.2　光催化的基础知识

10.2.1　光催化的概念与历史

光催化，一种自然现象，是指化学反应发生是源自于光照射在触媒上，使触媒处于激发态，促使与触媒接触的化学分子（或物质）产生变化的过程。光催化反应是光和物质之间相互作用的多种方式之一，是光反应和催化反应的融合，是在光和催化同时作用下所进行的化学反应。光催化从 20 世纪 70 年代开始到目前为止已经有了 30 多年的研究历史。

1972 年，东京大学的 Fujishima 和 Honda 在 TiO_2 半导体单晶电极上发现水光解生成氧和氢，发现了半导体材料的"本多-藤岛效应"，才真正开始了多相半导体光催化的研究，并掀起了光催化分解水以解决能源危机的热潮。后来将这一现象中的 TiO_2 称作光触媒。

20 世纪 70 年代后期，Fank 和 Bard 关于水中氰化物在 TiO_2 上的光分解研究以及 Carey 等关于多氯联苯在 TiO_2 紫外光下的降解研究，极大地推动了光催化的迅速发展。

人们第一次清楚地认识到半导体催化剂对有机污染物具有氧化分解能力始于 1983 年 Oms 等人的研究，他们在 TiO_2 敏化的体系中发现了卤化有机物如三氯乙烯、二氯甲烷等的氧化分解。由于这一功能可能为治理环境污染提供新的方法和手段，所以立即成为半导体光催化研究中最为活跃的领域。20 世纪 90 年代以来，TiO_2 多相光催化技术的应用在环境保护领域内的水和气相有机、无机污染物的光催化去除方面取得了较大进展，被认为是一种极具前途的环境污染深度净化技术。各种人为污染物的毒害作用促使人们寻找新的降解方法，TiO_2 光催化氧化技术在过去二十年里引起了人们的广泛关注。

如今，光催化已经发展成一门新兴的化学边缘学科。大量而深入的研究已经证明，许多半导体材料具有光催化作用，且光催化作用的机理也逐步被理解。发现数百种主要有机或无机污染物都可用光催化的方法氧化分解。因此，光催化技术在环境污染治理方面具有十分光明的应用前景。

10.2.2　光催化的种类与实例

光催化反应是光和物质之间相互作用的多种方式之一，是光反应和催化反应的融合，是在光和催化剂同时作用下进行的化学反应。在催化反应中，原来由催化剂和反应物形成的活化能垒，由于吸收光子能量而比较容易克服，使反应速率进一步提高。迄今为止，光催化反应可归纳为如下几类。

1）催化的光反应。反应物分子首先吸收一定量的光而被激活后，再在催化剂的作用下生成产物，而催化剂本身再分离出来。此类光催化反应可表示为

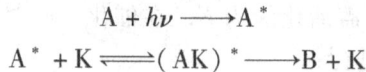

$$A + h\nu \longrightarrow A^*$$

$$A^* + K \Longleftrightarrow (AK)^* \longrightarrow B + K$$

这实际上是一般的光化学反应。经激发的反应物分子和具有过剩能级的基态分子不同，有其自己的结构、物理性质和包括催化性质在内的化学性质。这类反应包括那些利用光敏剂将反应物激发的反应，如

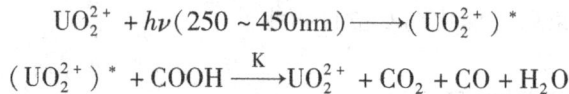

$$UO_2^{2+} + h\nu(250 \sim 450nm) \longrightarrow (UO_2^{2+})^*$$

$$(UO_2^{2+})^* + COOH \xrightarrow{K} UO_2^{2+} + CO_2 + CO + H_2O$$

2）敏化的光反应。催化剂首先吸收一定能量的光被激活，激活的催化剂再同反应物分子起作用而得到产物，催化剂再分离出来。此类光化学反应可表示为

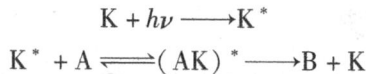

$$K + h\nu \longrightarrow K^*$$

$$K^* + A \Longleftrightarrow (AK)^* \longrightarrow B + K$$

目前许多利用半导体的反应，如以 TiO_2 为催化剂的光催化反应都属于这一类。这类催化剂在光激发下，产生的电子和空穴可以分别将反应物还原和氧化。一个典型例子是负载在多孔高硼硅酸上的 MoO_3 催化剂，在丙烯的光催化歧化反应中，生成了激发物种，反应式为

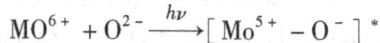

$$MO^{6+} + O^{2-} \xrightarrow{h\nu} [Mo^{5+} - O^-]^*$$

后者在和丙烯反应时，按生成金属碳烯的歧化反应机理生成目的产物。

3）催化剂和反应物有很强的相互作用，如生成配合物，后者再经激发进行催化反应。此类光化学反应可表示为

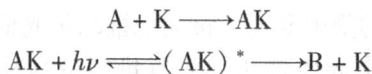

$$A + K \longrightarrow AK$$

$$AK + h\nu \Longleftrightarrow (AK)^* \longrightarrow B + K$$

许多用有机金属配合物为催化剂的光催化反应属于这一类型。如使用 $W(CO)_6$ 为催化剂的 1，2-二苯乙烯的几何异构化反应以及使用 $Fe(CO)_6$ 为催化剂的异构化反应等均属于这类反应。

4）在经多次激发后的催化剂 K′作用下引发的催化反应。这类反应可记作

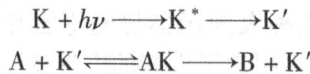

$$K + h\nu \longrightarrow K^* \longrightarrow K'$$

$$A + K' \Longleftrightarrow AK \longrightarrow B + K'$$

如在由 Rh-Sn 配合物催化异丁醇脱氢的反应中，发现反应按如下机理进行

$$MLL' \Longleftrightarrow ML + L'$$

其中 ML 即为配合物 MLL′经光激发后生成的活性催化剂。

5）光催化氧化-还原反应。此类反应可记作

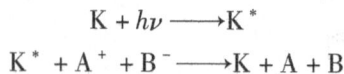

$$K + h\nu \longrightarrow K^*$$

$$K^* + A^+ + B^- \longrightarrow K + A + B$$

从表面上看，这是催化剂和反应物都已经过活化的催化体系。和第二类反应相对照，最典型的是以 TiO_2 为催化剂的光催化氧化-还原反应中的一个特例，TiO_2 上的 Pt 作为光催化剂分解甲酸时，即按此机理进行。

$$TiO_2 \xrightarrow{h\nu} TiO_2(h^+, e)$$

$$H^+ CH_3COO^- \longrightarrow CH_3COOH$$

$$e + H^+ \longrightarrow \frac{1}{2}H_2$$

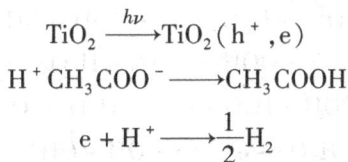

10.2.3　光催化作用和原理

1. 光催化作用

目前，光催化的主要作用有抗菌防霉、除臭、防污自洁和净化环境等。下面就这几种作用作简要介绍。

（1）抗菌防霉　光催化膜表层会产生具有强氧化性活性氧（O_2^-）和氢氧自由基（·OH），这两种离子能穿透细菌的细胞膜，使其蛋白质流失而导致死亡，同时能将细菌尸体分解成 CO_2 和 H_2O，不会产生二次污染。

（2）除臭　光催化薄膜吸收光线后产生具有强大氧化分解能力的活性氧（O_2^-）和氢氧自由基（·OH）。这两种氧化离子能将甲醛、苯、TVOC 等有机气体氧化分解成无害的 CO_2 和 H_2O。

（3）防污自洁　经太阳光照射，会产生超亲水特性。即雨水落到瓷砖表面后，水珠会迅速摊开，形成水膜，当有污垢附着在瓷砖（玻璃幕墙）表面时，水膜会渗透到污垢下面将其浮起，使得污垢不易附着并随雨水冲走，这样，建筑外墙就能不断进行自我清洁，长久保持美好外观。

（4）净化环境　光催化膜吸收光线后，形成具有强大分解能力的活性氧，它能将大气中的 NO_x、SO_x 等氧化形成离子，这些离子和水分子结合后会形成弱酸并随雨水冲走。$1m^2$ 光催化涂料分解 $NO_x 3.88g/$年，$1000m^2$ 的光催化涂料相当于种植 4m 高的树木 36 棵的净化效果。

2. 光催化原理

光催化是以 N 型半导体的能带理论为基础，以 N 型半导体作敏化剂的一种光敏氧化法。用作光催化的半导体大多为金属的氧化物和硫化物。常用的 N 型半导体有 TiO_2、ZnO、CdS、Fe_2O_3、SnO_2、WO_3 等。半导体的能带结构通常是由一个充满电子的低能价带和一个空的高能导带构成，价带和导带之间存在一个区域为禁带，区域的大小通常称为禁带宽度（E_g）。当用能量等于或大于禁带宽度（也称带隙，E_g）的光照射半导体时，价带上的电子（e）就会被激发跃迁至导带，同时在价带上产生相应的空穴（h^+），并在电场的作用下分离并迁移到粒子的表面。

空穴（h^+）有很强的得电子能力即具有强氧化性，可夺取半导体颗粒表面被吸附物质或溶剂中的电子、H_2O、OH^-，形成具有强氧化性的羟基自由基使原本不吸收光的物质被活化氧化。表达式为

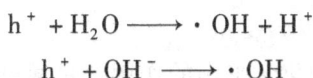

$$h^+ + H_2O \longrightarrow ·OH + H^+$$

$$h^+ + OH^- \longrightarrow ·OH$$

而光生电子（e）具有很好的还原性，电子受体通过接受光生电子而被还原。电子与表面吸附的氧分子反应可表示为

$$O_2 + e \longrightarrow ·O^{2-}$$

$$\cdot O^{2-} + H_2O \longrightarrow \cdot OOH + OH^-$$

$$2 \cdot OOH \longrightarrow O_2 + H_2O_2$$

$$\cdot OOH + H_2O + e \longrightarrow H_2O_2 + OH^-$$

$$H_2O_2 + e \longrightarrow \cdot OH + OH^-$$

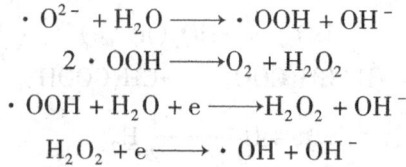

将光催化剂均匀涂布于基材表面，在光的照射下，产生出氧化能力极强的自由氢氧基和活性氧，具有很强的光氧化还原功能，可氧化分解各种有机化合物和部分无机物，能破坏细菌的细胞膜和固化病毒的蛋白质，可杀灭细菌和分解有机污染物，把有机污染物分解成无污染的水和二氧化碳。图 10-2 所示即为光催化氧化过程中被激发的 TiO₂ 半导体体相与表面的光物理和光化学过程。

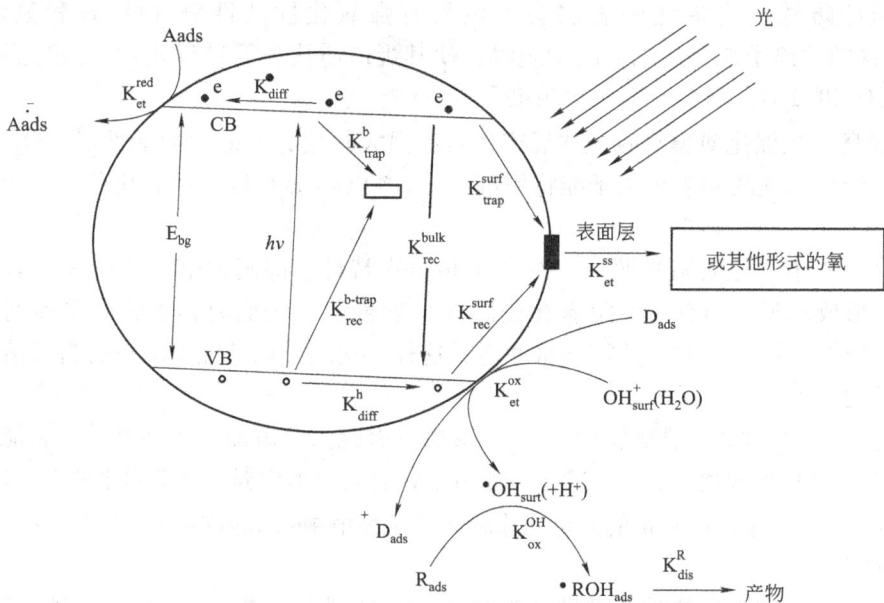

图 10-2　光催化氧化过程中被激发的 TiO₂ 半导体体相与表面的光物理和光化学过程

迁移到表面的光生电子和空穴能参与光催化反应，同时也存在着电子与空穴复合的可能性。如果没有适当的电子和空穴俘获剂，储备的光能在几个毫秒时间内就会通过光致电子和空穴的复合，以热的形式释放，或释放出光子，发射荧光而被消耗掉；当表面有适当的俘获剂或表面空位来俘获电子或空穴时，复合就会受到抑制，光致电子和空穴有效分离，将吸收的光能转换成化学能，参与还原和氧化吸附在表面上的物质。对半导体表面改性添加贵金属，掺杂或同其他的半导体复合将有利于降低电子和空穴的复合速率，因此有利于增加光催化过程的量子产率。

10.2.4　光催化与催化的区别

催化是加速化学反应而不影响化学平衡的作用，是通过催化剂降低化学反应物的活化能来加快化学反应速度的。而光催化是指化学反应的发生是由于光照射在催化剂上，使催化剂处于激发态，促使与催化剂接触的化学物质产生变化的过程。在光催化的过程中，光提供的是能量，而并非是一个催化剂。光催化通常被分为两类过程。当初始光激发发生在吸附分子上，这一吸附分子同基态的催化底物发生相互作用，这一过程被称为催化的光反应；而初始的光激发发生在催化剂底物上，然后受激发的催化剂将电子或能量传递给基态的分子，这一过程称为敏化的光反应。

催化剂是加速化学反应的化学物质，其本身并不参与反应。光催化剂就是在光子的激发下能够起到催化作用的化学物质的统称，目前用于光催化的大都为以纳米级 TiO_2 为代表的半导体光催化剂。

光催化反应是在光与催化剂共同作用下发生的。其反应步骤为：

1）TiO_2 受光子激发后产生载流子-光生电子、空穴。

2）载流子之间发生复合反应，并以热或光能的形式将能量释放。

3）由价带空穴诱发氧化反应。

4）由导带电子诱发还原反应。

5）发生进一步的热反应或催化反应（如水解或活性含氧物种反应）。

6）捕获导带电子生成 Ti^{3+}。

7）捕获价带空穴生成 Titanol 基团。

10.3　光催化材料的制备与表征

光催化剂是一种以纳米级二氧化钛为代表的具有光催化功能的光半导体材料的总称。TiO_2 作为诸多反应的催化剂，是研究的最多、最成熟的光化学反应催化剂。二氧化钛有三种晶型：锐钛矿型（Anatase）、金红石型（Rutile）和板钛型（Brookite）。其中具有光催化功能的主要是锐钛矿型和金红石型，其中锐钛矿型的光催化活性较高。近年来研究发现，锐钛矿与金红石的混晶体具有更高的活性。其主要原因在于，锐钛矿晶体表面生长了薄的金红石结晶层，由于晶体结构的不同，能有效地促进锐钛矿晶体中的光生电子和空穴电荷分离（混晶效应）。此外，TiO_2 还具有非常优良的耐酸碱和耐光化学腐蚀特性，其生产成本低且无毒，可以说是公认的光反应最佳催化剂，最具有实际应用价值。

光催化剂是一种在光的照射下，自身不起变化，却可以促进化学反应的物质。光催化剂把用自然界存在的光能转换成为化学反应所需的能量，来产生催化作用，使周围的氧气及水分子受激发形成极具氧化能力的自由负离子，几乎可分解所有对人体和环境有害的有机物质及部分无机物质，加速反应，不造成资源浪费与二次污染的形成，是当前国际上治理环境污染的最理想材料。

10.3.1　光催化剂的常用制备之法

目前，制备纳米 TiO_2 的方法可以归纳为气相法和液相法两大类。液相法具有合成温度低、设备简单、易操作、成本低等优点，是目前实验室和工业上广泛采用的制备纳米粉体的方法。合成 TiO_2 的液相方法主要有液相沉淀法、溶胶-凝胶法、微乳法，以及水热法等。而气相法则是利用气态物质在固体表面进行化学反应，生成固态沉积物的过程。用气象法制备的 TiO_2 超细粒子具有粒度细、化学活性高、粒子呈球形、单分散性好、凝聚粒子少、可见光透过性好、吸收紫外线的能力强等特点，且该过程易于放大，可实现连续化生产。本节对其中几种制备方法做一下简单介绍。

1. 液相沉淀法

液相沉淀法适用于大规模地生产制备光催化剂。这种方法具有设备简单、原料容易获得、纯度高、均匀性好、化学组成控制准确等优点，因此受到广泛的应用。

液相沉淀法的原理是通过选择一种或多种合适的可溶性金属盐类，按所制备材料的成分计量配制成溶液，使各元素呈离子或分子态，再选择一种合适的沉淀剂（如 OH^-、$C_2O_4^{2-}$、CO_3^{2-} 等）或用蒸发、升华、水解等操作，将金属离子均匀沉淀或结晶出来。通过控制水解条件，获得纳米粒子的水合物沉淀，然后将溶剂和溶液中原有的阴离子洗去，经热分解或脱水后即可得到不同晶型的超细氧化物粉末。沉淀法可以分为共沉淀、单相沉淀、混合物沉淀和均相沉淀几种类型，其中均相沉淀法在纳米金属氧化物 ZnO、PbO、SnO_2 等的生产中受到广泛应用。

2. 溶胶-凝胶法（sol-gel）

溶胶-凝胶法是制备纳米复合材料的常用方法。采用此法合成的纳米粉体，具有反应温度低、设备简单、过程重复性好等特点。

溶胶-凝胶法的基本步骤是先将钛的醇盐溶解于有机溶剂中，通过加入蒸馏水，使醇盐水解形成溶胶，溶胶凝华处理后得到凝胶，再经干燥和煅烧，即得到超细粉末。通过大量试验研究得出，溶液的 pH、溶质的含量、反应时间及温度为影响溶胶-凝胶法的主要因素。

为了克服水溶液中的水解产生的许多特殊问题，人们发展了非水溶液的溶胶-凝胶法。在用非水的溶胶-凝胶制备 TiO_2 的过程中，四氯化钛或烷氧基钛与多种氧的给体分子反应，通过 Ti-Cl 和 Ti-OR 之间的缩合反应形成 Ti-O-Ti 桥键。在反应中可以直接使用钛的醇盐，或者通过四氯化钛与乙醇或乙醚反应原位形成。Stucky 等人在 40℃ 条件下，利用非水溶胶-凝胶法，采用 $TiCl_4$ 与苯甲醇之间的反应成功地合成了高结晶度的 TiO_2 纳米晶。这种方法制备出了比表面积大、纯度高的锐钛矿结晶纳米颗粒。试验过程中无其他二氧化钛化合物形成。通过适当地调节苯甲醇与四氯化钛的配比，可做到对颗粒尺寸实现细微的调节。

3. 微乳法

微乳法由活化剂、助活化剂（通常为醇类）、水溶液（或电解质溶液）及油（通常为碳氢化合物）四组分组成，是一种多相反应法。微乳法利用两种互不相溶的溶剂在活化剂的作用下形成一个均匀的乳液，然后从乳液中析出，制备纳米材料。微乳法可使成核、生长、聚结、团聚等过程局限在一个微小的球形液滴内形成球形颗粒，避免了颗粒之间的进一步团聚。

微乳法分为油包水（W/O）和水包油（O/W）两种类型，每个小液滴都可以看成一个小反应器，液滴越小，产物颗粒越小。微乳是均质、低粘度和热力学稳定的分散体系，所以在一定条件下，胶束具有保持特定稳定小尺寸的特性。当两种含有不同反应物的微乳混合后，胶团颗粒的碰撞使水核内物质发生相互传递和交换，水核内发生钛酸盐的水解反应。当核内粒子长到一定尺寸时，活化剂分子就附在粒子表面，使粒子稳定，同时防止粒子的进一步长大。然后通过超离心或加入水和丙酮混合物，将超细颗粒与微乳分离，再用有机溶剂洗去粒子表面的油和活化剂，最后在一定温度下干燥并煅烧得到纳米 TiO_2。由于粒子表面包覆有活化剂，在反应和煅烧过程中 TiO_2 不易聚集。

微乳法还可制备出纳米复合光催化剂。蒲玉英等人采用聚乙二醇辛基苯基醚（Triton X-100）为活化剂，正己醇为助活化剂，环己烷为油相，在氨水微乳体系合成了纳米 SiO_2/TiO_2

复合催化剂。

利用微乳法制备纳米粒子，试验装置简单，易于操作，粒度可控，粒径分布窄，形貌均一，煅烧后团聚少。但该方法中，活化剂和助活化剂在低温下很难去除，这个问题有待在日后研究中克服。

4. 水热合成法

水热合成法是在特制的密闭反应容器（高压釜）里，采用水溶液作为反应介质，通过对反应容器加热，创造一个高温高压的反应环境，使得通常难溶或不溶的物质溶解并且重结晶。水热法制备粉体常采用固体粉末或新配制的凝胶作为前驱体。利用水热法可以在温度远低于煅烧温度（$400 \sim 1000 ℃$）的条件下得到结晶良好的 TiO_2。

水热合成法的基本操作是，在内衬耐腐蚀材料的密闭高压釜中加入前驱物，按一定升温速率加热，待高压釜达到所需的温度值，恒温一段时间，卸压后经洗涤，干燥即可得到目标产物。此外，利用水热的方法处理胶态 TiO_2 悬浮液能够产生高质量的结晶态产物。Wilson 等人用微波水热处理胶态 TiO_2。与普通的水热过程相比，产物的结晶度更高，处理过程需要的时间更少。

许多制备方法都要求焙烧温度在 $450 ℃$ 以上，以形成规则的晶体结构。然而，高温处理的同时能够使比表面显著降低并破坏 TiO_2 粒子表面的羟基，很难合成高晶化度的纯锐钛相的 TiO_2 光催化剂。因此，与其他制备方法相比，水热合成法能够在较低温度下（小于$250 ℃$）制得具有较高晶化度的高活性的锐钛矿相 TiO_2，具有诱人的前景。

此外，由于反应在密闭的高压釜中进行，可应用于有毒体系中的合成反应。在水热法的基础上，以有机溶剂代替水，在新的溶剂体系中设计新的合成路线，扩大了水热法的应用范围。

5. 高能球磨法

高能球磨法（high-energy ball milling）作为一种物理研磨法一出现即成为制备超细材料的一种重要途径。在传统理论中，新物质的生成、晶型转化及晶格变形都要通过高温或化学变化来完成。而直接利用机械能参与引发化学反应是一种新的思路。

高能球磨法的基本原理为利用机械能来诱发化学反应或诱导材料组织、结构和性能的变化，由此来制备新材料。高能球磨法作为一种新的技术，能够明显降低反应活化能、细化晶粒，可极大地提高粉末活性和改善颗粒分布均匀性及增强体与基体之间界面的结合，促进固态离子扩散，诱发低温化学反应，从而提高了材料的密实度，电、热学等性能。

高能球磨机的工作形式和搅拌磨、振动磨、行星磨有所不同，它是搅拌和振动两种工作形式的结合。因为高能球磨机的搅拌器和研磨介质是高速旋转体和易磨损部件，所以对上述两部件的材质要求极高。在高能球磨机的球磨过程中，需要合理选择研磨介质（不锈钢球、玛瑙球、炭化钨球、聚氨酯球等）并控制球料比、合适的入料粒度及研磨时间。高能球磨机的球磨时间达几十甚至上百小时，体系发热很大，因此要采取降温措施。有时，为满足气氛要求尚需通入 N_2、Ar 等气体。球磨原料一般选择微米级的粉体或小尺寸、条带状碎片，球磨过程中，不同时间球磨粉体的颗粒尺寸、成分和结构的变化可以通过 XRD、电镜、穆斯堡尔谱等来进行监控。

高能球磨法作为一种节能、高效的材料制备技术，可用于制备金属材料、非晶材料、纳米材料及陶瓷材料等，是材料制备研究领域中的一种重要方法。

6. 物理气相沉积法

物理气相沉积法（Physical Vapor Deposition，PVD）是指用电弧、高频或等离子体等高温热源将原料加热，使其汽化或形成等离子体，然后骤冷使其在基片上沉积来制备薄膜的一种方法。物理气相沉积法的沉积温度较低，不易引起基底的变形与开裂，制得的薄膜均匀，易控制薄膜的结构与性质，是一种工程上已广泛应用的制膜方法，但是该法需要在真空下进行，所需设备价格昂贵。目前，常用的制备 TiO_2 物理气相沉积方法主要有电子束蒸发、离子束溅射、直流或射频溅射、磁控溅射等。

7. 化学气相沉积法

化学气相沉积法（Chemical Vapor Deposition，CVD）是 20 世纪 80 年代发展起来的一种薄膜制备技术，最开始用于制备金属纳米材料，后来也被运用在 TiO_2 膜的制备上。

化学气相沉积法的原理为用载气（N_2 或 Ar）通过前驱物（钛的有机化合物），使气相中的前驱物的蒸气压达到一定值后高温分解前驱物，使 TiO_2 沉积在基材上。Tatsumi 利用化学气相沉积法水解 $Ti（O-i-C_3H_7）_4$ 得到了具有超大比表面积的介孔 TiO_2，其比表面积达 $1200m^2 g^{-1}$。化学气相沉积法制备的 TiO_2 粒度小且均匀，催化活性高，但这种方法制备成本高，技术难度大，工艺复杂。

10.3.2　光催化剂的改性方法

光催化技术越来越受到各国政府和企业的广泛重视，但在实际应用中光催化氧化技术仍存在一些缺陷，如光利用率低，吸附性较差，导体载流子复合率高，量子效率低，光催化剂的热稳定性差、比表面积小等。针对光催化剂的这些问题，主要采用以下方法对光催化剂进行改性。

1. 离子掺杂改性

大量试验表明，提高 TiO_2 光催化活性在可见光范围的响应主要采用离子掺杂的方法。以填隙或取代的方式将离子掺杂进入 TiO_2 晶格后，即造成了光催化材料在可见光范围内的响应，对光催化材料的晶态结构、化学稳定性、光催化活性等方面都有影响。同时，掺杂离子的电位、价态、掺杂含量、电子构型等对光催化剂的性能具有重要影响。

纳米 TiO_2 光催化剂的离子掺杂方法主要有：金属离子掺杂、非金属离子掺杂、多种离子共掺杂等。

（1）金属离子掺杂

1）贵金属离子沉积。贵金属对半导体催化剂的修饰主要是通过改变电子的分布。TiO_2 表面沉积适量的贵金属后，由于贵金属费米能级小于 TiO_2 费米能级，载流子重新分布，电子从 TiO_2 向贵金属表面扩散，直到它们的费米能级相同，电子在贵金属上富集相应减少了 TiO_2 表面电子密度，从而降低了电子与空穴的复合概率。另外贵金属沉积还可以降低还原反应的超电压，提高 TiO_2 的光催化活性。在目前的研究中，Pt、Pd、Ag、Au、Ru、Rh、Nb 等是较常用的惰性金属，其中 Pt 最为常用。

2）过渡金属离子掺杂。过渡金属离子的掺杂对纳米 TiO_2 光催化活性的提高主要有以下几个方面：过渡金属离子的掺杂形成了电子-空穴的捕获中心，同时掺杂使载流子的扩散途径增长，间接增加了激发电子和空穴的平均寿命，降低了电子-空穴的复合率；掺杂后在 TiO_2 的禁带中形成杂质能级，使得能量较小的长波光子也能激发掺杂半导体，从而提高了光子的利用效率；掺杂后造成了晶格缺陷，有利于形成更多的 Ti^{3+} 氧化中心。研究人员对 W^{6+}、Mo^{5+}、Fe^{3+}、Co^{2+}、Cu^{2+}、Cd^{2+}、V^{5+}、Pb^{2+}、Cr^{6+} 等离子的掺杂均进行了研究。试验结果表明，这些离子的掺杂在一定程度上均能够提高 TiO_2 的光催化活性和可见光响应性。

3）稀土金属离子掺杂。稀土金属离子掺杂对纳米 TiO_2 光催化提高的原因主要有两种观点：第一种观点为稀土元素包裹在 TiO_2 表面，吸收较宽范围的光辐射，同时将能量传递给 TiO_2，从而提高了光催化活性。第二种观点为稀土元素掺杂后引起 TiO_2 的晶格膨胀，适度的晶格膨胀可引起更多的氧缺陷，从而在导带底引入更多的浅能级成为捕获电子的陷阱。稀土离子在价带顶引入的浅能级则成为捕获空穴的陷阱，电子、空穴被捕获分离后又各自向表面迁移，经过捕获、分离，提高了电子、空穴的有效分离，从而提高了光催化性能。

（2）非金属离子掺杂　目前用来修饰 TiO_2 的非金属元素主要有氮、碳、硫、卤素等。1986 年 Sato 等就发现氮的引入可使二氧化钛具有可见光活性。2001 年 Asahi 等报道了一种在可见光（波长 $\lambda < 500nm$）下具有很高光催化活性和超亲水性的薄膜光催化剂和 $TiO_2\text{-}xNx$（$x = 0.175\%$）粉末，氮取代少量的晶格氧后使二氧化钛的带隙变窄，并在不降低紫外光活性的同时实现可见光光催化响应。目前，对氮掺杂方法的研究主要是根据不同的氮源和钛源（或者其他过渡金属）来设计不同反应，主要有气-固相反应、固相反应、液相反应和高温喷雾分解反应等。

（3）多种离子共掺杂　相对于单一元素掺杂，多种离子掺杂的作用机理尚不清楚，但从目前的一些报道看，所制得的样品均比单一掺杂催化活性高。Liu 等人先用水热合成法制备出 S 掺杂的 TiO_2，样品随后在氨气氛中 600℃ 煅烧 4h，得到 S、N 共掺杂 TiO_2。在可见光照射下光催化降解亚甲基蓝，其降解效果比单独掺 S 或 N 更好。Li 等人采用 $TiCl_4$ 和 NH_4F 作前驱物，通过喷雾干燥法制备了 N、F 共掺杂 TiO_2。所得样品对空气中的乙醛进行降解。试验表明，不论在紫外光区还是可见光区其光催化降解效果均比 P-25 高。他们把高催化活性归因于样品的多孔结构和高的表面酸性以及 N、F 掺杂后的协同效应。此外，姚秉华等人制备了钌、镧共掺杂 TiO_2。试验结果表明，样品分别在紫外灯、荧光灯、日光照射下对染料直接耐晒黑 G 的降解中均表现出了很强的降解活性。

2. 半导体复合

两种或两种以上的半导体形成具有一定微观结构的复合体系即半导体复合，其光化学、光物理方面的性质都会发生很大改变。半导体复合是提高光催化效率的有效手段。通过半导体的复合作用，可提高系统的电荷分离效果，扩展光谱响应范围。方法包括简单的组合、掺杂、多层结构和异相组合等。将两种不同的半导体复合在一起主要考虑不同半导体的禁带宽度、价带、导带能级位置以及晶型的匹配等因素。

复合半导体根据组分性质的不同，可分为半导体-TiO_2 半导体复合物和绝缘体-TiO_2 半导体复合物。绝缘体-TiO_2 半导体复合物主要有 SiO_2-TiO_2，ZrO_2-TiO_2 和 V_2O_5-TiO_2 等。当半导体和绝缘体复合时，Al_2O_3、SiO_2、ZrO_2 等绝缘体大都起着载体的作用。目前所报道的半导体-TiO_2 半导体复合物被认为是向可见光范围拓展的一种行之有效的方法。

利用纳米粒子间的复合作用，两种半导体的导带、价带、禁带宽度不一致而使二者发生交叠。复合体系几乎都表现出高于单一半导体的光催化性质。具有如下优点：通过改变粒子的大小，调节半导体的带隙和光谱吸收范围；半导体微粒的光吸收呈带边型，有利于太阳能的有效采集；通过粒子的表面改性增加光稳定性等。

在复合半导体中，由于硫化镉是典型的Ⅱ-Ⅳ族半导体，其禁带带隙为 2.4eV 左右，在可见光范围内就可以将其价带电子激发，因此对其研究较多。在复合半导体 CdS/TiO$_2$ 薄膜中，TiO$_2$ 导带的电势要高于 CdS，同时其价带电势低于 CdS，当 CdS 与 TiO$_2$ 复合后，两种禁带宽度不同的半导体之间形成了异质结，二者的能带产生交叠，扩展了薄膜的吸收波长范围；另一方面，由于 CdS 能隙值为 2.2 ~ 2.3eV，当可见光照射时，其导带电子将被激发，依据 TiO$_2$ 和 CdS 二者的电势关系，CdS 导带被激发，电子跃迁至 TiO$_2$ 的导带，使其光生载流子得以有效分离，可提高光生载流子的分离效率，且光激发 CdS 产生的电子比光激发产生的空穴有效质量小，其移动速度快，易被溶液中的受主捕获，从而改善了薄膜的光催化降解效率。

3. 染料光敏化

半导体材料的光敏化是通过将光敏化材料以物理或化学方式吸附于半导体催化剂表面，从而延伸光催化材料的激发波长。染料光敏化的机理为先将光敏化材料激发，产生的光生电子从光敏化材料中转移到半导体，从而提高半导体的光响应范围。TiO$_2$ 经光敏剂活化后，由于染料分子的禁带宽度很小，当受到可见光照射后，该化合物被激活，处于激发态的化合物可给出电子到 TiO$_2$ 的导带上，形成光生电子。光生电子与溶解氧作用，形成强氧化性·OH 自由基，使光催化剂能有效降解废水中的苯酚等有毒化学物质。

有机染料包括叶绿素、联吡啶钌、曙红、酞菁等。只要活性物质激发态的电势比纳米 TiO$_2$ 导带电势更小，就有可能使激发态电子输送到纳米 TiO$_2$ 的导带，从而扩大纳米 TiO$_2$ 受激发的波长范围，提高太阳能利用率。D·Chatterjee 和 A·Mahata 分别用罗丹明 B 和亚甲基蓝与纳米 TiO$_2$ 形成敏化体系，在可见光下对苯酚、氯酚、1,2-二氯乙烷和活性剂等有机物进行催化反应。结果表明，它们的降解率均超过 55%，并且认为，罗丹明 B 和亚甲基蓝有助于·O$_2^-$ 和 HO$_2$·等活性粒子的产生。

10.3.3 负载型光催化剂的制备

悬浮相光催化剂具有反应速率快、降解率高等优点，但是由于存在力学强度低、热稳定性差、易中毒、失活、易团聚，并难以固液分离等问题使其在某些应用领域的应用受到了一定的限制。为了解决以上这些问题，可将光催化剂负载到载体上。制备负载型光催化剂的方式大致分为两种，一是将制备好的溶胶涂覆到载体上，经过干燥、焙烧形成均一连续的薄膜，一般具有一定的化学特征；二是仅仅将粉体组装到载体上。

载体的好坏，直接关系到催化剂性能的发挥。通常使用的二氧化钛载体有活性炭、氧化铝、玻璃微珠、玻璃纤维、石英砂、硅胶、有机聚合物小球、陶瓷、磁铁矿粉和分子筛等。制备负载型催化剂的方法主要有溶胶-凝胶法、浸渍法、气相沉积法和液相沉积法等。如制备贵金属负载催化剂的方法主要有浸渍还原法、光还原法和物理混合法。目前，负载型催化剂研究遇到一些问题，如负载量不易控制，包覆层的厚度不均匀，或由于介质的散射和吸收而使光能的利用率降低等问题。如何解决这些问题，需要日后大量的试验研究。

10.3.4 光催化剂的形貌表征

催化剂制备完成后，需要对其进行表征。现对下列几种光催化剂的表征方法作简单介绍。

1. X 射线衍射（XRD）

应用 X 射线衍射方法研究催化剂，可以由催化剂的微观结构特点了解其宏观物理化学性质。X 射线衍射方法主要应用于晶型鉴定及晶粒尺寸的测定。

（1）晶型鉴定　X 射线衍射用于晶型鉴定的原理是：单色 X 射线照射到晶体中的原子，由于原子周期性排列，弹性散射波相互干涉，进而发生衍射现象。一束平行的波长为 λ 的单色 X 光，照射到两个间距为 d 的相邻晶面上时，发生衍射。设入射角与反射角为 θ，两个晶面反射的反射线干涉加强的条件是二者光程差等于波长的整数倍，用布拉格公式表示为

$$2d\sin\theta = n\lambda \tag{10-1}$$

每一种物相都有其各自的"指纹"图谱，即特定的衍射图谱，将实测衍射图的特征与数据库中纯相的标准图谱（PDF 卡片）进行比对，就可以鉴定样品存在的物相。

实验室制备纳米 TiO_2 光催化剂，即可对所得产物进行 XRD 测试，用所得衍射谱图与不同晶型 TiO_2 的标准 PDF 卡片对照，即可知自制 TiO_2 晶型。此外，XRD 还可以用来分析二氧化钛光催化剂的金红石型与锐钛矿型的相对含量。采用下列公式进行计算：

$$X_A = 1/(1 + I_R/I_A K) \tag{10-2}$$

式中，X_A 为锐钛相的含量；I_R、I_A 分别为 XRD 图谱中将金红石相、锐钛相的峰高或峰面积；K 为常数，取 0.79。

图 10-3 为梁建等人采用水热合成的方法制备的二氧化钛纳米管的 XRD 图谱。图谱中的主要衍射峰分别对应于锐钛矿型 TiO_2 晶体的（101）、（200）晶面和金红石型 TiO_2 晶体（110）晶面。由此可推出，所得纳米管为混晶型的 TiO_2。其中，金红石相的含量计算可得为 67.3%（体积分数）。

（2）晶粒尺寸的测定　催化剂的比表面积、活性、孔容积、寿命及强度等都与催化剂粒径大小有着密切关系。在研制光催化剂工艺或研究已经使用过的催化剂的力学强

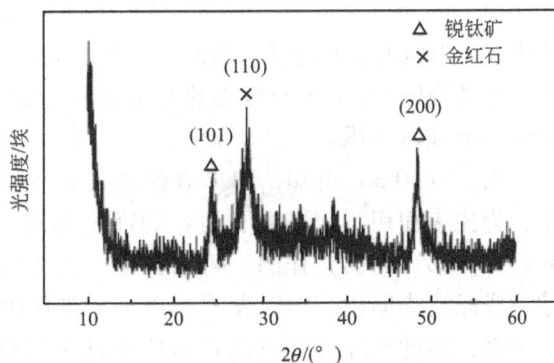

图 10-3　TiO_2 纳米管的 XRD 图谱

度、物理性能变化及失活原因等时，也需要考虑其晶粒变化。

利用 XRD 和 Scherrer 方程可以估算晶体颗粒的尺寸。通常一个衍射峰的宽度越窄，晶体尺寸越大。

$$D_{hkl} = \frac{K\lambda}{\beta\cos\theta}$$

式中，D_{hkl} 为晶粒尺寸（Å）；K 为常数，取 0.89；λ 为 X 射线波长；β 为半高峰宽（弧度），如图 10-4a 所示；θ 为衍射角的一半，取半高峰宽中心对应的角度，如图 10-4b 所示。

在对样品进行 X 射线衍射表征时，所测样品的尺寸大小也可从衍射峰的宽度看出。微晶排列的周期性使 X 射线衍射增强，导致锐峰和窄峰。如果晶体是随机排列的，周期差，则衍射峰比较宽。纳米颗粒聚集体通常属于后一种，衍射峰比较宽。

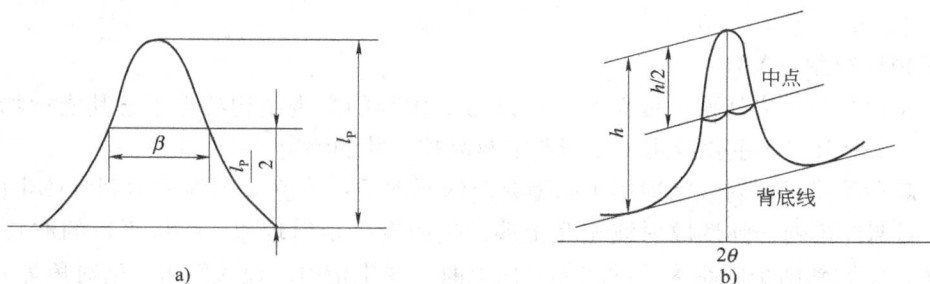

图 10-4　半高峰宽

2. 比表面积 BET 测定

比表面积是指单位质量物料所具有的总表面积，单位为 m^2/g。比表面积分外表面积、内表面积两类。理想的非孔性物料只具有外表面积；而有孔和多孔物料具有外表面积和内表面积。孔结构的存在使得固体材料的总表面积远远大于其外表面积，常见催化剂的总比表面积处于 $1 \sim 1000 m^2/g$，而其外表面积一般只有 $0.01 \sim 1 m^2/g$。比表面积是评价催化剂、吸附剂及其他多孔物质的重要指标之一。

BET 比表面积是目前经常使用的测量比表面积的方法之一。经过推导，可得到 BET 等温式如下：

$$\frac{p}{V(p_0 - p)} = \frac{1}{V_m} + \frac{c-1}{cV_m} \cdot \frac{p}{p_0} \tag{10-3}$$

式中，V 为压力 p 时的平衡吸附量（即样品实际吸附量）；V_m 为标准状况下吸附剂试样单分子层饱和吸附量；c 为与吸附热有关的吸附常数；p 为吸附质分压；p_0 为吸附温度下吸附质液体的饱和蒸气压。

由式（10-3）可知，BET 方程建立了多层吸附量 V 与单层饱和吸附量 V_m 之间的数量关系，为比表面积测定提供了很好的理论基础。试验测定不同压力 p 下的吸附量 V 后，若以 $p/V(p_0 - p)$ 对 p/p_0 作图，可拟合得一直线，由其斜率和截距可求出 c 和 V_m，进而计算出被测样品比表面积。实践表明，当 p/p_0 在 $0.05 \sim 0.35$ 范围内时，BET 图通常具有较好的直线关系，因此实际计算时选点也应在此范围内。由于是选取了一组 $(p/p_0, p/V(p_0 - p))$ 进行计算，这种方法通常称之为多点 BET。

通常情况下，BET 方程中的 c 值比较大，尤其是采用氮气作吸附气体时。对大多数种类的试样，第一层吸附热远大于被吸附气体的凝结热。值通常在 $100 \sim 200$ 之间，当 c 值比较大时，截距约等于 0，斜率约等于 $1/V_m$，这种情况下，上述 BET 公式近似简化为

$$\frac{V}{V_m} \approx \frac{1}{1 - p/p_0} \tag{10-4}$$

这时只要在 $p/p_0 = 0.05 \sim 0.35$ 范围内测定一个吸附点数据 (V, p)，就可求出饱和吸附量 V_m，这种方法称之为单点 BET。但是与多点 BET 相比，单点 BET 会存在比较大的误差。

3. X 射线光电子能谱

X 射线光电子能谱（X-ray Photoelectron Spectrometer，XPS），是以一定能量的 X 射线作为激发源，把这种激发源照射到物质或固体表面，激发出光电子，利用电子能量分析器将光电子按不同的能量分布进行检测，获取 $N(E) - E$ 的电子能谱图，求取电子的束缚能（结合能）、物质内部原子的结合状态和电荷分布等电子状态的信息。

目前常用 XPS 技术对催化剂各组分进行剖析，研究活性相的组成与性能的关系，催化剂的组成-结构-活性之间的关联等。XPS 用于催化剂研究和固体材料分析的优势表现为：不需要进行样品前处理；样品用量小；分析范围广；分析速度快。可以对原子序数 3 ~ 92 的元素进行定性和定量分析。可以给出元素化合态信息，进而可以分析出化合物组成。其中最基本的应用是组分鉴别、价态分析。

（1）组分鉴别　各种原子相互结合形成化学键时，内层轨道基本保留着原子轨道的特征。因此可以利用 XPS 内层光电子峰以及俄歇峰这两者的峰位置和强度作为"指纹"特征进行元素定性鉴定。此时仅用宽扫描全谱图就可以分析出周期表中除 H 和 He 之外的所有元素。这种方法的特点为谱图简单、"指纹"特征性强，并且往往为原位非破坏性测试技术。

（2）价态分析　利用 XPS 进行化学态分析较为常见的是内层光电子峰的化学位移和振激伴峰，即峰的位置和峰形可以提供有关化学价态的信息。另外，价电子谱以及涉及价电子能级的俄歇峰的峰位和峰形也可以从分子"指纹"的角度提供相关信息。当样品为非导体时，样品的荷电效应将使谱图整体位移，此时如果利用各有关峰的间距变化鉴别化学价态就显得特别有用，其中俄歇参数最为重要。

吴树新等人利用浸渍法制备了掺铜二氧化钛光催化剂。所制备的催化剂，铜掺杂（0.2%）时催化剂的光催化氧化和还原性都得到显著改善。Cu^+、Cu^{2+} 共存可能有助于抑制电子空穴复合，从而提高催化剂的光催化性能。通过 XPS 技术分析了掺铜催化剂表面组成和元素价态，发现铜含量为 0.8%，高于掺杂量 0.2%，说明铜物种有表面富集的倾向。

掺铜 0.2% 的催化剂的 XPS 图谱如图 10-5 所示。根据峰形特点和元素结合能数据可知，

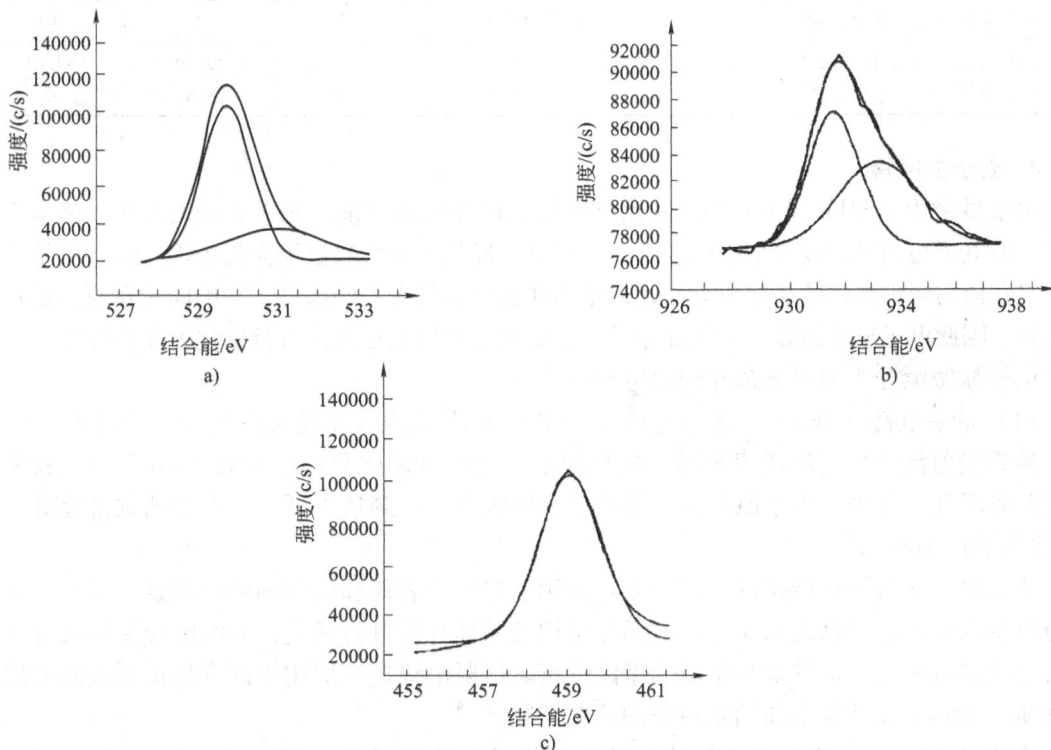

图 10-5　掺铜 TiO_2 的 XPS 图谱

a）O1s　b）$Cu_2p_{3/2}$　c）$Ti_2p_{3/2}$

催化剂表面的铜物种有两类，932eV 附近的 +1 价铜及 933eV 附近的 +2 价铜。氧物种也是两类结合能，即位于 529eV 的晶格氧和 530eV 附近的吸附氧。

表 10-2 给出了掺铜催化剂的 O1s 的 XPS 拟合结果。从图 10-5a 和表 10-2 可知，掺杂前后催化剂表面虽然都存在两类氧种，但铜掺杂导致催化剂表面吸附氧提高了。在光催化氧化过程中，表面吸附氧对于捕获光生电子、抑制电子空穴复合有着非常重要的作用。对于光催化还原过程，由于反应在二氧化碳中进行，因此，催化剂的表面吸附氧捕获电子的过程将被抑制，可以忽略表面吸附氧性能对光催化反应的影响。所以，掺铜催化剂光催化还原性能的改善不能从吸附氧的角度加以解释，其原因尚待进一步研究。

表 10-2　O1s 的 XPS 拟合结果

状　　态	电子结合能 E_{BE}/eV	氧物种类别	氧物种浓度（%，体积分数）
掺杂前	529.60	晶格氧	81.97
	530.65	吸附氧	10.03
掺杂后	529.45	晶格氧	62.5
	530.59	吸附氧	37.5

表 10-3 给出了不同掺铜量催化剂的 O1s 和 $Cu_2p_{3/2}$ 的 XPS 拟合结果。由表 10-3 可知，随着掺铜量的提高，吸附氧单调增加。但 Cu^+ 含量则在 0.2% 达到最大后开始下降，直至 10% 掺铜时，+1 价铜消失，只剩下 +2 价铜。

表 10-3　O1s 和 $Cu_2p_{3/2}$ 的 XPS 拟合结果

掺杂浓度（%，质量分数）	0	0.08	0.2	2	10
吸附氧含量（%，体积分数）	10.03	33.45	37.5	39.79	44.01
Cu^+ 含量（%，质量分数）	0	27.52	36.31	25.52	0

4. 电子显微镜

电子显微镜（EM）是利用电子束对样品放大成像的显微镜。光学显微镜的放大倍率不过几千，而电子显微镜的放大倍率可达百万，可分辨样品的最小数量级为几个埃。通过电子显微镜可以获得与微小物体的体相成分、几何结构和表面形貌有关的信息，并可同时在原位进行观察操作，因此电子显微镜是一种能在原子、分子尺度上以及在原位进行催化表征的有效工具。

电子显微镜分为透射电镜和扫描电镜两大类。

（1）透射电镜（TEM）　透射电镜是以电子束透过样品经过聚焦与放大后所产生的物像，然后投射到照相底片或荧光屏上进行观察。透射电镜的分辨率为 0.1 ~ 0.2nm，放大倍数为几万至几十万倍。由于电子易散射或被物体吸收，故穿透力低，所以必须制备超薄切片（通常为 50 ~ 100nm）。

透射电子显微镜在催化剂研究中主要应用于对物质表面和内部的形貌观察，进行电子衍射分析及高分辨电子显微术研究，对晶体结构及晶体性能进行研究，同时配合能谱仪可以对各种元素进行定性、定量及半定量的微区分析。透射电镜还可应用于观察催化剂表面上的其他物质，特别是尺寸较小如纳米粒子的分布情况。

梁建等人通过 TEM 发现二氧化钛纳米管样品的形貌是中空的管状，而非实心纳米线，如图 10-6 所示。

（2）扫描电镜（SEM）　扫描电镜是另一类电子显微镜，它将一细聚焦的电子束在样品表面上逐点扫描成像。用于扫描电镜测试的试样为块状或粉末颗粒，成像信号可以是二次电子、背散射电子或吸收电子。其中二次电子为主要的成像信号。透射电镜虽然具有高分辨率，但由于必须采用超薄样品，所以景深的问题不够突出。扫描电镜则具有大景深、高分辨率的特点。同时，扫描电镜能观察较大的组织表面结构，由于它的大景深，1mm 左右的凹凸不平面能清晰成像，故放样品图像富有立体感。

图 10-6　TiO$_2$纳米管的 TEM 图

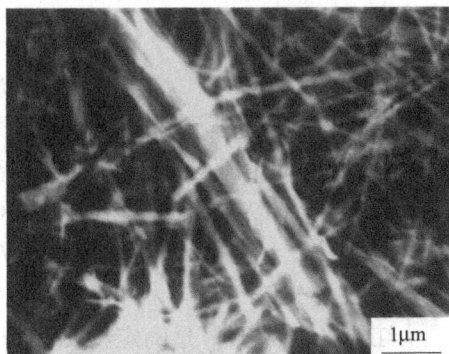

扫描电镜在催化研究中主要用于对各种样品表面和断面的微观结构分析。但由于光催化剂的导电性差，事先要在试样表面用真空蒸涂或离子溅射，使之涂上一层金、钯等金属导电层。这样做可以避免试样表面电荷的积累、过热或热点的形成，同时还可以增加二次电子的产率，改善信噪比。

梁建等人通过 SEM 发现二氧化钛纳米管样品的形貌多为线条状，有交叉、弯曲和重叠现象，如图 10-7 所示。纳米线的长度可达几微米，直径分布多在 10～50nm，可见产物的长径比很大。在 SEM 图中还可观察到纳米线簇，说明此纳米结构在其径向的表面活性大，有团聚现象出现。

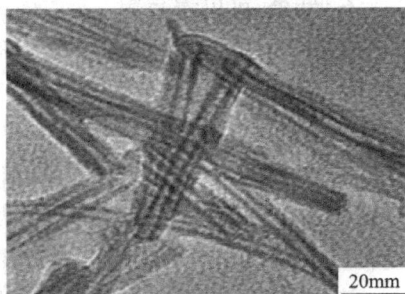

图 10-7　TiO$_2$纳米管的 SEM 图像

5. 紫外-可见（UV-vis）吸收光谱

紫外-可见（UV-vis）吸收光谱用于测定光催化剂的光吸收性质，同时也可探测半导体能带结构，根据紫外-可见吸收边可以推算半导体材料的带隙。但是紫外-可见吸收光谱主要用于液体物质的测定，若被测样品为粉末状，则需要将其制成薄膜样品，直接在紫外-可见分光光度计上测定吸收值。

图 10-8 所示为刘祥志等人制备的过渡金属离子 Cu^{2+} 掺杂 TiO$_2$ 薄膜的 UV-vis 吸收光谱。与图 10-9 中纯的 TiO$_2$ 薄膜的吸收边在 385 nm 附近相比，经过 Cu^{2+} 掺杂的氧化钛薄膜的吸收波长发生了红移，即扩展了 TiO$_2$ 波长的吸收范围，图 10-8 中 Cu^{2+}/TiO$_2$ 薄膜吸收边红移至了 450nm。

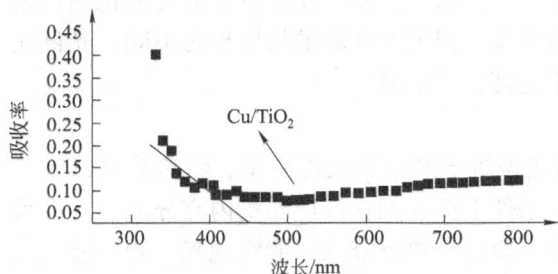

图 10-8　Cu^{2+}/TiO$_2$薄膜的紫外-可见吸收光谱

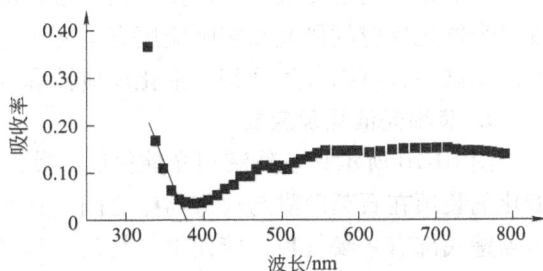

图 10-9　TiO$_2$薄膜的紫外-可见吸收光谱

6. 紫外-可见漫反射

紫外-可见漫反射（UV-vis DRS）通常用来考察光催化剂的光学性质，在多相催化剂的研究中应用越来越广泛及普遍。该技术广泛用于研究催化剂表面过渡金属离子及其配合物的结构、氧化状态、配位对称性等。

紫外-可见漫反射主要用于固体样品的测试。紫外-可见漫反射与紫外-可见吸收光谱都能得到光催化剂的能带即表示光吸收性能。但前者是被吸收后放射出的光，后者是通过测定被吸收后透射过的光与入射光比较得到图谱。

紫外-可见漫反射测量中，样品存在大量的散射，因此不能直接测定样品的吸收。通常根据 Kubelka-Munk（KM）理论通过所测固体中的扩散反射来计算固体的吸收谱

$$(1 - R_\infty)^2/2 R_\infty = K/S \qquad (10\text{-}5)$$

式中，K 为吸收系数，与吸收光谱中吸收系数的意义相同；S 为散射系数；R_∞ 为无限厚样品的反射系数 R 的极限值。式（10-5）可以改写为

$$\lg F(R_\infty) = \lg K - \lg S \qquad (10\text{-}6)$$

若 S 与波数基本无关，则散射的影响只是使谱线沿纵轴位移。此种情况下，$F(R_\infty)$ 为固体物质的真正吸收谱。因此，需要测得反射率 R_∞。

测定 R_∞ 常以非吸收性物质或 MgO 为参比物，所得样品的反射率即为 R_∞'

$$R_\infty' = R_\infty(样品)/R_\infty(参比物) \qquad (10\text{-}7)$$

7. 红外光谱

红外光谱（IR）是确定物质分子结构和鉴别化合物常用手段之一。对单一组分或混合物中的各组分进行定量分析，尤其是对一些较难分离并在紫外、可见光区找不到明显特征峰的样品也可以迅速地完成定量分析。

红外光谱是由于分子振动能级的跃迁（同时伴随转动能级的跃迁）而产生的。当一定频率的红外光照射到物质的分子上时，某些特定波长的红外射线被吸收。用仪器将分子吸收红外光的情况记录下来即得到被测样品的红外吸收光谱图。每种分子都有由其组成和结构决定的独有的红外吸收光谱，据此可以对分子进行结构分析和鉴定。

当前红外光谱主要应用于催化剂表面吸附物种和催化剂表征方面——探针分子红外光谱、催化剂体相和表面结构、催化过程以及反应动态学方面的研究。

10.3.5 光催化性能测试

光催化剂制备完成后，需要对其光催化活性进行测试。高效、便于测试的光催化测试装置对光催化反应的研究和实际应用有十分重要的意义。根据所降解的物质形态不同，光催化剂的测试装置可以分为液相光催化反应器和气相光催化反应器。

1. 液相光催化反应器

图 10-10 所示是一种液相光催化反应器。将光源置于磨口石英冷阱中，将负载型纳米光催化剂装填在石英冷阱与反应器壁之间。在曝气条件下催化剂在反应器壁内充分流动。在反应器壁底部有一曝气板，能使曝气均匀。顶部放大段为分离沉降区，能实现气、固、液三相的有效分离。

光催化降解反应时将一定含量被降解液体与经同含量的液体饱和后的负载催化剂投入到

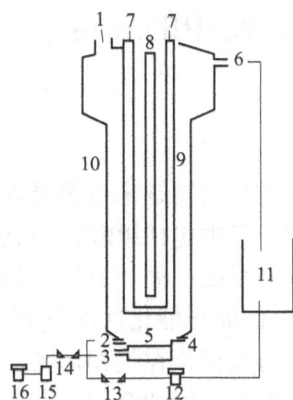

图 10-10　液相光催化反应器

1—加料口、排气口　2—进水口　3—进气口　4—放空口　5—曝气板　6—出水口　7—冷凝水进出口
8—高压汞灯　9—石英冷阱　10—反应瓶　11—储水瓶　12—蠕动泵　13—液体流量计
14—气体流量计　15—气体缓冲瓶　16—空压机

光催化反应器中，开启蠕动泵和空气泵，使负载型光催化剂颗粒在反应器中均匀分布。然后开启光源，每隔一段时间进行取样、测试。试验过程中连续的曝气提供反应所需的溶解氧和催化剂流动所需要的动力。反应过程中，上清液不断的由出水口流出。

2. 气相光催化反应器

图 10-11 所示是一种常用的氮氧化物光催化降解装置。该装置同样适用于其他气相光催化测试反应。装置由双层玻璃管构成，催化剂负载于玻璃片上，光源置于石英冷阱内，反应气体由反应器下方进入反应器，从上方离开。

首先将催化剂放入烧杯中，加入无水乙醇，磁力搅拌下超声分散。然后将悬浮液均匀地涂抹于玻璃片上，在空气中自然干燥后，重复涂抹直到催化剂全部负载于玻璃片上，然后置于烘箱中干燥。将负载催化剂的玻璃片放在气相光催化反应器中。

空气湿度由空气鼓泡去离子水获得，水含量由温度湿度检测仪确定。测定反应器进口和出口的气体含量变化就可以评价光催化剂的活性。

光催化效率通过下列公式计算

$$\eta = (\rho_i - \rho_o)/\rho_i \times 100\% \qquad (10\text{-}8)$$

式中，η 为光催化效率（%）；ρ_i 为进口气体质量密度（mg/m^3）；ρ_o 为出口气体质量密度（mg/m^3）。

最后，要设置一个尾气吸收装置，以防止污染环境。

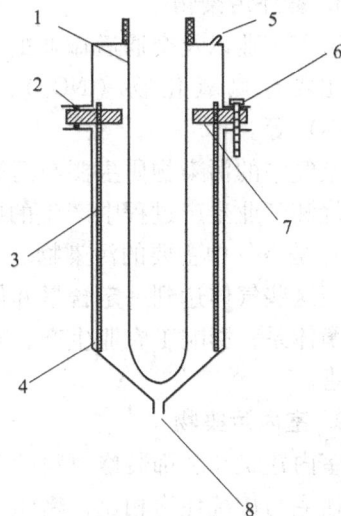

图 10-11　气相光催化反应器

1—内管　2—橡胶管　3—玻璃片　4—外管
5—气体出口　6—固定螺钉
7—圆盘　8—进口

10.4　光催化在气相污染控制中的应用

10.4.1　概述

随着环境污染日益突出，空气质量问题越来越多受到人们的关注。生活中释放到大气的挥发性有机化学物质多达 300 多种，其中包括甲醛、一氧化碳、二氧化硫等高危险、高毒害气体。这些化学物质会对人体的神经系统、循环系统、免疫系统等造成损伤。许多气态污染物如挥发性有机物（VOCs）都可以借助光催化法在气相中直接处理或与液相分离后再进行氧化降解，从而得到治理。本节将对光催化在气相污染控制中的作用机理、具体应用以及光催化治理气相污染领域的前景等方面做详细的介绍。

10.4.2　气相污染物的来源与危害

通常人们所指的空气是各种气体的混合体，其构成成分主要包括干洁的空气、水汽和悬浮颗粒。空气是人类形影不离的重要的生存环境，其质量的优劣直接影到人类的生存质量。所谓的大气污染是指由于人类活动或自然过程引起的某些物质进入空气中，呈现出足够的含量、持续足够的时间并因此危害了人体的舒适度及相应的福利条件，更严重的是危害人类身体的健康。大气污染可以分为室内污染和室外污染。

1. 室外污染物

随着工业以及交通运输业的不断发展，大量的有害物质逸散到空气中，形成室外污染物。主要有氮氧化物（NO_x）、硫氧化物（SO_x）、碳氢化物（HC）、挥发性有机物（VOCs）等。

空气中的污染物质主要与污染源有关，室外大气的污染物主要来源于燃料（煤及石油）的燃烧和工业生产过程中产生的废气（二氧化硫等）的排放，汽车尾气排放物（氮氧化合物）也是空气中主要的污染物。

当这些气体达到一定含量并保持一段时间时，就会破坏大气正常组成的物理、化学和生态平衡体系，影响工农业生产，对人体、动植物以及物品、材料等产生不利影响甚至造成严重危害。

2. 室内污染物

室内建筑和装饰装修材料的大量使用，会导致有毒有害污染物的释放量不断增加；加之现代住宅与传统住房相比，密闭性更好，造成空气污染物在室内聚集；而现代生活中，人们在室内停留的时间越来越长，造成受到室内污染物危害的概率增大。表 10-4 列举了室内主要污染物及危害。

表 10-4　室内主要污染物及危害

污染物种类	污染物来源	污染物危害
甲醛	室内装修和装饰材料	对人体的呼吸道、视网膜、鼻粘膜、内脏器官、神经系统都会产生刺激作用，长期吸入会使人产生中毒反应
苯系物	合成胶、油漆、涂料和粘合剂	中枢神经系统麻醉症状，轻者出现头晕、恶心、呕吐等现象，重者会出现昏迷以至呼吸系统衰竭而死亡

（续）

污染物种类	污染物来源	污染物危害
氨	混凝土中的防冻剂、涂料中的添加剂和增白剂	对人体鼻粘膜、皮肤、眼角膜有强烈刺激
氡	建筑材料	引起脱发、贫血等症状
石棉	一些旧住宅的顶棚、管路的绝热、隔间材料大多是石棉制品；建材、家装材料	石棉中细小的纤维被吸入人体内，就会附着并沉积在肺部、造成肺部疾病
总挥发性有机物	油漆、含水涂料、粘合剂、化妆品、壁纸、地毯等	刺激人体的嗅觉和其他器官，引起刺激性变态反应、神经性作用等

10.4.3 气相污染物的治理方法

目前，由于空气质量问题的复杂性，还没有一种单纯的技术和经济手段能够解决所有的空气质量问题。为了使环境标准适应社会发展的需求，除了加强管理、以防为主以外，还要对多种空气污染控制技术进行最优化选择和评价。从而得出最优的控制技术方案和工艺手段。

净化技术是改善空气质量的最有效方法。传统方法上对空气中有害气体的净化技术一般可分为五类（表10-5）。

表10-5 传统气态污染物的治理技术

方法	原理	应用	优点	缺点
冷凝法	利用污染物与载气二者沸点不同进行分离的方法	高含量的有机蒸气和高沸点无机气体的净化或预处理	设备简单，操作方便，并可回收到纯度较高的产物	不能彻底去除污染物，只做前期处理；易造成二次污染
燃烧法	利用污染物的可燃性，进行氧化燃烧或高温分解，从而使有害组分转化为无害物质	碳氢化合物、一氧化碳、恶臭、沥青烟、黑烟等有害物质的净化治理	比较简单、有效，可回收燃烧后的热量	不能回收的有用物质，并容易造成二次污染
吸收法	利用气体的溶解度不同，使含有有害物质的废气与吸收剂接触，使气态污染物转入液相的方法	处理以气量大、有害组分含量低为特点的各种废气	操作范围广、生产能力大、传质面积大、易于操作等	吸收液必须进行处理，否则容易引起二次污染
吸附法	让废气与多孔性固体物质相接触，气态污染物分子被微孔表面捕集的方法	排放标准要求严格或有害物含量低的气体	吸附法的净化效率高，特别是对低含量气体仍具有很强的净化能力	再生操作较麻烦，由于吸附剂的吸附量有限，因此对高含量废气净化不宜采用吸附法
催化转化	在催化剂作用下，将废气中的污染物通过化学反应转化为无害物或易于去除的物质的一种方法	有机废物和臭气催化燃烧，以及汽车尾气的催化净化等	效率较高，直接将主气流中的有害物转化为无害物，避免了二次污染	催化剂价格较贵，废气中的有害物质很难作为有用物质进行回收

由于传统方法自身都存在着一定的弊端，因此即便是大范围地推广使用，也不能达到预期目的。而现代新兴起的纳米光催化剂净化空气则有如下优点：降解有机物最终产物是 CO_2 和 H_2O，没有其他毒副产物出现，不会造成二次污染。

纳米光催化剂 TiO_2 在紫外光作用下可以将甲醛、苯等多种有机污染物及 SO_2、NO_x 等有害无机物质分解或氧化生成 CO_2 和 H_2O，并具有杀菌和抑菌作用。纳米光催化技术具有能耗低、易操作、除净度高等特点，尤其对一些特殊的污染物具有比其他方法更突出的去除效果，而且没有二次污染，因此具有广泛的应用前景。

10.4.4 光催化降解室外空气中污染物

1. 光催化降解工业燃烧中产生的室外污染物

NO_x 主要包括 NO、NO_2 及 N_2O，是产生光化学烟雾的主要物质之一，其对环境有巨大危害，目前已成为一些城市和地区的首要污染物。随着我国经济的迅速发展，煤炭消耗量也在快速增加，煤炭的超量开采及消耗，致使我国大气环境受到了严重污染。此外，城市机动车化程度越来越高，尾气的排放也对大气环境造成了严重影响。

我国 NO_x 主要来源于工业燃烧过程和交通运输。据报道：2000 年我国 NO_x 排放量达到 15.61Mt。我国大气中 NO_x 污染物来源及其比重见表 10-6。

表 10-6 我国大气中 NO_x 污染物来源及其比重

来　　源	NO_x（%）
工业燃料	43.1
交通运输（工业燃料）	49.1
其他工业过程	1.3
固体物质的处理	5.1
其他	1.3

现存的一些治理 NO_x 的技术都存在一些缺点，如设备投资及运行费用高，产生二次污染等。因此研究开发一种经济实用的与环境友好的 NO_x 治理方法尤为必要。在目前研究过的光催化半导体催化剂中，由于 TiO_2 光催化效率高，化学性质稳定，对人体无毒，所以绝大多数的光催化反应都采用 TiO_2 作为催化剂。如 Ibusuki 等首先报道了这方面的研究，Takami 等将纳米 TiO_2 制成光催化涂料用于城市大气中氮氧化物的净化。另外，据日本触媒学会报道：V_2O_5-TiO_2 为催化剂，在烟道气中可适当添加 NH_3，可将近 100% 选择性催化还原 NO_x。由此可以看出，催化技术在改善环境质量上得到了广泛应用。

2. 纳米技术在交通运输方面的应用

（1）纳米技术在机内净化中的应用　改进发动机的燃烧方式，减少污染物的产生量，称为机内净化。使用纳米陶瓷材料代替汽车发动机的一些部件和金属气缸是一种优化的选择。纳米陶瓷技术主要应用于发动机的缸体、活塞、活塞环三个主要部件上。该技术在 300℃ 的高温条件下，利用 P-CVD 纳米技术，在陶瓷材料与金属基体间进行原子双向扩散渗透与转化，实现了金属与陶瓷两种性质截然不同的材料的表面复合。研究表明，改进后的发动机性能质量十分可靠，寿命相当于普通汽车的 2 倍。排放污染物比普通发动机减少 50%，油耗比同类型车降低了近 15%。

（2）纳米技术在机外净化中的应用　在尾气排出气缸进入大气之前利用机外净化装置，将 CO、氮氧化物转化为无害气体的过程称为机外净化。机外净化采用的主要方法是净化催化法、分催化燃烧法和三效催化法。其中三效催化转化法最为有效，其核心技术包括载体（通常用陶瓷或不锈钢）、活性催化剂（Pt、Pd 和 Rd 等）、水洗层（Al_2O_3、SiO_2、MgO 等氧化物）和助剂（铈、镧稀土氧化物）等部分。这种方法具有节省燃料、减少催化反应器的数量等特点，是比较理想的方法。但由于对催化剂性能的高要求，因此从技术上说还不十分成熟。

（3）道路用光催化净化环保材料研究　道路用光催化净化环保材料的研究是一种治理汽车尾气的新方法，通过路面材料、道路设施材料的改性研究，使它们兼具降解空气中的有害物质、治理汽车尾气的功能，其可在有害物质扩散之前的短时间内进行治理，将大大减少尾气对大气的污染，同时也可吸附大气中的有害物质，将其降解成无害物质，起到净化空气的作用。此领域也是近年来国际最活跃的研究领域之一。在日本东京，由川崎重工有限公司生产的 Folium 光催化剂产品已成功应用于公路路面、隧道、高速公路隔声板和收费站、建筑物外墙等，起到了光催化降解汽车排放尾气、自清洁等作用。

10.4.5　光催化降解室内空气污染物

最近，国内外调查资料显示了一个令人不安的事实：室内空气污染程度往往比室外还高，继"煤烟型"、"光化学烟雾型"污染后，现代人正进入以"室内空气污染"为标志的第三污染时期。室内空气污染已被世界银行列为全球四个最关键的环境问题之一，全球每年因空气污染问题而导致死亡的人数达 280 万人。

空气净化主要涉及在室温条件下的光催化氧化和室温催化氧化技术的耦合。室内空气污染的特点，决定了对人居环境进行净化的催化剂要具有广谱性、高效性和长效性。光催化空气净化技术的应用，包括做自净结构材料、绿色家电、光催化空气净化路面等。目前的处理技术主要包括物理吸附法（活性炭）、臭氧净化法、静电除尘法、负氧离子净化法以及光催化氧化法。

物理过滤（吸附）法只能暂时吸附一定的污染物，当温度、风速升高到一定程度的时候，所吸附的污染物就有可能游离出来，再次进入呼吸空间之中。另外，吸附达到饱和不再具有吸附能力时，就必须更换过滤材料，否则，其所吸附的甲醛、细菌将成为随时被释放出来的隐性炸弹。

臭氧净化法是当臭氧质量浓度达到 0.1mg/L 以上时，臭氧就起到杀菌、除异味的作用。但达到 0.15mg/L 后，臭氧本身就会发出浓烈的恶臭，并且其使用环境不能超过 30℃，否则可能致癌。这种严苛的条件大大限制了其在改善环境中的使用。

静电除尘法是利用电极的异性相吸、同性相斥的原理吸附空气中的污染物，但存在吸附不彻底、不全面的问题。另外，从实用的角度讲，必须定期清洁电极板。同时静电除尘法只对尘埃有效果，对污染物则是一筹莫展。

负氧离子净化法中的负氧离子是一种带负电荷的空气离子，其寿命很短，并且不洁空气会进一步使其含量降低。负氧离子在空气中的存在只是昙花一现，是转瞬即逝的。负氧离子虽然可改善肺功能，给人一种相对清新的感觉，但对污染物无法降解。

相比较而言，光催化净化技术克服了目前现有同类产品在技术上的局限性，达到更方便、更彻底消除室内空气污染的效果。以 TiO_2 为催化剂，利用多相光催化的方法氧化降解室内空气中的污染物，整个过程不需要其他化学助剂，反应条件温和，最终产物通常只有 CO_2 和 H_2O，是一个非常有发展潜力的研究领域。

对室内主要的气体污染物甲醛、甲苯等的研究结果表明，污染物的光降解效率与其含量有关。质量数在 1.0×10^{-4} 以下的甲醛可完全被纳米 TiO_2 光催化分解为 CO_2 和 H_2O，而甲醛在含量较高时则被氧化成为甲酸。高含量甲苯光催化降解时，由于生成的难分解的中间产物富集在 TiO_2 周围，阻碍了光催化反应的进行，使降解效率降低。但含量低时，TiO_2 表面则没有中间产物生成，甲苯很容易被氧化成 CO_2 和 H_2O。实际生活场所，甲醛、甲苯等有机物的含量都非常低，在居室、办公室窗玻璃、陶瓷产品表面涂敷纳米 TiO_2 光催化薄膜或在房间内安放纳米 TiO_2 光催化设备均可有效地降解这些有机物，净化室内空气。

随着光催化基础研究的不断深入，光催化空气净化设备也在不断涌现。从 1997 年年底，松下和三洋等大公司的光催化空气净化器相继上市到如今，日本已有 TiO_2 光催化剂粉料、光催化空气净化器、光催化自洁除污除臭建材和灯具等多种示范性产品进入市场。如在 Ag-沸石和 Cu-沸石基质上沉积 TiO_2 除去废气中的 NO_x；在孔径为 $10 \sim 200nm$ 的铝和铝合金阳极化抛光膜中，填充光催化剂除去室内 NH_3、NO_x 和 CH 等。

国内光催化空气净化设备的研究也很活跃。如中科院兰州化学物理研究所，成功开发出了可以同时消除微量 SO_2、H_2S、NH_3 和 CH_3SH 等有恶臭气味的光催化剂和空气净化器；周宇松等研制出纳米光催化空气净化机，可以快速分解 H_2S 气体，并有望得到推广应用。

10.4.6 光催化杀菌除臭作用

1. 光催化的杀菌作用

细菌，真菌作为病原菌对人类和动植物有很大的危害。微生物还会引起各种工业材料、食品、医药品等变质、腐败，带来重大的经济损失，因此，具有杀菌和抗菌效应的商品越来越受到人们的关注。一般而言，抑制细菌增强和发育性能的材料通称为抗菌材料。人工合成的抗菌材料可分为无机和有机两大类，其中有机类抗菌材料存在抗菌性较弱，耐热性、稳定性较差，自身分解产物和挥发物可能对人类有害，不适合高温加工等缺点，限制了其使用，并逐渐被无机类的抗菌材料所替代。传统的无机类抗菌材料通常用银、铜、锌等金属离子负载于沸石、易熔玻璃、硅胶、活性炭等载体上。

自从 1985 年 Matsunaga 等首次发现 TiO_2 紫外光照射下具有良好的杀菌作用以来，很多研究人员通过试验都证明了 TiO_2 可以直接作用于菌体来发挥其光催化灭菌作用。多年来，TiO_2 纳米材料作为抗菌材料的研究应用一直很活跃，包括 TiO_2 光催化对细菌（几百纳米）、病菌（几十纳米）、真菌、藻类和癌细胞等的作用。

TiO_2 的杀菌原理是：细菌的生长与繁殖需要有机营养物质，而 TiO_2 光催化产生的空穴和形成于表面的氧离子表面态能与细菌细胞或细胞内的组成部分进行生化反应，分解有机营养成分，使细胞菌头单元失活。抑制细菌增多和发育，从而在很大程度上减少了细菌数量甚至导致细胞的死亡。并且 TiO_2 光催化剂不仅能杀死细菌，还能降解由细菌释放出来的有毒复合物，攻击细菌外层细胞，穿透细胞膜，破坏细菌的内部结构，彻底杀灭细菌，将其应用于医院可产生很好的效果。

2007 年郭健、胡学香等人利用实验室中制备的光催化剂在氙灯下对水中常见大肠杆菌的杀菌作用进行了研究（图 10-12）。结果表明在有可见光照而无催化剂的溶液中，大肠杆菌的存活率随光照时间的延长没有明显减少，说明可见光对大肠杆菌没有杀菌活性。同时，在有催化剂而无光照的暗反应条件下也没有杀菌现象，表明催化剂本身对细菌没有毒性。而在有可见光照和催化剂的情况下，催化剂溶液中的大肠杆菌明显减少。试验证明了在可见光照下发生光催化反应能够杀死大肠杆菌。

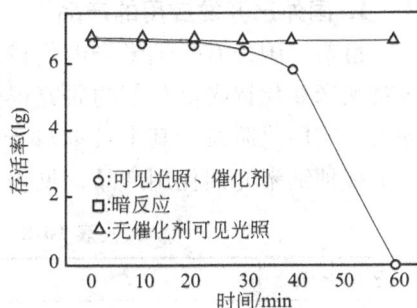

图 10-12 光催化剂在氙灯下对水中常见大肠杆菌的杀菌作用的研究

目前国外新型无机抗菌剂开发与抗菌加工技术进展较快，已经形成系列化产品，其中 TiO_2 高催化活性纳米抗菌剂是市场前景最好的品种。研究表明：将 TiO_2 涂覆在陶瓷、玻璃表面，经室内荧光灯照射 1h 后可将其表面 99% 的大肠杆菌、绿脓杆菌、金黄色葡萄球菌等杀死。利用 TiO_2 光催化剂的这种杀菌效果可以净化空气，如在家庭陶瓷坐便器表面附着一层纳米 TiO_2 光催化剂，来降低厕所内由细菌分解尿素而产生的氨气的含量。

2. 光催化除臭气作用

空气中恶臭气体主要有 5 种：含硫化合物、含氮化合物、卤素及其衍生物、烃类和含氧的有机物。常用的除臭方法大致上可分为化学法、物理法、生物法和感觉法 4 种（表 10-7）。

表 10-7 常用的除臭方法

方　法	概　　要	内　容
化学法	以极快的化学反应将恶臭分子变成无臭分子	应用脱硫作用、化学反应作用、加成、缩合作用、离子交换作用
物理法	用 1 ~ 2nm 多孔物质吸附 0.4 ~ 0.8nm 的恶臭分子	使用硅胶、活性炭、氧化铝、活性白土、沸石等
感觉法	用浓烈香料消除臭气的不愉快感，微香物质能降低臭气水平	芳香法、掩蔽法（玫瑰香油等）、中和法（松节油等）
生物法	用微生物、天然酶或人工酶分解有机恶臭分子	好气性微生物、纤维素酶、淀粉酶、蛋白酶、脂酶、活性污泥等

用上述传统方法除掉这些臭气只是治标不治本，且其应用也常受到限制。而采用纳米 TiO_2 光催化剂吸附这些气体，经紫外光照射，气体分解后，又可恢复其新鲜表面，消除了吸附限制。近年来，TiO_2 光催化剂和气体吸附剂（沸石、活性炭、SO_2、Al_2O_3 等）组成的混合型除臭吸附剂已得到实际应用。气体吸附剂吸附的臭气经表面扩散与 TiO_2 光催化剂接触后，就会被氧化分解，大大提高了降解效率。如今，日本三菱制纸公司利用 TiO_2 光催化剂和无机粘着剂复合开发的光催化薄板，对乙醛、甲硫醇、醚、硫化氢、氨、三甲胺等臭气的良好去除性能，已得到了试验证实。所以说，光催化除臭将有广阔的远景。

10.4.7 光催化治理气相污染物的最新进展

随着科学技术的发展，光催化技术已经广泛地应用于现在的生活中，一些国家已经在这一领域取得了很大的进展。

1. 国外已开发应用的产品

目前，国外有关纳米光催化技术的研究报道很多，主要以纳米二氧化钛光催化剂为主，而对纳米氧化锌光催化剂的研究很少。日本、美国等国在这方面做了许多工作，有些技术已进入了实用化阶段。其中日本对于纳米 TiO_2 光催化研究较早，现在已有多家日本公司生产出了多种纳米光催化用产品，见表 10-8。

表 10-8   日本前五大催化公司及其主要产品

公司名称	主要产品
东芝	有除臭作用的光催化材料、隧道照明防污灯具、应用于照明灯具的防污光催化膜、具有光催化功能的高压钠灯管
三菱	防带电效果光催化膜、有机衬底光催化机
日立	光催化剂附着光源、光催化除臭器
松下电器	光催化空气净化器、具有抗菌功能的照明灯具、除臭净化设备
东陶机器	防污抗菌陶瓷器、空气净化系统、油性防污材料

韩国从 1999 年开始有光催化方面的专利出现，起初重点为纳米光催化材料，近年开始涉及水处理和空气净化领域。目前韩国纳米光催化商品规模仍较小，产品以 LG 电子利用光催化生产空气净化式空调系统与 Dohabu Cleantech 海水净化装置最受好评。表 10-9 为韩国部分光催化相关产品资料。

表 10-9   韩国部分光催化相关产品

公司名称	产品
Enpion	光催化材料、防污材料
G2K	二氧化钛光催化剂
Nano	光催化剂
Nano Pac	光催化剂
Pepcon	空气净化器、除臭系统

2. 国内已开发应用的产品

国内对于光催化技术的研究起步较晚，但是发展非常迅速。目前，北京首创纳米科技有限公司开发成功了一系列光催化纳米产品。其中纳米光催化空气净化机（图 10-13）是在金属丝网上制备具有高比表面积的 TiO_2 薄膜催化剂，可有效地提高光能的利用率，解决了粉体光催化剂的分离困难和普通薄膜催化剂效率低的问题。利用有机添加剂与薄膜制备技术的巧妙结合，制备多孔和中孔 TiO_2 纳米薄膜，薄膜厚度为 300nm，二氧化钛粒径 10nm，孔直径 15nm。这种 TiO_2 多孔纳米薄膜具有很高的催化活性，非常大的比表面，从而大大提高了光能的利用率和催化剂的反应效率。以甲醛为待测气体测得的降解率在 95% 以上。

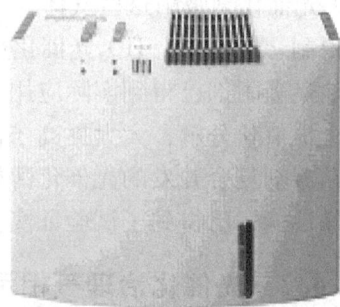

图 10-13   纳米光催化空气净化机

此外，合肥美菱纳米净化设备有限公司研制的中央空调净化模块将等离子体降解、纳米光催化与活性炭吸附结合起来，用于家用和车载型空气净化器的研究，能够高效降解甲醛、苯，杀灭病菌，对甲醛、苯的净化率可达到 89%、93%，杀菌率达 99%。

虽然 TiO_2 光催化技术在气相降解中已经得到了广泛应用，但依然还存在许多问题，其中最主要的一个问题就是紫外光源较弱所致。解决这一问题的根本方法是开发出在可见光下应用的光催化剂。目前，对于此方面的研究已有一定的进展，如通过光敏化、过渡金属离子掺杂、半导体耦合、贵金属沉积、电子捕获剂加入、电化学辅助光催化和微波等外场协同强化等措施，这样就可以提高太阳能的利用率和 TiO_2 的光催化活性。由此可见，随着人们对微观世界认识方法和手段的不断改进，纳米空气净化技术在诸多领域将会越来越广泛地应用，越来越多地造福人类。

10.5 光催化在降解水中污染物中的应用

10.5.1 概述

水是经济发展和社会可持续发展的一个重要资源。随着工业发展、城市规模的不断扩大，水环境污染问题日益突出。寻求一种高效、可行、廉价的污水处理方法已成为环境工作者努力的目标。光催化技术以其反应条件温和、能耗低、操作简便、能矿化绝大多数有机物、少二次污染及可以用太阳光作为反应光源等突出的优点，被视为极具发展前途的水处理技术，特别对太阳能的利用和环境保护有着重大意义。本节将对光催化在降解水中污染物方面的应用作详细介绍。

10.5.2 治理水中有机污染物方面的应用

（1）光催化降解有机物的基本原理　光催化剂 TiO_2 是半导体粒子，具有禁带结构。当它吸收了一定波长的光子后，价带中的电子被激发到导带，形成高活性的电子，同时价带上产生带正电的空穴，电子与空穴发生分离，再跃迁移到粒子表面的不同位置，形成电子-空穴对，吸附溶解在催化剂表面的氧获得电子形成原子氧（·O），所以空穴将吸附在催化剂表面的 OH^- 和 H_2O 氧化成·OH。

（2）光催化降解对有机物的应用　光催化技术可降解多种有机物，如多环芳烃、有机磷农药、三氯苯氧乙酸、DDVP、DDT 等。下面介绍光催化降解苯酚。

酚类化合物是一种原型质毒物，具有很强的毒害作用。它可通过皮肤及粘膜接触或经口腔侵入生物体内，与细胞原浆中的蛋白质接触后形成不溶性蛋白质而使细胞失去活性，尤其对神经系统有很强的亲和力，使神经系统发生病变。长期饮用含有微量酚类物质的水会慢性中毒，出现头晕、失眠、白细胞减少等症状。相关资料表明，苯酚的中间产物邻苯二酚和对苯二酚可诱发生殖细胞非整倍体，从而引起人类自发流产和新生儿异常等一系列严重的问题。

光催化对酚类有很好的降解作用，可以把有毒物质转化为轻毒物质则无毒物质。

10.5.3 治理废水中重金属方面的应用

重金属离子广泛存在于工业和生活废水中，传统的处理技术有电解法、沉淀法、膜分离法和吸附法等，但这些处理技术操作过程复杂，成本较高，易产生二次污染，且对废水中低含量金属离子的处理效率较低。近年来，利用半导体 TiO_2 光催化还原法去除或回收废水中的 Cu^{2+}、Hg^{2+}、Ag^+、Cr^{6+} 等金属离子的研究备受关注，尤其对 Cr^{6+} 的研究最为广泛。

1. 光催化还原金属离子的机理

光催化还原金属离子的机理，目前还不十分清楚，但根据光催化的氧化还原过程，通常可以描述如下：溶液中的金属离子捕获 TiO_2 导带上受光激发产生的电子被还原，溶液中的水或有机污染物被 TiO_2 价带上受光激发产生的空穴氧化。因此，氧化还原反应的过程可以如下表达

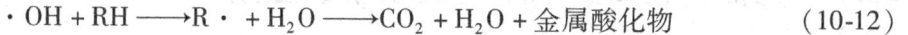

$$TiO_2 \xrightarrow{hv \geq E_g} TiO_2(h^+ + e) \tag{10-9}$$

$$M^{n+} + e \longrightarrow M^{(n-1)+} \tag{10-10}$$

$$OH^- + h^+ \longrightarrow \cdot OH \tag{10-11}$$

$$\cdot OH + RH \longrightarrow R \cdot + H_2O \longrightarrow CO_2 + H_2O + 金属酸化物 \tag{10-12}$$

$$2H_2O + 4h^+ \longrightarrow O_2 + 4H^+ \tag{10-13}$$

由上述表达式可以看出：当溶液中存在有机污染物 RH 时，光激发产生的空穴经过式（10-11）和式（10-12）的反应而被消耗，以保持溶液的电中性；当溶液中不存在有机污染物 RH 时，水通过式（10-13）将被光激发产生的空穴氧化，一方面，由于式（10-13）的反应速率较低，金属离子 M^{n+} 通过式（10-10）被光激发产生的电子还原的反应速率将受一定程度的限制；另一方面，由于式（10-13）的产物有电子捕获剂，式（10-10）中金属离子 M^{n+} 的还原将受到阻碍。

2. 光催化对水中重金属的应用

光催化对废水中重金属的处理技术主要包括膜处理技术、铁氧体法、生物法和吸附法等。光催化氧化作为一种环境友好型水处理方法，不仅能用于治理难降解的有机污染物，还能还原某些高价重金属离子，使之对环境的毒性变小，因此，在含有重金属离子废水处理中得到了迅速的发展。如 Bard 等人就曾在 1979 年研究 Cu 的光催化还原；Fox 等人曾报道在 CN^- 离子存在的体系中 Au 的光催化还原回收。谢业兴等人也曾利用新开发的 $ZnFe_2O_4$ 光催化剂对工业废水中 Au 的回收做了研究。在这里简单介绍降解 Cr^{6+} 的程序：

金属铬（Cr）是一种很常见的重金属污染物，尤其是在电镀、冶金、化工等一些加工行业废水中，Cr 离子的含量很大。Cr 常常以 Cr（Ⅵ）离子和 Cr（Ⅲ）离子两种形式出现，Cr（Ⅵ）离子具有极强的致癌性和毒性，通常去除 Cr（Ⅵ）离子的方法主要是把 Cr（Ⅵ）转化成 Cr（Ⅲ）后在碱性条件下以 Cr$(OH)_3$ 形式去除。TiO_2 表面能发生水的持续氧化还原反应。Cr（Ⅵ）离子转化成为 Cr（Ⅲ）需要大量的氢离子参与反应，反应体系的酸度对反应有很大影响。光催化反应器中，TiO_2 光催化氧化法去除 Cr 是一种新技术，已引起国内外广泛关注。

10.5.4　对废水深度处理方面的应用

我国城市自来水厂一般采用的是"混凝—沉淀—过滤—消毒"等处理工艺，尽管该项工艺在保证饮用水质方面起到了重要作用，但它只能去除水中悬浮物、胶体颗粒，对水中溶解性有机物的去除能力较弱，特别是加 Cl_2 消毒后形成的"三致"（致突变、致畸、致癌）

物质及其前驱物（THMFP），是常规处理方法所难以去除的。因此传统的氯氧化消毒工艺已远远不能满足处理微污染水体的要求，需要运用新的工艺对饮用水进行深度处理。

1. 饮用水深度处理的技术

（1）光氧化技术　光氧化技术是利用可见光或紫外光的照射作用来深度处理饮用水的技术，该技术的有机物去除效率高，能有效分解水中有机优先控制污染物如三氯甲烷、四氯化碳及多氯联苯等。目前采用较多的方法是光激发氧化技术和光催化氧化技术。光激发氧化技术是以 O_3、H_2O_2、O_2 和空气等作为氧化剂，将氧化剂的氧化作用和光化学辐射相结合，产生氧化能力很强的·OH 自由基，其氧化效果比单独使用 UV 或 O_3 好。光催化氧化技术是在水中加入一定数量的半导体催化剂（如 TiO_2、WO_3、Fe_2O_3 及 CdS 等），在 UV 辐射下产生氧化能力强的自由基，氧化水中的有机物。在合适的反应条件下，有机物光催化氧化的最终产物是 CO_2 和 H_2O 等无机物。该处理方法具有氧化性强，对分解对象无选择性和最终可使有机物完全矿化等特点，但光催化氧化法的处理费用高，设备复杂，在经济上还只限于小规模水量的处理。

（2）膜分离技术　与常规饮用水处理工艺相比，膜分离技术具有少投入甚至不投入化学药剂、占地面积小、便于实现自动化等优点。常用的以压力为推动力的膜分离技术有微滤（MF）、超滤（UF）、纳滤（NF）等工艺。其中，超滤（UF）、微滤（MF）对胶体和细菌的去除效果较好，但对有机物和盐类的去除效果一般。纳滤（NF）能有效地去除水中致突变物质和色度，并对细菌有很好的去除效果，可以作为物理消毒取代常规化学消毒。但由于进入纳滤膜的水需经酸化、加防垢剂等预处理，操作较麻烦。今后膜分离技术的研究重点是开发制造高强度、抗污染、高通量的膜材料，对于不同的污染源采用不同的膜分离技术及相应的配套工艺。

2. 光催化对处理饮用水的应用

目前，饮用水中总存在一定量的有机污染物，而常规的给水技术又很难达到去除效果。研究表明，TiO_2 光催化对微量有机污染物以及消毒副产物的前体物质如腐殖酸、酚类等的去除都有着显著的效果。如王福平等用合成的具有层状结构的 TiO_2 纤维作为光催化剂，在 $O_3/TiO_2/UV$ 体系处理含有腐殖质的饮用水，1h 后腐殖质去除率达 97.1%。

TiO_2 光催化技术处理微生物污染的优势在于该技术不仅能杀灭饮用水中的细菌、病毒并将其分解为 CO_2 和 H_2O，同时还能降解细菌死亡后释放出的有毒组分内毒素，从而避免了采用银系、氯系无机杀菌剂处理带来的副作用。此外，TiO_2 光催化对水体中的藻类有同样的灭活作用，而且对藻类所释放出的毒素（如微囊藻毒素）有降解作用，这是其他任何一种灭菌方式所不具有的功能。

10.5.5　光催化治理水中污染物的最新进展

光催化氧化技术具有高效、节能、清洁无毒等突出优点，是一项具有广泛应用前景的新型水污染处理技术。但作为近 30 年发展起来的新的研究领域，光催化降解现在还基本上停留在实验室水平，实际应用很少。因此无论是在光催化机理的研究方面，还是在工业实际应用中都需要进一步的深入研究，主要表现在以下几个方面：

1）制备高效率的催化剂，进一步完善催化剂的改性技术，提高催化剂的催化活性。

2）选择合适的载体，研究催化剂固定技术，制备负载型催化剂，使其易于回收，重复使用。

3）光催化反应机理的研究缺乏中间产物及活性物质的鉴定，仍停留在设想与推测阶段，进一步深入研究光催化反应机理，掌握有机物降解规律，对光催化技术工业实用化意义重大。

4）光催化技术与其他技术耦合，利用技术的协同作用来获取最佳的处理效果，开拓更广阔的应用前景。

10.6 光催化在其他方面的应用

10.6.1 概述

通过前几节的学习，我们知道了光催化技术尤其是以 TiO_2 纳米材料为代表的半导体纳米材料以其直接利用太阳能作为光源来驱动反应的独特性和高效、节能、无毒的优点逐渐得到人们的青睐，在环境保护方面拥有良好的实际应用前景。除了上两节介绍的光催化技术在大气、水污染领域的应用外，近几年该技术还在自清洁玻璃、自清洁涂料、防雾镜片等方面发挥着重要作用。本节就对这几方面做简要的介绍。

10.6.2 自清洁玻璃

随着人们生活质量的提高和对环保节能理念的认知，逐渐要求正常的玻璃具有一种或多种特殊功能，如隔声、隔热、防辐射等。自洁玻璃正是在这样的环境背景下发展起来的。现代高楼大厦的玻璃清洗和维护非常方便，但是危险性较高，同时清洁剂的使用会对环境产生二次污染。自清洁玻璃作为绿色环保产品，很好地解决了现代高楼幕墙玻璃的清洗问题。

自清洁玻璃是指正常的普通玻璃在经过特殊的物理或化学方法处理后，其表面产生独特的物理性能，无需通过传统的人工擦洗即能达到清洁效果的玻璃。自清洁玻璃有很多种类，其中按亲水性分类可分为超亲水性自清洁玻璃和超疏水性自清洁玻璃。目前市场上的自清洁玻璃，主要是以有效成分为 TiO_2 的无机膜材料制成的超亲水性自清洁玻璃。自清洁玻璃的自净效果源于其具有的两种性能：光催化性和光致超亲水性。光催化性可以使玻璃在阳光的照射下，表面具有光催化能力，从而分解吸附在其表面的有机污染物分子，使之分解为小分子，甚至是二氧化碳和水分子；光致超亲水性可以使玻璃在阳光照射下，表面长时间保持与水的超亲和性，雨水在玻璃表面不会形成水珠而是一层均匀的水膜，这样，玻璃表面的污染物质在雨水的冲刷下被一起带走。

很多发达国家在很早以前就开始开发和生产自清洁玻璃，如美国、日本、英国等，其中日本是最早开发生产自清洁玻璃的国家之一。到目前为止，这些发达国家已经将自清洁玻璃推广到市场并且拥有多个生产自清洁玻璃的企业。我国从 1995 年起开始研究自清洁玻璃的制备方法以及应用技术。到了 21 世纪，在自清洁玻璃的制备和应用技术上取得了很大的发展。如 2003 年，任达森采用溶胶-凝胶法制备了 SiO_2/TiO_2 镀膜玻璃，并研究了镀膜玻璃光催化性能。2005 年，刘景辉研究了 TiO_2 在汽车风窗玻璃上的亲水性，并得出纳米 TiO_2 膜可以达到防雾效果的结论。

自清洁玻璃的制备和研发对发展新的生态建筑材料和环境协调型材料，保护环境和实现可持续发展具有重要意义，这类新型功能材料的使用面极广，具有广阔的发展和应用前景，但是，目前自清洁玻璃的产业化存在着一些技术上的制约：其在可见光下的光催化的效率太低、TiO_2膜的大面积制备技术也不够成熟，此外，自清洁玻璃自清洁性能的持久性还有待提高。许多研究机构也在对解决这些技术问题进行研究，今后的自清洁玻璃将会朝着更高更好的光催化效率，更稳定的自清洁性能方向发展。

10.6.3 环保涂料

随着生活水平的逐渐提高，人们开始日益追求更为舒适的生活，室内装修和家居成为其中的一个部分。而这些正在兴起的家庭装修和豪华家居所使用的涂料、油漆、泡沫填料等材料中含有甲醛、苯、氨气等有机污染气体高达300多种，这些气体从涂料和家居中逐渐散发出来，对人的身体造成了重大伤害。

通常用于控制室内污染物的方法有通气通风，很多地方规定新房至少通风三个月以后才能入住；保证室内有充足的阳光照射，利用太阳光中的紫外线杀菌；加装净化器，用来吸附室内产生的污染物；涂覆光催化涂料。但前三种方法不能从根本上清除污染物的污染，光催化涂料能直接利用包括太阳光在内各种途径的紫外光，在室温下对各种有机和无机污染物进行分解或氧化，使之成为CO_2和H_2O等，达到清除这些污染物的效果。此方法具有能耗低、容易操作、净化程度高、对一些特殊的污染物有突出的去除效果、无二次污染等特点。在涂料工业领域，通过在涂料中加入纳米TiO_2，可以达到光催化分解污染物及杀死细菌的目的。利用纳米TiO_2良好的化学稳定性和抗磨损性能并对其进行改性，可制成高活性光催化透明薄膜，能直接利用太阳光来净化环境。

当前自清洁涂料的研究与应用已取得了突出成果。美国关于纳米复合涂料的研究处于领先地位，美国纳米科技公司生产用于涂料的无机纳米材料（如氧化铟锡、氧化铅锑等），用其制得的涂料具有透明性及隔绝红外和紫外光的能效，可以制成隔热透明涂料。该公司将自有的纳米材料产品氧化铝与透明清漆混合，用其制得的涂料比传统涂料的耐磨性提高了2～4倍，海军舰艇上的金属部件涂装这种特殊涂料后，寿命得到了极大地提高。此外，美国还研制了一种新型纳米结构涂料。其结构组成是一种广泛应用的传统铝钛陶瓷混合材料的纳米结构模式，采用热喷涂工艺涂覆，对环境无污染。纳米结构材料所包含的粒子或晶粒直径都小于100nm，这种超微结构材料具有优良的材料性能。美国军方希望用该材料作为潜水艇部件上铬的替代物，用于延长机器和其他装置的寿命以解决海军经费问题。目前，它已经被许可在美国海军舰船上使用。

我国在环保涂料领域的研究也取得了显著的成就。2002年，中科院、浙江大学和浙江省企业共同开发的由纳米材料改性的外墙乳胶漆，该涂料克服了常规建筑涂料在日晒雨淋之后会剥落、褪色的缺点，专家鉴定表明，这种称之"纳米材料改性丙烯酸外墙乳胶漆"的涂料耐老化性非常强、抗玷污性也好、耐洗刷性更强、抗紫外线保色性强等，技术达到国内领先水平。

总的来说，目前我国纳米涂料尚处于初步发展的阶段，商品化的纳米涂料生产刚刚起步，而目前有些商业媒体的宣传对纳米科技有一定的炒作嫌疑，科技工作者对此应该保持严谨求实的态度，踏踏实实地做好基础性工作。但是我们应当相信，我们最终会克服纳米涂料的研制中存在的上述许多问题，随着纳米技术和涂料研究的深入，涂料工业将迈上一个新的台阶，纳米涂料的前景也将是光明而且辉煌的。

10.6.4　防雾镜片

防雾镜片是指覆有防雾涂料的玻璃镜片，通过吸收太阳光中的紫外光能产生对表面油污的分解及超亲水效应，从而实现自清洁功能，使眼镜镜片、风窗玻璃和太阳镜具有自洁雾气功能。这种特殊涂料，是以阻止水在玻璃表面形成气体的方式来避免雾气形成的。

防雾涂料可在多种材质如玻璃、镜面、塑料等表面使用，在保持材料原色度、透明度等外观特性的情况下，使材料表面具有防雾、抗菌、自洁、光催化分解污染物和清洁空气等新型功能。该涂料可在玻璃窗、交通道路指示牌和警示牌、大型广告牌、照明器具和建筑物外墙等场合使用，使物体表面在较长的时间内保持洁净和美丽，显著减少清洗次数和难度。涂料使物体表面污物易于用水清洗，因此减少了清洗所需的人力、物力消耗，降低了清洗成本和危险性。由于涂料膜的超亲水性及防雾性能，也可用在交通镜、汽车倒视镜、汽车前后风窗玻璃上，提高雨雪天气和寒冷季节的行车安全。

10.6.5　抗菌材料

抗菌材料是通过抗菌剂来实现的。在实际应用中，一般并不要求抗菌材料能迅速杀灭有害微生物，而是侧重于在更长期的使用过程中抑制它们的生长和繁殖，以达到保护环境卫生的目的。抗菌剂按其化学组成可分为无机类、有机类和复合类三类。

无机类抗菌剂作用寿命长，耐高温，有副作用；有机类抗菌剂在短期内杀菌效果明显，耐温差、使用寿命短；而复合类抗菌剂合理利用两者的优点，从而提高了抗菌剂性能和适应范围。此外，光催化类抗菌剂具有广谱抗菌、耐腐蚀、适用范围广和使用安全等优点，具有极大的空间发展，而如何提高光催化活性是实现产业化的关键点。

近几年，我国的抗菌剂研究发展非常迅速，中国科学院、中国建材科研院、同济大学、原武汉工业大学等开展了这方面的研究，有部分产品应经上市。如中国科学院化学研究所工程塑料国家工程中心多年来在抗菌剂、抗菌剂的母料化技术、抗菌塑料等方面进行了一系列的研究开发以及应用，并率先在海尔集团推广，形成抗菌系列家用产品。但我国关于抗菌材料的研究尚属起步阶段，与国际先进水平相比还有较大差距。由于我国钛资源丰富，而纳米二氧化钛具有优异抗菌性能，优先发展此类抗菌材料，迎头赶上国际先进水平，对创造洁净环境、保持人民健康具有重大的意义。随着社会发展，抗菌材料的需求将会产生巨大的市场，抗菌剂及其制品的生产将成为重要的新兴产业领域。

10.6.6　光解制氢

自从 Fujishima 和 Honda 于 1972 年发现了 TiO_2 在光催化时能分解水产生 H_2 和 O_2 以来，科学研究者为实现太阳能光解水制氢一直在作不懈的努力。

光解水制氢的原理是：半导体光催化剂在能量等于或大于其禁带宽度的光辐射时，电子从最高电子占据分子轨道（HOMO，即价带）受激跃迁至最低电子未占据的分子轨道（LU-MO，即导带），从而在价带留下了光生空穴（h^+），导带中引入了光生电子（e）。光生空穴和光生电子分别具有氧化和还原能力。要实现太阳能光解水制氢和氧，光生电子的还原能力必须能够还原 H_2O 产生 H_2，而光生空穴的氧化能力必须能氧化 H_2O 产生 O_2，即半导体光催化剂的导带底要在 H_2O/H_2 电位（$E_0 = 0V$，$pH = 0$）的上面，而价带顶在 O_2/H_2O 电位（$E_{NHE} = +1.23V$，$pH = 0$）的下面。

光解水制氢常用的半导体光催化材料有：TiO_2、CdS、$CaTiO_3$、$SrTiO_3$ 等。其中，TiO_2 光催化剂由于光照不发生光腐蚀、耐酸碱性好、化学性质稳定、对生物无毒性和来源丰富等优点被广为利用。具有代表性的 P25 二氧化钛粉体材料几乎是现在最成功的光催化剂之一。

目前在光解水制氢过程中，为了能利用辐射中 47% 的可见光，实现太阳能的高效转化，追求可见光区相应的光催化剂一直是光解水制氢的主要研究目标。不过遗憾的是目前所研究开发的光催化剂中能有相应可见光的很少，能实现在可见光下完全光解纯水产生氢气和氧气的更少。1985 年，日本工业科学和技术局的国家材料学研究所，在太阳光作用下，用一种二氧化钛和氧化铁的混合物或者钌化合物的半导体材料作为催化剂，利用上述原理，成功地将水完全分解为氢气和氧气。

光催化材料必须廉价易得，效率要高，最好能利用太阳光所有波段中的能量；符合这些要求的催化剂材料一般为金属氧化物和金属硫化物。二氧化钛的禁带宽度较大，只能利用太阳光中的紫外光部分，故其光解效率并不是很高。如何构筑有效的催化材料，减小光催化材料的禁带宽度，使之能利用太阳光中可见光部分，同时又防止光腐蚀的发生，并有效抑制电子/空穴再结合及逆反应，是太阳能裂解水制氢技术的关键。

鉴于上述缺点，人们通过优化光催化剂来提高光解制氢的效率。通过结构优化、负载重金属、掺杂金属离子、掺杂非金属阴离子、光敏化等手段，对光催化剂的颗粒大小、晶型、禁带宽度、光影响范围等方面进行改造，试图使光催化剂具有高效转化率。如 2005 年，Grimes 采用 TiO_2 纳米管阵列作为光阳极光电催化分解水制氢，使光电转化效率提高到 12.25%。Lagref 等人以多吡啶钌（Ⅱ）作为光敏化剂敏化负载 Pt 的纳米级 TiO_2，在模拟日光 AM1.5 条件下，光转化效率为 7.4%，大大推动了太阳能制氢的研究。

虽然目前我们对光解水制氢已经有所研究，但要提高其光解效率还有很长的路要走，并且随着高效率的光催化剂的研制和开发，人类的生活将产生无法估量的巨变。

【案例】

1. 光催化降解有机磷农药

1944 年德国化学家施拉德发现对硫磷具有强烈的杀虫性能，此后世界各国经过广泛而深入的研究，合成了数以万计的有机磷化合物，进而推动了数十种有机磷农药的问世。尽管有机磷农药品种繁多，但从结构上来看，绝大多数属于磷酸酯和硫代磷酸酯，少数属于磷酸酯和磷酰胺酯。作为世界上生产和使用最多的农药品种，有机磷农药以其药效高、使用方便、应用广泛等优点一直在杀虫剂中占有重要的地位。但由于具有较高的挥发性，有机磷农药很容易进入大气，随着降雨流入水体，沉积在土壤中，对农畜产品造成污染，并通过食物链进入人体进而产生富集作用，对人体造成危害。此外，有机磷农药还会产生"三致"作用，因此，对如何有效去除有机磷农药的研究迫在眉睫。

光催化法降解有机磷农药是近几年的一个研究热点，光催化法利用光生强氧化剂将有机污染物彻底氧化为 H_2O 和 CO_2、PO_4^{3-} 等对环境无害的小分子。研究结果表明以 TiO_2、UV-Fenton 等作为光催化剂可以有效降解有机磷农药。

（1）二氧化钛作为光催化剂降解有机磷农药　二氧化钛（俗称钛白粉）有板钛矿、金红石和锐钛矿三种晶型，用作光催化的 TiO_2 主要有锐钛矿型和金红石型两种晶型，其中锐钛矿型的催化活性较高。TiO_2 在太阳光或紫外光激发作用下将产生光生电子和空穴，能直接或间接地将污染物完全降解为 H_2O、CO_2、PO_4^{3-} 等，无二次污染，且 TiO_2 具有化学性质稳定、无毒、耐磨损等优点，被广泛地应用于光催化降解有机污染物中。

以钛酸丁酯为钛源，以硝酸铁 $Fe(NO_3)_3 \cdot 9H_2O$ 为改性剂，以溶胶-凝胶法合成的掺铁纳米 TiO_2 为催化剂，对 50mg/L 低质量浓度的乐果农药溶液进行光催化降解。试验结果表明，光照 2h 后掺铁纳米二氧化钛的光催化活性比纯纳米二氧化钛光催化剂提高了 18%；降解 400mg/L 乐果时，分别对有机磷的矿化率、COD 去除率和 TOC 的去除率进行了检测。结果为：催化剂用量为 1.5mg/L 时，有机磷的矿化率达到了 85.75%，COD 去除率达到了 89.24%，TOC 去除率达到了 89.81%，该用量为催化剂的最佳用量。

（2）UV-Fenton 光催化法降解有机磷农药　19 世纪末期，法国科学家 H·J·Fenton 在一项试验研究中发现，当 Fe^{2+} 和 H_2O_2 共存于酸性水溶液中时可以有效地氧化酒石酸。这一发现为人们分析还原性有机物和选择性氧化有机物提供了新的方法。为纪念这位科学家，人们将 Fe^{2+} 和 H_2O_2 混合物的水溶液和相关反应分别命名为 Fenton 试剂和 Fenton 反应。

在 Fenton 试剂处理有机物的过程中，光照可以提高其处理效率及对有机物的降解程度。在紫外光照条件下，Fe^{2+} 可以部分转化为 Fe^{3+}，在 pH 为 5.5 的介质中可以水解生成 $Fe(OH)^{2+}$，然后在紫外光（$\lambda > 300nm$）作用下 $Fe(OH)^{2+}$ 又可以生成 Fe^{2+}，同时产生 $\cdot OH$，此外，生成的 Fe^{2+} 还能够与 H_2O_2 进行 Fenton 反应。徐明芳等人采用 UV/Fenton 光催化氧化技术，对影响美曲膦酯农药废水的光催化降解过程中各因子进行分析及优化，研究结果表明，当工艺条件控制为 H_2O_2 浓度为 7mmol/L，Fe^{2+}/H_2O_2 值为 $1:5$，光照强度为 $2000 \mu W/cm^2$，pH = 3，光照时间为 90min 时，其 COD 去除率、有机磷降解率分别为 86.8%、89.9% 以上。美曲膦酯有机磷农药光催化氧化降解率和 COD 去除率在最优条件下达到了 85% 以上。

2. 光催化降解空气中的甲醛

甲醛是目前室内空气污染物中的头号杀手，是一种强致癌和致畸物质。室内装修用到的胶合板、纤维板、油漆涂料以及化妆品是室内甲醛污染的主要来源。室内空气中的甲醛会对人体的嗅觉和呼吸道等多处组织器官造成损伤，严重者会造成人的死亡。因此，在室内污染治理过程中，使用催化剂对甲醛进行降解具有很重要的意义。

最近研究表明，通过共掺杂对 TiO_2 光催化剂进行改性（选择适当的元素和合适的配比），得到的共掺杂光催化剂具有比单掺杂光催化剂更高的光催化性能，从而提高了对空气中甲醛的降解效率。如以钛酸四丁酯、无水乙醇、二乙醇胺、硝酸铁、氨水和蒸馏水为原料，通过溶胶-凝胶法制备 Fe-N 共掺杂光催化剂。通过试验分析：在 253.7nm 的紫外光源照射下，当共掺杂样品中掺杂配比为 $n(Fe):n(N):n(TiO_2) = 0.1\%:1\%:1$ 时，煅烧温度为 500℃时，$Fe-N-TiO_2$ 共掺杂样品对甲醛降解效率最高，2h 内对甲醛的降解效率达到 53%。高于 Fe-Ti 的 45%、$N-TiO_2$ 的 43% 和纯 TiO_2 的 25%；在光照射下 $Fe-N-TiO_2$ 在 2h 内对甲醛的降解效率达到 39%，高于 $Fe-TiO_2$ 的 27% 和纯 TiO_2 的 21%。

通过 XRD 和 SEM 进行表征分析发现，试验制备的 $Fe-N-TiO_2$（500℃）光催化剂以锐钛矿结构为主，粒径分布均匀，平均粒径较小。从理论上分析，Fe-N 共掺杂能细化 TiO_2 晶粒，增大催化剂比表面积，并引起 TiO_2 的晶格畸变和膨胀，提高其光催化性能。

思 考 题

1. 简述催化与光催化的区别。
2. 概述光催化反应的类型及光催化机理。
3. 什么是光催化剂？简述光催化剂的制备方法。
4. 简述染料光敏化的作用机理。
5. 概述光催化剂的表征方法及特点。
6. 简述纳米光催化剂净化空气的作用机理，并举例说明光催化剂在净化空气方面的应用。
7. 论述光催化技术在治理水中重金属方面的应用。

参 考 文 献

[1] 李凤生，杨毅，马振叶，等. 纳米功能复合材料及应用 [M]. 北京：国防工业出版社，2003.
[2] 张金龙，陈锋，何斌. 光催化 [M]. 上海：华东理工大学出版社，2004.
[3] 甄开吉，王国甲，毕颖丽，等. 催化作用基础 [M].3 版. 北京：科学出版社，2005.
[4] 刘守新，刘鸿. 光催化及光电催化基础与应用 [M]. 北京：化学工业出版社，2006.
[5] 陈建华，龚竹青. 二氧化钛半导体光催化材料离子掺杂 [M]. 北京：科学出版社，2006.
[6] 陈诵英，陈平，李永旺，等. 催化反应动力学 [M]. 北京：化学工业出版社，2007.
[7] 王桂茹. 催化剂与催化作用 [M].3 版. 大连：大连理工大学出版社，2007.
[8] 刘春艳. 纳米光催化及光催化环境净化材料 [M]. 北京：化学工业出版社，2008.
[9] 朱红. 纳米材料化学及其应用 [M]. 北京：清华大学出版社，北京交通大学出版社，2009.
[10] 黄开金. 纳米材料的制备及应用 [M]. 北京：冶金工业出版社，2009.
[11] Satterfield C N. Heterogeneous Catalysis in Practise [M]. New York：MeGraw-Hill Inc，1980.
[12] 蒲玉英，方建章，彭峰，等. 微乳法合成纳米 SiO_2/TiO_2 及其光催化性能 [J]. 催化学报，2007，28（7）：251-256.
[13] Sato S. Photocatalytic activity of NOx-doped TiO_2 in the visible light region [J]. Chem Phys Lett，1986，123（1/2）：126-128.
[14] Asahi R M T，Ohwaki T. Visible-light photocatalysis in nitrogen-doped titanium oxides [J]. Science，2001，293（5528）：269-271.
[15] Hong yan Liu，Lian Gao.（Sulfur，Nitrogen）-codoped rutile-tianium dioxi deasa Visible-light-activated Photoeatalyst [J]. Journal of the American Ceramie Soeiety，2004，87（8）：1582-1584.
[16] 姚秉华，王理明，杨国农，等. $RuO_2/La_2O_3/TiO_2$ 悬浮体系中直接耐晒黑 G 的光催化降解 [J]. 环境污染治理技术与设备，2005，6（4）：18-21.
[17] Chatterjee D，Mahata A. Visible light induced photode-gradation of organic pollutants on dye adsorbed TiO_2 surface [J]. J Photochem Photobio A：Chem，2002，153（1-3）：199-204.
[18] 梁建，马淑芳，韩培德，等. 二氧化钛纳米管的合成及其表征 [J]. 稀有金属材料与工程，2005，34（2）：287-290.
[19] 王幸宜. 催化剂表征 [M]. 上海：华东理工大学出版社，2008.
[20] 吴树新，尹燕华，何菲，等. 掺铜 TiO_2 光催化剂光催化氧化还原性能的研究 [J]. 感光科学与光化学，2005，23（5）：333-339.
[21] 刘祥志，徐明霞，李顺，等. 掺杂 TiO_2 纳米线及其可见光催化性能 [J]. 武汉理工大学学报，2007，29（10）：173-177.
[22] 祁巧艳，孙剑辉. 负载型纳米 TiO_2 光催化降解罗丹明 B 动力学与机理研究 [J]. 水资源保护，2006，

22 (2)：56-58.

[23] 刘重洋，李立清，刘宗耀，等 . Zn^{2+}/TiO_2 薄膜光催化剂的制备及对 NO 的去除 [J]. 化工环保，2007，27 (2)：109-112.

[24] 周秀峰 . 室内装修空气污染物的危害和消除方法探讨 [J]. 黑龙江环境通报，2008 (1)：48-49.

[25] 季学李，羌宁 . 空气污染控制工程 [M]. 北京：化学工业出版社，2005：189-190.

[26] 徐家颖，杨士弘 . 广州大气 NO_x 浓度影响因素的灰色关联分析 [J]. 上海环境科学，1998 (10)：19-21.

[27] 王利平 . 燃烧过程中 NO_x 的有效控制方法 [J]. 电力学报，1997，12 (3)：6-12.

[28] 刘春丽 . 进行光催化消除室内甲醛污染的研究 [D]. 郑州：郑州大学，2007.

[29] 华卫琦，上野晃史 . 燃烧尾气中 NO_x 选择性还原反应催化剂研究进展 [J]. 化工环保，1998，18 (6)：338-342.

[30] 陈伟 . 室内环境污染与绿色装修 [J]. 环境科学与技术，2001，24 (增刊)：56-57.

[31] Webster T S, Debinny J S, Torres E M, et al. Bio-filltrationindoorsandvolatiler organic compounds from Public owned treatment works [J]. Environmental Process, 1996, 15 (3)：141-149.

[32] 郭健，胡学香，王爱民，等 . $NiO/SrBi_2O_4$ 可见光催化杀菌的研究 [J]. 环境化学，2007，26 (2)：207-209.

[33] 陈丽金 . 装修材料对室内环境的污染及其控制 [J]. 武汉工业学院学报，2002，9 (4)：20-23.

[34] Stafford U, et al. Radiolytic and TiO_2-assisted photocatalytic degradation of 4-chlorophenol [J]. Journal of Physical Chemistry, 1994 (98)：6351-6463.

[35] 王福平，苏彤 . 用纤维 TiO_2 作光催化剂降解饮用水中腐殖质 [J]. 高技术通讯，1998，8 (12)：21-24.

[36] 任达森，崔晓莉，张群，等 . 溶胶法制备的二氧化硅与二氧化钛复合薄膜的性能 [J]. 物理化学学报，2003，19 (9)：829-833.

[37] 刘熙娟，朱绍龙 . TiO_2 薄膜在灯具上的应用 [J]. 照明工程学报，2004，15 (1)：27-31.

[38] 刘景辉，王立夫，闫肃，等 . 纳米二氧化钛薄膜在汽车挡风玻璃上的亲水性研究 [J]. 汽车工艺与材料，2005 (3)：10-12.

[39] 黄浪欢，刘应亮 . TiO_2 改性多功能涂料的制备及性能研究 [J]. 化学建材，2005，33 (4)：28-30.

[40] 于兵川，吴洪特，张万忠 . 光催化纳米材料在环境保护中的应用 [J]. 石油化工，2005，34 (5)：491-495.

[41] 赵石林，剧金兰，张鑫，等 . 纳米复合涂料的研究开发现状 [J]. 涂料工业，2001，31 (10)：24-25.

[42] 曹洪亮，赵石林 . 纳米透明耐磨涂料 [J]. 中国涂料，2003 (1)：34-37.

[43] 季保华，方东，徐长庆 . 纳米涂料研究概况 [J]. 科技情报开发与经济，2002，12 (5)：97-98.

[44] Asahi R, Morikawa T, Oh Waki T, et al. Visible-light photocatalysis in Nitrogen doped titanium oxides [J]. Science, 2001 (293)：269-271.

第 11 章
用于湿式氧化技术的功能催化剂的设计与制备

本章提要：湿式氧化是 20 世纪 50 年代发展起来的一种适用于处理高含量、有毒有害、生物难降解有机废水的高级氧化技术。它是在高温（125~320℃）和高压（0.5~20MPa）下，以氧气为氧化剂，在液相中将有机污染物氧化分解为二氧化碳和水等无机物或小分子有机物的化学过程。本章介绍了湿式氧化用催化剂的分类、设计、制备、在动力学模型方面的研究以及应用等。

11.1 湿式氧化用催化剂

11.1.1 湿式氧化用催化剂主体介绍

催化剂是影响化学反应的重要媒介物，是许多化工产品生产的关键。现代人类面临的许多困难，像能源、自然资源的开发以及环境污染等，这些问题的解决也都部分地依赖于催化过程。随着我国工业的发展，环境问题也越来越凸显出来，这就要求尽快地改造引起环境污染的现有工艺，并研究出无污染物排出的绿色化工新工艺，以及大力开发有效治理废渣、废水和废气污染的过程和催化剂。进入 20 世纪，随着石油、化工和制药等工业的飞速发展，进入水体的化工合成物质的数量和种类急剧增加。其中有许多是高含量、有毒、有害的工业废水。而这些废水采用传统的生物处理工艺降解效率很低，有时甚至无法运行，因此传统的生物处理工艺受到了巨大的挑战。

湿式氧化是 20 世纪 50 年代发展起来的一种适用于处理高含量、有毒有害、生物难降解有机废水的高级氧化技术。它是在高温（125~320℃）和高压（0.5~20MPa）下，以氧气为氧化剂，在液相中将有机污染物氧化分解为二氧化碳和水等无机物或小分子有机物的化学过程。其中用空气做氧化剂的技术又叫做湿式空气氧化法（Wet Air Oxidation，WAO）。较高的温度促使反应速度剧增，使有机物可以在数秒钟内被氧化分解，而较高的压力则保证反应在液相中进行。压力的作用主要是保证呈液相反应。在压力因素中，氧分压在一定范围内对氧化速度有直接影响，因为氧分压决定液相中溶解氧含量。

随着湿式氧化技术的发展，20 世纪 70 年代以来，出现了对催化湿式氧化技术的研究，尤其是在湿式氧化的基础上添加催化剂，以达到降低反应温度和压力，以及缩短反应时间的效果。湿式氧化和催化湿式氧化技术主要用于难生物降解、有毒有害的高含量有机废水的处理，并可回收能源和有用的物料。它们可以提高废水的可生物降解性，同时可去除大部分液相中的对生物有毒有害的物质。经湿式氧化或催化湿式氧化处理之后，后面再接一些简单的生物处理方法，便可达到理想的处理难降解有机物的效果。

影响湿式氧化过程的因素较多，主要有反应温度、反应压力、反应时间、处理对象的性质和催化剂的投加情况等。

WAO 在高温、高压条件下进行，要求反应器耐高温、耐高压和耐腐蚀，因此设备费用大，而且对某些有机物（如多氯联苯、小分子羧酸等）的降解效果不太理想，难以完全氧化，有时还会产生有毒性的中间产物，限制了它的进一步推广。为了缓和反应的条件，20世纪 70 年代以来，在传统的湿式氧化法的基础上发展了催化湿式氧化法（Catalytic Wet Air Oxidation，CWAO）。它能使反应温度和压力降低，有效提高氧化能力，加快反应速度，缩短反应时间，对湿式氧化法的推广应用具有重要意义。

湿式氧化法与常规方法相比，具有适用范围广，处理效率高，极少有二次污染，氧化速率快，可回收能量及有用物品等特点，因而受到了世界各国科研人员的广泛重视，是一项很有发展前途的水处理方法。

11.1.2　湿式氧化用催化剂国内发展

我国进入 20 世纪 70 年代后，湿式氧化工艺得到迅速发展，应用范围从回收有用化学品和能量进一步扩展到对有毒有害废弃物的处理，尤其是在处理含酚、磷、氰等有毒有害物质方面已有大量文献报道，研究内容也从初始的适用性和摸索最佳工艺条件深入到反应机理及动力学，而且装置数目和规模也有所增大。

从 20 世纪 80 年代开始进行对 WAO 的深入研究，先后进行了造纸黑液、含硫废水、酚水及煤制气废水、农药废水和印染废水等试验研究。

国内许多科研人员对 WAO 工艺进行了深入研究，其中杨奇、钱易等首次将湿式氧化法应用于香料废水的处理，在中温 160℃、中压 2.8MPa 的条件下，香料废水经 30min 湿式氧化处理，COD、TOC 和色度的去除率分别可达到 48%、51% 和 95%，可生化性增强；在处理造纸废水方面，邵红等以钠基膨润土为原料，合成了镍锆-无机柱撑、镍锆-有机柱撑系列改性膨润土，比较了不同改性膨润土对造纸废水的处理效果，并确定了各改性膨润土处理废水的投加量、pH 值、搅拌时间等最佳条件；同济大学的王华等对用于碱渣废水的湿式氧化催化剂的活性和稳定性进行了研究，结果表明 MnO_x/γ-Al_2O_3 在反应温度为 200℃，室温下氧分压为 1.0MPa，反应搅拌速率为 200r/min，反应时间为 2h 的试验条件下具有良好的催化性能。

以废水的湿式氧化法处理为例，自 20 世纪 70 年代以来研究人员采取了一些改进措施，通过使用高效、稳定的催化剂来降低湿式氧化反应的温度和压力，同时提高氧化分解能力，缩短处理时间，以提高处理效果。这种技术就是湿式催化氧化工艺。传统的废水处理方法即生物处理方法，它在处理含有机物的废水时，通常是利用微生物对废水中的有机物等污染物进行消化分解，转换为二氧化碳和水等简单无害的有机物；而湿式氧化法工艺则是利用高温高压的氧气在催化剂的条件下分解有机物。该工艺是目前处理生化难降解高含量工业有机废水的最佳方法之一，日本及其他国家已把该工艺视为第二代工业废水处理高新技术，专门用于解决第一代常规技术（如生化处理、物理化学处理）难以解决或无法解决的高含量生化难降解工业废水的净化处理问题。我国也于近年引进了该技术，开始在国内应用。随着科学技术的不断发展，新型催化剂及反应设备成本的降低，相信湿式氧化催化工艺将成为21世纪工业废水处理的替代新技术。

11.1.3　湿式氧化用催化剂国外发展

国外在这方面先于我国。湿式氧化工艺最早是由美国 ZIM-PRO 公司研制开发，故又称为 ZIMPRO 处理工艺，美国的 F·J·齐默尔曼于1958年首次用于处理造纸黑液，并取得了多项专利，故也称齐默尔曼法。虽然 ZIMPRO 处理效率很高，但由于反应器终端的温度很高，要求反应材质耐高温高压、耐腐蚀，这使得设备投资很大。1970年由 Fassel 和 Bridge 提出的工艺将普通湿式氧化反应器分成几格，每格有单独的搅拌器，多级鼓入空气或纯氧以加速氧化剂与液相的混合。1990年，BAYER 公司提出用 Loprox（Low Pressure Wet Oxidation）工艺处理污泥，其采用 Fe^{2+} 加蒽醌作催化剂，在温度小于230℃，压力为 $0.5 \sim 3.5$ MPa 的温和条件下进行反应，TOC 去除率限制在65%，可生化性大大提高。1989年，Ciba-Geigy 公司（即为现在瑞士蒙泰的 CIMOSA 公司）采用铜盐作催化剂的 Ciba-Geigy 工艺处理化工废水，系统用两个连续的用钛作内衬的柱型反应器，进水 COD 为 110g/L，反应温度295℃，压力 16MPa，处理量 10mg/h，停留时间超过 3h，出水水质达标。

如今，在美、日等发达国家，超临界水氧化技术得到了很大发展，出现了不少中试工厂以及商业性的 SCWO 装置。1985年，美国的 Modar 公司建成了第一个超临界水氧化中试装置。该装置处理能力为每天950L含10%有机物的废水和含多氯联苯的废变压器油，各种有害物质的去除率均大于99.99%。1995年，在美国奥斯汀建成一座商业性的 SCWO 装置，处理几种长链有机物和胺。同时，在奥斯汀还在筹建一座日处理量为5t多的市政污泥的 SCWO 处理工厂。这些污泥因其所含的物质种类太多而无法用常规方法处理。这个装置也将被用于处理造纸废水和石油炼制的底渣。在日本亦已建起一座日处理废物 $1m^3$ 的实验性中试工厂，主要用于研究。

在国外，WAO 技术已实现工业化，主要应用于活性炭再生，含氰废水、煤气化废水、造纸黑液以及城市污泥及垃圾渗出液处理。国内从20世纪80年代才开始进行 WAO 的研究，先后进行了造纸黑液、含硫废水、酚水及煤制气废水、农药废水和印染废水等试验研究。在20世纪70年代，出现了催化湿式空气氧化（CWAO）技术。CWAO 因其特有的优点，20世纪70年代以后 CWAO 很快在美国、日本、欧共体等国家得到广泛深入的研究。目前应用于 CWAO 中的催化剂主要包括过渡金属及其氧化物、复合氧化物和盐类，根据催化剂的状态可分为均相和非均相催化剂。由于均相催化剂存在回收难等弱点，如今非均相催化剂是 CWAO 技术的研究热点。DoPont 公司在1950年发表的第一项专利，以 Mn-Zn-Cr 氧化物为主体催化剂，可以在 $120 \sim 200$℃内有效净化工业废水及河流污染。近几十年已研究了几种类型的非均相催化剂，先是载体型或非载体型的金属氧化物及至后来载体型的贵金属催化剂。后者活性相一般不易失活且对多种污染物的催化活性更高，特别是乙酸和氨。在日本，自20世纪80年代中期以来已发展了3种 CWAO 体系，沉积在 TiO_2 或 $TiO-ZrO_2$ 载体上的非均相催化剂使 CWAO 技术可以氧化两种难处理的化合物乙酸和氨，处理后的水可以直接排放或再利用。WAO 作为新型的废水处理技术仍处于不断的改进和完善中，尤其在国外的一些大型水处理公司通过优化筛选更为高效的催化剂来提高水处理效率、降低处理成本。最近在 ETH Zurich 研究的基础上研制了一项改进的 WAO 工艺，用于碳和氮难处理化合物的预处理。它以空气作为氧化剂，在120℃和0.3MPa下用 Fe^{2+} 和少量的过氧化氢催化氧化。此工艺于 1996 年在一个纺织工厂中运行，吞吐量为 4mg/h，处理后 COD 为 7～10g/L。法国对在小于 200℃和 4.0MPa 时以非均相贵金属催化剂来催化氧化乙酸和氨等化合物进行了研究。这些研究项目由化学和废物处理公司资助，故由此产生了一系列有关载 Ru 催化剂的专利。伦敦 Imperial 大学也研究了不同条件下的非均相和均相 WAO 工艺，它采用一种综合工艺，包括 1 个 CWAO 反应器、1 个密闭的催化剂循环系统和 1 个反渗透（RO）胶束。其中以 CWAO 反应的压力作为 RO 分离的动力。

11.1.4　湿式氧化用催化剂前景

目前，湿式催化氧化法主要应用于造纸废水、染料废水、含酚废水和含氮化合物废水等方面。根据催化剂的状态，可分为均相催化剂和多相催化剂。一般来说，均相催化剂比多相催化剂活性高，反应速度快，反应设备简单。从 20 世纪 80 年代以来，国内也逐渐开始了催化湿式氧化的研究。汪仁等人研究了均相催化湿式氧化法处理造纸草浆黑液。现在几套以均相催化系统（Cu、Fe、Cu-Mn-Fe 和 Fe/H_2O_2）为基础的催化湿式氧化处理装置均取得了好的效果。然而，在均相催化湿式氧化系统中，催化剂混溶于废水中。为避免催化剂流失所造成的经济损失以及对环境的二次污染，需进行后续处理以便从水中回收催化剂，流程较为复杂，加大了废水处理的成本。为了克服上述不足，研究人员开始研究非均相催化剂，因为使用非均相催化剂时，催化剂以固态存在，催化剂与废水的分离比较简单，可使处理流程大大简化。由于多相催化剂具有活性高、易分离、稳定性好等优点，因此从 20 世纪 70 年代后期起，湿式氧化研究人员便将注意力转移至高效稳定的多相催化剂上。目前，研究最多的多相催化剂主要有贵金属系列、铜系列和稀土系列三大类。湿式催化氧化技术，就其目前的应用情况来看，对单一污染物含量高的废水的处理效果显著，但处理成分复杂的实际废水，国内外的报道较少。

CWAO 的发展前景：

1）CWAO 是一种有效的处理高含量、有毒、有害、生物难降解废水的高级氧化技术。

2）由于非均相催化剂具有活性高、稳定性好、易分离等优点，已成为 CWAO 研究开发和实际应用的重要方向。

3）催化剂正向多组分、高活性、廉价、稳定性好的方向发展，高效催化剂的研究对 CWAO 的广泛应用有重要的意义。

4）氧化速度快，当反应受扩散控制时，使用催化剂使相接触更好，从而加速反应进行。

5）非选择性，能实现完全氧化。

6）在热的酸性溶液中，理化性质稳定。

7）在较高温度下活性高，使用寿命长，对废水中的毒物不敏感。

8）力学强度高，耐磨损。

11.2　湿式氧化用催化剂的分类

11.2.1　均相湿式氧化催化剂

催化湿式氧化技术的早期研究主要集中在均相催化剂上。一直以来，在欧洲均相湿式催化氧化法的研究较多,以过渡金属 Cu、Fe、Ni、Co、Mn 等为代表的均相催化剂的效果较好。它是通过向反应溶液中加入可溶性的金属盐作为催化剂,以分子或离子水平对反应过程起催化作用。因此均相催化的反应较温和,反应性能好,有特定的选择性。村上等人对 Cu、Co、Ni、Fe、Mn、V 等几种可溶性盐催化剂降解甲醛和甲醇进行研究,发现在 230℃,氧分压为 2MPa 条件下,可溶性铜盐催化效果最好。用催化湿式氧化法处理丙烯腈生产废水时,Cu、Zn、Fe、Cr、Ni、Co、Mn 中 Cu 具有明显的催化作用。Cu 作均相催化剂时,通常要加氨作铜离子的稳定剂,湿式氧化处理后,可加碱蒸氨使铜沉淀出来,残留的铜用树脂法回收,尽管均相催化剂活性高、选择性强且催化剂易得,但是均相催化剂回收困难,易流失,造成二次污染。从 20 世纪 80 年代开始,国内也逐渐开始了催化湿式氧化的研究。我国科研人员研究了均相催化湿式氧化法处理造纸草浆黑液,铜盐催化剂效果最好。用均相催化湿式氧化处理煤气化废水(含酚 7866mg/L,COD = 22928mg/L)时,硝酸铜以及它与氯化亚铁的混合物具有很高催化活性,在合理的处理条件下,酚、氰、硫化物的去除率接近 100%,COD_{Cr} 的去除率达 65% ~ 90%,对多环芳烃类具有明显的去除效果。CWAO 处理脱浆废水时,选用 $CuSO_4$ 和 $Cu(NO_3)_2$ 作为催化剂,在温度 200℃、空气压力 7MPa 和 1L/min 空速下,60min 内 COD_{Cr} 去除率达 80%。

11.2.2　非均相湿式氧化催化剂

均相催化剂难与反应介质分离,易流失和引起二次污染,而非均相催化湿式氧化法的催化剂以固态存在,这样催化剂与废水的分离简单。

1. 过渡金属氧化催化剂

金属氧化物在催化领域中,是很重要的角色。它可以作为主催化剂、助催化剂和载体,被广泛使用着。就主催化剂来说,金属氧化物催化剂又可分为过渡金属氧化物催化剂和非过渡金属氧化物催化剂。

过渡金属氧化物催化剂(如 V_2O_5、Cr_2O_3、Fe_3O_4、MnO_2、ZnO 等)多属半导体。其导电性介于金属和绝缘体之间,能加速电子转移的反应。因此,过渡金属氧化物催化剂催化性能与其半导性有密切关系。半导体化合物按化学组成有非计量和计量两类,按导电方式分成三类:N 型半导体(电子导电)、P 型半导体(带正电荷的空穴导电,简称空穴导电)以及 I 型本征半导体(电子和空穴同时导电)。化学计量氧化物是本征半导体。非化学计量氧化物或掺杂氧化物可以是 N 或 P 型半导体。

计量的半导体化合物如 Fe_3O_4 等,它们具有尖晶石结构。过渡金属氧化物催化剂的导电性质与其非化学计量组成密切相关。在 0K 附近,半导体中能量较低的能带都被电子完全充满,这时半导体和绝缘体没有区别。但半导体的禁带较窄,约 1eV。在有限温度时,电子可由满带激发到空带(即没有填充电子的能带)成为导电电子,空带变成了导带。同时因电子激发,满带留下带正电荷的空穴,空穴可以由一个能级跃迁到另一个能级,因而产生空穴导电。随着温度的升高,导电电子及导电空穴都增加,半导体的导电率提高。因此过渡金属氧化催化剂可作氧化还原催化剂,并在高温使用。在各种废水处理中对 Cu、Zn、Fe、Cr、Ni、Co、Mn 等及其氧化物和盐的催化活性均有报道,其中活性最高的是铜系列催化剂。铜系催化剂是较经济的催化剂。非均相 Cu 系催化剂表现出了高活性,因此人们对非均相 Cu 系催化剂进行了大量的研究,发现铜系列非均相催化剂具有较好的催化活性的原因在于其表面的氧得失比较容易，氧化铜可作良好的氧传输体，添加少量的 K、O 能起到很好的催化作用，但同时又会促进 Cu 的溶出，若再能解决溶出问题，则意义更大。大量的研究表明非均相 Cu 系催化剂具有活性高和廉价等优点，但是存在着严重的溶出现象。

2. 贵金属系列催化剂

金属催化剂的特征之一是有裸露着的表面，而具有界面的固体金属原子，至少有一个配位部位是空着的，它有与外来分子达到配位饱和的趋势。而金属催化剂的功能又都和 d 轨道有关。因此，金属表面配合物的形成能恰当地导致反应物旧键断裂和产物新键生成，从而实现催化反应。

在多相催化氧化中，贵金属对氧化反应具有高的活性和稳定性，已经被大量应用于石油化工和汽车尾气治理行业，但是贵金属的过高价格会导致投资成本增加。为减少其用量并使其有很好的分散性，一般将贵金属催化剂负载于一定的载体上，如 Al_2O_2、TiO_2、CeO_2、活性炭及沸石等。

大量的研究表明贵金属系列催化剂的活性和稳定性都很好，国外有人用几种金属（Ru、Rh、Pt、Ir、Pd、Cu、Mn）与载体（NaY 沸石、Al_2O_3、ZrO_2、TiO_2、CeO_2）制备的催化剂处理丙醇、丁酸、苯酚、乙酰胺、乙酸、甲酸等有机废水。中国石油化工总公司，研制了以 Pt 或 Pd 为活性组分，以 VO_2、Ti_2O_3 和 Al_2O_3 为复合载体，制成负载型催化剂，特别适用于处理石油化工高含量的含硫有机废水。在 190℃ 的条件下催化处理聚氧乙烯（polyethylene glycol），使用氧化铝负载贵金属作为催化剂，铂（Pt）、钯（Pd）、钌（Ru）、铑（Rh）的催化性能优于金属氧化物如 FeO（OH）或 CuO、ZnO/Al_2O_3，按强弱排序为 Pd > Pt > Ru > Rh。然而这个类型的催化剂只能应用于中性或碱性的液相中，因为氧化铝在酸溶液中会溶解。国外研制了用 TiO_2 或 ZrO_2 或 Ru 负载于前两种氧化物分别作催化剂，处理牛皮纸浆漂白废水，温度 463K，总压力为 5.5MPa，TOC 的去除率分别为 88% 和 79%，并且 TOC 去除速率不受氧化物性质、结构及表面酸碱性的影响，但受氧化物细微表面结构影响。有人用氧化铈（CeO_2）作负载的催化剂来处理聚氧乙烯（polyethylene glycol），催化剂使用浸渍法制得，贵金属含量为 5%。催化能力排序依次为 Ru > Pt > Pd > Mn/Ce 氧化物混合物 > Cu^{2+} 均相催化剂。贵金属系列催化剂的催化湿式氧化，使用铂系贵金属负载于活性炭为催化剂，分别对乙二醛酸和小分子羧酸做了 CWAO 研究。对于乙二醛酸，稍高于室温，催化活性 0 = Ru < Rh < Pd < Ir < Pt，同这些元素的还原性一致；对于小分子羧酸，绝大部分乙酸和草酸均在 53℃ 时即被氧化成 CO_2。通过浸渍法得到负载于活性炭上的 5% 的 Ru 及 15% 的 Pt，在 60℃ 的低温下几乎能将含微量酚废水完全氧化成无机物。

3. 其他湿式氧化用催化剂

由于贵金属系列催化剂和铜系列催化剂都有致命的弱点，限制了它们的推广。近年来，研究者研究以 Ce 为代表的稀土金属作为催化剂，结果发现其有如下的优点：稀土元素具有特殊的氧化还原性，离子半径大，可形成特殊结构的复合氧化物；可提高贵金属表面的分散度；能在富燃条件下放氧，贫燃条件下吸收氧，可提高催化活性，尤其在处理难氧化的物质如乙酸和氨时，能使催化剂表现出很好的活性；可提高催化剂的力学强度等。

稀土金属在废水处理中往往作为复合组分出现，通过与金属催化剂的协同作用提高催化活性。国外科研人员采用的活性组分为 Cu、Ce、Cd 和 CO-Bi，通过共沉淀法制成 4 种粉状催化剂，并对 H 酸生产废水进行湿式催化氧化试验。处理苯酚和丙烯酸时，加入 CeO，由于 CeO 的"储氧"作用促进了 Ru/C 催化剂的活性，并且 Ru 微粒与 CeO 之间作用的多少对降解苯酚和丙烯酸效率有重要的影响。在 CWAO 催化剂中 CeO 是应用广泛的稀土氧化物。它的作用表现在以下几个方面：可提高贵金属的表面分散度；能起到稳定晶型结构和阻止体积收缩的双重作用。用含 Ce 的氧化物催化剂降解 NH_3 时，Co/Ce 和 Mn/Ce 催化剂降解 NH_3 效果较好，而且 Mn/Ce 催化剂的活性优于均相 Cu 系催化剂。以 CeO_2 为载体，以贵金属（Pt、Ru、Pd 等）为活性组分，采用浸渍法制成单组分和双组分系列催化剂，并用来对苯胺和氨水进行湿式催化氧化处理研究，结果表明采用 Ru/CeO_2 为催化剂，在 150～250℃，压强为 2MPa 时，能去除含氮有机物如苯胺；当采用多相催化剂时，催化剂载体的外形可以做成球状、柱状和蜂窝状，催化剂被涂布或吸附在载体表面上。球状载体催化剂适于流化床反应器使用，柱状和蜂窝状载体的催化剂则适用于固定床反应器。

从目前看，工业上常用的催化剂是复合氧化物，这些氧化物的表面能给出氧而吸附烃分子。选用不同的催化剂和反应条件，可从一种原料获得多种有实用价值的产品。

另外一种是多金属氧酸盐通常称为多酸，也称为金属-氧簇。根据其组成不同分为同多和杂多金属氧酸盐两大类。它为一种多核配合物，具有笼型结构特征，性能优异，很适合催化科学的基础研究，对很多的有机反应具有较高催化活性和选择性。

11.3　湿式氧化用催化剂的设计

11.3.1　催化剂的使用方向

由于湿式氧化用催化剂的独特特性，其主要用各种废水的处理。随着现代工业的迅猛发展及人民生活水平的提高，环境保护越来越得到人们的重视，废水治理也越来越受到人们的关注。难以用常规方法处理的、难生物降解的焦化废水、农药废水、制药废水、煤气洗涤废水和造纸废水等有机废水。如果处理不当，将会给环境带来巨大危害，甚至还能威胁到人体的健康。染料工业生产废水已成为主要的水体污染源。它们不但具有特定颜色，而且结构复杂，很难被打破，生物降解性较低，大多具有潜在毒性，在环境中的处理依赖于很多的未知因子。

炼油碱渣废水是在石油化工行业炼油厂的油品电精制及脱硫醇等生产过程中产生的强碱性高含量生化难处理工业有机废水，其中含有大量的中型油、有机酸、挥发酚和硫化物等有毒有害污染物，废水呈黑褐色，并带有恶臭气味。氨氮是废水中常见的污染物，主要来源于肥料、炼焦、合成氨、染料、制药、炼油和石油产品等工业生产的废水。传统的生化处理对降低这类废水中的 COD 及油类比较有效，但对氨氮的去除效果不佳，工业上往往采取稀释排放方法，对环境危害很大，大量的氨氮排入水体造成自然水体的富营养化，游离的氨对鱼类和水生动物有很强的毒性，同时给生活和工业用水的前处理带来很大困难，所以对氨氮的去除显得更加重要。采用传统的生物处理工艺处理这些废水降解效率很低。湿式氧化技术是一种处理高含量、难降解、重污染、高毒性有机废水的有效方法。

11.3.2　条件变化对催化剂的影响

1. 温度
温度是湿式氧化过程至关重要的因素，废水的氧化深度主要取决于反应能达到的最高温度。温度越高，分子运动越剧烈，化学反应速率也越大，同时温度对氧的溶解度和氧气的传质速率也有很大影响，不同温度下氧在水中的溶解度见表 11-1。

表 11-1　不同温度下氧在水中的溶解度

温度/℃	25	100	150	200	250	300	320	335
溶解度/（mg/L）	190	145	195	320	565	1040	1325	1585

注：氧分压为 0.5MPa。

温度升高还可以减少液体粘度，增加氧气向液体中的传质速度。因此，这些性质有助于高温下液体氧化反应的进行。

下面列举几个温度对催化效果影响的试验：

1）处理制药废水时，以 Ti-Ce-Bi 作催化剂，进水 pH = 4，氧分压为 3.5MPa，温度为 150 ~ 250℃，对制药废水进行了催化湿式氧化试验，结果如图 11-1 所示。

2）在新型催化湿式氧化处理有机废水催化剂的研制及性能评价中，反应温度对废水中 COD 去除率的影响如图 11-2 所示。

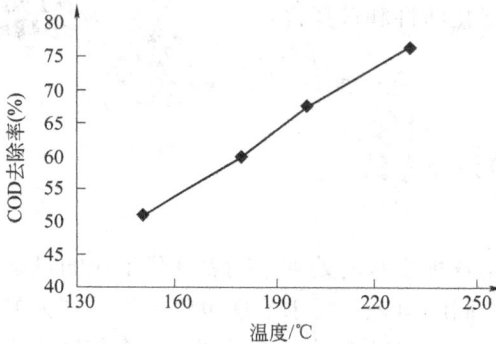

图 11-1　催化湿式氧化治理制药废水试验中温度对 COD 去除率的影响

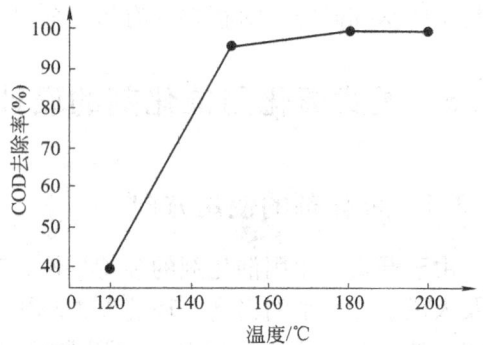

图 11-2　反应温度对 FSCL-3 催化剂处理废水 COD 去除率的影响

2. 压力

湿式氧化降解有机物过程中，反应的总压力要高于反应温度的饱和蒸气压，以确保反应在液相中进行。同时，氧分压也应保持在一定的范围内，以保证液相中的高溶解氧含量。

湿式氧化法处理高含量染料废水的研究中，在 150℃、不同反应时间，Co-Zn 催化剂降解分散红玉染料废水的情况如图 11-3 所示。

制药废水处理中，由于湿式氧化系统必须保证在液相中进行反应，保持一定的空气压力不仅能防止废水汽化，而且能保持废水中有足够的溶解氧，维持所需要的反应温度。因此随反应温度的提高，必须相应地提高反应压力。氧分压对湿式催化氧化反应速度影响的强弱视体系温度而定，温度越高影响越不显著。许多研究表明在保证充足的氧气的条件下，氧分压对 COD 去除影响很小。

3. 废水性质

有机物氧化与其电荷特性和空间结构有关，氰化物、脂肪族和卤代脂肪族化合物、芳香族和含非卤代基团的卤代芳香族化合物等易氧化，不含非卤代基团的卤代芳香族化合物

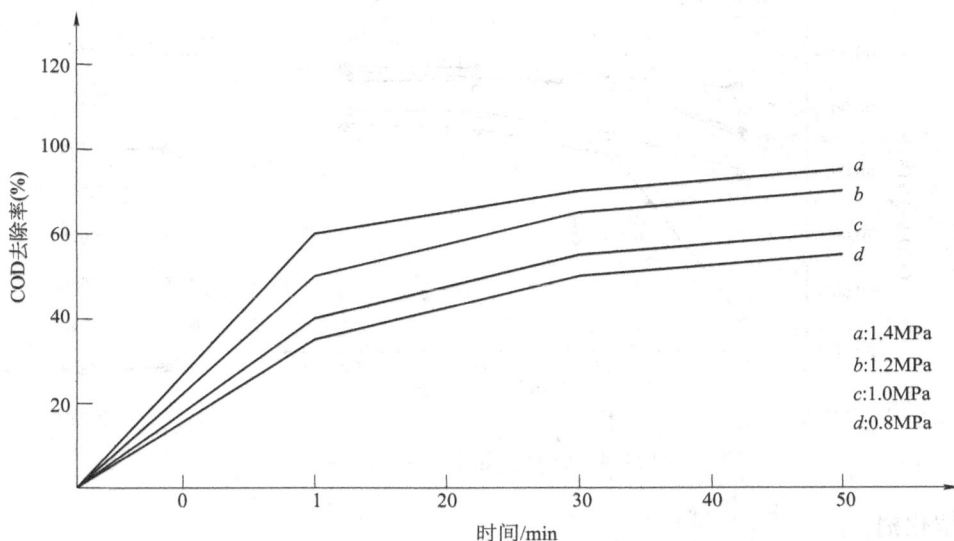

图 11-3　COD 去除率与时间的关系

（如氯苯和多氯联苯）难氧化。氧在有机物中所占比例越小，其氧化性越强，碳在有机物中所占比例越大，其氧化越易。

4. 反应时间

有机底物的含量和反应速度关系密切，提高反应温度或投加催化剂均可使反应速率显著提高，缩短反应时间。表 11-2 所列是 Cu-Zn 系列催化剂 C_9 研究中 pH 值与 COD_{Cr} 去除率的关系。

表 11-2　Cu-Zn 系列催化剂 C_9 研究中 pH 值与 COD_{Cr} 去除率的关系

试验号	pH 值					COD_{Cr} 去除率 X（%）			
	pH_0	pH_1	pH_2	pH_3	pH_4	X_1（%）	X_2（%）	X_3（%）	X_4（%）
试验 1	5.03	4.81	5.51	5.60	5.44	55.99	83.35	87.64	88.78
试验 2	7.04	4.25	5.10	4.90	5.19	78.69	85.50	88.65	89.66
试验 3	9.00	5.20	5.57	5.92	6.18	80.33	86.63	90.04	91.42
试验 4	7.04	5.09	5.02	4.46	5.29	82.72	90.54	94.07	95.71
试验 5	9.02	5.31	6.38	6.84	7.10	86.25	94.20	95.46	95.96
试验 6	5.09	4.93	4.11	5.09	4.96	87.14	94.83	95.71	97.10
试验 7	8.96	5.64	6.35	6.58	7.13	90.42	95.59	96.85	98.11
试验 8	5.01	3.40	4.82	5.41	6.33	93.95	96.60	97.73	98.36
试验 9	6.92	4.40	5.28	6.18	7.13	96.47	97.60	98.74	98.87

由图 11-4 可知，从试验 1～9，最终 COD 去除率逐渐增加。反应温度越高，最终 COD 去除率总体水平越高；当温度高达 190℃时，COD 去除率最高，均可达 98% 以上。氧分压越大，COD 去除率越高。

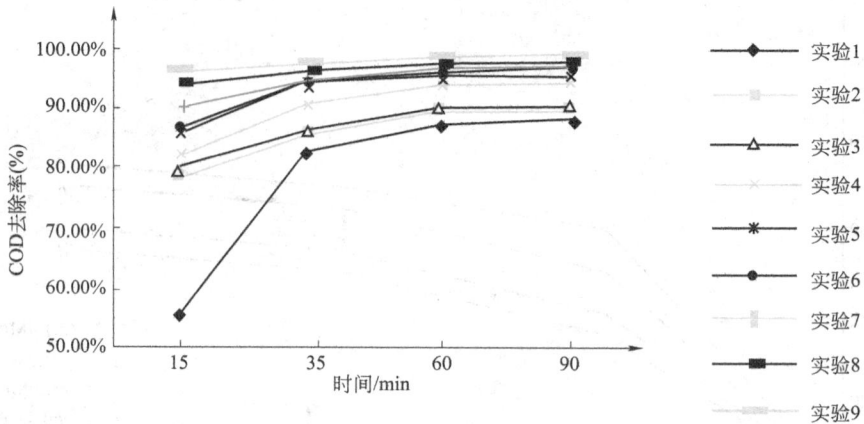

图 11-4　COD 去除率与时间的关系

5. 催化剂

高活性催化剂的开发是 CWAO 研究的关键。催化剂一般分为金属盐、氧化物和复合氧化物三大类。在形式上又分均相和非均相两种。均相催化剂一般比非均相催化剂活性高，反应速度快，但流失的金属离子易引起二次污染。从催化剂的组成来分又有贵金属和非贵金属两种，大部分情况下贵金属的催化活性高，但价格昂贵。制备高稳定性、高效非均相负载型催化剂是当今研究的热点和 CWAO 工业应用的关键。

对活性成分研究时，改变 Ce、Cu 催化剂的投加量，在反应温度 200℃和氧分压 3.0MPa 下，对废水质量浓度为 10g/L、pH = 1 ~ 2.0 的 H 酸溶液进行催化湿式氧化，反应结果见表 11-3。

表 11-3　改变 Ce、Cu 催化剂的投加量对催化剂活性的影响

添加量/g	COD 的去除率（%）	最低 pH	溶出量/（mg/L）
0	53.5	3.76	—
0.1	90.7	8.45	13.2
0.2	92.0	6.50	20.5

在均相和非均相 Fenton 型催化剂催化氧化含酚废水研究时，改变催化剂用量，随着催化剂用量的增加，苯酚的降解率升高，达到最大值后再增加催化剂用量，苯酚的降解率就下降。

11.4　用于湿式氧化中催化剂的制备

11.4.1　试验装置

大量试验研究表明，选择材料的主要依据是氯离子的含量。以下是几种典型的试验装置：

1）如图 11-5 所示，待处理的废水经增压泵增压后在热交换器内被加热到反应所需的温度，然后进入反应器，空气经空压机压入反应器内。在反应器内，废水中可氧化的污染物被

氧气氧化。反应产物排出反应器后，先进入热交换器，被冷却的同时加热了原水，然后进入气液分离器，气相主要为 N_2、CO_2 和少量未反应的低分子有机物，可以加一个简单的尾气焚烧装置焚烧后排入大气，由于湿式氧化法的 COD 不能完全去除，所以液相中还含有大量的小分子酸等易生化的物质，可以联合一个生物处理系统或排入城市污水处理厂，少量的固体生成物可以直接填埋。

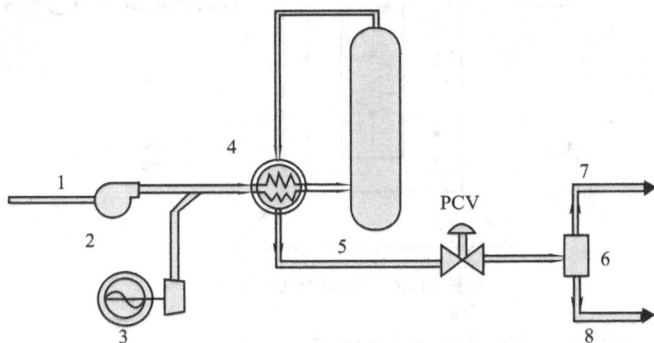

图 11-5 典型的湿式氧化工艺流程

1—待处理废水 2—增压泵 3—空压机 4—热交换器 5—湿式氧化反应器 6—气液分离器 7—反应后气体 8—出水

2）处理炼油碱渣废水试验研究中的试验装置如图 11-6 所示。

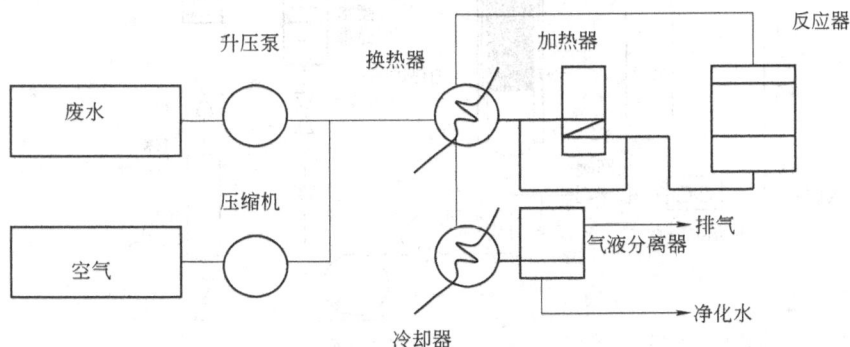

图 11-6 CWAO 技术工艺流程示意图

3）大连自控设备厂生产的 GCF 系列强磁力回转搅拌反应釜如图 11-7 所示。

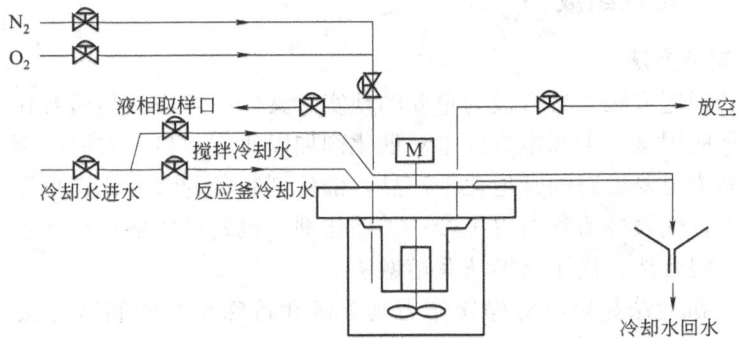

图 11-7 GCF 系列强磁力回转搅拌反应釜

4）反应釜由不锈钢制成，附有电加热磁力传递搅拌装置和温度自动控制装置如图 11-8 所示。

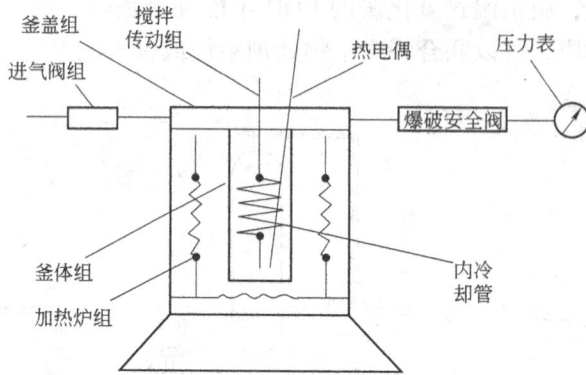

图 11-8　自动温控反应釜

5）研究炼油厂脱硫中的装置，如图 11-9 所示。

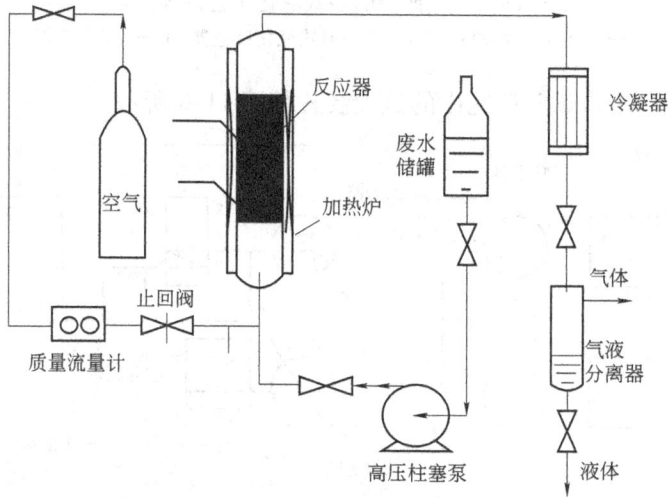

图 11-9　炼油厂脱硫装置

11.4.2　各系列催化剂组成

1. 催化剂的制造方法

研究催化剂的制造方法，具有极为重要的现实意义。一方面，与所有化工产品一样，需要从制备、性质和应用这三个基本方面来对催化剂加以研究；另一方面，催化剂又不同于绝大多数以纯化学品为主要形态的其他化工产品。催化剂制备的多种化工单元操作组合了不同的生产流程，每一种代表性流程可以生产一类催化剂，也就形成催化剂制备方法。一般分为沉淀法、浸渍法、混合法、离子交换法及熔融法。

（1）沉淀法　沉淀法是以沉淀操作作为其关键和特殊步骤的制造方法，是制备固体催化剂最常见的方法之一，广泛用于制备高含量的非贵金属、金属氧化物、金属盐催化剂或催化剂载体。它是在搅拌情况下，把碱类物质（沉淀剂）加入金属盐类的水溶液中，再将生成的沉淀物洗涤、过滤、干燥、成形和焙烧，从而制得催化剂和载体。在大规模的生产中，金属盐制成水溶液，是出于经济上的考虑，在某些情况下，也可以用非水溶液，如酸、碱或有机溶剂的溶液。沉淀法能使活性组分、载体均匀混合，高度分散，可提高催化剂活性、选择性，对多组分催化剂也能得到均匀的混合。沉沉淀法需要高效的过滤洗涤设备，以节约水，避免漏料损失。

沉淀法的关键设备一般是沉淀槽，其结构如一般的带搅拌的反应器。

（2）浸渍法　浸渍法以浸渍为关键和特殊步骤制造催化剂且被广泛采用的另一种方法。它是将载体放入有活性组分的溶液中浸泡（称为浸渍），浸渍平衡后取出载体，经干燥、焙烧和活化制得催化剂。浸渍法是一种简单易行且经济的方法，广泛用于制备附载型催化剂，尤其是低含量的贵金属附载型催化剂。制备含贵金属（如铂、金、锇、铱等）的催化剂常用此法，其金属含量通常在 1% 以下。制备价格较贵的镍系、钴系催化剂也常用此法，其所用载体多数已成形，故载体的形状即催化剂的形状。另一种方法是将球状载体装入可调速的转鼓内，然后喷入含活性组分的溶液或浆料，使之浸入载体中，或涂覆于载体表面。其缺点是其焙烧分解程序常产生废气污染。

（3）混合法　混合法是将两种或多种催化剂组分，以粉状细粒子在球磨机或碾压机上经机械混合后成形、干燥焙烧、还原制得催化剂。混合法设备简单，操作方便，产品化学组成稳定，可用于制备高含量的多组分催化剂，尤其是混合氧化物催化剂，但分散性和均匀性较低，粉尘较多，劳动条件差。为改善这种制法分散性特点，可以加入活化剂、分散剂等一起混合，或改善催化剂后处理工序。如转化-吸收型脱硫剂的制造，是将活性组分（如二氧化锰、氧化锌、碳酸锌）与少量粘结剂（如氧化镁、氧化钙）的粉料计量连续加入一个可调节转速和倾斜度的转盘中，同时喷入计量的水。粉料滚动混合粘结，形成均匀直径的球体，此球体再经干燥、焙烧即为成品。乙苯脱氢制苯乙烯的 Fe-Cr-K-O 催化剂，是由氧化铁、铬酸钾等固体粉末混合压片成形、焙烧制成的。利用此法时应重视粉料的粒度和物理性质。

（4）离子交换法　某些催化剂利用离子交换反应作为其主要设备工序的化学基础。制备这些催化剂的方法，叫做离子交换法。离子交换法是利用载体表面存在着可进行交换的离子，将活性组分通过离子交换负载在载体上，再经过洗涤、还原等制成负载型金属催化剂。与浸渍法相比，此法所负载的活性组分分散度高，故尤其适用于低含量、高利用率的贵金属催化剂的制备。分子筛为常用的载体，先用水热法合成钠型分子筛，再用离子交换法引入其他各种金属活性离子进行改性。它能将小至 0.3 ~ 4.0nm 直径的微晶的贵金属离子附载在载体上，而且分布均匀。在活性组分含量相同时，催化剂的活性和选择性一般比用浸渍法制备的催化剂要高。市售的以苯乙烯、丙烯酸等共聚的高聚物作为骨架的阴、阳离子交换树脂，使用前必须用酸或碱分别处理成活化型树脂催化剂。此法常用于制备裂化催化剂，如稀土-分子筛催化剂。

（5）熔融法　熔融法是一种特殊的催化剂制备方法，这是将金属或其氧化物在电炉中高温熔融制成合金或氧化物的固体溶液，冷却后粉碎制得的催化剂。由于在远高于使用温度的条件下熔炼制备，这类催化剂常有高的强度、活性、热稳定性和很长的使用寿命。但耗电量大，对电炉设备要求高，工艺有较大局限性，通用性不大。

2. 各系列催化剂的使用

（1）湿式催化氧化法处理染料废水　用于催化湿式氧化处理高含量分散红玉染料废水的制备的 Co-Zn 复合氧化物催化剂，是采用共沉淀法制备的复合金属氧化物催化剂，原料均采用分析纯试剂（AR）。将金属硝酸盐溶于蒸馏水中，以一定比例配制系列含量的混合盐溶液，在搅拌情况下将上述混合溶液缓慢滴加到过量的 NaOH 溶液中，得到相应的氢氧化物溶胶，上述氢氧化物溶胶在室温下陈化过夜，用真空抽滤将沉淀物与母液分离，以蒸馏水洗涤沉淀物 3~5 次，以洗去钠离子，将沉淀物在 100℃ 下干燥，然后以 10℃/min 分别升温至 400℃、550℃ 和 700℃，焙烧 3h，经自然冷却得到所需复合催化剂。

用催化湿式空气氧化（CWAO）处理染料废水中采用共沉淀法制备的固体催化剂，所用试剂为硝酸铜、硝酸锌、NaOH，并列出了 Cu-Zn 系列 9 个双金属催化剂的制备工艺条件，见表 11-4。

表 11-4　Cu-Zn 系列 9 个双金属催化剂的制备工艺条件

编　　号	Cu-Zn 配比	焙烧温度/℃	焙烧时间/h
C_1	1:2	500	18
C_2	1:2	600	16
C_3	1:2	700	12
C_4	1:1	500	16
C_5	1:1	600	12
C_6	1:1	700	18
C_7	2:1	500	12
C_8	2:1	600	18
C_9	2:1	700	18

（2）湿式催化氧化法处理含酚废水　用湿式催化氧化法处理含酚清洗废水时，选用活性炭（AC）和氧化铝为载体，制备了专项催化剂。制备流程如图 11-10 所示。

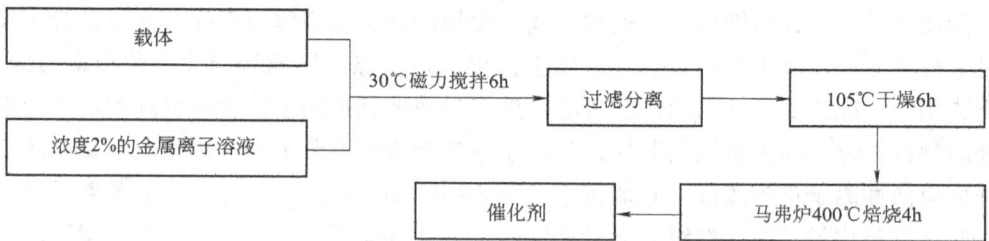

图 11-10　催化剂制备流程

1）以 AC 为载体，分别以质量分数 2% 的硝酸铜、硫酸铜、氯化铜为浸渍液制备 CuO/AC 催化剂。

2）以 AC 为载体，以质量分数 2% 的 $FeCl_3$ 为浸渍液制备 Fe_2O_3/AC 催化剂。

3）以 Al_2O_3 为载体，分别以质量分数 2% 的硝酸铜、硫酸铜、氯化铜为浸渍液制备 CuO/Al_2O_3 催化剂。

（3）湿式催化氧化法处理农药废水　研究者在 Mn/Ce 复合催化剂湿式氧化降解高含量

吡虫啉农药废水的研究中，采用共沉淀法制备。将 Mn（NO₃）₂、Ce（NO₃）₃·6H₂O 溶液按金属离子摩尔比 2∶1 混合均匀后，缓慢加入到过量的沉淀剂（2mol/LNaOH 溶液）中，室温下老化 12h。真空抽滤分离沉淀物和母液。用去离子水冲洗沉淀物至中性，110℃下干燥 12h，300～500℃下焙烧 6h 即得催化剂。结果 Mn/Ce 催化剂显示出较高的催化活性和稳定性。

一些研究者用 CuO-MnO₂-K₂O 催化剂，以催化湿式氧化技术处理噻螨酮生产过程中产生的高含量有机废水，该催化剂表现出较好的催活性。在 230℃，氧气分压为 2.5MPa 和 pH 为 7.3 的条件下，原废水 COD_Cr 为 15730mg/L，在 120min 内，COD_Cr 去除率达到 96.1%，而在相同条件下未加催化剂的湿式氧化 COD_Cr 去除率只有 50.3%。过渡金属 Cu 与 Mn 复合，研制出催化湿式氧化法处理含 3-甲基吡啶农药废水的复合金属氧化物催化剂。该催化剂氧化活性显著提高。适宜工艺条件为：190℃，氧分压为 1.60MPa，pH 为 8.28。在此条件下，用自制催化剂处理初始 COD 为 15430mg/L 的废水，在 120min 内，废水 COD 去除率达到 92%。有人通过浸渍法制备了四元组合 MnO₂-CuO-CeO₂-CoO 为主活性组分的负载固定型催化剂。研究了其对进水 COD 为 40000mg/L 左右的甲胺磷农药废水的降解效果，研究表明，催化剂负载量为 12.0%，在常温常压下，维持 pH 为 7～9，反应时间为 40min 时，COD 的去除率大于 80%，色度去除率大于 90%。用催化湿式氧化技术在 2L 高压反应釜中处理 COD 约为 38000mg/L 的吡虫啉农药废水。复合金属 Cu/Ce、Ce/Mn、Cu/Mn 催化剂有较高的催化活性；Ce/Mn 催化剂最稳定；催化湿式氧化处理吡虫啉农药废水的优化工艺条件为：催化剂为 Ce/Mn、温度为 190℃、氧分压为 1.6MPa、进水 pH 为 6.21、反应时间为 120min。最佳工艺下 COD 去除率可达 90% 以上。

（4）湿式催化氧化法处理炼油废水　在铜系催化剂湿式催化氧化处理炼油废水的研究中，将一定含量的硝酸铜、硝酸镍、硝酸锰、硝酸铁、硝酸铝、硝酸锌溶液缓慢滴入过量的碳酸钠溶液中，搅拌。滴定完毕后，老化 12h，真空抽滤，用去离子水反复洗涤沉淀物，直到不含有钠离子。将所得的固体沉淀物干燥 1h，焙烧，即得复合型 Cu-Ni-Fe-Mn、Cu-Ni-Al-Zn、Cu-Ni-Al-Mn、Cu-Al-Zn-Fe、Cu-Al-Fe-Mn、Cu-Ni-Zn-Fe 催化剂。

在炼油厂碱渣废水脱硫时，利用合金催化剂在反应温度为 160℃，反应压力为 3.0MPa，空速为 0.5h⁻¹ 和气水体积比为 900 的较温和且经济的条件下，处理后废水的硫离子质量浓度仅为 70.1mg/L，去除率高达 99.8%，表现出很好的去除效果。尽管混合碱渣中的硫离子质量浓度要远高于催汽碱渣，但相同的反应条件下，经 CWAO 反应处理后，前者的硫离子含量仅比后者略高，表明 CWAO 法同样适合去除混合碱渣废水中的硫离子。

11.4.3　制作过程注意

由于反应的温度、催化剂各组分的含量、反应器中的压强、催化剂的使用寿命等对反应影响很大，在试验中，应特别注意这几方面对试验结果的影响。

在低压湿式催化氧化法处理偶氮染料废水研究中，改变 Fe²⁺ 含量、温度、H₂O₂ 含量，结果为处理 400mg/L 的甲基橙废水，最佳操作条件为：温度 165℃，H₂O₂ 质量浓度 33mg/L，Fe²⁺ 质量浓度 90mg/L 左右，在此条件下废水经 1h 反应后脱色率在 95% 以上。在催化湿式氧化法处理氨氮废水的研究中，浸渍法制备催化剂，以 CuO 为活性主组分与第二活性组分 MnO₂ 复合制备催化剂，分别选择 400℃、500℃、600℃、700℃、800℃和 900℃六个温度进行了考察，最终发现以制备的复合催化剂对氨氮废水进行催化湿式氧化处理，反应温度为255℃，氧气分压为412MPa，模拟废水原有 pH = 10.8，原水的初始质量浓度为 1023mg/L 时，反应时间在 150min 内氨氮的去除率可以达到 98%。

在铜系催化剂湿式催化氧化处理炼油废水的研究中，在温度 180~260℃ 的范围内，COD 去除率随温度的升高而增大，但在实际操作中温度不能无限增高，因为随着温度的增高，对反应器的耐压性能要求提高，同时消耗的进气动力也增大。从经济的角度考虑，选择反应温度为 240℃。在温度为 240℃、氧气分压为 1.8MPa 的条件下考察反应时间对 COD 去除率的影响，随着催化剂对炼油废水处理时间的增加，COD 的去除率先增加后降低，在反应时间为 60min 左右时达到最大。提高压力会使氧气在水溶液中的溶解度增大，增加氧化反应推动力，加快反应速率，随着氧气分压的增大，废水 COD 去除率增加，当氧气分压由 1.4MPa 增加到 1.8MPa 时，COD 去除率提高了 13.3%；而当氧气分压由 1.8MPa 增加到 2.0MPa 时，COD 去除率只提高了 1%。将催化剂 Cu-Ni-Zn-Fe 连续使用 3 次，该催化剂具有良好的寿命与稳定性，连续使用 3 次后，废水 COD 去除率仍在 90% 以上，回收率在 85% 以上。

11.5　催化湿式氧化动力学模型方面的研究

11.5.1　理论模型

催化湿式氧化动力学理论模型为

$$dc/dt = k_0 \exp(-E_a/RT) c^m c_0^n \tag{11-1}$$

式中，c 为反应物质量分数；k_0 为指前因子；E_a 为活化能；T 为温度（℃）；c_0 为氧化剂的物质的量浓度；t 为反应时间；m 与 n 为反应级数；R 为摩尔气体常数（8.314 J/（mol·K））；根据不同的污染物，该经验公式有不同的参数值。

此公式是 Vedprakashs 等人提出的并对啤酒废水、造纸废水、活性污泥等进行了求解。

11.5.2　其他催化湿式氧化动力学模型

1. 一级反应动力学模型与广义动力学模型

根据剩余污泥湿式氧化过程的机理分析，采用两阶段一级反应动力学模型和广义动力学模型两种模型来进行剩余污泥湿式氧化动力学分析。

（1）一级反应动力学模型　在湿式氧化处理中，影响反应速率的主要因素有：温度、氧含量、反应物的种类等，建立如下反应速率方程：

$$\frac{dc}{dt} = k_0 \exp\left(-\frac{E_a}{RT}\right) c^m \left[c(O)\right]^n \tag{11-2}$$

式中，c 是反应物质量分数，采用污泥挥发分质量分数（MLVSS/MLSS，%）；E_a 为反应活化能（kJ/mol）；k_0 为指前因子（与 m、n 有关）；t 为反应时间；T 为反应温度（℃）。

湿式氧化的反应速率与有机物含量呈一级反应关系，所以 $m=1$，多数情况下，n 非常小或氧是过量的，即 $n=0$，则氧的物质的量浓度项 $c(O)$ 是常数，则式（11-2）可以简化为

$$\frac{dc}{dt} = k_0 \exp\left(-\frac{E_a}{RT}\right) c \tag{11-3}$$

当 $t=0$ 时，$c=c_0$，对式（11-3）积分有

$$\ln\left(\frac{c}{c_0}\right)=k_0\exp\left(-\frac{E_a}{RT}\right)t \tag{11-4}$$

式（11-4）是湿式氧化一级反应动力学模型的基本形式，根据此模型求 E_a 和 k_0。

（2）广义动力学模型　复杂大分子有机物的湿式氧化过程中会产生许多小分子中间产物，这些中间产物中有不少难以氧化分解的物质（如乙酸）。为此，Li 提出了湿式氧化广义动力学模型。该模型假设在湿式氧化反应系统中，可将各种有机物和产物分为 3 类：A 类包括原始有机物和除乙酸外的所有不稳定的中间产物，B 类包括以乙酸为代表的难氧化分解的中间产物，C 类包括氧化反应最终产物。A 类与 B 类的有机物降解成 C 类的反应途径可简单表示如下：

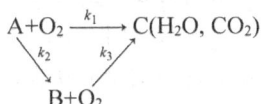

$$A+O_2 \xrightarrow{\ k_1\ } C(H_2O, CO_2)$$
$$\downarrow{\scriptstyle k_2} \qquad \nwarrow{\scriptstyle k_3}$$
$$B+O_2$$

假设 A→B、A→C、B→C 的反应均是一级反应，则在一个理想釜式反应器中有

$$-\frac{dc(A)}{dt}=k_1^0 e^{-E_1/RT}c(A)\left[c(O_2)\right]^{n_1}+k_2^0 e^{-E_2/RT}c(A)\left[c(O_2)\right]^{n_2} \tag{11-5}$$

$$-\frac{dc(B)}{dt}=k_3^0 e^{-E_3/RT}c(B)\left[c(O_2)\right]^{n_1}+k_2^0 e^{-E_2/RT}c(B)\left[c(O_2)\right]^{n_2} \tag{11-6}$$

简写为

$$-\frac{dc(A)}{dt}=(k_1+k_2)c(A) \tag{11-7}$$

$$-\frac{dc(B)}{dt}=k_3 c(B)-k_2 c(A) \tag{11-8}$$

其中
$$k_1=k_1^0 e^{-E_1/RT}\left[c(O_2)\right]^{n_1}$$
$$k_2=k_2^0 e^{-E_2/RT}\left[c(O_2)\right]^{n_2}$$
$$k_3=k_3^0 e^{-E_3/RT}\left[c(O_2)\right]^{n_3}$$

如果反应过程中氧是过量的，于是，k_1、k_2、k_3 均是为温度 T 的函数。

2. 气、液、固三相动力学模型

在催化湿式氧化法处理高含量有机废水的动力学模型中依据建立化学反应动力学模型的常规方法并结合吸附理论中的朗格谬尔（Langmiur）吸附式，建立如下涉及液、气、固三相的 TOC 催化氧化分解反应动力学模型

$$v_{TOC}=-\frac{dC_{TOC}}{dt}=k\times\frac{\lambda_{TOC}C_{TOC}}{1+\lambda_{TOC}C_{TOC}}\times p_{O_2} \tag{11-9}$$

式中，v_{TOC} 为 TOC 氧化分解反应速率［mol/（L·min）］；t 为反应时间（min）；C_{TOC} 为液相中 TOC 含量（mol/L）；k 为反应速度常数［mol/（L·min·MPa）］；λ_{TOC} 为吸附常数（L/mol）；p_{O_2} 为 O_2 的分压（MPa）。

这一动力学模型中的液、气、固三相因子分别为：液相因子——C_{TOC}，即 TOC 含量（mol/L）；气相因子——p_{O_2}，即 O_2 的分压（MPa）；固相因子——朗格缪尔（Langmiur）吸附式。

对于不同的高含量有机废水，通过试验确定相关参数后，即可利用上述反应动力学模型的积分式对 TOC 的催化氧化分解反应过程进行模拟计算。

3. 滴流床反应器（TBR）用于催化湿式氧化的动力学模型

催化湿式氧化中 O_2 一般相对过量。在氧化苯酚时，Fortuny 等认为反应对苯酚为一级。故在忽略所有传质过程的影响的情况下，认为表面反应为速控步骤，可用拟均相反应模型来处理 CWAO。此模型的假设为：

1) 流动为平推流，无轴向返混，径向速度分布均匀。

2) 不存在内外扩散影响，液体在各点与气相呈饱和状态。

3) 反应为不可逆，对液体反应物 A 为一级，反应过程为等温。

4) 催化剂全部润湿。

若反应速率以催化剂质量为基准衡量，拟均相模型可以用下式表示：

$$d(u_L c_A)/dt - \rho_b r_A = 0$$

液压反应物的生成速率　　　　$r_A = k_1 c_A (1 - \theta)$　　　　　　　　　　　　　(11-10)

式中，u_L 为液相表观流速；c_A 为液相反应物浓度；θ 为床层空隙率；ρ_b 为床层密度。

床层高度为 L，$LHSV$ 为反应器的液体反应物的空速，则积分得

$$\ln(c_{Ae}/c_{Ao}) = Lk_1(1 - \theta)/u_L = 3600k_1(1 - \theta)/LHSV = 3600k_2/LHSV \tag{11-11}$$

式中，c_{Ae} 为反应到某一时刻的液相反应物含量；c_{Ao} 为反应开始时的液相反应物含量。

拟均相反应模型的假设要求严格，实际的滴流床反应器中内外扩散效应，轴向混合以及催化剂的不完全润湿都有可能发生。为此，式（11-11）中的反应速率常数 k_1 常以表观速率常数 k_a 代替或将误差归于总效率因子 η。

4. L—H 模型

依据 Langmuir—Hirishelwood 模型（L—H 模型）得出苯酚去除速率公式如下：

$$-r_{PhOH} = \frac{kK_{PhOH}K_{O_2}^{1/2}C_{PhOH}C_{O_2}^{1/2}}{(1 + K_{PhOH}C_{PhOH})(1 + K_{O_2}^{1/2} \cdot C_{O_2}^{1/2})} \tag{11-12}$$

式中，k 为表观速率常数，大小与催化剂活性位点总含量有关；K_{phOH} 为苯酚的吸附常数；C_{PhOH} 为液相溶解苯酚浓度；K_{O_2} 为氧的吸附常数；C_{O_2} 为液相溶解氧浓度。

由于溶解在液相中的氧与苯酚相比，是非常弱地吸附在催化剂表面上，K_{O_2} 相对较小，可以忽略，因而式（11-12）可以进一步简化成

$$-r_{PhOH} = \frac{kK_{PhOH}K_{O_2}^{1/2}c_{PhOH}c_{O_2}^{1/2}}{1 + K_{PhOH}c_{PhOH}} \tag{11-13}$$

5. 催化湿式过氧化氢氧化处理模拟染料废水的研究

由式（11-2），催化湿式过氧化氢处理的反应速率方程为

$$-\frac{dc}{dt} = k_0 \exp(-E_a/RT) c^m [c(H_2O_2)]^n$$

式中，c 为反应物含量，可以 COD、TOC、TOD 为指标（mol/L 或 mg/L）；k_0 为指前因子，与 m、n 有关；E_a 为反应活化能（kJ/mol）；$c(H_2O_2)$ 为过氧化氢的含量（mol/L 或 mg/L）；m、n 为反应指数；t 为反应时间（s 或 min）；T 为反应温度；$R = 8.314$ kJ/（mol·K）。

多数情况下，n 非常小或 H_2O_2 是过量的，即 $n = 0$，则 H_2O_2 的浓度项 $c(H_2O_2)$ 是常数，记为 A，因此有

$$-\frac{dc}{dt} = A \exp(-E_a/RT) c$$

$$-\frac{\mathrm{d}c}{c} = A\exp(-E_a/RT)\,\mathrm{d}t \tag{11-14}$$

当 $t=0$ 时，$c=c_0$，对式（11-14）进一步积分有

$$-\frac{\mathrm{d}c}{\mathrm{d}t} = k_0\exp(-E_a/RT)c[c(\mathrm{H_2O_2})]^n \tag{11-15}$$

式（11-14）中，k 是反应速率常数，可由阿累尼乌斯方程决定，即

$$k = A\exp(-E_a/RT) \tag{11-16}$$

式（11-16）就是湿式氧化一级反应动力学模型的基本形式。

Joglekar 对 9 种取代酚进行的湿式氧化处理的试验结果表明不同温度下进行的湿式氧化的反应模式有 3 种：①初始慢速引导期接一个快速反应期；②没有引导期；③初始快速反应期接慢速反应期。三种反应模式①、②和③分别对应于图 11-11 中 a、b 和 c 曲线。

将所得数据进行处理，得到图 11-12 和表 11-5。从表 11-5 可知不同温度下的反应速率常数，即第一阶段的 k_1 和第二阶段的 k_2。在温度较低时，都是 $k_1=k_2$，属于上述的第二种反应模式，即反应中没有引导期；在反应温度为 130℃时，$k_1>k_2$，意味着此时以 CWAO 工艺处理 H 酸模拟废水的反应是由初始快速反应阶段和慢速反应阶段组成。第一阶段的反应速率常数 k_1 越大，说明初期氧化反应进行得越快，COD 去除得也越快，这样会在整体上提高湿式氧化反应的效果。因此，第一阶段的反应对整个反应的影响至关重要。当然也希望得到较大的 k_2，因为在相同的条件下，k_2 越大，则意味着反应进行得越彻底，污染物去除率越高。第一阶段为长链物的断裂，反应速率快，表现为有较大的 k_1，第二阶段为难分解的中间产物继续分解，反应速度较慢。

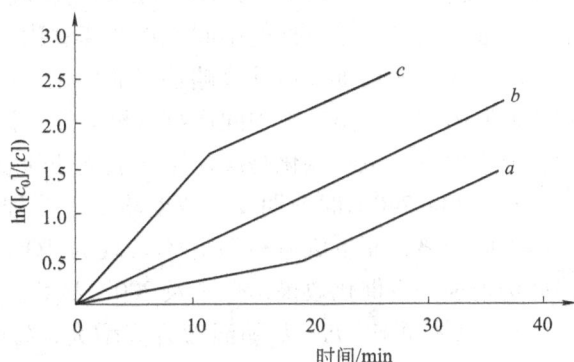

图 11-11　湿式氧化反应动力学的 3 种基本模式

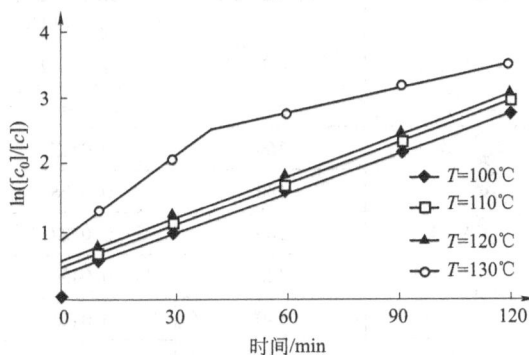

图 11-12　CWAO 处理 H 酸废水的动力学模型曲线

表 11-5　不同温度下 H 酸湿式氧化反应速率常数

反应温度/℃	k_1/min^{-1}	k_2/min^{-1}	k_2/k_1
100	0.0101	0.0101	1
110	0.0121	0.0121	1
120	0.0143	0.0143	1
130	0.0213	0.0062	0.2911

此外，随着反应温度的升高，反应速率常数 k_1 和 k_2 逐渐增大，说明反应温度升高，H 酸模拟废水被氧化成 CO_2 和 H_2O 的反应速率加快，这也与对 COD 和色度去除率的分析一致。

6. 乳化液废水均相催化湿式氧化动力学

乳化液废水均相催化湿式氧化动力学采用分段一级动力学模型和通用动力学模型进行分析。

（1）分段一级动力学模型　根据相关试验数据，求得分段一级模型常数见表 11-6。为便于比较，表 11-6 还列出了未加催化剂的分段一级模型速度常数，从表可知：

1）低温时（小于或等于 180℃）前期反应速度略快于非催化，后期反应速度略慢于非催化，催化剂尚不足以促使中间产物加速氧化。

2）200℃时前期反应速度略快于非催化，后期反应速度比非催化提高 1 倍以上。pH 值较快回升表明，该温度下中间产物有机酸能较快氧化，因而表观反应速度常数增大，由此可知，能否促进有机酸氧化是决定湿式氧化处理效果优劣的关键。

3）220～240℃时前期反应速度略低于非催化（诱导期），因为催化剂使反应向生成有机酸方向偏离，而生成有机酸并不表现为 TOC 去除，后期反应速度比非催化提高约 1 倍，因此仍表现一定催化效果，但不及 200℃ 显著。

4）总体说来，k_1、k_2 随温度升高增大，k_2 更显著，表明升高温度对加快后期反应速度更为有利。

表 11-6　分段一级模型常数

反应方式	$t/℃$	以 COD 计的速度常数		以 TOC 计的速度常数	
		前　段	后　段	前　段	后　段
		k_1/min^{-1}	k_2/min^{-1}	k_1/min^{-1}	k_2/min^{-1}
CWAO	160	0.0315	0.0019	0.0237	0.0013
	180	0.0328	0.0035	0.0243	0.0023
	200	0.0387	0.0099	0.0315	0.0085
	220	0.0430	0.0201	0.0354	0.0174
	240	0.0473	0.0277	0.0400	0.0205
WAO	160	0.0253	0.0036	0.0193	0.0024
	180	0.0258	0.0040	0.0201	0.0027
	200	0.0375	0.0045	0.0275	0.0039
	220	0.0582	0.0115	0.0388	0.0100
	240	0.0625	0.0146	0.0629	0.0109

（2）通用动力学模型　根据试验数据采用非线性求解法计算 k_1、k_2 和 k_3 见表 11-7。从表 11-7 可知：

不同温度比较，k_1、k_2 随温度升高略有增大，k_3 则显著增大，表明升温加快了有机物氧化成终产物和中间产物的速度，但更有利于加速中间产物氧化，因此去除率显著提高。

以通用模型预测有机物降解情况，COD 和 TOC 的预测值与试验值也能较好吻合，但高温后期（大于或等于 220℃，120min）偏差增大，COD 和 TOC 去除率最大偏差为 3.93%、

3.97%，其中原因可能在于此时有机物氧化率较高，氧含量下降较多，供氧已成为湿式氧化限制因素之一，使实际氧化率下降。

表 11-7　通用模型速度常数

计算指标	温度/℃	总去除率(%)	k_1/min^{-1}	k_1偏差/min^{-1}	k_2/min^{-1}	k_2偏差/min^{-1}	k_3/min^{-1}	k_3偏差/min^{-1}	k_2/k_1
COD	160	62.1	0.2414	0.0333	0.2134	0.0598	0.0020	0.0007	0.8839
	180	68.5	0.2458	0.0397	0.2273	0.0703	0.0035	0.0007	0.9247
	200	86.6	0.2654	0.0327	0.2278	0.0576	0.0112	0.0014	0.8583
	220	90.0	0.3721	0.0271	0.3408	0.0306	0.0162	0.0021	0.9158
	240	93.4	0.3728	0.0348	0.3489	0.0423	0.0244	0.0038	0.9376
TOC	160	51.2	0.1766	0.0210	0.2293	0.0660	0.0013	0.0005	1.2984
	180	56.8	0.1970	0.0389	0.2317	0.0129	0.0023	0.0006	1.1750
	200	80.7	0.1972	0.0376	0.2343	0.0645	0.0064	0.0011	1.1878
	220	85.9	0.2027	0.0360	0.2518	0.0123	0.0139	0.0015	1.2422
	240	90.0	0.2138	0.0424	0.2519	0.0108	0.0176	0.0021	1.1782

11.6　湿式氧化用催化剂的应用

11.6.1　湿式氧化用催化剂的主要用途

工业中的大多数行业在生产作业的同时，必须向外界环境排放大量的工业废水。其中多数是有毒、有害、高含量且生物难降解的对环境有极大破坏作用的物质，如炼焦、化工、石油、有机农药、染料、合成纤维、易燃易爆物质及难以生物降解的工业废水。环境与人们的日常生活息息相关，经济的发展不能以牺牲环境为代价。因此，对工业废水的处理是国内外亟须解决的环境工程问题。

由于湿式氧化是一种适用于处理高含量、有毒、有害及生物难降解工业废水的氧化技术，它可以在高温（125~320℃）和高压（0.5~20MPa）条件下，以空气中的氧气作为氧化剂，在液相中将有机污染物氧化为 CO_2 和水等无机物或小分子有机物。与传统的生物处理方法相比，WAO 具有高效、无二次污染等优点，且在 WAO 反应过程中加入适宜的催化剂，开发出催化湿式氧化技术（CWAO）能使反应温度和压力降低，有效提高氧化能力，加快反应速度，缩短反应时间。如在催化剂 Ru/TiO_2 存在下，催化湿式氧化法对某有机物的降解更加彻底。因此，湿式氧化用催化剂的应用成为处理工业废水的有效工具。

11.6.2　应用介绍

1. 处理含酚的工业废水

工业含酚废水主要来自于焦化、煤气、炼油和以酚类为原料的化工、制药等行业，其来源广、危害大，是较常见的有害工业废水之一，且治理难度较大。含酚废水在我国水污染控制中被列为重点解决的有害废水之一。化工、炼油等行业废水含酚量往往在 1000mg/L 以上，因此，对高毒性、难降解的苯酚废水进行有效地治理意义非常重大。如 Fe/ZSM-5 作催化剂，在常压，温度为 90℃的条件下，用 H_2O_2 处理含酚废水时，酚的降解与毒性去除和 Fe（Ⅲ）的溶出均与 pH 有关，且最佳 pH 值为 5，反应后酚降解为脂肪族化合物，毒性被去除，可进行后续生化处理以达标排放。CuO/CeO_2 具有最高的催化活性，COD 为 3000mg/L 左右含酚废水其在 160℃和氧气分压为 1.6MPa 的条件下，反应 50min 后降解 97%。用 CuO-$ZnO-Al_2O_3$ 作催化剂，在 393K、氧分压为 0.56MPa、进水酚质量浓度为 5.0g/L、氧化时间为 1.67h 的条件下，其 COD 的降解率也达到 97%。用湿式过氧化氢氧化法处理对氨基苯酚废水，加入少量 Fenton 试剂（质量比：$H_2O_2/COD = 0.2$），以 Fe/活性炭作催化剂，在 160℃和 0.6MPa 的反应条件下，经 45min 反应，COD 降解率达 91.9%，且催化剂可以重复使用。以不同 Si/Al 比制备了分子筛催化剂，研究了废水 pH 值、反应温度及催化剂用量等对酚降解的影响。分子筛催化剂的应用，可以有效克服 Fenton 试剂体系中存在大量铁离子的缺陷。

2. 处理含硫的工业废水

炼油、石化、制药、燃料、制革等行业在生产过程中都会产生大量的含硫废水。废水中的硫化物有毒性、腐蚀性，并有臭味，对环境造成极大的污染，且会对废水构筑物正常运转产生很大影响，因此生产、生活中的含硫废水必须加以妥善的处理。石油中含有硫氮化合物，在常减压蒸馏、催化裂化、热裂化、延迟焦化、重整预加氢、加氢精制、加氢裂化等加工过程中，这些化合物会通过高温裂解、催化裂化、催化加氢等反应生成 H_2S、轻质有机硫化合物。进入产品物流中，这些产品物流经过冷凝脱水或水洗处理，即产生含硫含氨废水，俗称含硫废水或酸性水。该废水由于其硫、酚、氰等污染物含量特别高，具有强烈的恶臭味。若不进行单独预处理，这些高含量的物质将在水处理系统中大量消耗溶解氧，腐蚀管网，使水处理微生物失活，甚至导致死亡，最终会严重影响污水处理系统的正常运行。制革废水是污染严重、难处理的工业废水之一。其特点是排放量大、污染涉及面广，废水毒性强、臭味大，并带有颜色。制革废水中的硫化物来自使用的大量硫化钠。硫化废水的水量约占总水量的 5% ~ 20%，硫化物（按硫计）的质量浓度高达 1700mg/L 以上，水的 pH 约为 10 ~ 12。如果直接排放将对环境造成巨大的危害，所以在排放前必须经过处理。制革行业每年排放废水超过 7000 万 t。目前我国制革企业上万家，相当一部分厂家生产废水未经任何处理就直接排放，用 CWAO 处理含硫废水，催化剂为天然煤矿石，硫质量浓度为 100 ~ 400mg/L，pH 为 9 ~ 10，催化剂用量为 100 ~ 150mg/L，反应 4h 硫去除率为 94.98%。WH 型合金催化剂在 265℃、7.0MPa、空速为 $1.0h^{-1}$、气/H_2O（体积）为 200 条件下处理含硫废水，COD 去除率可达到 77.1%，BOD_5/COD 由 0.016 提高至 0.64，在所选定的反应工艺条件范围内，在其他条件保持不变的前提下，随着温度升高，COD 去除率随之升高；随着反应压力的提高，COD 去除率也随之升高，但升幅不大；随着反应空速的提高，COD 去除率几乎保持不变；随着气/H_2O 比值的升高，COD 去除率增幅较大。美国某石油化学公司采用 WAO 法处理烯烃生产废洗涤液，进水 COD 为 24g/L，出水 COD 为 0.792g/L，去除率达 96.7%，进水硫化物为 9g/L，出水硫化物为 0.009g/L，去除率达 99.9%，可见处理效果显著。

3. 处理农药生产废水

中国是农药生产和使用大国，农药生产企业已达 1600 家左右，国家质检总局 2003 年公布的数据显示，目前我国农药年产量已达 40 万 t，居世界第二。杀虫剂产量名列第一，年产量约占全国农药总产量的 60%。我国农药品种结构的不合理性加大了环境治理的难度。据不完全统计，全国农药工业每年排放的废水约为 15 亿 t。其中已进行处理的占总量的 7%，处理达标的仅占已处理的 1%。农药的"三废"问题以废水最为严峻和突出。含量高、色度深、毒性大；污染物成分复杂，难以生物降解。这些废水排入江河水体，不仅严重地破坏了水体生态，而且对人类的生存环境构成了极大的威胁。

农药生产废水的主要特点有：

1）有机物的质量浓度高。农药废水 COD 通常在几千 mg/L 到几万 mg/L 之间，而农药生产过程中合成废水的 COD 有时甚至高达几十万 mg/L 以上。

2）污染物成分十分复杂。农药生产涉及很多有机化学反应。废水中不仅含有原料成分，而且含有很多副产物、中间产物。

3）毒性大、生物降解难。如在毒死蜱生产废水中含有三氯吡啶醇、二乙胺基嘧啶醇等，均为难被微生物降解的化合物，同时有些废水中除含有农药和中间体外，还含有苯环类、酚、砷、汞等有毒物质，抑制生物降解。

4）有恶臭及刺激性气味。这些气味对人的呼吸道和粘膜有刺激性，严重时可产生中毒症状，危害人类身体健康。

5）水质、水量不稳定。由于生产工艺不稳定及操作管理等问题，造成产品废水排放量大，为废水处理带来很大难度。

我国科研人员通过引进、消化、吸收日本大阪煤气公司先进的 CWO 高含量生化难降解工业有机废水处理技术及对该技术的国产化研究，自主设计、制造、集成建设和运行了一套 $20\mathrm{m}^3/\mathrm{d}$CWO 技术工业应用装置，试验结果表明，该装置对造纸黑液和焦化废水等有机废水具有良好的净化处理性能，COD_{Cr}、NH_3-N 等的去除率均达 99% 以上，且脱色、脱臭效果明显。唐受印等在 250℃、8MPa（21%）、反应时间为 2.5h、进水 pH = 7.0 时，用 Cu$(NO_3)_2$、$(NH_4)_6Mo_7O_{24}$、CuO 和 Al_2O_3 四种催化剂中的任何一种处理三环唑农药生产废水，均可使 COD 的去除率达到 77% 以上。蒋展鹏等用催化湿式氧化法处理 VC 废水时，得出适宜条件：催化剂为 Ti-Ce-Bi，反应温度为 200℃、氧分压为 3.5MPa、总压为 5.5MPa、反应时间为 1h。废水的 COD 去除率提高了 23% 左右，BOD/COD 提高到了 0.6 以上。

造纸工业是世界六大工业污染源之一，造纸废水是我国工业废水中发生量大且很难治理的废水，造纸废水为高含量有机废水，含木素、残碱、硫化物、氯化物等污染物。其特点是造纸废水的 SS、COD 含量较高，COD 则由非溶解性 COD 和溶解性 COD 两部分组成，通常非溶解性 COD 占 COD 组成总量的大部分，当废水中 SS 被去除时，绝大部分非溶解性 COD 同时被去除。因此，造纸废水处理要解决的主要问题是去除 SS 和 COD，废水中的纤维悬浮物多，而且含二价硫，带色，并有硫醇类恶臭气味。造纸废水主要有三个来源：制浆废液（黑液）、中段水、纸机白水。通过 Cu、Mn、Pd 及复合催化剂 Cu/Mn、Mn/Pd、Cu/Pd 对比，发现复合催化剂比单组分催化剂效果好，在 463K、氧分压为 0.74MPa 及入口 pH 值为 11.3 条件下，对 TOC 的去除率：Cu/Mn 系列达 57.8%，Mn/Pd 系列达 74.1%，Cu/Pd 系列达到 78.8%。使用 $CuSO_4$（50mg/L）作催化剂，以 $(NH_4)_2SO_4$ 作助催化剂，处理造纸黑液，COD 转化率可达 95%。采用 Ru/TiO$_2$（含 Ru 3%）作催化剂，在温度为 463K，压强为 0.8MPa 的条件下，对牛皮纸漂白废水（两种废水，分别为酸性和碱性，TOC 分别为 1138mg/L 和 1331 mg/L），进行湿式氧化处理，出水的 TOC 的去除率分别达 98% 和 95%。

【案例】

湿式氧化技术处理化工废水的研究

据报道，1995 年我国工业废水（不包括乡镇企业）排放量为 223 亿 t，含 COD 约 770 万 t，重金属 1823t，砷 1132t，氰化物 2504t，挥发酚 6366t，石油 64341t，其中仅 123 亿 t 废水达标排放。这类废水一般由造纸、皮革、食品工业及化学工业产生，通常含有高含量难降解有机污染物以及氨氮化合物、悬浮物等污染物，采用常规的生物或物理化学净化方法处理已难以或无法满足净化处理的技术和经济要求。

本研究采用自制的高压湿式氧化小型试验装置，用湿式过氧化氢氧化对某化工企业的高含量有机废水进行试验研究，试验结果表明催化湿式氧化具有较高的 COD 去除率。

COD 的测量采用重铬酸钾法，按照 GB 11914—1989《水质　化学需氧量的测定　重铬酸盐法》，ρ（COD）低于 50mg/L 的水样可以通过稀释滴定剂和氧化剂来提高精确度，ρ（COD）高于 1000mg/L 的水样可以通过水样的比例稀释来完成测定。

催化剂组成以过渡金属氧化物 CuO 为主活性组分，同时复合第二活性组分 MnO$_2$，掺入电子助剂 CeO$_2$，属于非贵金属复合型催化剂。采用浸渍法制备催化剂，将 Cu（NO$_3$）$_2$、Mn（NO$_3$）$_2$、Ce（NO$_3$）$_4$ 按一定比例混合配制成浸渍液，将 γ-Al$_2$O$_3$ 载体浸渍在浸渍液中，同时加入一定量的尿素作为络合剂，在恒温水浴中浸渍一定时间后过滤，然后在一定温度下干燥、焙烧得到 CuO$_2$-MnO$_2$-CeO$_2$/Al$_2$O$_3$ 复合催化剂。

试验废水为在生产磺胺间二甲氧嘧啶过程中产生的高含量有机废水，其主要成分为醋酸乙酯、氯乙酰氯、三乙胺、异喹啉、氰化钾、苯甲酰氯等，废水 ρ（COD）为 17830mg/L 左右，pH 值为 7~8，试验装置如图 11-13 所示。

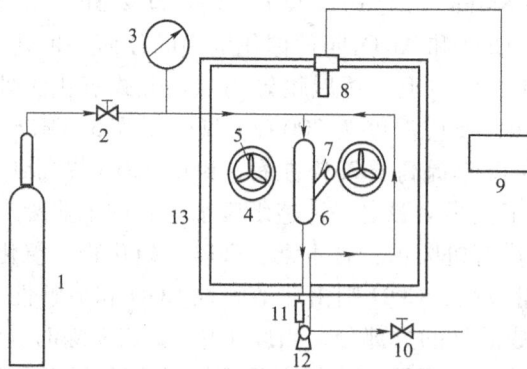

图 11-13　有机废水处理装置

1 —高压氧气瓶　2 —进气阀　3 —压力表　4 —加热器　5 —风扇　6 —反应器　7 —固定装置
8、9 —温控装置　10 —取样阀　11 —冷却套　12 —循环泵　13 —恒温箱

图 11-14 所示为湿式过氧化氢氧化不同温度下有机废水中 COD 去除率与反应时间的关系变化曲线。由图 11-14 可知，温度对湿式过氧化氢氧化降解有机废水起着至关重要的作

用。在温度为 200℃ 时，反应 3h 后 COD 去除率为 72.7%，当温度为 225℃ 时，COD 去除率达到 81.4%；再提高温度到 250℃ 时，COD 去除率增加已不明显，原因可能是温度升高到一定程度过氧化氢自身开始产生无效分解。从图 11-14 中还可以看出，当反应时间为 0.5h 时，温度在 250℃ 时的 COD 去除率明显比低温时高，可能是高温促使过氧化氢加速产生·OH 自由基。试验表明：在湿式过氧化氢氧化中，并不是温度越高对废水 COD 去除效果就越好。

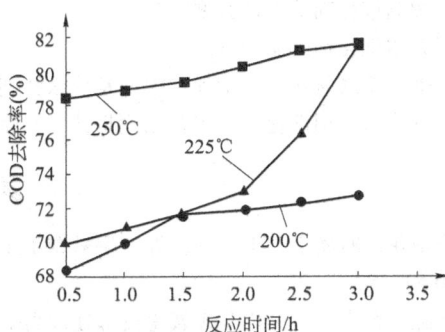

图 11-14　湿式过氧化氢氧化在不同温度下有机废水中 COD 去除率与反应时间的关系变化曲线

图 11-15 所示为湿式过氧化氢氧化中 COD 去除率与过氧化氢加入量的关系变化曲线。根据废水的 COD 可确定反应理论需氧量，从而可以确定过氧化氢理论用量。由图 11-15 可见，当过氧化氢的加入量为所需理论量时，COD 去除率为 77.0%，随着过氧化氢加入量的增加，COD 去除率也有所增加，但不是很明显；当过氧化氢加入量为所需理论量的 200% 时，COD 去除率仅上升到 87.7%，说明加入过量过氧化氢并不能明显提高有机物中 COD 去除率。

图 11-16 所示为催化湿式氧化中有机废水 COD 去除率与反应温度的关系变化曲线。由图 11-16 可知，温度是有机废水催化湿式氧化反应主要的影响因素。在温度为 180℃ 时，反应 2h，有机废水 COD 去除率仅为 49.0%；当温度升高到 225℃ 时，COD 去除率为 78.6%；温度升高到 250℃ 时，COD 去除率提高到 92%，表明温度越高越有利于反应进行。但考虑到设备要求和经济性，温度不宜太高，本试验温度选择 250℃。

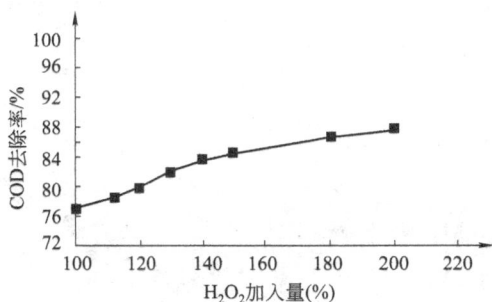

图 11-15　湿式过氧化氢氧化中 COD 去除率与过氧化氢加入量的关系变化曲线

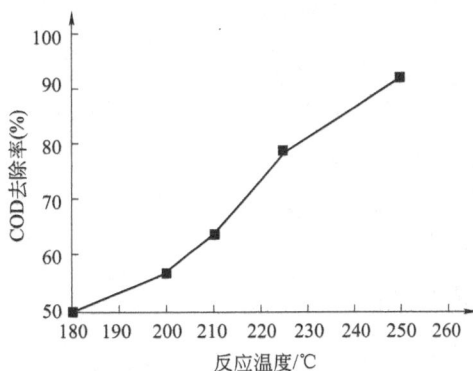

图 11-16　催化湿式氧化中有机废水 COD 去除率与反应温度的关系变化曲线

试验表明：湿式过氧化氢氧化不能达到较高的 COD 去除率，而在自制的 Cu-Mn-Ce 非贵金属复合催化剂存在的条件下进行的催化湿式氧化，COD 去除率达到 92.0%，显示该催化剂具有极大的活性。

思　考　题

1. 湿式氧化用催化剂的分类有哪些？

2. 影响催化剂的条件有哪些?

3. 介绍催化剂的制造方法。

4. 催化湿式氧化动力学理论模型是什么? 其他催化湿式氧化动力学模型有哪些?

5. 湿式氧化用催化剂的主要用途是什么? 简单介绍其在处理工业废水和生产废水方面的应用。

参 考 文 献

[1] 张艳花, 时憧宇, 田大民, 等. 湿式氧化技术原理、工艺与运用 [J]. 化工时刊, 2010, 24 (11): 50-53, 56.

[2] 曾经, 彭青林. 催化湿式氧化技术处理高浓度有机废水的研究 [J]. 中国给水排水, 2010, 26 (19): 99-102.

[3] 姜振军, 王本庭. 催化湿式氧化技术处理氯酯磺草胺生产废水的研究 [J]. 上海化工, 2009, 34 (5): 1-5.

[4] 孙颖, 李新勇. 非均相催化湿式氧化技术处理 4-氯酚 [J]. 环境科学研究, 2008, 21 (1): 192-195.

[5] 劳志雄, 陈陨贤. 水处理催化湿式氧化技术的研究进展 [J]. 中国科技信息, 2008 (11): 20-21.

[6] 钱仁渊, 钱俊峰, 云志. 湿式氧化技术处理化工废水的研究 [J]. 水资源保护, 2007, 23 (1): 84-86.

[7] 寇凯, 林小亮, 张建. 湿式氧化技术应用于污水处理 [J]. 油气田地面工程, 2007 (6): 21-22.

[8] 赵训志, 刘赞, 程志林. 催化湿式氧化技术处理高浓度污染废水的研究进展及应用 [J]. 工业水处理, 2007, 27 (7): 12-17.

[9] 戴勇, 邵荣, 钱晓荣, 等. 催化湿式氧化技术处理山梨酸生产废水的研究 [J]. 环境污染与防治, 2007, 29 (9): 682-684, 717.

[10] 季良. 湿式氧化技术处理炼油厂碱渣废水 [J]. 交通环保, 2004, 25 (5): 42-44.

第 12 章
水污染控制工程材料

本章提要：环境问题是国民经济发展中备受注目的重大问题之一，正在全面、深刻地影响着人们的社会生活。环境恶化已经成为导致人类疾病和死亡的主要因素，因而 21 世纪将是人类与环境污染和生态破坏决战的世纪。在众多的环境问题中，水体污染和水资源短缺将是今后相当长一段时间内全球最严重的问题之一，本章介绍了水污染控制工程的常用方法，污水物理处理技术、生物处理技术以及化学处理技术材料。

12.1 水污染控制工程概论

12.1.1 水污染的基本概念

在 1984 年颁布的《中华人民共和国水污染防治法》中说明：水污染即指"水体因某种物质的介入而导致其物理、化学、生物或者放射性等方面特性的改变，从而影响水的有效利用，危害人体健康或破坏生态环境，造成水质恶化的现象"。

根据污染杂质的不同而主要分为化学性污染、物理性污染和生物性污染三大类。

1. 化学性污染

污染杂质为化学物品而造成的水体污染。化学性污染根据具体污染杂质可分为 6 类：

1）无机污染物质。污染水体的无机污染物质有酸、碱和一些无机盐类。酸碱污染使水体的 pH 值发生变化，妨碍水体自净作用，还会腐蚀船舶和水下建筑物，影响渔业。

2）无机有毒物质。污染水体的无机有毒物质主要是重金属等有潜在长期影响的物质，主要有汞、镉、铅、砷等元素。

3）有机有毒物质。污染水体的有机有毒物质主要是各种有机农药、多环芳烃、芳香烃等。它们大多是人工合成的物质，化学性质很稳定，很难被生物所分解。

4）需氧污染物质。生活污水和某些工业废水中所含的碳水化合物、蛋白质、脂肪和酚、醇等有机物质可在微生物的作用下进行分解。在分解过程中需要大量氧气，故称之为需氧污染物质。

5）植物营养物质。主要是生活与工业污水中含的氮、磷等植物营养物质，以及农田排水中残余的氮和磷。

6）油类污染物质。主要指石油对水体的污染，尤其是海洋采油和油轮事故污染最甚。

2. 物理性污染

水的浑浊度、温度和水的颜色发生改变，水面的漂浮油膜、泡沫以及水中含有的放射性物质增加而造成的水体污染。物理性污染包括：

1）悬浮物质污染。悬浮物质是指水中含有的不溶性物质，包括固体物质和泡沫塑料等。它们是由生活污水、垃圾和采矿、采石、建筑、食品加工、造纸等产生的废物泄入水中或农田的水土流失所引起的。悬浮物质影响水体外观，妨碍水中植物的光合作用，减少氧气的溶入，对水生生物不利。

2）热污染。来自各种工业过程的冷却水，若不采取措施，直接排入水体，可能引起水温升高、溶解氧含量降低、水中存在的某些有毒物质的毒性增加等现象，从而危及鱼类和水生生物的生长。

3）放射性污染。由于原子能工业的发展，放射性矿藏的开采，核试验和核电站的建立以及同位素在医学、工业、研究等领域的应用，使放射性废水、废物显著增加，造成一定的放射性污染。

3. 生物性污染

水体中进入了细菌和污水微生物而造成的水体污染。如某些原来存在于人畜肠道中的病原细菌，如伤寒、副伤寒、霍乱细菌等都可以通过人畜粪便的污染而进入水体，随水流动而传播。一些病毒，如肝炎病毒、腺病毒等也常在污染水中发现。某些寄生虫病，如阿米巴痢疾、血吸虫病、钩端螺旋体病等也可通过水进行传播。

12.1.2　水污染控制工程

水污染控制工程是环境工程学科中的一个重要分支，它研究污水中污染物质物理的、化学的和生物的特性，并以此采用相适应的物理的、化学的、生物的方法或者多种复合工艺技术使污染物的含量降低、总量减少以使之达到相应的排放标准和回收标准。常用的污水水质指标如下所述。

1. 悬浮固体（Suspended Solid，SS）

挥发性悬浮固体是指在悬浮固体中600℃时灼烧所失去的重量，用它表示悬浮固体中的有机物更为合理。常用的悬浮固体单位是 g/L 或 mg/L。

由于水常常是流动的，水中的固体含量是指随水流流动而不至于下沉的固体物。一般的废水中溶解性固体量是非常低的，因此悬浮固体的总量能代表水中的总的固体物。假如让流动的水静止，其悬浮固体可能会下沉。

2. 生化需氧量（Biological Oxygen Demand，BOD）

生化需氧量是指 1L 废水中有机污染物在好氧微生物作用下进行氧化分解时所消耗的溶解氧，单位是 mg/L。BOD 既是水中可生物降解有机成分的间接指标，也是进行生化反应需氧量的直接反映，它是废水生物处理中最重要的参数之一。

由于微生物的降解作用较缓慢，废水中有机物完全降解完毕需要大约 20d 左右的时间。因此，为实用起见，一般取 5d 所消耗的氧来作为指标，简称为 BOD_5。另外，由于温度不一样，微生物降解作用也不一样，因此控制温度为 20℃。

测定工业废水的 BOD_5 时，接种的生物菌种须经驯化，或者说：测定不同废水的 BOD_5 需要接种适应该工业废水的微生物污泥或生物膜。在废水中 NH_3 含量较高时，为防止硝化菌氧

化 NH_3 而消耗额外的氧，还需加 NH_3 的抑制剂。在有毒物质存在下 BOD_5 的测定方法，除用螯合剂束缚有毒金属，还可以连续搅动瓶中的液体，增加瓶内的微生物含量。有时还需要在测定装置中添加适量的生物营养剂。

3. 化学需氧量（Chemical Oxygen Demand，COD）

用强氧化剂（重铬酸钾或高锰酸钾）在酸性条件下能将废水中有机物彻底矿化，其中碳水化合物被氧化为 H_2O 和 CO_2，此时所测定的氧（重铬酸钾或高锰酸钾中的化合态氧）的消耗量即为化学需氧量。由重铬酸钾法测定得出的化学需氧量，简称为 COD_{Cr}；由高锰酸钾法测定得出的化学需氧量简称为 COD_{Mn} 或高锰酸钾指数。其中，COD_{Cr} 测定中使用硫酸银作为催化剂。

COD 是间接反映废水中相对强氧化剂为还原性的物质的指标，包括几乎所有的有机物和一些还原性无机物。如废水中无机物很少，那么，COD 反映的几乎就是废水中全部的有机物含量。

由于强氧化剂对有机物的氧化作用比微生物的生物氧化作用更强烈和彻底，因此废水的 COD 值一般总是大于 BOD 值。对于生活污水 BOD_5 和 COD_{Cr} 的比值大致为 0.4 ~ 0.8，BOD_5 和 COD_{Cr} 的比值（B/C）大小常常被用来判断废水能否用好氧生物法来处理或者判断用好氧生物法处理能够进行到怎样的程度。另外，该比值可以间接地衡量原废水中生物毒性物质含量的高低。由于生物需氧量的测定是在好氧条件下进行的，因此废水的 BOD 指标对指导厌氧生物处理仅具有一定的参考意义。

4. 理论需氧量（Theoretical Oxygen Demand，THOD）

如果废水中的有机物能写出其分子式，那么就可以用相应的完全氧化反应方程来计算出对其完全氧化所需要的氧量的理论值，这便是理论需氧量。

5. 总需氧量（Total Oxygen Demand，TOD）

总需氧量是指在 900℃ 下将废水加以燃烧，使废水中的有机物及部分无机物完全氧化所需氧量。这一指标目前很少使用。

6. 有机碳（Total Oxygen Carbon，TOC）

前面反映有机物含量的指标 BOD、COD 虽说测定方法成熟、有效性好，但测定所花的时间较长：测定 BOD_5 一般需 5d，测定 COD 一般需加热沸腾 2h。另外废水中的有机物含量不高时测定的精度不高，为了快速测定废水的有机物含量，特别是在废水中含微量有机物的情况下，往往测定废水的 TOC 值来反映有机物含量。

TOC 测定过程中，废水样品在约 950℃ 下高温燃烧，用红外线仪定量测出燃烧中所生成的 CO_2 量，此时测得的碳的含量为废水中的总碳（TC）含量。总碳中包含有机碳和以 CO_2 和 HCO_3^- 形成存在的无机碳。如在高温燃烧前，将废水进行酸化曝气，去除无机碳后用同样的方法测定的废水的含碳量即为总有机碳 TOC。也可以将废水先加热至 150℃，此时也只有无机碳转变成 CO_2，用红外线测定的含碳量为总无机碳 TIC，TC – TIC = TOC。

总有机碳的单位为 mg/L，生活污水的 TOC 一般为 100 ~ 350mg/L，其值略高于 BOD_5。

7. 营养物质 N、P

（1）有关氮的指标

1）有机氮 N-organ：主要指在蛋白质、尿素、尿酸、氨基酸等有机物内所含的氮，也包括偶氮和联氮等。

2）氨氮 NH_3-N：指以 NH_3 和 NH_4^+ 形态存在的氮。

3）总凯氏氮 TKN：指以 -3 价存在的氮。TKN = N-organ 的一部分 + NH_3-N，包括蛋白质、尿素、氨基酸等所含的氮，不包括偶氮、联氮以及丙烯腈中的氮。

4）硝态氮 NO_x-N：指以 NO_2^- 和 NO_3^- 形态存在的氮。

5）总氮 TN：所有形态的氮的总和。

（2）有关磷的指标

1）有机磷 P-organ：指在有机物中结合的磷，如合成洗涤剂和有机磷农药中的磷。

2）正磷 PO_4^{3-} – P：指以 PO_4^{3-} 或 HPO_4^{2-}、$H_2PO_4^-$ 形态存在的磷。

3）聚合磷 Poly-P：指以焦磷酸盐 $P_2O_7^{4-}$ 和聚合三磷酸盐 $P_3O_{10}^{5-}$ 等形态存在的磷。

4）总磷 TP：所有形态磷的总和。

有关氮磷的指标之所以重要，不仅因为 N、P 是水体富营养化的主要原因，而且氮磷也是废水生物处理过程中的重要因素。另外，不同形态的氮磷也反映了废水处理过程的不同阶段。工业废水因为缺乏必要的 N、P 将严重影响生物处理效果。

在美国城市污水中总磷达到 $6 \sim 20 mg/L$，有机磷为 $2 \sim 5 mg/L$，无机磷为 $4 \sim 15 mg/L$。

8. 有毒物质

废水中对人体健康或其他生物危害较大的有毒物质往往需要单独测定。常用的有毒物质指标有：氰化物、甲基汞、砷化物、镉、铅、六价铬、酚、醛。

9. 酸度及碱度

酸度用 pH 来表示；碱度指水中 HCO_3^- 和 CO_3^{2-} 的含量，一般以 $CaCO_3$ 的含量来计算。碱度的大小某种程度上也能反映 pH 的大小，当 pH 小时，碱度也小；pH 大，则碱度也大。废水中碱度的高低还决定了废水的缓冲性能强弱，对废水处理有重要影响。

水污染控制工程是通过各种物理、化学和生物的方法使以上各种指标达到污水的排放或回收标准。包括含量标准和总量控制标准。

含量标准：规定了排放口排放污染物的含量限值，其单位一般是 mg/L。我国现有的国家标准和地方标准基本上都是含量标准。含量标准指标明确，对每个污染指标都执行一个标准，管理方便。但未考虑排放量的大小以及接受水体的环境容量、形状和要求等，因此不能完全保证水体的环境质量。当排放总量超过接纳水体的环境容量时，水体水质不能达到质量标准。此外，排污企业通过稀释降低污水排放含量，造成水资源浪费和水环境污染。

总量控制标准：是以水体环境容量为依据而设定的。水体的环境质量要求很高，则环境容量小。水环境容量可以采用水质模型法计算。这种标准可以保证水体的质量，但对管理技术要求高，需要与排污企业许可证制度相结合进行总量控制。

12.2 水污染控制工程的常用方法

废水处理的目的，就是将废水中的污染物以某种方法分离出来，或者将其分解转化为无害稳定物质，从而使污水得到净化。最终应使处理后的水质达到相应的国家或地方标准。

废水处理相当复杂，处理方法的选择，必须根据废水的水质和数量，排入到什么水域或做什么用来考虑。

一般废水的处理方法可以概括为以下三大类：

1）物理处理。通过各种外力的作用，使污染物从废水中分离出来。

2）化学处理。通过化学或生物化学的作用，改变污染物的化学本性，使其转化为无害或可分离的物质，后者再经分离除去。

3）生物处理。使废水与微生物混合接触，利用微生物在自然环境中的代谢作用，使不稳定的有机和无机毒物转化为稳定无毒物质的一种污水处理方法。

12.2.1　物理处理

物理方法是借助于物理作用分离和除去污水中不溶性悬浮物体或固体的方法。如利用机械力或其他物理作用将污染物从水中分离出去，在分离过程中不改变其性质，但达到了废水处理净化的目的。如重力分离、离心分离、筛滤、截留、蒸发、结晶等都是物理处理方法。

（1）筛滤分离法　它是去除废水中粗大的悬浮物和杂物，以保护后续处理设施能正常运行的一种预处理方法。筛滤的构件包括平行的棒、条、金属丝织物、格网或穿孔板。其中由平行的棒和条构成的称为格栅；由金属丝织物、格网或穿孔板构成的称为筛网。它们所去除的物质则称为筛余物。其中格栅去除的是那些可能堵塞水泵机组及管道阀门的较粗大的悬浮物；而筛网去除的是用格栅难以去除的呈悬浮态的细小纤维。

（2）重力分离法　它利用重力作用把悬浮物与水分离开，由于废水中的悬浮物密度与废水密度不同，从而所受的重力也就不同，当悬浮物的密度大于废水密度时，它在重力作用下发生沉降；当悬浮物密度小于废水密度时，则上浮。对于呈乳化状态或密度与废水相近的物质，难以自然沉降或上浮，往往需要与其他方法相结合，迫使其沉降或上浮。

（3）离心分离法　借助于设备高速旋转形成的离心作用将废水中的悬浮物与水分离的过程叫做离心分离法。物体高速旋转产生比其本身重力大得多的离心力，所以，当含有悬浮物的废水高速旋转时，由于悬浮固体与废水质量不同会产生受力的差异，质量大的悬浮固体就被甩到废水外侧，然后悬浮物和废水从各自的出口排出，达到固液分离的目的，使废水得以净化。

（4）过滤法　过滤是一种简单、有效、应用普遍的方法，经常用于废水处理的预处理，目的是去除废水中粗大的悬浮颗粒，以防止其损坏水泵、堵塞管道和管件。根据悬浮颗粒的大小和性质可以选择不同的过滤介质和设备，以格栅、滤布、滤料、筛网为过滤介质的设备，都属于常用的过滤设备。过滤有时用作污水的预处理，有时则作为最终处理，其出水供循环使用或重复利用。

（5）超过滤法和反渗透法　超过滤法是使水流在加压下流过膜材料，过滤除去相对分子质量大于 500 的有机物、胶体颗粒或细菌等。对于被截留污染物的相对分子质量不大于水的相对分子质量 10 倍时所用的方法，称为反渗透法。

物理处理法的优点：设备大都较简单，操作方便，分离效果良好，故使用极为广泛。

12.2.2　化学处理

污水化学处理法是通过中和、氧化还原、混凝、传质等作用来分离、去除废水中呈溶解、胶体状态的污染物或将其转化为无害物质的废水处理法。

（1）氧化还原法　溶于水中的有毒有害物质，可利用它能在化学反应过程中被氧化或被还原，向废水中投加强氧化剂或强还原剂，使之转化为无毒无害物质，从而达到治理的目的，此即为氧化还原法。其中氧化法根据氧化剂的种类及反应器的类型，可分为化学氧化法、催化氧化法、光催化氧化法、超临界氧化法、电化学氧化法等。化学氧化法是最终除去水中污染物的有效方法之一，它能使废水中有机物、无机物氧化分解，特别适宜处理难以生物降解的有机物，如染料、酚、氰，大部分农药及臭味物质。

（2）中和法 工业企业常常会有酸性废水和碱性废水，当这些废水含酸或含碱的量很高时，应尽量加以回收，对质量分数低于 4% 的含酸废水和质量分数在 2% 以下的含碱废水，在没有有效的利用方法时，又无回收利用价值时，均应用中和法进行无害化处理，将废水的 pH 值调整到工业废水允许排放标准后再排放。对于酸、碱废水，常用的处理方法有酸性废水和碱性废水互相中和，也可利用石灰石、电石渣等中和剂。

（3）混凝法 化学混凝法通过向废水中投加混凝剂，使细小悬浮颗粒和胶体微粒聚集成较大的颗粒而沉淀，得以与水分离，使废水得到净化。目前常用的混凝剂主要有无机混凝剂、有机混凝剂和高分子混凝剂三类。

（4）化学沉淀法 向废水中投加某些化学药剂，使之与废水中的污染物发生化学反应并形成难溶的沉淀物，然后进行固液分离，从而除去废水中污染物质的方法叫化学沉淀法。目前，化学沉淀主要用于：提高初级沉淀设施的效果；除氮除磷；去除重金属。

化学方法处理效果较好，但运行费用较高，有些化学药剂具有生物毒性，易造成二次污染。

12.2.3 生物处理

生物处理方法是利用自然界中各种微生物的代谢作用将污水中的有机污染物分解、转化为无机物，使污水得到净化。生物处理是目前应用最广泛且有效的一种方法，分为好氧处理和厌氧处理两大类，好氧处理又包括活性污泥法和生物膜法，活性污泥法中的微生物无附着载体，呈悬浮状态，而生物膜法的微生物有固定的附着载体，微生物可以附着在上面形成生物膜。

（1）活性污泥法 活性污泥法是以活性污泥为主体的废水生物处理的主要方法。活性污泥法是向废水中连续通入空气，经一定时间后因好氧性微生物繁殖而形成的污泥状絮凝物。其上栖息着以菌胶团为主的微生物群，具有很强的吸附与氧化有机物的能力。利用活性污泥的生物凝聚、吸附和氧化作用，以分解去除污水中的有机污染物。然后使污泥与水分离，大部分污泥再回流到曝气池，多余部分则排出活性污泥系统。

（2）生物膜法 生物膜法是利用附着生长于某些固体物表面的微生物（即生物膜）进行有机污水处理的方法。生物膜是由高度密集的好氧菌、厌氧菌、兼性菌、真菌、原生动物以及藻类等组成的生态系统，其附着的固体介质称为滤料或载体。生物膜自滤料向外可分为厌氧层、好气层、附着水层、运动水层。生物膜法的原理是，生物膜首先吸附附着水层有机物，由好气层的好气菌将其分解，再进入厌氧层进行厌氧分解，流动水层则将老化的生物膜冲掉以生长新的生物膜，如此往复以达到净化污水的目的。

（3）厌氧生物处理法 厌氧生物处理法是利用兼性厌氧菌和专性厌氧菌将污水中大分子有机物降解为低分子化合物，进而转化为甲烷、二氧化碳的有机污水处理方法，分为酸性消化和碱性消化两个阶段。在酸性消化阶段，由产酸菌分泌的外酶作用，使大分子有机物变成简单的有机酸和醇类、醛类氨、二氧化碳等；在碱性消化阶段，酸性消化的代谢产物在甲烷细菌作用下进一步分解成甲烷、二氧化碳等气体。这种处理方法主要用于对高含量的有机废水和粪便污水等处理。

（4）生物塘　生物塘是一种利用天然净化能力对污水进行处理的构筑物的总称。其净化过程与自然水体的自净过程相似。通常是将土地进行适当的人工修整，建成池塘，并设置围堤和防渗层，依靠塘内生长的微生物来处理污水。主要利用菌藻的共同作用处理废水中的有机污染物。稳定塘污水处理系统具有基建投资和运转费用低、维护和维修简单、便于操作、能有效去除污水中的有机物和病原体、无需污泥处理等优点。

污水生物处理效果好，费用低，技术较简单，应用也比较简单。当简单的沉淀和化学处理不能保证达到足够的净化程度时，就要用生物的方法作进一步处理。

12.3　污水物理处理技术材料

12.3.1　过滤分离材料

过滤是指将一种分散相从一种连续相中分离出来的过程，连续相是载流相，而分散相是粒子状的分散材料，也就是分离、捕集分散于气体、液体或较大颗粒状物质中的颗粒状物质或粒子的一种方法或技术。过滤材料是一种用于过滤的具有较大内表面和适当孔隙的物质，它能有效地捕获和吸附固体颗粒或液体粒子，使之从混合物质中分离出来。如从工业窑炉中排放出来的粉尘烟灰的分离，从印染、造纸、电镀等工业中排放的废水的净化、饮料食品工业中去除杂质，以及油水分离等。常用的过滤材料有低温滤布材料、耐高温滤布材料、金属烧结毡材料、多孔陶瓷过滤材料、膜过滤材料等。

1. 低温滤布材料

工业用常规低温滤布材料如尼龙 PA、涤纶 PET、丙纶 PP、聚乙烯 PE 等。此类材料的长纤维、短纤维产品已广泛应用于制药、食品、化工、冶金、橡胶、陶瓷等各个行业。

（1）涤纶　涤纶（学名聚酯）耐强酸和弱碱，不溶于有机酸，在低温下对于低含量的无机酸性能很稳定，但能溶于浓硫酸和加热的苯甲酚，在强碱中易水解。此外，耐腐蚀性、回复性很好，导电性能很差。过滤性能：涤纶长纤滤布表面光滑、耐磨性好、强力高、通过拼捻后，强度更高，耐磨性更好，从而织物透气性能好，漏水快，清洗方便。涤纶滤布主要用途：制药、食品、化工、冶金、工业压滤机、离心机滤布等。

（2）维纶　维纶（学名聚乙烯醇）强度比涤纶要低，强度仅为 5.32 ~ 5.72Cnd tex。断裂伸长率为 12% ~ 25%。弹性差，织物保形性差，耐磨性较好，耐用性是纯棉的 1 ~ 2 倍。但有一个最大的优点就是能够经受强碱的作用，并且吸湿性好，容易与橡胶结合在一起，是橡胶行业中配用的好材料，它的缺点是耐温较低，温度达 100℃ 就有收缩，不耐酸性。一般用于碱性较强的橡胶行业。

（3）锦纶　锦纶（学名聚酰胺纤维）俗名尼龙，结晶性塑料，白色至淡黄色的不透明固体。锦纶纤维强力高，强度为 4 ~ 5.3Cnd tex，伸长率为 18% ~ 45%，在 10% 伸长时弹性回复率在 90% 以上，锦纶强力在纤维中最强，据测定，锦纶纤维的耐磨性为棉纤维的 10 倍、粘胶的 50 倍。耐磨性居多种纤维之首，所以与橡胶压在一起是制造汽车轮胎的理想材料。锦纶纤维耐强碱、弱酸；锦纶不耐光。主要用途：橡胶、陶瓷、制药、食品、冶金等。

（4）丙纶　丙纶（学名聚丙烯）滤布耐强酸、强碱。除氯磺酸、浓硝酸外，耐酸性良好。丙纶使用温度不超过100℃，超过100℃强度下降并收缩。短纤维可与棉花混纺，可做细布、床单、手套、毛毯等。长纤维相对密度小，耐磨、耐腐蚀，可做绳索、渔网等。

综上所述，任何一种滤布材料都有其优点和缺点，也正是这些优点和缺点造成了滤布材料的选择由于其适用环境的不同而具有极大的不确定性和复杂性。

2. 耐高温滤布材料

目前开发并得到广泛应用的耐高温纤维有聚醚醚酮（PEEK）、芳族聚酰胺、聚苯撑硫醚（PPS）、聚苯并咪唑（PBI）、聚酰亚胺以及聚丙烯腈预氧化纤维（PANOF）等。PEEK是一种半晶体高分子材料，可在 $200 \sim 260℃$ 长期使用，问世后曾一度被称为超耐热高分子材料。其分子结构中含有芳香环和柔性的醚键，使得纤维具有超高的热稳定性和化学稳定性，纤维的熔点为334℃，在200℃下24h的强度保持率为100%，并且在火焰中放出的毒气极少。纤维几乎能耐除浓硫酸外的其他大部分化学试剂，此外纤维还具有很低的收缩率和良好的电绝缘性。聚四氟乙烯（PTFE）是氟碳线性直链分子所构成的一种合成纤维。PTFE 单丝具有优异的耐热性，使用温度可达260℃，瞬时可耐1000℃以上的高温火焰；耐酸、碱及其他化学试剂，除金属钠外，几乎不受其他物质侵蚀；最难以燃烧，极限氧指数高达95%。这种纤维耐磨损且摩擦系数低，粉尘及滤渣易抖落，所以过滤效率高，使用寿命特别长。聚丙烯腈预氧化纤维（PANOF）是20世纪90年代开发出来的一种新型耐高温纤维，这种纤维具有不熔、不软化、不收缩、在300℃高温下性能稳定等特点，极限氧指数高达55%。此类耐高温过滤材料，适用于极其苛刻的过滤环境。随着科技的不断进步，高温滤材已被广泛应用于冶金、钢铁、发电、垃圾焚烧等行业高温烟尘的过滤。

3. 多孔陶瓷过滤材料

多孔陶瓷是一种含有较多孔洞的无机非金属材料，并且是利用材料中孔洞的结构或表面积，结合材料本身的材质，来达到所需要的物理及化学性能的材料。多孔陶瓷具有化学稳定性好、机械强度和刚度高、耐热性好以及使用寿命长等特点，使其在过滤方面得到了广泛的应用和开发前景。

多孔陶瓷的发展开始于19世纪70年代，初期用作铀提纯材料和作为细菌过滤材料。随着控制材料的细孔结构水平的不断提高，多孔陶瓷不仅具有陶瓷基体的优良性能，而且还具有巨大的气孔率、气孔表面以及可调节的气孔形状、气孔孔径及其分布、气孔在三维空间的分布、连通等，它的发展得到了质的飞跃。

20世纪50年代，法国、美国等先后开发了各种SiC、莫来石、ZrO、陶瓷纤维等气液过滤、微生物处理用微孔陶瓷过滤元件，主要用于化工、食品、饮料及水处理行业。20世纪70年代日本等国家在高温气体净化、烟气除尘用多孔陶瓷过滤材料研究方面取得了较大进展。从20世纪80年代开始，国外在陶瓷膜的研究及开发应用、高温陶瓷热气体净化技术方面研究又取得较大的突破。随着使用范围的扩大，其材质也由普通的黏土发展到耐高温、耐腐蚀、抗热冲击的材质，如 SiC、莫来石、ZrO 和 SiO_2 等。以多孔陶瓷材料作过滤介质的陶瓷微过滤技术及陶瓷过滤装置，不仅解决了高温、高压介质、强酸碱介质和化学溶剂介质等难过滤问题，而且本身由于具有过滤精度高、洁净状态好以及容易清洗、使用寿命长等特点，目前已在石油、化工、制药、食品、环保和水处理等领域得到广泛应用。

4. 膜过滤材料

膜的化学性质和结构对膜的分离性能有着决定性影响，而膜的性能和结构与材料的性质密切相关。鉴于获得高性能的膜材料是发展膜技术的关键，开发功能膜材料一直是美国和日本等发达国家膜技术发展的重点，尤其在高性能反渗透复合膜的研究中更是如此。

(1) 超滤膜材料　超滤是以压力为推动力，利用膜的孔径、材料表面化学特性等使溶剂、小分子溶质透过膜，而胶体、蛋白质、细菌、病毒等大分子物质被截留浓缩的筛分过程。常用超滤膜材料有聚砜、聚醚砜、聚偏氟乙烯、聚丙烯腈等，为了克服膜材料本身的某些缺点，如亲水性差、易污染、强度差等，人们常常使用一些物理或化学方法对其进行改性。近年来，一些学者尝试利用 Al_2O_3、SiO_2、TiO_2 等无机纳米粒子对超滤膜材料进行改性研究，制备出无机纳米粒子填充聚合物基复合膜材料，并表现出优异的使用性能。

聚砜-纤维素复合超滤膜材料：纤维素微纳晶体是指从天然纤维中分离出的微小尺度的纤维素结晶体，有很多优点，如可再生、低密度、低成本、能生物分解、高强度和高弹性模量等。纤维素晶体具有强烈的亲水吸湿性能，利用纤维素微纳晶体的优点提高聚砜超滤膜的亲水性能，提高膜的抗污染能力，对开发生物可降解天然环保材料和纤维素材料功能性应用具有重要意义。

丙烯腈/丙烯酰胺/苯乙烯三元共聚超滤膜材料：随着膜技术发展和应用范围的扩大，原有的材料难以满足需要，特别是在新发展起来的生物催化剂的固定、分子印迹、血液渗透、中草药现代化等学科方面的应用中，聚丙烯腈材料具有耐一般溶剂，不易水解，抗氧化性、化学稳定性和耐细菌侵蚀好，易改性等优点，受到膜科学和材料工作者的关注，显示了广阔的应用前景。但由于丙烯腈分子链中含有强极性的氰基，因此，聚丙烯腈存在链间的作用力强、柔韧性小、力学强度低等缺点。为了制备性能优良的膜，通常采用表面接枝改性、共聚和共混等手段对聚丙烯腈材料进行改性。

(2) 微滤膜材料　微滤 (Microfiltration) 是与常规的粗滤原理相似的膜过程，微滤膜的孔径范围为 $0.02 \sim 1 \mu m$，主要是用来对一些只含微量悬浮粒子的液体进行精密过滤，从而得到澄清度极高的液体，或用来检测、分离某些液体中残存的微量不溶性物质。在 20 世纪 30 年代硝酸纤维素微滤膜已有商品，以后 20 年内这一早期制造微滤膜的技术被推广用于其他聚合物，特别是醋酸纤维素。20 世纪 60 年代后微滤膜的研究主要是开发新品种，控制膜的孔径分布，扩大应用范围。近年以聚四氟乙烯和聚偏四氟乙烯制成的微滤膜在美、德、日已商品化，该类膜具有耐溶剂、耐高温、化学性质稳定等优点，广泛应用于微电子、医学、食品、化工等领域。

聚丙烯中空纤维微滤膜：膜分离技术的核心是制膜，聚丙烯中空纤维微滤膜就其圆中空截面形状而言，属于异形纤维；就其功能而言，属于特种纤维。为使聚丙烯中空纤维微滤膜在一定压力下具有良好的承压能力和使用性能（即渗透和渗透选择性）及使用寿命，要求中空纤维有理想的微观结构（即纤维壁上要存在微米级的微孔）和有别于不同用途的纤维截面形状（即适当的中空度，均匀的壁厚，圆整的内外表皮）。因此中空纤维式分离膜的制作要兼顾"形"与"性"，二者不可偏废。采用化纤生产所用的异型喷丝板法制膜对于严格把握中空纤维成型和成膜后特异的使用功能困难较大。目前纺制中空纤维膜多采用中心插入管式喷丝头，该方法通过严格控制中心进气量和熔体挤出速率便可得到理想的纤维。该方法对喷丝头的加工和装配要求高，难于实现多孔，对形成较大生产规模有一定难度。

作为膜集成技术的一种，聚丙烯中空纤维微滤膜既可在诸如澄清、除菌等工艺中作为终端把关技术，又可作为深化处理技术（如超滤、反渗透）的前级预处理技术。此外，在亲水处理前它可广泛用于空气净化、气体分离和气液分离，因此其利用率相当高。

聚苯硫醚（PPS）：是国外20世纪60年代开发的具有良好的耐热性及优越的抗化学腐蚀性的高分子工程材料，由于它具有耐高温、耐腐蚀、耐辐射、韧性好、强度大等特点，因此在现代工业中广泛应用于电子电器、汽车、航空航天、石油化工、机械、化学纤维等方面。在化学纤维领域中，PPS纤维强度、耐热性与芳香聚酰胺类纤维相当，可在高温下（小于240℃）连续使用，其耐腐蚀性优于芳香聚酰胺，仅次于聚四氟乙烯纤维，是一种能在恶劣环境下长期使用的特种材料。

通常，线形PPS的制备是通过对二氯苯和硫化钠反应，或者由对二氯苯和硫化氢在氢氧化锂的存在下反应生成。在催化剂存在下，用对二氯苯和水合硫化钠在合适的溶剂中反应生成PPS，其相对分子质量可用适当的调节剂控制在所需的范围。

（3）反渗透膜材料　反渗透（Reverse Osmosis）顾名思义，是一种施加压力于半透膜相接触的浓溶液所产生的和自然渗透现象相反的过程。膜是反渗透系统的心脏，膜的好坏直接决定着反渗透系统的性能。反渗透膜从物理结构看，可分为：均质膜、非对称膜、复合膜和动态膜；从膜的材质上分，主要有：醋酸纤维素膜、芳香聚酰胺膜、高分子电解质膜、无机膜及其他。迄今为止，研究较成熟的主要是醋酸纤维素膜和聚芳香酰胺膜。在分离机理的讨论上习惯地把反渗透膜分为荷电膜与非荷电膜两类。这是因为膜的带电与否，其分离机理是不一样的。对荷电膜的分离机理，比较一致的看法是膜带电后会产生道南（Donnan）效应。非荷电膜是指膜的固定电荷密度小到几乎可以忽略不计的膜。醋酸纤维素膜和芳香聚酰胺膜等大部分反渗透膜都属于这一类。对非荷电膜的分离机理则主要有以下几种比较成熟的理论：毛细管流学说、溶解扩散学说、空隙开闭学说等。反渗透技术将成为21世纪解决缺水地区用水问题的重要手段之一，而且它的应用范围已从最初的脱盐扩展到电子、化工、医药、食品、饮料、冶金和环保等领域的纯水、超纯水制备、废水处理及物料的浓缩等。到目前为止，国际上通用的反渗透膜材料主要有醋酸纤维素和芳香聚酰胺两大类。

醋酸纤维素：醋酸纤维素类膜材料是应用最早的膜材料。醋酸纤维素类膜材料来源广泛，价格低廉，制备较容易，成膜性能好，膜表面光洁，不易结垢和污染，耐氧化和游离氯的性能较好，选择性高。但有易压密的过渡层，不耐化学试剂，不耐生物降解，易水解，操作压力要求偏高，通量下降斜率大，pH范围较窄（5~7）。

芳香聚酰胺：芳香聚酰胺膜材料的单体相对单一，多元胺有MPD、对苯二胺、邻苯二胺、乙二胺、环己二胺和环己二甲胺等，多元酰氯有TMC、对苯二甲酰氯和间苯二甲酰氯或它们的混合物等。芳香聚酰胺类反渗透复合膜与醋酸纤维素类反渗透复合膜相比，具有脱盐率高，通量大，操作压力要求低等优点。但芳香聚酰胺膜不耐氧化，抗结垢和污染能力差，耐氯性差，因此，要发展反渗透技术在水处理中的应用，开发耐氧化、耐游离氯和耐污染反渗透复合膜具有十分重要的意义。

12.3.2　吸附分离材料

吸附是在相界上（固液或固气），物质的含量自动发生积累或浓集的现象。吸附分离是利用一些物质（吸附剂）与另一种物质（吸附质）的接触，从而使吸附质固着在吸附剂表面上的一种化工分离技术，在污水处理和环境保护中有着广泛的用途。一般的吸附分离材料都是一些多孔物质和磨得很细的物质，大都具有巨大的表面积。吸附剂必须满足：吸附能力强、吸附选择性好、吸附平衡含量低、容易再生和再利用、机械强度好、化学性质稳定、来源广、价格低等特点。常用的吸附剂有矿物吸附剂、高分子吸附剂、生物吸附剂等。

1. 矿物吸附剂

由于天然矿物的表面活性、超细效应、化学成分、晶体结构与物理化学性质，并辅以恰当的改性技术，使矿物具有良好的环境属性，用作矿物吸附剂，广泛应用于工业生产、生活的环境污染控制及环境失衡的功能修复等。其中，膨润土、硅藻土、沸石、海泡石、坡缕石、浮石、珍珠岩、铝土矿、铁矿物、锰矿物、石英砂、方解石等矿物都可用作吸附剂用于环境治理除去废水中的有害成分。

（1）沸石　由于特殊的物理和化学性质，在过去几十年中沸石得到了广泛的应用，已被用作吸附剂、分子筛、离子交换剂、控制城市和工业污水的催化剂，还用于园艺、农业等，但它的最主要应用还是在水处理方面。沸石作为水处理材料时，离子交换和吸附两种机理同时发挥作用。沸石种类繁多，由于产地的不同而性质各异，世界各国的研究者都对沸石的研究给予了极大的关注。

1）去除重金属离子。沸石中的可交换离子（Na^+、Ca^{2+}、K^+ 等）对环境无害，使得它们非常适合从工业废水中去除有害重金属离子。天然沸石最早就是用于去除废水中放射性元素锶和铯。许多研究者都对沸石对金属离子的吸附量和选择吸附顺序进行了研究。尽管由于沸石产地和试验方法的不同，文献报道的选择吸附顺序有所不同，但可以看出，天然沸石对 Ba^{2+}、Pb^{2+}、Cd^{2+}、Cu^{2+}、Zn^{2+}、Ni^{2+} 等都具有良好的吸附去除能力。对比天然沸石和 NaCl 溶液预处理后的沸石对铅和铬的处理效果。预处理后的沸石离子交换量和去除效率都明显提高。对天然斜发沸石和菱沸石对受多种重金属污染的溶液的净化效果进行了研究，研究表明菱沸石比斜发沸石的离子交换容量高，这主要是由于其结构中有更多的 Al 取代了 Si，使沸石结构带上负电荷。

2）去除水中氨氮。从城市和工业废水中去除氨氮是沸石的另一个重要应用。沸石对氨离子有较强的吸附力，沸石结构中的孔隙使 NH_4^+ 可以通过离子交换替换结构中的 Na^+、K^+、Ba^{2+}，从而有效去除废水中的总氨氮，把城市和工业用水的污染降到最低。小粒径沸石会提高氨去除率，可用 7～15mm 天然斜发沸石处理家庭废水中残留的氨和磷。随着沸石粒径的减小，表面积增加，吸附能力也随之增加。把天然沸石分别用钠、钙、镁的盐溶液预处理变成单一离子型，对处理后的沸石进行吸附平衡和动力学的研究表明，单一钠离子型沸石对氨的吸附量最大。在大多数情况下，有机化合物的存在会增加氨的吸附量。

3）去除有机物质。沸石对有机污染物的吸附能力取决于有机物分子的大小和极性，极性分子易被吸附，因此一些分子直径适中且有极性的有机污染物易被吸附。絮凝与沸石吸附相结合能够有效去除印刷废水中的有机物质（去除率达95%），同时能中和水质。用 MCM-22 沸石对亚甲基蓝、结晶紫和罗丹明 B 三种颜料吸附，MCM-22 沸石能够有效地从溶液中去除颜料，热力学计算表明 MCM-22 沸石对这些颜料的吸附是自发的吸热反应。

（2）膨润土　膨润土是一种以蒙脱石为主要成分的层状硅铝酸盐。蒙脱石的结构与含量决定着膨润土的特征性质（如吸附性能、膨胀性能）。蒙脱石的微观结构单位晶胞是由两个 Si—O 四面体中间夹一层 Al—O 或 Al—OH 八面体晶片组成。在其构造中 Si—O 四面体和

Al—O（OH）八面体的中心阳离子 Si^{4+} 和 Al^{3+} 有部分被其他低价阳离子如 Al^{3+}、Mg^{2+}、Cr^{3+}、Zn^{2+} 等类质同象取代的现象，使层间存在带负电的层电荷。为维持电荷平衡，必须吸附周围的阳离子（通常为 K^+、Na^+、H^+、Mg^{2+} 等）来平衡，因此具有可交换性。膨润土在废水处理中主要用作吸附剂和絮凝剂，可用于废水中重金属、有机物等污染物的吸附处理。在实际应用中常常对膨润土改性处理以增强其水处理效果。

天然膨润土能够从水溶液中吸附铯、铬、铜、镉、银、铅、锌和汞等重金属。有些人研究把膨润土以小球的形式固化在聚砜的有机结构中来去除钙和铜离子。制成小球为多孔结构，表面积达到 $20m^2/g$。这种小球可以用作过滤介质去除溶液中的重金属，对钙和铜离子的去除率达 99%。对比研究泥炭、钢厂矿渣、膨润土、粉煤灰和颗粒活性炭对染料废水的处理效果。吸附剂表面对这些带电染料基团的吸附作用主要受到吸附剂表面电荷量的影响，而电荷量又决定于溶液的 pH。由于泥炭和膨润土表面有过量的负电荷，它们对碱性染料的吸附效果比酸性染料好。膨润土对碱性蓝 9 染料的去除率在所有 pH 下都超过 90%，pH 值为 2 时，去除率超过 99.9%。

（3）改性黏土　黏土的物理化学性质：黏土是铝、镁等元素为主的一类硅酸盐类矿物，除海泡石、坡缕石等少数为层链状外，其他均为层状结构。层间包含可交换的无机阳离子，有一部分晶体表面的原子处于电价不饱和状态，具有活性。此外黏土粒径较小（小于 $2\mu m$），表面带负电荷，具有吸附性能。黏土表面硅氧基团具有亲水性，且层间阳离子易水解，故需进行改性以其提高去除污染物的能力。

黏土改性的主要方法：

1）有机改性。用有机阳离子交换黏土表面或层间阳离子，一方面可改变黏土的表面性质，使其由亲水性变为疏水性，另一方面，层间阳离子被有机阳离子交换，阻止了水化膜的形成。此外，有机阳离子引进的特殊官能团也有助于吸附量的提高，有机阳离子一般采用的是季铵盐活化剂，也可用无机盐进行活化改性。

2）交联改性。用聚合金属氧化物交换层内阳离子形成柱撑黏土，一般可提高对无机污染物的吸附量。

3）有机交联改性。有机改性和交联改性的结合，对有机和无机污染物的吸附能力都有提高。

（4）天然海泡石　国内外研究者对海泡石与水和各种污染物的作用已经进行了大量研究。研究不同操作条件（pH 值、溶质含量、搅拌时间、搅拌速度、吸附剂量）对海泡石去除溶液中 Co^{2+} 和 Ni^{2+} 的影响，确定了海泡石对 Co^{2+} 和 Ni^{2+} 的最佳吸附条件；研究 pH、离子强度和温度对海泡石吸附酸性红 57 效果的影响，发现其吸附效果随 pH 和温度的降低以及离子强度的增大而增大。

由于海泡石原矿中含有较多的杂质，晶体结构中的一些孔道被杂质堵塞，其比表面积和吸附能力受到影响，因此在使用之前常常对其进行提纯和改性处理。海泡石的改性有加酸改性和加热改性等。海泡石结构中的 Mg^{2+} 是弱碱，遇弱酸会生成沉淀而沉积于海泡石的微孔中，故目前酸处理均为强酸（HCl、H_2SO_4、HNO_3 等）。酸处理海泡石均为 H^+ 取代八面体中的 Mg^{2+}，并与 Si—O 骨架形成 Si—OH 基。经酸处理的海泡石与天然海泡石相比，内部通道连通，比表面积增大，半径小于 1nm 的孔洞数量减少，而半径为 1~5nm 的孔洞百分率增加，使之对特定反应具有适宜的孔径和大的比表面积，表面酸中心数量增加。改性程度受酸含量、改性时间等影响。高温活化是用加热的方法把海泡石中的吸附水（H_2O）、结晶水（OH—H）和结构水（OH）依次除去，从而增大海泡石纤维间及孔道的比表面积。由于酸和热活化的海泡石对阳离子活化剂的吸附机理，活化后虽然表面积增加了几倍，但由于海泡石的晶体结构遭到破坏，沸石相和结合水被排除，孔径分布也改变了，因此对几种阳离子活化剂的吸附量并没有增大。

（5）矿物吸附剂的发展方向　各种矿物在我国广泛存在，资源丰富，特别是非金属矿物大都是我国的优势矿种，具有独特的结构与性能。我们应大力研究发展矿物吸附剂，进一步扩大矿物吸附剂的品种和应用范围，因此矿物吸附剂的发展方向是：

1）具有特殊选择性的吸附剂与矿物的有机配合，是矿物吸附剂的研究方向之一。如生物吸附剂是一种特殊的离子交换剂，生物细胞起主要作用，研究发现细菌、真菌、藻类等微生物能够吸附或富集金属，既能在活的微生物细胞表面，也能在死的微生物细胞表面进行，但微生物吸附剂必须通过一定的方式固定在载体上。目前常用的载体中，有多孔玻璃、氧化铝、纤维素、聚氯乙烯、环氧树脂等，这些载体存在着价格高等不利之处，这样采用廉价的矿物作为载体则是值得研究的。

2）利用多种矿物的独特性能和协同作用原理，研究新的矿物吸附剂是矿物吸附剂研究的重点发展方向。目前使用的矿物吸附剂，无论是黏土矿物，铁、锰质矿物，还是碳酸盐矿物单独使用在某一方面均可获得有益的结果，但其效果有限，而混合使用则可起到增强功能的作用。如以伊利石、蒙脱石为主，次为高岭石的页岩物料，经过 $1050 \sim 1250 ℃$ 的膨胀，可制得高吸附的陶粒物料，作为滤水材料性能优良。

3）将矿物吸附剂的粉状形式，"成形"制备成粒状（条状）等具有形状的物料。扩大矿物吸附剂的应用范围，减轻或消除二次污染，应是矿物吸附剂发展的方向之一。如矿物吸附剂除自身具有吸附性能外，还作为生物滤池的滤料，得到了一定程度的推广应用。资料报道以黏土（主要成分为偏铝硅酸盐）为原料，加入适当的化工原料作为膨胀剂，经高温烧制而成的球形轻质陶粒，具有表面粗糙、密度适中、强度高、耐摩擦等一系列特点优势。采用该陶粒用 BIOFOR 工艺处理生活污水，其处理的出水水质很高，完全满足生活杂用水水质标准。

2. 高分子吸附剂

高分子吸附材料具有无机吸附材料的通过阳离子交换和孔径选择性吸附分离物质的性质。还具有吸附作用包括整合、阴离子与阳离子间的电荷相互作用、化学键合、氢键、范德华力的特点。随着工农业的发展，近岸海域的污染日趋严重，重金属离子含量比深海水域高数十倍至数百倍。因此，除去水中污染物及重金属离子是高分子吸附剂的重要任务。常用的高分子吸附剂有吸附树脂、天然高分子吸附剂等。

（1）吸附树脂　吸附树脂是一种具有立体网状结构，呈多孔海绵状的新型有机高分子吸附剂。它是通过选择适当的单体合成出来的从非极性到强极性的一系列具有不同表面特性的物质。若按基本结构来分类，可分为四大类。

1）非极性：不带任何功能基，如苯乙烯-二乙烯苯共聚物。

2）中极性：一般带有酯基，如聚丙烯或甲基丙烯酯类与甲基丙烯酸乙二酯等交联的共聚物。

3）极性：指带有极性功能基的聚丙烯酚胺类的共聚物。

4）强极性：为交联的聚乙烯吡啶或苯乙烯类弱碱性阴离子交换树脂经过过氧化氢或次氯酸盐氧化后得到的，含有氧化氮基团的树脂。

吸附树脂的分离原理是通过物理吸附从溶液中有选择地吸附有机物质，从而达到分离提纯的目的。其理化性质稳定，不溶于酸、碱及有机溶剂，对有机物选择性较好，不受无机盐类及强离子、低分子化合物存在的影响。

不同于以往使用的离子交换树脂，吸附树脂为吸附性和筛选性原理相结合的分离材料。由于其本身具有吸附性，能吸附液体中的物质，故称之为吸附剂。树脂吸附的实质是一种物体高度分散或表面分子受作用力不均等而产生的表面吸附现象。大孔树脂的吸附力是范德华力或产生氢键的结果。其中，范德华力是一种分子间作用力，包括定向力、色散力、诱导力等。同时由于树脂的多孔性结构使其对分子大小不同的物质具有筛选作用。因此，有机化合物根据吸附力的不同及相对分子质量的大小，在树脂的吸附机理和筛分原理作用下实现分离。

吸附树脂在污水处理领域应用非常广泛。目前，吸附树脂已用于含氯有机农药废水、造纸废水、尼龙生产废水、印染废水、含活化剂废水、制革工业废水、毛纺织工厂废水、人造纤维废水等各种工业废水的处理等。

（2）天然高分子吸附剂

1）以棉纤维为原料。近年来，纤维素类吸附剂应用日趋广泛。在天然纤维上接枝离子交换功能基团后，可产生具有吸附功能的离子交换纤维。这类纤维其特点是：比表面积大，对大分子的交换容量大；交换基团只要分布在纤维表面，交换过程基本不受固相内扩散限制，交换速度快，易达到平衡。以棉纤维为原料制备交换剂的研究较多，用不同的方法将脱脂棉用乙二胺胺化，可得到阴离子交换纤维和乙二胺螯合棉纤维。

2）以其他植物纤维为原料。自然界中的植物其主要成分是纤维素、木质素、单宁等多聚糖类物质，因此它们同时具有纤维素、木质素的吸附特性。各种农业废弃物中含纤维素大约为30%～50%，这些固体废弃物的大量排放和焚烧，不仅给环境带来了污染，而且造成了大量资源的浪费。若能利用农副产品废弃物中的纤维素合成纤维素衍生物，既避免了因田间焚烧废弃物产生的烟雾等污染环境，节约了工业原料，又可以提供廉价的产品。一些人研究发现以稻壳为骨架材料制备含氮纤维，对 Cr（Ⅵ）有很好的吸附能力。当 pH = 2.5 时，对 Cr（Ⅵ）的动态饱和吸附量为 34.217mg/g（干基）；用 10% 的氢氧化钠进行洗脱可以再生，它是一种较为新型、高效、价廉的重金属离子吸附剂。利用农副产品废弃物麦秆、荞麦皮、锯末、稻壳中的纤维素制备纤维素强阴离子交换剂，模拟电镀废水中 Cr（Ⅵ）的去除率的静态方法的测定，结果表明该类纤维素强阴离子交换剂，特别是麦秆纤维素强阴离子交换剂对 Cr（Ⅵ）有良好的吸附能力，吸附量可达 76.4mg/g，是一种较好的吸附材料。锯屑等木材加工废料具有很好的吸附性能，含有还原性和络合性能的成分，可使重金属离子 Cr（Ⅵ）通过吸附、还原、络合等作用被除去，木材加工废料使用后可通过酸洗、离子交换等方式提取金属离子 Cr（Ⅵ）后再次使用。以锯屑等木材加工废料处理含 Cr（Ⅵ）废水，其对铬离子的最大吸附量为 1.6～2mg/g。用甲醛和硝酸对木屑进行改性，得到甲醛改性木屑和硝酸改性木屑，用两种改性木屑处理含铬（Ⅵ）废水，吸附率达到 99.9%。玉米棒子等一些天然的吸附剂也可以处理含铬废水，能有效去除水中的六价铬，而且吸附性能较好。树叶中包含各种成分如多酚类、植物色素和蛋白质，这些成分是吸附重金属离子的活性部位。

3）以淀粉为原料。淀粉结构与纤维素相似，分子带有很多羟基，因此对其进行一系列的改性也能达到吸附效果。接枝淀粉是淀粉的改性产物中的一种，是一种被广泛应用的新型材料。其结构以亲水的、半刚性链为主链，以乙烯聚合物为支链。通常使用丙烯酸、丙烯腈、丙烯酰胺等乙烯基类单体。

4）以木素为原料。木素是由三种不同类型的苯丙烷单体通过脱氢聚合生成的无定形三维高分子聚合物。这三类苯丙烷单体为：对位香豆醇、松伯醇和芥子醇。因此木素成分复杂，相对分子质量分布很广，从几百到上百万，分子中含有醚键、碳碳双键、苯甲醇羟基、酚羟基、羰基和苯环等。其结构表明可以进一步发生烷基化、羟甲基化、酯化、酰化等化学反应，从而改善木素对铬离子的吸附性能。用木质素絮凝处理含 Cr（Ⅵ）和 Cr（Ⅲ）的水溶液，Cr（Ⅵ）的去除率达到 63%，Cr（Ⅲ）去除率达到 100%。

3. 生物吸附剂

生物吸附剂（biosorbent）指具有从重金属废水中吸附分离重金属能力的生物质及衍生物。它最早被用于水溶液体系中重金属等无机物的分离。随着技术的发展，近来也被用于染料、杀虫剂等生物难降解和有毒害有机物的分离与富集。目前，生物吸附剂以其高效、廉价、吸附速度快、便于储存、易于分离回收重金属等优点，已引起国内外研究者的广泛关注。

（1）生物吸附剂的种类和来源　生物吸附法是利用微生物从水溶液中富集、分离重金属离子方法，最早由 Ruchhoft 提出，以活性污泥为吸附剂去除废水中的 Pu239。此后，国内外研究者围绕生物吸附剂进行了广泛而深入的研究。早期的生物吸附剂主要指微生物，如原核微生物中的细菌、放线菌，真核微生物中的酵母菌、真菌等，以及藻类，甚至有人定义生物吸附（biosorption）为"利用微生物（活的、死的或它们的衍生物）分离水体系中金属离子的过程"。但目前生物吸附剂的研究范围已不仅限于微生物，如吸附剂可以是动植物碎片等无生命的生物物质，也可以是活的植物系统。

在判断一个材料是否适合作为生物吸附剂时，一般要考察其机械稳定性、对目的物的选择吸附性能、平衡吸附量、吸附速度和应用成本等内容。同时，这也是在针对特定物系选用生物吸附剂时要考察的几个必要条件。

（2）生物吸附剂的制备　生物吸附剂的种类多、来源广。天然吸附剂在使用前需进行洗涤以除去杂质。活的生物吸附剂在制备时要注意保证它的生存环境，而死的生物吸附剂在使用前通常进行预处理以提高其吸附性能，常见的预处理方法见表 12-1。

表 12-1　生物吸附剂预处理方法

类　别	方　法	优　点	缺　点
化学法	有机溶剂法	可操作性强	易造成环境污染
	活化剂法	处理结果均匀	—
	酸碱冲击法	—	—
物理法	温度冲击法	安全，环境污染小	操作困难
	超声波处理法	—	处理结果不均匀
	脱水干燥法	—	—
	粉碎法	—	—
其他	生物生理调控法	有利于开发新品种	需对活生物进行特定调控培养
	基因重组法	—	—

关于预处理能够提高生物吸附剂性能的原因，可从多个角度进行分析。通过预处理，可以使吸附剂表面去质子化，从而活化吸附位点；也可以改善吸附剂的化学性能，提高其饱和吸附量；还可以提高生物吸附剂的通透性，降低传质阻力。

此外为了避免吸附剂流失和损耗，有时还需要对游离状生物吸附剂进行固定化处理。广义上的固定化方法还包括以固膜或液膜等形式将游离态生物吸附剂封闭在容器中以不断反复使用的方法。

（3）生物吸附剂的吸附过程　生物吸附是废水溶液和生物吸附剂两者接触的固液传质与吸附过程。生物吸附过程随生物吸附剂不同而有所差异，一般活生物吸附可分为生物吸着过程和生物积累过程两个阶段，而死生物吸附的过程则只有生物吸着一个阶段。生物吸附剂对目的物的吸附性能受到许多因素影响，如吸附剂的预处理、温度、pH、共存离子、螯合剂、目的物含量及化合形态等。吸附动力学的研究结果表明，生物吸附剂通常在数秒至几分钟内即可达到理想的吸附量。

生物吸附工艺是生物吸附剂实现其性能的关键技术。按操作方式吸附工艺可分为间歇式、半连续式和连续式；按吸附反应器形式或生物吸附剂的分布形式又可分为搅拌罐、填充床、流化床、气升式悬浮床及膜式等吸附工艺。通过采用恰当的固-液接触式反应器，废水与固体吸附剂以间歇、半连续或连续流方式相接触，可达到理想的净化或分离、富集效果。需注意的是，未充分考虑过程特点的吸附工艺往往会带来问题。如对于有气体产生或引入的处理过程，采用固定床吸附工艺时，气体就会滞留于床层间，易造成物料沟流，使生物吸附剂不能充分发挥作用；而对于固定化吸附剂，采用全混流式反应器又易造成固定化颗粒的破裂与消耗。因此，针对特定的生物吸附剂及处理体系，要注意结合吸附过程与应用工艺的特点。

（4）生物吸附剂的应用领域　生物吸附剂最早被用来吸附废水中的重金属离子，应用目的是净化水质。目前，随着研究的深入，生物吸附剂的应用领域逐渐被扩展到富集回收贵金属和脱除染料、难降解和有毒害的有机物。表12-2给出了目前生物吸附剂在各领域的一些应用情况。

表12-2　生物吸附剂的应用领域

应用目的	生物吸附剂	吸附质
吸附重金属或无机物	啤酒酵母，根霉，灰葡萄孢霉，胡萝卜渣，固定化的黄孢原毛平革菌，甲基化酵母	铅，镍，铬，隔，铜，锌，汞，砷
富集贵金属	棉籽壳，固定化的真菌孢子，藻青菌，马尾藻，绿藻，产硫杆菌，酵母	金，铀，镧，银，钕，铂和钯
脱除有机物	活性污泥，风信子根，巨藻，真菌，杆菌，厌氧生物颗粒，假单胞菌	染料，酚类化合物，苯酚和滴滴涕，林丹，二羟二氯二苯甲烷，多氯联苯

被吸附富集的物质往往对环境具有毒害作用，因此吸附过程结束后要对吸附饱和的吸附剂进行处理，否则会造成二次污染。一般可通过填埋或焚烧手段对其进行集中处理，其中通过焚烧可以分解有毒物质和回收贵金属。对于成本高和能多次使用的生物吸附剂，则可以使用解吸方法来收集吸附质和再生吸附剂。

（5）生物吸附剂应用的经济可行性　采用生物吸附剂方法的成本主要包括吸附剂的生

产成本和吸附操作成本两部分。在生物吸附剂制造过程中，不同的原料来源使得吸附剂生产成本差别很大，具体情况见表 12-3。

表 12-3　吸附剂的成本

原 料 来 源	吸附剂价格	原 料 来 源	吸附剂价格
发酵副产品	干燥和运输费用	专门培养的菌体（真菌、酵母）（干重）	$ 1 ~5/ kg
活性污泥	干燥和运输费用	海洋藻类（干重）	$ 1 ~2/ kg
植物系统	种植和管理费用	专门培养的藻类（干重）	$ 18 ~21/ kg

影响生物吸附剂吸附操作成本的因素比较多，如污染物含量、吸附反应器类型、操作模式等。与沉淀、离子交换、活性炭吸附、膜分离和蒸发等处理方法相比，在重金属废水净化过程中，生物吸附剂法在吸附性能、pH 适应范围、运行费用等方面都优于其他方法。因此，生物吸附剂是具有经济可行性的，并且具有较好的应用前景。

随着对生物吸附剂研究的不断深入，生物吸附技术在废水净化和重金属富集回收等方面具有了广阔的应用前景。针对不同的吸附质体系，当前已发现并研究了大量具有吸附能力的生物吸附剂，但在以下几个方面仍有待发展与完善：

1）通过对生物吸附剂吸附机理的研究，利用预处理和基因工程等技术构建出具有较强吸附能力和适应能力的生物吸附剂。

2）采用固定化技术，将生物吸附剂与生物酶、酶系结合在一起，从而有效促进废水中有机物的脱除与降解。

3）对于可再生重复使用的生物吸附剂，加强对其再生工艺和应用条件的研究。

4）采用合适的方法，解决废弃生物吸附剂与富集物的回收利用与处理问题。

5）针对不同的应用领域和使用目的，开发出具有工业化价值的生物吸附剂及其应用工艺。

12.3.3　沉淀分离材料

所谓沉淀分离，就是向废水中投加某些化学药剂，使之与废水中的污染物发生化学反应，形成难溶的沉淀物，然后进行固液分离，从而去除废水中的污染物。沉淀分离方法是水处理中经常使用的分离工艺，常用的沉淀分离材料包括用于混凝沉淀的混凝沉淀剂和化学沉淀的沉淀剂两种。

1. 混凝沉淀剂

在现代给水排水诸多处理技术中，混凝占有非常重要的地位，是一种应用最广泛、最经济简便的水处理技术。在混凝过程中，混凝剂在水中首先发生水解、聚合等化学反应，生成的水解、聚合产物，再与水中的颗粒发生化学吸附、电中和脱稳、吸附架桥等综合作用生成粗大絮凝体，然后沉淀除去。

目前，主要有无机混凝剂、有机混凝剂、复合混凝剂及生物混凝剂四大类混凝沉淀剂。近几年，许多研究者主要对高分子混凝剂和高效复合脱色混凝剂展开了较深入的研究，并在处理印染废水方面取得了进展。

如 fenton 氧化—混凝法特别适合于处理成分复杂（同时含有亲水性和疏水性染料）的

染料废水。复合混凝剂 $MgSO_4$-$FeSO_4 \cdot 7H_2O$ 的脱色效果明显优于单一组分，表现出显著的协同效应。聚硅铝铁硼应用于处理印染废水，其脱色效果佳。聚合硫酸铁硅混凝剂（PF-SS），它是一类新型无机高分子混凝剂，是在聚硅酸和铁盐的基础上发展起来的复合产物。此类混凝剂混凝效果好，易储备，价格便宜，因此受到了水处理界的极大关注。

此外，高铁酸盐混凝剂是水处理中已经广泛使用的絮凝剂，能够有效降解有机物，去除悬浮颗粒及凝胶。其瓶颈在于产率比较低，预处理工艺对其治理效果有一定影响。

2. 化学沉淀剂

化学沉淀也是一种常用的废水沉淀分离处理方法。主要是利用投加的化学物质与水中的污染物进行化学反应，形成难溶的固体沉淀物，然后进行固液分离，从而除去水中的污染物。通常称这类能与废水中污染物直接发生化学反应并产生沉淀的化学物质为沉淀剂。对于危害性较大的重金属废水，特别当污染物含量较高时，化学沉淀法是一种重要的污水处理方法。废水中的重金属离子（如汞、铬、铅、锌、镍、铜等）、碱土金属（如钙和镁离子）和非金属化合物（如砷、氰、硫、硼等污染物）均可通过化学沉淀法去除。

化学沉淀剂可分为氢氧化物沉淀剂、硫化物沉淀剂、铬酸盐沉淀剂、碳酸盐沉淀剂、氯化物沉淀剂等几大类。

（1）氢氧化物沉淀剂　包括各种碱性物料，常用的有石灰、碳酸钠、苛性钠、石灰石、白云石等。由于氢氧化物沉淀法对重金属的去除范围广，沉淀剂的来源丰富，价格低而又不造成二次污染，因而是一种应用最广泛的重金属废水处理方法。

（2）硫化物沉淀剂　硫化物也是一种较好的化学沉淀剂。位于元素周期表中部的大多数金属的硫化物都难溶于水，因此可用硫化物沉淀法比较完全地去除废水中的重金属离子。常用的硫化物沉淀剂有硫化氢、硫化钠、硫化铵、硫化锰、硫化铁、硫化钙等。硫化氢是一种有毒带恶臭的气体，使用时必须十分注意安全，在空气中的允许质量浓度不得超过 $0.01mg/L$。用硫化物沉淀法处理重金属废水，具有去除率高、沉淀泥渣中金属品位高、便于回收利用、pH 值适应范围大等优点。

（3）铬酸盐沉淀剂　在废水处理中，铬酸盐沉淀法仅限于处理六价铬离子。投加的沉淀剂有碳酸钡、氯化钡以及硫化钡等。因都是钡盐，习惯上叫做钡盐沉淀法。钡盐法的优点是出水清澈透明，可回用于生产。缺点是钡盐来源少，沉渣中的铬毒性大，并引进了二次污染物钡离子。另外，处理过程控制要求较严格，要兼顾两种毒物的处理效果。目前，工业上已很少采用这种处理方法。

（4）碳酸盐沉淀剂　钙、镁等碱土金属和锗、铁、钴、镍、铜、锌、银、镉、铅、汞、铋等重金属离子的碳酸盐都难溶于水，可用碳酸盐沉淀法将这些金属离子从废水中去除。通常，对于不同的处理对象，碳酸盐沉淀法有三种不同的应用方式：其一是利用沉淀转化原理投加难溶碳酸盐（如碳酸钙），使废水中重金属离子生成溶解度更小的碳酸盐而沉淀析出；其二是投加活性碳酸盐（如碳酸钠），使水中金属离子生成难溶碳酸盐而析出；其三是投加石灰，与水中的钙、镁离子反应，生成难溶的碳酸钙和氢氧化镁而沉淀析出。

（5）氯化物沉淀剂　对废水中的银离子，可用氯化物沉淀法去除。一般情况下，氯化物的溶解度都很大，唯一例外的是氯化银。利用这一特点，可以处理和回收废水中的银。

12.4　污水生物处理材料

污水生物处理是利用微生物的生命活动过程对废水中的污染物进行转移和转化作用，从而使污水得到净化的处理方法。其主要特征是应用微生物特别是细菌，并在为充分发挥微生物的作用而专门设计的生化反应器中，将污水中的污染物转化为微生物细胞以及简单的无机物。生物膜法是污水生物处理技术中的一类重要工艺。它是以生物反应器所用材料为核心，利用它来吸附固定微生物，为微生物提供栖息和繁殖的稳定环境。

12.4.1　微生物反应设备

1. 生物反应器的概念

生物反应器是利用酶或生物体（如微生物）所具有的生物功能，在体外进行生化反应的装置系统，它是一种生物功能模拟机，如发酵罐、固定化酶或固定化细胞反应器等。在酒类、医药生产、有机污染物降解方面有重要应用。

2. 生物反应器的特点

生物反应器与化学反应器在使用中的主要不同点是生物（酶除外）反应都以"自催化"（autocatalysis）方式进行，即在目的产物生成的过程中生物自身要生长繁殖。另外，由于生物反应速率较慢，生物反应器的体积反应速率不高，与其他生产规模相当的加工过程相比，所需反应器体积大。

一个良好的生物反应器应满足下列要求：

1）结构严密，经得起蒸汽的反复灭菌，内壁光滑，耐蚀性好，以利于彻底灭菌和减小金属离子对生物反应的影响。

2）有良好的气-液-固接触和混合性能以及高效的热量、质量、动量传递性能。

3）在保持生物反应要求的前提下，降低能耗。

4）有良好的热量交换性能，以维持生物反应最适温度。

5）有可行的管道比例和仪表控制，适用于灭菌操作和自动化控制。

3. 生物反应器的作用

生物反应的目的可归纳为以下几种：生产细胞；收集细胞的代谢产物；直接用酶催化得到所需的产物。最初的生物反应器主要是用于微生物的培养或发酵，随着生物技术的不断深入和发展，它已被广泛用于动植物细胞培养、组织培养、酶反应等场合。生物反应器的作用是根据细胞或组织生长代谢的要求，以及生物反应的目的不同，为生物体代谢提供一个优化的物理及化学环境，使生物体能更好地生长，得到更多的生物量或代谢产物。

4. 生物反应器的分类

生物反应器的类型很多，由于考察角度不同，分类方法有以下几种。

1）根据生物反应过程使用的生物催化剂不同，可分为酶反应器和细胞生物反应器。

2）根据反应器物料的加入和排出方式的不同可分为间歇操作反应器、连续操作反应器和半间歇半连续操作反应器。

3）根据反应器中生物催化剂和反应物系的相态不同，可分为均相反应器和非均相反应器。

4）根据生物催化剂在反应器内分布方式不同，可分为生物团块反应器和生物膜反应器。

5）根据反应器的结构不同，可分为罐式、管式、塔式、膜式等。

6）根据反应器内流体流动类型的不同，可分为理想的机械搅拌反应器和理想管式反应器的流型，即全混流和平推流。

7）根据反应器所需能量输入方式不同可分为机械搅拌反应器、气流搅拌反应器。

8）根据细胞或组织生长代谢的要求、生物反应的目的不同分为：

① 通气生物反应器。可分为搅拌式、气升式、自吸式等。搅拌式反应器在反应过程中，通入空气后靠搅拌器提供动力，使物料循环混合。气升式反应器则以通入空气达到反应要求。自吸式反应器是利用特殊搅拌叶轮，在搅拌过程中，产生真空将空气吸入反应器内。

② 厌氧生物反应器。发酵过程中不需要通入氧气或空气，有时还需通入二氧化碳或氮气等惰性气体以保持罐内正压，防止染菌。

③ 膜生物反应器。反应器内安装适当的部件作为生物膜的附着体，或用超滤膜将细胞控制在某一区域内进行反应。

④ 光照生物反应器。反应器壳体的一部分或全部采用透明材料，利用配有的光源或太阳光照射反应物，进行光合作用反应。

12.4.2　微生物固定载体

作为微生物的载体应有利于微生物的固化和生长繁殖，保持较多的微生物量，有利于微生物代谢过程中所需氧气和营养物质以及代谢产生的废物的传质过程。目前常用的载体可分为无机载体、有机高分子载体和复合载体三大类型。

（1）无机载体　无机载体一般具有多孔结构，靠吸附作用和电荷效应将微生物细胞固定。载体的空隙为微生物生长和繁殖提供空间，有利于增加细胞密度。此类载体强度大、传质性好、对细胞无毒害、价格便宜且制备过程简单，有较大的应用价值，但这类载体密度大、实现流化的能效高、微生物吸附量有限、吸附的微生物易脱落。常用的无机载体有硅藻土、硅胶、分子筛、陶瓷、高岭土、氧化铝等氧化物及无机盐。

（2）有机高分子载体　有机高分子载体可分为两类：一类是高分子凝胶载体，如琼脂、角叉菜胶和海藻酸钙等；另一类是有机合成高分子凝胶载体，如聚丙烯酰胺凝胶、聚乙烯醇凝胶、光硬化树脂、聚丙烯酸凝胶等，但主要包括多糖类载体和蛋白质类载体。

（3）复合载体　复合载体由无机载体和有机载体材料结合而成，使两类材料的性能互补，显示复合载体材料的优越性。一般情况下，复合载体机械强度较好，但传质性能较差，包埋后对细胞活性有影响。实际应用需注意其表面亲水性、粒度均一性和内部孔的结构。复合载体（合成高分子聚合物）主要有聚乙烯醇、聚丙烯酰胺和酚醛树脂等。

12.4.3　生物膜

生物膜是利用载体（固体惰性物质）与含有营养物质的污水接触，并提供充足的氧气，使污水中的微生物和悬浮物吸附在载体表面，微生物利用营养物质生长繁殖，在载体表面形成具有一定厚度的微生物群落。构成生物膜的物质是无生命的固体杂质和有生命的微生物。状态良好的生物膜是细菌、真菌、藻类、原生动物和后生动物及固体杂质等构成的生态系统。

1. 生物膜净化原理

生物膜主要适于处理溶解性有机物。当污水同生物膜接触后，溶解性有机物和少量悬浮物被生物膜吸附，经过生物膜上微生物的氧化分解等作用而降解为稳定的无机物（CO_2、H_2O 等）。生物膜中物质传递过程如图 12-1 所示。由于生物膜的吸附作用，在膜的表面存在一个很薄的附着水层。废水流过生物膜时，有机物经附着水层向膜内扩散。膜内微生物在氧的参加下对有机物进行分解和机体新陈代谢。代谢产物沿底物扩散至相反的方向，从生物膜传递返回液相和空气中。随着废水处理过程的进行，微生物不断生长繁殖，生物膜厚度不断增大，废水底物及氧的传递阻力逐渐

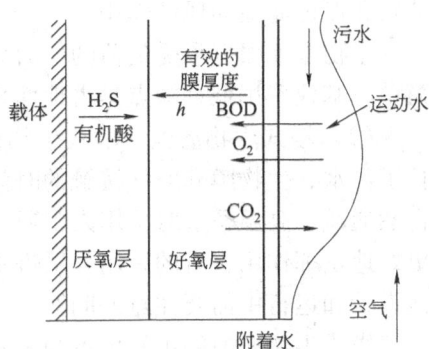

图 12-1　生物膜中物质传递过程

加大，在膜表层仍能保持足够的营养以及处于好氧状态，而在膜深处将会出现营养物或氧的不足，造成微生物内源代谢或出现厌氧层。此时，生物膜因与载体的附着力减小及水力冲刷作用而脱落。老化的生物膜脱落后，载体表面又可重新吸附、生长、增厚生物膜直至重新脱落，完成一个生长周期。在正常运行情况下整个反应器的生物膜各个部分总是交替脱落的，系统内活性生物膜数量相对稳定，膜厚 2~3mm，净化效果良好。过厚的生物膜并不能增大底物利用速度，却可能造成堵塞，影响正常通风。因此，当废水含量较大时，生物膜增长过快，水流的冲刷力也应加大，如依靠原废水不能保证其冲刷能力时，可以采用处理出水回流，以稀释进水和加大水力负荷，从而维持良好的生物膜活性和合适的膜厚度。

2. 生物膜中的生物相

生物膜中微生物群体包括细菌、真菌、藻类、原生动物以及蚊蝇的幼虫等生物，细菌又包括好氧菌、厌氧菌和兼氧菌，在生物滤池中兼氧菌常占优势。无色杆菌属、假单胞菌属、黄杆菌属以及产碱杆菌属等是生物膜中常见的细菌。在生物膜内，常有丝状的浮游球衣菌和贝日阿托菌属。在滤池较低部位还存在着硝化菌如亚硝化单胞菌属和硝化杆菌属。

生物滤池中若 pH 值较低则真菌起重要作用。在滤池顶部有阳光照射处常有藻类生长，如矽藻属、小球藻属。藻类一般不直接参与废物降解，而是通过它的光合作用向生物膜供氧，藻类生长过多会堵塞滤池，影响操作。

在生物膜中出现的原生动物有纤毛虫类和肉足虫类，以纤毛虫类占优势；微型后生动物有轮虫、线虫、水生昆虫、寡毛类等，它们均以生物膜为食，它们起着控制细菌群体量的作用，它们能促使细菌群体以较高速率产生新细胞，有利于废水处理。

3. 生物膜的应用

在污水处理过程中生物膜有着广泛的应用，根据设备的不同主要可分为生物滤池、塔式生物滤池、生物转盘、生物接触氧化池和好氧生物流化床等。

（1）生物滤池　生物滤池一般由滤池、布水装置、滤料和排水系统组成。滤池一般用砖或混凝土构筑而成。滤池深度一般在 1.8~3m 之间。池底有一定坡度，处理好的水能自动流入集水沟，再汇入总排水管，其水流速应小于 0.6m/s。布水装置一般由进水竖管和可旋转的布水横管组成。在布水管的下面一侧开有直径为 10~15mm 的小孔。滤料一般要求有

一定强度、表面积大、孔隙率大，而成本低，常用的有碎石块，煤渣，矿渣或蜂窝型、波纹型的塑料管等，排水系统包括渗水装置、集水沟和排水泵。它除了有排水作用外，还有支撑填料和保证滤池通风的作用。

生物滤池根据承受负荷的能力分为普通生物滤池和高负荷滤池。生物滤池的优点是结构简单，基建费用低；缺点是占地面积大，处理量小，而且卫生条件差。

（2）塔式生物滤池　塔式生物滤池比普通生物滤池高得多，一般可达20m以上，故延长了污水、生物膜和空气接触的时间，处理能力相对较高。塔式生物滤池的通风大部分采用自然通风，高温季节时采用人工通风。滤料一般采用轻质的塑料或玻璃钢。为了使塔式滤池更好地发挥作用，有的采用分层进水、分层进风的措施来提高处理能力。防止堵塞是塔式滤池设计和运行中需要注意的问题。

塔式生物滤池的主要优点为占地面积小，耐冲击负荷的能力强，适用于大城市处理负荷高的废水；其缺点为塔身高，运行管理不方便，且能耗大。

（3）生物转盘　生物转盘以圆盘作为生物膜的附着基质，各圆盘之间有一定间隙，圆盘在电动机的带动下，缓慢转动，一半浸没于废水中，一半暴露在空气中，在废水中时生物膜吸附废水中的有机物，在空气中时生物膜吸收氧气，进行分解反应，如此反复，达到净化废水的目的。转盘上的生物膜到一定厚度会自行脱落，随出水一同进入二次沉淀池。

生物转盘的圆盘直径可为1~4m之间，厚度为2~10mm，数目根据废水量和水质决定。相邻圆盘间距一般在15~25mm，转盘转速在0.013~0.005r/s之间。生物转盘适用于处理较高含量的工业废水，但废水处理量不宜过大。

（4）生物接触氧化　生物接触氧化法是在曝气池中安装固定填料，废水在压缩空气的带动下，同填料上的生物膜不断接触，同时压缩空气提供氧气，在液、固、气三相接触中，废水中的有机物被吸附和分解。与其他生物膜法一样，其生物膜也包括挂膜、生长、增厚和脱落的过程。脱落的老生物膜在固—液分离系统中得到去除。

生物接触氧化法对BOD的去除率高，负荷变化适应性强，不会发生污泥膨胀现象，便于操作管理，且占地面积小，因此被广泛采用。

4. 生物膜的特点

1）微生物相复杂，能去除难降解有机物。固着生长的生物膜受水力冲刷影响小，所以生物膜中存在各种微生物，包括细菌、原生动物等，形成复杂的生物相。这种复杂的生物相，能去除各种污染物，尤其是难降解有机物。世代时间长的硝化细菌在生物膜上生长良好，所以生物膜法的硝化效果较好。

2）微生物量大，净化效果好。生物膜含水率低，微生物含量是活性污泥法的5~20倍。所以生物膜反应器的净化效果好，有机负荷高，容积小。

3）剩余污泥少。生物膜上微生物的营养级高，食物链长，有机物氧化率高，剩余污泥少。

4）污泥密实，沉降性能好。填料表面脱落的污泥比较密实，沉淀性能好，容易分离。

5）耐冲击负荷，能处理低含量污水。固着生长的微生物耐冲击负荷，适应性强。当受到冲击负荷时，恢复得快。有机物含量低时活性污泥生长受到影响，所以活性污泥法对低含量污水处理效果差。而生物膜法对低含量污水的净化效果很好。

6）操作简便，运行费用低。生物膜反应器生物量大，无需污泥回流，有的为自然通风，所以运行费用低，操作简便。

　　7）不易发生污泥膨胀。微生物固着生长时，即使丝状菌占优势也不易因脱落流失而引起污泥膨胀。

12. 4. 4　其他生物材料

1. 固定化材料

　　主要是琼脂、角叉菜胶、海藻酸钙等天然高分子凝胶载体，以及聚丙烯酰胺（PAM）、聚乙烯醇（PVA）、光硬化树脂、聚丙烯酸等有机合成高分子凝胶载体。天然及合成高分子凝胶材料的水溶性大、稳定性差、力学强度不佳，同时，包埋法所得固定化微生物因材料包埋网格而对分子传质有所限制，物理吸附法固定化所得生物膜也易于脱落，耐冲击性不佳，这些使得固定化微生物处理污水的实际应用受到限制，与实际应用要求的差距较大。带有氨基、羧基、环氧基等反应性基团的大孔载体在固定化过程中会与微生物发生化学键合，其大孔形态结构的物理吸附等将构成载体结合微生物固定化系统，既有利于所固定微生物的代谢增殖，又呈现优良的传质性能，还因反应性基团的键合作用提高所得固定化微生物的稳定性能。反应性大孔载体所得固定微生物的耐冲击性能优异、微生物负载量大，赋予较高废水处理效率，应该是固定化微生物废水处理技术从实验室走向工程应用的有效途径之一。

2. SBQ 生物处理

　　SBQ 生物处理污水技术是一种以高效微生物复合剂 SBQ 菌群为主体，采用复合填料作为生物载体，在污水一体化生化处理池中增加了缺氧环节，使水解、好氧氧化一体，硝化、反硝化同池完成，通过曝气调控及微生物反应过程的调控，高效脱去氮和磷，实现污水处理脱氮脱磷的一体化。

3. 好氧生物处理污水

　　好氧生物系统基本上是需要稳定废水中的含碳量，如果微生物的生长不受限制就必须保持营养物的平衡。微生物不仅从废物中获得能量与食物，而且取得供生长用的营养物与酶、辅酶、酶活化剂的组成单元和细胞质，如果没有这些，生物化学反应就会受到阻碍或削弱。

4. 新型悬浮填料生物

　　悬浮填料生物反应器（也称移动床生物膜反应器）是一种较新颖、高效的污水处理工艺，尤其适用于老厂改造。其通过细菌、微生物等附着在载体上，在反应器中随混合液回旋翻转，从而达到处理污水的目的。此工艺可以提高曝气池中的生物量，降低污泥负荷，对 N、P 有良好的去除能力。日本产 KP-珠悬浮填料是一种具有有机负荷高、处理效果稳定、流态好等优点的新型填料，显著提高了反应器的效率。

12.5　污水化学处理材料

12. 5. 1　催化剂

1. 光催化材料

　　光催化材料是具有环境净化和自洁功能的半导体材料的总称。半导体的光催化效应是指在光的照射下，价带电子跃迁到导带，价带的空穴把周围环境中的羟基电子夺过来，羟基变成自由基，成为强氧化剂将酯类变化如下：酯→醇→醛→酸→CO_2，完成了对有机物的降解。具有这种光催化效应的半导体的能隙既不能太宽，也不能太窄，一般为 $1.9 \sim 3.1eV$。

（1）TiO_2 作光催化剂的优缺点和纳米 TiO_2 的优势　TiO_2 是公认的最有效的光催化剂，它的显著优点是：能有效吸收太阳光谱中的弱紫外辐射部分；氧化还原性较强；在较大 pH 值范围内的稳定性强；无毒。但由于 TiO_2 的价带宽度为 $3.2eV$，只能吸收波长小于 $387nm$ 的紫外辐射，不能充分利用太阳能。另外，TiO_2 的光量子效率也有待进一步提高。

研究发现纳米级 TiO_2 材料的催化效率远远高于一般的半导体，原因在于：

1）由于量子尺寸效应使其导带和价带能级变成分立能级，能隙变宽，导带电位变得更负，而价带电位变得更正，这意味着纳米半导体粒子具有更强的氧化和还原能力。

2）由于纳米半导体粒子的粒径小，比粗颗粒更容易通过扩散从粒子内迁移到表面，有利于得或失电子，促进氧化和还原反应。科研人员将醇盐法合成的掺杂 Fe_2O_3 的 TiO_2 光催化剂用于处理含 SO_3 和 $Cr_2O_7^{2-}$ 的废水，发现纳米 TiO_2 的催化活性比普通 TiO_2 粉末（粒径约为 $10\mu m$）高得多。纳米 TiO_2 光催化应用技术工艺简单、成本低廉，利用自然光即可催化分解细菌和污染物，且能长期有益于生态自然环境，是最具有开发前景的绿色环保催化剂之一。

（2）纳米 TiO_2 在水处理中的应用

1）有机污染物的处理。纳米 TiO_2 利用自身受光照射时产生的电子和空穴具有较强的还原和氧化能力，能降解大多数有机物，最终生成无毒无味的 CO_2、H_2O 及一些简单的无机物。参考近几年来发表的文献，将在光催化机理方面作为目标化合物重点研究的物质主要分为脂肪酸、芳香酸和酚类，按被降解物的用途不同可分为燃料、除草剂、活化剂。这些物质经过纳米 TiO_2 的光催化作用后，都可以转化为 CO_2 和 H_2O，完成氧化降解。将纳米光催化材料作成空心小球，浮在含有有机物的废水表面上，便可利用太阳光进行有机物的降解。美国、日本就是利用这种方法对海上石油泄漏造成的污染进行处理的。

2）无机污染物的处理。除有机物外，许多无机物在纳米表面也具有光化学活性，如对 $Cr_2O_7^{2-}$ 离子水溶液的处理，利用 TiO_2 悬浮粉末经光照将 $Cr_2O_7^{2-}$ 还原为 Cr^{3+}；对含氰废水的处理，以 TiO_2 光催化剂将 CN^- 氧化为 OCN^-，再进一步反应生成 CO_2、N_2 和 NO_3^-；用 TiO_2 光催化法可从 $Au(CN)_4$ 中还原 Au，同时氧化 CN^- 为 NH_3 和 CO_2，该法可用于电镀工业废水的处理，不仅能还原镀液中的贵金属，而且还能消除镀液中氰化物对环境的污染，是一种有实用价值的处理方法。

大量试验结果表明，纳米 TiO_2 光催化反应对于工业废水具有很强的处理能力。但值得一提的是，由于光催化反应是基于体系对光能量的吸收，因此要求被处理体系具有良好的透光性。对于高含量的工业废水，若杂质多、浊度高、透光性差，反应则难以进行。因此该方法在实际废水处理中，适用于后期的深度处理。

3）微生物的灭杀。纳米 TiO_2 微粒本身对微生物细胞无毒性，只有其形成较大的聚集体时才对微生物构成危害。如 $0.03 \sim 10\mu m$ 的 TiO_2 聚集体由于沉积和包覆在微生物细胞表面，而将其杀死。

纳米 TiO_2 光催化杀灭微生物细胞有直接和间接反应两种不同的机理。光激发 TiO_2 和细胞间的直接反应是光生电子和光生空穴直接和细胞壁、细胞膜或细胞的组成成分反应，导致功能单元失活而致细胞死亡。在悬浮液体中，TiO_2 颗粒或吸附于微生物细胞的表面，或被微生物细胞吞噬而在细胞内聚集。被细胞吞噬的 TiO_2 颗粒，其产生的光生空穴和活性氧类直接与细胞内的组成成分发生生化反应，因而更加有效。由于紫外光激发 TiO_2 颗粒产生的空穴具有非常强的氧化能力，而且生成的活性氧类具有非常强的反应活性。因而无论悬浮液体系还是在光阳极表面，光激发 TiO_2 颗粒均能有效且彻底地杀灭乳酸杆菌、面包酵母菌、大肠杆菌以及海拉细胞等人体恶性肿瘤细胞。此外，光激发 TiO_2 具有强杀菌性能和显著的抗瘤性，有望应用于室内消毒杀菌、水处理、河水污染综合治理以及癌症的光动力学疗法。

目前，TiO_2 光催化的主要应用领域在于降解污染物。近年来，不断有研究根据光催化原理对水体中的污染程度进行评估，或利用光催化作为分析检测的前处理手段对原有分析方法进行改进，TiO_2 光催化在建立新分析测试方法中的应用研究正在蓬勃发展。

2. 生物酶催化

（1）生物酶催化技术去除污染物的机理　将生物酶催化技术应用于污染物的去除，是采用不同于普通微生物菌的系列生物酶、菌结合技术，通过酶打开污染物质中更复杂的化学链，将其迅速降解为小分子，从高分子有机物降解为低分子有机物或 CO_2、H_2O 等无机物，降低 COD 值，从而达到去除污染物的目的，大大减少污水处理费用。

生物酶处理有机物的机理是先通过酶反应形成游离基，然后游离基发生化学聚合反应生成高分子化合物沉淀。与其他微生物处理相比，酶处理法具有催化效能高，反应条件温和，对废水质量及设备情况要求较低，反应速度快，对温度、含量和有毒物质适应范围广，可以重复使用等优点。

（2）酶催化技术在废水处理中的应用　生物酶催化技术应用于难降解废水处理中，可以迅速高效地去除污染物，酶催化进水中 COD = 1200 ~ 1250mg/L、BOD = 400mg/L、SS = 150 ~ 170mg/L，运行稳定后酶催化出水中 COD = 340mg/L、SS = 66mg/L，其中 BOD/COD = 0.58，COD 去除率可以达到 72% 以上，大大提高废水的可生化性，整个处理系统最终出水中 COD = 68mg/L，大大优于排放标准，同时特定的生物酶可将印染废水中苯系、萘系、蒽醌系以及苯胺、硝基苯、酚类污染物及废水中的各种助剂污染物，降解为小分子的有机物，很好地解决了印染废水中难降解有机物的降解问题，为后续生化处理创造有利条件，不仅可以减小构筑物的结构，同时可降低投资和运行成本。

（3）酶催化技术优点　应用酶催化技术处理废水，可以高效迅速地降解废水中的污染物含量，包括 COD、BOD、苯系、萘系、蒽醌系以及苯胺、硝基苯、酚类污染物以及废水中的各种助剂污染物，并可提高废水的可生化性，为后续处理创造条件。

1）污水处理效率高，出水水质好。与传统方法比较，酶促污水处理效率高出几十倍。BOD_5 的容积负荷为 $25kg/(m^3 \cdot d)$，氨氮负荷为 $1.5kg/(m^3 \cdot d)$，一级处理 COD 去除率达 90% 以上，氨氮去除率达 98% 以上，SS 去除率达 90% 以上。出水水质可达到相关标准。

2）有效处理高含量难降解废水，尤其是高含量难降解印染废水。

3）技术适应性强。生物酶可在常温常压、温和的反应条件下进行高效的催化反应，污染物中难降解物质在酶的催化下能得以处理，降解速度快，反应时间短，并且生物酶稳定性较高，有利于底物、产物的分离，可以在较长时间内连续装柱反应，其反应过程可以严格控制，可实现连续化、自动化的废水处理，提高了酶的利用效率，降低处理成本，大大提高处理效果；应用酶法处理废水，较之细菌法处理，生物催化直接，不产生因菌团生化过程产生的臭味和生物渣体，与目前的印染废水处理工艺相比，本工艺反应速度快、高效、直接。

4）生物酶反应器需氧量小，不需要搅拌，可在常温下进行，在创造高效的同时实现了低能耗，是一种节能型的废水处理设备；其副产物少，载体只要简单的正压与负压反冲洗即可清除附着物；反应器的容积负荷可以根据进水水量与水质进行任意调节和控制，大大提高效率，降低工程投资成本；多级生物酶反应器可根据废水处理量，设并联或者串联，连接用管阀自动开启或闭合。

5）酶生物反应器较传统的生物滤池等菌群处理方法，基本无污泥产生，运行方便，操作简单，大大降低运行成本。在酶的参与下，提供同化作用和异化作用，得到最终的产物 CO_2 和 H_2O，较之固定化细胞作用更直接，减少菌群处理过程需要碳源与营养才能进行转化的过程，可在 20 ~ 50℃ 条件下运行。载体结构设计科学，使得好氧、兼氧、厌氧菌种能共存于一体，许多难以用好氧微生物直接处理的难降解有机物可先经厌氧水解成小分子化合物，再经好氧代谢成无机物。

6）运行中无不良气味，不产生池蝇。

7）建设投资和运营成本显著下降。项目建设投资少，运行成本低。占地面积仅为传统方法的 2/5 ~ 2/10，池容量仅为普通曝气池的 20% 左右。项目建设投资为传统方法的 65% 左右，运行成本为传统方法的 50%。

12.5.2　氧化还原材料

废水氧化还原法：把溶解于废水中的有毒有害物质，经过氧化还原反应，转化为无毒无害的新物质，这种废水的处理方法称为废水的氧化还原法。在氧化还原反应中，有毒有害物质有时是作为还原剂的，这时需要外加氧化剂如空气、臭氧、氯气、漂白粉、次氯酸钠等。当有毒有害物质作为氧化剂时，需要外加还原剂如硫酸亚铁、氯化亚铁、锌粉等。如果通电电解，则电解时阳极是一种氧化剂，阴极是一种还原剂。

1. 药剂氧化

废水中的有毒有害物质为还原性物质，向其中投加氧化剂，将有毒有害物质氧化成无毒或毒性较小的新物质，此种方法称为药剂氧化法。在废水处理中用得最多的药剂氧化法是氯氧化法，即投加的药剂为含氯氧化物如液氯、漂白粉等，其基本原理都是利用次氯酸根的强氧化作用。

氯氧化法：利用氯的强氧化性氧化氰化物，使其分解成低毒物或无毒物的方法叫做氯氧化法。在反应过程中，为防止氯化氢和氯逸入空气中，反应常在碱性条件下进行，故常常称作碱性氯化法。

（1）原理　氯氧化法采用氯氧化剂，如次氯酸钠、漂白粉和液氯等，主要用于去除废水中的氰化物、硫化物、酚、醇、醛、油类以及对废水进行脱色、脱臭、杀菌等处理。

（2）氯氧化法处理含氰废水　电镀含氰废水中的氰主要以游离氰和络合离子氰两种形态存在。一般游离状态的毒性较大，而络合离子状态的毒性较小。

氯氧化氰化物的过程分两个阶段进行：首先是在碱性条件下氰化物被氧化成毒性和氰化氢差不多的挥发性物质氯化氰，在 pH 值为 10 ~ 11 时，在 10 多分钟内可将氯化氰转化为毒性很小的氰酸根离子，这也称作局部氧化法。

为防止处理水中含有剧毒物质氯化氰，其处理工艺条件应进行如下控制：

1）废水的 pH 值宜大于 11。

2）废水中除含游离氰外还常常含有络合氰，考虑到废水中同时还有其他还原性物质存在，实际氧化剂的用量要比用公式计算的理论用量有所增加，以次氯酸钠计，为含氰量的5 ~ 8 倍。

3）温度对反应的影响不大。

4）对废水进行搅拌可以加速反应。

5）进行完全氧化反应，即进一步投加氯氧化剂，破坏碳-氮键，使其转化为二氧化碳和氮气。完全氧化处理法工艺条件是：必须在局部氧化处理的基础上，一般 pH 值为 7.5 ~ 8.5，氧化剂的用量为局部氧化法的 1.1 ~ 1.2 倍。

2. 光氧化

目前由光分解和化学分解组合成的光催化氧化法已成为废水处理领域中的一项重要技术。常用光源为紫外光，常用氧化剂有臭氧和过氧化氢等。

紫外光和臭氧法是光催化氧化法中比较成功的一种，能有效地去除水中卤代烃、苯、醇类、酚类、醛类、硝基苯、农药和腐殖酸等有机物以及细菌和病毒等，而且在处理过程中不会产生二次污染。

臭氧氧化是利用臭氧的强氧化能力，使污水（或废水）中的污染物氧化分解成低毒或无毒的化合物，使水质得到净化。它不仅可降低水中的 BOD、COD，而且还可起脱色、除臭、除味、杀菌、杀藻等功能，因而，该处理方法越来越受到人们重视。

（1）臭氧的特性　臭氧是一种强氧化剂，其氧化能力仅次于氟，比氧、氯及高锰酸盐等常用的氧化剂都高。在理想的反应条件下，臭氧可以把水溶液中大多数单质和化合物氧化到它们的最高氧化态，对水中有机物有强烈的氧化降解作用，还有强烈的消毒杀菌作用。

臭氧的性质主要有：不稳定性、溶解性、毒性、氧化性、腐蚀性。

（2）臭氧氧化的接触反应装置　废水的臭氧处理是在接触反应器中进行的，为了使臭氧在水中充分反应，应尽可能使臭氧化空气在水中形成微小气泡，并采用气液两相逆流操作，以强化传质过程。常用的臭氧化空气投加设备有多孔扩散器、乳化搅拌器、射流器等。

（3）臭氧处理工艺设计　设计内容主要有两方面：一是臭氧发生器型号和台数的确定，确定的依据是臭氧投加量、臭氧化空气中臭氧的含量和臭氧发生器工作的压力，二是臭氧布气装置和接触反应池容积的确定，确定的依据是布气装置性能和接触反应时间，接触反应时间一般为 5 ~ 10min。

（4）臭氧在废水处理中的应用发展　臭氧在废水处理中的应用发展很快，近年来，随着一般公共用水污染日益严重，要求进行深度处理，国际上再次出现了以臭氧作为氧化剂的趋势。臭氧氧化法在水处理中主要是使污染物氧化分解，用于降低 BOD、COD，脱色，除臭，除味，杀菌，杀藻，除铁、锰、氰、酚等。

（5）臭氧氧化的优缺点　优点：氧化能力强，对脱色、除臭、杀菌、去除有机物和无机物等效果好，无二次污染，制备臭氧只用空气和电能，操作管理方便；缺点：投资大，运行费用高。

3. 药剂还原与金属还原

药剂还原法是利用某些化学药剂的还原性，将废水中的有毒有害物质还原成低毒或无毒的化合物的一种水处理方法。常见的例子是用硫酸亚铁处理含铬废水。亚铁离子起还原作用，在酸性条件下（pH = 2 ~ 3），废水中六价铬主要以重铬酸根离子形式存在。六价铬被还原成三价铬，亚铁离子被氧化成铁离子，需再用中和沉淀法将三价铬沉淀。沉淀的污染物是铬氢氧化物和铁氢氧化物的混合物，需要妥善处理，以防二次污染。该工艺流程包括集水、还原、沉淀、固液分离和污泥脱水等工序，可连续操作，也可间歇操作。

金属还原法是向废水中投加还原性较强的金属单质，将水中氧化性的金属离子还原成单质金属析出，投加的金属则被氧化成离子进入水中。此种处理方法常用来处理含重金属离子的废水，典型例子是铁屑还原处理含汞废水。其中铁屑还原效果与水的 pH 值有关，当水的 pH 值较低时，铁屑还会将废水中氢离子还原成氢气逸出，因而，当废水的 pH 值较低时，应调节后再处理。反应温度一般控制在 20～30℃。

12.5.3 中和材料

对于不同含量的酸碱性废水，应采取不同的治理对策，对于含量较高的，应首先考虑综合利用，以回收为主，如 35% 左右的浓硫酸蒸发器浓缩后再综合利用；含硫酸 5% 以上的酸水可用石灰、电石渣中和后制造石膏，给硅酸盐制品厂制砖。酸碱废水的中和利用技术是多种多样的，应当根据当地的具体条件进行选择，创造更经济更有效的中和利用方法，回收更多的资源财富。

对于低质量分数的酸碱废水，如酸度在 3%～4% 以下的，首先应当考虑有没有可能改进生产过程中的后处理工艺，如采用逆流漂洗技术，以提高废水中的酸碱含量，为综合利用创造条件。在没有提出回收利用方法以前，必须对废水进行中和处理才能排放，含有硫酸的酸性废水应用石灰、氢氧化钙、碳酸钙中和处理，因为中和后形成的硫酸钙在水中的溶解度很小，可有效地去除废水中的硫酸根，这对于废水后续的生化处理是非常有利的。

酸性废水的中和方法有：

1）利用碱性废水或碱性废渣进行中和。

2）通过有中和性能的滤料过滤。

3）投加碱性药剂。碱性中和药剂有石灰、石灰石、白云石、碳酸钠、氢氧化钠等，其中石灰石的使用较为普遍。

碱性废水可用硫酸、盐酸以及一些工业酸性气体等中和，也可以用一些工业副产物的酸性废水来中和处理。

当酸性废水中含有重金属盐类如铁、锌、铜等盐时，计算中和药剂的投加量，应增加重金属化合产生沉淀的药剂量。

采用石灰石中和硫酸时，产生石膏并有 CO_2 释放出来。

由于生成的石膏溶解度很小，20℃时只有 1.6g/L，因此当废水中的硫酸质量浓度大于 2g/L 时，将形成过饱和硫酸钙，尚未反应的石灰石表面将被石膏和 CO_2 覆盖，影响中和效果。因此，当废水中的硫酸含量过大时，应将石灰石预先粉碎成粒径为 0.5mm 以下的颗粒后再使用。

由于石灰不仅价格便宜，而且与水化合形成的氢氧化钙对废水中的杂质还具有凝聚作用，因此是中和酸性废水的首选药剂。石灰的投加方式可以采用干投或湿投，干投法设备简单，但反应不彻底，而且较慢，投药量需为理论值的 1.4～1.5 倍。湿投法设备比较多，但反应迅速，投药量为理论量的 1.05～1.1 倍。湿投操作时，将生石灰消解成质量分数为 40%～50% 后再配置成质量分数为 5%～10% 的 Ca (OH)₂ 乳液供中和反应用。石灰消解及配置乳液时不宜用压缩空气搅拌，最好采用机械搅拌，因为石灰与空气中的 CO_2 生成惰性反应

的 $CaCO_3$，易于堵塞管道，导致操作困难。

在工程上，一次性投药的中和处理效果远不及分批加药的中和处理效果，特别是酸碱度较大的废水，如果处理水量大时更应采取分批投药方式，应设计两个或多个中和反应池（槽）。

12.5.4　其他化学材料

废水萃取处理法是废水物理化学处理法的一种，是利用萃取剂，通过萃取作用使废水净化的方法。根据一种溶剂对不同物质具有不同溶解度这一性质，可将溶于废水中的某些污染物完全或部分分离出来。向废水中投加不溶于水或难溶于水的溶剂（萃取剂），使溶解于废水中的某些污染物（被萃取物）经萃取剂和废水两液相间界面转入萃取剂中以净化废水。萃取处理法一般用于处理含量较高的含酚或含苯胺、苯、醋酸等的工业废水。

萃取时如果各成分在两相溶剂中分配系数相差越大，则分离效率越高，如果在水提取液中的有效成分是亲脂性的物质，一般多用亲脂性有机溶剂，如苯、氯仿或乙醚进行两相萃取，如果有效成分是偏于亲水性的物质，在亲脂性溶剂中难溶解，就需要改用弱亲脂性的溶剂，如乙酸乙酯、丁醇等。还可以在氯仿、乙醚中加入适量乙醇或甲醇以增大其亲水性。提取黄酮类成分时，多用乙酸乙酯和水的两相萃取。提取亲水性强的皂苷则多选用正丁醇、异戊醇和水作两相萃取。不过，一般有机溶剂亲水性越大，与水作两相萃取的效果就越不好，因为能使较多的亲水性杂质伴随而出，对有效成分进一步精制影响很大。

萃取剂的选用不仅影响到废水处理的深度，而且影响到分离效果和萃取过程的费用。因此在选择萃取剂时要满足下述要求：

1）对废水中的被萃取物的溶解度越大越好，而对水的溶解度越小越好。

2）易于回收和再生。

3）与被萃取物的相对密度、沸点有足够差别，以便把萃取物从萃取剂中分离出来。要有适当的表面张力，因为表面张力过大，虽然分离迅速，但分散程度差，影响两相的充分接触；表面张力过小，则液体容易乳化而影响分离效率。

4）具有化学稳定性，不与被萃取物起化学反应。并有足够的热稳定性和抗氧化性，对设备腐蚀性小，毒性小，以免造成新的污染。

5）价格低廉，来源充分。

【案例】
一体式膜生物反应器处理中药废水的试验研究

化学合成类制药废水是一种高质量浓度难降解的有机废水，其有机污染严重，污染物质量浓度高，悬浮物含量高，pH 值变化大，可生化性差，成分复杂，含有难降解物质和有抑菌作用的抗生素，具有毒性，是我国工业废水治理的重点。

膜生物反应器（MBR）是膜分离技术与传统活性污泥生化处理技术相结合的新型污水处理工艺，它以膜分离代替常规活性污泥中以重力进行沉降分离的二沉池，使其在工艺上具有许多优点，出水水质优于传统三级处理出水水质。

本试验所采用的中药废水为哈尔滨某中药厂的厌氧反应器中所排放，该废水是一种污染物种类繁多、成分复杂的高含量难降解有机废水，具有 COD 质量浓度高（19.2g/L）、可生化性差（$BOD_5/COD < 0.2$）、水质水量变化大等特点，处理难度极大。该中药厂采用"CSTR 产酸发酵反应罐—UASBAF 复合厌氧反应池—交叉流好氧反应池"为主体工艺对中药废水进行处理，即污水处理厂原水经由格栅、初沉池、调节池、换热罐、产酸反应器、产甲烷反应器和好氧反应池，最后经由二沉池出水。

本试验研究以一体式膜生物反应器工艺取代交叉流好氧反应池和二沉池，进行一体式膜生物反应器处理两相厌氧消化系统出水的中试研究。两相厌氧消化系统出水水质见表 12-4。

表 12-4　中试试验废水水质

COD/(mg/L)	BOD_5/(mg/L)	TN[①]/(mg/L)	TP[②]/(mg/L)	SS/(mg/L)	pH
259.1 ~ 12776.5	129.6 ~ 7665.9	5 ~ 15	0.5 ~ 12	1000 ~ 1600	6.0 ~ 7.0

① TN：总氮。
② TP：总磷。

试验所用的 MBR 工艺装置为自行设计，设在哈尔滨某中药厂污水处理厂内，其试验装置如图 12-2 所示。

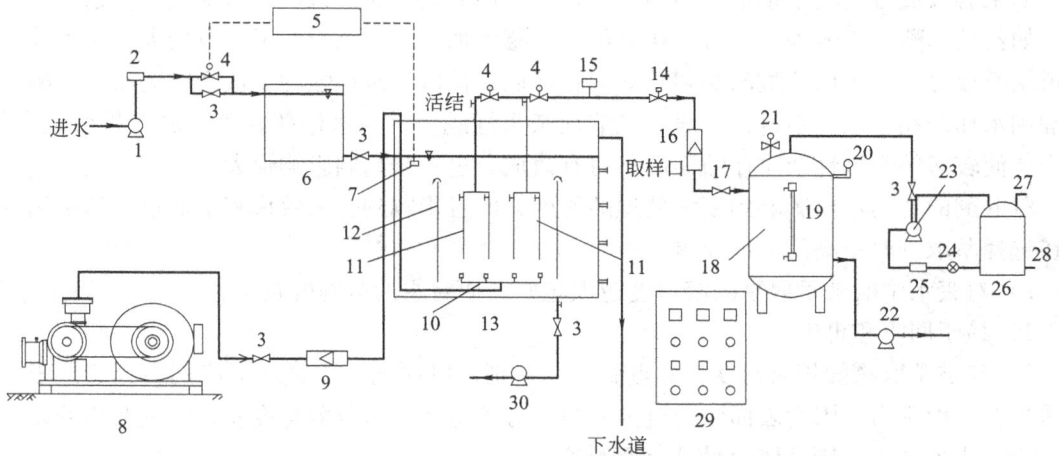

图 12-2　试验装置

1—污水泵　2—水表　3—闸阀　4—电磁阀　5—液位控制器　6—高位水箱　7—液位传感器　8—空压机
9—气体流量计　10—空气扩散装置　11—膜组件　12—隔板　13—生物反应器　14—稳压阀
15—压力计　16—液体流量计　17—进水阀　18—真空罐　19—液位计　20—真空表　21—放气阀
22—水泵　23—水环真空泵　24—球阀　25—过滤器　26—气水分离器
27—排气口　28—放水口　29—电控柜　30—排泥泵

哈尔滨某中药厂产甲烷反应器出水经由污水泵、水表进入高位水箱，然后经闸阀进入生物反应器，废水中大部分有机物经生物反应器内微生物自身分解代谢作用得到降解。含有大量未去除 SS（总悬浮固体）的混合液在真空抽水系统的作用下经过中空纤维膜组件过滤出水。反应器的液位由液位自动控制系统进行自动控制；空气由空压机经压力缓冲罐和气体流量计后由球冠状微孔曝气装置进入反应器，曝气装置的曝气量控制在 $10 \sim 20 \mathrm{m^3/h}$。本试验的液位自动控制系统由电磁阀、液位控制器和液位传感器组成，真空抽水系统由真空罐、水环真空泵、真空表、气水分离器、液位计、水泵和电控柜等组成。

MBR 反应器运行过程中第二阶段的 COD 质量浓度变化如图 12-13 所示，在此运行阶段，MBR 处理能力为 640L/h，污泥龄为 100d，HRT 为 5h。此时通过采取空气曝气的方式减缓膜污染，使膜生物反应器在最优环境下运行。

从图 12-3 中可以看出，当 HRT 为 5h 时，膜生物反应器的总 COD 去除率为 92.9% ~ 99.2%，上清液 COD 质量浓度为 76.5 ~ 279.1mg/L，膜出水 COD 质量浓度为 18.4 ~ 137.5mg/L，小于 150mg/L，满足达标排放标准。这期间曝气池内污泥质量浓度在 4320 ~ 13557mg/L 之间，平均进水 COD 容积负荷为 11.4886kg/(m^3·d)。从 163 ~ 201d，由于哈尔滨某中药厂停止生产，此阶段进水主要为生活污水，因此进水 COD 质量浓度平均为 484.59mg/L。在这个阶段，当进水 COD 质量浓度为 1000 ~ 3000mg/L 时，系统出水质量 COD 浓度都小于 30mg/L；从 201d 之后，中药厂恢复生产，进水 COD 质量浓度也提高至 2956.59mg/L。当进水 COD 质量浓度为 3000 ~ 6000mg/L 时，系统出水 COD 质量浓度都小于 100mg/L；当进水 COD 质量浓度大于 6000mg/L 时，系统出水质量 COD 浓度大于 100mg/L。COD 总去除率多在 98% 以上，去除效果较好。而上清液 COD 质量浓度在 100mg/L 以上，生物反应器的 COD 去除率平均为 89%，表明膜对 COD 去除率的贡献为 9% 左右。

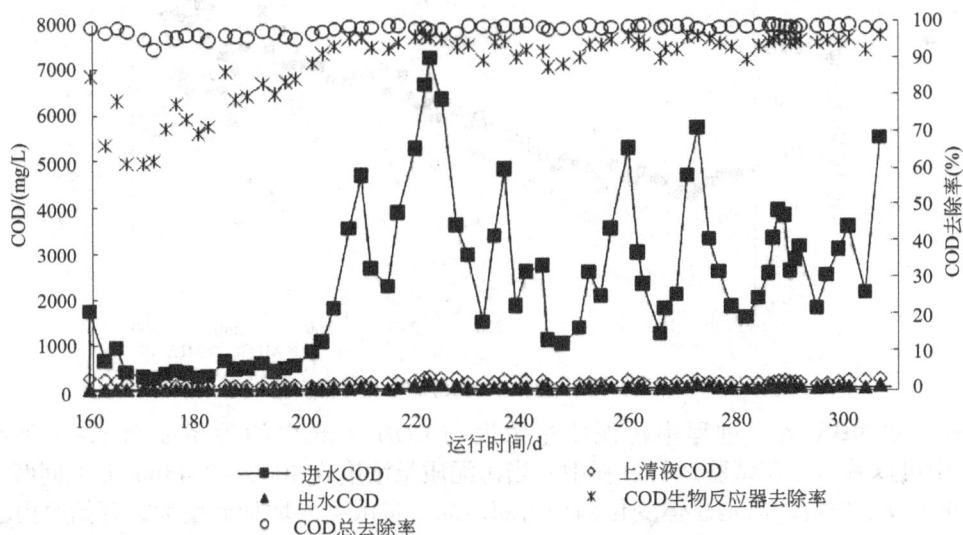

图 12-3　MBR 反应器运行过程中第二阶段的 COD 质量浓度变化

HRT 为 5h 条件下进水 COD 质量浓度对 MBR 出水 COD 质量浓度的影响如图 12-4 所示。当进水 COD 质量浓度小于 3000mg/L 时，膜出水 COD 质量浓度小于 30 mg/L，满足中水回用标准（中华人民共和国建设部 GB/T 18920—2002《城市污水再生利用　城市杂用水水质》）；当进水 COD 质量浓度为 3000 ~ 6000mg/L 时，膜出水 COD 质量浓度大于 30mg/L 而小于 100mg/L，满足污水排放标准；当进水 COD 质量浓度大于 6000mg/L 时，膜出水 COD 质量浓度大于 100mg/L，不能满足污水排放标准。

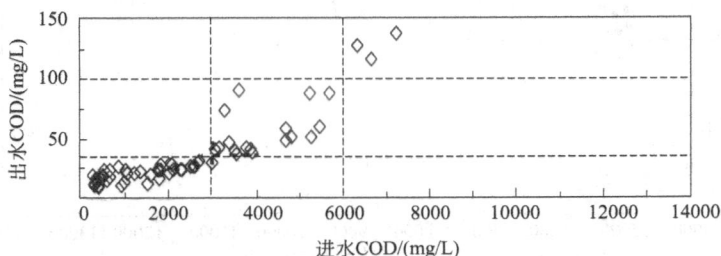

图 12-4　进水 COD 质量浓度及 HRT 对出水 COD 质量浓度的影响

　　MBR 运行过程中污泥质量浓度的变化情况如图 12-5 所示。曝气池内污泥质量浓度在 4320～13577mg/L 之间，投加了外加氮营养源（尿素、KH_2PO_4 和微量元素）到反应器中，使微生物获得了生长所需要的营养物质。在试验过程中，污泥龄为 100d，HRT 为 5h，所以曝气池内污泥含量较试验初期有了较大的增加，出水水质中 COD 含量较低。试验过程中平均污泥负荷为 2.22kgCOD/（kgMLSS·d），平均容积负荷为 11.49kgCOD/（m^3·d）。试验发现当缩短 HRT 时，容积负荷得到增加，MBR 反应器在冲击负荷下的处理能力和不同水力停留时间对 MBR 运行的关系表明，保持较长的污泥龄和较高的污泥含量，从而充分发挥反应器的潜力。

　　膜生物反应器中膜的处理能力通过调节操作压力在某一范围内而被控制为定值，这样能保证整个反应器达到稳定状态，这是和以前所有膜生物反应器的最大不同之处。

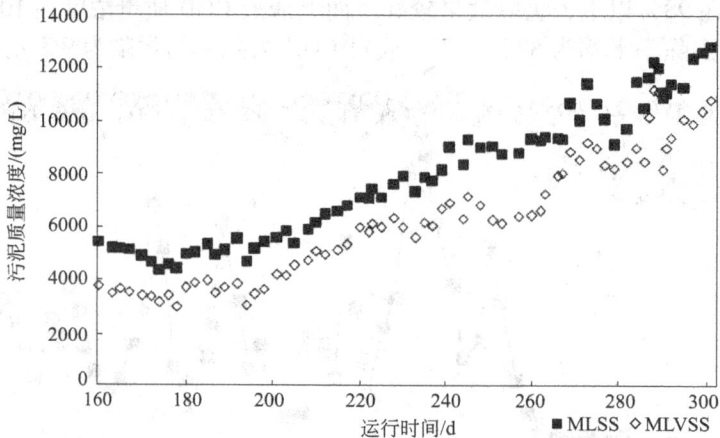

图 12-5　MBR 运行过程中污泥质量浓度的变化情况

　　试验期间 MBR 运行过程中污泥质量浓度与 COD 去除率的关系如图 12-6 所示。从图 12-6 中可以看出，在试验运行过程中，当污泥质量浓度在 4000～7543mg/L 之间时，COD 去除率变化较不稳定，但是总体变化趋势为随污泥质量浓度的增加而增大，开始时由于反应器中的污泥质量浓度很低，膜上的生物量较少，微生物对有机物的降解作用较弱，COD 去除率较低。随着污泥质量浓度的增大，悬浮填料上的生物量相应增加，COD 去除率因此随之增大；当污泥质量浓度为 7543～14000mg/L 时，COD 去除率上升至 98%～99%，并趋于稳定。因此，要想取得 98% 以上的 COD 去除率，污泥质量浓度必须大于 7543mg/L。

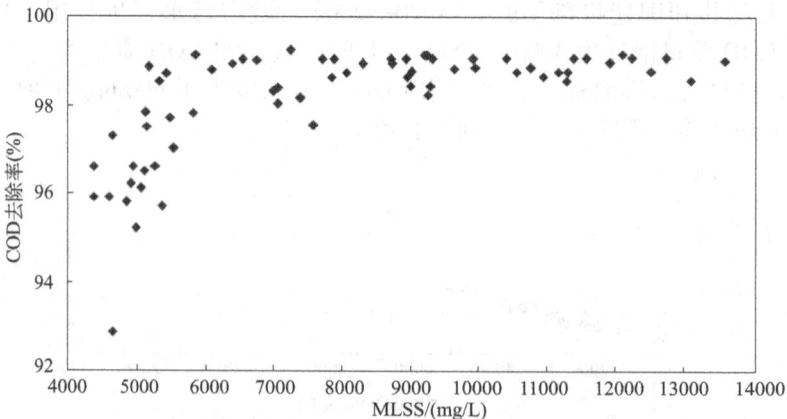

图 12-6　MBR 运行过程中污泥质量浓度与 COD 去除率的关系

　　一体式膜生物反应器工艺处理高含量中药废水两相厌氧消化系统出水在技术上是可行的，膜生物反应器能够长期稳定运行，出水 COD 质量浓度多数小于 100mg/L。

思 考 题

1. 根据污染杂质的不同水污染分为哪几类？各有什么特征？
2. 常用的污水水质指标有哪些？
3. 废水的处理方法有哪些？
4. 常用的过滤分离材料有哪些？
5. 吸附分离材料有哪几类？
6. 沉淀分离材料有哪两种？
7. 污水生物处理材料有哪些？原理是什么？
8. 污水化学处理材料有哪几种？

参 考 文 献

[1] 成官文. 水污染控制工程 [M]. 北京：化学工业出版社，2009.
[2] 杨慧芬，陈淑祥，等. 环境工程材料 [M]. 北京：化学工业出版社，2008.
[3] 熊志刚. 废水污染处理方法及其进展简介 [J]. 环境与开发，2001 (3).
[4] 刘绮，石林，王振友. 环境污染控制工程 [M]. 广州：华南理工大学出版社，2009.
[5] 冯奇，马放，冯玉杰. 环境材料概论 [M]. 北京：化学工业出版社，2007.
[6] 周凤霞，白京生. 环境微生物 [M]. 2 版. 北京：化学工业出版社，2008.
[7] 李婷婷，王兴戬，刘天顺，等. 一体式膜生物反应器处理中药废水的试验研究 [J]. 哈尔滨商业大学学报：自然科学版，2009，25 (4)：419-423.

第 13 章
大气污染控制工程材料

本章提要：大气污染通常指由于人类活动或自然过程引起某些物质进入大气中，呈现出足够的含量，达到足够时间，并因此危害了人体舒适和健康的环境现象。大气污染物目前已知约有 100 多种。按其存在状态可分为气溶胶态污染物和气体状态污染物，其中气溶胶状态污染物的控制材料已在本书其他章节介绍，本章主要介绍了环境工程材料在 SO_2、NO_x、汽车尾气和恶臭等气态污染物防治上的应用。

13.1　大气污染物及其分类

大气污染物是指由于人类活动或自然过程排入大气的，并对人类或环境产生有害影响的那些物质。大气污染物的种类很多，按存在状态可分为气溶胶粒子和气态污染物；按形成过程，又可分为一次污染物和二次污染物。

13.1.1　气溶胶粒子

气溶胶粒子指固体粒子、液体粒子或它们在气体介质中的悬浮体。按其来源和物理性质可分为以下几种。

（1）粉尘（dust）　粉尘指悬浮于气体介质中的细小固体颗粒。粒子的尺寸范围一般为 $1 \sim 200\mu m$，在一段时间内能保持悬浮状态，但也能因重力作用发生沉降。它通常是在固体物质的破碎、研磨、筛分及输送等机械过程，或土壤、岩石风化、火山喷发等自然过程中形成的。

（2）烟（fume）　烟指悬浮于气体中的固体粒子或固液粒子的混合物，一般为熔融物质挥发后生成的气态物质冷凝物，多为氧化产物，烟的粒子尺寸一般为 $0.01 \sim 1.0\mu m$。

（3）飞灰（fly ash）　飞灰是在燃料燃烧过程产生的随烟气排出的分散较细的灰分。

（4）黑烟（smoke）　黑烟是由燃料燃烧产生的能见气溶胶。在某些情况下，粉尘、烟、飞灰和黑烟等固体小颗粒气溶胶之间的界限难以确切划分。按照我国的习惯，一般将冶金过程或化学过程形成的气溶胶颗粒称为烟尘；将燃料燃烧过程产生的气溶胶颗粒称为飞灰和黑烟。

（5）雾（fog）　雾是气体中液滴悬浮体的总称。在气象中指造成能见度小于 1km 的小水滴悬浮体。在工程中，雾一般泛指小液滴粒子悬浮体，它可能是由于液体蒸气的凝结、液体的雾化及化学反应等过程形成的，如水雾、酸雾等。

此外还可根据空气中粉尘（或烟尘）颗粒的大小，将其分为总悬浮颗粒（total suspended particles）、可吸入颗粒（inhalable particles）和微细颗粒（fine particles）。总悬浮颗粒（TSP）为能悬浮在空气中，用标准大容量颗粒采样器在滤膜上所收集到的颗粒物的总质量，空气动力学当量直径小于或等于 $100\mu m$ 的所有固体颗粒；可吸入颗粒（PM_{10}）为能长期悬浮在空气中，空气动力学当量直径小于或等于 $10\mu m$ 的所有固体颗粒；微细颗粒（$PM_{2.5}$）为能悬浮在空气中，空气动力学当量直径小于或等于 $2.5\mu m$ 的所有固体颗粒。

13.1.2　气态污染物

气态污染物指在大气中以分子状态存在的污染物，能与载体构成均相体系。气态污染物的种类很多，大部分为无机气体，常见的是以 SO_2 为主的含硫化合物、以 NO 和 NO_2 为主的含氮化合物、碳氧化物、碳氢化合物及卤素化合物和臭氧等。大气污染物的分类见表 13-1。

表 13-1　大气污染物的分类

项　目	一次污染物	来　源	二次污染物	来　源
含硫化合物	SO_2、H_2S	含硫煤和石油的燃烧、石油炼制以及有色金属冶炼、硫酸制造和细菌活动等	SO_3、H_2SO_4、MSO_4	SO_2 在相对湿度较大以及有催化剂存在时，发生催化氧化反应得到
含氮化合物	NO、NH_3	土壤和海洋中有机物的分解；化石燃料的燃烧以及生产和使用硝酸的过程	NO_2、HNO_3、MNO_3	NO 在湿度较大，有催化剂存在时易转化成二次污染物
碳氢化合物	甲烷到长链聚合物烃类	燃料的不完全燃烧以及在输送、储存和分配过程中发生的泄漏等	醛、酮、过氧乙酰硝酸酯	在活泼的氧化物作用下，碳氢化合物发生光化学反应生成二次污染物
碳氧化合物	CO、CO_2	含碳物质不完全燃烧	—	—

一次污染物是指直接从排放源进入大气的各种气体、蒸气和颗粒物；二次污染物是指一次污染物与空气中已有成分或几种污染物之间经过一系列的化学或光化学反应而生成的新污染物，新污染物与一次污染物性质不同，又称为继发性污染物。一次污染物在大气中转化为二次污染物有以下几种作用类型：

1）气体污染物之间的化学反应。

2）空气中颗粒与气体污染物的吸附作用，或颗粒表面上吸附的化学物质与气体污染物之间的化学反应。

3）气体污染物在气溶胶中的溶解作用。

4）气体污染物在太阳光作用下的光化学反应。

13.2　气态污染物治理材料

用于大气污染净化的材料主要是各种吸附剂、吸收剂和催化剂。

13.2.1　脱硫技术与材料

国内外防治大气中 SO_2 污染的方法主要有采用清洁生产工艺、采用低硫燃料、燃料脱硫、燃料固硫及烟气脱硫等，其中烟气脱硫占主要地位。烟气脱硫中按脱硫剂的形态可分为干法脱硫和湿法脱硫。干法采用粉状或粒状吸收剂、吸附剂或催化剂等脱除烟气中的 SO_2；湿法是采用液体吸收剂洗涤烟气，以除去 SO_2。

1. 吸收法

吸收法是采用不同物质作吸收剂，通过与 SO_2 接触反应吸收 SO_2，从而达到烟气脱硫目的。

（1）石灰/石灰石—石膏法　采用石灰和石灰石作为脱硫剂的 FGD 工艺，简称为钙法。它有干式、湿式和半干式 3 种。由于干法的脱硫效率较低，应用较普遍的是湿式洗涤法，即采用石灰或石灰石料浆在洗涤塔内脱除烟道气中的 SO_2 并副产石膏的方法。石灰/石灰石—石膏法脱硫过程包括吸收和氧化两个步骤。

1）吸收过程。在洗涤塔内进行，主要反应如下

$$CaO + H_2O \rightarrow Ca(OH)_2$$

$$Ca(OH)_2 + SO_2 \rightarrow CaSO_3 \cdot \frac{1}{2}H_2O + \frac{1}{2}H_2O$$

$$CaCO_3 + SO_2 + \frac{1}{2}H_2O \rightarrow CaSO_3 \cdot \frac{1}{2}H_2O + CO_2$$

$$CaSO_3 \cdot \frac{1}{2}H_2O + SO_2 + \frac{1}{2}H_2O \rightarrow Ca(HSO_3)_2$$

2）氧化过程。由于烟气中含有 O_2，因此吸收过程有氧化反应发生。氧化过程在氧化塔内进行，主要反应如下：

$$2CaSO_3 \cdot \frac{1}{2}H_2O + O_2 + 3H_2O \rightarrow 2CaSO_4 \cdot 2H_2O$$

$$Ca(HSO_3)_2 + \frac{1}{2}O_2 + H_2O \rightarrow CaSO_4 \cdot 2H_2O + SO_2$$

石灰或石灰石浆液作为 SO_2 吸收剂，价格低廉、易得，但是易发生设备堵塞或磨损。

（2）氨法　氨的水溶液也是 SO_2 的吸收剂，早在 20 世纪 30 年代就应用于硫酸生产中的尾气处理。吸收 SO_2 后的吸收液，采用不同的方法处理，就能获得不同产品，如氨-酸法、氨-亚硫酸铵法和氨-硫酸铵法等，其中氨-酸法是较为成熟的一种处理方法。含有 SO_2 的尾气在吸收塔内与氨水接触，并发生以下反应：

$$2NH_3 \cdot H_2O + SO_2 \rightarrow (NH_4)_2SO_3 + H_2O$$

$$NH_3 \cdot H_2O + SO_2 \rightarrow NH_4HSO_3$$

$$(NH_4)_2SO_3 + SO_2 + H_2O \rightarrow 2NH_4HSO_3$$

上述吸收过程中产生的 $(NH_4)_2SO_3$ 对 SO_2 有更好的吸收能力，$(NH_4)_2SO_3$ 不断地与烟气中的 SO_2 反应，生成的 NH_4HSO_3 不再具有吸收 SO_2 的能力。为保持吸收液的吸收能力，需及时向吸收液中补充氨，使部分 NH_4HSO_3 转变成 $(NH_4)_2SO_3$，具体反应方程式如下：

$$NH_4HSO_3 + NH_3 \rightarrow (NH_4)_2SO_3$$

实际上氨并不直接吸收 SO_2，而是利用 $(NH_4)_2SO_3$—NH_4HSO_3 的不断循环过程来维持脱硫进行的。该方法设备简单，操作方便，脱硫费用低，氨可以留在产品内，以氮肥形式利用。

（3）钠碱法　钠碱化合物（$NaOH$ 或 Na_2CO_3）对 SO_2 的亲和力强，比其他类型的吸收剂更受重视。钠碱法又可分为亚硫酸钠法和钠盐循环法等，其中在国内使用较多的是亚硫酸钠法，对此进行介绍。亚硫酸钠法脱硫过程包括吸收、中和结晶两个步骤。

1）吸收过程。化学反应如下：

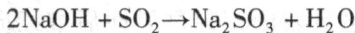

$$2Na_2CO_3 + 3SO_2 + H_2O \rightarrow 2NaHSO_3 + Na_2SO_3 + 2CO_2 \uparrow$$

$$2NaOH + SO_2 \rightarrow Na_2SO_3 + H_2O$$

2）中和结晶。反应过程如下：

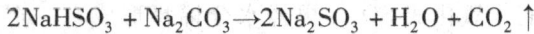

$$2NaHSO_3 + Na_2CO_3 \rightarrow 2Na_2SO_3 + H_2O + CO_2 \uparrow$$

将中和液浓缩结晶回收副产品 Na_2SO_3。钠碱法吸收剂吸收能力大，吸收剂用量少，脱硫效果好，不足之处是受碱源限制。

（4）金属氧化物法　一些金属如 Mg、Zn、Fe、Cu 等氧化物可作为 SO_2 的吸收剂，金属氧化物吸收 SO_2 后的亚硫酸盐—亚硫酸氢盐的浆液，在较高温度下易分解，可再出 SO_2 气体，便于加工为硫的各种产品。常见的金属氧化物法为氧化镁法。具体工艺过程可分为以下几个步骤：

1）吸收过程。氧化镁水合生成氢氧化镁，氢氧化镁在吸收塔内与烟气中的 SO_2 接触反应生成含结晶水的亚硫酸镁，主要反应如下：

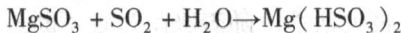

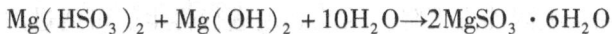

$$Mg(OH)_2 + SO_2 + 5H_2O \rightarrow MgSO_3 \cdot 6H_2O$$

$$MgSO_3 + SO_2 + H_2O \rightarrow Mg(HSO_3)_2$$

$$Mg(HSO_3)_2 + Mg(OH)_2 + 10H_2O \rightarrow 2MgSO_3 \cdot 6H_2O$$

2）干燥过程。吸收过程的生成物脱水和干燥，具体反应如下：

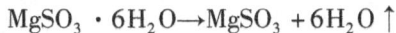

$$MgSO_3 \cdot 6H_2O \rightarrow MgSO_3 + 6H_2O \uparrow$$

3）分解工序。在煅烧炉内，使 $MgSO_3$ 发生分解，具体反应如下：

$$MgSO_3 \rightarrow MgO + SO_2 \uparrow$$

4）吸收剂再水合工序。氧化镁水合后生成氢氧化镁循环使用，高含量的 SO_2 气体作为副产品加以回收利用，具体反应如下：

$$MgO + H_2O \rightarrow Mg(OH)_2$$

（5）铝法　用碱式硫酸铝溶液吸收废气中的 SO_2，然后将吸收液氧化，用石灰石再生为碱式硫酸铝循环使用，并副产石膏。碱式硫酸铝水溶液的制备反应如下：

$$2Al_2(SO_4)_3 + 3CaCO_3 + 6H_2O \rightarrow Al_2(SO_4)_3 \cdot Al_2O_3 + 3CaSO_4 \cdot 2H_2O + 3CO_2$$

碱式硫酸铝可用 $(1-x)Al_2(SO_4)_3 \cdot xAl_2O_3$ 表示。

1）吸收过程。碱式硫酸铝溶液吸收 SO_2 的反应式为：

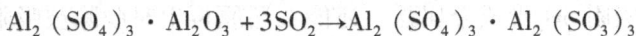

$$Al_2(SO_4)_3 \cdot Al_2O_3 + 3SO_2 \rightarrow Al_2(SO_4)_3 \cdot Al_2(SO_3)_3$$

2）氧化过程。利用压缩空气按下面的化学反应氧化：

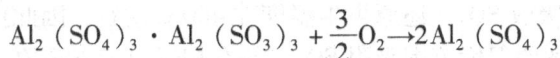

$$Al_2(SO_4)_3 \cdot Al_2(SO_3)_3 + \frac{3}{2}O_2 \rightarrow 2Al_2(SO_4)_3$$

3）中和（再生）过程。以石灰石作为中和剂，其反应方程式如下：

$$2Al_2(SO_4)_3 + 3CaCO_3 + 6H_2O \rightarrow Al_2(SO_4)_3 \cdot Al_2O_3 + 3CaSO_4 \cdot 2H_2O \downarrow + 3CO_2 \uparrow$$

吸收液吸收 SO_2 后，经氧化、中和及固液分离，固体以石膏形式作为副产品排出系统，滤液返回吸收系统循环使用。

2. 吸附法

烟气治理中，常用的 SO_2 吸附剂是活性炭、分子筛、硅胶等。用活性炭脱除废气中的 SO_2，过程比较简单，再生时副反应很少，本小节对此法进行详细介绍。

活性炭的脱硫反应过程由两个步骤构成：

1）SO_2、O_2 通过扩散传质从烟气中到达炭表面，穿过界面后继续向微孔通道内扩散，直至为内表面活性催化点吸附。

2）被吸附后进一步催化氧化成 SO_3，再经水合稀释形成有一定含量的硫酸储存于炭孔中。其机理如下：

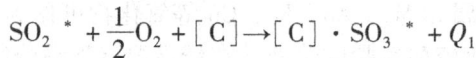

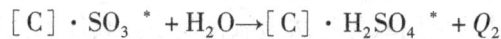

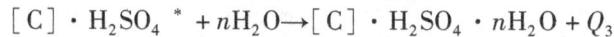

$$SO_2, O_2 \rightarrow SO_2{}^*, O_2{}^*$$

$$SO_2{}^* + \frac{1}{2}O_2 + [C] \rightarrow [C] \cdot SO_3{}^* + Q_1$$

$$[C] \cdot SO_3{}^* + H_2O \rightarrow [C] \cdot H_2SO_4{}^* + Q_2$$

$$[C] \cdot H_2SO_4{}^* + nH_2O \rightarrow [C] \cdot H_2SO_4 \cdot nH_2O + Q_3$$

式中，* 为吸着状态；[C] 为炭表面活性点；Q_1、Q_2、Q_3 为反应热。

活性炭脱硫的主要特点：过程比较简单，再生过程中副反应很少；吸附量有限，常需在低气速下运行，因而吸附器体积较大；活性炭易被废气中的 O_2 氧化而导致损耗；长期使用后，活性炭会产生磨损，并因微孔堵塞丧失活性。随着吸附过程不断进行，活性炭内外表面覆盖了稀硫酸，使活性炭吸附能力下降，因此必须进行再生。可通过洗涤法使炭孔内的酸液不断排出，从而恢复炭的催化活性。

3. 催化法

催化技术净化烟气中 SO_2 可分为催化还原法和催化氧化法。

（1）催化氧化法 用催化氧化法消除烟道气中的 SO_2，反应式为

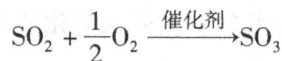

$$SO_2 + \frac{1}{2}O_2 \xrightarrow{\text{催化剂}} SO_3$$

生成的 SO_3 被水吸收后生成硫酸

$$SO_3 + H_2O \rightarrow H_2SO_4$$

催化氧化法可以利用的催化剂较多，如某些金属离子 Mn^{2+}、Fe^{2+}、Zn^{2+} 等。工业上已采用的工艺是以 V_2O_5 和活性炭为催化剂处理电厂的烟道气，目前正在研究开发的催化剂有以下几种类型。

1）单一金属氧化物。适宜的金属氧化物能同时起到催化和吸附的作用，既能把 SO_2 催化氧化为 SO_3，又能吸附 SO_3 形成金属盐，还能在还原再生时脱除被吸附的 SO_3。目前符合上述要求的只有几种金属氧化物。如 MgO 可在 $670 \sim 850℃$ 吸收 SO_2 形成稳定的 $MgSO_4$；CuO 在 $300 \sim 500℃$ 能很好地吸收 SO_2，还原再生温度在 $400℃$ 左右，因此可以在相同温度下吸收和再生；CeO 也可在较宽的温度范围吸附 SO_2，并在相近温度下还原。

2）尖晶石型复合金属氧化物。由于单一金属氧化物硫容低，限制了实际应用，因此研究人员开发了复合金属氧化物以克服单一材料的不足。代表性的催化剂有 Al-Mg 尖晶石催化剂。特别是浸渍了氧化铁的 Al-Mg 尖晶石催化剂表现出很好的高温脱硫性能。

（2）催化还原法 烟道气中的 SO_2 催化还原法的第一种工艺是先用碱液（Na_2SO_3 水溶液）吸收，再分解出高含量的 SO_2，通过与还原剂（CO 和 H_2）反应，把 SO_2 还原为硫黄。

$$SO_2 + H_2 + CO \rightarrow S + CO_2 + H_2O$$

第二种工艺是用活性氧化铝或新型的铁基组分为催化剂，先把部分 SO_2 还原成 H_2S，再通过 Claus（Superclaus）过程消除 SO_2。

Claus 过程
$$2H_2S + SO_2 \rightarrow 3S + 2H_2O$$

Superclaus 过程
$$\begin{cases} 2H_2S + SO_2 \rightarrow 3S + 2H_2O \\ 2H_2S + O_2 \rightarrow 2S + 2H_2O \end{cases}$$

13.2.2 脱氮技术与材料

构成大气污染的氮氧化物主要是 NO 和 NO_2。国内外控制氮氧化物通常采用：改革工艺设备、改进燃料，清洁生产，排烟脱硝，高烟囱扩散稀释等方法，其中排烟脱硝仍是控制氮氧化物污染的主要方法。排烟脱硝方法可分为气相反应法、液体吸收法、吸附法、液膜法和微生物法等几类，其中液体吸收法和吸附法是目前应用较广泛的脱氮技术。

1. 液体吸收法

液体吸收法按吸收剂种类不同分为水吸收法、酸吸收法、碱液吸收法、吸收还原法、氧化还原法和络合吸收法等。由于 NO 极难溶于水或碱溶液，可采用氧化、还原或络合吸收的办法以提高 NO 的净化效果。

（1）水吸收法 水作为吸收剂，去除 NO_x 的化学反应式如下：

$$2NO_2 + H_2O \rightarrow HNO_2 + HNO_3$$

$$2HNO_2 \rightarrow NO + H_2O + NO_2$$

$$2NO + O_2 \rightarrow 2NO_2$$

NO 不与水发生化学反应，在水中的溶解度很小，所以水吸收 NO 的量甚微，并且在吸收 NO_2 时，还放出 NO，因而水吸收效率不高，不能用于含 NO 量大的燃烧废气的净化。为提高水对 NO_x 的吸收能力，可采用增加压力、降低温度、补充氧气（空气）的办法，通常采用的操作压力为 $0.7 \sim 1MPa$，温度为 $10 \sim 20℃$，此法可使脱氮效率提高到 70% 以上。

（2）酸吸收法 常用的酸吸收剂为浓硫酸和稀硝酸，浓硫酸可以和 NO_x 生成亚硝基硫酸，其反应式如下：

$$NO_2 + NO + 2H_2SO_4（浓）\rightarrow 2NOHSO_4 + H_2O$$

生成的亚硝基硫酸可用于生产硫酸及浓缩硝酸。

稀硝酸吸收法的原理是利用 NO_x 在稀硝酸中的溶解度比在水中溶解度高得多这一性质，对 NO_x 的尾气进行物理吸收。

（3）碱液吸收法 常用的碱性溶液吸收剂有 NaOH、KOH、Na_2CO_3、$NH_3 \cdot H_2O$ 等，吸收反应式如下：

$$2NaOH + 2NO_2 \rightarrow NaNO_2 + NaNO_3 + H_2O$$

$$2NaOH + NO + NO_2 \rightarrow 2NaNO_2 + H_2O$$

$$2NH_3 + 2NO_2 \rightarrow NH_4NO_3 + N_2 \uparrow + H_2O$$

$$2NO + O_2 + 2NH_3 \rightarrow NH_4NO_3 + N_2 \uparrow + H_2O$$

上述各吸收反应中，氨水的吸收效率最高。因此为进一步提高对 NO_x 的吸收效率，可采用氨—碱溶液两级吸收过程，第一阶段是氨在气相中和 NO_x 及水蒸气发生反应，生成白色硝酸铵和亚硝酸铵烟雾，其反应式为

$$2NH_3 + NO + NO_2 + H_2O \rightarrow 2NH_4NO_2$$

$$2NH_3 + 2NO_2 + H_2O \rightarrow NH_4NO_3 + NH_4NO_2$$

$$NH_4NO_2 \rightarrow N_2 + 2H_2O$$

第二阶段是用碱溶液进一步吸收未反应的 NO_x，生成硝酸盐和亚硝酸盐，其反应为

$$2NaOH + 2NO_2 \rightarrow NaNO_3 + NaNO_2 + H_2O$$

$$2NaOH + NO + NO_2 \rightarrow 2NaNO_2 + H_2O$$

吸收液经多次循环，碱液耗尽之后，将含有硝酸盐和亚硝酸盐的溶液浓缩结晶作肥料使用。本法适合于氧化度较高的硝酸尾气及硝化尾气的净化。

（4）吸收还原法　吸收还原法即湿式分解法。这是一种用液相还原剂将 NO_x 还原为 N_2 的方式。常用的还原剂有亚硫酸盐、硫化物、硫代硫酸盐、尿素水溶液等。这里主要介绍亚硫酸铵吸收法。

亚硫酸铵具有很强的还原能力，可将 NO_x 还原为 N_2，净化效率高。由于该方法还原生成的 N_2 工业应用较少，通常先用 NaOH 或 Na_2CO_3 溶液吸收一次，回收部分 NO_x，然后再用亚硫酸铵吸收，以进一步除去 NO_x。

首先在 $(NH_4)_2SO_3$-NH_4HSO_3 溶液中通入氨气，使部分 NH_4HSO_3 转变为 $(NH_4)_2SO_3$，反应式为

$$NH_3 + H_2O + NH_4HSO_3 \rightarrow (NH_4)_2SO_3 + H_2O$$

然后用含少量 NH_4HSO_3 的 $(NH_4)_2SO_3$ 溶液吸收 NO_x，使 NO_x 还原为 N_2，发生的反应如下：

$$4(NH_4)_2SO_3 + 2NO_2 \rightarrow 4(NH_4)_2SO_4 + N_2 \uparrow$$

$$4NH_4HSO_3 + 2NO_2 \rightarrow 4NH_4HSO_4 + N_2 \uparrow$$

$$4(NH_4)_2SO_3 + NO + NO_2 + 3H_2O \rightarrow 2N(OH)(NH_4SO_3)_2 + 4NH_4OH$$

$$4NH_4HSO_3 + NO + NO_2 \rightarrow 2N(OH)(NH_4SO_3)_2 + H_2O$$

$$2NH_4OH + NO + NO_2 \rightarrow 2NH_4NO_2 + H_2O$$

（5）氧化吸收法　NO 除生成络合物外，无论在水中或碱液中几乎不被吸收。氧化吸收法的原理是先将 NO_x 中的 NO 部分地氧化为 NO_2，再用碱吸收。按其氧化剂的不同可分为硝酸氧化法、活性炭催化氧化法、通氧吸收法、亚氯酸盐法、高锰酸钾法等。其中硝酸氧化时成本较低，目前国内硝酸氧化—碱液吸收流程已用于工业生产。

硝酸氧化—碱液吸收法具体步骤为：首先用浓硝酸将 NO 氧化成 NO_2，使尾气中 NO_x 的氧化度大于或等于 50%，再利用碱液吸收。主要化学反应如下：

$$NO + 2HNO_3 \rightarrow 3NO_2 + H_2O$$

$$2NO_2 + Na_2CO_3 \rightarrow NaNO_3 + NaNO_2 + CO_2$$

$$NO_2 + NO + Na_2CO_3 \rightarrow 2NaNO_2 + CO_2$$

氧化吸收法可以除去单纯用碱液吸收不能除去的 NO，是液体吸收法中很有前景的技术。